矿源腐植物质基础与利用

韩桂洪　著

U0352866

北　京

冶 金 工 业 出 版 社

2023

内 容 提 要

本书详细介绍了矿源腐植物质的提质与分离方法、组成结构、应用化学、与其他物质的作用、产品的加工与性能、增值利用技术，书中还展望了其高值化利用的发展前景。全书重点归纳、介绍了腐植酸在矿业、冶金、材料、化工、环境领域应用的物理化学基础及最新的技术进展与实践成果。

本书可供从事煤炭、腐植物质资源科学研究、技术开发、教学、生产的人员阅读，也可作为高等学校资源与环境、材料与化工等专业本科生和研究生的教学参考书。

图书在版编目（CIP）数据

矿源腐植物质基础与利用/韩桂洪著. —北京：冶金工业出版社，2023.4
ISBN 978-7-5024-9388-2

Ⅰ. ①矿… Ⅱ. ①韩… Ⅲ. ①煤炭—腐植质—研究 Ⅳ. ①TD926.1
②S153.6

中国国家版本馆 CIP 数据核字（2023）第 014723 号

矿源腐植物质基础与利用

出版发行	冶金工业出版社	电　　话	（010）64027926
地　　址	北京市东城区嵩祝院北巷 39 号	邮　　编	100009
网　　址	www.mip1953.com	电子信箱	service@mip1953.com

责任编辑　杨盈园　美术编辑　燕展疆　版式设计　孙跃红
责任校对　王永欣　责任印制　禹　蕊
三河市双峰印刷装订有限公司印刷
2023 年 4 月第 1 版，2023 年 4 月第 1 次印刷
710mm×1000mm　1/16；27.5 印张；539 千字；432 页
定价 138.00 元

投稿电话　（010）64027932　投稿信箱　tougao@cnmip.com.cn
营销中心电话　（010）64044283
冶金工业出版社天猫旗舰店　yjgycbs.tmall.com
（本书如有印装质量问题，本社营销中心负责退换）

前　言

腐植物质作为一种天然资源，其开发、加工与利用成为当前研究热点。矿源腐植物质来源于低等级褐煤、泥炭和风化煤，是腐植物质的主体资源。我国矿源腐植物质储量丰富、分布广、品位高，开发利用前景十分广阔。各种制造业产品、先进材料、环境治理材料、生命健康产品、农业肥料等，均与之息息相关。我国作为腐植物质资源大国，腐植物质基础与应用研究水平均不能满足国家经济发展的需要，矿源腐植物质的潜在优势并未得到充分发挥。因此，亟须深入研究矿源腐植物质的性质和应用化学基础，与时俱进地创新腐植物质提取与加工技术，丰富其产品种类及应用领域，提升我国腐植物质资源综合开发利用水平。

作者在总结矿源腐植物质多年科研与实践经验基础上，将基础理论与实践结果相结合，编写了本书，以充分反映和展示矿源腐植物质综合利用领域的基础理论和最新的科研成果和应用进展。本书共分为7章，首先概述了腐植物质的生成转化与利用现状，随后重点阐述了矿源腐植物质的产生阶段、提质与分离方法、产品加工方法与产品性能、原材料增值利用进展，最后归纳并展望了腐植物质高值化利用前景。本书内容突出了矿源腐植物质的应用基础化学，总结了研究团队研发的基于腐植物质综合利用的技术体系，特别是关于在矿业、冶金、材料、环境领域的相关技术，融入了作者大量的科研成果与独立思考。

本书由郑州大学韩桂洪编写，协助进行文献资料收集的人员有黄艳芳、刘兵兵、孙虎、杨淑珍、苏胜鹏。韩桂洪负责全书各章的编写并完成最终统稿，黄艳芳参与了第 1、2、4 章资料收集，刘兵兵参与了第 2、3、7 章资料收集，孙虎参与了第 2、5、6 章资料收集，杨淑珍参与了第 6 章资料收集，苏胜鹏参与了第 4 章资料收集。

　　本书在编写过程中，得到了郑州大学和中南大学科研团队的大力支持和帮助，特别是我国矿物资源加工与综合利用专家、中国工程院院士姜涛提出了诸多宝贵意见。本书编写参考了一些国内文献资料，谨在此一并向相关单位和个人以及有关文献资料的作者致以衷心的感谢！

　　限于作者水平，书中不妥之处，恳请广大读者和同行赐教。

作　者

2022 年 5 月

目　　录

1 绪 论

<<<<<<<<<<<<<<<<<<<<<<<<<<<<<<<<<<<<<<<<<<<<<<<<<<<<<<<<<<<<<

1.1 引言

腐植物质（humic substances）是地球化学过程中由动植物残体经微生物腐殖化分解和转化而成，它们是土壤、沉积物、矿物（煤炭）中除未分解彻底的动植物残体、已知的各类有机化合物及微生物以外的一类（或家族）有机物质的总称，或从直接利用的角度称之为腐植酸（humic acids）。之所以将其归为新一类（或家族）物质，是因为它们具有不同于其形成前体的化学组成与结构特征。在腐殖化过程中，动物、植物、微生物的前驱体发生了新的生物化学反应（常伴有二次或多次反应），形成了差异较大的化学组合比例、特殊化学结合形式，甚至是形成了大量未知化学结构的有机化合物。学术界于19世纪初对腐植物质进行了分类命名，两百多年来，对它们的形成、物性、作用和应用进行了广泛的研究和报道，积累了大量的研究资料和论著。腐植物质的最大特点是其自身的"不均一性"，就像同一种树木的落叶一样，一方面各片落叶有相似的特征；另一方面，每片落叶在细节上又不完全相同。腐植物质的这种不均一性实质上反映了其来源、环境、途径和稳定存在条件的复杂性，这给科研工作者研究其组成、结构、应用特性带来了相当大的难度。尽管腐植物质成分与性质复杂，但它们毕竟是一类可供人类加以利用的、可以提炼出来的、自然界天然存在的、有"共性"（如暗褐色、碱溶性）的有机物质。

腐植物质不像煤炭、矿石等资源那样真切，不经人类提炼加工，似乎无法触及，但它们毫无疑问地以实体形式存在着，而且对地球生物圈和人类的贡献越来越大。腐植物质的数量可以万亿吨计算。它们分布的范围也非常广泛，凡有生命的地方，就有腐植物质的一席之地。人类早期对腐植物质的认识主要集中于环境科学、土壤生态等领域。随着认知的加深，人类才逐渐将它们看作为一种资源，引入到工业生产中进行综合利用。地球表面的土壤中蕴含巨量的腐植物质，但平均含量不足1%；水体中腐植物质的总量也很大，但浓度更低。因此，土壤和水系统中的腐植物质难以作为资源加以利用。最有希望加以开发利用的腐植物质资源是矿源腐植物质，它们在低级别煤炭中含量最多，主要来源于褐煤、泥炭、风化煤。我国低等级煤炭资源丰富，按照腐植物质含量30%计，矿源腐植物质资源可达50亿吨以上，利用价值非常可观。因此，深入了解地球中如此大量的腐植物质的性质和综合利用方式是有必要的，也是亟须的。这都寄望于科研工作者的不懈努力，有所发现，有所作为。

1.2 腐植物质的生成转化

腐植物质是由动植物遗骸在微生物以及地球物理、化学作用下，经过一系列分解和转化形成的一类天然有机大分子聚合物，最终富载成低等级变质煤组分，这一结论几乎成为学界的共识。有关腐植物质（以前国内混称为腐植酸/物）的形成机理的学说，经历了相当漫长的研究、争论和渐进统一的过程。目前，腐植物质的生成机理学说主要包括糖-胺合成理论、木质素-蛋白质合成理论、木质素-丙酮醛-氨基酸合成理论以及多酚合成理论。现代腐植物质形成模型，基本上是建立在 Flaig 和 Stevenson 提出的多酚理论基础上的。

1.2.1 腐植物质的生成理论

1.2.1.1 糖-胺合成理论

以 Maillard 和 Marcuson 等人为代表的研究学者提出了糖-胺合成学说，该学说认为，动植物残骸中纤维素被微生物分解后形成了低分子糖类物质，这些物质自身经过芳构化形成缩合芳环或呋喃环，然后进一步转化形成腐植物质。具体来讲，微生物代谢产物中的含氮化合物（氨基酸等）的氨基，与非酶解过程产生的还原糖中的醛基发生缩合作用，形成希夫碱和氮取代的氨基葡萄糖，经过一系列重排、失水、断裂作用形成了 3-碳链的醛和酮，进而聚合成为无定形的"黑蛋白素"，认为这便是腐植物质。这些反应都属于纯化学作用，微生物仅将蛋白质分解成氨基酸、把碳水化合物分解成低分子糖，除此之外，微生物对腐植物质的合成没有起到直接作用。

1.2.1.2 木质素-蛋白质合成理论

以 Waksman 为代表的研究学者提出木质素-蛋白质合成理论，他们认为，木质素失去甲氧基后生成邻位羟基，苯酚脂肪链被氧化成羧基，酚则被氧化成醌，并与氨类和含氮有机物一起在微生物作用下发生氨缩合反应，先生成腐黑物，然后再形成胡敏酸类（高分子量腐植物质），最后形成黄腐酸类（低分子量腐植物质）。在整个演变过程中，难溶的大分子组分如角质、软木脂、黑色素等均参与了反应。微生物还将一部分不稳定组分矿化最终降解为二氧化碳和水。

1.2.1.3 木质素-丙酮醛-氨基酸合成理论

Enders 在 Waksman 等学者提出的木质素-蛋白质合成理论上进一步发展并提出了木质素-丙酮醛-氨基酸合成理论。他认为腐植物质的生成与 Waksman 理论中提出的次序正好相反，木质素自身可以生成贫氮的腐植物质，而且纤维素、半纤维素均可以被微生物分解成丙糖，再氧化为丙酮酸；动植物残骸体内的丙酮酸与蛋白质降解得到的氨基酸以及木质素降解生成的酚类共同缩合成黄腐酸和棕腐酸，然后再聚合成胡敏酸，最后形成我们熟知的年轻褐煤。

1.2.1.4 多酚合成理论

目前学术界更倾向于多酚合成理论。它与ДparyHOB、Flaig 和 Stevenson 的学说一脉相承，并发展了 Enders 木质素-丙酮醛-氨基酸合成理论。多酚合成理论认为，纤维素、半纤维素的葡萄糖苷、单宁酸以及其他非木素物质，只要能被微生物转化利用，几乎都能转化成为多酚，它们在多酚氧化酶作用下又可转化为醌，再与氨基化合物反应，缩合成黄腐酸，最后聚合成胡敏酸和腐黑物。该理论肯定了反应的复杂性和多样性；不仅有酚-醛缩合，而且还有中间体的复杂偶联反应，多肽、蛋白质、氨基酸、糖类等都可能共价结合到胡敏酸大分子中。

1.2.2 腐植物质的转化历程

20 世纪初关于腐植物质生成机理的阐释百花齐放，随着人们对胡敏酸化学结构的进一步研究和认识，到 20 世纪中期几乎都统一到微生物降解合成反应历程学说上来。Breger 研究结果表明，由胡敏酸和黄腐酸中萃取出来的正构烷烃和酸类化合物，$C_{14} \sim C_{22}$ 占绝大部分，且偶数碳/奇数碳（平均值）分别为 9.6 和 2.6，与微生物的烃类碳分布极为相似，这成为微生物生成机理的有力证据。但是，在微生物转化的具体历程上仍存在不同意见，主要包括以下假说。

（1）植物木质素残留假说。植物碳水化合物等组分都可以被微生物降解完全，只留下难降解的木质素等被腐殖化，先生成胡敏酸和腐黑物，进一步降解为黄腐酸乃至二氧化碳、水。

（2）化学聚合假说。植物残体被降解为小分子化合物后，细菌微生物将其作为碳源和能源，合成酚类和氨基酸等化合物，进一步在环境中氧化-聚合生成腐植物质。但原始植物组成性质与生成的腐植物质类型无关。

（3）细胞自溶假说。腐植物质均是动植物和微生物死亡后细胞自溶的产物，生成的细胞断片如含糖类、氨基酸、酚类及其他芳香化合物，经过游离基缩合与聚合反应，最终生成腐植物质。

（4）微生物合成假说。活性微生物前期以植物残骸作碳源和能源，首先在细胞间合成高分子类有机物质，微生物死亡后，这些物质被释放到土壤中，就作为腐殖化最初阶段的产物，其后再由细胞外的微生物降解成胡敏酸和黄腐酸，最终转化成为二氧化碳、水。

由于地球表面的微生物化学作用极为复杂，腐植物质生成不可能是一种简单的统一转化模式，后三种转化历程都存在（各种过程可能同时发生，或者交错进行）的可能性是比较大的。现代腐植物质形成模型，基本上是以 Flaig 和 Stevenson 提出的多酚理论为基础的。

以多酚理论为基础的腐植物质微生物简单转化历程如图 1-1 所示。实际参与反应的主体物质——多酚是一个综合概念，它们既来自植物组织本体和木质素氧化解聚，也来自多糖降解-氧化形成的酚酸类（如奎宁酸、莽草酸），甚至包括木质素本身。它们都可能直接合成或与氨基酸缩聚成为腐植酸。

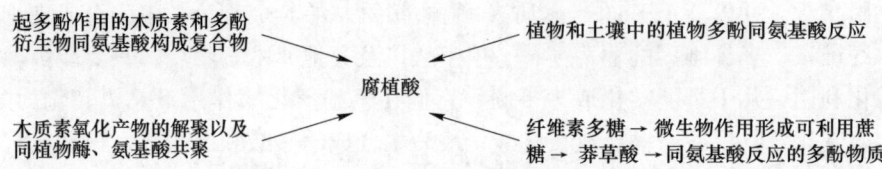

图 1-1　多酚来源及腐植酸形成简单模式

Varadachari 等人在 Stevenson 多酚理论的基础上，绘制了一个更详细的模式，如图 1-2 所示。这个模式较全面地解释了上述多酚合成腐植物质的机理：（1）木

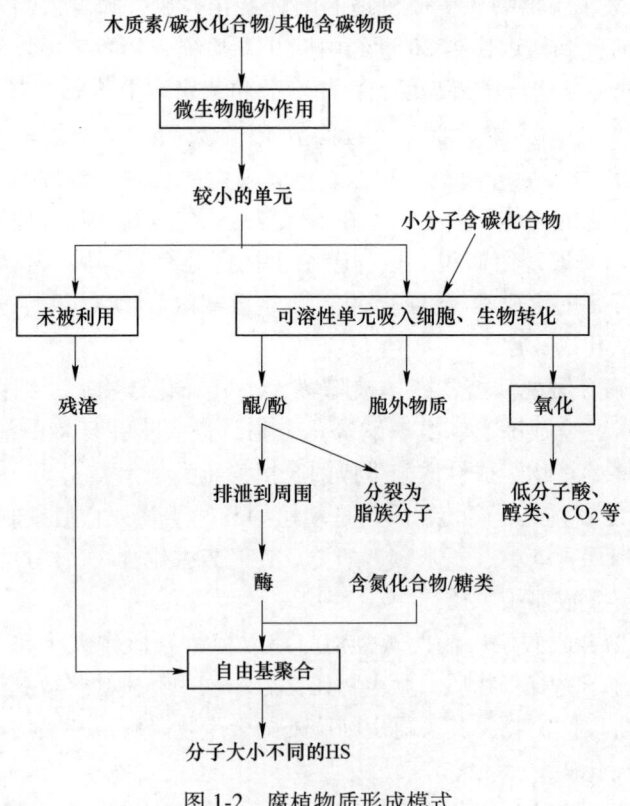

图 1-2　腐植物质形成模式

质素、碳水化合物等任何含碳有机物，只要可以被微生物利用，就可能转化成酚酸和醌类化合物，连同氧化酶一起经溶菌作用被排出微生物体外；（2）可以利用和转化酚类物质的微生物对腐植物质形成有直接作用，即微生物本身及其代谢产物都成为腐植酸的前驱体；（3）中、后期的转化是在酶作用下酚-酚（醌）之间、酚-氨基酸以及多肽、杂环氮化物之间发生自由基聚合反应；（4）转化路线基本是按黄腐酸→腐植酸（胡敏酸为主）→腐黑物进行，也不排除后二者解聚为黄腐酸的可能性。

1.2.3　腐植物质的生成前期特征

现代理论认为，几乎所有的植物组织和化学组分都参与腐植物质的形成过程，只是分解转化的程度不同。这个转化过程主要分为两个阶段：（1）植物残骸在微生物作用下分解成相对简单且极其活泼的化合物，这个阶段主要是生物化学过程；（2）生成的简单化合物进而合成残骸中原来不存在的新物质，即腐植物质，该过程包含化学过程和生物化学过程。

研究人员利用草本植物的根和叶，接种孢子细菌、纤维黏菌、霉菌等微生物，观察其组织的变化，发现在 14~200d 内均可以形成腐植物质。通过显微观察看出，30~60d 后木质部的薄壁组织已被大量分解掉，组织细胞中还可以发现大量纤维黏菌，但淀粉与木髓射线消失，原生质逐渐转变成褐色的腐植物质，而导管纤维、皮层组织得以基本保留下来（见图 1-3）。腐殖化后残留物的质量仅为原植物残骸干重的 50%~75%，说明 25%~50% 的残留物被分解。化学组成研究表明，腐殖化后纤维素减少，蛋白质和半纤维素含量变化不大，木质素含量几

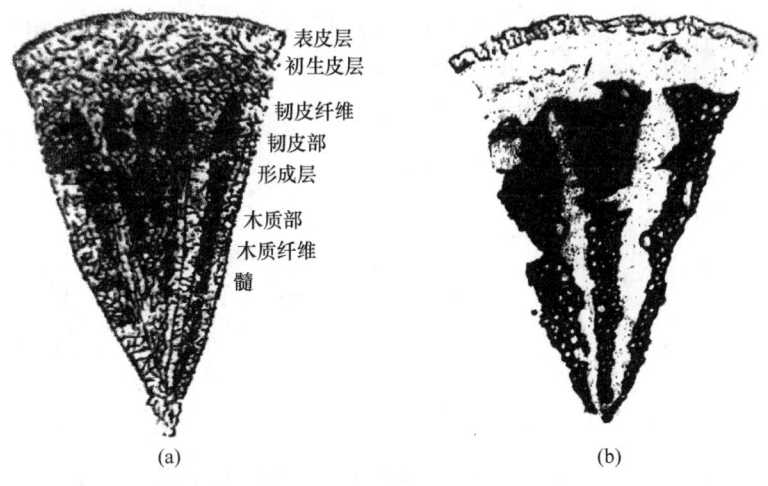

表皮层
初生皮层

韧皮纤维
韧皮部
形成层

木质部
木质纤维
髓

(a)　　　　　　　　　　　(b)

图 1-3　冰草根腐殖化前后的显微组织结构
（a）原植物组织切片；（b）腐殖化后的切片（接种微生物 2 个月后）

乎不变，说明在腐殖化初期碳水化合物首先被分解，参与并形成腐植酸的前驱物质，而木质素及其他组分可能在后期发生转化。

植物残骸中的纤维素、半纤维素和木质素占其有机质总量的70%以上，是形成腐植酸的主要原始物质。由于腐殖化初期的反应种类繁多，有些反应历程还没有得到证实，但其中基本的反应如下。

1.2.3.1 纤维素、半纤维素的转化

纤维素和半纤维素含量约占植物组织的50%~60%。植物死亡后，好氧细菌通过纤维酶的作用将纤维素水解成葡萄糖等单糖，再进一步将其氧化至最终产物（二氧化碳和水）。

$$(C_6H_{10}O_5)_n \xrightarrow{\text{细菌、酶、水}} \underset{\text{单糖}}{nC_6H_{12}O_6} \xrightarrow{nO_2} nCO_2\uparrow + nH_2O \text{ (放热)} \qquad (1-1)$$
$\underset{\text{纤维素}}{}$

糖类在环境缺氧条件下，被厌氧细菌作用发酵生成丁酸、甲烷、乙酸、二氧化碳、氢和水等，其中丁酸、乙酸可能同其他物质进一步缩合生成缩聚物并参与腐植酸的形成。

$$3C_6H_{12}O_6 \longrightarrow 2CH_3(CH_2)_2COOH + 2CH_3COOH + 2H_2O + 2CH_4\uparrow + 4CO_2\uparrow \qquad (1-2)$$
$\quad\underset{\text{单糖}}{}\qquad\qquad\qquad\underset{\text{丁酸}}{}\qquad\qquad\quad\underset{\text{乙酸}}{}\qquad\qquad\underset{\text{甲烷}}{}$

半纤维素在细菌作用下被水解成为乳糖、甘露糖、阿拉伯糖、木糖等单糖，而后的反应与纤维素的过程接近。

Enders 提出，假如降解环境不利于微生物生长，上述反应历程则发生变化，即纤维素不是水解-氧化成葡萄糖和丁酸等，而是生成丙糖，进而氧化为极具活泼性的丙酮醛，再缩合成醌，或与蛋白质或氨基酸缩合成低分子量腐植酸，继续缩合成为大分子腐植酸。反应历程如图1-4所示，碳水化合物在缺氧条件下有可能转化为芳香化合物。

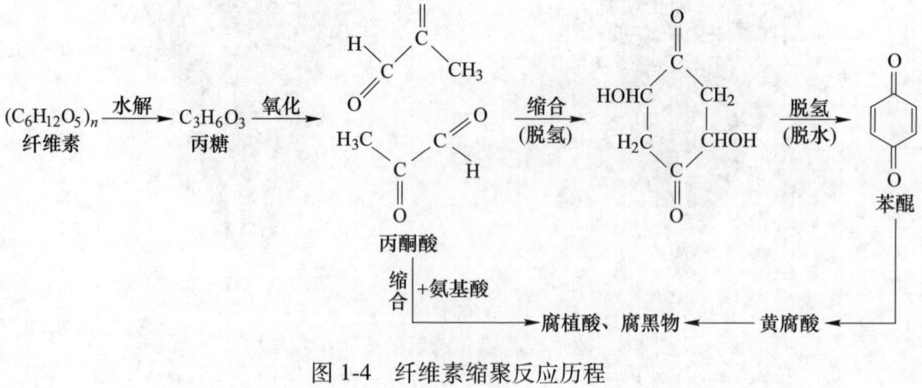

图 1-4 纤维素缩聚反应历程

Davis 等人提出了糖类芳构化的证据（见图 1-5），即厌氧细菌微生物促使葡萄糖转化形成环状的奎宁酸和莽草酸，后者是碳水化合物和芳香化合物的中间产物，进而继续转化为原儿茶酸类芳香体。

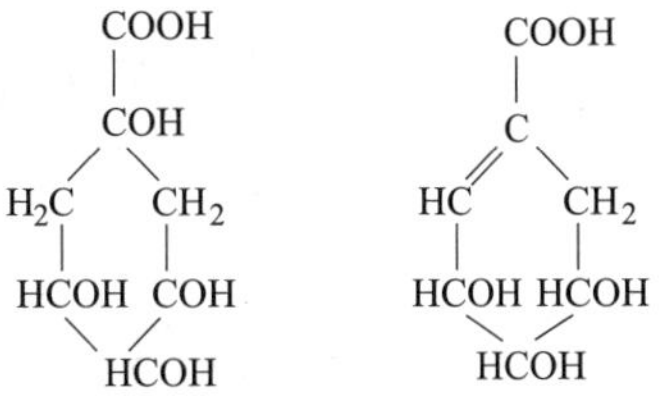
COOH
COH
H_2C
CH_2
HCOH COH
HCOH
COOH
C
HC
CH_2
HCOH HCOH
HCOH
(a) (b)

图 1-5 糖类的部分环构化产物
（a）奎宁酸；（b）莽草酸

1.2.3.2 木质素、酚类的转化

高等植物中木质素的组成占 20%～40%，是形成腐植物质的重要组分。木质素降解产物主要是酚类物质，其他酚类是植物组织中原有的少量游离酚和微生物用糖类合成的。20 世纪不少学者提出的“多酚转化理论”之间差异很大，但都接近于 Flaig 提出的假说：首先氧化形成醌类（特别包括醌丙醇 quino＝CH—CH_2—CH_2OH），醌形环破裂形成活泼的酮酸，酮酸再缩合成多环体系，部分反应历程如图 1-6 所示。

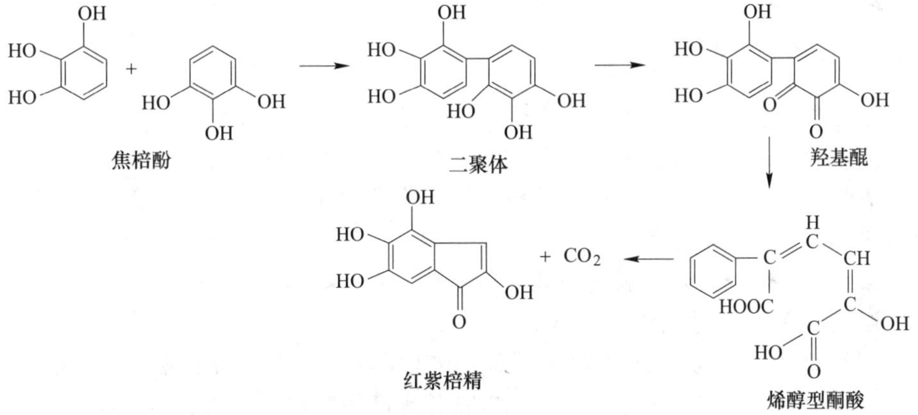
焦棓酚
二聚体
羟基醌
红紫棓精
烯醇型酮酸
+ CO_2

图 1-6 酚类的氧化-缩聚反应历程

在酚类、醌类与氨基酸之间会发生偶联反应［见式（1-3a）］，可能发生在酚基上，或者发生醌的邻位取代反应［见式（1-3b）］，这些都是腐植酸形成过程中的重要反应。羟基醌（电子接受体）-氨基酸（电子给予体）人工合成腐植酸与天然腐植酸的化学结构非常接近，而且许多腐植物质、霉菌或细菌，都是从羟基醌衍生出来的顺磁性化合物，这已被公认为是腐植酸成因的主要历程之一。

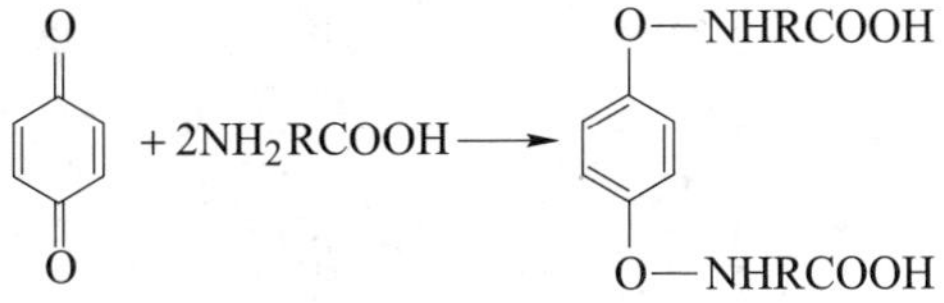
O
O
+ $2NH_2RCOOH$
O—NHRCOOH
O—NHRCOOH
（1-3a）

$$\text{(1-3b)}$$

1.2.3.3　蛋白质的反应

在微生物酶的作用下，蛋白质首先被水解为氨基酸。氨基酸进而可能在好氧或厌氧性氨化细菌作用下被水解、氧化或还原为脂肪酸，并释放出 NH_3 和 CO_2。

$$NH_2CH_2RCOOH + H_2O \xrightarrow{\text{水解酶}} RCHOHCOOH + NH_3\uparrow \qquad (1\text{-}4)$$

$$NH_2CH_2RCOOH + O_2 \xrightarrow{\text{氧化酶}} RCOOH + CO_2\uparrow + NH_3\uparrow \qquad (1\text{-}5)$$

$$NH_2CH_2RCOOH + H_2 \xrightarrow{\text{还原酶}} RCHCOOH + NH_3\uparrow \qquad (1\text{-}6)$$

氨基酸以及后续分解产生的脂肪酸甚至氨，都能与酚、醌类发生反应生成腐植物质。木质素衍生物与蛋白质之间也可能通过希夫碱反应生成腐植物质。

1.2.4　腐植物质生成的影响因素

在起源和发育初期，土壤、水体、煤炭中腐植物质的生成机理及过程接近，但中后期的沉积、聚合、老化等过程则是煤炭腐植物质所独有的。煤炭腐植物质的生成除了早期的生化过程外，还包括地质化学过程。土壤、水体腐植物质的形成几乎都是生物化学过程。

第 2 章将详细讲解煤炭腐植物质的生成及影响。本部分重点介绍影响土壤、水环境腐植物质的主要因素。

（1）土壤腐植物质的生成。土壤腐植物质在自然界中分布最广。植物残骸进入土壤后，通过降解转化成为不同腐殖化程度的腐植酸。然而植物残骸转化为土壤腐植物质需要水、光、温度、空气、酸碱度、矿物离子种类和强度、微生物的种类与活性等。通常，生成土壤腐植酸的条件为：通气、水分保持良好、无机质丰富、气候温和、植物生长繁茂、土壤微生物活动密集等。

（2）水体环境腐植物质的生成。水体腐植物质主要是浮游生物产生的，少量来源于陆地土壤腐植物质和动植物残骸。依据光化学理论，水生、陆生腐植物质之间的生成机理不同。水生腐植物质的产生除部分受微生物影响外，最主要受光化学作用影响。阳光的光子辐射作用促使天然水中生成适量的 H_2O_2，激发水中有机质发生氧化降解-自由基合成反应，最终生成腐植物质。水体中腐植物质一般以脂肪结构为主，分子量较小，其性质与陆地腐植物质性质存在较大差异。

1.3　腐植物质利用面临的问题与应用前景

我国腐植物质资源遍布大江南北，种类齐全，储量丰富，为开发利用提供了很好的物质基础。近年来我国腐植物质的研究和产业已有长足的进步，综合利用前景非常广阔。人们使用的各种处理剂、肥料、农药、吸附材料、化学品和药物等，凡是涉及到工业、绿色环保和食品安全的，都有可能与腐植物质的开发利用联系起来。但作为腐植物质资源大国，我国目前的腐植物质科技和应用无论从深度还是广度来看，都不太适应国家经济发展的需要，与发达国家水平相比有较大的差距，腐植物质特别是煤炭腐植酸的潜在优势并未得到充分发挥。因此，我国对腐植物质的研究重点应放在应用基础研究、技术开发和大规模生产等方面，进一步提升腐植酸资源综合开发利用水平。

1.3.1　在生产技术、评价标准方面的问题

腐植物质的常规开发利用并不需要非常复杂和现代化技术。但我国常规的腐植物质生产技术、加工工艺和设备普遍比较落后和简陋，在生产和应用上还有许多悬而未决的问题。有些老生产工艺操作过程始终存在明显的缺点，已不能适应腐植酸产业日益发展的形势，如原料的除杂及品质的提升、制剂的纯化、腐植酸胶体的固液分离、固体产品的浓缩-干燥、液体产品的稳定和抗絮凝等技术问题，都急需更先进的生产技术。以前的研究重点基本是围绕腐植酸分子结构、配位、吸附、生物活性等。

腐植物质具有广泛的应用性能，但它们与环境污染物的固定和转化技术、与金属离子螯合技术、应用的结构-活性与效果评价等尚未彻底解决，这些问题极大地影响着腐植物质的技术推广应用。以前，腐植酸企业生产的大多产品无国家或行业标准可依，只能自行制定企业标准，检测指标和方法各不相同，使得腐植酸产品在市场流通中产生很多纠纷。随着腐植酸行业的发展，对腐植酸相关产品科学、规范、专业标准的需求也与日俱增。虽然现在制定颁布了一些标准，仍不能满足实际需求，并且现行标准中仍存在着一些问题制约着标准的使用。特别是急需改变测定方法比较陈旧、标准不太统一的现状。通过制定和改进技术标准，使腐植酸产品步入科学化、正规化的良性发展轨道上去。

1.3.2　在工业、生态环保领域的应用前景

我国社会经济已进入生态可持续发展轨道，逐步贯彻资源节约与循环再生、环境友好的宗旨。大力发展绿色产业，将是不可逆转的历史潮流。随着社会经济的发展，腐植物质（腐植酸产品）在铅蓄电池阴极板膨胀剂、陶瓷增强剂、肥料增效剂应用领域依然保持稳定发展的势头，成为不可替代的必需品；石油和天然气钻井液处理剂（腐植酸钠、磺化腐植酸与各种单体的接枝共聚产物）仍然是用量最大、效益最高的工业应用产品，但在质量和技术水平上仍落后于发达国家。在重金属污染废水或其他污染物废水净化剂、冶金矿粉成型黏结剂、冶金分

离试剂、水煤浆添加剂、防腐和染色材料、包覆材料等化工、冶金与材料方面的应用也是有前景的领域，目前国外仍处在基础研究和技术开发阶段，我国也有不少项目通过工业或半工业试验。未来我们应该充分发挥矿源（煤炭）腐植物质资源的原料和价格优势，争取在高附加值产品开发及综合利用方面有所突破，进入工业化应用阶段。

1.3.3 在农业、健康医药领域的应用前景

腐植物质资源的开发与应用不仅仅是提高农业经济效益的权宜之计，而且已经成为生态可持续发展战略的组成部分，应该纳入国家经济建设和生态建设规划。除传统的腐植酸农业产品要继续保留外，应适应世界肥料多元复合化、缓释-长效化、无公害化的发展方向，逐步开发更经济适用的腐植酸新型环保肥料。重点提高腐植酸肥料化学和生理活性，强化腐植酸与无机营养元素的有机结合和合理转化，在保证质量的前提下，不断降低成本和售价，推动高效腐植酸功能肥料、生物肥料、生物农药等各种高新腐植酸产品的产业化进程，以适应现代农业发展的需求。我国正实施的有关生态脆弱地区的维护和治理的大型生态建设项目，也为腐植酸产品的应用提供了巨大的发展空间。特别是含腐植酸的农药复合制剂、可降解地膜、植物生长抗逆剂、吸水剂、阻垢剂等的开发和应用，符合无毒、可降解的绿色环保理念，前景非常广阔。

腐植酸在抗炎、抗溃疡、活血止血、调节内分泌、提高免疫力、促进微循环、防治某些疾病方面有较明显的作用。某些腐植酸药物在医院内部临床试用，有的医药生产厂取得了腐植酸医药和兽药生产许可证，将产品推向市场。目前国外存在不少腐植酸医疗应用的报道。尽管腐植酸没有明确的分子式，但作为廉价、低毒、副作用小的药物仍具有非常好的应用价值。未来人们将继续在腐植酸样品来源、提纯、标准化和治疗机制上开展工作，解释清楚腐植酸结构、生理活性和药效的关系，争取有重大发现和突破。

2 矿源腐植物质资源提质 与分离方法

矿源腐植物质，特别是煤炭腐植酸资源丰富，容易开采，可以为大批量腐植酸制品的生产提供原料。目前国内开展的腐植酸综合利用，主要以褐煤、风化煤和泥炭为原料，这也是低等级变质煤炭资源规模化开发利用的重要方向。

对腐植物质（腐植酸）产品的生产来说，首先面临的就是原料来源及资源品质问题。以生产为目的，要选择腐植酸含量高、易于加工的资源；对品质不太高的原料，可以通过人工处理提高原料中腐植酸的含量和活性。腐植酸的提取、分离、纯化等程序，是腐植酸研究前期必需的基本过程。本章重点介绍矿源腐植物质资源的来源、纯化、提质等精炼过程。

2.1 低等级煤（矿源）的基本特征

2.1.1 泥炭特征

泥炭（草炭、泥煤）是植物残骸腐殖化初期阶段的产物。泥炭自然状态下含水量非常高，外观大多呈棕色到褐色（见图 2-1）。分解程度较深的泥炭呈海绵状或可塑状；分解程度较浅的呈纤维状，依然保留着较多植物残骸组织。

图 2-1　泥炭的外观图

泥炭腐殖化过程的条件是：

（1）具备植物残骸与空气隔绝的物理条件。覆水达到一定深度，水的流动情况保持稳定。

（2）具备维持微生物化学活性的良好条件。多数细菌在中性和弱碱性环境中（pH 值为 7.0~7.5）繁殖最快，需要提供良好的介质 pH 值和氧化还原电位。

微生物对植物各种组织稳定程度的作用存在明显区别。脂肪、蜡质和树脂一般比较稳定，不易被微生物降解，色素得以长期保留。叶绿素通过分子内部重排而变成较为稳定的卟啉。纤维素则在较短时间内就分解为单糖类。木质素是形成腐植物质的主要物料。配糖物则水解成为糖类、皂角甙配质和氢醌衍生物。蛋白质自身的多肽键断裂并进一步生成氨基酸。上述的各种分解产物都含有大量活性官能团和活泼的 α-氢，产物之间相互反应，进而合成了新的产物，植物残骸就逐渐转化成为腐植物质和沥青。

从不同的来源与标准出发，泥炭的分类如下：

（1）按地表存在形态，可分为现代泥炭和埋藏泥炭两类。现代泥炭是在目前的沼泽里裸露在地表并仍在继续形成和积累的泥炭；埋藏泥炭是在很久以前的沼泽中形成，但早已被不同厚度的泥沙层埋在地下的泥炭。

（2）泥炭按形成条件和植物群落，可分为低位、中位和高位泥炭。

（3）泥炭按国际通用分类法，分 3 大类（9 种），即：1）按植物组成，藓类、苔草、木本泥炭；2）按分解程度，强、中和弱分解；3）按营养状况，贫、中和富营养（见表 2-1）。中国煤炭学会按灰分和分解度，将我国泥炭分为 8 个类型（见表 2-2），对我国泥炭及其腐植物质的利用具有指导意义（参见文献 [3]）。

表 2-1　国际泥炭通用分类

分类方法	植物组成	分解程度	营养状况
泥炭类型	藓类泥炭	弱分解	贫营养
	苔草泥炭	中分解	中营养
	木本泥炭	强分解	富营养

表 2-2　中国各类泥炭的形态特征及其利用途径

类型	分类指标		形态特征	利用途径
	灰分/%	分解度/%（纤维含量/%）		
低灰分低分解泥炭	<25	<20（>60）	（1）植物残体组成以藓类为主；（2）结构多呈纤维状；（3）颜色多为淡黄色至黄棕色	（1）生产优质建筑材料；（2）用作优质净化吸附材料；（3）提取水解物质；（4）用作贮藏水果和蔬菜材料；（5）用作垫褥材料

续表 2-2

类型	分类指标		形态特征	利用途径
	灰分/%	分解度/% （纤维含量/%）		
低灰分 中分解 泥炭	<25	20~40 （40~60）	（1）植物残体组成以草本为主；（2）结构多呈细纤维状；（3）颜色多为褐色、灰褐色	（1）制备优质营养土和营养钵；（2）用作净化吸附材料；（3）生产建筑材料；（4）提取腐植酸类物质；（5）用作燃料
低灰分 高分解 泥炭	<25	>40 （<40）	（1）植物残体组成以木本为主；（2）结构多呈短小纤维状；（3）颜色多为暗棕色	（1）提取腐植酸类物质的优质原料；（2）提取泥炭蜡的优质原料
中灰分 低分解 泥炭	25~50	<20 （40~60）	（1）植物残体以草本为主；（2）结构多呈纤维状；（3）颜色多为褐色、灰褐色	（1）生产建材原料；（2）制备营养土和营养钵；（3）制作净化吸附材料
中灰分 中分解 泥炭	25~50	20~40 （40~60）	（1）植物残体以草本为主；（2）结构多呈细纤维状；（3）颜色多为棕褐色	（1）制备腐植酸复合肥料；（2）提取腐植酸类物质
中灰分 高分解 泥炭	25~50	>40 （<40）	（1）植物残体以草本为主；（2）结构多呈细小纤维状；（3）颜色多为褐色至暗褐色	（1）制备腐植酸复合肥料；（2）提取腐植酸类物质
高灰分 中分解 泥炭	50~70	20~40 （<40）	（1）植物残体以草本为主；（2）结构多呈细小纤维状；（3）颜色多为暗褐色	（1）制备各种泥炭堆肥；（2）用作改良土壤
高灰分 高分解 泥炭	50~70	>40 （<40）	（1）植物残体以草本为主；（2）结构多呈土状；（3）颜色多为黑褐色	（1）制备各种泥炭堆肥；（2）用作改良土壤

资料来源：中国煤炭学会泥炭专业委员会资料，1982 年 11 月执行。

泥炭从化学角度看，主要由有机物质和矿物质组成，其中，有机物质由腐植物质和未完全分解的植物残骸组成，也可以看作是由固体、水和气体组成的多分散、高分子量的有机-无机复杂体系。从化学族组成来看，包含沥青质（凋亡植物残存和变质演变成的蜡、树脂及微生物合成-代谢的蜡质，为苯抽提物）、易水解物（稀酸分解和分离出的半纤维素和部分黄腐酸）、难水解物（浓酸降解的纤维素等产物）、不水解物（主要是木质素）和腐植酸（碱抽提出的组分）。

国内泥炭中有机质含量比国外泥炭低，一般为 50%～70%，而日本北海道为 68.2%，美国明尼苏达达到 79.8%，俄罗斯可高达 90%。有机物质中植物残留大部分是纤维物质，中国泥炭中为 30%～60%。这和生成泥炭的植物种类有关，木本泥炭一般为 30%～40%，木本-草木或草木-藓类泥炭为 40%～60%，泥炭藓泥炭大于 60%。泥炭中的矿物质除少量是原始植物本身携带外，主要是由地表水和地下水冲积而来。中国泥炭灰分普遍较高，含量约 30%～50%。其灰分组成中 SiO_2 占 50% 以上、Al_2O_3 占 13%～20%、Fe_2O_3 占 3%～10%、MgO 和 K_2O 占 3% 以下、CaO 含量变化较大，1%～10.18%。中国泥炭中腐植酸含量一般为 20%～40%，随泥炭分解程度增高而增加。

泥炭的性质主要由组成物质和分解程度所决定。泥炭性质一般是以分解度、自然湿度、持水量、密度、容重、孔隙度、酸碱度等指标来表征。分解度（R）反映造炭植物的生物化学转化的程度，也就是泥炭中失去植物细胞结构的无定形物质（包括初步腐烂的残骸和腐植物质）的含量，是最主要的一个指标。泥炭分解度变化范围很大，一般在 20%～70%。新开采的样品水分一般在 70%～90% 之间。含水量与泥炭类型、灰分和分解程度有关，分解度越高，水分越小。持水性是泥炭干物质吸收和保持水分的百分比。中国泥炭持水量一般为 500%～700%。泥炭的酸碱性与类型、形成环境有非常密切关系，pH 值一般为 2.5～5.8，高 Ca 的泥炭 pH 值可达 7～7.5。在干旱、盐碱地区形成的泥炭，pH 值往往呈碱性。泥炭沥青、腐植酸、易水解物、纤维素、木质素等组分的含量，都与分解度有关。表 2-3 为各地泥炭的测定数据，从利用腐植酸的角度考虑，选用低位、高分解度泥炭为宜。

表 2-3   三类泥炭的大致组成性质

泥炭类型	物理性质				化学组成（daf[①]）/%				
	分解度 R/%	湿度 /%	灰分（干基）A_d/%	pH（KCl）	沥青质	易水解物	HA	纤维素	木质素
低位	34	88	7.6	5.1	4.2	25.2	40	2.4	12.3
中位	31	90	4.7	4.1	6.6	23.9	37.8	3.6	11.4
高位	23	91	2.4	1.2	7.0	35.8	24.7	7.3	7.4

①daf—干无灰基，下同。

我国泥炭储量 124.96 亿吨，居世界第四位，大致分布在东北寒温和温带山地、华北温带平原、长江中下游、青藏和西北高原。四川（52 亿吨）和云南（21.1 亿吨）是储量最大的省份，占了全国总储量的 59%。泥炭可以利用硝酸氧化制取硝基腐植酸和草酸。灰分较低的泥炭经过炭化、活化以后可制取活性炭。氨化后的泥炭是农业化学性能良好的有机肥料。高沥青含量的泥炭用苯、醇等溶剂萃取，得到的蜡和树脂是具有较高价值的精细化工产品。泥炭经磺甲基化以后，可以生产混凝土减水剂和石油钻井泥浆处理剂。在环保领域，泥炭可以净化水质，也可以作为吸油剂消除海洋污染。

2.1.2 褐煤特征

2.1.2.1 基本特征

褐煤是指煤化程度最低的矿产煤种，它是泥炭经过成岩阶段而形成的产物，其外观呈浅褐色到深褐色，可分为土状褐煤、暗褐煤和亮褐煤（见图2-2）。与泥炭的主要区别是，褐煤基本不保存未分解植物的残体，水分较少，碳含量增高。也有一些木质褐煤、柴煤等年轻褐煤仍保留着原始植物的外形结构（年轮、心线），或含有或多或少的沥青（即褐煤蜡）。

图 2-2 褐煤的外观图

按照中国煤炭的分类方法，根据透光率（PM），褐煤分为年轻褐煤（$PM \leqslant 30\%$）和年老褐煤（$PM > 30\% \sim 50\%$）。其他国家的褐煤分类方法与中国有所差别，但基本上有一定的对应关系，见表2-4。

表 2-4 五国褐煤分类对照

中国	美国	德国	俄罗斯	日本
年轻褐煤	褐煤	软褐煤	土状褐煤、暗褐煤	炭质亚炭
年老褐煤	次烟煤	硬褐煤	亮褐煤	黑色褐煤

褐煤腐植酸含量为$10\% \sim 85\%$，煤化程度与腐植酸含量无明显相关性。部分年轻褐煤中的有机组分（包括腐植酸和腐黑物）表面积大，孔隙率高，还含有

一定数量的活性官能团，具有较强的吸附、螯合、氧化、还原、离子交换等性能，经适当机械处理或化学改性就可以制成吸附剂。一些年轻褐煤碳含量较低，沥青质含量较高，适合于作为提取腐植酸和（或）褐煤蜡的原料，也可用于化学加工制取再生腐植酸和其他制剂。

褐煤性质主要包括工业分析、元素分析等。云南褐煤是煤化程度较低的年轻褐煤，其质量因产地也有差异。表 2-5 为云南主要褐煤田煤质情况。表 2-6 为几个国内外有代表性的褐煤样品分析结果。对于工业分析，干基灰分在 5%~25%，分析基水分 10%~20%，挥发分 40%~60%；对于元素分析，碳（C）60%~70%，氢（H）4.8%~6.4%，氧含量一般在 20% 以上；化学活泼性较好，腐植酸含量普遍较高。

表 2-5　云南主要褐煤田煤质情况

煤田	分析基水分 w(质量分数)/%	干基灰分 A(质量分数)/%	干燥无灰基挥发分 V(体积分数)/%	全硫 $w(S)$/%	游离腐植酸 HA/%
昭通	10~14	20~33	55~59	1~3	30~40
小龙潭	10~26	12~42	50~60	0.51~6.6	10~23
跨竹	9~12	16~32	56~61	1.5~8	62~66
凤鸣村	10~12	13.7~26.7	54~55	1.5~2.8	30
罗茨	12.6~13	21.8~25.3	57.5~59	0.39~1.1	30
先锋	10.62	9.95	40~49	1.3	16.65~36.23

表 2-6　若干典型褐煤样品分析结果

产地	类型	工业分析/%			元素分析（daf）/%				
		A_d	HA_d	FA_d	C	H	N	O+S	H/C[①]
美国北达科他州	风化褐煤	7.7	77.81	—	63.9	4	1.2	30.9	0.75
苏联巴巴耶夫等	土状褐煤	—	20~85		64~67	5~6			
日本中山	柴煤	15.5	7.5	2	67.9	5.5	2.9	23.7	0.97
云南寻甸	年轻褐煤	8.45	53.28	9.82	54.81	5.38	1.46	38.35	1.17
内蒙古霍林河	年老褐煤	7.71	34.91	—	70.27	4.59	1.16	23.98	0.78
内蒙古扎赉诺尔	年老褐煤	12.16	14.55	—	72.29	4.65	1.7	21.86	0.77
山西繁峙	年轻褐煤	27.32	15.74	4.64	67.63	5.86	1.06	25.33	1.21
吉林舒兰	年轻褐煤	47.7	12.24	—	64.95	5.68	1.71	27.63	1.05

①H/C 表示"原子比"，下同。

世界褐煤主要分布于北美、俄罗斯、中国、西欧和日本，总储量约 2.4 万亿吨。我国褐煤的形成主要集中在白垩纪、侏罗纪和第三纪，且以第三纪为主。图 2-3 为褐煤资源在中国的分布情况。中国已探明褐煤储量 1216.09 亿吨，区域分布不平衡，主要集中在内蒙古东北部以及与东北三省相邻地区、云南、海南，吉林舒兰、山东黄县、河北涞源、山西繁峙、广西百色、南宁等地还有零散分布的早第三纪褐煤，浙江天台的少量第四纪年轻褐煤。内蒙古褐煤在我国已探明的褐煤保有储量中位列第一，约占全国褐煤保有储量的 3/4；以云南省为主的西南地区褐煤约占全国储量的 1/5；东北、华北和中南地区的褐煤仅占全国的 5%左右。

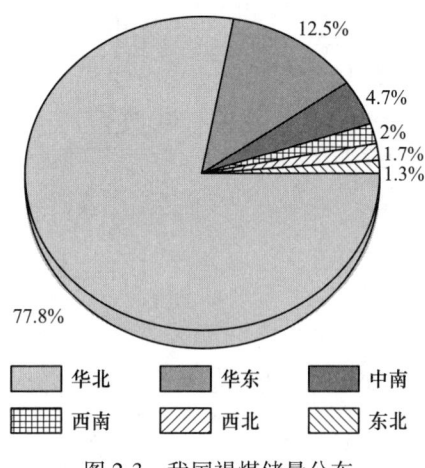

12.5%
4.7%
2%
1.7%
1.3%
77.8%

华北　华东　中南
西南　西北　东北

图 2-3　我国褐煤储量分布

可以通过有机溶剂和碱分离提取褐煤沥青、腐植酸等组分，这是研究褐煤有机质化学组成常用的方法，分离提取流程如图 2-4 所示。

褐煤具有变质程度低、发热量低、水含量高，不宜长距离运输等特点，导致其应用领域和范围受到限制。褐煤含有 40%左右原生腐植酸，在工业、环保、农业等方面应用潜力巨大。采用硝酸氧化法由低灰分褐煤制取硝基腐植酸和硝基黄腐酸具有良好的国际市场。用双氧水或臭氧氧化可以得到水溶性腐植酸，再深度氧化则为低分子煤酸。煤的氧化是褐煤资源化学加工的一条重要途径。褐煤具有比较发达的内表面和含氧官能团，具有吸附、交换、螯合性质。最简单的办法是用酸处理褐煤，除去孔隙中及表面钙镁等矿物质，得到活化褐煤，用于处理含重金属废水。褐煤还具有还原性能，使 Cr^{6+} 还原为 Cr^{3+}，再进行吸附，所以褐煤处理含铬废水有较好的效果。

目前多数国家仍把褐煤当作一种低级燃料，有些国家在其附近建起发电站，直接将褐煤用于发电，还有些国家将其成型，用作取暖燃料。传统的燃烧方法不仅造成褐煤资源的浪费，并且在一定程度上加重了环境污染，因此，加紧对褐煤

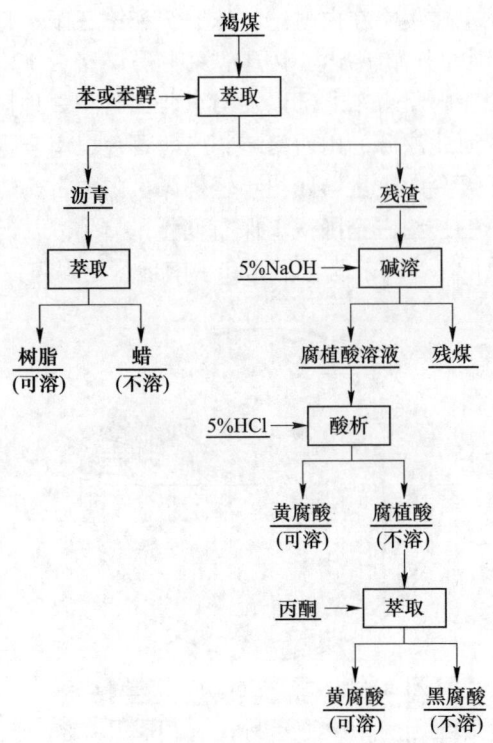

图 2-4　褐煤提取分离流程

的综合利用，加强对褐煤清洁高效利用技术的开发应用具有重要的现实意义。

2.1.2.2　特征测试

以中国云南省昭通煤矿的煤样为例，介绍了褐煤特征的测试和分析方法。首先对样品进行预处理：取适量原样置于干燥箱中在 60℃下初步干燥，然后用颚式破碎机和行星球磨机将煤样粒度磨至 10μm 以下，将细粒褐煤样进一步干燥后，放入试样瓶中备用。

分别参照国标《煤的工业分析方法》（GB/T 212—2008）和《煤的元素分析》（GB/T 31391—2015）对制备的煤样进行工业分析和元素分析，结果见表 2-7。褐煤中水分含量较高，高达 61.6%，造成了运输成本的增加，不利于褐煤的提质利用。褐煤中挥发分含量较高，高达 58.75%。褐煤的变质程度越高，其水分和挥发分的含量都会减少，工业分析表明昭通褐煤的变质程度较低。由元素分析可以看出，褐煤中氧含量较高，达 26%，这是造成褐煤亲水性强的一个重要因素。

表 2-7　煤样的工业分析和元素分析

工业分析含量/%				元素含量/%				
全水分	A_d	V_{daf}	干燥无灰基固定碳	C	H	O	N	S
61.6	19.91	58.75	41.25	67.12	3.54	26	1.56	1.78

　　褐煤中含有大量的腐植酸，以游离腐植酸和结合态腐植酸存在。其中，游离腐植酸指以酸型（H 型）存在的腐植酸，可用氢氧化钠溶液从煤炭原料中直接提取出来；结合态腐植酸就是羧基氢被钙、镁等多价阳离子取代，这类腐植酸不能用氢氧化钠溶液提取出来。游离腐植酸加结合态腐植酸就是总腐植酸，可用焦磷酸钠碱液提取出来。参照国标《煤中腐植酸产率测定方法》（GB/T 11957—2001）测定了褐煤中总腐植酸和游离腐植酸含量，见表 2-8。可以看出，褐煤中总腐植酸含量高达 45.79%，且其中游离态腐植酸占绝大多数，而结合态腐植酸含量很少。腐植酸含有大量的含氧官能团（酚羟基和羧基等），而褐煤中腐植酸含量很高，这与表 2-7 中的元素含量结果相吻合。

表 2-8　褐煤样中腐植酸含量分析

腐植酸种类	总腐植酸	游离腐植酸
含量/%	45.79	42.2

　　褐煤的显微矿相分析有利于直观地认识褐煤中脉石矿物的粒度大小与形貌，并可以大致判定脉石矿物的赋存状态。以一定比例的环氧树脂和三乙醇胺为黏结剂采用冷热加固法制成块煤光片，使用德国蔡司 Axio Scope A1 显微镜在反射光下对光片进行了观察，如图 2-5 所示。褐煤的孔隙多且孔隙率较大，其中矿物颗粒状态主要以团聚的形态分散在各个空隙中，且矿物呈不规则的球形颗粒，粒径大都在 10μm 以下。

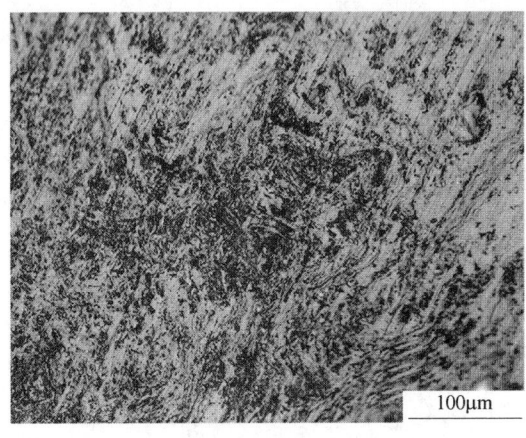

图 2-5　褐煤的显微矿相图

X 射线衍射（XRD）利用晶体中规律性排布的原子所产生的规律性衍射图像来判断分子架构中的原子距离及原子排序方式，进而得出大分子的空间结构，从而确定物质的组成。采用德国 Bruker AXS 公司 D8 Advance 型 X 射线仪，对褐煤样品进行分析。图 2-6 所示图谱分析结果表明，褐煤中脉石矿物主要为石英、高岭石、钙长石。

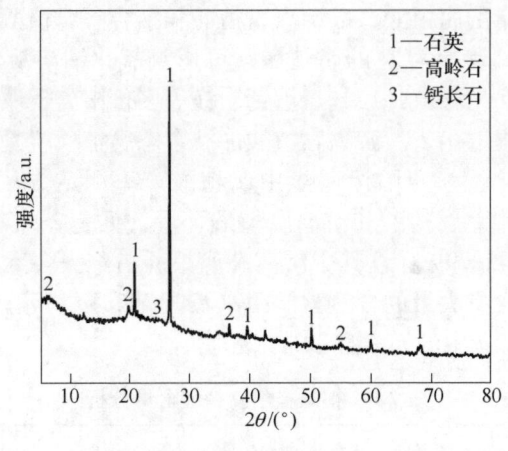

图 2-6　褐煤的 XRD 图

接触角是表征褐煤的亲疏水性的重要参数，接触角越小褐煤越亲水，越大则越疏水。采用上海中晨数字技术设备有限公司生产的 JC2000D 接触角测定仪测定样品的接触角。具体方法如下：先将煤样经加压成型模具压制成直径为 10mm，厚度约 3mm 的具有压光平面的圆柱体试片，放入试样台上，用注射器挤出 2μL 的水滴滴于煤样之上，稳定 5s 后，拍取照片，然后采用量角法对接触角进行测定。每个样品测定 5 次，取平均值。由图 2-7 可以看出，当蒸馏水滴于昭通褐煤

图 2-7　褐煤泥样接触角测试图

样品上时，在褐煤表面形成了比较稳定的接触角，此时采用量角法测定，昭通褐煤的接触角为99.2°，接触角较大，矿物的润湿性整体表现为疏水性较强。

2.1.3　风化煤特征

风化煤是指暴露于地表或位于地表浅部的煤层，在大气中长期经受阳光、雨雪、冰冻以及风沙等一系列影响而产生的一种含有大量再生腐植物质的变质煤（见图2-8）。烟煤、褐煤和无烟煤都可能被风化，通常所说的风化煤大部分是风化烟煤。

图 2-8　风化煤层的外观

煤层长期受到大气中、地下水中各种综合因素影响而导致风化。煤层经风化后，煤的大分子结构变小，并产生大量的再生腐植酸。不仅年轻煤的浅部煤层会受到风化，年老无烟煤的煤层露头也会被风化。煤堆的风化作用一般以年轻的褐煤，长焰煤和不黏结煤较明显，一般是由于水分和气体的大量逸出而使煤块碎裂原因产生。风化煤和原煤在化学组成、物理性质、化学性质和工艺性质等方面有明显不同。

（1）化学组成。煤风化后，C、H含量下降、O含量上升，含氧酸性官能团增加。

（2）物理性质。强度和硬度降低，吸湿性提高。

（3）化学性质。产生再生腐植酸，发热量降低，着火点下降。

（4）工艺性质。黏结性下降，焦油产率减少，气体中CO_2、CO增加，H_2和烃类减少。

由于埋藏和露头程度、矿物质成分、温度、水分含量等环境条件波动很大，所以风化煤中腐植物质含量很不稳定。我国20世纪70年代做过初步普查，风化煤储量非常丰富，特别是内蒙古、山西、新疆、黑龙江、江西、云南、四川、河南等省份，其中内蒙古和山西探明储量分别为50亿吨和80亿吨，其腐植酸含量一般在20%~70%之间，个别达到80%以上。表2-9是几个代表性的风化煤煤质分析结果。从上述情况来看，我国煤炭腐植物质资源非常丰富，但地域分布很不均衡，品质差异也很大。

表 2-9　几个风化煤样品分析结果　　　　　　　（%）

产地	A_d	HA_d	元素分析（daf）				
			C	H	N	O+S	H/C
江西萍乡	19.25	47.9	66.92	2.94	1.59	28.55	0.52
山西灵石	10~20	50~75	68.76	2.73	1.44	27.07	0.48
山西大同	24.83	45.95	68.09	2.4	1.28	28.23	0.42
黑龙江七台河	18~30	40~60	68.05	3.15	1.06	27.74	0.56
新疆米泉	5~12	60~80	61.93	2.59	0.94	34.54	0.5

2.2　低等级煤中腐植物质的产生

低等级煤矿源腐植物质也是经历一般腐植物质相近的演变过程。从起源和发育初期过程来分析，煤炭腐植物质与土壤腐植物质大致相同，但中后期的沉积、聚合、老化等过程则是煤炭腐植物质所独有的。人们常说煤是由腐植物质（腐植酸）演化来的，这只说对了一部分。应该说，只在特定成煤条件下所生成的腐植酸才能变成煤，而土壤腐植酸或其他来源的腐植酸都不会变成煤。土壤腐植酸的形成几乎都是生物化学过程，而煤炭腐植酸的形成除了早期的生化过程外，还要再经受后期的地质化学作用。能否最终变质成煤，还取决于植物种类、堆积数量、沉积环境、储存年代等因素。

煤炭腐植酸形成的历程可以按成煤的几个阶段来分析。成煤过程主要分为两个阶段：泥炭化阶段和煤化阶段，后者又分为成岩和变质两个次阶段。成煤之后又可能遇到自然界的风化作用。泥炭和成岩阶段生成的腐植物质称为原生腐植酸，而风化作用生成的腐植物质称为天然再生腐植酸。

2.2.1　泥炭化作用阶段

泥炭化作用又称生物化学煤化作用（bio-chemical coalification）。泥炭化作用是一个复杂的物理、化学变化过程。高等植物遗体，在泥炭沼泽中经受复杂的生物化学和物理化学变化，使碳含量增加，氧和氢含量减少，转变成泥炭。泥炭化的完成至少需要 3 个条件：（1）植物生长必须茂盛，以保证获得大量连续不断的残骸堆积；（2）周围水分必须保持充足，使得植物残骸隔绝空气，且保持水的稳定；（3）微生物生存环境保持良好，上层的中-微碱性好氧环境和下层的弱酸性厌氧环境。

茂盛的沼泽植物等陆生植物在沼泽、浅海和湖泊中被水充分浸润，不断繁殖—生长—死亡—堆积。堆积在上层的植物残骸，空气容易进入，主要发生的是较短的好氧细菌的水解作用。随着堆积层厚度的不断增加，下面的植物残骸逐渐与空气隔绝，厌氧微生物促使腐殖化作用的发生。这时，植物残骸进入以还原、脱水、脱氢、缩合反应为特点的泥炭化阶段。这个过程，植物残骸也依靠自身含有的氧进行自氧化分解作用（即厌氧分解），一部分残骸最终分解为 CO_2、H_2O 和 CH_4，另一部分则相互缩合逐渐形成腐植物质。泥炭化阶段仍保留着一些植物原有的纤维素、半纤维素和类脂物质等组分。

泥炭腐植物质的形成和积累速度，既取决于造炭植物成分的生物化学稳定性，也受外界环境条件的制约，二者均可导致分解合成反应的加速、延缓和抑制。泥炭的储存年代因种类不同而产生差异。由于长期处于缺氧和惰性环境，泥炭的储存时间跨度很长，下层埋藏泥炭寿命可达几千年，最老的泥炭可追溯到冰川后期，距今至少 1 亿年。最短的裸露泥炭只有几年时间，且至今仍在继续沉积。

2.2.2 成岩作用阶段

煤炭成岩作用是指泥炭和腐泥被掩埋后分别转变为褐煤与腐泥褐煤的作用。泥炭、腐泥被埋藏后经过压紧、脱水、固结，腐植酸向腐殖质转变和相应的碳含量增加，氧、氮、氢等元素减少，胶体陈化，颜色加深，逐渐转变为褐煤、腐泥褐煤。煤的成岩作用处于成煤第二阶段（煤化阶段）的初期。

泥炭经过漫长的岁月，腐殖质越积越厚，深层温度也越来越高，就进入褐煤生成阶段，这是成煤的第二阶段前期——成岩作用阶段。这个阶段的特点包括：（1）微生物基本停止生命活动。在深于 40cm 以下的沉积层，真菌数量和作用已微乎其微，细菌的作用也随泥炭层深度逐渐减弱。在褐煤阶段，生物化学作用已不占主导地位，基本完全消失，这一阶段还原和聚合反应远多于氧化降解反应；（2）随埋藏深度的增加，据测定深度每增加 100m，温度就提高 3~5℃。泥炭生成褐煤时的温度大约为 60~70℃，这时对有机物的脱水、脱氢、脱羧、脱甲氧基以及缩合成大分子腐植酸类物质非常有利，在有机化学或物理化学作用下，褐煤阶段已基本不存在原来植物组织残骸和原有的碳水化合物、木质素、类脂物质等组分，并且腐植酸的缩合芳香结构也变得更大、更稳定；（3）原始成煤物质和地球地质条件的特殊性。并不是所有的泥炭都能转化成褐煤。在陆生植物出现后，地球上曾经存在过大面积的茂密森林（见图 2-9）。距今约 6000 万年前年代最短的第三纪褐煤，1 亿年前最老的白垩纪褐煤，都是由非常巨大的树木生成，而且老褐煤几乎都是在地壳断裂和变动后埋入深地后经受了较长的地球地质化学作用。远古时期高大茂密的森林、地壳变动以及剧烈的地球化学作用，是生成褐煤及其腐植物质的 3 个关键因素。

图 2-9　石炭纪丛林

2.2.3　变质作用阶段

煤的变质作用阶段是指褐煤在地下较高的温度和压力作用下,转变成烟煤、无烟煤的地球化学作用——煤变质作用。表现在煤的成分、结构发生一系列变化,最为突出的是煤中的腐植酸全部消失,出现了黏结性,光泽增强,碳含量增加。这时褐煤逐渐变质转化为烟煤。褐煤继续经受长期 100~200℃ 高温和高压作用,依次形成次烟煤、烟煤、无烟煤以至石墨化物质。烟煤大约是在距今 1.2 亿~3 亿年前形成的,2.7 亿年前的石炭-二叠纪被认为是我国大陆成煤的鼎盛时期。次烟煤是从成岩到变质的过渡阶段,还有存在少许腐植酸。到烟煤阶段,腐植酸已荡然无存,原有的腐植酸都已聚合成中性大分子腐黑物(煤化学中也称沥青质)。

温度、压力和作用的持续时间是煤变质作用的主要因素。在 3 种因素中以温度因素最重要,因为温度促使镜质组中芳香结构发生化学变化,官能团和键减少,链缩短、缩聚,从而使煤的变质程度增高。时间因素指煤受热的持续时间,煤经受温度高于 50℃ 时,其持续的时间越长,煤的变质程度就越高。压力是煤变质不可缺少的因素,它主要促使煤的物理结构发生变化。3 个因素的影响具体表现在:

（1）温度。温度是影响煤变质的主要因素。地温增高，煤化程度增高。

（2）压力。由于上覆岩层沉积厚度不断增大，使地下的岩层、煤层受到很大的静压力，导致煤和岩石的体积收缩，在体积收缩的过程中，发生内摩擦而放出热量，使地温升高，间接地促进煤的变质。此外在地壳运动的过程中，还会产生一定方向的构造应力，在构造应力的作用下，形成断裂构造，断裂两侧岩块相对位移时，放出热量，也可引起煤变质。

（3）时间。时间是影响煤变质的另一重要因素。在温度、压力大致相同的条件下，煤化程度取决于受热时间的长短，受热时间越长，煤化程度越高，受热时间短，煤化程度低。

2.2.4 风化作用阶段

风化作用是自然界发生的各种物理化学变化的综合现象。无论褐煤、烟煤还是无烟煤，都可能被自然风化，又生成腐植物质，这就是所谓的天然再生腐植酸。当煤层接近地表，空气、地下水和大气中的水就沿岩石小孔或裂隙渗入煤层，使煤发生自然氧化水解。水体中溶解的某些矿物质也对煤的氧化水解起催化作用。由于岩石裂隙不规则，渗入的水和空气也不均匀，使得风化煤腐植酸含量不稳定。风化煤与相应的原煤相比，碳和氢含量减少，氧含量增加，灰分增加，挥发分、燃烧热和机械强度均降低，吸湿性增加。轻微的风化只使煤粒表面发生变化，强烈的风化则导致煤的显微结构全部破坏，原有的凝胶化基质和镜煤质几乎都转化成无定形的不透明物质，表现出煤被剧烈氧化分解的特点（见图2-10）。

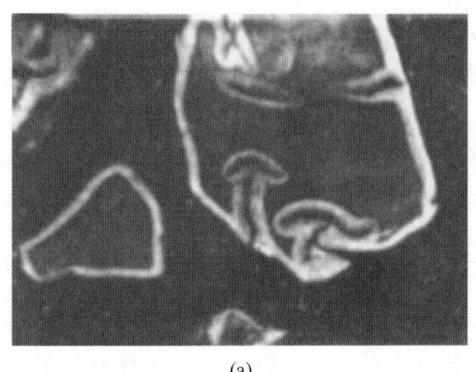 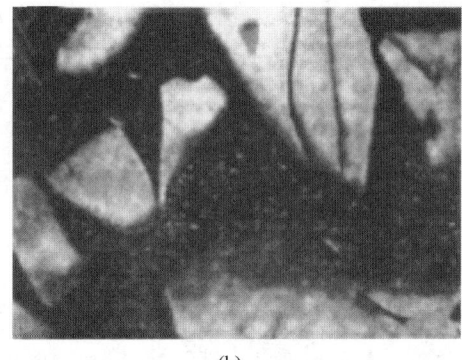

(a)　　　　　　　　　　　　　　(b)

图 2-10　风化煤显微照片
(a) 轻度风化；(b) 剧烈风化

一般认为，煤的自然风化不需微生物参与，基本上是化学氧化降解过程。煤风化形成腐植酸的反应历程大致为：煤的芳香结构大分子的侧链和弱键上形成活性含氧基团或过氧化键；过氧化键和邻位酚结构断裂，开始形成腐植酸；剧烈氧化分解，芳香结构被破坏，不仅生成大量腐植酸，而且生成一定量棕腐酸、黄腐酸和其他低分子酸以及 CH_4、CO_2 等气体。

由于受所处的地理环境的影响，风化煤中的腐植酸一般有两种情况：一种是与阳离子结合的腐植酸，是在风化石灰岩地带形成的，称为"高钙镁腐植酸"；另一种是游离腐植酸，可用碱液直接提取出来，是在砂岩地带形成的。风化作用是一系列动态过程，煤的氧化分解、腐植酸的生成、腐植酸的分解可能是同时发生的。因此，腐植酸产率的高低取决于煤分解为腐植物质的速度与后者分解为气体产物的速度平衡。某些矿物质与游离腐植酸结合成不溶性腐植酸，使其分解受到抑制，有利于腐植酸的保存与积累。

2.3　腐植物质对低阶褐煤性质的影响

腐植物质是褐煤中的主要有机成分，含量在 30%~70%，对褐煤表面性质起到决定性作用。腐植物质含有大量的酚羟基、羧基、醇羟基、甲氧基及羰基等含氧官能团，这些活性基团的存在决定了它们具有酸性、亲水性、阳离子交换性、配位螯合性能以及较高的吸附能力。此外，褐煤在水溶液中会溶解出大量腐植酸，导致褐煤中的含氧官能团发生变化，可能造成褐煤亲疏水性、表面电荷、颗粒尺寸等物理化学性质的变化，进而影响了褐煤颗粒之间的相互作用力，会对褐煤的分散性，以及后续的加工利用造成一定的影响。

2.3.1　褐煤腐植酸的微溶解行为及机理

腐植酸能或多或少地溶解在水、无机试剂和有机试剂中，因而这些溶剂也是腐植酸的抽提剂。从腐植酸的结构和官能团考虑，对腐植酸的溶解性起关键作用的主要是其分子间的氢键缔合。

从图 2-11 可知，黄腐酸（FA）可直接溶于水，其水溶液呈酸性，而腐植酸中的棕黑腐植酸不溶于水，需要转变为钾、钠等一价金属盐或铵盐才能溶于水，这些盐的水溶液都呈碱性。腐植酸在碱性溶剂中溶解时，首先进行中和反应，然后发生了腐植酸盐的溶解作用，通过溶剂及时地向固相渗透，这一溶解过程伴随着局部的化学过程。通常，腐植酸在稀碱中溶解所得到的是真溶液，不能看作是胶溶。因为实验显示低浓度的腐植酸盐溶液中没有胶体的黏度，只有在高浓度时才形成胶体。

有机溶剂对某一化合物是否能溶解和溶解能力的大小一般遵循"相似相溶"的规律。腐植酸在有机溶剂中的溶解规律也应该是如此。例如，腐植酸在有机羧酸中有一定的溶解性能（在一元羧酸中的溶解度很高，在不饱和脂肪酸中的溶解度较差，在二元羧酸中的溶解度更差）与腐植酸本身结构中含有的羧基有关，腐

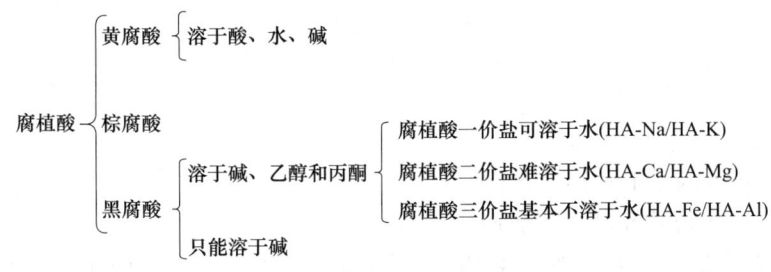

图 2-11　腐植酸的溶解性

植酸中含有酚羟基、醇羟基，所以在醇类中也有一定的溶解能力。然而，由于腐植酸多种官能团结构的复杂性，它的溶解性能绝不能只按照"相似物溶于相似物中"的规律来简单阐明。

在动力学方面，可以采用收缩未反应核模型来确定褐煤溶解过程动力学参数和溶解的速率控制步骤。收缩未反应核模型最初应用于冶金领域，主要是说反应过程中颗粒大小不变，核心不发生反应，但反应界面不断向核心推进的非催化气固反应模型。图 2-12 为该模型应用于褐煤腐植酸溶解时的参数阐释。

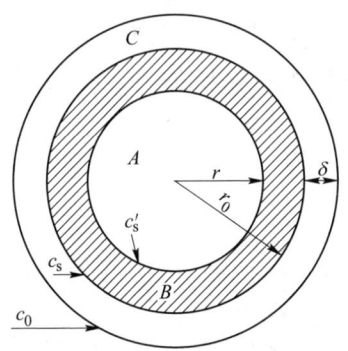

图 2-12　褐煤溶解的收缩未反应核模型

A—未反应核；B—产品层；C—边界层；r—未反应褐煤颗粒半径；r_0—腐殖质产品层；
c_0—溶剂的浓度；c_s—在褐煤颗粒表面溶剂的浓度；c_s'—反应区域中溶剂的浓度；
δ—褐煤颗粒表面上溶剂层的厚度

褐煤腐植酸溶解的动力学过程包括以下 4 个步骤：（1）腐植酸通过边界层的外扩散；（2）腐植酸通过固体产物层的内扩散；（3）腐植酸与褐煤颗粒的界面反应；（4）溶解性腐植酸产品通过固体产物层扩散到溶液中。

总体溶解的速率由上述 4 个步骤中最慢的决定，但通常最易对溶解构成限制的环节是界面反应或内扩散。界面反应控制的溶解模型和内扩散控制的溶解模型分别列于式（2-1）和式（2-2）。

$$1 - (1 - x)^{1/3} = k't \tag{2-1}$$

$$1 + 2(1 - x) - 3(1 - x)^{2/3} = k''t \tag{2-2}$$

式中　x——褐煤颗粒中腐植酸的溶解量，mg/g；

t——溶解时间，min；

k'——反应控制的溶解速率常数；

k''——内扩散控制的溶解速率常数。

下文将结合云南省昭通煤样的溶解试验结果，进一步阐述褐煤腐植酸在水溶液中的微溶解动力学。

2.3.1.1　不同 pH 值下褐煤腐植酸的微溶解动力学

通过以下步骤测试了褐煤腐植酸在不同 pH 值条件下的溶解规律：（1）固定温度为 30℃，将 0.2g 褐煤煤样加入到 60mL 溶液中，溶液 pH 值分别控制为 3、7、9、11；（2）开启磁力搅拌，待搅拌溶解特定时间后，采用滤膜孔径为 0.22μm 的移液器抽取溶液；（3）利用紫外分光光度计测定溶液中的腐植酸含量。

图 2-13 为不同 pH 值下腐植酸的溶解曲线。可以看出，在同一 pH 值条件下，随着溶解时间的延长，腐植酸的溶解量逐渐增加，当溶解时间为 120min 时，不同 pH 值下腐植酸的溶解量均达到最大值。此外，在相同溶解时间条件下，随着 pH 值的增加，褐煤中腐植酸的溶解量增加。其中，当 pH 值为 3 时，褐煤中腐植酸的溶解量最小，达 1.239mg/L；当 pH 值等于 11 时，褐煤中腐植酸的溶解量最大，达到 2.85mg/L。

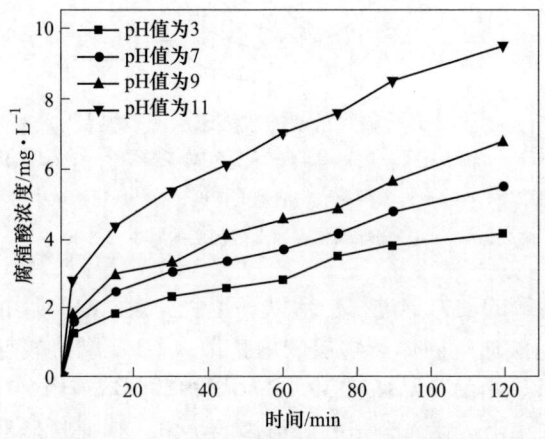

图 2-13　不同 pH 值下腐植酸的溶解量

为查明褐煤中腐植酸溶解的控制步骤，将上述溶解试验结果代入表面反应控

制的溶解模型和内扩散控制的溶解模型，并进行线性拟合，拟合结果分别绘制成
图 2-14 和图 2-15。对比两图中的结果可知，内扩散控制的溶解模型拟合效果明
显更好，各 pH 值条件下的拟合方差值均在 0.97 以上。由此确认，褐煤腐植酸在
水溶液中的溶解过程主要受到内扩散环节控制，即溶剂与溶解产物在褐煤内部的
扩散过程是溶解过程最慢的环节。

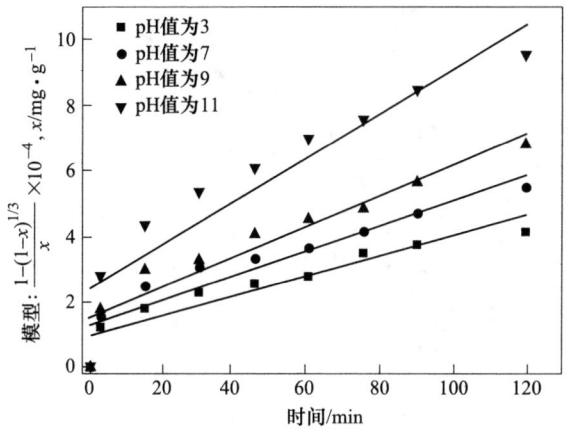

图 2-14   不同 pH 值下表面反应控制溶解动力学模型

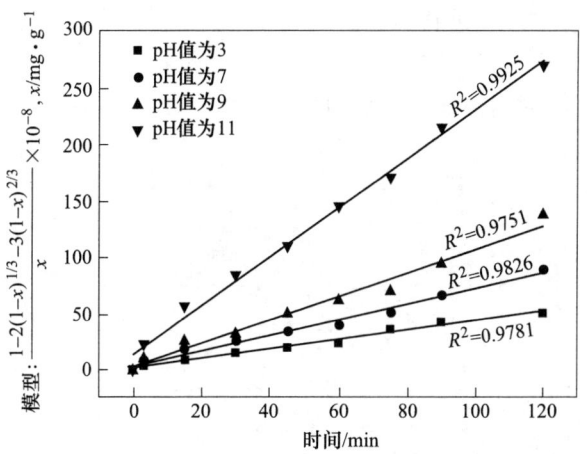

图 2-15   不同 pH 值下扩散控制溶解动力学模型

2.3.1.2   不同温度下褐煤腐植酸的微溶解动力学

测定了 pH 值恒定为 7 时褐煤腐植酸随温度变化的溶解曲线，如图 2-16 所
示。在同一溶解温度下，随着溶解时间的延长，腐植酸的溶解量增加。当溶解时
间为 120min 时，不同温度下腐植酸的溶解量均达到最大值。此外，在相同溶解

时间条件下，随着温度的增加，腐植酸的溶解量逐渐增加，其中，当温度为30℃时，褐煤中腐植酸的溶解量最小，达 5.452mg/L；当温度为50℃时，褐煤中腐植酸的溶解量最大，达 15.636mg/L。

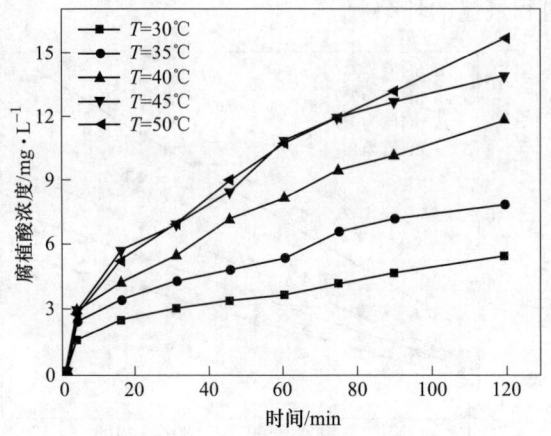

图 2-16　不同温度下腐植酸的溶解量

　　根据腐植酸在不同温度、时间的溶出结果，分别采用界面反应控制和内扩散控制的收缩未反应核模型进行拟合，如图 2-17 和图 2-18 所示。对比图中的线性拟合效果可知，褐煤中腐植酸的溶解更符合内扩散控制的动力学模型，其拟合方差均在 0.97 以上，故腐植酸的溶解动力学模型符合内扩散模型。

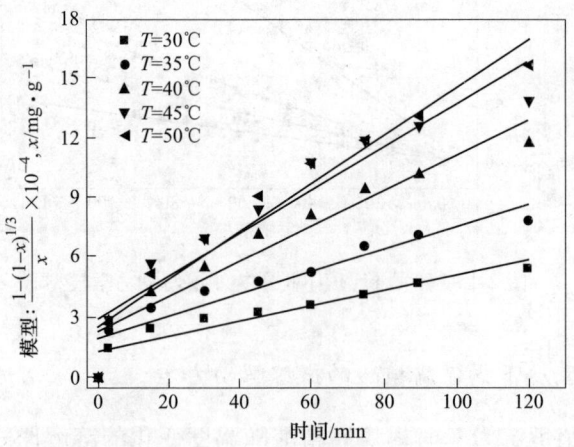

图 2-17　不同温度下表面反应控制溶解动力学模型

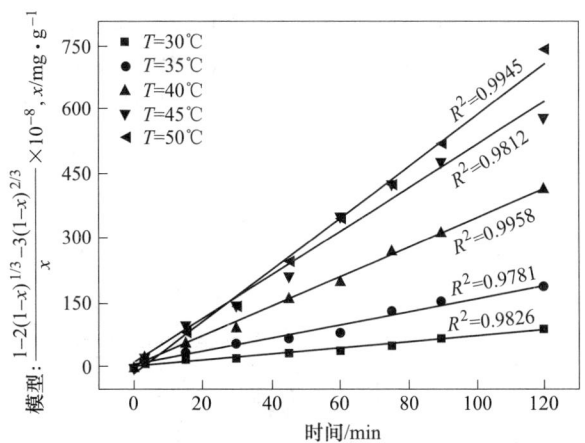

图 2-18 不同温度下扩散控制的溶解动力学模型

2.3.2 腐植酸微溶解对褐煤表面性质的影响

2.3.2.1 不同 pH 值下褐煤表面性质变化

腐植酸中含有大量的羧基、酚羟基等酸性官能团，官能团在溶液中解离会对褐煤表面性质产生较大影响。有研究者指出，溶液的 pH 值对官能团的解离起决定性作用。图 2-19 为腐植酸中羧基、酚羟基在不同酸碱程度溶液中的解离能力。由图 2-19 可知，随溶液 pH 值增加，酸性官能团解离能力逐渐增强。当溶液 pH 值接近 7 时，羧基完全解离；当溶液 pH 值等于 11 时，酚羟基完全解离。这些酸性官能团的解离对褐煤表面电荷分布、亲疏水性会产生显著影响。

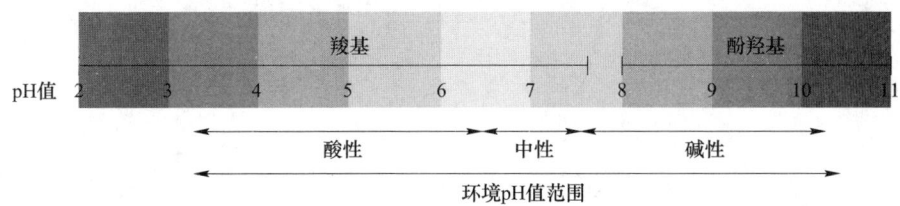

图 2-19 腐植酸酸性官能团解离 pK_a 值

将褐煤样置于 30℃、不同 pH 值的溶液中溶解 30min，得到混合液。吸取少量褐煤悬浮液，测定其 Zeta 电位。余下悬浮液被装入离心机，以 5000r/min 转速离心 5min。固液分层后，弃去上层清液，将下层褐煤置于烘箱干燥。待煤样烘干后，测定其中的总酸基含量，并对其进行 FTIR 分析和接触角分析。

图 2-20 所示为不同 pH 值溶解后褐煤中的总酸基含量。可以看出，总酸基含量会随 pH 值的增大而增大。在 pH 值为 3 时，总酸基含量最少，为 2.173mmol/g；在

pH 值为 12 时，总酸基含量最多，为 3.1899mmol/g。随着 pH 值的增加，介质中含有的 OH⁻ 大幅度增多，这些 OH⁻ 可能与褐煤表层发生某种反应，导致褐煤中总酸基增加。图 2-21 所示的 FTIR 图谱显示，随着 pH 值的增加，褐煤腐植酸的含氧官能团也会增加，这也与褐煤表层与介质中 OH⁻ 的某种反应有关。

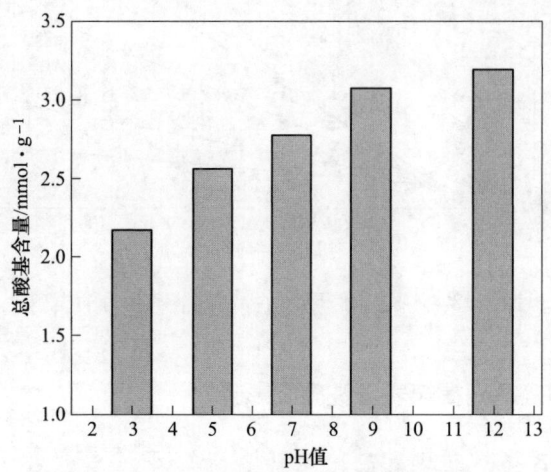

图 2-20　不同 pH 值下褐煤中总酸基的变化

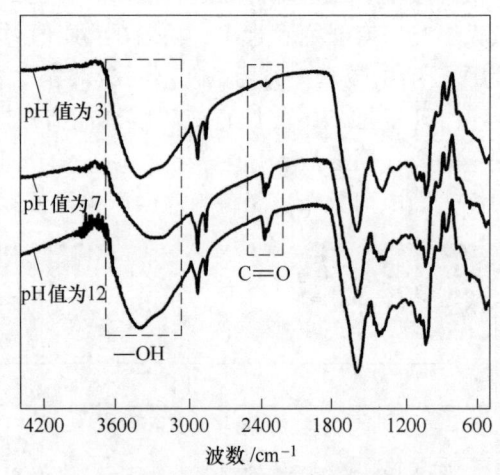

图 2-21　不同 pH 值下褐煤的 FTIR 图

图 2-22 为褐煤 Zeta 电位随溶解 pH 值变化的结果。可以看出，随着 pH 值的增加，褐煤 Zeta 电位的绝对值逐渐增加。在 pH 值为 3 时，褐煤颗粒的 Zeta 电位绝对值最小，为 17.93mV；在 pH 值为 12 时，褐煤颗粒的 Zeta 电位的绝对值最大，为 55.67mV。这说明，溶解 pH 值的增大会导致褐煤颗粒之间的静电斥力增加。

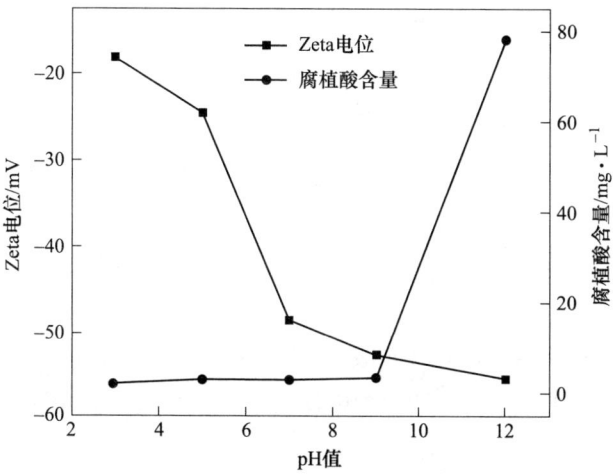

图 2-22　不同 pH 值下褐煤 Zeta 电位的变化

　　不同 pH 值下溶解后褐煤接触角的测量结果如图 2-23 所示。可以看出，随着 pH 值的增加，褐煤样品的接触角逐渐减小。在 pH 值为 3 时，褐煤颗粒的接触角最大，为 103.6°；在 pH 值为 12 时，褐煤颗粒的接触角最小，为 99.1°。据文献报道，接触角与含氧官能团含量之间是线性相关的。上述结果也表明，溶解介质中 OH^- 含量提高后，褐煤表面会与其发生某种反应，造成含氧官能团、酸性基团的增加，进而导致褐煤的 Zeta 电位的绝对值增加，疏水性减小。

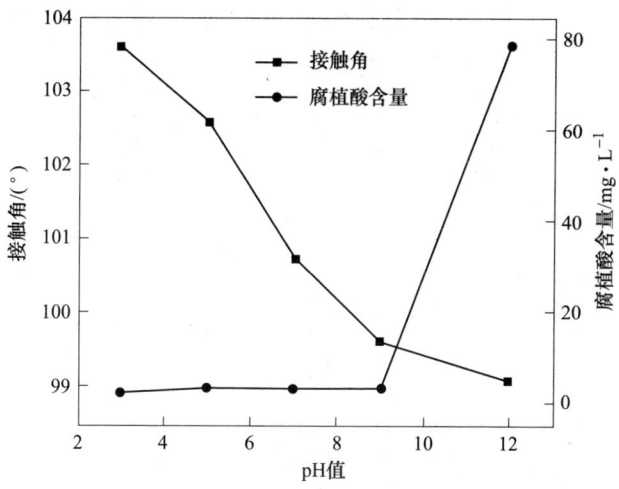

图 2-23　不同 pH 值下褐煤接触角的变化

2.3.2.2　不同温度下褐煤表面性质变化

将褐煤样置于 pH 值为 7 的不同温度的溶液中溶解，取褐煤悬浮液测定其中颗粒的 Zeta 电位；余下煤浆经离心分离、干燥后得到粉料，对其进行了总酸基含量、FTIR、接触角等测试。

图 2-24 所示的总酸基含量测定结果表明，随着温度的增加，褐煤中总酸基的量逐步减少。在介质温度为 30℃时，总酸基含量最多，为 2.768mmol/g；在介质温度为 50℃时，总酸基含量最少，为 2.431mmol/g。褐煤中的酸性基团主要在腐植酸中，由于升温能加快褐煤中腐植酸的溶解，导致煤样中腐植酸减少，所以褐煤中总酸基也随溶解温度升高而减少。图 2-25 所示的 FTIR 结果也显示，随着温度的升高，褐煤中含氧官能团逐渐减少，这也与褐煤中腐植酸的溶出有关。

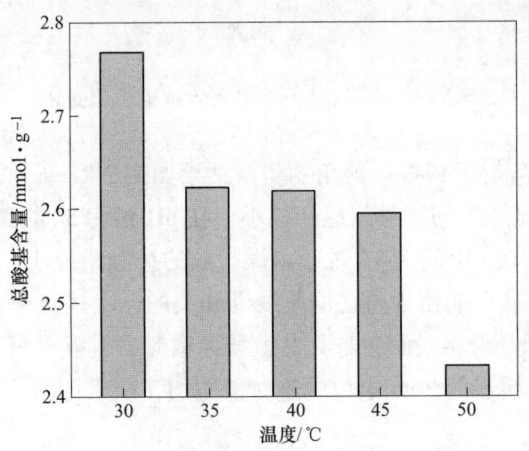

图 2-24　不同温度下褐煤中总酸基的变化

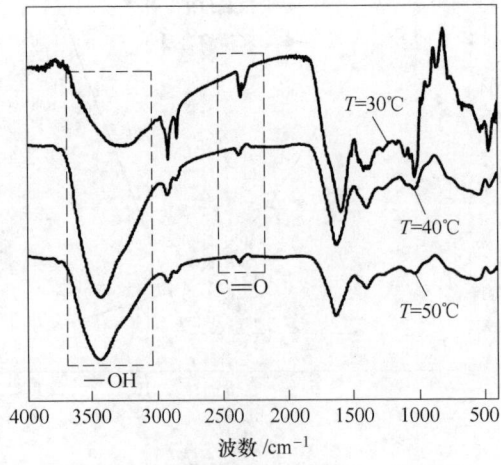

图 2-25　不同温度下褐煤的 FTIR 图

不同温度溶解后的褐煤颗粒的 Zeta 电位测试结果如图 2-26 所示。随着温度的升高，褐煤的 Zeta 电位的绝对值逐步降低。当介质温度为 30℃时，褐煤颗粒的 Zeta 电位的绝对值最大，为 49.01mV；当介质温度为 50℃时，褐煤颗粒的 Zeta 电位的绝对值最小，为 46.14mV。这说明，随着溶解温度的提高，褐煤颗粒之间的静电斥力将减小。

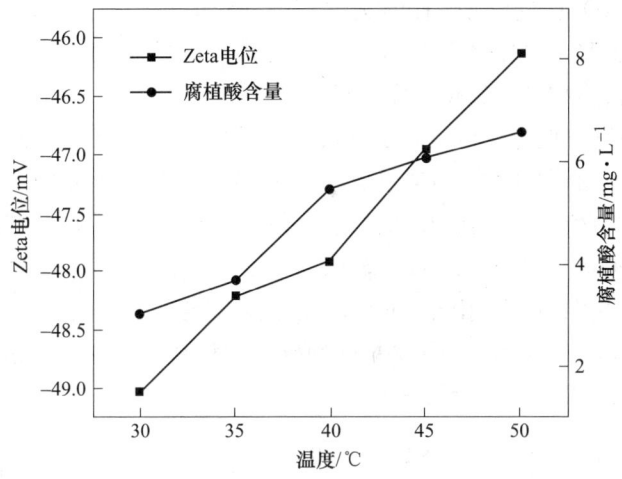

图 2-26　不同温度下褐煤 Zeta 电位的变化

图 2-27 所示的褐煤接触角测试结果显示，随着褐煤溶解温度的升高，溶液中的腐植酸含量逐步增大，而褐煤样的接触角也逐步增大。在介质温度为 30℃时，褐煤颗粒的接触角最小，为 100.7°；在介质温度为 50℃时，褐煤颗粒的接

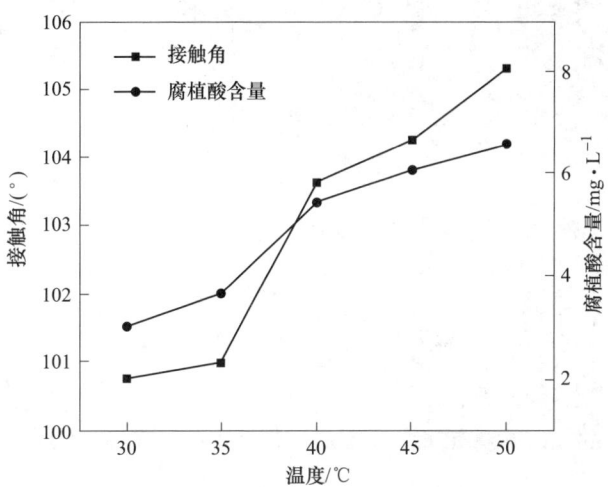

图 2-27　不同温度下褐煤接触角的变化

触角最大，为 105.3°。显然，温度的升高会导致含氧官能团随腐植酸大量溶出，造成褐煤中含氧官能团、酸性基团的减少，进而导致褐煤的 Zeta 电位的绝对值减小，疏水性增加。

2.3.3 腐植酸微溶解对褐煤分散性的影响

　　经典的 DLVO 理论不能解释浮选体系中细粒的凝聚与分散行为。而 EDLVO 理论能很好地说明亲水体系及疏水体系中，颗粒间的凝聚与分散行为。EDLVO 理论可定量分析颗粒之间的相互作用势能。

　　传统的 DLVO 理论认为，分散体系中，颗粒间的相互作用总势能 E_T 包括：静电作用势能 E_e 和范德华作用势能 E_V，即 $E_T = E_V + E_e$。扩展的 DLVO 理论综合考虑了各种可能存在的相互作用力，在粒子间相互作用的 DLVO 势能曲线上，加上其他相互作用项，即 $E_T = E_V + E_e + E_h$，式中，E_T 为粒子间相互作用总 EDLVO 势能；E_h 为界面极性相互作用能。$E_T > 0$，颗粒之间相互排斥分散，$E_T < 0$，颗粒之间相互吸引凝聚。一般假设小于 $20\mu m$ 的矿物颗粒为球形粒子，颗粒之间的各种作用能可以根据 EDLVO 理论表示出来。

2.3.3.1 不同 pH 值下褐煤颗粒的分散行为

　　将褐煤样置于温度为 30℃ 的不同 pH 值的溶液中溶解 30min，吸取少量褐煤颗粒悬浮液，滴到载玻片上，使用显微镜观察褐煤颗粒的表观粒度变化，并测定其平均表观粒度值，结果分别如图 2-28 和图 2-29 所示。可以直观地看出，随着

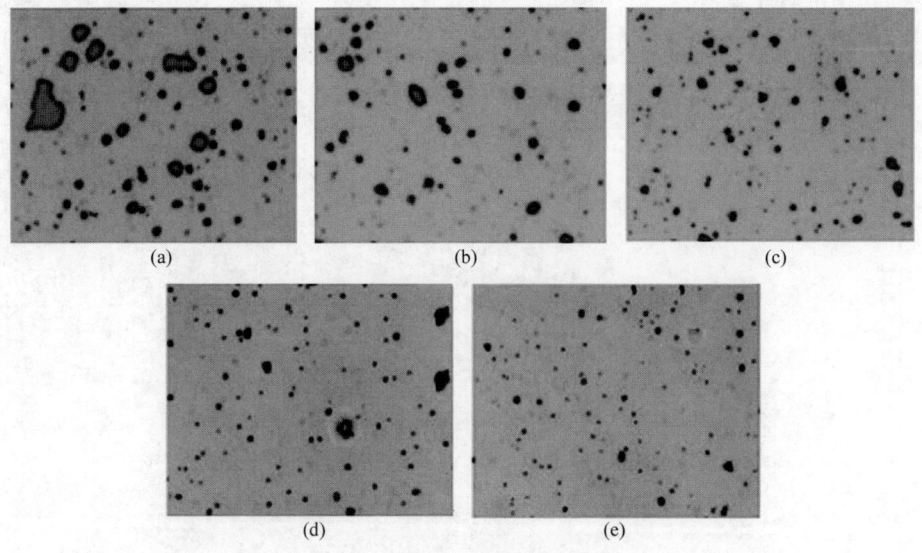

图 2-28　不同 pH 值下褐煤颗粒的粒度变化

（a）pH 值为 3；（b）pH 值为 5；（c）pH 值为 7；（d）pH 值为 9；（e）pH 值为 12

pH 值的增加，褐煤颗粒的粒度逐步减小。在 pH 值为 3 时，褐煤颗粒的表观粒度最大，平均为 2.699μm；在 pH 值为 12 时，褐煤颗粒的表观粒度最小，平均为 2.221μm。

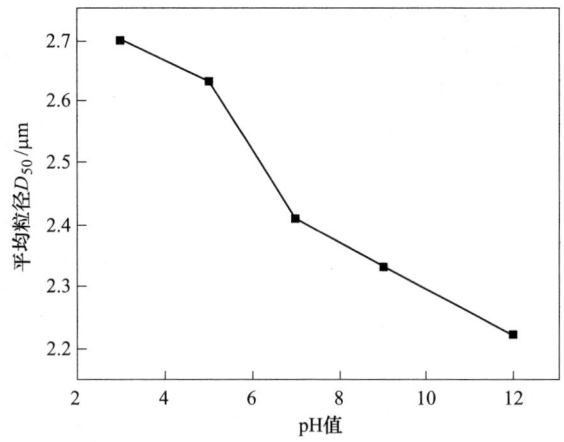

图 2-29　不同 pH 值下褐煤平均粒径 D_{50} 的变化

褐煤颗粒的分散行为还可通过沉降试验进行评估。以不同 pH 值下溶解 30min 的褐煤样品为研究对象，采用直接观测沉降界面法开展了沉降试验。沉降试验装置及测得的不同 pH 值下褐煤的沉降曲线如图 2-30 所示。由图 2-30 可以

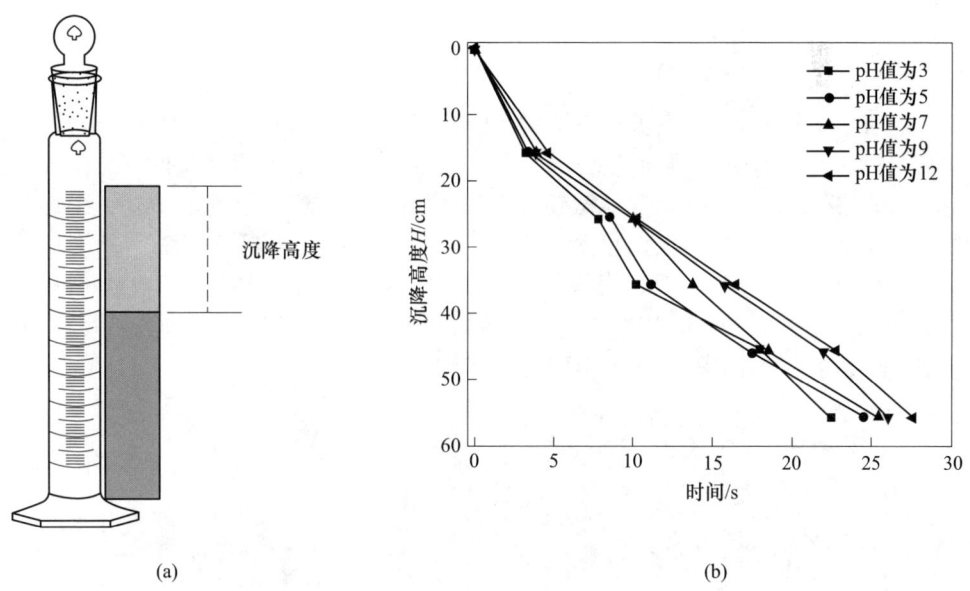

(a) 　　　　　　　　　　　　　　　(b)

图 2-30　直接观测沉降界面法装置（a）及不同 pH 值下褐煤的沉降曲线（b）

看出，随着时间的延长，褐煤在沉降装置里的平均高度降低；随着 pH 值的增加，褐煤的沉降速度降低，分散性增强。

褐煤中腐植酸的溶解导致褐煤物化性质变化以及褐煤颗粒表观粒度的变化，而颗粒之间的 EDLVO 作用力的斥力会随着溶解 pH 值的增加而改变。根据不同 pH 值条件下，褐煤颗粒的粒度变化、Zeta 电位变化、溶液中腐植酸含量的变化及接触角的变化等，可以得出在不同 pH 值的溶液环境下，褐煤颗粒总作用势能的变化规律，结果如图 2-31 所示。由图 2-31 可知，随着 pH 值的增大，褐煤颗粒间的斥力逐步增强，导致褐煤颗粒更易分散，表观粒度明显减小。

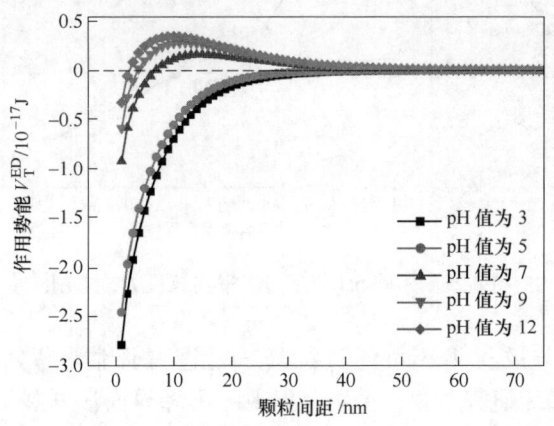

图 2-31　不同 pH 值下褐煤颗粒间 EDLVO 相互作用力的变化

2.3.3.2　不同温度下褐煤颗粒的分散行为

将在 pH 值为 7、不同温度下溶解 30min 得到的褐煤悬浮液滴加到载玻片上，采用显微镜进行观测，得到的褐煤颗粒表观粒度图及平均粒度变化曲线分别如图 2-32 和图 2-33 所示。由光学显微镜图可以看出，随着溶解温度的增加，褐煤颗粒的粒度也逐步增加。在温度为 30℃ 时，褐煤颗粒的表观粒度最小，平均为 2.41μm；在温度为 50℃ 时，褐煤颗粒的表观粒度最大，平均为 2.743μm。这说明，褐煤颗粒之间的 EDLVO 作用力的斥力可能会随着溶解温度的增加而减小，导致褐煤颗粒发生团聚，表观粒度增大。

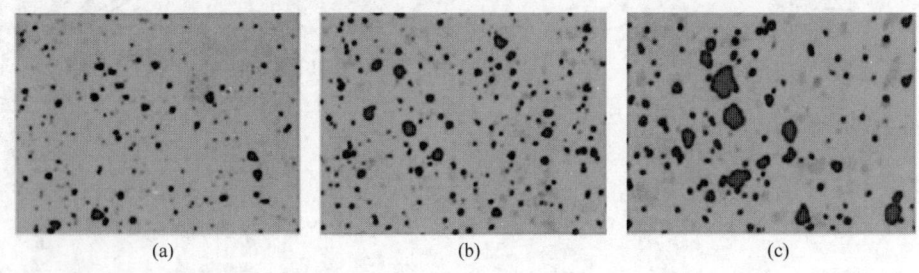

(a)　　　　　　　　　　(b)　　　　　　　　　　(c)

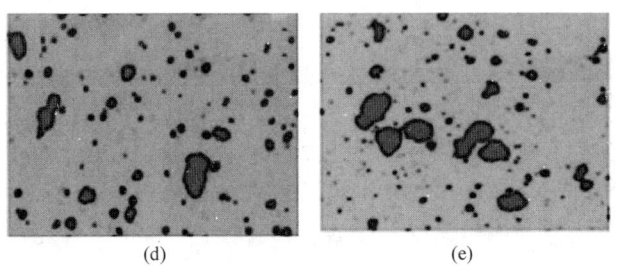

图 2-32　不同温度下褐煤颗粒粒度变化

(a) $T=30℃$；(b) $T=35℃$；(c) $T=40℃$；(d) $T=45℃$；(e) $T=50℃$

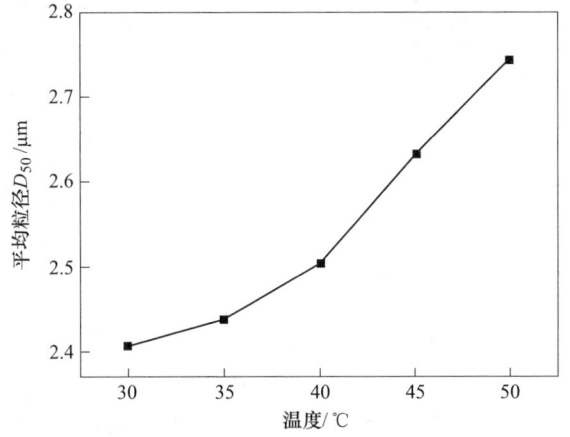

图 2-33　不同温度下褐煤颗粒平均粒径 D_{50} 的变化

　　采用直接观测沉降界面法对不同温度下溶解的褐煤样进行了沉降测试，测得的沉降曲线如图 2-34 所示。由图 2-34 可以看出，随着时间的延长，褐煤在沉降

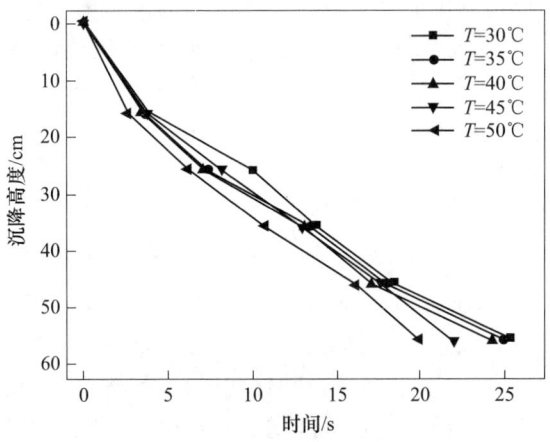

图 2-34　不同温度下褐煤的沉降曲线

装置里的平均高度降低；随着温度的增加，褐煤的沉降速度增加，分散性下降。这与显微镜观测的结果十分相符。

　　将不同温度条件下褐煤颗粒的粒度变化、Zeta 电位变化、溶液中腐植酸含量的变化及接触角的变化等结果代入 EDLVO 理论模型中，可以得出在不同温度环境体系下，褐煤颗粒的总作用势能的变化规律，结果如图 2-35 所示。可以看出，随着溶出温度的增加和腐植酸逐步溶解，褐煤颗粒间的引力逐渐增强，造成了颗粒之间的团聚。

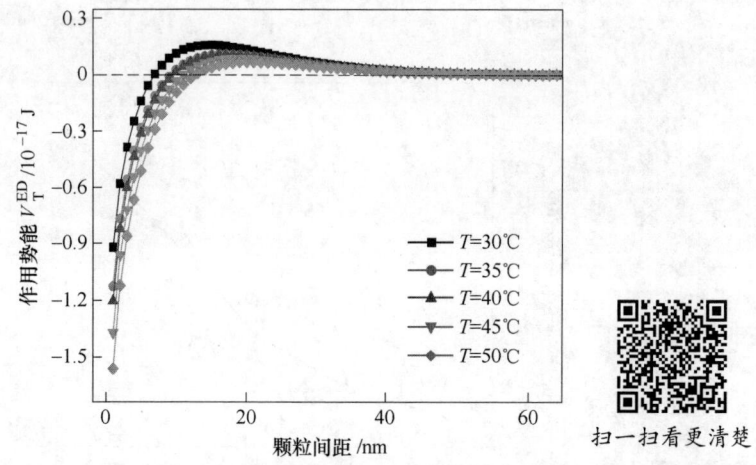

扫一扫看更清楚

图 2-35　不同温度下褐煤颗粒间 EDLVO 相互作用力的变化

2.3.4　溶解腐植酸再吸附对褐煤分散性的影响

　　从物理结构上看，褐煤中芳香核的环数较少，含碳量较低，而侧链和非芳香结构、含氧官能团在褐煤中的含量更高一些，因而褐煤的空间结构比较疏松，造成了较大的比表面积和较高的孔隙率。褐煤表面丰富的官能团和发达的孔隙结构使其具备了良好的吸附特性，在富含腐植酸的环境中，褐煤会自发地吸附这些有机质，导致自身表面性质和分散性发生显著变化。

2.3.4.1　溶解腐植酸的再吸附动力学

　　在 pH 值为 7、温度为 25℃ 的恒定条件下，测得了褐煤对不同浓度腐植酸的吸附曲线，如图 2-36 所示。由图 2-36 可知，在同一浓度的腐植酸溶液中，褐煤对腐植酸的吸附量随着吸附时间的增加而增大，尤其在前 30min 阶段，吸附量增加明显，之后吸附量则变化不大。随着腐植酸溶液初始浓度的增加，平衡吸附量逐渐增大，达到吸附平衡的时间也逐渐增加。在腐植酸浓度为 100mg/L 时，褐煤吸附腐植酸达到平衡时的吸附量为 4.106mg/g；在腐植酸浓度为 200mg/L 时，褐煤吸附腐植酸达到吸附平衡时的吸附量为 8.230mg/g, 比 100mg/L 的平衡吸附量大 1 倍左右。

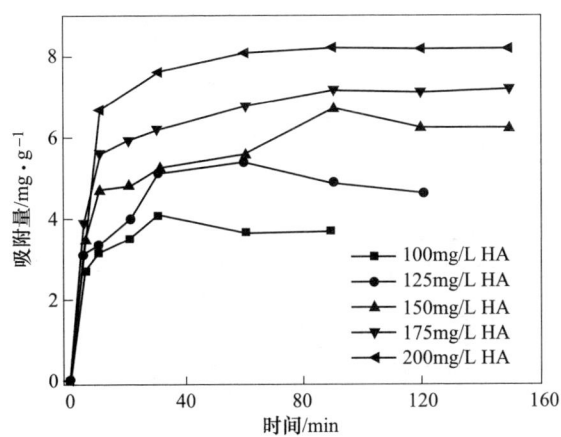

图 2-36 不同 HA 浓度下褐煤在不同时间吸附 HA 的量

吸附动力学模型是表征吸附过程的一个重要手段, 在吸附剂的试剂应用中可以用来预测不同吸附时间下可以达到的吸附效率。吸附动力学数据可以用许多动力学方程, 如一级吸附速率方程、二级吸附速率方程、颗粒内扩散等模型进行拟合, 最常用的为一级吸附速率方程和二级吸附速率方程, 其表达式如式 (2-3) 和式 (2-4) 所示。

$$q_t = q_e(1 - e^{-k_1 t}) \tag{2-3}$$

$$\frac{t}{q_t} = \frac{1}{k_2 q_e^2} + \frac{t}{q_e} \tag{2-4}$$

式中 q_t——时间 t 时褐煤吸附腐植酸的量, mg/g;

q_e——平衡浓度条件下, 功能组分在颗粒表面的吸附量, mg/g;

k_1——一级吸附动力学吸附速率常数;

k_2——二级吸附动力学吸附速率常数。

采用上述两种吸附模型对褐煤吸附腐植酸的动力学进行拟合, 最终选择了拟合较好的二级速率吸附方程进行拟合, 得到的曲线绘制于图 2-37 中, 相关拟合参数见表 2-10。由图 2-37 中和表 2-10 中结果可以看出, 在不同吸附浓度下, 采用二级动力学拟合的曲线的相关系数 R^2 都大于 0.99, 而一级动力学拟合的相关系数较低, 所以褐煤吸附腐植酸的动力学模型更符合二级吸附动力学方程。这是因为二级吸附动力学包含了吸附所有的过程, 如外部液膜扩散、表面吸附和颗粒内扩散等。因此, 可推测褐煤吸附腐植酸的过程属于以反应速率控制反应步骤的化学吸附过程。

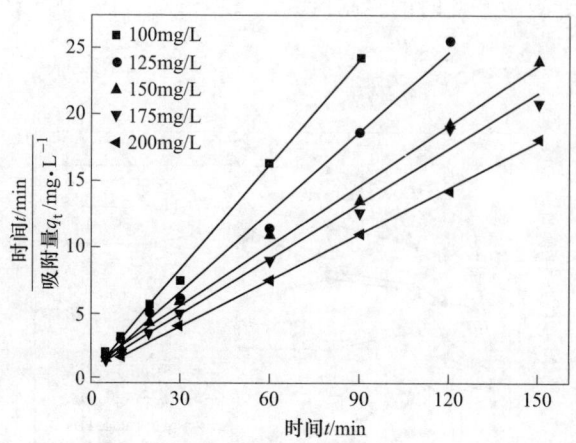

图 2-37　不同 HA 浓度下褐煤对腐植酸吸附的二级动力学模型

表 2-10　二级动力学模型的拟合参数

初始浓度/mg·L^{-1}	方程	k_2	q_e	R^2
100	$y=0.24513+0.264x$	0.2854	3.78072	0.99752
125	$y=0.37394+0.2027x$	0.10989	4.93316	0.99182
150	$y=0.86513+0.1520x$	0.02672	6.57678	0.9952
175	$y=0.5235+0.1401x$	0.0375	7.13674	0.99194
200	$y=0.35848+0.1167x$	0.03802	8.56531	0.99962

2.3.4.2　溶解腐植酸的再吸附热力学

在 pH 值为 7 的恒定条件下，测定了褐煤在不同温度、不同浓度的腐植酸溶液中的饱和吸附曲线，如图 2-38 所示。图 2-38 中结果表明，当腐植酸浓度相同时，45℃时腐植酸在褐煤上的平衡吸附量最小；25℃时腐植酸在褐煤上的平衡吸附量最大。即在腐植酸溶液初始浓度一定的情况下，随着温度的升高，平衡时溶液中的腐植酸浓度逐渐增大，平衡吸附量逐渐减小，表明褐煤煤样从腐植酸溶液中吸附腐植酸的过程可能是放热过程，吸附热为负值，温度升高有利于吸附向反方向移动。

吸附热是在吸附过程中发生的热效应，吸附热的大小反映了吸附质与吸附剂作用的强弱，一般来说物理吸附热很低，化学吸附热很高。目前对吸附热研究主要是通过吸附等温线模型的拟合来研究吸附类型的，最常见的吸附类型有 Langmuir 吸附模型和 Freundlich 吸附模型。

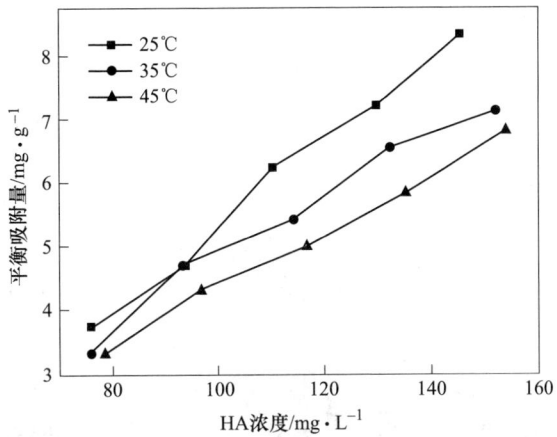

图 2-38 不同温度下不同 HA 浓度中褐煤吸附 HA 平衡吸附量

Langmuir 吸附模型如下：

$$q_e = \frac{q_m b c_e}{1 + b c_e} \qquad (2\text{-}5)$$

Freundlich 吸附模型如下：

$$\ln q_e = \ln K_f + \frac{1}{n} \ln c_e \qquad (2\text{-}6)$$

式中　c_e——黏结剂功能组分的平衡浓度，mg/mL；

　　　q_e——平衡浓度条件下，功能组分在颗粒表面的吸附量，mg/cm²；

　　　q_m——黏结剂功能组分在颗粒表面的单分子层容量，mg/cm²；

　　　K_f——Freundlich 常数（与吸附容量有关）；

　　　$1/n$——吸附指数。

　　将上述不同温度下褐煤对腐植酸的平衡吸附量代入两种模型中进行拟合，发现褐煤吸附腐植酸符合 Freundlich 吸附模型，拟合结果如图 2-39 和表 2-11 所示。从 Freundlich 模型的线性拟合图可以看出，褐煤吸附腐植酸的过程可能存在多层吸附。褐煤对腐植酸的吸附量随着反应温度的升高而降低，表明该吸附过程是一个放热的过程，符合化学吸附特征。

表 2-11　吸附等温线参数

T/K	R^2	K_f	n	K_s
298.15	0.95678	0.06553	1.024	0.23347
308.15	0.96829	0.11901	0.9814	0.19294
318.15	0.99346	0.03532	0.9584	0.17557

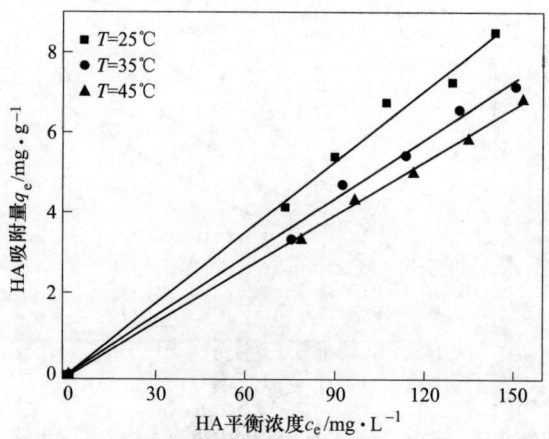

图 2-39 不同温度下的 Freundlich 吸附等温线

根据不同温度下褐煤吸附腐植酸的平衡吸附量，按式（2-7）计算不同温度下的平衡吸附常数 K：

$$K = \frac{c_0 - c_e + c_k}{c_e} \qquad (2\text{-}7)$$

因为：

$$\ln K = \frac{-\Delta H^{\ominus}}{RT} + \frac{\Delta S^{\ominus}}{R} \qquad (2\text{-}8)$$

式中 c_0——腐植酸的初始浓度，mg/mL；

　　　　c_e——吸附平衡后溶液中腐植酸的浓度，mg/mL；

　　　　c_k——达到吸附平衡时褐煤中腐植酸的溶解量，mg/mL；

　　　　K——平衡吸附常数；

　　　$\Delta H^{\ominus}$——标准摩尔焓，J/mol；

　　　$\Delta S^{\ominus}$——标准摩尔熵，J/(mol·K)。

所以，以 $1/T$ 为横坐标、以 $\ln K$ 为纵坐标作图并进行线性拟合，得到的拟合曲线如图 2-40 所示。将斜率和截距代入式（2-8）中，计算得 25℃、35℃、45℃下的热力学参数，见表 2-12。计算结果表明，褐煤吸附腐植酸的吸附焓变（$\Delta H^{\ominus}$）为负，说明吸附是放热过程，所以褐煤对腐植酸饱和吸附量会随温度升高而降低，这与图 2-38 中的结果相一致；吉布斯自由能变（$\Delta G^{\ominus}$）为正，说明褐煤对腐植酸的吸附在标准状态下不是一个自发进行的过程，但是通过提高初始体系中腐植酸的浓度，可以使吸附速率大于解吸速率。

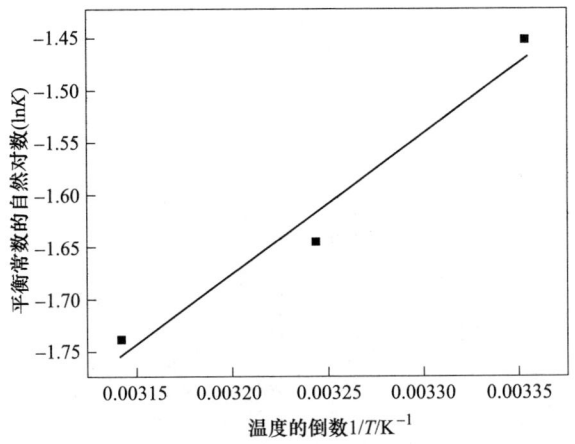

图 2-40　$\ln K$ 与 $1/T$ 的关系图

表 2-12　褐煤吸附腐植酸的热力学函数

T/K	R^2	$\Delta H^{\ominus}/kJ \cdot mol^{-1}$	$\Delta S^{\ominus}/J \cdot (mol \cdot K)^{-1}$	$\Delta G^{\ominus}/kJ \cdot mol^{-1}$
298.15	—	—	—	3.605
308.15	0.93801	-11.231	-49.883	4.215
318.15	—	—	—	4.598

2.3.4.3　不同腐植酸吸附浓度下褐煤的表面性质

在 pH 值为 7、温度为 25℃ 的恒定条件下，测得了褐煤在不同浓度腐植酸溶液中震荡 1h 后的腐植酸吸附量，结果如图 2-41 所示。将吸附后的褐煤进行干燥，分别对其进行 FTIR 分析、接触角分析和 Zeta 电位分析，结果分别如图 2-42~图 2-44 所示。

由图 2-41 可知，随着介质中腐植酸浓度的升高，褐煤颗粒对腐植酸的吸附量增加。在腐植酸浓度为 100mg/L 时，褐煤对腐植酸的吸附量最小，为 3.694mg/g；在腐植酸浓度为 200mg/L 时，总酸基含量最大，为 8.115mg/g。图 2-42 展示的 FTIR 图谱表明，随着介质中腐植酸浓度的增加，吸附腐植酸后的褐煤颗粒含氧官能团增多，这是腐植酸在褐煤表面的吸附造成的。

由图 2-43 可知，随着介质中腐植酸浓度的增加，吸附腐植酸后的褐煤颗粒的 Zeta 电位的绝对值增加。在腐植酸浓度为 100mg/L 时，褐煤颗粒的 Zeta 电位的绝对值最小，为 45.27mV；在腐植酸浓度为 200mg/L 时，褐煤颗粒的 Zeta 电位的绝对值最大，为 49.48mV，这导致褐煤颗粒之间的静电斥力增加。

图 2-44 表明，随着介质中腐植酸浓度的升高，吸附腐植酸后的褐煤颗粒的接触角整体呈减小趋势，在腐植酸浓度为 100mg/L 时，褐煤颗粒的接触角最大，

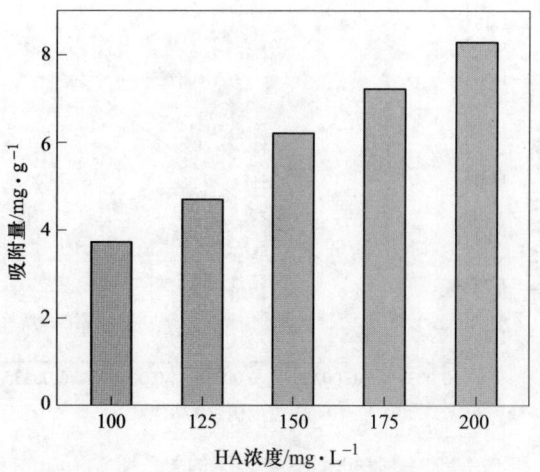

图 2-41　不同 HA 浓度下褐煤吸附 HA 量

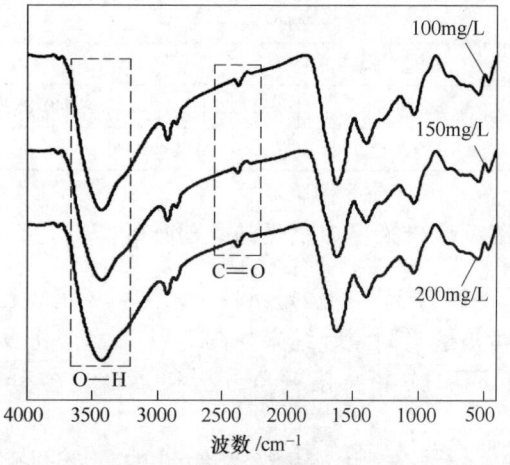

图 2-42　褐煤吸附 HA 后的 FTIR 图

为 99.9°；在腐植酸浓度为 200mg/L 时，褐煤颗粒的接触角最小，为 91.5°。造成上述变化的原因是，随着介质中腐植酸浓度增加，褐煤对腐植酸的吸附量增加，腐植酸含有大量的含氧官能团，这造成吸附腐植酸后的褐煤表面含氧官能团增加，进而导致褐煤的 Zeta 电位的绝对值增加，接触角减小，亲水性增加。

2.3.4.4　不同腐植酸吸附浓度下的褐煤颗粒分散性

固定 pH 值为 7，将褐煤加入到不同浓度的腐植酸溶液中吸附 1h 后，吸取少量褐煤颗粒悬浮液，滴到载玻片上，使用显微镜对褐煤颗粒的表观粒度进行测

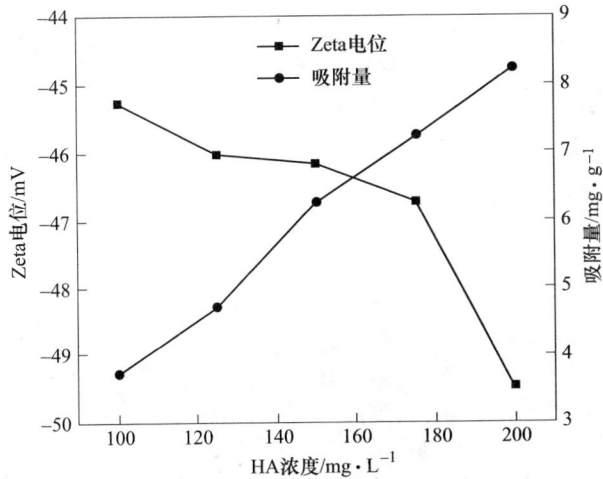

图 2-43 褐煤吸附 HA 后 Zeta 电位的变化

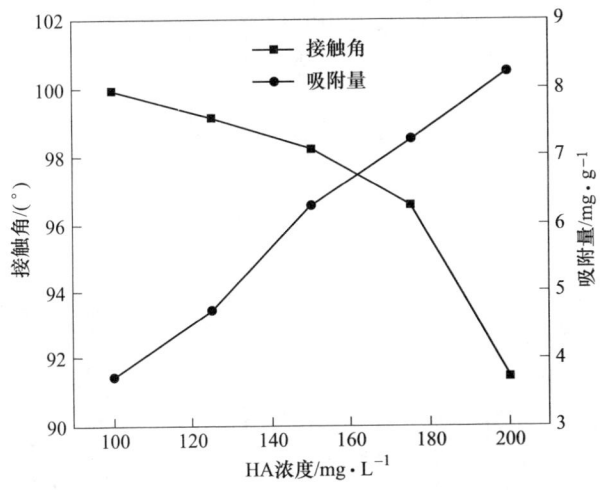

图 2-44 褐煤吸附 HA 后接触角的变化

定，并拍照。褐煤颗粒表观粒度如图 2-45 所示，其表观粒度的平均粒度变化如图 2-46 所示。

　　显微观察的结果表明，褐煤颗粒随着介质中腐植酸浓度的增加，粒度减小。在腐植酸浓度为 100mg/L 时，褐煤颗粒的表观粒度最大，平均为 3.874μm。在腐植酸浓度为 200mg/L 时，褐煤颗粒的表观粒度最小，平均为 2.332μm。因为介质中腐植酸浓度的增加，可能导致了褐煤颗粒之间的 EDLVO 作用力的斥力增加，所以褐煤颗粒分散性变好，表观粒度逐步减小。

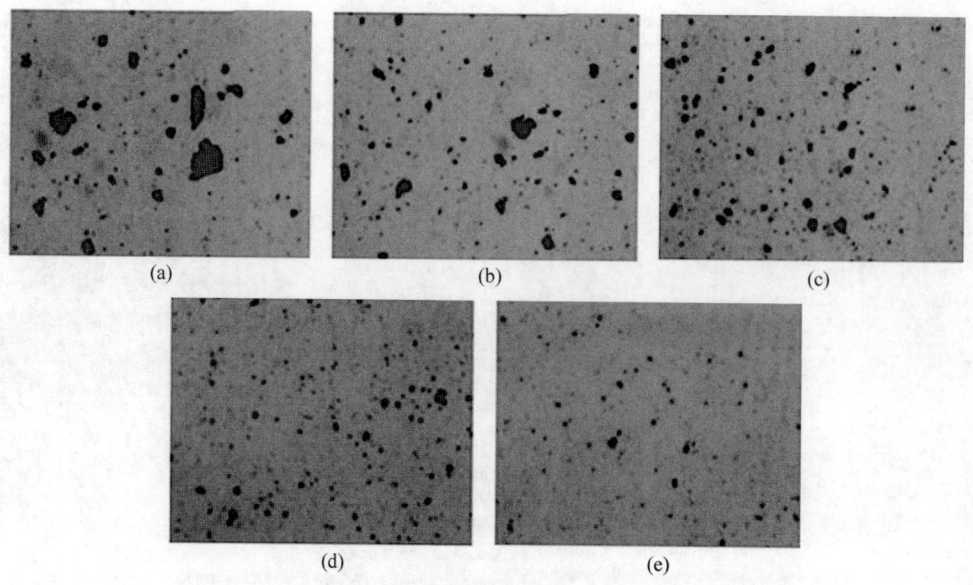

图 2-45　褐煤吸附腐植酸后粒度变化

（a）100mg/L；（b）125mg/L；（c）150mg/L；（d）175mg/L；（e）200mg/L

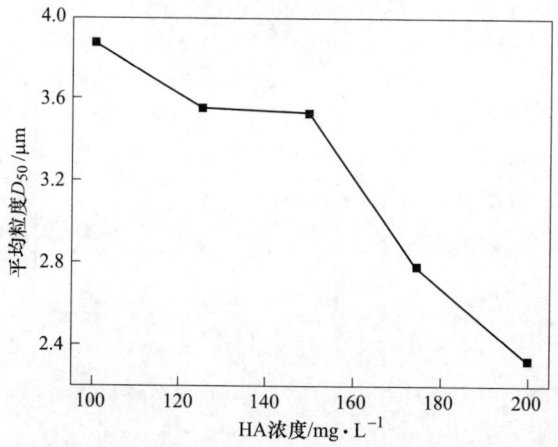

图 2-46　褐煤吸附腐植酸后的平均粒度 D_{50} 变化

　　根据不同 HA 浓度下褐煤吸附腐植酸后，褐煤颗粒的粒度变化、Zeta 电位变化、溶液中腐植酸含量的变化及接触角的变化等，代入扩展的 DLVO 理论中，可以得出在不同腐植酸的溶液环境体系下褐煤的总作用变化规律，结果如图 2-47 所示。由图 2-47 可以看出，随着腐植酸浓度的增加，褐煤残渣颗粒间的斥力确实得到增强，使褐煤颗粒之间的团聚作用受到影响。

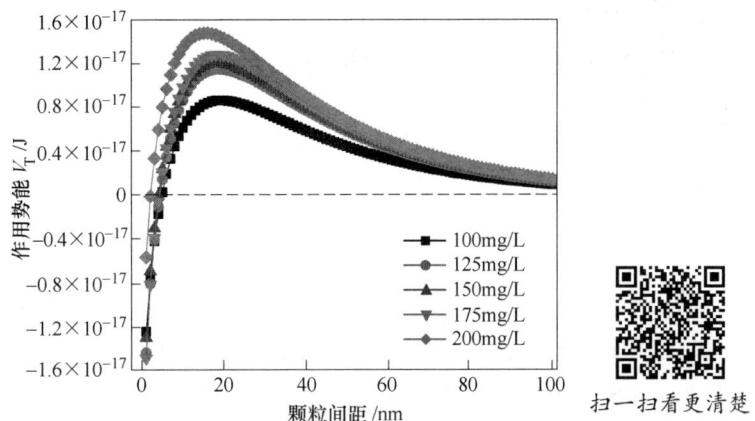

图 2-47　不同 HA 浓度下褐煤吸附 HA 后的 EDLVO 相互作用力变化

采用直接观测沉降界面法对在不同腐植酸下褐煤吸附 1h 后的褐煤样品进行沉降实验，沉降曲线如图 2-48 所示。可以看出，随着时间的延长，褐煤在沉降装置里的平均高度降低；随着介质中腐植酸浓度的增加，褐煤的沉降速度降低，分散性提高。可见，腐植酸在褐煤表面的吸附可以改善褐煤的亲水性，从而强化褐煤颗粒在溶液中的分散并促进分散的稳定性。

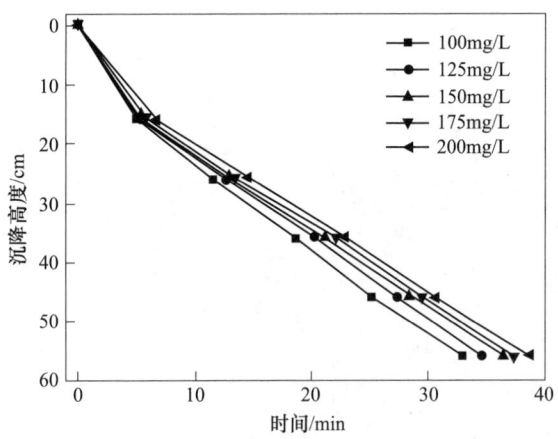

图 2-48　褐煤吸附腐植酸后的沉降曲线

2.4　矿源腐植物质的原料预处理及提质方法

我国含腐植物质的煤炭资源储量十分丰富，但原料中腐植酸含量并不多，超过 70% 的更是屈指可数。于是人们通过各种预处理及提质加工手段提高原料煤中的腐植酸含量，即通过物理、化学、生物等方法将低等级煤炭原料中腐植酸与无机矿物质、沥青、脂肪、蜡等分离后再进一步除去杂质，以提高腐植酸产品质量。此外，煤炭腐植物质的水溶性能极差，需要通过活化处理，使难以溶解的结合态腐植酸转化为游离态水溶性腐植酸，以进一步提高原料煤的利用率和腐植酸产品企业生产的经济效益。目前国内外针对低等级煤炭原料提质和再生的方法主要有机械活化、物理分离、化学氧化和生物降解等方法。

2.4.1　机械活化法

机械活化即通过机械力的作用（如摩擦、碰撞、冲击等）使固体物质的晶体结构或物理化学性能发生改变，使部分机械能转变成物质的内能。例如，在强力球磨机（见图 2-49）磨矿过程中可使被研磨固体发生以下变化：粒度变细，比表面积增大；表面热力学状态发生改变，表面自由能增大；使晶格内发生变形，引起各种位错和原子缺陷，并出现非晶化现象。

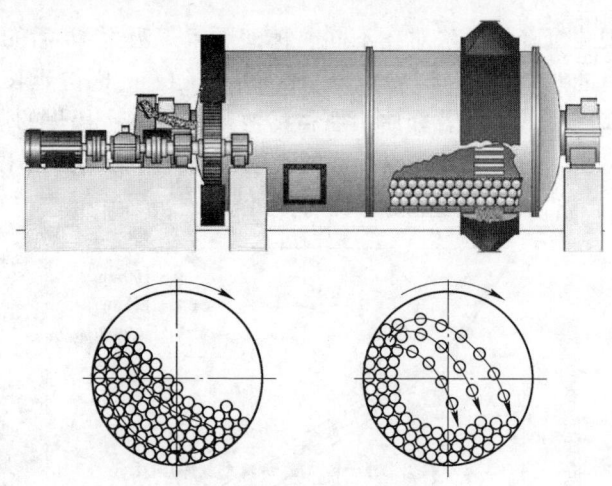

图 2-49　球磨设备示意图

煤粉腐植物质的机械活化，是指在提取腐植物质前将煤炭剧烈粉碎，提高其腐植酸含量和化学活性。俄罗斯研究者认为，传统的提取方法并不能保证原料煤中腐植酸与非腐植物质的充分分离，机械活化的作用是强化腐植物质析出。无论褐煤还是泥炭，机械活化后腐植酸含量可大幅提高 30%～120%，H/C、O/C 原子比明显增加，芳香度则降低。研究发现，机械活化还可以提高煤样的孔隙度和比表面积，引起超分子结构和化学成分的变化，包括：弱化学键以及烷基结构的断裂或变形、相对分子质量变小、含氧官能团（羧基、酚羟基、总羟基）增加，富里酸及其他水溶性产物含量提高，这表明强烈机械粉碎和分散可导致煤中有机质发生轻度氧化降解作用。因此，机械活化是一项具有应用前景的提高低等级煤品质的技术。

2.4.2　物理分离法

物理分离是指用物理方法分离混合物，借助于混合物不同的物理性质，分离方法中不发生化学反应。

煤炭提质加工常用的物理分离方法主要包括浮选、磁选、重选等，目的是脱除煤炭原料中矿物和其他有机质，以提高原料煤中腐植酸含量。其中，浮选是许多研究者一直在探索的方向。浮选是指采用能产生大量气泡的表面活性剂-起泡剂，当在水中通入空气或由于水的搅动引起空气进入水中时，表面活性剂的疏水端在气-液界面向气泡的空气一方定向移动，亲水端仍在溶液内，形成了气泡；另一种起捕集作用的表面活性剂（一般都是阳离子表面活性剂，也包括脂肪胺）吸附在固体矿粉的表面。这种吸附随矿物性质的不同而有一定的选择性，其基本原理是利用晶体表面的晶格缺陷，而向外的疏水端部分地插入气泡内，这样在浮选过程中气泡就可能把指定的矿粉带走，达到选矿的目的。图 2-50 和图 2-51 所示即为选煤厂浮选车间的现场图和常见的煤矿浮选流程。早期苏联学者曾根据溶液表界面化学和矿物浮选原理，采用松脂酸铵作为浮选剂，实现煤中腐植酸和矿物质成功分离，进一步提高腐植酸的萃取效率。彭素琴等人采用传统药剂和自制的 P 型复合药剂对风化煤进行浮选试验，发现煤的灰分黏附在泡沫上部分脱除，而腐植酸在矿浆产物中得到富集，其含量由 62.15% 提高至 73.75%。

图 2-50　选煤厂浮选车间

近年低等级变质煤浮选提质已成为热门课题。煤炭表面的含氧官能团（实际是腐植物质）可以改变煤表面的亲水和疏水平衡，使得表面亲水性强、可浮性差，易于和水分子发生氢键键合，形成较稳定的水化膜，阻碍了煤粒和气泡的有效碰撞与黏附。煤表面的—OH 和—COOH 还能发生电离，通过控制表面液膜厚度来影响浮选过程。传统的非极性药剂难以在低阶煤表面展开，捕收效果较差，要想获得理想的回收率，就必须加大捕收剂的量，这就造成了高药耗和过滤困难

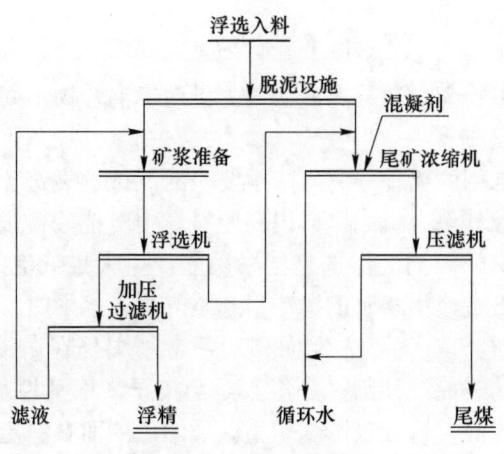

图 2-51　煤矿浮选流程

的问题，不利于实现低阶煤的高效浮选。目前，低等级变质煤浮选的研究工作主要集中在通过运用化学或现代仪器分析方法，查清了低阶煤的基本结构、物理性质和化学组成；选择合适的浮选设备来改善浮选效果；通过研究药剂和低阶煤的吸附特性，对确定药剂的添加量和煤与药剂的作用时间有重要的指导作用。低阶煤的研究工作大多停留在实验室阶段，工业化将成为今后研究的重点。

　　部分研究者也对煤炭重选、磁选和干法分选富含腐植酸的原料煤产生了极大的兴趣。这些方法是基于腐植酸和矿物质在相对密度、顺磁性、导电性或介电性等方面的显著差异进行分离的。但这些物理分选腐植酸的技术还不成熟，有待继续深入研究。

2.4.3　化学氧化法

　　由于现有的低等级变质煤原材料中的腐植物质含量很低，直接在原材料中提取获得腐植酸的产率很低，没有实际研究意义。为了进一步提升腐植物质的产量，首先对原料做氧化处理，处理后产生的腐植酸称为次生腐植酸。通常使用的预处理方式包括化学氧化预处理法。氧化降解是提高原料煤中腐植酸含量的主要化学方法，所用的原料除低级别煤外，焦炭、半焦、炭黑和其他含碳物质都可用氧化的方法制取腐植酸，这对于缺乏天然腐植酸资源的国家和地区无疑具有很大吸引力。作为工业生产所用的廉价氧化剂主要是空气和硝酸，此外还有臭氧、高锰酸钾、硝酸、双氧水、过氧乙酸等氧化剂。

2.4.3.1　空气氧化

　　煤具有发达的内、外表面，氧气分子很容易通过微孔向煤粒内部渗透，与煤内部碳结构发生化学作用。煤炭的氧化过程，在氧气存在的环境中，首先发生在煤的表面，生成一层氧化膜，即碳氧配合物，煤结构中存在的大量自由活性基团继续和氧的配合物发生反应，生成羟基，继续氧化，产生的羟基与氧发生吸附反应，生成醛基或羰基等碳氧双键，碳氧双键由于其化学结构并不稳定，继续与氧发生反应，其氧化结果是生成羧基，在氧化历程的最后阶段，羧基持续氧化，最终结果是产生醚键，以及以气体产物 CO_2、CO 和水的形式释放。此过程最终会导致煤的可浮性持续降低。同时，煤经过氧化后，其表面变得疏松多孔，在水环境中，水很容易浸入多孔煤粒，在煤的表面形成一层水化膜，致使其亲水性增强，从而进一步导致煤的可浮性降低。氧化机理分为 3 个阶段：（1）形成过氧化物和表面氧配合物，进一步分解放出 CO、CO_2 和 H_2O；（2）弱结合键（—O—，—CH$_2$等）断裂，生成含氧官能团（—COOH、—OH$_{ph}$、C＝O 等），即形成腐植酸；（3）继续氧化可能形成黄腐酸、低分子有机酸，以至分解形成 CO_2、H_2O。空气氧化煤生成腐植酸的过程和动力学方程为：

$$煤 + O_2 \xrightarrow{K_1} I(中间产物) \qquad (2\text{-}9)$$

$$I \xrightarrow{K_2} HA \qquad (2\text{-}10)$$

$$\frac{dI}{dt} = K_1 - K_2 I \qquad (2\text{-}11)$$

$$\frac{d(HA)}{dt} = K_2 I \qquad (2\text{-}12)$$

煤的空气氧化属一级反应，反应速度常数 $K(s^{-1})$ 随温度升高而增大。计算表明，腐植酸形成和分解的表观活化能并不高，分别为 46.9J/mol 和 53.6J/mol，表明氧化过程主要与脂肪侧链的破坏有关，不涉及芳香核，故空气氧化属于温和氧化过程。但 Jensen 等人认为，煤空气氧化通过生成酚-醌结构导致芳环开裂而形成腐植酸，反应历程如图 2-52 所示。

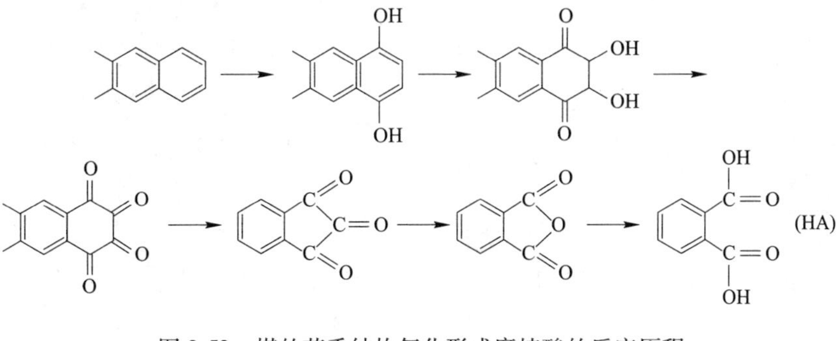

图 2-52　煤的芳香结构氧化形成腐植酸的反应历程

实际上，煤氧化的深度不仅取决于煤的种类（变质程度），也与氧化反应条件有关。影响氧化过程的因素主要包括煤的变质程度、煤的粒度、煤的含水量、煤的孔隙度以及氧化温度、氧化时间、湿度、环境中酸碱性介质等。总的来说，空气氧化是相对廉价的提质方法，但氧化效果和工业可行性取决于原料煤本身的氧化活性，需要事先通过小规模实验来确定。

2.4.3.2 硝酸氧解

早在 19 世纪末，德国就率先进行过硝酸氧解煤制取腐植酸的尝试。日本 20 世纪 50 年代开始用硝酸氧解褐煤制取硝基腐植酸的研究。此后，美国、波兰、印度、俄罗斯和我国都相继开展了研究，研究成果一度成为主要的再生腐植酸加工途径，部分还实现了产业化。1962 年日本台尔那特公司建成 3t/d 的生产装置（商品名为胡敏绍尔、阿兹敏），乌兹别克斯坦建立了 100kg/d 的半工业生产线，我国也先后建立了 3 条 1000~2000t/a 的硝基腐植酸装置。HNO_3 浓度一般 12%~60%（按硝酸用量的多少，分为湿法和干法工艺），温度在 80~100℃之间，所用催化剂主要是 H_2SO_4、FeS_2、MnO_2 或 V_2O_5、ZnO 等。

煤的硝酸氧化降解反应为一复杂的链式反应，反应可以用以下几个步骤表示：

（1）煤分子结构氧化；

（2）桥键和脂肪侧链断裂后的结构单元氧化；

（3）结构单元的缩合芳香环上形成醌基、酚羟基、硝基氧化；

（4）醌基、酚羟基转变成羧基氧化；

（5）芳香环上继续形成醌基、酚羟基氧化；

（6）逐步开环形成链状有机羧酸氧化；

（7）链断裂形成低分子羧酸（甚至挥发酸性气体）。

上述系列反应用分子模式表示，如图 2-53 所示。

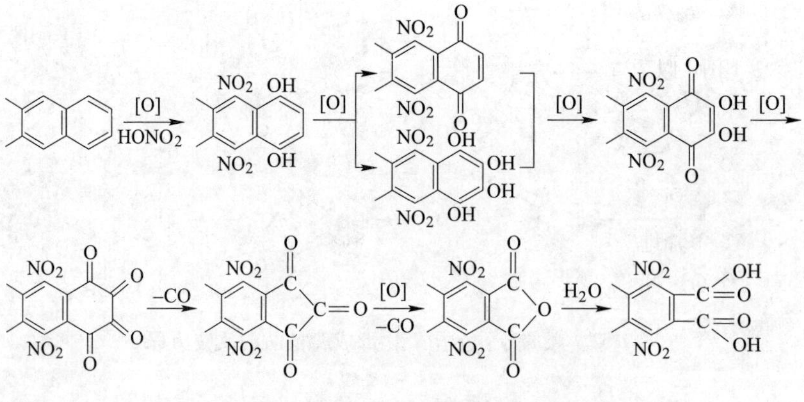

图 2-53 煤的硝酸氧化降解反应历程

上述反应过程中的中间产物第（4）、第（5）步骤为碱可溶的中等相对分子质量的硝基腐植酸。因此，煤硝酸氧解制备硝基腐植酸必须控制适宜的反应条件，才能获得最大量的硝基腐植酸产物。

成绍鑫等人对褐煤和风化烟煤的硝酸氧化机理研究认为，对褐煤的作用主要是氧化降解并形成—COOH、酚羟基（—OH_{ph}）和醌基（—$C = O_{qui}$），不仅脂肪结构断裂，而且芳环也被部分裂解，平均分子结构单元的芳环数由原来的 4 个降到 2~3 个；而风化烟煤主要是脂肪族结构的氧化脱氢反应，基本未触及芳香环；测得褐煤和风化烟煤的氧化反应热分别为 3403J/g 和 287J/g，前者腐植酸增加的幅度也大得多。因此，褐煤作为硝酸氧化提质的原料更为合适。表 2-13 是国内外部分褐煤和风化烟煤硝酸氧化试验结果。

表 2-13 煤硝酸氧化前后组成性质的变化

原料来源	氧化处理	收率/%	HA 有效含量/%	阳离子交换容量（CEC）/mmol·g⁻¹	HNO_3 利用率/%	$E_4/E_6$① (HA)	原子比	
							H/C	O/C
褐煤霍林河	前	—	34.91	—	—	2.03	0.78	0.31
	后	116.4	88.05	5.11	48.85	6.37	0.95	0.42
扎赉诺尔	前	—	14.55	—	—	2	0.78	0.22
	后	113	83.93	—	52.26	5.71	0.96	0.33
寻甸	前	—	51.2	0.22	—	2.33	1.01	0.3
	后	87.2	69.5	1.83	—	5.75	1.13	0.42
风化烟煤（灵石）	前	99.8	74.01	0.28	—		0.49	0.29
	后	—	76.01	4.24	62		0.42	0.3

①E_4/E_6 表示 HA 的碱溶液在可见光 465nm 和 665nm 处光密度的比值（腐植质 E_4/E_6 是其分子量大小的特征函数，E_4/E_6 越大，其相对分子质量越小、分子芳构化程度越低）。

由表 2-13 可以看出，所有褐煤硝酸氧化后腐植酸收率都明显提高，CEC、H/C、O/C 和 E_4/E_6 比值都有所增加，而且原煤 HA 含量越低，氧化后变化越大。风化煤氧化后除 CEC 明显提高外，其余指标变化不大。

然而，硝酸氧解处理低级别煤工艺存在两点制约因素：（1）硝酸来源少、价格高，只在部分地方适于采用。波兰和日本有人用生产硒酸的尾气（含 HNO_3 蒸气、NO_2、NO、N_2O_4）处理低级别煤生产硝基腐植酸，是既降低成本又治理污染的可取方案；（2）硝酸反应尾气（主要是 NO 和 NO_2）的吸收处理，无疑是不可忽视的重要环保环节。除采用碱液吸收、分子筛吸附及催化还原法除掉大部分 NO_x 后，再用泥炭+碱（氨或石灰）吸附残余尾气，可获得较好的净化效果，吸附饱和的泥炭还可用于制作肥料。

2.4.4　生物降解法

褐煤是煤化程度较低的煤种，具有芳香环缩合度小，侧链、桥键及活性官能团含量高的特点，且含有类木质素结构的物质，使其易于被微生物分解转化。早在 20 世纪 80 年代 Fakoussa 和 Cohen 等人就发现假单胞菌和白腐菌可以降解褐煤，开创了煤炭加工新领域，尤其在利用微生物降解褐煤等低阶煤产生腐植酸/黄腐酸方面引起了研究者的极大关注。在之后的几十年里，通过不懈的努力，丰富了煤炭生物转化的菌种资源，揭示其降解机制，同时不断开发降解产品且拓展其应用，从而加速了煤炭的转化和清洁利用。

20 世纪 80 年代陕西微生物研究所等单位筛选出对风化煤具有降解作用的锈赤链霉菌和绿色木霉两种细菌。近期有关降解煤的微生物学和酶学有较大进展，发现多种真菌（包括担子菌、曲霉、木霉、青霉等）和细菌（如假单胞菌、放线菌、链霉、杆菌等），特别是 *Bact. Naphtalinicus*、*Polyporus versicolor*、*Poria monticola*、*Lentinula elodes*、*Pseud-omonas* 等菌种，都对缩合芳香结构有选择性氧化降解作用。基于大量的实验结果，研究者们提出微生物可能主要通过分泌到细胞外的碱性物质、螯合剂和表面活性剂、生物酶等对褐煤进行降解。其中，酶解作用最为显著。参与作用的酶包括氧化物酶（锰过氧化物酶、木质素过氧化物酶、漆酶）和水解酶（主要是酯酶）。中国农业大学、中国科学院沈阳应用生态所已开展了此项研究并取得可喜进展。经微生物处理后，褐煤中的腐植酸由原煤的 13.6% 提高到 25% ~ 26%，FA 由原煤的 1% 提高到 4% ~ 11%，FA/HA 增加 3 ~ 7 倍，而且使原有腐植酸的分子量降低，O、N、官能团、凝聚极限和生物活性都明显提高。

低阶煤微生物降解转化技术，实现了低阶煤资源的高效利用，降解产物也广泛应用于各个领域，前景十分广阔，但是仍然需要进一步优化来提高效率。优化低阶煤的微生物降解转化可以从以下 3 个方面展开工作：

（1）选育降解效果显著、适应性广的菌株（菌群），可以通过传统的分离筛选方法及新型的诱变育种和基因工程手段获得优质菌种；

（2）降解机制的进一步完善，随着分析技术和手段的不断发展，复杂的煤结构能够进一步被解析，加速菌-煤之间的相互作用机制的研究，促进降解转化过程；

（3）降解产物的获得、分析及应用拓展，目前微生物降解褐煤的产物纯化及分析技术仍不完备，相应技术的不断更新，有利于产物的分析，进而开发更有价值的产物。

2.5　矿源腐植物质的溶剂分离与纯化分级

煤炭腐植物质，不管是泥炭、褐煤中的原生腐植酸，还是风化煤中的再生腐植酸，都不是纯有机物质。所谓的分离和精炼，不是为了得到纯化合物，只是希望把它们从原料中和无机矿物质及非腐植物质的有机成分中分离开来。即便如此，也是极其困难的事情。腐植物质是具有较强配位螯合、吸附性能的胶体物质，要分离其中的金属离子、硅酸盐等矿物质是极其不易的。腐植物质和其他非有机物的界限本来就不清晰，性能上又常交错重叠，彼此通过键合、氢键、吸附等物理化学作用纠结在一起，要完全拆分，难度极大。工业上，当一种混合物不可能被细分成组成它的各种纯物质时，常采用分级的方法，期望得到性质上比较均一的组分，这在聚合物研究中比较常见。所谓分级，通常按分子量大小进行分级。因此，分离、分级和纯化，仍然是企图得到无机质较少、组分相对均一、分子结构相对接近的"族组分"，而不是单一化合物。腐植酸粗产品的分离主要指提取过程，精炼则包含分级和纯化过程。

2.5.1 溶剂分离原理与现状

腐植物质的提取就是指用溶剂从低等级煤炭原料中把腐植酸分离出来的操作过程。由于腐植酸与非腐植酸类物质往往结合得非常牢固，难以解离。因此，为便于高效地提取腐植物质，首要条件是保证腐植物质与各种金属离子的结合键得以充分切断，破坏其与非腐植物质的极性、非极性吸附力、氢键缔合力等作用，因此提取剂的选择是腐植物质分离的关键。Swift 和 Whitehead 等提出提取剂的选择原则：

（1）应具有高极性和高介电常数，以利于荷电分子的分离；

（2）分子尺寸小，以利于渗入腐植酸结构中；

（3）能破坏原料中存在的氢键，而代之以腐植酸溶剂间的氢键；

（4）能固定金属阳离子。

萃取剂种类很多，包括强碱液、中性盐、有机酸盐、有机溶剂和有机螯合物等。各种提取剂对腐植物质提取率存在明显差异，见表 2-14。实际情况要复杂得多，表中数据只反映腐植酸提取的相对比较。一般来说，NaOH 和 KOH 的提取率最高，其提取过程属离子交换反应，很容易形成水溶性的腐植酸钠盐或钾盐，但只限于游离腐植酸的提取。

表 2-14 部分试剂对腐植酸的提取产率 （%）

萃取剂		HA 萃取产率
强碱	NaOH、KOH	约 80
	Na_2CO_3	约 30
中性盐	$Na_4P_2O_7$、NaF	约 30
有机酸盐	$Na_2C_2O_4$	约 30

续表 2-14

萃取剂		HA 萃取产率
有机螯合物	乙酰丙酮	约 30
	EDTA-Na[①]（1mol/L）	16
	EDA[②]（2.5mol/L, pH 2.6）	63
	EDA[②]（无水）	5
有机溶剂	吡啶	36
	DMF[③]	18
	四氢噻吩	22
	DMSO[④]	23
	HCOOH	约 55
	丙酮-水-HCl	约 20

①EDTA—乙二胺四乙酸钠盐；②EDA—乙二胺；③DMF—N,N-二甲基四酰胺；④DMSO—二甲基亚砜。

近年来，国内外学者提出许多煤炭腐植酸提取方法，但大多数提取方法主要是基于"碱溶酸析"的原理。因为腐植酸含有大量羧基、酚羟基等酸性官能团，具有能溶于碱性溶液并在酸性条件下沉淀的化学性质，因此利用碱液作为提取剂，再通过酸处理剂进行腐植酸提取。以风化煤为例，腐植酸提取过程主要包括以下几个步骤：

（1）风化煤酸洗，风化煤中含有腐植酸、腐植酸盐以及其他杂质，为了使腐植酸盐转化为腐植酸，有必要用酸对风化煤进行再生处理，使不溶的腐植酸盐类转化为腐植酸。

主要反应方程式如式（2-13）和式（2-14）所示。

$$R—(COO)_n Ca_{n/2} + nH^+ \longrightarrow R—(COO)_n + n/2Ca^{2+} \tag{2-13}$$

$$R—(COO)_n Mg_{n/2} + nH^+ \longrightarrow R—(COO)_n + n/2Mg^{2+} \tag{2-14}$$

（2）风化煤碱溶。碱溶的主要目的是将腐植酸转化为可溶的腐植酸盐，随后通过陈化取上清液的方式去掉一部分风化煤中的不溶性杂质，从而达到提纯腐植酸的目的，为后续的改性反应提供原料，主要反应方程式如式（2-15）所示。

$$R—(COO)_n + nNa^+ \longrightarrow R—(COONa)_n + nH^+ \tag{2-15}$$

（3）风化煤陈化。风化煤中含有一些既不溶于酸也不溶于碱的杂质，为了分离这些杂质，在碱溶过程后常常将溶液静置一段时间使杂质沉淀，然后缓慢倒出上层溶液，把不溶性杂质分离除去。

（4）腐植酸钠酸析。向腐植酸钠溶液中加入酸时，腐植酸会发生酸析作用生成不溶性腐植酸沉淀，从而与杂质分离，实现腐植酸的提取。通常，可加入质量分数为 15% 浓度的硫酸进行酸析，酸析过程发生的反应如式（2-16）所示。

$$R\text{—}(COONa)_n + nH^+ \longrightarrow R\text{—}(COOH)_n + nNa^+ \qquad (2\text{-}16)$$

但是，碱液不适用于处理高钙镁腐植酸，焦磷酸钠（$Na_4P_2O_7$）则能充分萃取出来。关于 $Na_4P_2O_7$ 的提取原理，目前有两种理论：一是复分解反应，即 $Na_4P_2O_7$ 把与腐植酸结合的 Ca^{2+}、Mg^{2+} 等离子置换出来，形成可溶性的腐植酸钠盐和不溶性的焦磷酸盐；二是配位反应，因为焦磷酸根是很强的配位体，可能同腐植酸的酸性官能团协同作用，与腐植酸中的高价金属离子发生"共配位"而使其溶解。因此，对高钙镁腐植酸来说，$Na_4P_2O_7$ 或 $Na_4P_2O_7$+NaOH 是最好的提取剂，Na_2S 和 Na_2CO_3 也有一定的效果。处理高钙镁低阶煤原料，建议预先用稀盐酸，再用水洗涤，脱除高价金属离子后再用碱液提取腐植酸，提取率更高些，但存在 HCl 废水的污染处理问题。

对于传统只注重腐植物质的提取效率而言，往往可以不顾及腐植酸组成性质的变化而选用强碱性溶剂，并在苛刻条件下提取腐植酸。而当将腐植物质用于基础研究时，就必须考虑腐植酸组成结构的变化。大量研究证明，只要提取剂接触腐植酸原料，就可能出现复杂情况，如非腐植物质的夹带、SiO_2 胶体的溶出、自动氧化、结构分解、氨基-羰基缩合等化学变化均可能发生，导致同一个原料样品在不同条件下提取腐植酸的元素组成、分子量、官能团、结构参数大相径庭。因此，提取条件既要温和，尽可能使原始腐植酸组成性质基本不发生变化，又要保证尽可能充分提取分离。

2.5.2 溶剂分离过程强化技术

尽管碱性提取腐植酸已被国内外广泛应用，但碱法提取存在提取率低、提取剂用量高等问题。一些研究学者使用催化剂（例如镍硫酸等）或前处理工艺措施（包括氧化、硝酸氧化法和超声波预处理方法）改进了提取工艺。然而，腐植酸的总提取率仍然很低（通常低于60%）。

2.5.2.1 蒽醌强化抽提

文献表明，蒽醌（AQ）能够保持碳水化合物稳定性，并提高提取率和反应速度。AQ 分子由苯环和两个羰基组成，其红外光谱如图 2-54 所示。AQ 具有无色或淡黄色的针状结晶，可溶于乙醇、乙醚、强碱溶液。依据 AQ 的这些性质，研究者提出了以 AQ 为碱法提取腐植酸助剂的新方法。

腐植酸提取新方法的流程（见图 2-55）如下：将煤样按照一定固液比与蒸馏水混合，加入热电子恒温水浴锅；其次，加入一定百分比的碱和助剂 AQ；设定适宜的提取温度、时间和搅拌速度；经过滤分离得到提取液，再在 60℃ 对腐植酸溶液进行干燥。由该方法提取的腐植酸被命名为 HA-1。为了验证助剂的强化效果，用类似方法在无 AQ 条件下制备了腐植酸，其被命名为 HA-2。

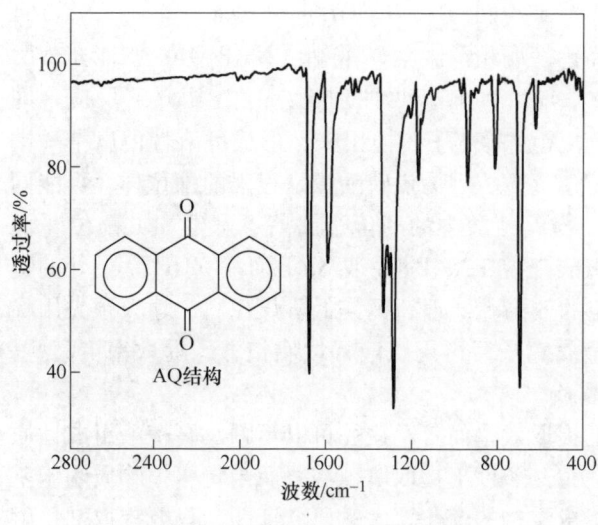

图 2-54　AQ 的结构及红外光谱图

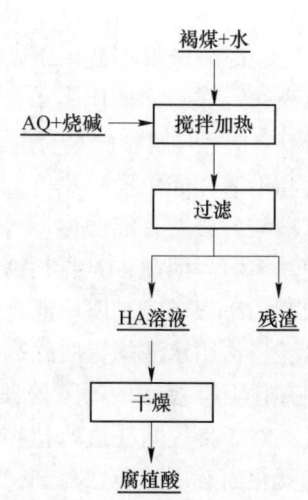

图 2-55　褐煤腐植酸提取
新方法的流程

　　研究蒽醌作为助剂提取腐植酸。主要研究了蒽醌用量、碱用量和其他提取参数对提取率的影响。同时利用红外光谱分析进一步研究了其作用机理。

　　大量文献研究表明，固液比与搅拌强度对腐植酸的提取率有较大影响。在碱用量为 12%，助剂 AQ 用量 0.25%，水浴温度为 100℃，提取时间为 60min 的条件下，研究了固液比和搅拌速度对腐植酸提取率的影响，试验结果见表 2-15。

表 2-15　固液比和转速对腐植酸提取率的影响

试验条件		提取率/%
固液比	搅拌速度/r·min^{-1}	
1:3	400	50.48
	600	62.44
	800	62.81
1:2	600	53.77
1:3		62.44
1:4		57.49

　　从表 2-15 可以看出，当搅拌转速由 400r/min 提高到 600r/min，腐植酸提取率明显提高。但是当搅拌转速由 600r/min 提高到 800r/min 时，腐植酸提取率变化不明显。考虑到过高的搅拌速度将导致能量损耗，后续试验将搅拌速度定为 600r/min。同时由表 2-15 可以看出，随着固液比由 1:2 降低到 1:4，腐植酸提取率先升高后降低。一般而言，过高或过低的固液比都将导致腐植酸提取率的降

低。原因是过高的固液比将导致溶液浓度过高，烧碱与有机酸难以充分反应；而过低的固液比将降低单位体积内烧碱溶液的浓度，导致提取率降低。当搅拌转速为600r/min，固液比为1：3时，腐植酸提取率为62.44%。

在碱用量为12%，水浴温度为100℃，提取时间为60min，搅拌转速为600r/min，固液比1：3的条件下，研究了助剂AQ用量对腐植酸提取率的影响，试验结果如图2-56所示。由图2-56可以看出，助剂AQ可以明显提高腐植酸的提取率。当助剂AQ用量从0%提高到1.0%，腐植酸的提取率逐渐提高。当AQ用量为0.75%时，腐植酸的提取率基本达到最高值，为82.75%。AQ用量的进一步提高，腐植酸的提取率基本没有变化。文献表明，助剂AQ可有效防止高分子有机化合物在碱性条件下被降解为不溶物质。因而，在助剂AQ存在的条件下，腐植酸的提取率明显得到提高。

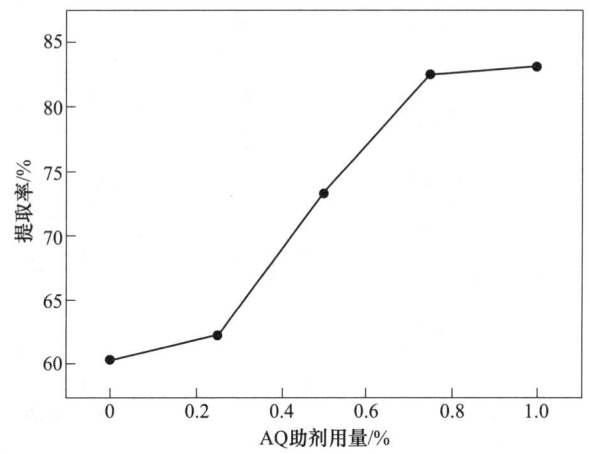

图 2-56　AQ 用量对腐植酸提取率的影响

在水浴温度为100℃，提取时间为60min，搅拌转速为600r/min，固液比1：3的条件下，研究了碱用量对腐植酸提取率的影响，结果如图2-57所示。在未添加助剂AQ的条件下，当碱用量从7%提高到12%，腐植酸的提取率逐渐提高。当碱用量为12%时，腐植酸的提取率达到60.38%的最高值。但当碱用量从12%提高到15%，腐植酸的提取率逐渐降低。主要原因是过高的碱量导致部分可溶的腐植酸降解为不溶物，从而降低了提取率。在助剂AQ用量为0.75%的条件下，当碱用量从7%提高到15%，腐植酸的提取率呈逐渐提高的趋势。添加AQ条件下，适宜的碱用量为9%，腐植酸的提取率为82.77%。AQ使腐植酸的提取率大约提高了22%，而适宜的碱用量则降低了3%。

在碱用量为9%、AQ用量为0.75%、提取时间为60min、搅拌转速为600r/min、固液比1：3的条件下，研究了提取温度对腐植酸提取率的影响，试

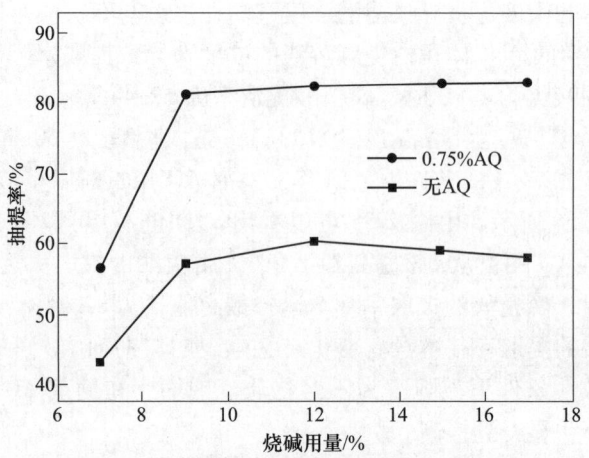

图 2-57 烧碱用量对腐植酸提取率的影响

验结果如图 2-58 所示。由图 2-58 可知，在未添加助剂 AQ 的条件下，提取温度从 30℃提高到 100℃，腐植酸的提取率逐渐提高。当提取温度为 100℃时，腐植酸的提取率达到最高值，为 54.86%。当添加 0.75%助剂 AQ 时，腐植酸的提取率随着温度的提高呈逐渐上升的趋势。当提取温度为 80℃时，腐植酸的提取率达到最高值，为 80.56%。结果表明，添加助剂 AQ 可将腐植酸抽提温度降低约 20℃。

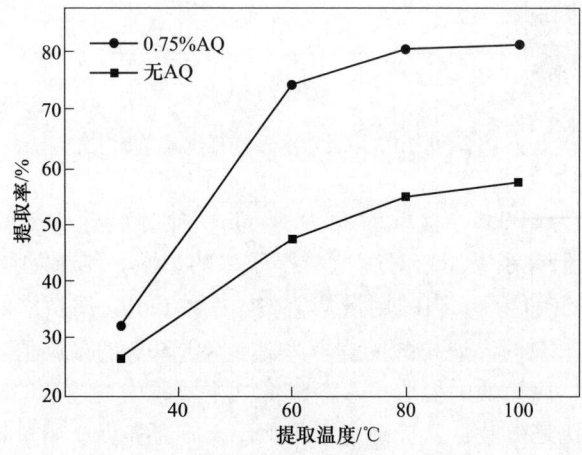

图 2-58 提取温度对腐植酸提取率的影响

在碱用量为 9%，助剂 AQ 用量为 0.75%，提取温度 80℃，搅拌转速为 600r/min，固液比为 1:3 的条件下，研究了提取时间对腐植酸提取率的影响，试验结果如图 2-59 所示。可以看出，在未添加助剂 AQ 的条件下，提取时间从

10min 提高到 60min，腐植酸的提取率逐渐提高。当提取时间为 60min 时，腐植酸的提取率达到最高值，为 57.36%。当添加 0.75% AQ 时，腐植酸的提取率在抽提时间为 30min 时达到最大，为 80.08%。相比而言，添加助剂 AQ 可显著降低腐植酸的抽提时间。

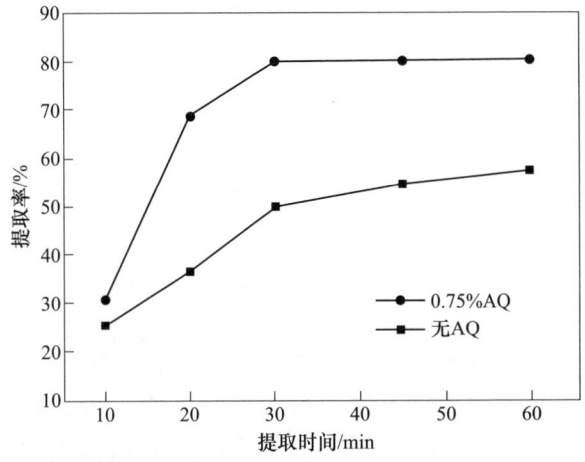

图 2-59 提取时间对腐植酸提取率的影响

表 2-16 为与无机矿物相关的腐植酸组分的元素分析。这进一步证实了无机矿物主要以石英的形式出现。HA-1 中石英的含量远高于 HA-2。如文献 [11] 所述，在有助剂 AQ 存在的情况下提取的 MHA 黏合剂比没有助剂 AQ 的情况下提取的 MHA 黏合剂具有更少的无机物。因此，可以得出结论，NaOH 溶液中的助剂 AQ 除了保护可溶性有机腐植物质的组分外，还可以破坏有机腐植物质与无机矿物之间的联系。

表 2-16 矿源腐植酸的化学元素分析结果

项目	有机元素 $w/\%$			无机元素 $w/\%$			
合成产物	C	H	O	SiO_2	Fe_2O_3	Al_2O_3	K_2O
HA-1	29.65	0.59	16.76	30.92	9.62	11.7	0.46
HA-2	52.58	1.18	18.24	9.37	3.86	4.45	0.14

C 与 H 原子比是衡量有机物芳构化程度的一种方法。芳构化程度随 C/H 比的增加而增加。计算结果表明，HA-1 中 HA 组分的 C∶H 比 1∶4.19，而 HA-2 中 HA 组分的 C/H 比为 3.71。结果表明，HA-1 中腐植酸组分的芳构化程度大于 HA-2。

图 2-60 的 XRD 图谱显示，HA-1 与 HA-2 衍射峰非常相近；由于有机腐植质是一种高度无序的物质，它们未能在图谱中出现；石英（SiO_2）在 27°处的衍射峰占主导地位，表明无机矿物主要由石英组成。

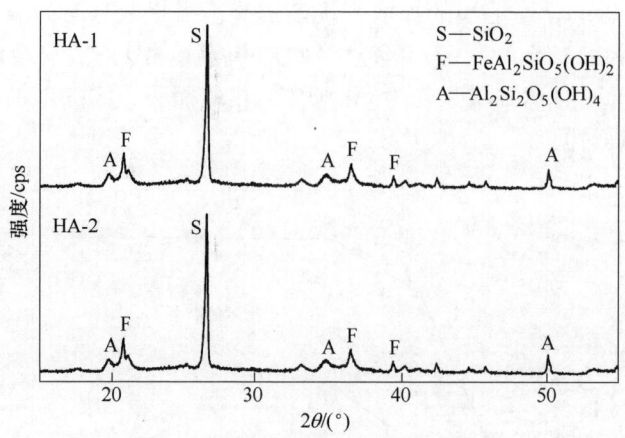

图 2-60　矿源腐植酸的 XRD 分析图谱

　　采用 FTIR 研究了 HA-1（AQ 强化提取）和 HA-2（传统碱法提取）的结构差异，结果如图 2-61 和表 2-17 所示。可以看出，HA-1 在波数为 3423cm^{-1} 出现了—OH，另外，HA-1 在 2350cm^{-1}、2650cm^{-1} 出现的微弱的波峰归功于 COO—H 基团中强烈的 O—H 振动。在波数 1275cm^{-1} 处存在—OH 的中等强度的振动。出现在 1720cm^{-1} 和 1600cm^{-1} 波数处的吸收归结于苯环结构中的—C═C—。在红外光谱分析中，相对峰值强度的强弱反映了每种功能基团含量的相对多少。HA-2 和 HA-1 之间存在明显的结构差异，主要表现在两种腐植酸相对峰值强度的不同方面。在 1720cm^{-1}、1275cm^{-1} 之间这个谱带时，HA-1 的峰值强度要比 HA-2 的峰值强度大很多。这表明 HA-1 拥有较高的芳构化。图 2-61 显示两种腐植酸结构的

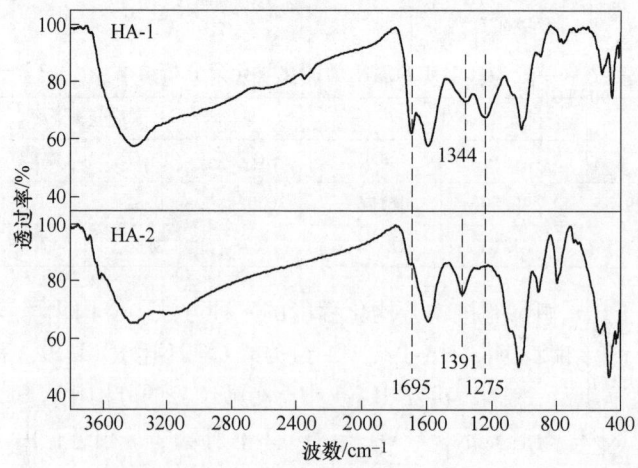

图 2-61　矿源腐植酸的 FTIR 分析图谱

最大不同表现在官能团 O—H（COO—H 上面的）、COOR 和 COOH。相较于未采用助剂 AQ 提取出来的腐植酸（HA-2）来讲，HA-1 含有更多的极性官能团，例如 COOR、COOH 和—OH 等。

表 2-17　HA-1 红外光谱各吸收峰对应基团的解析

峰的位置 /cm^{-1}	对应基团
3425	—OH 伸缩
3167	—OH 伸缩
1729	芳香族中的 C＝C、—COOH 中的 C＝O
1579	—COO⁻、C＝C
1380	—COOH 中的 C—O 和—OH、芳醚和酚中的—C—O
1053	Si—O—C、Si—O
904	脂肪族醇中的 C—OH、$R_2C＝CH_2$
785	酚基中的 C—O、芳香族中的 C—H
527	Si—O
478	Si—O—C、硅酸盐中的 Si—O

　　测得了 HA-1 和 HA-2 的 TG-DSC 曲线，分别如图 2-62 和图 2-63 所示。HA-1 的 DSC 曲线对应了这些物理化学变化：吸附水的损失（87℃处吸热反应）、热分解（100~363℃处吸热效应）、持续强烈的热分解（363~535℃处吸热效应）。进一步结合 HA-1 的 TG 曲线可知，加热至 100℃时，8% 的质量损失是 HA-1 脱水的结果；HA-1 在 100~500℃阶段的燃烧和分解反应造成的质量损失为 17%；残余 HA-1 在 500~535℃持续强烈燃烧和分解导致了最大的质量损失（32%）；HA-1 的无机矿物（灰分）约为 53%。

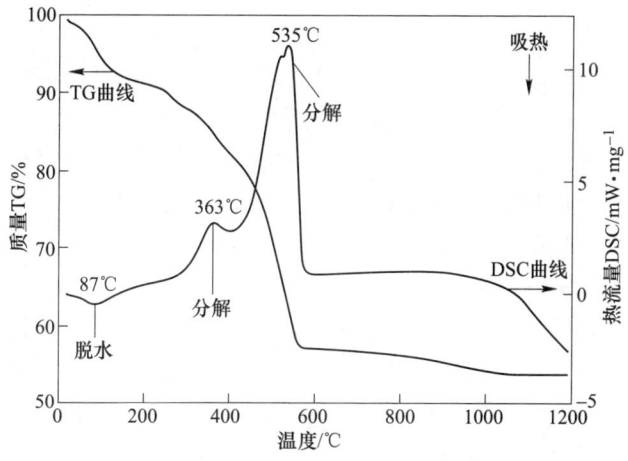

图 2-62　HA-1 的 TG-DSC 曲线

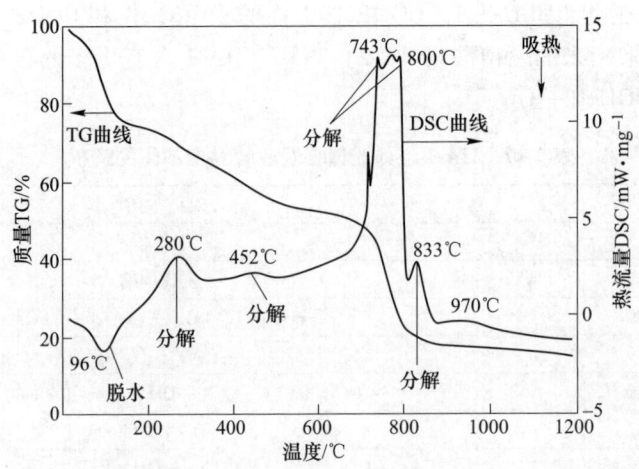

图 2-63　HA-2 的 TG-DSC 曲线

HA-2 的 DSC 曲线对应以下物理化学变化：HA-2 吸附水的损失（96℃处吸热反应）、一些热分解反应（100~280℃和280~452℃处吸热效应）、持续强烈的热分解（452~743℃处吸热反应和743~800℃处放热反应）；最终的热分解反应（833℃左右吸热效应）。HA-2 的 TG 曲线显示，加热至100℃产生的22%质量损失是其脱水的结果；由 HA-2 的燃烧和分解（100~743℃）造成的质量损失为28%；残余 HA-2（743~833℃）的持续燃烧和分解导致的质量损失为32%；HA-2 的无机矿物（灰分）约占18%。两种 HA 的热分析结果再次表明，AQ 强化抽提得到的 HA-2 具有更少的无机灰分，以及更高的有机质含量与水分。

2.5.2.2　水热强化抽提

水热强化抽提腐植酸以亚临界水可以溶解有机物的性质为理论基础，在特制的密闭容器中，水作为反应媒介，对反应容器加热以创造高温、高压反应环境，使通常难溶或不溶的物质溶解。水热过程中主要发生有机物的降解、水解，水热处理温度对处理过程起决定性作用。

刘鹏等人在水热条件下对褐煤的结构变化进行了研究，结果表明，煤有机分子结构中部分弱化学键断裂，含氧官能团减少。常鸿雁等人和王知彩等人研究了水热改质煤的基本性质及其溶胀、抽提、液化性能，IR 光谱分析结果表明，水热处理改变了煤分子中氢键等非共价键作用，其中较高温度水热处理将导致醚键、酯键等弱共价键水解和芳环侧链的断裂。贾建波等人采用低阶煤水热法提取腐植酸，考查碱煤比、水煤比、时间及水热温度对腐植酸产率的影响，结果表明，该方法提取的腐植酸具有含氧官能团丰富、分子小、效率高（最优值为91%）等优点。

程敢等人采用了水热法从内蒙古霍林河褐煤中提取腐植酸，考察了碱碳质量比、水煤质量比、反应温度和反应时间对 HA 产率的影响。在反应温度为 190℃、反应时间为 7h、煤样粒度为 0.25~0.18mm 的优化条件下，获得的 HA 产率高达90.2%。工业分析证明，褐煤中的灰分和硫可以通过水热处理去除。元素分析表明，HA 的 O/C 和 H/C 比显著高于原煤和残煤，表明 HA 的氧和氢含量增加。FTIR 和 UV-VIS 分析表明水热反应破坏了褐煤的大分子结构。此外，部分有机物在反应过程中发生降解和水解。

水热法抽提 HA 具有分离效率高和分离率高的优势，但因高温、高压的反应条件，对反应容器要求高，耗能也很高。

2.5.3　其他纯化分级技术

2.5.3.1　脱灰纯化

从煤炭原料中提取出来的腐植物质常常含有过量的提取剂、被络合的金属以及其他无机物质（如被碱溶解的二氧化硅）等。因此，提取出的腐植物质需要进一步纯化以提高其品质。腐植物质的纯化过程主要是脱除无机质，俗称"脱灰"。腐植物质纯化方法主要包括物理絮凝法和化学纯化法。

A　物理絮凝法

在腐植物质的碱提取液中添加适量的 Na_2SO_4，促进分散性较好的无机胶体加快絮凝沉淀、离心或过滤，再用 HCl 调到 pH 值约接近 1.5，加热，水洗，一般可得到灰分小于 5% 的腐植物质。

B　化学纯化法

1g 腐植物质放入 0.5mL 浓 HCl、0.5mL 48% HF、99mL 水的混合液中，室温下振荡 24~48h，再水洗到无 Cl^-。此法可有效脱除腐植物质中的 Fe、Al、Si，使灰分降至 1% 以下。

目前，腐植物质提取纯化方法种类繁多，但大多参考国际腐植酸协会（IHSS）的推荐方法。国际腐植酸协会制定的腐植酸综合分离-纯化法是迄今披露的腐植酸样品统一的处理方法。该方法基本上遵循了上述条件温和、萃取充分、溶质-溶剂无不可逆作用等原则。腐植酸提取与纯化流程如图 2-64 所示，具体操作过程如下。

将煤炭样品过 2.0mm 筛，按 1∶10（质量/体积，即 m/v）加入 1mol/L HCl，使 pH 值达到 1~2，室温下振荡 1h，再离心，以便去除钙镁离子。在残留物中按1∶10(m/v) 加入 1mol/L NaOH，在 N_2 气氛下混合、振荡 4h，静置过夜，离心，除去残渣，用 6mol/L HCl 将提取液调到 pH 值 1 左右，静置 12h，离心，沉淀物即为粗提腐植酸。在 N_2 气氛下将沉淀出来的腐植酸用尽量少的 0.1mol/L KOH

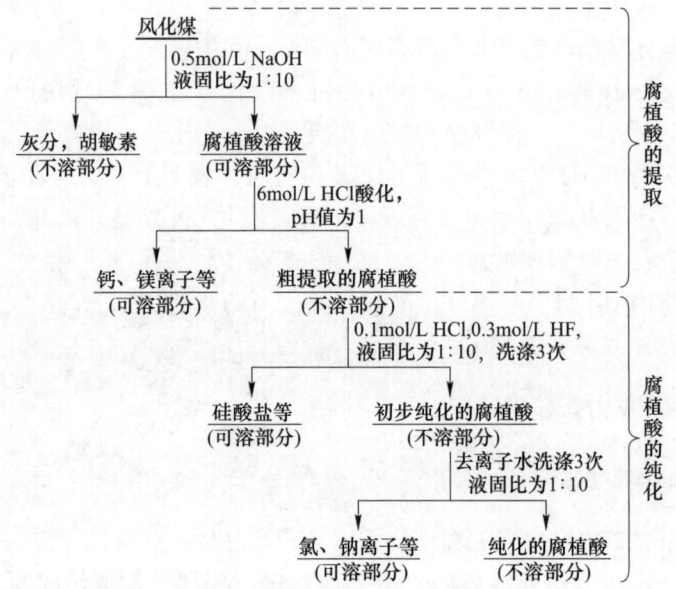

图 2-64　腐植酸提取与纯化流程

重新溶解，高速离心，加 6mol/L HCl 调节 pH 值 1 左右，沉淀 12～16h，离心，弃去上清液，残留的腐植酸用 0.1mol/L HCl+0.3mol/L HF 混合液处理，室温下振荡过夜，离心，反复用 HCl+HF 处理，使得到的腐植酸灰分小于 1.0%。再通过透析膜或透析管，使 $AgNO_3$ 检测不出 Cl^-，样品进行冷冻干燥获得纯化腐植酸。

2.5.3.2　产品分级

已多次强调，腐植物质并非以简单化合物的形态存在，而是以一个芳环为核心，通过醚键、酯键等多种化合键将许多直链和支链连接到芳环上形成了复杂的混合物，或由大量低的相对分子质量的有机分子通过疏水作用和氢键结合而形成的超分子聚合物。这就导致腐植物质的组成具有相对稳定性，但化学结构高度复杂且不均一，存在高度异质性，这些特点限制了腐植物质的分离、表征和后续利用。大量的学者通过不同的技术手段或方法将腐植物质这类复杂的有机大分子物质进行分级，将其分为性质变化范围较窄、成分相对均一的小分子物质，以降低其异质性。传统的腐植物质分级方法，主要是利用提取剂分离土壤中的腐植酸，在此基础上，根据不同组分在溶液中的溶解性，将腐植酸主要分为胡敏酸、富里酸和胡敏素 3 种组分。当然也存在其他不同分级方法，主要是依据腐植物质在溶液中的溶解特性、分子量大小、电荷性能以及被吸附特性等的差异，大致包括以下 4 类。

A 基于酸碱溶解性的分级

腐植物质大分子中的各种化学组分，由于其活性官能团含量和分布极不均匀，导致其亲电子-亲核两种相反的倾向产生较大差异，这也就决定了它们在不同极性和 pH 值的溶剂中具有不同的溶解性。通常可以利用这一特性对腐植酸进行分级处理。最传统的方法是利用碱溶酸析、丙酮（乙醇）提取分级，如图 2-65 所示。

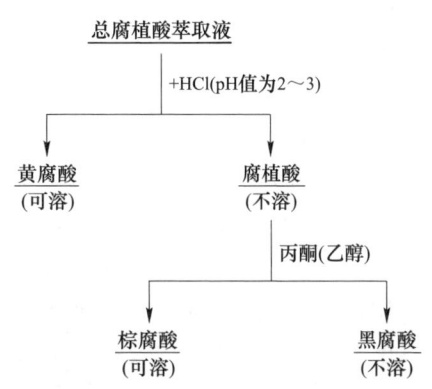

图 2-65 腐植物质的酸碱分级

B 基于分子大小的分级

目前，常用的分子大小分级的方法主要是凝胶过滤法，即通过交联葡聚糖凝胶进行分离，可将几千到几十万的有机多分散体系分为若干分子量范围的级分，但仍存在一系列负面问题，如电荷作用、物理化学吸附、分子聚集以及 pH 值、离子强度及样品浓度的影响等，会导致偏离标定的分子尺寸，必须再通过选择溶剂等措施避免负面效应产生。

超滤分级是依据具有一定原子孔径范围的合成膜进行分离，但也受分子电荷和分子构型影响。由于平板型超滤器极化作用过于强烈，容易截留大量腐植酸。因此，建议选用极化作用小的中空纤维超滤器，基本上可做到按分子尺寸分级，且腐植酸分子不会发生化学变化。Cristl 等人采用中空纤维排阻色谱将腐植酸分为 4 个组成结构有明显差异的级分。李丽等人采用切面流超滤法将泥炭腐植酸分离为 8 个相对分子质量不同的级分，并用排阻色谱得到验证。

超离心分级是将重力转换为分子尺寸分级的一种方法，容易受分子间电荷的排斥影响，技术比较烦琐。Hayes 等人认为选择合适的电解质可抑制分子间电荷作用。

C 基于电荷特性的分级

电泳技术是基于该原理分级的主要方法，根据带电的溶质分子在电场中运动速度差异进行分离。腐植物质分子多数是负电性的聚合阴离子，因此需溶于碱性缓冲溶液中操作，其分子迁移距离和速度与分子大小呈负相关，与电荷密度呈正相关。电泳分级只能得到若干电荷梯度不同的组分，彼此电荷密度差别和界限不太明显。近期采用等速电泳（ITP）、等电聚焦（IEF）、聚丙烯酰胺凝胶色谱（PAGE）、毛细管电泳（CE）等新的电荷分级方法进行改进，其中，CE 具有分离速度快、分离效率高、进样量少等优点，可以分离从离子、小分子到复杂大分子物质，已广泛用于天然腐植酸的分离。在 CE 基础上发展起来的毛细管胶束电动色谱（MECC）、毛细管等电聚焦（CIEF）、CE 与质谱（MS）联用等高新技术也已用于腐植酸的分离鉴定。

D　基于吸附特性的分级

采用多孔硅胶、氧化铝、活性炭、木炭等吸附材料进行吸附-脱附分离是传统的分级方法。XAD-8 树脂吸附力相对较弱、脱附率高，它是分离富里酸类水溶有机物的有效吸附剂。分别用有机溶剂（如氯仿、环己烷、甲醇、丁醇、甲乙酮、乙酸乙酯等）、酸、碱或酸+醇、丙酮+水以及不同离子强度的缓冲液进行脱附，可以分为组成结构不同的级分。上述精细分离之前，一般要预先将腐植酸甲基化，在薄层或色谱柱上用逐级增加极性的有机溶剂冲洗而得到分级，获得分子结构相对均一的腐植酸级分。

综上，现有分级方法各有其优缺点，经典的溶剂法分级适宜于大批量操作，但存在着分离获得的各级分差异有限的问题。近些年研究较多的先进尺寸排阻色谱和超滤等方法，能够分离出异质性更低的腐植物质级分，分离方法精度更高，目标性更强，但却存在着成本高、难以大规模应用等问题。因此，后续工作仍需完善已有的分级技术，寻找更为有效的分离方法。

3 腐植物质的组成结构与应用化学

<<<<<<<<<<<<<<<<<<<<<<<<<<<<<<<<<<<<<<<<<<<<<<<<<<<<<<<<<<<<<

腐植物质是一类复杂多变的天然大分子混合物和多分散体系，这为它们的实际应用带来了难度。但是腐植物质仍是由特定的化学结构单元组成，并可以根据组成结构和物化性质进行简单的分类，这又为它们的利用提供了广阔的空间。

3.1 腐植物质的基本组成与结构特征

3.1.1 基本元素

不同来源腐植物质的元素组成存在一定的差异，但主要由碳（C）、氢（H）、氧（O）和氮（N）等 4 种元素组成，有时也含有少量的硫（S）和磷（P）。据国内外 20 多种矿源腐植物质的元素分析数据（见表 3-1），各种腐植物质的元素含量范围为：C 45%~66%，H 3%~7%，O 26%~47%；N、S、P 分别约 1%~5%、0%~2% 和 0%~0.03%。泥炭、褐煤、风化煤 3 种来源的腐植物质，在碳含量方面，不同产地的差别比不同煤种的差别更大；在氢含量方面，一般存在如下规律：泥炭腐植物质>褐煤腐植物质>风化煤腐植物质；氮的含量也有相同变化趋势。Bremner 等人对土壤腐植物质的氮的形态分布做过比较详细的研究。针对煤炭腐植物质中氮的研究较少，硫在腐植物质内存在的形态，知之更少，尚未证实煤炭腐植物质中存在磺酸基或其他含硫功能团。

此外，H/C、O/C 和 N/C 原子比是腐植物质结构和类型的直观指标，可相对比较不同腐植物质样品的结构差异。

表 3-1　不同来源煤炭腐植酸的元素组成　　　　　　（%）

名称	C	H	N	S	O	C/H 原子比
广东廉江泥炭腐植酸	62.66	5.07	1.21	1.36	27.58	1.03
福建泉州泥炭腐植酸	59.84	5.29	1.82	0.97	29.11	0.94
北京延庆泥炭腐植酸	61.82	5.15	1.89	1.1	30.04	1
吉林敦化泥炭腐植酸	61	5.92	2.43	0.64	27.14	0.86
广东茂名褐煤腐植酸	60.4	4.25	2.64	2.02	25.05	1.18
云南昭通褐煤腐植酸	58.51	4.21	1.89	1.3	29.9	1.16

名称	C	H	N	S	O	C/H 原子比
内蒙古扎赉诺尔褐煤腐植酸	65.46	4.39	—		30.16	1.24
吉林舒兰褐煤腐植酸	66.37	3.62	—		30.01	1.53
湖南醴陵褐煤腐植酸	67.89	4.35	1.24		26.53	1.3
北京门头沟风化煤腐植酸	66.09	2.87	1.7	0.57	26	1.92
江西萍乡风化煤腐植酸	66.92	2.94	1.59	0.49	29.7	1.9
新疆吐鲁番风化煤腐植酸	61.93	2.59	0.94	0.32	24.33	1.99
山西灵石风化煤腐植酸	59.39	2.4	1.05	0.67	36.49	2.06
山西大同风化煤黑腐酸	62.97	3.06	1.35		32.62	1.71
山西大同风化煤棕腐酸	62.25	5.25			32.5	0.99
河南巩县风化煤黄腐酸	55.23	2.32	0.75	2.15	38.35	1.98
广东湛江泥炭黄腐酸	45.74	4.52	0.92	2.06	45.53	0.84
新疆吐鲁番风化煤黄腐酸	50.7	3.15	1.59	0.58	42.68	1.34

3.1.2　活性基团

腐植物质中的氧大约68%~91%存在于活性基团中的，主要的含氧基团总酸性基包括羧基(—COOH)、酚羟基(—OH$_{ph}$)、醌基(—C＝O$_{qui}$)、非醌羰基(—C＝O)、醇羟基(—OH$_{alc}$)、甲氧基(—OCH$_3$)、烯醇基(—CH＝CHOH)等，OH$_{ph}$+OH$_{alc}$之和为总羟基(—OH$_{tot}$)。最重要的活性基团是总酸基和醌基，它们是决定腐植物质化学性质和生物活性的主要部位。目前，测定含氧官能团的方法主要是化学法和电位法。不同来源腐植物质的含氧官能团分析结果见表3-2。总的规律是：对—COOH来说，次序为黄腐酸>胡敏酸≥棕腐酸>腐黑物；不同来源的同类腐植物质之间的差异不显著。对—OH$_{ph}$来说，不同煤种的棕腐酸都很高，而黄腐酸中的—OH$_{ph}$随土壤、泥炭和风化煤依次降低。—OH$_{alc}$含量高低的次序是土壤胡敏酸>泥炭胡敏酸>风化煤胡敏酸≥褐煤胡敏酸。而C＝O$_{qui}$则是风化煤胡敏酸、黄腐酸最多，泥炭黄腐酸最少；此外，在土壤、泥炭的各种腐植物质级分中或多或少存在着—OCH$_3$，而风化煤腐植物质（除巩义黄腐酸外）都无—OCH$_3$。

很多研究结果都证明了腐植物质的生成规律。随着腐植化或煤化程度的提高，原始腐植物质中表征植物残体固有的甲氧基、醇羟基、非醌羰基逐渐减少并逐渐消失，而醌基逐渐增多，羧基和酚羟基变化无明显规律。生化黄腐酸属于特殊类型，—COOH含量只有煤炭黄腐酸的1/3~1/2，表明其中性碳水化合物及其他脂肪特征的结构占主导。

表 3-2 不同来源腐植酸类物质的含氧官能团分析结果（daf）（mmol/g）

类别	来源	总酸性	—COOH	$—OH_{ph}$	$—OH_{tot}$	$—OH_{alc}$	$—C=O_{qui}$	—C=O	$—OCH_3$
故敏酸	土壤（加拿大）	6.6	4.5	2.1	4.9	2.8	—	4	0.3
	土壤（日本）	4.75	3.46	1.29	3.9	2.61	—	2.39	0.35
	泥炭（廉江）	6.57	3.95	2.62	3.98	1.36	1.8	2.3	0.23
	褐煤（茂名）	6.33	3.71	2.62	2.7	0.08	1.8	1.5	0
	风化煤（北京）	6.18	4.3	1.88	2.36	0.48	2.9	0.9	0
棕腐酸	泥炭（桦川）	4.88	1.72	3.16	—	—	—	—	2.64
	褐煤（扎赉诺尔）	6.68	3.58	3.1	—	—	—	—	0.5
	风化煤（大同）	7.28	3.49	3.8	—	—	—	—	0
黄腐酸	土壤（加拿大）	12.4	9.1	3.3	6.9	3.6	—	3.1	0.5
	泥炭（湛江）	8.47	6.39	2.08	5.55	3.47	0.7	0.85	0.26
	风化煤（吐鲁番）	10.7	9.1	1.6	1.83	0.23	1.4	2.6	0
	风化煤（巩义）	9.39	7.96	1.43	1.53	0.1	2.4	3.7	0.04
	秸秆发酵（深圳）	5.77	3.31	2.46	—	—	—	—	—
腐黑物	土壤（加拿大）	5.9	2.6	2.4	—	—	—	5.7	0.3

3.1.3 功能组分

腐植物质是植物残体经过复杂的生物化学作用而形成的亲水的、酸性的、多分散的物质，分子量从几百到几万。前文已提及，人们通常利用它们的简单特点，比如溶解度特性进行分类，并加以利用。根据其在碱或酸中的溶解度差异，腐植物质可分为黄腐酸、胡敏酸和腐黑物 3 种组分（外观见图 3-1），它们具体的溶解性质差异见表 3-3。黄腐酸可以溶于酸性介质又可溶于碱性介质；胡敏酸可以溶于碱性介质而不溶于酸性介质；腐黑物既不溶于酸性介质又不溶于碱性介质。

(a) (b) (c)

图 3-1 黏结剂功能组分的外观
（a）黄腐酸；（b）故敏酸；（c）腐黑物

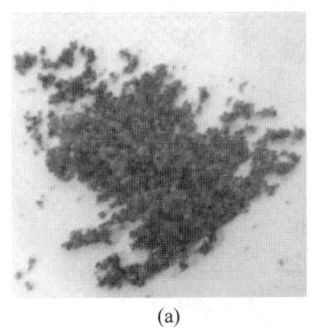

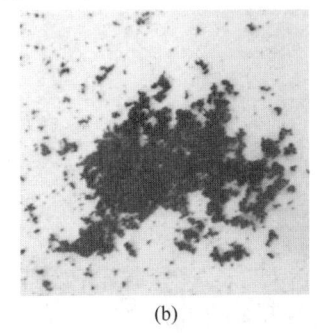

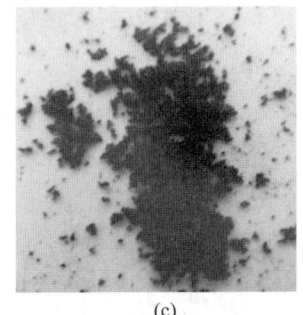

表 3-3 腐植物质功能组分的基本性质

腐植酸类型	溶解度	相对分子质量
黄腐酸	可溶于酸和碱	介于 300~400 之间
胡敏酸	溶于碱不溶于酸	介于 2000~10000 之间
腐黑物	不溶于酸和碱	介于 10000~1000000 之间

　　自然界中腐植物质主要以胡敏酸形式存在。通常情况下，将黄腐酸与胡敏酸两种组分统称为腐植酸，这两种组分也是人类利用最广的腐植物质。国内外学者在两种功能组分的基础研究方面做了大量研究，它们的含氧官能团含量见表 3-4。腐植物质各组分的分子中含有羧基、羟基、羰基、胺基等功能基，其中以羧基、酚羟基最重要。黄腐酸与胡敏酸在含氧官能团方面存在较大差异。黄腐酸的分子量小于胡敏酸。

表 3-4 腐植物质功能组分的含氧官能团的含量　　　　　　（μg/g）

腐植酸类型	总酸基	—COOH	酸性—OH	弱酸性—OH	—C=O
黄腐酸	640~1420	520~1120	30~570	260~950	120~420
胡敏酸	560~890	150~570	210~570	20~496	10~560

　　中南大学姜涛团队以风化煤与褐煤为原料，通过碱溶酸析法（见图 2-4）制备了黄腐酸、胡敏酸和腐黑物 3 种功能组分，并进行了表征分析。

3.1.3.1　黄腐酸组分

　　五种不同来源的黄腐酸的主要含氧官能团及可见光谱分析结果分别如表 3-5和图 3-2 所示。

表 3-5 五种黄腐酸组分的主要含氧官能团分析

编号	基团含量/mmol·g⁻¹			基团比/%		
	总酸基	羧基	酚羟基	羧基/总酸基	酚羟基/总酸基	羧基/酚羟基
MF1	11.90	4.25	7.65	35.70	64.30	55.52
MF2	11.76	4.38	7.38	37.24	62.76	59.34
MF3	10.08	3.69	6.39	36.63	63.37	57.80
MF4	12.46	3.95	8.51	31.69	68.31	46.39
MF5	11.69	4.14	7.55	35.38	64.62	54.75

　　从表 3-5 可以看出，五种黄腐酸组分含氧官能团的数量存在差异，总酸基含量大小的变化规律为：MF4>MF1>MF2>MF5>MF3。总酸基以酚羟基为主，酚羟基所占比例大于 60%。

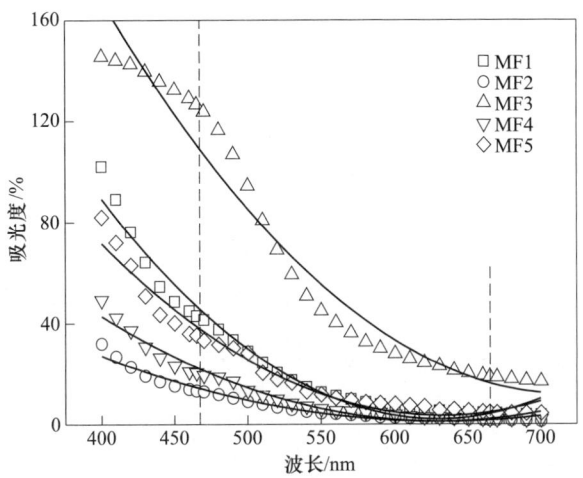

图 3-2　五种黄腐酸组分的可见光谱分析

由图 3-2 可以看出，五种黄腐酸可见光谱的变化规律是：吸光度随着可见光波长的提高而逐渐降低，无特征吸收峰。对可见光谱曲线拟合发现，黄腐酸溶液吸光度（Y）与可见光波吸收波长（X）的关系为：$Y=aX+bX^2$，拟合参数 a 和 b 见表 3-6。

表 3-6　五种黄腐酸组分的吸光度拟合参数及光密度比

黄腐酸组分	光密度比（E_4/E_6）	拟合参数	R-Square
MF1	9.77	$a=-2.079$；$b=0.00165$	0.975
MF2	8.31	$a=-0.606$；$b=4.793\times10^{-4}$	0.969
MF3	6.73	$a=2.229$；$b=0.00156$	0.960
MF4	9.76	$a=-0.987$；$b=7.831\times10^{-4}$	0.972
MF5	7.35	$a=-1.591$；$b=0.00126$	0.969

腐殖质在波长 465nm 和 665nm 的光密度比（E_4/E_6）是其分子量大小的特征函数。对腐殖质来说，E_4/E_6 越大，其相对分子质量越小、分子芳构化程度越低。从表 3-6 可以看出，五种黄腐酸组分的光密度比（E_4/E_6）大小规律依次为：MF1>MF4>MF2>MF5>MF3。可见，五种黄腐酸组分的相对分子质量大小或分子芳构化程度高低变化规律为：MF3>MF5>MF2>MF4>MF1。

3.1.3.2　胡敏酸组分

五种不同来源胡敏酸的主要含氧官能团及可见光谱分析结果分别如表 3-7 和图 3-3 所示。

表 3-7   五种胡敏酸组分的主要含氧官能团分析

编号	基团含量/mmol · g^{-1}			基团比/%		
	总酸基	羧基	酚羟基	羧基/总酸基	酚羟基/总酸基	羧基/酚羟基
MH1	4.62	0.03	4.60	0.52	99.48	0.52
MH2	8.16	0.59	7.57	7.25	92.75	7.82
MH3	4.90	0.23	4.67	4.73	95.27	4.96
MH4	3.78	0.30	3.48	7.83	92.17	8.50
MH5	3.22	0.00	3.22	0.00	100.00	0.00

从表 3-7 可以看出，五种胡敏酸组分含氧官能团的数量也存在差异，总酸基含量大小的变化规律为：MH2>MH3>MH1>MH4>MH5。总酸基仍以酚羟基为主，酚羟基所占比例大于 90%。

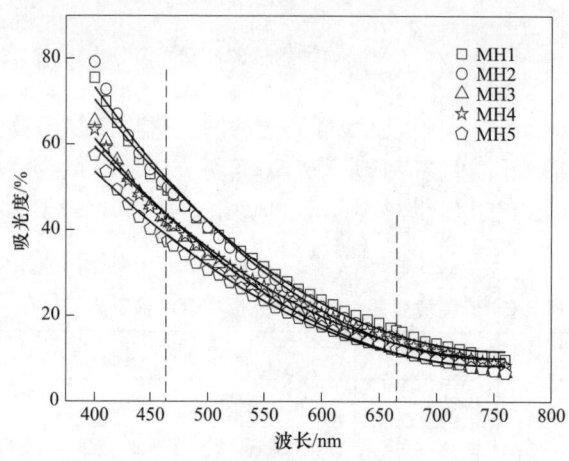

图 3-3   五种胡敏酸组分的可见光谱分析

由图 3-3 可以看出，五种胡敏酸可见光谱的变化规律是：吸光度随着可见光波长的提高而逐渐降低，无特征吸收峰。经过线性拟合发现，胡敏酸溶液吸光度（Y）与可见光波吸收波长（X）的关系通式也为：$Y=aX+bX^2$，拟合参数 a 和 b 参见表 3-8。

表 3-8   五种胡敏酸组分的吸光度拟合参数及光密度比

胡敏酸组分	光密度比（E_4/E_6）	拟合参数	R-Square
MH1	2.96	$a=-0.701$; $b=4.634\times10^{-4}$	0.997
MH2	3.42	$a=-0.791$; $b=5.304\times10^{-4}$	0.993
MH3	3.43	$a=-0.656$; $b=4.392\times10^{-4}$	0.994
MH4	2.91	$a=-0.576$; $b=3.783\times10^{-4}$	0.994
MH5	3.06	$a=-0.542$; $b=3.582\times10^{-4}$	0.969

从表3-8可以看出，五种胡敏酸组分的光密度比（E_4/E_6）大小变化规律为：MH3>MH2>MH5>MH1>MH4。因此，五种胡敏酸的相对分子质量大小或分子芳构化程度高低变化变化规律则为：MH4>MH1>MH5>MH2>MH3。比较发现，胡敏酸相对分子质量大于黄腐酸。

3.1.3.3　腐植酸组分

五种不同来源的腐植酸组分的主要含氧官能团和可见光谱分析结果分别如表3-9和图3-4所示。

表 3-9　五种腐植酸组分的主要含氧官能团分析

编号	基团含量/mmol·g^{-1}			基团比/%			胡富比
	总酸基	羧基	酚羟基	羧基/总酸基	酚羟基/总酸基	羧基/酚羟基	
MS1	6.54	0.94	5.61	14.37	85.63	16.76	100:21
MS2	10.12	0.89	9.10	8.79	91.21	9.78	100:1
MS3	6.98	0.83	6.11	11.89	88.11	13.58	100:10
MS4	6.17	1.19	4.95	19.29	80.71	24.04	100:20
MS5	5.06	0.85	4.12	16.80	83.20	20.63	100:90

从表3-9可以看出，五种腐植酸组分含氧官能团的数量也存在差异，总酸基含量大小的变化规律为：MS2>MS3>MS1>MS4>MS5。总酸基仍以酚羟基为主，酚羟基所占比例大于80%。比较发现，五种腐植酸组分胡富比的大小变化规律为：MS2>MS3>MS4>MS1>MS5。

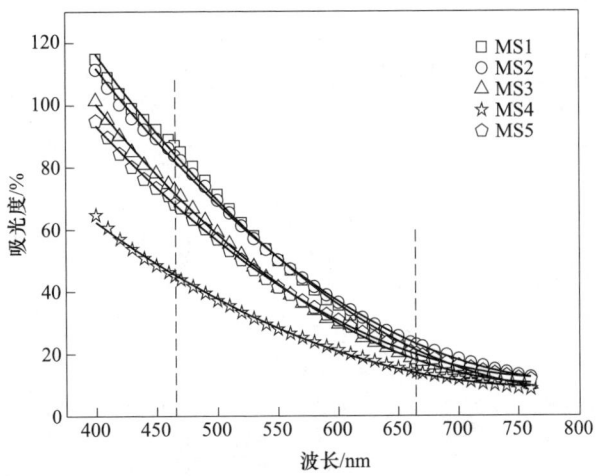

图 3-4　五种腐植酸组分的可见光谱分析

由图 3-4 可以看出，五种腐植酸可见光谱的变化规律是：吸光度随着可见光波长的提高而逐渐下降，无特征吸收峰。经过线性拟合发现，腐植酸溶液吸光度（Y）与可见光波吸收波长（X）的关系通式也为：$Y=aX+bX^2$，拟合参数 a 和 b 参见表 3-10。

表 3-10　五种腐植酸组分的吸光度拟合参数及光密度比

腐植酸组分	光密度比（E_4/E_6）	拟合参数	R-Square
MS1	4.24	$a=-1.068$；$b=6.654\times10^{-4}$	0.998
MS2	3.66	$a=-0.993$；$b=6.177\times10^{-4}$	0.999
MS3	4.06	$a=-1.005$；$b=6.518\times10^{-4}$	1.000
MS4	3.19	$a=-0.593$；$b=3.848\times10^{-4}$	0.998
MS5	3.41	$a=-0.873$；$b=5.584\times10^{-4}$	1.000

由表 3-10 可以看出，五种腐植酸组分的光密度比（E_4/E_6）大小变化规律为：MS1>MS3>MS2>MS5>MS4。因此，五种腐植酸组分的相对分子质量大小或分子芳构化程度高低变化规律则为：MS4>MS5>MS2>MS3>MS1。比较发现，腐植酸相对分子质量介于黄腐酸、胡敏酸之间。

3.1.4　结构假说

目前黄腐酸、胡敏酸的化学结构已成为研究的热点，但由于它们是一类复杂多变的天然混合物，不可能获得准确的化学结构，研究者只能针对特定原料建立其结构模型。

尽管目前对 HA 的结构存在种种争论，但对以大量实验数据为证据的现代HA 化学结构概念却是难以驳斥的。按这一现代概念，可以把 HA 的化学结构分为 4 个层次：

（1）核+桥键+官能团→基本结构单元；

（2）$n\times$基本结构单元→分子；

（3）$n\times$分子+蛋白质+氨基酸+碳水化合物+脂肪烃类+金属离子+其他→HA大分子；

（4）$n\times$大分子（+其他物质）→大分子聚集体。

分别简单说明如下：

（1）结构单元和分子基本结构单元是由核、桥键和官能团组成的。核包括芳香环、脂环、酚、醌和杂环，多数为单环，个别为缩合多环（煤中 HA 缩合度大，最多 6 个环）；桥键主要为亚甲基 $[(—CH_2—)_n$，n 一般为 1~3]，次甲基（$>$CH—），其次是—O—、—CO—、—CH₂CO—、$>$CHCH₂—、—N＝、—NH—、—S—、多肽—（—CO—NH—）$_n$—、糖苷等；官能团主要有羧基

（—COOH）、酚羟基（—OH$_{ph}$）、醌基（$>$C＝O$_{qui}$），其次是—OH、—OCH$_3$、非醌羰基（$>$C＝O）、氨基（—NH$_2$）、烯醇基（—C＝HOH）等。单元结构中—COOH之间、—COOH与—OH$_{ph}$或$>$C＝O$_{qui}$之间，可能以邻位配置居多，构成有利于配位的态势。若干个结构单元组成一个分子。分子尺寸随腐殖化程度加深而增加。

（2）大分子分子之间由氢键、静电引力、电荷转移、范德华力、自由基可逆耦合以及金属离子桥等各种作用力相缔合，并且以物理或化学形式吸附着或多或少的单体蛋白质、氨基酸、碳水化合物、脂肪酸、脂肪烃类（链长一般 1 ~ 8 个 C，最高 24 个 C）、金属及其水合离子以及环境化合物，构成腐植酸大分子结构（或称超分子结构）。不同来源的腐植酸大分子构象基本相似，但随腐殖化程度加深，大分子结构趋于简单化，被吸附的单体物质（脂肪组分、蛋白质、糖类等）逐渐减少。

（3）若干大分子又相互结合（有时还夹杂其他物质）形成不同构象的大分子聚集体或胶态分散体。在固体状态下，HA 大分子既有按一定规律排列的缩合芳香层片［其平面（L_a）直径和轴向距离（L_c）大约 $10×10^{-10}$ ~ $15×10^{-10}$m（10 ~ 15Å）］，又有无序组合的脂肪族、官能团和其他组分，决定了它们的海绵状、多孔性、曲挠性结构，以及酸性和各种吸附特性，甚至在空隙中可能（物理）填充约 10% 的碳水化合物和约 10% 的蛋白质；HA 大分子在水溶液中又呈线性或球形胶体特征，若干大分子又由表面化学或其他胶体化学作用形成大分子胶体悬浮体，表现出高度聚电解质性质和反应性。

（4）基本结论。腐植酸类物质毕竟是多种化合物的组合物和多分散体系，没有确定的分子结构和分子量，企图用一个确切的分子结构模式和分子量来表示 HA 的结构特征是不可能的。但可以近似地用二维或三维空间结构模型以及平均分子量对特定的 HA 样品进行表征。用气相渗透（VPO）、冰点、沸点等方法测定的腐植酸平均分子量（2000 左右）比较接近分子大小的实际情况，太高的"相对分子质量"测定值（10000 以上）实际是大分子体系或其胶体聚合体的颗粒尺寸。

3.2 腐植物质的物理化学基础

世上物质运动的形式多种多样，变化错综复杂，但归纳起来无外乎是物理变化和化学变化。当发生化学变化时，往往伴随着热、电、光、声等物理现象。反过来，外界加热、通电、光照、电磁场等物理因素的变化又影响着化学反应的进行。从微观角度看，物质的结构及内部分子、原子与电子的运动直接决定于它的性质和化学反应的能力。化学现象和物理现象之间有着不可分割的密切联系。物理化学是应用物理学理论和方法探索化学变化基本规律的一门学科。

腐植酸是一类高分子聚电解质，腐植酸的分子量（分子级数）参照高聚物表示法可以通过数均分子量（沸点升高、冰点降低、蒸气渗透压、扩散、等温蒸馏等）、重均相对分子质量（凝胶过滤、X 射线、光散射、超离心法等）、Z 均相对分子质量（沉降法等）、黏均相对分子质量（毛细管黏度法）等方法研究确定，在不同腐植酸物化参数测定的基础上，利用物理化学的基础知识，可以解释腐植酸制品中化学反应的可能性问题、化学反应的速率和机理问题，还有腐植酸应用中涉及的物理化学分离纯化方法、腐植酸的电化学性质、腐植酸的表面化学和胶体化学性能。

3.2.1　基本物理性质

HA 为褐色到黑色松散粉状物，颜色深度一般随腐殖化程度提高或按土壤 HA≈泥炭 HA<风化煤 HA 的序列加深。腐植酸类物质加热不熔化，但高于 150℃ 时发生热分解。在自然状态下，HA 真密度在 $1.14 \sim 1.69 \mathrm{g/cm^3}$ 范围，平均 $1.5 \mathrm{g/cm^3}$；FA 真密度平均 $1.4 \mathrm{g/cm^3}$，也按上述次序逐渐增加。此外，HA 的密度还与 pH 有关，近中性时最高，但又随碱性提高而降低。HA 在空气中有一定的吸水性，其一价盐更容易吸水潮解。

FA 可溶于水和任何碱性、酸性水溶液，以及乙醇、丙酮、乙酰丙酮等有机溶剂。HA 则易溶于强碱液；在含氮极性有机溶剂，如乙二胺、二甲基甲酰胺、二甲基亚砜、吡啶、己二胺、己内酰胺等中也有较强的溶解性，但都会与 HA 发生化学反应或不可逆吸附。HA 在某些无机盐和有机盐的碱性盐溶液中也有一定溶解性，但在任何溶剂中，过高的离子强度都会抑制 HA 的溶解。

3.2.2　基本化学性质

3.2.2.1　弱酸性

据酸碱质子理论，凡能给出质子［H^+］的物质就是酸。腐植酸类物质的酸性官能团（主要是—COOH 和—OH_{Ph}）能给出活泼［H^+］，但酸性强度不同，其中—COOH 酸性最强，其次—OH_{Ph}，而醇羟基（—OH_{alc}）酸性极弱，一般忽略不计。酸性官能团的性质主要用电位滴定法来研究。

电解质在水中的解离常数 K_a 是表示离子化程度的一个指数，K_a 愈大，酸性愈强。因 K_a 数值很小（$10^{-8} \sim 10^{-3}$ 数量级），故一般用 pK_a 表示（$pK_a = -\lg K_a$）。简单一元酸只有一个 pK_a，但在多官能团的 HA 中的—COOH、—OH_{pH} 所处的位置和化学环境不同，解离程度也不同，就显示出不同的酸性，出现两个以上 pK_a 值，则

$$pK_a = pH + \log \frac{1-\alpha}{\alpha} \tag{3-1}$$

式中　α——官能团的解离度，%。

影响 HA 官能团解离度的因素有：（1）分子所带电荷引起的静电引力和斥

力；（2）分子间和分子内的氢键；（3）大分子疏水部分中酸性官能团之间的空间位阻。如果用标准 NaOH 溶液对 HA 溶液进行滴定，消耗 NaOH 的体积（V）对 pH 作图得到的是一条 S 形曲线，无确定的终点；如对曲线微分处理（$\Delta pH/\Delta V_{NaOH} \sim V_{NaOH}$），则得到若干个峰，分别相当于酸度不同的羧基（一般有几个）和酚羟基（一般为一个）的等当点，可用以计算出各酸性基团的摩尔量（mmol/g）；与各峰相对应的波谷即为各自的 pK_a 值，分别用 pK_1、pK_2、pK_3、…表示。pK_a 值愈小，酸性愈强。同时，还可参照模型化合物的 pK_a 值推断 HA 酸性基团的相对位置。

李善祥等人的电位滴定研究发现，不同来源的煤炭 HA 的 pK_a 值数量不同，风化煤 HA 有 4 个，风化煤 NHA 有 6 个，而褐煤 NHA 只有 3 个。各个样品中只有一个强羧基（$pK_1 \approx 3.5$）和一个酚羟基（$pK_n \geqslant 9$），其余都是弱羧基（$pK_{2\sim5} \approx 2\sim7$），推断褐煤 HA 和 NHA 以水杨酸结构为主，而风化煤 NHA 的弱羧基酸性都高于其他来源腐植酸的弱酸基。陆长青等人的测定结果是，不同来源 HA 的等当点都在 pH 值 7.7~8.4 之间，pK_1 值为 5.2~5.89，而 FA 的 pK_1 值为 3.98~4.30，显然 FA 的酸性比 HA 的强得多。刘康德等人发现土壤 HA 和各种煤炭 HA 的强羧基（pK_1）和弱羧基（pK_2）分别都在 3.1~3.3 和 4.2~5.2 范围内，并认为大多数 HA 不是水杨酸构型的，而是以邻 3 位酚羟基和/或与醌基邻位的苯二甲酸酐结构。

与电位法取长补短、相得益彰的电化学方法还有如下 4 种。

（1）电导滴定利用电导率与溶液正负离子浓度及其反应特性相关的原理同样可以测定 pK_a 值和等当点。刘康德和李善祥等人的电导测定结果与电位法完全吻合。

（2）高频滴定是在不低于 420MHz 条件下进行的电位滴定，好处是能在悬浮体中进行滴定，以排除 HA 胶体在电解质上的吸附干扰，提高滴定的准确度。Sur 推荐用异丙醇钠在二甲基甲酰胺（DMF）的 HA 溶液中进行滴定，可得到清晰的—COOH 和—OH$_{Ph}$ 两个等当点。

（3）非水滴定在水中滴定最大的缺点是酸性官能团互相重叠，较难分辨。有不少建议采用比水对质子亲和力更大的有机试剂（如 DMF、EDA、DMSO、吡啶、丙酮、乙腈等）作溶剂，用异丙醇钠、氨基乙醇、甲醇锂（CH_3OLi）等进行滴定，所用电极为锑-铂电极。

（4）量热滴定是基于化学反应时发生热效应的原理，通过测定热力学参数来考察官能团性质、相对位置及其反应机理的一种新技术。有的研究者对水体 HA、土壤 HA、煤炭 HA 进行过量热滴定研究，得到比较清晰的信息，甚至还求出 HA 的中和热、电离热、电离熵等参数。由于腐植酸类物质结构的复杂性，量热滴定的难度较大，往往出现许多异常情况，故该项技术在 HA 分析中的广泛应用还为时尚早。

3.2.2.2　螯合性

腐植物质的配位（螯合）性能对金属以及矿物的迁移、固定和积聚、化学反应性和生物利用度有直接影响，当然也是 HS 在土壤组成、植物营养、生态环境等方面研究和应用的主要理论基础之一。

由配位场理论可知，当中心原子（或离子）得到配位体给予的电子后，核外电荷密度就增加，导致那些内壳充满轨道电子的反馈，从而形成配合物。金属离子为电子接受体，有机基团为电子给予体（即配位体，或称络合剂）。如果一个金属离子与含两个以上电子给予体基团的配位体（螯合剂）结合成一个或一个以上环状结构的配合物，就称作螯合物。

HA 和 FA 的羧基、酚羟基以及某些其他含 O、P、N、S 的基团都是电子给予体，所以是一类天然配合剂和螯合剂，都容易与金属离子配位。因至今很难分清到底哪些是配合的，哪些是螯合的，故统称配位反应，其反应产物统称为配合物。

A　腐植酸-金属配合物形态

从理论上讲，水杨酸（邻羟基苯甲酸）、邻苯二甲酸类的结构无疑对形成稳定的金属螯合物是有利的，研究证明 HA 中有此类结构。但实际上，HA 大分子是复杂的三维空间聚合体，官能团的配置和分布多种多样，因此与金属的配位构型必然具有多样性。实验证实，至少有以下 3 种配位形式：

（1）形成简单配合物或配离子。

$$4OH-HA-COOH + M^{2+} \longrightarrow OH-HA-COO \longrightarrow M \begin{matrix} COO-OH \\ \longleftarrow OOC-HA-HO \\ O-HA-COOH \end{matrix} + 4H^+$$

$$(3-2)$$

（2）形成水合配合物。

$$HA\begin{matrix}COO^-\\OH\end{matrix} + [Fe(OH)(H_2O)_{x-1}]^{2+} \longrightarrow \left[HA\begin{matrix}COO\\O\end{matrix}Fe\begin{matrix}OH\\OH\end{matrix}(H_2O)_{x-2} \right]^- + H^+$$

$$(3-3)$$

（3）形成螯合物。

$$2HA\begin{matrix}OH\\COOH\end{matrix} + M^{2+} \longrightarrow HA\begin{matrix}O\\C\\O\end{matrix}M\begin{matrix}O-C\\O\end{matrix}HA + 4H^+ \qquad (3-4)$$

B 配位稳定性

配位稳定性首先取决于金属阳离子的种类。按 Baffler 的理论，阳离子分为 3 类：（1）"硬"阳离子，主要是碱金属和碱土金属；（2）"软"阳离子，如 Cd^{2+}、Pb^{2+}、Hg^{2+} 等；（3）边界阳离子，即介于"硬""软"之间的离子，包括大多数过渡金属，如 Fe^{3+}、Cu^{2+}、Zn^{2+}、Mn^{2+} 等，它们与"硬""软"配体都有亲和力。HA 大概是属于边界性的配位体，因此与各种离子都有一定的配位能力，包括形成部分共价键。此外，HA 的三维分子结构、配位体的相对位置、解离度、空间环境、介质物化性质（包括 pH、离子强度、金属浓度）等都对配位稳定性有影响。

表征配位稳定性的指数称作配位平衡常数或配位稳定常数。（水化）金属离子（M^{n+}）与多元酸（A^{m-}）之间的配位反应可写成：

$$M^{n+} + A^{m-} \rightleftharpoons MA^{n-m} \tag{3-5}$$

$$K = \frac{[MA^{n-m}]}{[M^{n+}][A^{m-}]} \tag{3-6}$$

但是，HA 是一类结构不规范的多配位体，用上述规范的配位化学理论定义配位体浓度和稳定性常数显然是不太确切的。为此，MacCarthy 提出了"平均条件浓度商"或"稳定性函数"的概念，用式（3-7）表达：

$$\overline{K}_{\pi}^* = \frac{\sum W_i K_{\pi,i}^*}{\sum W_i} \tag{3-7}$$

式中　$\overline{K}_{\pi}^*$ ——稳定性函数，描述腐植酸类多配位体混合物浓度商的总衡量，其数值随 pH 和离子强度而变化；

　　　W_i ——重量因子，表示第 i 个配位体平衡浓度与一个随机选择的参考配位体之比，即 $W_i = [L_i]/[L_L]$；

　　　$K_{\pi,i}^*$ ——第 i 个配位体生成配合物的浓度商。

$\overline{K}_{\pi}^*$ 可以通过测定离子浓度画出对数三维计算。HA 学界认为，稳定性函数概括符合 HA 多配位体的特点，解决了过去只用单配位体系无法解决的难题，为研究金属-HA 反应提供了新思路。

关于 HA 与各种金属的配位稳定常数的大小，一般遵循 Irving-Williams 序列，但也出现大量偏离该序列的复杂情况，其中可能与形成水合金属配合物和官能团亲和力有关。吴京平等人测定了风化煤 FA 和发酵 FA 与金属离子的配位常数，其顺序是：$Mg^{2+}<Co^{2+}<Ni^{2+}<Zn^{2+}<Cu^{2+}<Al^{3+}<Fe^{3+}$，除 Zn^{2+} 外其余次序与 Schnitzer 完全相同。一般来说，pH 值提高，K 也略有提高；介质的离子强度（I）对 K 也有影响，一般 I 越大，K 越小。HA 与碱土金属和过渡金属的结合有部分共价键的性质。白玉玲等人对 Cd^{2+}、Zn^{2+} 等的 HA 配合物研究还发现，K 值有随 HA 分

子量增加而增加的趋势，对不同级分的 HA 来说，与 Fe^{3+}、Al^{3+} 配位的 K 值大小为黄腐酸>棕腐酸>黑腐酸。有的学者还研究了腐植酸类物质-稀土元素配合物的稳定性，发现 HA 与三价的镧系和锕系元素的配位稳定性都比一般元素高。HA 与某些微量元素和稀土元素的稳定常数为 $Cu(Ⅱ)$、$Zn(Ⅱ)<Np(Ⅴ)<U(Ⅵ)≈Eu(Ⅲ)$、$Am(Ⅲ)$、$Dy(Ⅲ)<Th(Ⅳ)$。可见，土壤中的 HA 与四价的锕系元素（如 Th）结合得非常牢固，以致削弱了赤铁矿（被誉为土壤的滤毒器）对锕系元素的吸附。这些新的发现都应引起环境科学的关注。

C　配合物的构成和某些特性

（1）大多数情况下，腐植酸与金属配合物的配位数（摩尔比）是 1∶1 型的，即单核形态，但也取决于 pH 值和离子强度（I）。比如，对二价金属来说，$I=0.1$、pH 值为 3~5 时，或 Fe^{3+}、Al^{3+} 分别在 pH 值 1.7 和 2.35 时，都为单核络合物。但当 pH 值提高、I 降低时，摩尔比则达到 1.15~1.30，表明有多核或混合型配合物形成。这可能是由于高离子强度和低 pH 值条件下促使 HA 分子卷曲或分子间缔合，干扰了多核 HA-金属配合物的生成。

（2）HA-金属配合物一般呈水合物形态，特别是 Fe^{3+}、Al^{3+} 在低 pH 值下更容易形成水合配合物。在此情况下，企图用二价金属或碱土金属去交换 Fe^{3+}、Al^{3+} 是极其困难的。

（3）HA-金属配合物分为水溶的和水不溶的两类。有些二价金属盐在 HA 或 FA 溶液中的溶解度，比纯水中高 20~30 倍，这与形成水溶性配合物有密切关系。Kapoeba 的研究也发现，1g 腐植酸可与 7mmol 左右的 Fe^{3+}、Cu^{2+}、Ni^{2+}、Co^{2+}、Ca^{2+}、Zn^{2+} 结合，在 pH 值大于 8 的缓冲溶液中的溶解度达 60%~88%，远高于纯水中的溶解度。但水不溶性的 HA-金属配合物可能是多数。生成水溶的还是水不溶的配合物，决定于金属离子种类、HA 与金属离子比例和环境条件，但至今还缺乏确定的规律，有待于继续探索。

D　配合物的研究方法

HA-金属配合物的研究方法很多，包括：（1）分离技术如絮凝、质子释放滴定、离子交换平衡法、金属-阳离子竞争-平衡透析、液相色谱、电泳、超滤等；（2）非分离技术如电位和电导滴定、极谱、氢离子电极或离子选择电极电位、阳极溶出伏安（ASV）、可见/荧光光谱法、IR、NMR 和 ESR、X 光电子能谱（XPS）、DTG、DTA 和穆斯堡尔谱（MÖS）等，读者可查阅相关文献。其中，XPS 可能是研究电荷转移配合物的最有力的手段之一。通过测定光电子能量就可推断出配合物的组成和结构形态。如招禄基等人的 XPS 研究发现 FA-La 的 O1s 结合能都比 FA-K 的高，且与水杨酸-La 的结合能相当，证明 FA-稀土配合物属于水杨酸型结合；FA-二价金属一般为二价四配位配合物；Zn^{2+}、Cd^{2+}、Hg^{2+} 的离子半径依次增大，O1s 结合能依次降低，所以 Fe-Hg 结合得更稳定。

3.2.2.3 离子交换性

HA 的离子交换反应一般用一价碱金属与 HA 的—COOH 和—OH$_{Ph}$的反应来表示。

$$HA - (COOH)_m (OH)_n + (m + n)NaOH \longrightarrow$$
$$HA - (COONa)_m (ONa)_n + (m + n) H_2O \tag{3-8}$$

式（3-8）只是一种理想状态，实际上不可能所有的羧基和酚羟基都参与离子交换。因此，HA 的 pK_a值只反映等当点附近的［COO$^-$］［H$^+$］解离平衡，不能说明有多少基团进行了离子交换。参与反应的能力和基团比例不仅取决于 pH 值、HA 解离常数 pK_a，还取决于与阳离子的亲和力（结合自由能）、腐植酸盐的解离性等因素。理论和实验都表明，碱金属和碱土金属与 HA 的亲和力，与其化合价、水化离子半径有关。一般与 HA 酸性基团进行离子交换能力的次序为 Na$^+$<K$^+$<NH$_4^+$<<Mg^{2+}<Ca^{2+}<Ba^{2+}（饱和度低时 Na$^+$和 NH$_4^+$互换，饱和度高时 Ca^{2+}和 Ba^{2+}互换）。陆长青等人根据腐植酸钠（HA-Na）溶液中的离子平衡原理，引入 HA-Na 表观解离度（α）来说明 HA 离子交换反应的程度。

$$\alpha = \frac{M_{Na^+}}{M_{EW}} \tag{3-9}$$

式中　　M_{Na^+}——等当点时溶液中游离 Na$^+$的浓度，mol/L，用功能点极测定；

　　　　M_{EW}——腐植酸的浓度，mol/L，从电位滴定曲线的等当点和中和当量求得，参考资料见表 3-11。

表 3-11　不同来源的腐植酸的表观解离度和 HA-Na 生成常数

HA 样品来源	中和等当点(pH 值)	pK_1	α	lgK_{Na}	OH$_{Ph}$（未解离羧酸）
土壤	7.7~8.4	5.2~6.82	0.49~0.83	1.39~2.33	1.05~7.29
堆肥	8.04	5.89	0.63	1.97	3.97
泥炭	8.30~8.38	4.71~5.28	0.48~0.71	1.76~2.35	2.94
风化煤	7.82	5.30	0.71	1.79	1.93

可见，HA 的解离度大约在 0.4~0.8 之间，也就是说，HA-Na 中大约有 20%~60%的羧基是未解离而形成真正的离子键，也可能有部分羧基与酚羟基构成螯合的配位基。HA 分子内形成的氢键，实质上就是质子的螯合，在等当点时并未消除分子内的螯合，故形成离子键的可能性不大，但质子被 Na$^+$取代后形成的螯合环也会影响 Na$^+$的解离。其次，从 OH$_{Ph}$（未解离羧基）的比值大于 1 来看，参与形成离子键的主要是强羧基，而酚羟基基本未参与反应。

最后，评价 HA 的阳离子交换能力的一个简单实用指标是阳离子交换容量（CEC），用电位滴定法测定，以"mmol/g"表示。

3.2.2.4　氧化还原性

腐植物质在某些情况下是电子接受体，表现为氧化剂，而在另一些情况下又是电子给予体，表现为还原剂。HA 的这种氧化-还原性对金属和地球化学环境起着重要作用。一般认为这种氧化-还原性能主要是醌-酚的转换：

$$
\text{醌单元} \quad \text{氢醌} \quad\rightleftharpoons\quad 2\ \text{半醌自由基} \xrightleftharpoons[\text{H}^{\cdot}]{\text{OH}^{-}} \text{半醌自由基阴离子} + 2\text{H}_2\text{O} \tag{3-10}
$$

氧化还原电位是表征氧化还原性的主要指标。Szilagyi 等人测定的 HA 水悬浮液的标准氧化还原电位（E_0）为 0.7V 左右。郑平测定的泥炭、褐煤、风化煤 HA 的 E_0 分别为 0.60V、0.63V 和 0.69V，都在酚-醌转化范围内。显然，上述的 HA 标准电位实际是半醌自由基的电极电位。

实际上，E_0 并非能涵盖腐植酸类物质的有效氧化还原性。利施特万（Лищтван）认为，用有效氧化还原电位（E_H）可能更具实用性。E_H 的含义是，氧化还原电位不仅与 E_0 有关，而且取决于体系的氧化-还原浓度比（α_{Ox}/α_{Rrd}）、参加反应的电子数（n）和温度（T）等条件，可用下式表示。

$$
E_h = E_0 + \frac{RT}{nF}\ln\frac{\alpha_{Ox}}{\alpha_{Rrd}} \tag{3-11}
$$

式中，R 和 F 分别为气体常数和法拉第常数。可见，E_h 值是不稳定的。土壤和泥炭层体系的 pH 值大小、矿物和离子类型、进入空气的多少、微生物的活动强弱以及温度、湿度等都影响着 α_{Ox}/α_{Rrd} 比值和参与反应的电子数量 n，也就决定了 E_h 的大小。大量研究证明，有机质和腐植酸类物质的存在，在很大程度上能调节土壤和泥炭的 E_h，可能主要与 HA 调节土壤环境中矿物质的 α_{Ox}/α_{Rrd} 比值和促进微生物活性有关。一般 E_h 在 0.2~0.7 范围内对植物生长最为有利，而只有储存着相当数量的腐植酸类物质的土壤，才可能使 E_h 保持在这个范围。

Struyk 等人对上述理论提出质疑，认为半醌自由基参与氧化还原反应的假说实际上并没有多少实验数据。他们通过实验发现，HA 的稳定自由基浓度与氧化能力呈正相关，而电子传递的数量极少。因此，他们又提出一种"自生电子传递中间体"的假说。实际上，HA 中的非醌基、硝基、醇羟基、氨基都可能进行氧化-还原反应，甚至在一定条件下腐植酸类物质中的脂肪碳结构也会成为还原基团，如泥炭纤维作为处理含 Cr 废水的还原-吸附剂就是有力的证据。这方面的情况将在 6.3.1.2 节中有所阐述。

HA 的氧化-还原性质不仅是农作物生理活性和土壤活力原理的理论基础之一，也同它们的其他物理化学性质相关。Coates 等人的研究发现，HA 的氧化还原电位变化直接影响到分子形态和地质化学变化：在还原状态下，HA 一般呈低密度松散颗粒，表面张力较高，降低了与烃类的结合能力，但增强了与重金属的结合能力和迁移性，同时降低了 HA 的生物活性和重金属（如 Cr^{6+}）的毒性。HA 的氧化还原性也在电化学转化方面得到应用，比如用于燃料电池等。

3.2.2.5 化学稳定性

前面阐述的有关腐植酸类物质存留时间、热解、水解、氧化还原变化等都反映了它们的稳定性。有不少学者企图用定量方法来描述 HA 的化学稳定性，如熊田恭一采用酸性（A）和碱性（B）0.1Nmol/L $KMnO_4$ 对 HA 氧化，以两种氧化剂消耗的毫升数之比（B/A，即分解率；B/A 越小，化学稳定性越高）作为 HA 对氧化剂的抗性指标（B/A 数值越小，化学稳定性越高）；同时，引入褪色率 = $[(K_0-K_{14})/K_0]\times100\%$（式中，$K_0$ 和 K_{14} 分别为 HA 溶于碱液后立即在 600nm 下测定的和 30℃下放置 2 周后测定的吸光值），用以反映 HA 抗自然氧化的能力。部分 HA 样品的测定结果见表 3-12。可见，煤炭 HA 的稳定性依煤化程度加深而提高，有机肥 HA 与褐煤、灰化土 HA 的稳定性相当。还有许多文献也用类似的方法测定 HA 稳定性，其大小次序为：森林土 HA>水田土 HA>厩肥 HA>木材腐朽 HA；黑钙土 HA>灰化土 HA；A 型>B 型>R_p 型；HA-Ca>HA；HA>FA 等。

表 3-12　不同来源 HA 的化学稳定性　　　　　　　　　　（%）

腐植酸来源	分解率 （B/A）	褪色率 $[(K_0-K_{14})/K_0]$	腐植酸来源	分解率（B/A）	褪色率 $[(K_0-K_{14})/K_0]$
人造 HA[①]	54.7~66.7	20.9~72.1	褐煤 HA[②]	51.8	28.6
堆肥和厩肥 HA	48.6~50.8	28.5~38.0	次烟煤 HA	47.5	24.2
灰化土 HA	52.0	25.4	烟煤 HA	40.2	19.0
黑土 HA	38.3	10.5	无烟煤 HA	22.8	6.7

① 人造腐植酸包括木素、氢醌、稻草、葡萄糖制备的 HA；

② 所有煤炭 HA 都是通过 $KClO_3$-HNO_3 氧化制备。

3.2.2.6 光化学性质

腐植酸类物质在光照射，特别是在紫外光照射下会发生降解。一般认为，腐植酸类物质的光降解是自由基参与下的氧化过程。Slawinski 等人的模拟实验证实，HA 的最大光吸收强度约 $10^4\sim5\times10^5$ 光量子/s。长期接受光辐射后的腐植酸 E_4/E_6 增加，ESR 共振振幅和荧光强吸收谱带（535nm、495nm）降低，表明光激发使 HA 的芳核发生了裂解；光氧化伴随着化学发光，引入自由基引发剂和 O_2^-，可减少化学发光 20%~97%。Fukushima 等人发现，紫外光照射后 HA 的酯基和环中氧化基团明显增加，可能发生了配位反应或氧化基团-不饱和基团之间的加成反应。吴敦虎等人研究了不同来源的 HA 和 FA 在紫外光下的降解情况，发现光降解速度的次序为：泥炭 FA>风化煤 FA>草甸土 FA>暗棕壤 HA>草甸土 HA>褐煤 HA>褐煤 NHA。加入 H_2O_2、抗坏水酸可加速降解。佐佐木满雄等人的实验也证明，紫外光照射+通氧气时 HA-Ca、HA-Al、HA-Fe 的降解速度明显比 HA-Na 的慢。樊彩梅等人的实验表明，纳米 TiO_2 对水中 HA 有明显吸附和催化光降解作用。

　　光化学激发生成的腐植酸类物质碎片或瞬时自由基，对自然界（主要是水体）的某些反应能否发生或转化起决定性作用，而且这种降解行为对环境和生物有重要的影响，特别是对油类、农药等有机污染物质的迁移、分散和沉淀的正面和负面效应，早已引起环境化学家的关注。腐植酸类物质的光化学行为对植物生长也有一定影响。如 Grabikowski 等人将 HA 的碱溶液在 O_2 存在下用紫外光照射，发现生长高反应性自由基和电子激发态化学发光物，可加快小麦种子发芽和根的生长速度。

3.2.2.7　结构反应性

　　前面介绍的主要是 HA 的化学本性及其在自然条件下的转化，还有不少化学反应是人们为某种研究或应用目的所设计的定向化学反应或结构修饰，这就是所谓化学改性。下面是几种重要的化学改性反应。

　　A　甲基化

　　用甲基化试剂中的—CH_3 取代 HA 中的—COOH 与—OH_{Ph} 中活泼 H^+ 的反应称为甲基化，也称甲酯化。两种基团的 H^+ 都被甲基取代的叫作全甲基化，其中一种被取代的叫作部分甲基化。通过甲基化将此两个基团全部或其中一个"封闭"起来，既消除了氢键，提高了在有机溶剂中的溶解性，又保护—COOH 和—OH_{Ph} 使其不被解离或降解，从而更有利于结构分析和某些实际应用。

　　通常的甲基化方法有：（1）硫酸二甲酯法，或甲醇+浓硫酸法；（2）Ag_2O-CH_3I 或 BaO-CH_3I 法；（3）重氮甲醇法。主要反应过程为：

$$[HA]—COOH + (CH_3)_2SO_4 + NaOH \longrightarrow [HA]—COOCH_3 +$$
$$CH_3—O—SO_3Na + H_2O（硫酸二甲酯法） \qquad (3-12)$$

$$[HA]—COOH + CH_2N_2 \longrightarrow [HA]—COOCH_3 + N_2\uparrow（重氮甲烷法）$$
$$(3-13)$$

$$(3-14)$$

一般认为，Ag_2O-CH_3I 是较好的甲基化试剂，但过程冗长，甲基化效率较低。郑平认为主要是因为现成的 Ag_2O 活性太差，他用新鲜沉淀出来的 $AgOH$ 代替 Ag_2O，证明效果很好，甲基化程度几乎接近原始样品总酸性基的摩尔量。重氮甲烷法尽管选择性较好，但 CH_2N_2 毒性较强。张德和等人用 1-甲基-3-对甲苯基三氮烯（TMT）代替重氮甲烷进行 FA 的部分甲基化，证明是选择性封闭——COOH 的有效方法；Briggs 将 HA 用无水甲醇+浓 H_2SO_4（体积比 100∶2）回流 2d，得到 95%收率的羧基甲基化 HA，是迄今甲基化产率最高的范例。

B 磺化和磺甲基化

磺化和磺甲基化是在 HA 分子中引入磺基（—SO_3H）和磺甲基（—CH_3SO_3H）的过程，是提高 HA 亲水性和抗絮凝性，作为石油钻井液处理剂以及其他分散剂的重要反应。

磺化和磺甲基化大致有以下 3 种情况：（1）取代反应，按定位效应，磺基或磺甲基很容易取代 HA 中与 OH_{ph}、NH_2、CH_3 等邻、对位的芳氢，也容易取代芳核上的 Cl；（2）连接芳环的亚甲基桥被水解，引入磺甲基；（3）醌基的 1,4 加成反应。

$$(3\text{-}15)$$

所用的磺化试剂是浓 H_2SO_4、Na_2SO_3、$NaHSO_3$ 等，磺甲基化试剂是 CH_3O-SO_3（由等摩尔的 $HCHO$+Na_2SO_3 或 $HCHO$+$NaHSO_3$ 制备），也有些特殊的磺化或磺甲基化制剂和磺化方法。如佐佐木满雄等人用浓 H_2SO_4+BF_3（摩尔比 0.134），100℃下对泥炭 HA 磺化 90min，制得阳离子交换树脂。有人还在惰性气体中用氯磺酸催化磺化。用红外光谱 $1035\sim1040cm^{-1}$ 或 $1126cm^{-1}$ 处的吸收峰（磺化伸缩振动）可以检验 HA 分子上是否引入磺基；如果 $1440cm^{-1}$ 处的吸收同时增强，证明有—CH_2—引入，可作为磺甲基化的证据。

C 硅烷化

腐植酸与烷基卤硅烷反应，可用硅烷基取代 HA 中羧基的活泼 H^+，可能还取代酚羟基中的 H^+。类似于酯化反应，生成的产物除具有羧酸酯类的结构特征外，可能还有共价键和以硅氧盐形式的 d-pπ 配位键。李善祥等人进行了风化煤腐植酸硅烷化研究，从 IR 谱图上发现反应产物中 $1700cm^{-1}$（—COOH 中 $\rangle C = O$）和 $1240cm^{-1}$（$\rangle C = O$，—C—O）消失，而新出现了 $1000\sim1100cm^{-1}$ 吸收带（Si—O—C，Si—O—Si）。

卤硅烷与 HA 的反应活性随前者卤素取代度的增加而提高，一般烷基卤硅烷的活性大于苯基卤硅烷。HA 被硅烷化后，其水溶液的表面张力明显降低，表明该产物具有两亲表面活性，是近年来开发的一种新型石油钻井液防塌剂。

D 酰胺化

HA 酰胺化实际上"封闭"了羧酸，水溶性降低，油溶性提高，是制取 HA 类油基石油钻井液处理剂的步骤之一。腐植酸的铵盐在 100℃ 以上脱水就得到 HA 酰胺（HA—$CONH_2$），但 HA 酰胺水解后又返回成为铵盐，是可逆反应。在 150~200℃ 以上加热同时通入 NH_3 气，也可直接得到 HA 酰胺，甚至用氨基取代—OH 得到腐植酸胺：

$$[HA]—COOH + NH_3 \longrightarrow [HA]—CONH_2 + H_2O \qquad (3-16)$$

$$[HA]—OH + NH_3 \longrightarrow [HA]—NH_2 + H_2O \qquad (3-17)$$

HA 的酰胺实际上是一种重要的有机反应中间体，可继续发生各种反应，如：（1）水解，在适当条件下 HA 酰胺本身可水解成 HA 铵盐，用碱水解还可生成 HA—COONa（或钾盐），放出 NH_3；（2）霍夫曼（Hofmann）重排，即 HA—$CONH_2$ 在次氯酸钠作用下失去 C≡O，转变成腐植酸胺（HA—NH_2）；（3）加成反应，HA—$CONH_2$ 与亚硝酸或 NO 可发生加成反应，转化成 HA—COOH，释放出 N_2，这有可能被用于治理 NO 污染；（4）缩合反应，HA—$CONH_2$ 可与甲醛反应，用亚甲基桥（—CH_2—）将两个—$CONH_2$ 连接起来，合成更大的分子；（5）胺甲基化和季胺化反应，HA—$CONH_2$ 与甲醛、二甲胺之间容易发生胺甲基化反应，然后再与氯化苄反应，生成季胺化阳离子化合物：

$$[HA]—CONH—CH_2N(CH_3)_2 + Cl—CH_2—Ph \longrightarrow$$

$$[HA]—CONH—CH_2N(CH_3)_2—CH_2—Ph]^+ Cl^+ \qquad (3-18)$$

此类反应及其产物可能对制备高性能石油钻井液处理剂或水处理剂有很重要的实用意义。

E 酯化和聚酯化

这里所说的酯化与甲基化机理相同，但所用的酯化试剂是高级脂肪醇类，最终将 HA 转化为水不溶大分子物质——腐植酸的高级醇酯，被用于塑料增塑剂、润滑剂、乳化剂等。Мирзапаязова 在 KM_2 阳树脂存在下，分别用丁醇、戊醇和异戊醇对煤的再生 HA 进行酯化，发现用异戊醇所得产物产率最高，质量最好。

聚酯化则是用二元或多元醇为交联剂，将 HA 缩聚成为更大的聚合物。

能参与聚酯化反应的基团有：—COOH、—OH、—COCl、HO—COOR、HO—NCO、$\searrow$C═C═O 等，其反应能力为酰氯>羧酸酐>羧基>羧酸酯。以 HA 的醇-酸聚合为例来说明聚酯的形成过程。

$$x[HA]—(COOH)_n + xHO—(CH_2)_m—OH \longrightarrow$$

$$\{(CH_2)_m—OOC—[HA]—COO(CH_2)_m\}_x + x H_2O \qquad (3-19)$$

式中，x 为聚合度，它可以通过调整反应条件和添加阻聚剂来控制。所用的交联剂有：乙二醇和乙二胺、丙三醇和季戊四醇、木糖醇，环氧乙烷及各种氧化烯烃、碳酸乙二醇酯等。有的反应需添加催化剂，如对甲苯磺酸、锌酸锡等。粗制品可用 $SnCl_4$ 和白土精制脱色，制成浅色聚酯。

HA 的聚酯产物用途很广，如制成具有高强度、高介电常数的热固型绝缘树脂、涂料、乳化剂、化妆品、润滑脂、黏结剂、杀虫剂和药物原料、离子交换树脂等。20 世纪中叶，在石油芳烃非常短缺的情况下，通过腐植酸或煤的人工氧化产物聚酯化生产高性能的芳香族羧酸酯曾经是热门课题。可以预料，不久的将来石油资源日益枯竭的情况下，用煤炭和 HA 制取聚酯显然是非常宝贵的技术储备。

F 接枝共聚

腐植酸类物质的高芳香缩合度所决定的热化学稳定性，吸引着众多研究者朝着合成结构更稳定、分子更巨大的物质的方向努力。接枝共聚是制取此类高分子材料的有益尝试。

a HA 与丙烯基单体接枝共聚

HA 与丙烯基单体接枝反应，主要是企图制备高效石油钻井液处理剂、土壤改良剂等材料。此类接枝单体包括丙烯腈、甲基丙烯酸甲酯、丙烯酰胺等。所用的引发-催化体系为 $K_2S_2O_8$-$NaHSO_3$、H_2O_2-$FeSO_4$ 等。Nam 认为，反应体系形成过氧化羟基自由基（$\cdot OOH$）可能是基本的共聚机理；阻聚效应可能与 HA 的醌和半醌自由基有关。

b HA 与苯乙烯（ST）接枝共聚

侯贵等人用过氧化苯甲酰（BPO）或 H_2O_2-$FeCl_3$ 为引发剂，首先对 NHA 与 ST 接枝反应做了研究，认为 NHA 中的稳定自由基并不参与聚合反应；H_2O_2 预处理可减小 NHA 的阻聚作用。张则友等人也用泥炭 HA 与丁二烯-苯乙烯接枝共聚，制成一种保温防潮材料。陈义铺等人通过交联聚苯乙烯-HA 共聚-偶氮化-酯化和醚化等反应，合成一种偶氮型和酯醚型大孔离子交换树脂，可用于吸附水中的重金属离子。

c HA 与酚-醛共聚

腐植酸类物质与活性较高的酚-甲醛接枝共聚也是制备抗高温材料的途径之一。先对褐煤硝酸氧化、磺化（或磺甲基化）再与苯酚-甲醛共处理，得到大分子水溶性聚合物。该共聚反应是制备抗盐抗高温石油钻井液降滤失剂的基础反应。

d HA（FA）与天然高聚物接枝共聚

张其锦等人用苯等为溶剂，过氧化苯甲酰为引发剂，N,N-二甲基苯胺为活化剂，对天然橡胶-风化煤 FA 进行非均相接枝共聚反应，推断接枝共聚过程可能包含自由基反应。产物的红外光谱图在 $1130cm^{-1}$ 处出现新吸收峰，说明 FA 可能是通过 C—O—C 键连接到 NR 大分子链上的。齐藤喜二等人曾用环氧氯丙烷作偶联剂，在碱作用下成功地将棉纤维（Cell-OH）接枝到 HA 分子上，制成一种离子交换树脂。陈琦等人用甲苯/环氧氯丙烷（4：1）或乙二胺为偶联剂，高氯酸和水为催化剂，制成的 HA-Cell-OH 缩聚物产率高达 95% 以上。上述共聚研究尽管只处于实验阶段，但不失为制取 HA 类新型高分子材料的有益尝试。

3.2.3　电化学性质

　　按照物理化学的概念，腐植酸类物质属于聚电解质是因为它具有弱酸性。此弱酸性是由腐植酸分子结构中存在的羧基和酚羟基所决定的。弱酸的酸性可用电离常数 K 或酸度指数 pK 来表征，pK 等于电离常数的负对数即：$\lg(1/K)$。借助 pK 可以计算在任意溶液 pH 值的电离度 a，或在任意电离度时的 pH 值。这些基团确定了腐植酸类物质的反应能力。由于腐植酸类物质有大量结合的阴离子（如 COO^- 等），它们的粒子（缔合物）带有负电荷，作为离子交换剂和聚电解质，已被广泛应用于工业、农业和医药。

3.2.3.1　电位和电导滴定

　　以测定两电极间电位差为基础的分析方法为电位分析法。它包括直接电位法和电位滴定法。电位滴定法是靠观察电位的突跃来确定滴定终点的。根据所用滴定剂的用量计算出欲测定离子的含量，它与普通化学滴定法一样，只是确定终点的方法不同。

　　腐植酸是酸性物质，可以采用电位 pH 值滴定求其物质的量，但实际上得到的滴定曲线是 S 形的，没有明确的终点（见图 3-5）。当以等增量的氢氧化钠碱溶液滴定腐植酸，以 $\Delta pH/\Delta V_{NaOH}$ 作图，得到的滴定曲线有 3 个极大峰（见图 3-6），相应于 3 个滴定终点 A、B、C，分别为强羧酸基、弱羧酸基和酚羟基。刘康德等人用此法测定煤炭腐植酸羧基的结果与用纯化学品醋酸钙相比，相当一致。

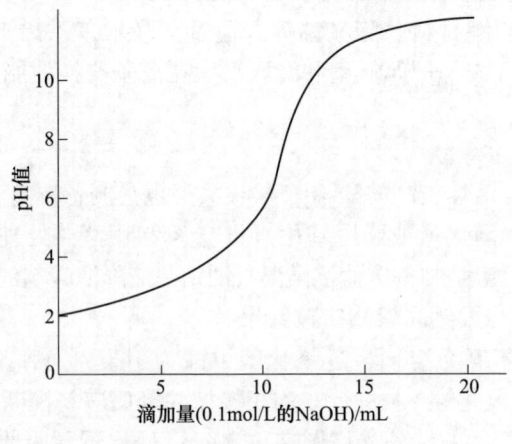

图 3-5　腐植酸的直接 pH 滴定

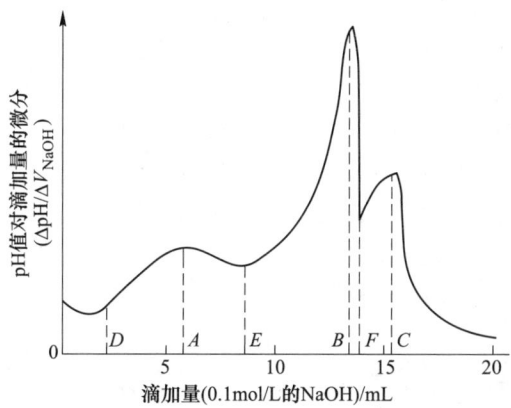

图 3-6　腐植酸的微分 pH 滴定

电导是用来表示导体导电能力的物理量。对电解质溶液而言，电化学中定义：将面积为 $1m^2$ 的两平行板电极置于电解质溶液中，两电极间的距离为 $1m$ 时，它的电导称为该溶液的电导率。电解质溶液的电导率与电解质的种类、溶液浓度及温度等因素有关。

电导滴定也可以用来测定腐植酸的酸性基团。将腐植酸溶解在过量的标准碱溶液里，用标准酸溶液滴定，则其滴定曲线如图 3-7 所示。在 VM 之前所耗的酸是用于中和过量的碱。VM 区代表极弱酸基，W 区代表弱酸基，S 区代表强酸基。N 点代表为中和加入的碱溶液相应的标准酸体积（mL），所以从 I 到 N 间的距离即相当于总酸性基。问题在于怎么划分羧基和酚羟基。也可以把 VM 部分指定为酚羟基，但此值往往偏低，因为有些酚羟基酸性较强，可能混在 W 区部分。

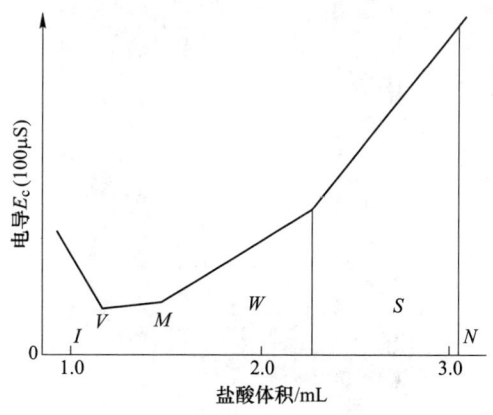

图 3-7　腐植酸的电导滴定

3.2.3.2　电泳和等电聚焦

腐植酸是聚电解质，溶在适当的缓冲溶液里，放在电场中，会向阳极泳动。从早期的纸上电泳到近些年在聚丙烯酰胺凝胶中做测试，实验的精度在不断地提高。一般电泳位移的速度主要取决于两个因素：一是带电分子的大小；二是带电分子上电荷的数量。因此，腐植酸在凝胶电泳中显示出来的分布不是严格的分子量分布。实验表明，在相同条件下，低分子量的级分电泳后，大部分集中在前缘；高分子量的级分电泳后，大部分滞留在后边。由此，电泳可作为腐植酸分子量分布的一种近似表征。

等电聚焦原是一种研究两性化合物的方法。例如很多蛋白质，还有壳聚糖在水溶液里随着 pH 值的不同，或带正电荷或带负电荷，在电场中则或向阴极或向阳极泳动，但若在这种溶液中造成 pH 值梯度，那么某个特定的两性化合物泳动到某一点就停止不动了，"聚焦"在那一点。那一点的 pH 值就是该化合物的等电点，腐植酸并非两性化合物，在溶液中只带负电不带正电，严格地说不会有什么等电聚焦，但实验表明在一些条件下它们确实也有聚焦现象。它们是聚焦在其 pK_a 值处。腐植酸在等电聚焦时，会在酸性的 pH 值范围出现多条浓淡不等的色带，可以看作是按 pK_a 值的分级。

电泳和等电聚焦是基于不同原理的分离方法，可用同一设备，操作条件也相近，随着该法测试设备从垂直电泳仪（见图 3-8）、双向电泳仪到毛细管电泳仪的发展，足以证明它对腐植酸等大分子的研究是极有用的。某黄腐酸级分的分子量分布曲线如图 3-9 所示。

图 3-8　垂直电泳仪

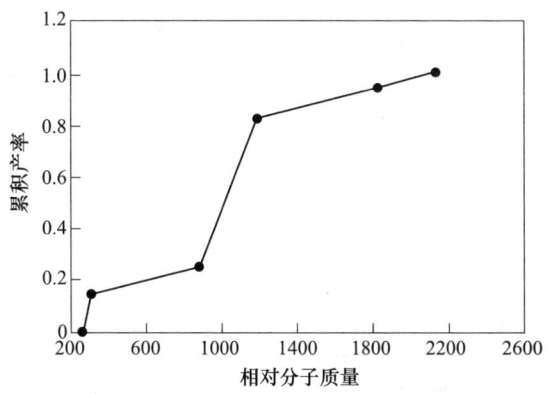

图 3-9　某黄腐酸级分的相对分子质量

3.2.3.3　标准氧化还原电位

腐植酸具有醌基和酚羟基，是一个氧化还原体系。该氧化还原体系和腐植酸的许多性能有密切关系。比如，腐植酸作用于以阴离子形态出现的重金属 $Cr_2O_7^{2-}$ 时，带负电荷的腐植酸先把 $Cr_2O_7^{2-}$ 还原成 Cr^{3+}，然后再吸附。腐植酸具有广泛的生理活性，其部分原因可能在于它的氧化还原性质上。

标准氧化还原电位是衡量氧化还原能力的尺度。德国科学家研究设计了用电位计测定腐植酸的标准氧化还原电位 E_0 的方法。中科院化学所研究员用这个方法测定了泉州泥炭腐植酸、茂名褐煤腐植酸和吐鲁番风化煤腐植酸的 E_0，分别为 0.60V、0.63V 和 0.69V。测量结果表明，煤炭腐植酸的标准氧化还原电位大体在 0.6~0.7V 之间，其趋势是芳香化程度愈高，其氧化还原电位值也愈大。

3.2.3.4　腐植酸的溶解性能

腐植酸能或多或少地溶解在水、无机试剂和有机试剂中，因而这些溶剂也是腐植酸的抽提剂。从腐植酸的结构和官能团考虑，对腐植酸的溶解性起关键作用的主要是其分子间的氢键缔合。

A　腐植酸在水中的溶解

从图 3-10 可知，黄腐酸（FA）可直接溶于水，其水溶液呈酸性，而腐植酸中的棕黑腐植酸（HA）不溶于水，需要转变为钾、钠等一价金属盐或铵盐才能溶于水，这些盐的水溶液都呈碱性。

黄腐酸在不同 pH 值下的溶解性是不同的（见表 3-13）。将腐植酸分成黄腐酸、棕腐酸、黑腐酸的分法是 Odèn 于 1919 年首先提出的，该分法得到了我国、俄罗斯等国家的腐植酸界及土壤学界的广泛认同，一直沿用了近一个世纪。

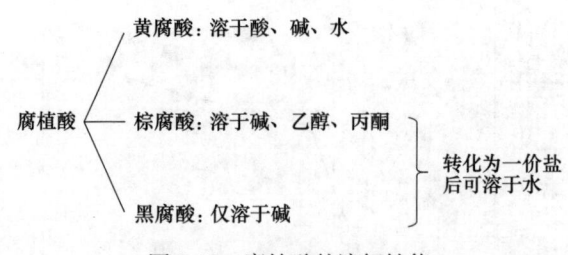

图 3-10　腐植酸的溶解性能

表 3-13　四种黄腐酸在不同浓度和不同溶液中的溶解情况

样品类型	盐酸/mol·L⁻¹				NaOH/mol·L⁻¹			乙醇	丙酮
	0.01	0.1	2.0	6.0	0.1	3.0	6.0		
离子交换法 FA	可溶	微溶	—		可溶	微溶		可溶	微溶
硫酸-丙酮法 FA	可溶	可溶	微溶		可溶	微溶		可溶	微溶
硫酸法 FA	可溶	可溶	可溶	可溶	可溶	微溶		可溶	微溶
降解法 FA-Na	可溶	可溶	微溶		可溶	可溶	可溶	—	—

近 10 多年，由于生化腐植酸（BHA）的出现，对生化黄腐酸（BFA）相对于 FA 的界定、相对于某些低分子水可溶有机酸的界定问题仍然在争议和商榷之中。其实已有研究者开始尝试离析腐植酸中氨基酸和某些游离糖的组分；在本书第 3.1 节中也较详细地介绍了 BFA 的含氧官能团结构特点。

由表 3-13 的结果可以看出，以不同原料、不同方法制备的黄腐酸在各溶剂中的溶解度差异很大；甚至对同一产地的原料，用不同方法提取时，黄腐酸（表 3-13 中的第一和第二个样品）的溶解度也有所不同。因此，严格地讲，黄腐酸的界定应以"可溶于水的腐植酸组分为唯一条件"，所说的黄腐酸可溶于酸、碱的提法应改用可溶于稀酸、稀碱，而且也应明白其溶解性是有条件的、是因物而异的。

B　腐植酸在碱性溶剂中的溶解

腐植酸在碱性溶剂中溶解时，首先进行了中和反应，然后发生了腐植酸盐的溶解作用，通过溶剂及时地向固相渗透，这一溶解过程伴随着局部的化学过程。通常，腐植酸在稀碱中溶解所得到的是真溶液，不能看作是胶溶。因为实验显示低浓度的腐植酸盐溶液中没有胶体的黏度，只有在高浓度时才形成了胶体。

C　腐植酸在有机溶剂中的溶解

有机溶剂对某一化合物是否能溶解和溶解能力的大小一般遵循"相似相溶"的规律。对腐植酸这样的复杂物质，其在有机溶剂中的溶解规律也应该是如此。

例如，腐植酸在有机羧酸中有一定的溶解性能（在一元羧酸如甲酸、丙酸、油酸中的溶解度很高，在不饱和脂肪酸如丙烯酸、甲基丙烯酸中的溶解度较差，在二元羧酸如草酸、琥珀酸、己二酸、马来酸和顺式丁烯二酸、反式丁烯二酸中的溶解度更差）与腐植酸结构中本身含有羧基有关，腐植酸中含有酚羟基、醇羟基，所以在醇类中也有一定的溶解能力，然而由于腐植酸多种官能团结构的复杂性，它在有机溶剂中的溶解性能绝不能只按照"相似物溶于相似物"的规律来简单地得到阐明。

对于复杂有机化合物来讲，物质分子的结构特征、分子量大小、所含官能团的种类、数量、分子之间的相互作用力以及溶剂的特征等都会影响其溶解度。表3-14 是中科院河南化学所从溶剂的极性和结构特征出发，参考了某些有机溶剂的介电常数和溶解度参数得到的。

表 3-14　一些有机溶剂和水的介电常数、溶解度参数对黄腐酸溶解能力的影响

溶剂	ξ	δ	δ_d	δ_0	δ_a	δ_n	溶解黄腐酸的百分含量/%
乙酸乙酯	6.1	8.6	7.0	3	2	0	<1.3
乙酸甲酯	7.03	9.2	6.8	4	2	0	8.1
丙酮	21.45	9.4	6.8	5	2.5	0	15.8
四氢呋喃	7.35	9.1	7.6	4	3	0	46.2
苯甲醇	13	—	—	—	—	—	59.5
丙醇	21.8	10.2	7.2	2.5	4	4	73.0
乙醇	25.7	11.2	6.8	4.0	5	5	79.1
甲醇	31.2	12.9	6.2	5	7.5	7.5	60.2
乙二醇	38.7	14.7	8.0	大	大	大	100
水	81	21	6.3	大	大	大	100
苯甲醚	4.33[①]	9.7	9.1	2.5	2	—	0
硝基苯	34.82	11.1	9.5	4	0.5	0	0
1,2-二氯乙烷	10.45	9.7	8.2	4	0	0	0

①在 25℃时的数值，其余的 ζ 都是 20℃时的数值。

介电常数在很大程度上决定着溶剂的极性。δ 是从沸点计算得到的溶解度参数；δ_d 是色散溶解度参数；δ_0 是定向（极性）溶解度参数，对于具有较大偶极矩的化合物如硝基化合物，它是溶剂极性最好的和唯一的指标；δ_a 和 δ_n 都是反映氢键相互作用的溶解度参数。

从表 3-14 的数据可以看出，从整体上来讲，溶剂对黄腐酸的溶解能力主要取决于 δ_a，即它随着 δ_a 的增加而增加，而其他表示极性和溶解度的参数都不能给出与黄腐酸溶解度相一致的关系，这显然是由于黄腐酸的羧基和部分的酚羟基表现出酸性，而溶解度的大小主要决定于溶剂与黄腐酸形成氢键能力的大小。即通过黄腐酸提供质子，与含氧有机溶剂分子中具有高电负性的氧形成氢键。

由表 3-14 还可以看出，腐植酸在丙酮中具有一定的溶解性。腐植酸的—COOH和—OH 在丙酮表面处理液中也处于可反应的活性伸展状态。如图 3-11 所示，当丙酮溶液浓度比较高时，溶液中丙酮含量较多，腐植酸的溶胀层厚度 δ_2 较大，处于伸展状态的活性官能团—COOH 和—OH 的数量较多；而当丙酮溶液浓度比较低时，溶液中水分含量较多而丙酮含量少，腐植酸的溶胀层厚度 δ_2 较小，活性官能团的数量较少，脂的影响较小。

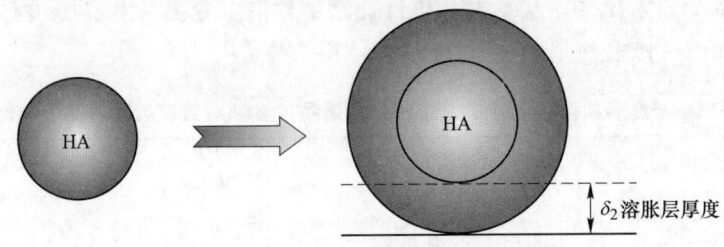

图 3-11　HA 表面溶胀层

腐植酸在丙酮等有机溶剂中的溶解性在腐植酸类保水材料的表面处理中是十分有用的。

3.2.4　胶体化学性质

3.2.4.1　腐植酸胶体化学理论基础

19 世纪末，德国化学家 Van Bemmelen 等人就认为腐植酸类物质是一类胶体，它们在土壤胶体化学中发挥着重要作用。1919 年以 Odèn 为首的土壤化学家首先详细地从胶体化学角度研究了 HA 的性质，提出以下论点：（1）HA 的胶体颗粒是一种高分子聚合体。当以亲水胶体存在时，其稳定性是由双电层及其外表面的水化层厚度决定的。（2）HA 分子可能是二维或三维交联的卷曲长链，其聚合态是可逆的，宏观上表现为具有一定膨胀度的疏松结构。（3）HA 胶体颗粒表面电荷是由分子中酸性基团（或部分碱性基团）离子化形成的，导致颗粒间相互排斥而使其解体或分散，又可能在无机盐或金属离子作用下相互凝结。（4）HA 胶体在两相平衡时成为溶胶，在固态时成为干胶。80 多年前就有如此精辟的论断，实在是难能可贵的。直到今天，Odèn 的学说仍然不愧为腐植酸胶体化学的理论基础。

腐植酸被看作一种胶体，具有胶体化学性质，可从以下几个方面来阐述。

A 腐植酸与金属离子的相互作用

早年，德国科学家 Schneizer 认为，腐植酸在溶液中的首要作用是作为胶体溶剂来保护胶体。此后，又将腐植酸物质看作是大分子的真溶液或带负电荷的亲水胶体，腐植酸物质通常呈现出的胶体性质之一是它们能被各种电解质所凝聚（腐植酸也是一种胶体，故而能被各种电解质凝聚）。研究表明，在 pH 值为 7 时，三价离子比二价离子对凝聚腐植酸更有效，而二价离子比一价离子有效，这和 Schulze-Hardy 规则是一致的。对 Fe^{3+}-腐植酸配合物的凝聚，硫酸盐比硝酸盐和氯化物更有效。不同价离子的平均临界浓度与其原子价的六次方成反比，因而一价：二价：三价离子的比例是：$\left(\dfrac{1}{1}\right)^6 : \left(\dfrac{1}{2}\right)^6 : \left(\dfrac{1}{3}\right)^6 = 10 : 0.16 : 0.0014$。

具有最大离子半径的同价阳离子是最有效的凝聚剂，但这个规则不适用于三价离子，因为它们有较高的电荷密度，在溶液中不是以简单的阳离子形式出现的。曾经观察到 Fe^{3+}-腐植酸和 Al^{3+}-腐植酸以及 Fe^{3+}-腐植酸配合物和 Al^{3+}-腐植酸配合物对 Ca^{2+} 比对 Mg^{2+} 更敏感，这是与相应的离子半径有关的，Ca^{2+} 是 0.099nm，Mg^{2+} 是 0.065nm。

Weng 和 Bischkur 根据 Fuoss 效应解释了添加盐类对于腐植酸的胶体化学性质的影响。当聚电解质溶于水中时，它们的官能团（羧基和羟基）即解离。结果是带负电荷的基团相互排斥，而聚电解质将选择一种伸开的构型。当盐类加入时，阳离子附着在带负电荷的基团上，聚合体链中分子内部的排斥减少，因而有利于链的盘卷。所以大分子发生变形，链的盘卷排斥了围绕在分子周围的部分水合水，使分子的水合程度降低。这样，腐植酸和黄腐酸分子将从亲水胶体变为疏水胶体。溶解度变化的另一种解释是，阳离子的加入减少了聚电解质上的电荷，因而降低了腐植酸分子能保持的极性水合水的质量。腐植酸的凝聚与溶液的 pH 值和离子强度有关，没有盐类、在 pH 值为 3 时，实际上发生完全的胶溶，离子强度的增加使胶溶的 pH 值提高到 4.5~5.0。发生胶溶的 pH 值一般比凝聚的 pH 值稍高，这可能是由于腐植酸粒子被氢键所缔合。

B 腐植酸及其盐类的水凝胶的研究

当凝胶浓度相同时，腐植酸的塑性强度值在腐植酸钙和腐植酸镁之间。根据腐植酸盐结构的不同，可交换的阳离子的顺序为：$Fe^{3+} > Al^{3+} > Ca^{2+} > H^+ > Mg^{2+}$，所得到的结论是随着水化离子半径的减小，水的中间夹层的厚度变小，因而在水凝胶中分散相浓度较低时，粒子之间形成牢固接触的可能性增加。

研究有电解质存在时腐植酸盐水凝胶的流变学性质发现，在 Mg、Al、Ni、Mn、Ca、Cu、Co 的氯化物水溶液中，上述各种相应的金属腐植酸盐的流变特性显示出系统的液体结构并不随电解质浓度的增加而变化，电解质的加入并不使水凝胶结构形成的凝聚本性发生变化，一般这些系统仅形成微弱的固体结构。

　　有时用超过滤、电渗析和渗透压法测得的多分散的腐植酸溶胶可以作为缔合胶体来描述。

　　用电子显微镜的数据研究得出，泥炭腐植酸具有无定形疏松结构，它们的大分子缔合体（聚集体）是通过官能团的直接相互反应，并通过水分子和多价离子的作用而形成的。这些聚集体对水分子和离子是可游透的，其密度与聚集体内部和聚集体之间的数量和能量的比率，以及官能团的离子化程度有关。

　　根据电镜和流变学的研究，在腐植酸的分散液中添加 $CaCl_2$ 时，可以看到以下转变：原始结构（真溶液）→一次聚集结构→紧密聚集→二次凝聚结构→二次紧密聚集。

　　在这样的转变过程中，聚集体的不等轴性（最大尺寸对最小尺寸之比也就是粒子长度对粒径之比）发生变化。添加 $CaCl_2$ 溶液时，聚集体的不等轴性由 20 变为 50，这证明了系统中动态的分散平衡向生成较大聚集体的方向移动。各个超分子的配合物或致密的小粒子参与了有效直径为 8 ~ 1000nm 的腐植酸聚集体的形成。

　　总之，从腐植酸胶体性质的情况来看，腐植酸的特征是形成螯合物的能力强。腐植酸的胶体化学性质在多数情况下是由腐植酸的超分子化学结构的特征所决定的。腐植酸是不紧密的，并具有非常发达的多孔的疏松构造，这一事实在较大程度上表征了它们的持水能力和吸附性质。腐植酸的亲水性是由疏水性的含碳缩合芳香体系与带有亲水性基团（—COOH、—OH）的侧链比率决定的。腐植酸的水分散溶液在较少的固相含量（5% ~ 12%）时，显示出非常明显的弹性、可塑、黏稠的性质和触变性。水溶性的腐植酸钠（腐植酸官能团上的 H 完全被 Na 所取代）是许多分散体系的有效稳定剂。工农业上可以利用腐植酸所具有的这一系列特性来满足各种不同的需求。腐植酸的胶体性质在腐植酸的应用中发挥了很大作用，腐植酸水煤浆、腐植酸钻井液、腐植酸叶面喷施剂的制备、应用及其作用机理等都与腐植酸的胶体性质有关。

3.2.4.2　胶体颗粒尺寸与形状

　　按胶体化学概念，分散粒子尺寸不低于 $10\mu m$ 的为粗分散体系，100nm ~ $10\mu m$ 为悬浮体，1 ~ 100nm 为胶体溶液（溶胶），小于 1nm 就成为真溶液。

　　不少学者采用电子显微镜、超离心机、小角度 X 射线衍射、光散射和凝胶色谱等方法研究了 HA 的胶体粒子尺寸和形状。在极低浓度、较高 pH 值下，HA 表现为"大离子"真溶液；但在高浓度下，HA 和 FA 都成为带负电荷的亲水胶体，并表现出聚合电解质性质，形成一种非均一、多分散体系，其粒子大小和形状受介质 pH 值、中性无机电解质浓度的制约，差别很大。

　　Chen 等人在扫描电镜中观察到不同 pH 值下 FA 三维空间的表面情况（见图

3-12）：pH 值为 2~3 时主要是延长的纤维和纤维束，表现为敞开的结构；pH 值为 4~7 时集结为网状或海绵状结构；pH 值大于 7 时颗粒排列出现定向性；pH 值约为 8 时生成薄片，pH 值约为 9~10 时薄片变厚。这是因为随 pH 值的提高，羧基（COOH）和酚羟基（OH_{Ph}）趋于解离，粒子间静电斥力增强，促使粒子分散并逐渐定向化。但 pH 值值更高、或光照射后 HA 自由基浓度增加，会导致颗粒强烈分散或"反团聚"。在耕地土壤中，通常 pH 值和中性盐浓度下 HA 和 FA 似乎表现为弯曲线形大分子。Орлов 用电镜测定 HA 胶体颗粒在 3~10nm 范围，认为基本上属于球形的。在 pH 值 11~13 时分散为不超过 3nm，接近分子的尺寸，相当于分子量 12000。在自然状态下（pH 值不大于 7），HA 颗粒是通过侧链联结成疏松网状结构的聚合体。Schnitzer 等人观察到 FA 的最小颗粒为 0.15~0.2nm，相当于实测的相对分子质量 951，并随 pH 值增加，粒子被拉伸成不规则结构，逐渐平展为带有不同大小孔洞的薄片状结构。

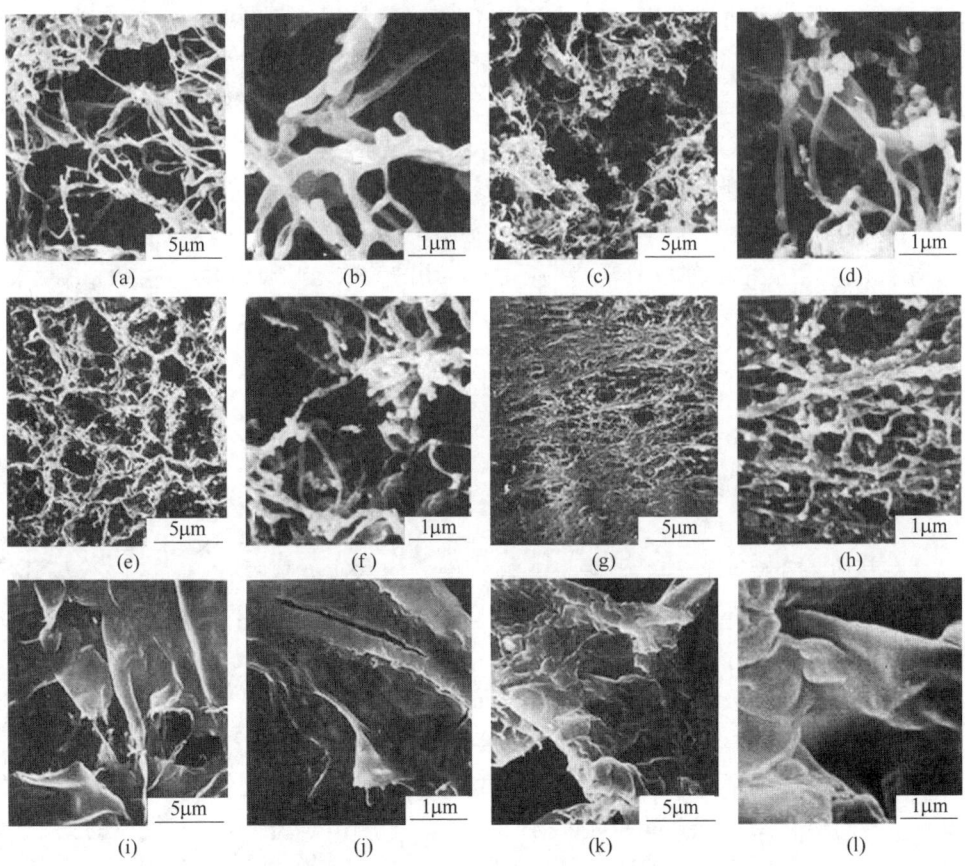

图 3-12　黄腐酸胶体颗粒扫描电镜图片

（a）（b）pH 值为 2；（c）（d）pH 值为 4；（e）（f）pH 值为 6；
（g）（h）pH 值为 7；（i）（j）pH 值为 8；（k）（l）pH 值为 9

超离心研究发现，HA 是扁平椭圆或高度溶剂化的、柔软、膨胀的无规线团；小角度 X 射线衍射测定 HA 颗粒也在 3.6~13.7nm 范围。

至此，联想到有人采用制备纳米材料的办法，企图开发所谓"纳米腐植酸"，值得推敲。从上述研究结果来看，HA 的胶体颗粒本身已达到纳米（nm）级范围，而 FA 和 HA 一价盐在稀的水溶液（真溶液）中，已是分子或离子级的水平（小于 0.2nm），而且它们本来就是化学活性很强的有机电解质。因此，开发"纳米腐植酸"是一种舍本求末的做法。

3.2.4.3　胶体絮凝作用

在胶体溶液状态下，HA 粒子是相当稳定的，这主要是较厚的扩散双电层的贡献。但人们常发现，一旦加入过多的无机酸（一般到 pH 值小于 5）或盐类时就会发生絮凝沉淀。原因是：（1）无机酸阴离子和电解质压缩 HA 溶胶的双电层，将 HA 阴离子的负电荷中和，ζ-电位降低，分子间斥力减弱，促使分子卷曲，赶走它们周围的一部分水化分子，于是 HA 由亲水胶体转化为憎水胶体。一般 ζ-电位小于 0.03V 时溶胶开始絮凝。（2）多价阳离子对 HA 阴离子的凝结作用。多价阳离子不仅使 HA 阴离子得到中和，促使其分子本身团聚，而且通过金属契合桥键导致分子间剧烈缔合。这种缔合和凝聚有时甚至是不可逆的。

HA 的絮凝程度与介质温度（T）、介电常数（ε）、阴阳离子性质（特别是阳离子价数 Z）、单位静电荷（e）有关。常用的参数是"絮凝值"（或称"凝聚极限"）n，即每立方厘米溶胶凝聚所需的最少离子数。

$$n = \frac{C \varepsilon^3 (KT)^5}{A^2 e^6 Z^6} \tag{3-20}$$

式中　A——范德华引力常数；

　　　K——玻耳兹曼常数；

　　　C——离子常数。

在其他条件相同时，絮凝值与电解质价数的六次方成反比（$n \propto 1/Z^6$）。这就是 Chulze-Hardy 规则。从一价到三价离子絮凝值比例为 $1^{-6} : 2^{-6} : 3^{-6} = 1 :$ 0.016 : 0.0014。在价数相同时，凝聚极限与水合离子半径成反比。不少研究者所测定的 HA 凝聚极限结果基本符合 Chulze-Hardy 规则，但也出现不少特殊情况，比如有三价阳离子电荷密度很高，溶液中不以简单的阳离子质点出现，n 值大小就不能与离子半径关联，而很大程度上取决于 pH 值和配位常数。Orlov 甚至发现 HA 的凝聚极限与金属氢氧化物的溶度积呈正相关。部分文献报道的 FA 的 n 值大小的顺序为 $Al^{3+} > Fe^{3+} > Ca^{2+} = Mg^{2+}$，HA 的 n 值是 $Al^{3+} > Fe^{3+} > Cu^{2+} > Zn^{2+} >$ $Ni^{2+} > Co^{2+} > Mn^{2+}$；$Ca^{2+} > H^+ > Mg^{2+}$。

凝聚极限（n 值）是评价 HA 抗电解质絮凝能力的重要指标。目前测定 n 值的方法基本沿用科诺诺娃的CaCl$_2$测定法。HA 的 n 值大小与其组成结构有什么关系，不同研究者所得结果不尽一致。如刘康德等人发现 n 与 HA 总酸性基和羧基含量呈负相关，与 Shiroya 等人的结果一致。不同来源的 HA，大体规律是泥炭>褐煤>风化煤，FA>HA，R$_p$型>B 型>A 型，即 n 似乎与土壤腐殖化程度和芳香度呈负相关。库哈连科（Кухаренко）也发现 n 随 HA 原煤的煤化作用和变质程度增加而降低，即泥炭>褐煤>气煤>肥煤>焦煤>贫煤。李善祥等人用 HNO$_3$+HClO$_4$ 对褐煤氧化降解制取的"煤基酸"，明显提高了 n 值，但对风化煤的作用相反。从表 3-15 试验数据来看，n 的增加与大幅度提高 E_4/E_6（即降低分子量）有关，但与芳香缩合程度（H/C 原子比）关系不大。Жамбал 的研究结果相反。他对蒙古褐煤氧化-磺化处理后，发现 n 值由原来的 10mmol/L 降到 1mmol/L，并伴随着 O/C 和光密度的提高和侧链碳的减少，认为 n 值大小主要取决于侧链烷基或环烷对官能团-电解质进行离子交换的空间障碍。因此，他认为 n 值不是分散性和亲水性的量度，而是非芳香结构组分的分支性和参与离子交换反应的官能团屏蔽效应的指标，至于光密度比（E_4/E_6）、光密度、C、H、O 含量等，对 n 值的影响都是参考数值。正如奥尔洛娃（Орлова）所说："腐植酸的凝聚性资料总是相矛盾的，源自目前还没有确切的理论依据。"看来 n 值的含义和奥秘有待于后来人的继续探索。

表 3-15　HNO$_3$+HClO$_4$ 氧化降解对凝聚极限和其他结构参数的影响

样品及来源	H/C（原子比）		E_4/E_6		$N/\text{mmol} \cdot \text{g}^{-1}$	
	原样	氧化后	原样	氧化后	原样	氧化后
褐煤 HA（寻甸县）	1.64	1.99	2.33	7.02	8	10.73
褐煤 HA（繁峙县）	2.20	2.07	1.90	8.40	8	12.98
风化煤 HA（灵石县）	0.98	1.23	2.23	3.41	8	1.24
风化煤 HA（广灵县）	1.31	1.43	1.42	4.13	12	1.19

3.2.4.4　溶胶作用

所谓溶胶作用，是指在一定 pH 下某些外来阴离子促使胶体溶液处于凝聚和分散的中间状态，这也是 HA 和其他高分子电解质的共性。某些阴离子使胶体溶液发生胶溶的"感胶离子序"大致为：$OH^- > CO_3^{2-} > CH_3COO^- > C_2O_4^{2-} > SO_4^{2-} > Cl^- > Br^- > NO_3^- > ClO_3^- > I^-$。对于不同高分子物质来说，这一顺序不是绝对的。研究发现，与一般高分子物质相比，HA 出现的胶溶 pH 值稍高，推断 HA 的胶溶作用使氢键缔合或者是双电层正好处于胶体粒子相互排斥和吸引的临界状态的表现。在制备 HA 时，HA 凝胶在水洗到接近中性时穿透滤纸的现象就属于胶溶作用。胶溶现象还被应用于 HA 的提取工艺，如 Натансон 在用碱提取 HA 时，用少量的

NaCl 代替部分 NaOH，促使 HA 提早出现胶溶，既容易洗涤过量Cl⁻，又节省了 NaOH。

3.2.4.5　凝胶和干凝胶性质

HA 溶胶在调到酸性或添加高价阳离子后就絮凝沉淀，经过滤或离心脱水就形成膏状水凝胶，或称凝胶。特列奇尼克（Третиник）详细研究了一系列二价到三价 HA 盐凝胶的结构、弹性、塑性和强度等性质，发现 HA—Fe 和 HA—Al 的弹性和强度最高，其次是 HA—Ca、HA、HA—Mg。

大多数 HA 在干燥后强烈收缩而变成干凝胶，简称干胶。干胶遇水或水蒸气时又膨胀，但不一定恢复到原来的胶体状态，而且不再是原来的形状和三维结构特征，可能形成链状聚合体而赋予巨大的线形高分子颗粒。因此，HA 的干胶收缩后在很大程度上是不可逆的。比如，泥炭 HA 凝胶干燥后体积减小 80%，干胶在吸水膨胀后体积仅仅恢复 10%左右。van Dijk 认为，HA 与水的结合情况取决于水分子自由能。HA 胶体不同于黏土矿物，它具有"冰冻效应"。如果在水饱和情况下 HA 胶体颗粒被冰冻，则形成"冰晶体"而膨胀，部分凝胶网络"孔眼"被胀破，此时再解冻干燥，保留下来的网络结构便有很大的刚性，且含水极少，可以再吸水膨胀。这样的干燥颗粒就能部分消除一般干燥方法造成的不可逆收缩性。这就是 HA 可以冷冻干燥的胶体理论基础。

3.2.4.6　黏度性质

黏度是高分子有机化合物的重要特性指标。胶体化学家也把腐植酸类物质看作一类高分子物质，用黏度法不仅可以测定腐植酸类物质粒子的大小（见 5.3.1 节），而且还能表征其形状、质量等聚电解质性质。

一般用 0.1mol/L NaOH 溶解 HA 制成 0.25% ~ 1%的 HA—Na 溶液，用 Ostwald 毛细管黏度计在恒温（25℃）下测定黏度，绘制成比浓黏度（η_{SP}/C）-浓度（C）关系图。当粒子不带电荷时，上述图形为直线，即比浓黏度和浓度呈正比关系，但对 HA 之类的带电粒子来说却是非线性关系，将所得直线外推，在纵坐标上求得特性黏度 $[\eta]$。Senesi 等人认为，通常 $[\eta]$ 为 0.02~0.05 时，胶体颗粒为球形，$[\eta]$ 为 0.5~2 或更高时为线形。Mukherjii 研究认为煤 HA 属于柔性线形的聚电解质。Orlov 等人认为 HA 是椭球形的。熊田恭一等人测定的 $[\eta]$ 为 0.04~0.46，认为 HA 颗粒大部分是球形的，也有一些近似线形的。但熊田恭一等人后来又出现自相矛盾的报道，认为黏度特性不能阐明 HA 粒子是球形还是线形的，只能提供粒子是"十分柔软"的信息。这方面的研究还不少，结果都不太一致。究其原因，除了样品来源、提取和分离工艺的差异外，可能主要是pH 值和电解质的影响。

A pH 值的影响

王天立等人对巩义风化煤 FA 的黏度特征研究发现，溶液 pH 值对 [η] 影响极大，pH 值为 2 时 [η] 为 0.55，pH 值为 6 时 [η] 降到最低点 0.05，pH 值为 9 左右又上升到 0.15 左右。其原因可能是，加碱后 pH 值提高，使得质点静电斥力增加，交联被破坏，胶束胶体变成分子胶体。Chen 和 Schnitzer 发现，HA 在 pH 值为 7、FA 在 pH 值为 1~1.5 时，好像是没有电荷的聚合物，在较高 pH 值时，HA 和 FA 都显示出强的聚电解质性质，黏度方程的曲线形状都反映出线形、棒形或柔软性的颗粒特征。Flaig 等人对上述结论基本持否定意见，认为黏度变化与 H$^+$ 离子浓度，即官能团解离度有关，但官能团的解离又可能引起颗粒形状、质量、密度、表面电荷、凝聚程度的变化，所以黏度是受多种因素支配的，不能简单地把黏度看成是颗粒形状的函数。

B 电解质的影响

Boy 等人认为，加入电解质后，反离子氛围产生的电荷黏滞效应和分子间耦合电位都压缩了 HA 胶体溶液的双电层。比如，加入 NaCl，高浓度的 Na$^+$ 使粒子卷曲起来，从而使 η_{SP}/C 大幅度下降，并在黏度曲线中间出现一个峰。张其锦等人对巩义风化煤 FA 研究也发现同样情况，但无论是否加入电解质，[η] 均为同一值，认为巩义 FA 大分子链并非柔性，而是属于刚性结构。

Ghosh 和 Schnitzer 总结说，只有当样品浓度较高、介质 pH 值为非常低，或者存在相当多的中性电解质的情况下，才能认为是球形的颗粒。而在样品低浓度、H$^+$ 和中性盐浓度不太高时，则呈柔性或线形胶体。他们的结论基本符合于多数土壤 HA 的实际情况，也为电子显微镜观察所证实。但迄今煤炭 HA 及其他来源的 HA 黏度研究资料很少，难以断定是否符合上述规律。

3.2.4.7 ζ-电位

在胶体体系中，分散相粒子有较大的表面能，有自动吸附离子的倾向，结果使粒子带电。在电场作用下，粒子向相反符号的电极泳动，而介质的反离子向另一电极泳动，此现象称为动电现象，由动电形成的扩散双电层的滑动面上的电动电位称作 ζ-电位。ζ-电位是反映胶体稳定性的一个重要参数，主要是根据 Helmoholtz-Smaluchoushi 公式为原理进行测定的。

$$\zeta = \frac{4\pi\eta u}{\varepsilon E} \tag{3-21}$$

式中　η——介质黏度，Pa·s；

ε——介质介电常数；

u——胶粒电泳速度，cm/s；

E——电位梯度，mV/cm。

龚福忠等人测定了风化煤 HA 盐类的 ζ-电位（mV），结果见表 3-16。可见，HA 一价盐的 ζ-电位绝对值约为二、三价盐的两倍，与前述的絮凝值的大小相关。

表 3-16　风化煤腐植酸盐类的 ζ-电位
（工作电压：100V，温度：30℃，pH 值约为 7）

与 HA 的结合离子	NH_4^+	K^+	Zn^{2+}	Cu^{2+}	Mn^{2+}	Fe^{3+}	Ca^{2+}、Mg^{2+}
ζ-电位/mV	62.3	66.1	30.1	31.7	29.7	30.5	34.6

3.2.5　吸附性能

3.2.5.1　腐植酸的多孔特征

现在再来熟悉采用比表面积（单位质量固体的总表面积）、孔径分布（固体表面孔体积对孔半径的平均变化率随着空半径的变化）等专门仪器分析应用的情况。

测量原理：动态常压连续氮吸附法（国内首创），BET 原理，Langmuir 原理，毛细凝聚理论。

测试气体：高纯氮（99.99%）、高纯氦（99.99%）。

气体流量：不超过 100mL/min。

流量控制：稳压稳流系统，高精度流量传感器，数字显示，显示精度 0.1%。

数据采集：恒流电路，放大及滤波系统，气体浓度传感器工作站，采集速度 100 次/s。

测量压力：常压。

氮气分压：0.05~0.98Pa（可调节）。

主机功能：

（1）吸（脱）附等温曲线测定；

（2）总孔体积、总孔面积、平均孔径及孔径分布测定；

（3）单点及多点 BET 比表面积测定，并可测吸附常数 c；

（4）比表面积快速测定（直接对比法）。

测定范围：（1）孔径，2~200nm；（2）比表面积，0.1~3500m²/g；重复精度，不超过±3%。

将 $p/[V(p_0-p)]$ 对 p/p_0 作图，为一直线，且将 $l/(截距+斜率)=V_m$，代入 BET 二常数计算式，即求得比表面积。用 BET 法测定比表面积时，最常用的吸附质是氮气，吸附温度在其液化点（-195℃）附近。低温可以避免化学吸附。相对压力控制在 0.05~0.35 之间，低于 0.05 时，不易建立多层吸附平衡；高于 0.35 时，发生毛细凝聚作用，吸附等温线将偏离直线。

比较先进的 JW 系列比表面和孔径分布
仪（见图 3-13）采用动态氮吸附的方法，这
种方法的优点是通过屏幕上吸附峰或脱附峰
的显示使固体样品表面的吸附或脱附过程一
目了然，形象而直观，气体量的获得是通过
气体浓度传感器，再经过信号放大，所以灵
敏度高，是一种比较先进的方法。这种仪器
通过采用固体或气体标样，易实现快速测定
和多样品测定，从而彻底解决了动态法测量
BET 比表面积和孔径分布的技术障碍。JW 系
列动态氮吸附比表面和孔径分布测试仪的面
世，使比表面积和孔径分布测试仪器的发展
又跨出了一步。

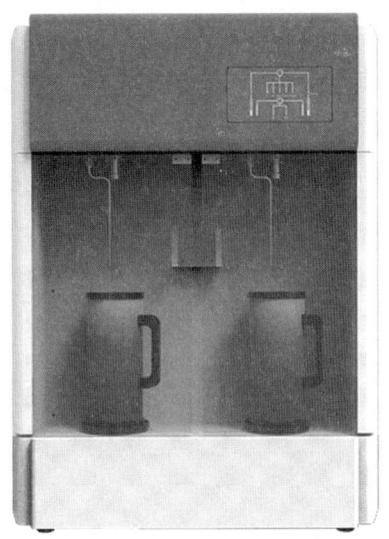

图 3-13 JW 系列比表面
和孔径分布仪

A　孔径分布的计算与测定

根据孔半径的大小，固体表面的细孔可
以分成 3 类：微孔（孔径 2nm），分子筛会有
此类孔；中孔（孔径 2~50nm）；大孔（孔径 50~130nm）。

比表面积是表征多孔物质的最基本参数之一，利用吸附质蒸气的吸附-脱附
的实验数据可测得不同大小孔容积的分布：

$$\gamma = \frac{20V_m}{RT\ln(p_s/p)} \tag{3-22}$$

式中　γ——吸附质的表面张力；

　　　V_m——吸附质的摩尔容积。

B　腐植酸铝的有效半径的孔容积分布曲线

为了评价试样的多孔结构，计算中应用了脱附的实验数据，从细小半径的孔
容积 $\Delta V/\Delta r$ 的分布曲线的形式来看，试样具有非均相的多孔结构，孔的半径在
1~7nm 的范围内波动，但是小尺寸的孔（1~1.5nm）占多数，所以腐植酸盐的
孔隙几乎相同，并具有与活性炭相同数量级的孔隙大小。

从试样的结构表征来讲，可以有条件地利用有效比表面积 $S_{有效}$ 的数值，$S_{有效}$
按公式（3-23）计算：

$$S_{有效} = a_m N \omega_0 \tag{3-23}$$

式中　N——阿伏伽德罗常数；

　　　ω_0——单分子层（1.08nm）的水所占的表面积；

　　　a_m——可按多分子层吸附（BET）公式测定，试验为了校正 BET 公式的适
　　　　　用性，通常采用它的直线形式：

$$\frac{p/p_s}{a(1-p/p_s)}=\frac{1}{a_m C}+\frac{C-1}{a_m C}p/p_s \qquad (3\text{-}24)$$

式中 C——表征吸附能的常数。

对各种腐植酸盐所计算的单吸附容量（a_m）的平均值在数值上是接近的（见表 3-17），只有腐植酸镁是例外，它的单吸附容量与腐植酸的数据是大体一致的。

表 3-17   褐煤腐植酸和腐植酸盐的单吸附容量（a_m）和有效比表面积

试样	$a_m/\text{mmol}\cdot\text{g}^{-1}$			$S_{有效}/\text{m}^2\cdot\text{g}^{-1}$
	按吸附	按脱附	平均	
腐植酸钠	3.56	4.34	3.95	256
腐植酸钾	2.45	5.10	3.78	245
腐植酸钙	2.97	4.90	3.93	255
腐植酸镁	3.63	6.86	5.25	340
腐植酸铁	2.43	5.50	3.97	258
腐植酸铝	2.40	4.60	3.51	228
腐植酸	2.97	7.45	5.21	337

表 3-18 和表 3-19 中的数据指出，虽然不同取代程度的腐植酸纳、腐植酸钙和腐植酸镁的吸附容量值几乎相同，在不大的相对压力下（$p/p_s=0.3\sim0.4$），对每一个交换（取代）用离子的水分子数量随着取代程度而变化，试样中无机阳离子含量越多，在每个阳离子附近配位的水的分子越少。

表 3-18   羧基上氢不同程度取代的腐植酸盐试样的单吸附容量的有效比表面积

取代的阳离子	取代程度	$a_m/\text{mmol}\cdot\text{g}^{-1}$			$S/\text{m}^2\cdot\text{g}^{-1}$
		按吸附	按脱附	平均	
Na$^+$	22	3.14	4.67	3.90	254
	26	3.11	4.59	3.85	250
	31	2.98	4.61	3.79	247
Ca^{2+}	32	3.50	5.14	4.32	281
	38	3.49	5.15	4.29	279
	45	3.34	5.08	4.29	279
Mg^{2+}	32	3.86	5.24	4.55	296
	38	3.76	5.20	4.48	292
	42	3.70	4.81	4.25	276

表 3-19 不同腐植酸盐的阳离子取代水分子的程度

取代的阳离子	取代程度	阳离子含量 /mmol·g^{-1}	对阳离子的 n	对价数的 n	离子的配位数
Na$^+$	22	0.64	6.1	6	8
	26	0.75	5.1	5	
	31	0.90	4.2	4	
Ca^{2+}	32	0.93	9.3	6	8.6
	38	1.10	7.8	4	
	45	1.30	6.6	3	
Mg^{2+}	32	0.93	9.8	5	6
	38	1.10	8.2	4	
	45	1.22	7.0	3	

注：$n = \dfrac{a_m Z}{E}$。式中，Z 为阳离子的价数；E 为腐植酸盐的交换容量（阳离子），mmol/g。

从多分子层吸附公式所得到的单吸附容量数值实际上反映的不是腐植酸盐的内表面的单分子层填充程度，而是在不大的相对压力下在交换阳离子附近配位的水分子的数量。因此，腐植酸羧基上的氢为无机阳离子所取代，有可能改变和调节它们的吸附能力。这在应用中是十分重要的。

附：腐植酸对金属离子的吸附试验。

基本原理：泥炭、褐煤、风化煤含有大量腐植酸，腐植酸是一种芳香羟基羧酸，具有离子交换和配位能力，对金属离子有良好的吸附能力。

腐植酸以式（3-25）进行离解，生成带负电荷的腐植酸阴离子。

$$RCOOH \longrightarrow RCOO^- + H^+ \tag{3-25}$$

腐植酸与水将液中的金属离子反应后生成难溶的腐植酸盐。

$$2RCOOH + M^{2+} \longrightarrow (RCOO)_2M + 2H^+ \tag{3-26}$$

$$(RCOO)_2Ca + M^{2+} \longrightarrow (RCOO)_2M + Ca^{2+} \tag{3-27}$$

腐植酸是一种有机配位体，可以和金属离子形成配合物或螯合物。

腐植酸对金属离子的吸附能力可以用吸附容量和分配系数来表示。吸附容量指单位质量的样品所吸附金属离子的质量。分配系数指金属离子吸附在腐植酸上的数量与残存在溶液中的数量之比。

腐植酸对金属离子的吸附等温线基本上属于朗格缪尔（Langmuir）型，可以认为是一种单分子层吸附，即吸附剂一旦被吸附质占据后就不能再吸附，在吸附平衡时，吸附、脱附达成平衡。Langmuir 吸附方程式表达为：

$$q = q_\infty \frac{cK}{1 + cK} \qquad\qquad (3\text{-}28)$$

或
$$\frac{c}{q} = \frac{1}{q_\infty}c + \frac{1}{q_\infty K} \qquad\qquad (3\text{-}29)$$

式中　q——吸附容量，即每克样品吸附金属离子的质量；

　　　c——平衡浓度；

　　　q_∞——饱和吸附容量；

　　　K——平衡常数。

当溶液在两种金属离子时，腐植酸对其中一种离子有选择性吸附。腐植酸对两种金属离子的吸附性可以从吸附平衡曲线和选择性系数 K_B^A 表示出来。

实验步骤。

（1）吸附等温线和吸附容量的测定。

1）酸制浓度为 5mmol/L 的硫酸锌溶液。

2）在 250mL 的磨口锥形瓶中按实验记录表格规定的加量配制不同浓度的含锌溶液。再称入 0.1g 风化煤样。在振荡器上振荡 1h，干过滤，去掉最初的 10mL 滤液，用原子吸收光谱仪测定原始溶液中的锌离子浓度。

3）计算出吸附容量并作出吸附等温线。

4）按 Langmuir 方程，以 $\dfrac{c}{q}$ 对 c 作图，从直线斜率求出饱和吸附容量。

5）求出分配系数 K_d 并对 c 作图。

（2）吸附速度的测定。

1）配制浓度为 2mmol/L 的硫酸锌溶液。

2）在 6 只 250mL 磨口锥形瓶中各加入 10mmol/L 的硫酸锌溶液和 0.1g 风化煤样。在振荡器上分别振荡 5min、10min、20min、30min、60min、90min，立即干过滤，去掉最初的 10mL 滤液，测定滤液中的锌离子浓度 c。

3）以锌离子浓度 c 对吸附时间 t 作图。考察吸附速度变化规律。

4）以 $\ln c$ 对吸附时间 t 作图，求出反应速率常数 K。

（3）废水 pH 值对吸附效果的影响。

1）配制 2mmol/L 的硫酸锌溶液。

2）用盐酸将上述溶液的 pH 值调至 2、3、4、5、6、7、8.5 左右。

3）在 6 只 250mL 磨口锥形瓶中各加入 100mL 的不同 pH 值的硫酸锌溶液和 0.1g 风化煤样，在振荡器上振荡 1h。干过滤，去掉最初的 10mL 滤液。测定各滤液中锌离子的浓度。

4）分别求出不同 pH 下的吸附容量和分配系数。

5）以吸附容量对 pH 值作图，决定适宜的废水 pH 值。

（4）含两种金属离子的吸附。

1）配制浓度为 1mmol/L 的硫酸锌和硫酸铜溶液。

2）在 250mL 磨口锥形瓶中按实验记录表格规定的加量配制成不同比例的含锌、含铜溶液。再加入 0.1g 风化煤样品，在振荡器上振荡 1h，干滤去除最初的 10mL 滤液。用原子吸收光谱仪测定原始溶液及吸附后溶液中的锌、铜离子的浓度。

3）计算出样品对铜离子和锌离子吸附容量 q_{Cu} 以及 q_{Zn} 以及吸附平衡后液相和固相中这两种离子和离子分数 c_{Cu}、c_{Zn}、$\overline{X}_{Cu}$、$\overline{X}_{Zn}$ 并算出选择系数 K_{Zn}^{Cu}，对 c 作图。

4）以 $\overline{X}_{Cu}$ 和 q_{Cu} 作出铜离子的平衡吸附曲线。

（5）钙型吸附剂和氢型吸附剂效果对比。

1）氢型吸附剂的制备：风化煤用 2mol/L 盐酸浸泡 2h，经常搅动，必要时加热煮沸。过滤，水洗至中性，烘干。

2）钙型吸附剂的制备：将上述氢型吸附剂用 1mol/L 醋酸钙溶液浸泡 24h，经常搅动，必要时加热煮沸。

3）按实验步骤 1），分别测定 q、K_d，作出吸附等温线，考虑两者吸附能力的大小。

4）按实验步骤 3），考察废水 pH 值对吸附的影响。

5）按实验步骤 4），测定 K_{Zn}^{Cu} 器并对 c 作图，对比两者选择性的好坏。

6）综上测定，综合评定钙型和氢型的吸附特性。

实验数据记录及结果计算。

（1）吸附等温线及吸附容量和分配系数的测定记录（见表 3-20）。

（2）含两种金属离子溶液的吸附（见表 3-21）。

表 3-20　腐植酸吸附容量和分配系数测定

编号	1	2	3	4	5
5mmol/L 含 Zn^{2+} 溶液/mL	10	25	50	75	100
水/mL	90	75	50	25	0
c_0/mmol·L^{-1}					
c/mmol·L^{-1}					
腐植酸样重 m/g					
吸附容量 q					
分配系数 K_d					

表 3-21　腐植酸吸附选择性系数测定

编号	1	2	3	4	5
1mmol/L 含 Cu^{2+} 溶液/mL	0	25	50	75	100
1mmol/L 含 Zn^{2+} 溶液/mL	100	75	50	25	0
$c_{0Cu}/mmol \cdot L^{-1}$					
$c_{0Zn}/mmol \cdot L^{-1}$					
$c_{Cu}/mmol \cdot L^{-1}$					
$c_{Zn}/mmol \cdot L^{-1}$					
腐植酸样重 m/g					
q_{Cu}^{Zn}					
q_{Zn}^{Cu}					
$\overline{X}_{Cu}$					
$\overline{X}_{Zn}$					
选择性系数 K_{Zn}^{Cu}					

（3）计算。

1）吸附容量。

$$q = \frac{(c_0 - c)V}{m} \tag{3-30}$$

式中　c_0——吸附前溶液中金属离子浓度，mmol/L；

　　　c——吸附后溶液中金属离子浓度，mmol/L；

　　　V——吸附时所加溶液体积，L；

　　　m——样品质量，g。

2）分配系数。

$$K_d = \frac{q}{c} \times 100 \tag{3-31}$$

被称为表面活性物质的通常具有：（1）溶解于水，改变溶液的表面张力；（2）吸附于固体表面，改变固液界面性质的作用。无机盐类（NaCl）、不挥发性酸（H_2SO_4）、碱（KOH）及含多个—OH 基的化合物进入腐植酸溶液会改变它的表面张力。腐植酸本身含有的极性基团（—OH、—COOH）与带—CN、—$CONH_2$、—COOR 或—SO_3^-、—NH_3^+、—COO^-作用，呈化学吸附的化合物也会引起表面张力的变化。

3.2.5.2　腐植酸表面化学性质

HA 中有亲水基团（—COO^-、—O^-等），也有疏水基团和部位（芳核、脂肪链、酯基等），所以也可以把 HA 看作是一类表面活性物质。但只有当 HA 转化为一价碱金属盐、完全溶于水时才能显示出表面活性。

处于液体表层的分子总是受到液体内部分子的引力而最大限度地减少分子数量和缩小表面积。要想扩张液体表面，就必须对表面做功，以克服内部引力。所消耗的功被储藏为表面能。扩张表面积所需的功为：

$$dG = \sigma dA \tag{3-32}$$

式中　G——表面功，N；

　　　A——面积，cm^2；

　　　σ——单位面积的表面自由能，即表面张力，可以用仪器直接测定，结果以 N/cm 表示。

25℃时水的 σ 是 72.53×10^{-5} N/cm。如果在水中加入某种物质能使 σ 减小，也就是使表面自由能降低，这种物质就是表面活性剂。

根据 Gibbs 方程，很容易利用测出的 σ 数据计算出形成单分子膜的最大吸附量 γ_{∞}（mol/cm^2）和吸附分子在水-空气界面上所占的最小面积 A_{min}（nm^2/mol），并计算出相对分子质量（$M_{计算}$）。

Chen 等人测定的浓度为 2% 的 HA（pH 值为 12.7）和 3% 的 FA（pH 值为 12.0）σ 分别为 44.2×10^{-5} N/cm 和 43.2×10^{-5} N/cm，γ_{∞} 分别为 $2.47 mol/nm^2$ 和 $1.04 mol/nm^2$。雷维文等人测定了不用煤种的 HA 的表面张力，并计算出各种 Gibbs 参数，结果见表 3-22。Tschapek 等人测定的 HA 在水面上单分子膜厚度为 7.9nm，A_{min} 为 $0.62 \sim 0.68 nm^2/mol$，与雷维文等人的测定结果非常接近。

表 3-22　不同煤种 HA 的 Gibbs 参数

项目	泥炭 HA	褐煤 NHA	风化煤 HA
$\sigma / N \cdot cm^{-1}$	$(48.6 \sim 52.9) \times 10^{-5}$	$(48.4 \sim 49.9) \times 10^{-5}$	$(59.9 \sim 65.2) \times 10^{-5}$
$\gamma_{\infty} / mol \cdot cm^{-2}$	$(1.64 \sim 1.93) \times 10^{-10}$	$(1.89 \sim 2.14) \times 10^{-10}$	$(0.99 \sim 1.45) \times 10^{-10}$
$A_{min} / nm^2 \cdot mol^{-1}$	$0.860 \sim 1.01$	$0.78 \sim 0.88$	$1.14 \sim 1.67$
$M_{计算}$	$1340 \sim 1705$	$1148 \sim 1382$	$2045 \sim 3626$

根据许多研究资料统计，腐植酸类物质的表面活性参数大致有以下规律。

（1）降低水表面张力（σ）幅度的次序为 HA<FA，风化煤 HA<褐煤 HA<泥炭 HA，原生 HA<NHA<磺化腐植酸（SHA）<磺甲基化腐植酸（SMHA）；σ 还随 pH 值的提高以及样品浓度的增加而降低。定量测定表明，σ 大小与 HA 的—COOH/（H：C）的比值密切相关。

（2）不同来源 HA 一价盐在水中临界胶束浓度（c.m.c）一般在 0.5%~1.0% 之间，一般顺序为：泥炭 HA<褐煤 HA；游离 HA<HA 盐类；HA-Li<HA-Na<HA-K。但也有截然相反的观点，认为 HA 盐没有很明显的亲水和疏水结构部位，在两相界面上不能达到分子平衡，故不可能在溶液中形成典型的胶束。

（3）HA 盐在水中的发泡性也是风化煤<褐煤<泥炭，也就是说，泥炭 HA 溶液的表面张力最小，起泡能力最强，泡沫稳定性最好。

（4）可湿性毛细管上升高度：水可湿性和毛细管上升高度（h）是受液体张力（σ）控制的，方程为：

$$\sigma = \frac{h\rho gD}{2\cos\theta} \tag{3-33}$$

式中　h——毛细管上升高度，cm；

　　　ρ——液体密度，g/cm^3；

　　　g——重力常数；

　　　D——有效孔半径，cm；

　　　θ——液/固接触角，（°）。

可见，表面张力与毛细管上升高度呈正比，与 $\cos\theta$ 呈反比。这就是说，σ 越小，毛细管上升高度越低，接触角也越小。

从以上资料来看，一些参数可以较好地解释 HA 的物化性质，并对实际应用有很大的指导作用。比如，Chen 等人认为，含氧官能团固然决定了 HA 的亲水性，而 HA 表面活性对土壤的湿润性影响更大。正是由于土壤吸附了 HA，就降低了汽-液和固-液界面的张力，阻隔了土壤毛细管，减小了液-固接触角，从而提高了土壤持水能力。此外，HA 的氧化、磺化、磺甲基化等处理，对提高液体发泡性、湿润性，改善某些矿物浮选性、石油钻井液吸附性、液体肥料在叶面铺展性等方面都有很重要意义。

腐植酸是否具有胶体性质的表面活性作用可由下列相似的表面性能得以证明：

（1）它们使水的表面张力降低；

（2）它们在水的表面以可以看得见的速度展开（通过排开撒在水面上的石松粉可以观察到）；

（3）它们在水面上形成层薄膜。

腐植酸的表面活性随着 pH 的增加，显现水表面张力的减少；腐植酸的表面活性与总酸度呈线性的反比关系；对热解失去酸性官能团的黄腐酸，仅有微弱的减少水表面张力的能力。

腐植酸的许多应用，如油田钻井泥浆调整剂、水煤浆添加剂、水泥减水剂、陶瓷釉浆及陶瓷泥的添加剂等都是利用了腐植酸分子的表面活性作用来增加固体颗粒水的悬浮液的流动性。

Tschapek 等人测量了褐煤腐植酸钠水面上形成的单分子膜（厚度为 7.9nm），按吉布斯方程式，计算出的分子横截面面积为 0.62~0.68nm^2。这和电子显微镜观察的结果是很吻合的。

腐植酸胶体性质表面活性剂的特点还表现在具有胶束临界浓度。水的表面张力降低的幅度和加入的腐植酸盐的种类和浓度有关。表面张力降低的幅度以泥炭腐植酸为最大，褐煤为原料的硝基腐植酸次之，风化煤腐植酸为最小。根据统计分析，表面张力与所加腐植酸的 C/H 比值相关系数为 0.844，达到极显著程度。这说明腐植酸盐溶液的表面张力和腐植酸的芳构化程度有密切关系。

3.2.5.3 腐植酸的吸附性能

吸附是指在固相-气相、固相-液相、固相-固相、液相-气相、液相-液相等体系中，某个相的物理密度或者溶于该相的溶质浓度在界面上发生改变（与本相不同）的现象。几乎所有的吸附现象都是界面浓度高于本体相的（正吸附），但也有些电解质水溶液浓度低于本体相（负吸附）。被吸附的物质称为吸附质，具有吸附作用的物质称为吸附剂。

液相吸附量与气相压力或液相溶质浓度和温度有关，是吸附的基本性质。温度一定时，吸附量与压力（气相）或者浓度（液相）的关系称为吸附等温线，吸附等温线是表示吸附性能最常用的方法。吸附等温线的形状能很好地反映吸附剂和吸附质的物理化学相互作用（吸附等温线可以反映出吸附剂的表面性质、孔分布以及吸附剂与吸附质之间的相互作用等有关信息）。在压力一定时，吸附量与温度的关系称为吸附等压线。吸附量一定时，压力与温度的关系称为吸附等量线。由吸附等量线可以获得微分吸附热。

吸附可分为物理吸附和化学吸附，从表 3-23 中可以简明地看出两者的主要区别。

表 3-23 物理吸附和化学吸附的特征

内容	物理吸附	化学吸附
吸引力	范德华引力	固体表面形成化学键
吸附热	与凝聚热相似（表面凝聚）	与化学反应热的数量级相同（表面化学反应）
选择性	无	有
吸附分子层	一般多分子层	单分子层
吸附速度	较大	较小
吸附可逆性	可逆	不可逆

朗格缪尔吸附等温式为 $\theta = \dfrac{K_2 P}{K_1 + K_2 P} = \dfrac{bp}{1 + bp}$ 和 $\Gamma = \Gamma_\infty \dfrac{bp}{1 + bp}$，朗格缪尔吸附等温式是基于 4 条基本假设的。其中：（1）固体表面是均匀的；（2）吸附是单分子层的；（3）被吸附的气体分子间无相互作用力；（4）吸附平衡是动态平衡。

润湿是液体与固体接触时发生的一种界面现象。等温等压条件下，液体与固体接触后若吉布斯自由能降低，则为润湿（这是润湿的热力学定义）。

例如，两块光滑干燥的玻璃板叠放在一起时，很容易将其分开。若在两板之间放些水，则很难使之分开，这是因为水能润湿玻璃，所以夹在玻璃板之间的水层四周呈凹形液面，并受到指向空气方向的附加压力 p_s，导致水层所受压力小于大气压，即玻璃板的内、外两侧受力不等，内侧压力较小，与空气接触的外侧压力较大，相当于两玻璃板的外表面受到 p_s 的压力而被压紧，因而两块玻璃板难以分开。这个原理如图 3-14 所示。

图 3-14　玻璃板间的润湿实验示意

夹有水层的玻璃板所受到的被压紧的附加压力称为毛细压力。雨后沙石地带出现地面塌陷的现象也与毛细压力有关。沙石之间存在不坚固的孔隙结构，下雨之后，孔隙中充满了水而在孔口形成凹形液面，从而产生毛细压力，将碎石压紧导致整个结构垮塌。

再来看一个例子。在毛细管中装有一种液体，它能润湿管壁，如图 3-15 所示，当在毛细管一端加热时，可判断液体是往左边还是往右边移动。

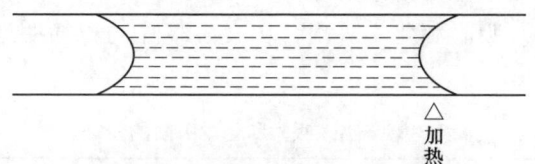

△
加
热

图 3-15　毛细管中的润湿实验示意

管壁假设其弯曲液面呈球形，则有附加压力 $\Delta p = 2\sigma/r$，因为 $r<0$，故 $\Delta P>0$，附加压力方向指向气相，$p_1 = p_g + 2\sigma/r$，当加热毛细管一端时，温度升高，表面张力 σ 降低，使 p_1（右）$>p_1$（左），故液体向左边移动。

吸附和润湿是腐植酸的重要物理化学性质。当腐植酸被水润湿时，由于腐植酸分子与水分子之间的作用力大于水分子间的作用力，故有热量放出，称该热量为润湿热。润湿热的大小与水或其他液体的种类、腐植酸的表面积大小有关，并直接关系到腐植酸的吸附性。

研究腐植酸和腐植酸盐的吸附性能实验中要先将试样洗去矿物杂质，并用 1mol/L 盐酸溶液洗到滤液无铁离子，再将腐植酸转成氢型，然后在其中注入 0.1mol/L NaOH 溶液，并用电动搅拌器搅动所得悬浮液，澄清后倾去腐植酸钠的

碱溶液，再离心；然后在腐植酸钠溶液中添加 20% 盐酸溶液，并进一步用
0.1mol/L 盐酸处理腐植酸凝胶直至得到均离子的氢型腐植酸，用水洗去多余的
盐酸，呈凝胶状的所得产物在 70℃ 的真空烘箱中干燥到恒重，所得固体产物粉
碎并分成几个级分，研究用试样是 0.25~0.50mm 的级分，对腐植酸官能团（羧
基）上未被 Na^+、K^+、Ca^{2+}、Mg^{2+}、Fe^{3+} 和 Al^{3+} 所取代的产物（腐植酸盐，如腐
植酸钠、腐植酸钾、腐植酸钙、腐植酸镁等）进行水润湿热效应的测定。

实验发现，随着所有试样中水分的增加，润湿热效应 Q 减小，而当水含量 a
较高时，曲线 $Q = f(a)$ 与横坐标接近，如图 3-16 所示。

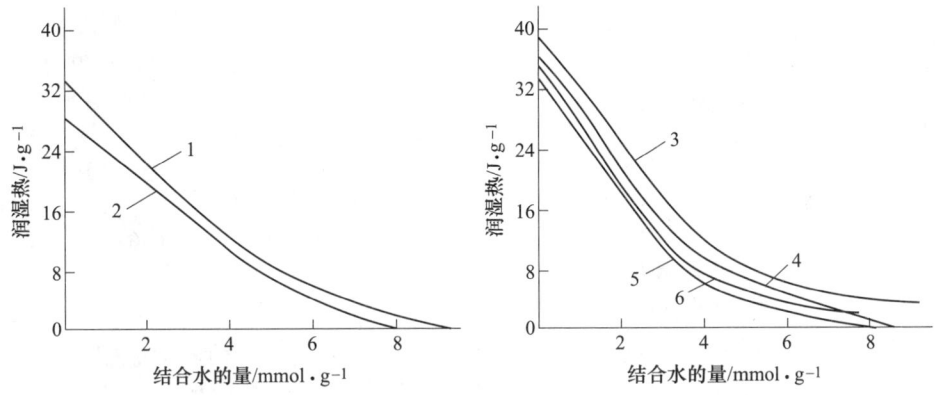

图 3-16　腐植酸试样被水润湿的润湿热

图 3-16 中的曲线表示的都是腐植酸盐，结合水的极限量即 $a_结$，为 $Q =$
$f(\lg a)$ 图上的直线与横坐标的交点。

用此法得到的金属离子结合水的数量以及绝对干燥试样的水润湿热数值 Q_0
见表 3-24。

表 3-24　金属离子结合水的数量与干燥试样的水润湿热

离子类型	Na^+	K^+	Ca^{2+}	Mg^{2+}	Fe^{3+}	Al^{3+}
$a=0$ 时，润湿热/$J \cdot g^{-1}$	66.1	56.9	73.3	18.5	77.4	72.0
$Q=0$ 时，结合水的量/$mmol \cdot g^{-1}$	8.31	7.76	8.51	9.40	7.41	7.94

显然，润湿热的数值与取代腐植酸官能团上氢的金属离子数量有关，根据测
得的热效应数值，可以得到与腐植酸交换的阳离子强弱顺序为：$Mg^{2+} > Ca^{2+} >$
$Al^{3+} > Na^+ > K^+$。

从这些数据可以看到腐植酸镁具有最大的亲水性，这与镁离子有独特的水化
能力有关，腐植酸钾的亲水性最小，是因为钾离子的可水化性小。

水的吸附热 Q_c 与吸附液体的数量之间的关系如图 3-17 所示，从图 3-17 可以

看出，当 a 不大时，Q_c 与 a 之间呈直线关系。显然，当 $a<2\mathrm{mmol/g}$ 时，为朗格缪尔的单分子层吸附，在分子之间几乎没有排斥力；而当 a 为 $2\sim3\mathrm{mmol/g}$ 时，单吸附结束（按水蒸气的吸附等温线，计算 a 单值），所放出热量增加的速度比吸附的液体数量慢，这样，随着被吸附分子量的增加，这些分子与腐植酸盐的吸附中心所结合的能量减少。按曲线 $Q_c=f(a)$ 的历程可以得出腐植酸盐对水吸附变为多分子层吸附。

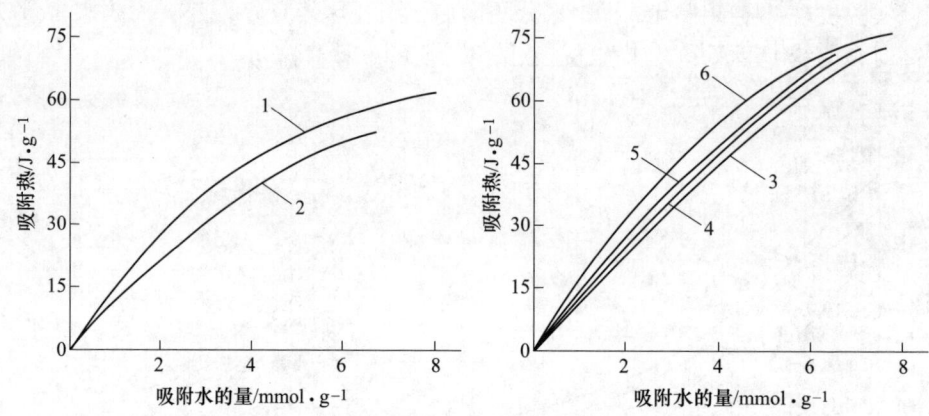

图 3-17　腐植酸盐类对水的吸附热（1~6 表示不同腐植酸盐对水的吸附等温线）

　　图 3-18 上的 S 形等温线显示，腐植酸和腐植酸盐都属于非均质的吸附剂。随着外加压力 p 的增加，第 1、2、3、4、8 种腐植酸的吸附量增加明显，第 5、6、7 种腐植酸随着压强的增加其吸附量变化相对较小。同样，随着外加压力的降低，前 4 种腐植酸与第 8 种的脱附效率也比第 5、6、7 种腐植酸要高。但是这些腐植酸和腐植酸盐对水蒸气的吸附/脱附等温线的特征是相同的，这些试样彼此的差别在 $p/p_s=1$ 时，有最大的吸附水量，见表 3-25。

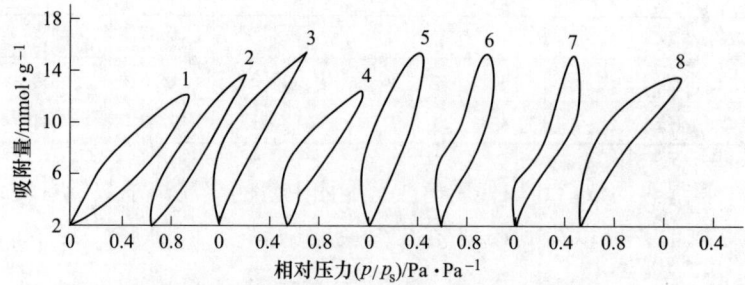

图 3-18　腐植酸的吸附和脱附等温线（8 条曲线表示不同腐植酸盐
对水蒸气的吸附/脱附等温线，上线均为吸附线，下线均为脱附线，
p 为外加压力，p_s 为饱和蒸气压）

表 3-25　褐煤腐植酸和腐植酸盐对水的吸附能力

吸附特征	腐植酸	腐植酸盐					
		Na	K	Ca	Mg	Fe	Al
p/p_s的最大吸附水量	9.03	12.30	11.02	12.87	16.10	10.91	11.96
$a/\text{mmol} \cdot \text{g}^{-1}$	0.162	0.221	0.198	0.232	0.29	0.196	0.21

从图 3-19 的腐植酸吸附曲线对照物中五种常见的吸附等温线可以看出，腐植酸的吸附有单分子层吸附、多分子层吸附，也发生毛细管凝结现象。相对压力太低，建立不起多分子层物理吸附，相对压力过高，容易发生毛细凝聚，使结果偏高；Langmuir 单分子层物理吸附没有电子转移，没有化学键的生成与破坏，也没有原子重排等。化学吸附相当于吸附剂表面分子与吸附质分子发生了化学反应，在红外、紫外-可见光谱中会出现新的特征吸收带。

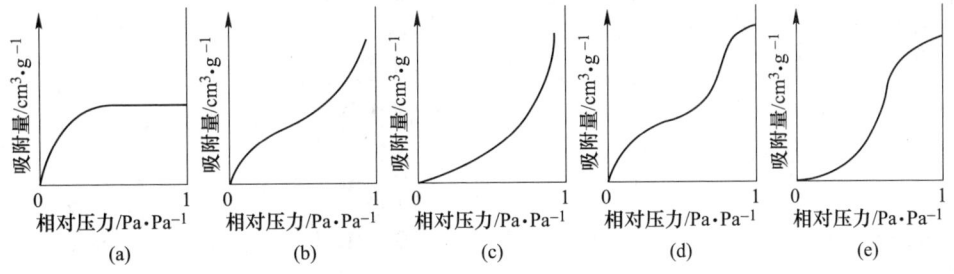

图 3-19　五种类型的吸附等温线

（a）Langmuir 型吸附；（b）多分子层吸附；（c）吸附相互作用很弱时发生的反 Langmuir 型吸附；（d）多孔吸附剂发生多分子层吸附；（e）多分子层吸附伴随毛细管凝结现象

通常，吸附平衡可以表示如下。

$$-\overset{|}{S}- + A \underset{\text{脱附}}{\overset{\text{吸附}}{\rightleftharpoons}} -\overset{|}{S}-A \tag{3-34}$$

$$\left(\frac{\partial \ln p}{\partial T}\right)_q = \frac{\Delta H_{\text{吸附}}}{RT^2} \tag{3-35}$$

由于吸附是自发变化的，所以 $\Delta G < 0$，气体分子被吸附后，混乱度降低，故 $\Delta S < 0$，根据热力学关系式 $\Delta G = \Delta H - T\Delta S$ 可知，ΔH 吸附一般为负值，即吸附过程放热。

$$\theta = \frac{a^{1/2} p^{1/2}}{1 + a^{1/2} p^{1/2}} \tag{3-36}$$

Brunauer、Emmett 和 Teller 在 Langmuir 单分子层吸附理论的基础上，提出了吸附层可以是多分子层的吸附理论，简称 BET 吸附理论。

BET 二常数等温式为：

$$V = V_m \frac{cp}{p_s - p} \times \frac{1}{1 + (c-1)\frac{p}{p_s}} \tag{3-37}$$

用实验数据 $V_m \dfrac{p}{p_s - p}$ 对 $\dfrac{p}{p_s}$ 作图，得一条直线。从直线的斜率和截距可计算两个常数值 c 和 V_m，从 V_m 可以计算吸附剂的比表面积：

$$S = \frac{A_m L V_m}{22.4} \tag{3-38}$$

其中，A_m 是吸附质分子的截面积，要换算到标准状态（STP）。

如果吸附层不是无限的，而是有一定的限制，例如在吸附剂孔道内，至多只能吸附 n 层，则 BET 公式修正为三常数公式：

$$V = V_m \frac{cx}{1-x} \times \frac{1 - (n+1)x^n + n x^{n+1}}{1 + (c-1)x - c x^{n+1}} \tag{3-39}$$

式中 V_m，c，n——常数。

若 $n=1$，为单分子层吸附，上式可以简化为 Langmuir 公式。

若 $n=\infty$，$(p/p_s)^\infty \to 0$，上式可转化为二常数公式。三常数公式一般适用于比压在 0.35~0.60 之间的吸附。

分析不同水蒸气压力下羧基上的氢被阳离子取代程度不同的腐植酸盐所吸附的水量时（见表3-26），可以感受到在不大的或中等的相对压力下，腐植酸盐吸附的水量随着腐植酸上的氢的取代程度的增加而增加，但在相对压力 $p/p_s > 0.8$ 时发现相反的关系，即随着取代程度的增加，腐植酸钠和腐植酸镁吸附水的量减少或腐植酸钙吸附水的量几乎保持不变，从表3-26 中可以看到 3 种不同取代程度的各个试样的单吸附容量值彼此很接近。如果知道了试样的单吸附容量和交换容量，可以计算对每一个交换（取代）阳离子的水分子的数量 n。

表 3-26 $p/p_s = 1$ 时与羧基上氢的取代程度有关的腐植酸盐所吸附水的最大量

取代的阳离子	取代程度	吸附水的最大数量/mmol·g⁻¹	极限吸附容量/cm³·g⁻¹
Na⁺	22	17.30	0.31
	26	16.88	0.31
	31	15.57	0.28
Ca²⁺	32	15.28	0.27
	38	15.22	0.27
	45	15.37	0.28
Mg²⁺	32	17.81	0.32
	38	17.48	0.31
	42	17.20	0.31

　　腐植酸和腐植酸盐吸附水蒸气的特征证明了对给定场合 BET 公式的正式适用性（见图 3-20）。从平衡吸附量随着压力而变化的吸附等温线上不仅可以获取有关吸附剂和吸附质性质的信息，还可以计算腐植酸的比表面和孔径分布。

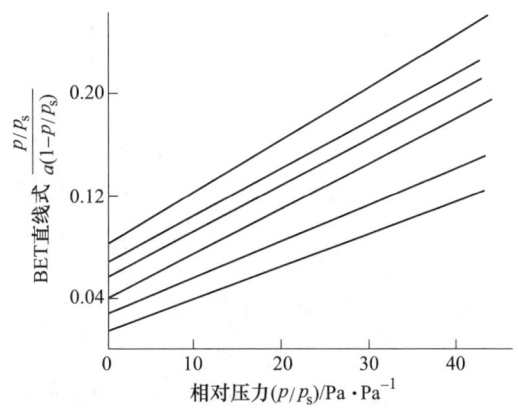

图 3-20　腐植酸和腐植酸盐吸附水蒸气的等温线
（各线代表不同腐植酸和腐植酸盐吸附水蒸气的等温线）

3.3　腐植物质分子模拟应用基础

3.3.1　腐植物质分子结构模型

　　人们一直在试图建立一个理想的腐植物质分子结构模型。德拉古诺夫（Драгунов）可能是最早提出腐植酸结构模型的土壤化学家。他的模型基本反映了腐植酸的环状结构和基团的排列分布和比例，并描绘出了分子式：$C_{64}H_{84}O_{26}N_4$，计算得到分子量约为 1324。后来卡萨托奇金（Касаткин）以煤结构特征为依据提出一个六元环为骨架、脂肪链为外围侧链的结构模型，可以初步反映出 HA 的疏松网状结构和疏水性。奥尔洛夫（Орлов）对 Касаткин 的模式做了较大改进，较容易解释分子非直线形的拉伸状特性和柔软性。20 世纪 70 年代以后，Schnitzer 提出以苯羧酸和酚酸为单元，氢键、范德华力和 π-键相连接的 HA 和 FA "板块"结构模型，如图 3-21 所示。后来也受到 Hayes 等人反对，认为这种模型分子间的弱结合力不能解释 HA 降解需要很大能量这一事实。20 世纪 80 年代末 Christman 提出的以苯羧酸及脂肪链为基础的线形单元结构式，仍显过于理想化。从 20 世纪 80 年代起，现代量子化学和计算技术对天然复杂分子结构模拟研究取得巨大进展，提出了多种腐殖化历程模型和 HA 结构模型，将 HA 结构研究推向新的阶段。

　　现代分子模拟方法主要基于经典热力学或量子化学两种途径，根据能量最低

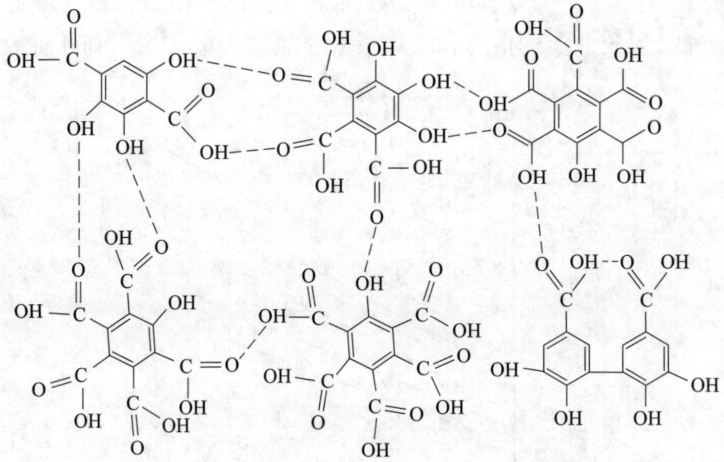

图 3-21　Schnitzer 提出的腐植酸大分子模型

原理，应用计算机程序将分子间的原子运动、电荷分布、键长、键角、作用力、活化能等数据进行结构最优化组合，尽可能将复杂化合物典型化，提出虚拟性的分子结构模式。与经典的分子结构模拟方法相比，该技术最大的优点在于，可以用立体构象更真实地反映复杂大分子的概貌。

　　近期最有代表性的是：（1）Langford 的土壤 FA 模型 ［见图 3-22（a）］；（2）Stevenson 的土壤 HA 结构模型 ［见图 3-22（b）］；（3）Schulten 根据化学分析、^{13}C-NMR、氧化-还原降解、电镜、Py-GC 研究数据提出土壤 HA 二维平面模型（见图 3-23），以及运用计算机模拟得到几何学最优化及能量最小化的 HA 三维立体模型。后者是具有挠性和空隙的长脂肪链连接在芳环上的海绵状骨架结构，其构型已被 Schnitzer 的电子显微镜观察所证明，从而基本上解释了 HS 的许多物理-化学、生物化学和环境行为。

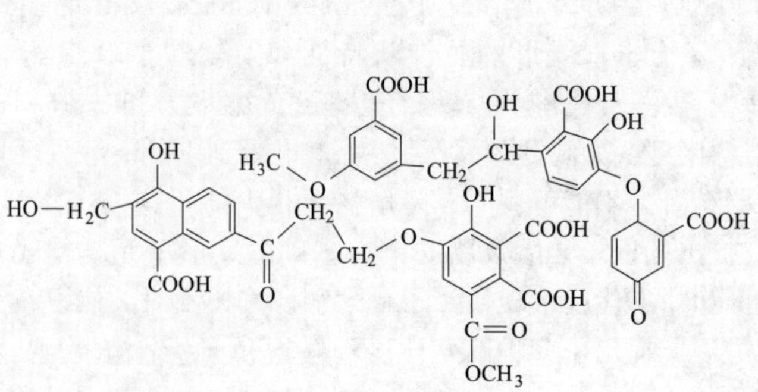

(a)

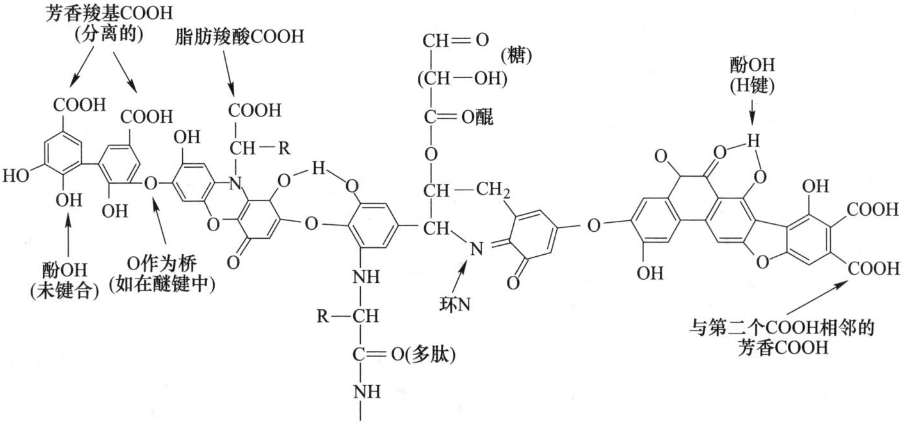

(b)

图 3-22　Langford 的土壤 FA

（a）Stevenson 的土壤 HA；（b）结构模型

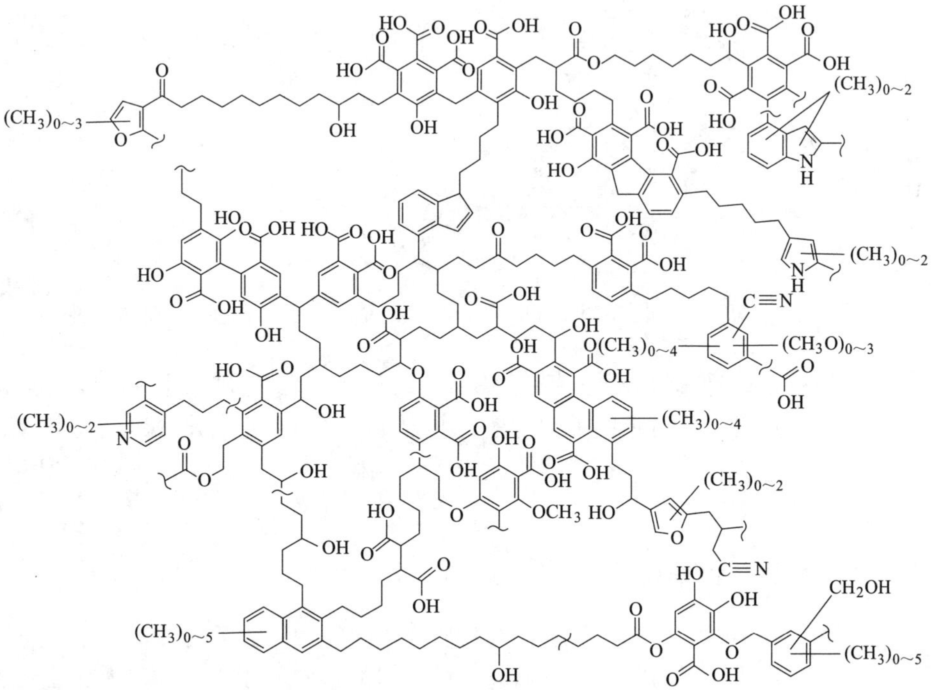

图 3-23　Schulten 的土壤 HA 二维平面结构模型

　　考虑到可获得的计算资源和准确预测未知性质的需求，Mirza 结构模型、芳
环和支链上具有一定羧基和酚羟基的 Buffle 链状腐植酸结构模型也常用于分子计
算模拟，其结构模型如图 3-24 和图 3-25 所示。

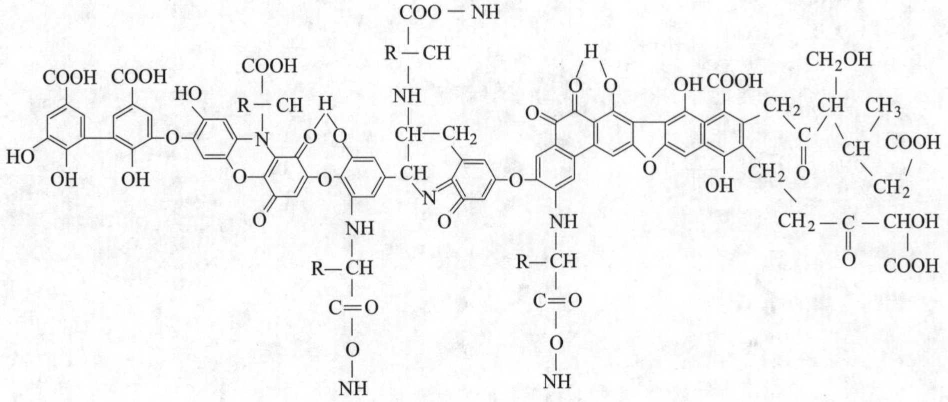

图 3-24　Mirza 的 HA 二维平面结构模型

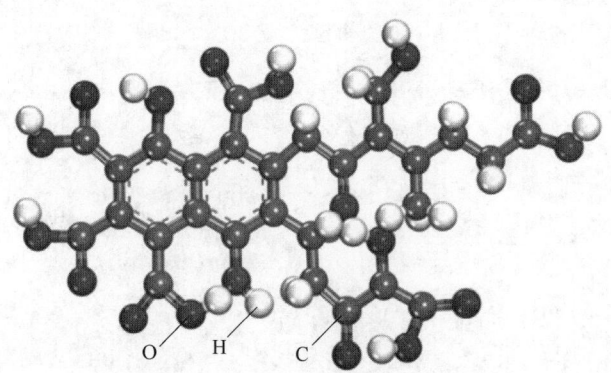

图 3-25　Buffle 链状腐植酸结构模型

　　需注意的是，计算机分子模拟技术是以有机结构化学基础数据和大量实验数
据为基础的，后者又来自不同种类腐植酸组成性能长期研究积累并建立起来的数
据库。因此，计算机分子模拟确实比经典方法更科学化，但对如此复杂的 HS 来
说，仍是极其理想化的构图。

3.3.2　量子化学计算模拟

　　量子化学是通过量子力学原理研究物质电子层结构、化学键理论、分子间作
用力、化学反应理论的方法。它是研究各种材料的结构、性能及其结构与性能之
间关系的最常用方法之一。近年来，国内外学者广泛采用量子化学方法研究药剂
与矿物之间的作用。

3.3.2.1 量子化学理论基础

量子化学的理论形式包括分子轨道理论（MO）、价键理论（VB）和密度泛函理论（DFT）。其中，DFT 是目前量子化学计算的领先方法。

A 密度泛函理论

为了更加精确地求解多电子体系的薛定谔方程，1964 年 Hohenberg 和 Kohn 从理论上证实：对非简并基态分子，其能量、波函数及其他电子性质可由其电子概率密度 $\rho(r)$ 唯一确定。1965 年 Kohn 和 Sham 建立了 Koh-Sham 方程，给出了由电子密度构造能量的方法，使密度泛函理论进行精确计算成为可能。从此，密度泛函理论成为理论化学领域电子结构计算的有力工具，Kohn 等人因提出密度泛函理论，获得了 1998 年诺贝尔化学奖，表明密度泛函理论在量子化学领域具有重要地位。

密度泛函理论是一种基于量子力学的从头计算理论，它跳出了以往传统量子力学理论中以电子波函数作为试探函数，另辟蹊径地以电子密度 $\rho(r)$ 作为基本变量，显著地降低了计算的复杂度。密度泛函理论的理论基础是 Hohenberg-Kohn 定理和 Kohn-Sham 方程。Hohenberg-Kohn 定理确立了密度泛函理论的理论基础及可行性，Kohn-Sham 方程给出了能量泛函构造方法。Hohenberg-Kohn 定理主要包括以下两方面内容。

定理一：不计自旋的全同费米子系统的基态能量是粒子数密度函数 $\rho(r)$ 的唯一泛函。

定理二：能量泛函 $E[\rho]$ 在粒子数不变的条件下，对正确的粒子数密度函数 $\rho(r)$ 取极小值，并等于基态能量。即

$$E[\rho] = T[\rho] + \int \rho(r) \, V_{ext}(r) dr + E_{ee}[\rho] \tag{3-40}$$

式中 $T[\rho]$ ——动能泛函；

$E_{ee}[\rho]$ ——电子-电子相互作用能。

以上两个定理确立了基态电子密度与系统能量的唯一对应关系，从而通过求解基态电子密度的极小值获得体系的基态能量。1965 年，Kohn 和 Sham 给出了由电子密度构造能量的方法，即著名的 Kohn-Sham 方程：

$$E_v[\rho] = -\frac{1}{2} \sum_i < \theta_i^{KS} | \nabla_i^2 | \theta_i^{KS} > - \sum_\alpha Z_\alpha \int \frac{\sum_i | \theta_i^{KS} |^2}{r_{i\alpha}} d\vec{r} +$$

$$\frac{1}{2} \iint \frac{\sum_i | \theta_i^{KS}(1) |^2 \rho(\vec{r}_2)}{r_{12}} d\vec{r}_1 d\vec{r}_2 + E_{XC}[\rho] \tag{3-41}$$

式中　$E_{XC}[\rho]$ ——交换关联泛函。

由式（3-41）可知，密度泛函理论通过各种近似使求解薛定谔方程的复杂性都归入交换关联泛函的选取，只要知道交换关联泛函的具体形式，复杂体系的基态能量和电子密度可以通过求解 Kohn-Sham 方程得到。因此，密度泛函理论的关键是获取准确的交换关联泛函，理论上来讲，交换关联泛函越准确，密度泛函理论结果越可靠。然而精确的交换关联泛函是未知的，过去几十年，交换关联泛函的近似形式相继提出并被广泛应用。目前，常用的交换关联泛函主要有局域密度近似（LDA）、广义梯度近似（GGA）、混合杂化泛函（B3LYP）等。

B　前线轨道理论

1952 年，日本化学家福井谦一提出了前线轨道理论，用来预测化学反应的微观行为。分子前线轨道理论认为，分子中存在一系列能级从低到高排列的分子轨道，在构成分子的众多轨道中，分子的性质主要由活泼的分子前线轨道决定。即能量最高的分子轨道称为最高占据轨道（HOMO, Highest Occupied Molecular Orbital），能量最低的分子轨道称为最低未占据轨道（LUMO, Lowest Unoccupied Molecular Orbital）。按照化学位原则，电子转移是从高轨道向低轨道，轨道越低，电子越稳定，反之轨道越高，电子越不稳定。根据定义，最高占据轨道的电子能量最高，所受束缚最小，最容易发生电子跃迁，因此，HOMO 具有优先提供电子的作用；最低未占据轨道在所有未占据轨道中能量最低，因而 LUMO 具有优先接受电子的作用。当分子间发生化学反应时，分子轨道会发生相互作用，电子可以从一种分子的 HOMO 转移到其他分子的 LUMO，如图 3-26 所示。此外，HOMO 与 LUMO 之间的带隙（$\Delta E = E_{LUMO} - E_{HOMO}$），即稳定化能是表征分子稳定性的重要参数。稳定化能反映了电子从 HOMO 向 LUMO 发生跃迁的能力，可以间接表示分子参与化学反应的能力。稳定化能越高，腐植酸与其他物质的相互作用越强，形成的吸附产物越稳定。

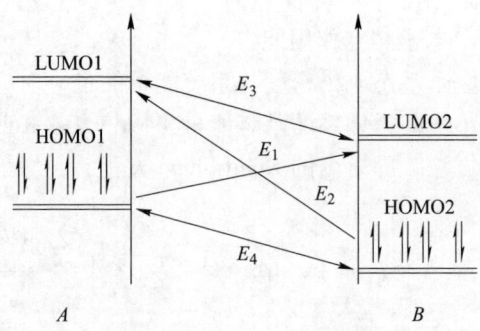

图 3-26　分子前线轨道作用示意图

3.3.2.2 腐植酸有机官能团的组装及其量化参数

A 有机官能团的 DFT 计算方法

官能团的空间结构及量子化学参数采用 Gaussian 09, Revision-A. 02 软件进行优化和计算。首先,利用 Ground State DFT B3lYP 3-21G 机组优化基团结构,设置计算参数为 opt b3lyp/3-21g, scrf = (solvent = water), guess = (local, save), geom = connectivity。然后,采用 Ground State DFT B3lYP 6-311+G(d) 机组对上述优化结构进行单点能计算,设置计算参数为 b3lyp/6-311+g(d), scrf = (solvent = water), guess = (local, save), pop = (nbo, full), geom = connectivity。

B 腐植酸分子的官能团组装

腐植酸分子的结构单元又可以进一步分解为官能团 Ar—xCOOH 和 Ar—yOH。苯甲酸 (C_6H_5—COOH) 和苯酚 (C_6H_5—OH) 为最常见的具有芳香烃基的一元羧基和一元羟基结构单元。此时,官能团结构单元由非极性的核(苯环)、桥键(—CH—)和单个极性基团(—COOH 或—OH)3 部分所组成。通过 DFT 计算,苯甲酸 (C_6H_5—COOH) 和苯酚 (C_6H_5—OH) 的空间构型、高能轨道、低能轨道及电子密度分布分别如图 3-27 和图 3-28 所示。

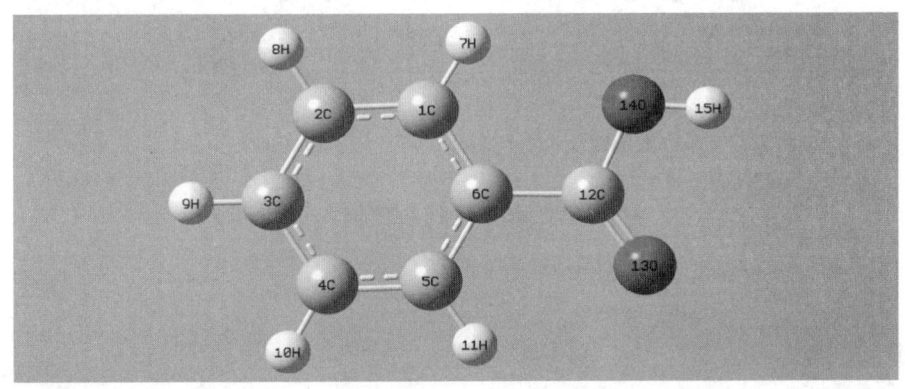

(a)

(b)

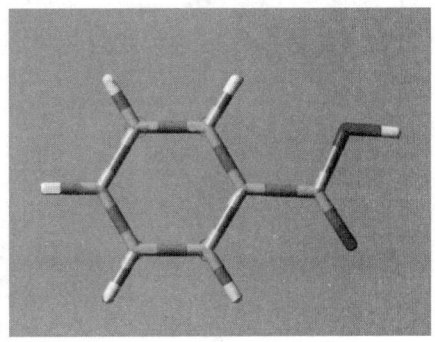

(c)

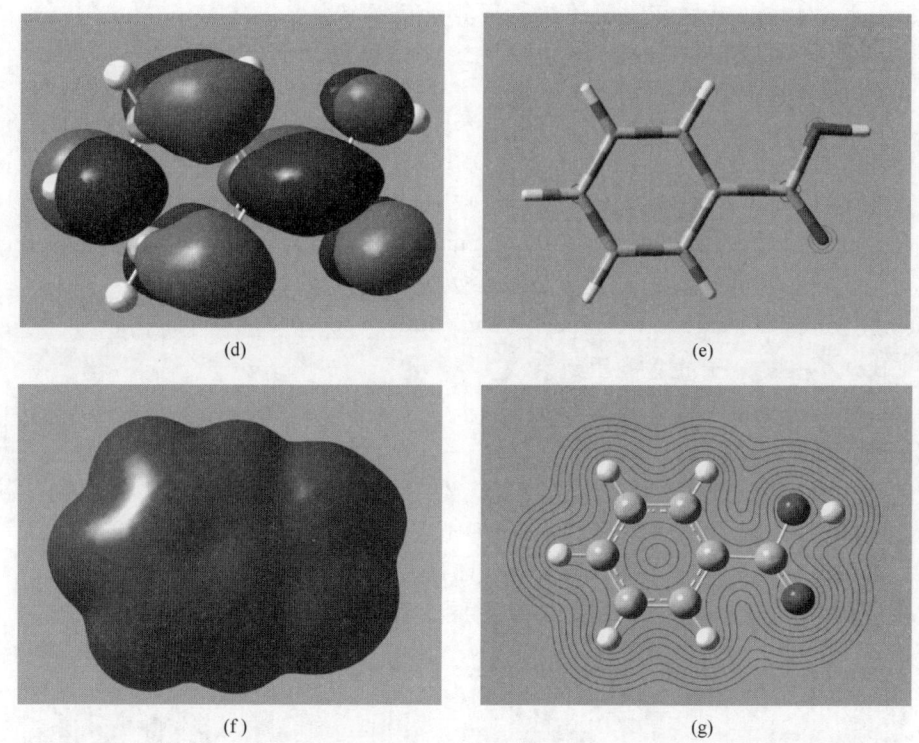

图 3-27　苯甲酸的空间构型、高能轨道、低能轨道及电子密度分布
（a）空间构型；（b）HOMO 表面；（c）HOMO 等高线；（d）LUMO 表面；（e）LUMO 等高线；
（f）电子密度表面；（g）电子密度等高线

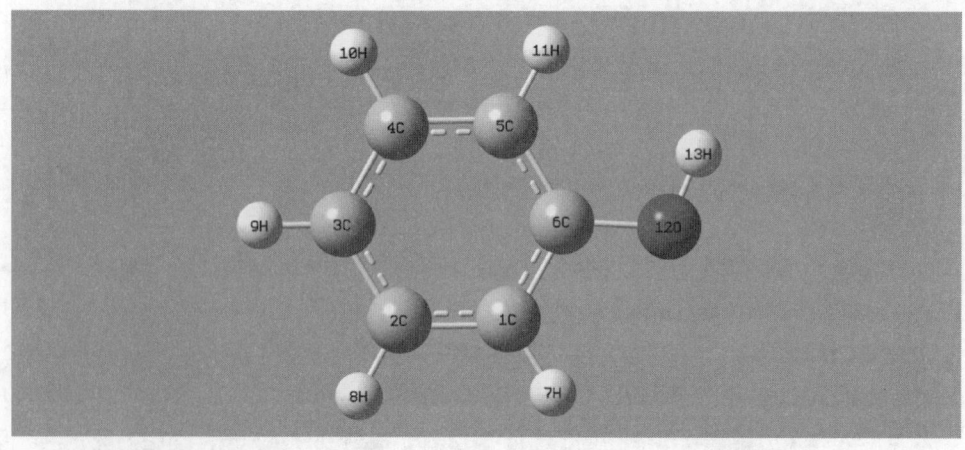

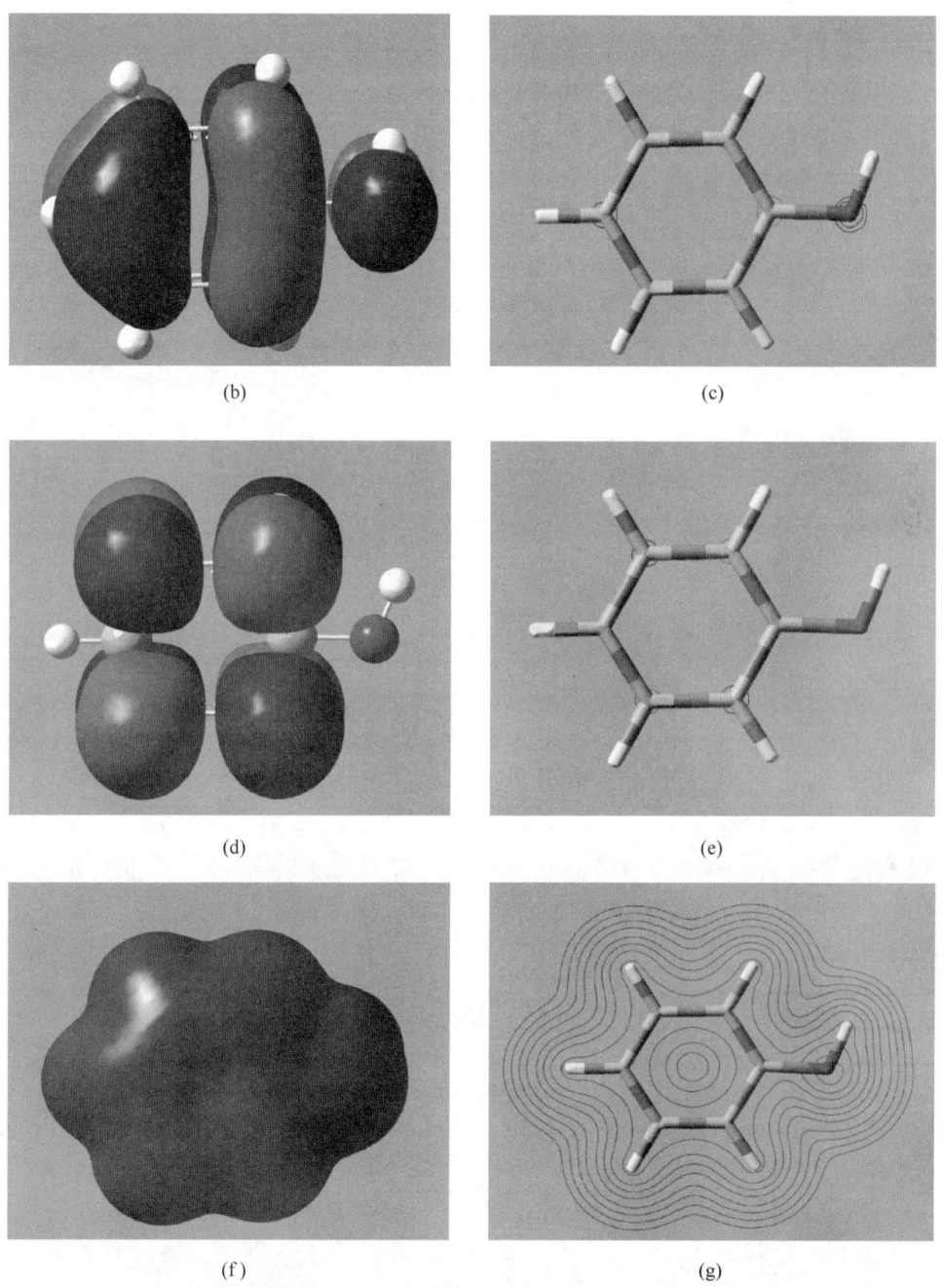

图 3-28　苯酚的空间构型、高能轨道、低能轨道及电子密度分布

(a) 空间构型；(b) HOMO 表面；(c) HOMO 等高线；(d) LUMO 表面；

(e) LUMO 等高线；(f) 电子密度表面；(g) 电子密度等高线

通过 DFT 计算，苯甲酸（C_6H_5—COOH）和苯酚（C_6H_5—OH）的主要量子化学参数见表 3-27。

表 3-27　苯甲酸和苯酚的量子化学计算结果

量化参数	C_6H_5—COOH	C_6H_5—OH
分子总能量 E_T/a. u.	−420. 939988	−307. 549696
分子总偶极矩	2. 940800	1. 962000
前线轨道能/a. u.	E_{HOMO} = 0. 274164　E_{LUMO} = 0. 072273	E_{HOMO} = − 0. 239023　E_{LUMO} = − 0. 023300
前线电子密度 ρ	$\rho_{occ}^{(12)}$ = 0. 000107　$\rho_{uocc}^{(12)}$ = 0. 364046　$\rho_{occ}^{(13)}$ = 0. 008268　$\rho_{uocc}^{(13)}$ = 0. 212705　$\rho_{occ}^{(14)}$ = 0. 001580　$\rho_{uocc}^{(14)}$ = 0. 086981	$\rho_{occ}^{(6)}$ = 0. 181548　$\rho_{uocc}^{(6)}$ = 0. 249987　$\rho_{occ}^{(12)}$ = 0. 003450　$\rho_{uocc}^{(12)}$ = 0. 000081
Mulliken 净电荷 Q	$Q(12)$ = − 0. 065217　$Q(13)$ = − 0. 363922　$Q(14)$ = − 0. 335190	$Q(6)$ = − 0. 531164　$Q(12)$ = − 0. 460943

对于腐植酸分子，结构单元也可以为含有一个芳香烃基的多元羧基、羟基（或者二者同时存在）。此时，结构单元由非极性的核（苯环）、桥键（—CH—）和多个极性基团（—COOH 或—OH）3 部分所组成。

以官能团 HO—C_6H_4—COOH（$C_7H_6O_3$）、 （HO）$_2$—C_6H_3—COOH（$C_7H_6O_4$）和（HO）$_4$—C_6H_1—COOH（$C_7H_6O_6$）为例，DFT 计算所得到的上述官能团的空间构型、高能轨道、低能轨道及电子密度分布分别如图 3-29、图 3-30 和图 3-31所示。

(a)

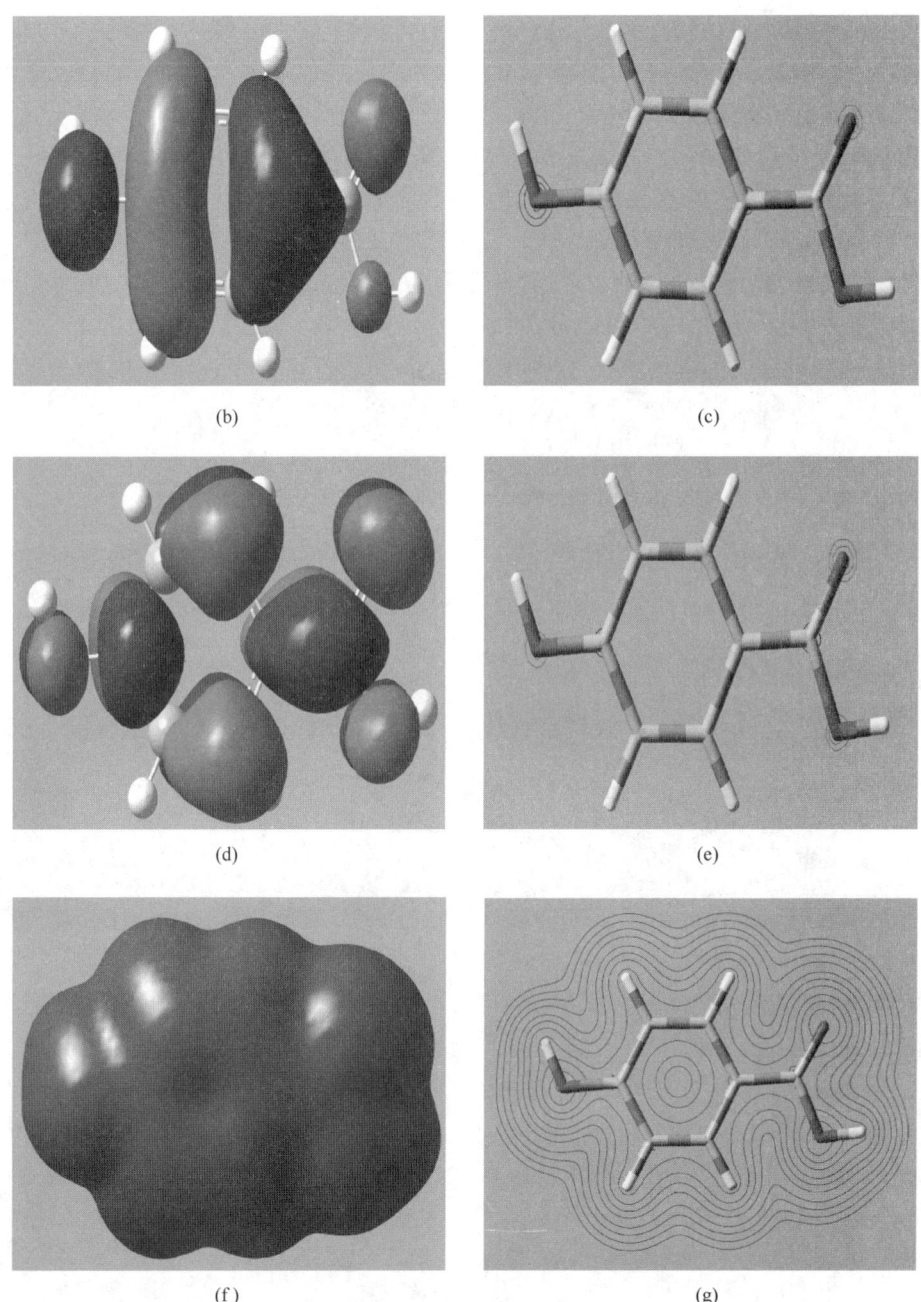

图 3-29 C$_7$H$_6$O$_3$ 的空间构型、高能轨道、低能轨道及电子密度分布

（a）空间构型；（b）HOMO 表面；（c）HOMO 等高线；（d）LUMO 表面；（e）LUMO 等高线；

（f）电子密度表面；（g）电子密度等高线

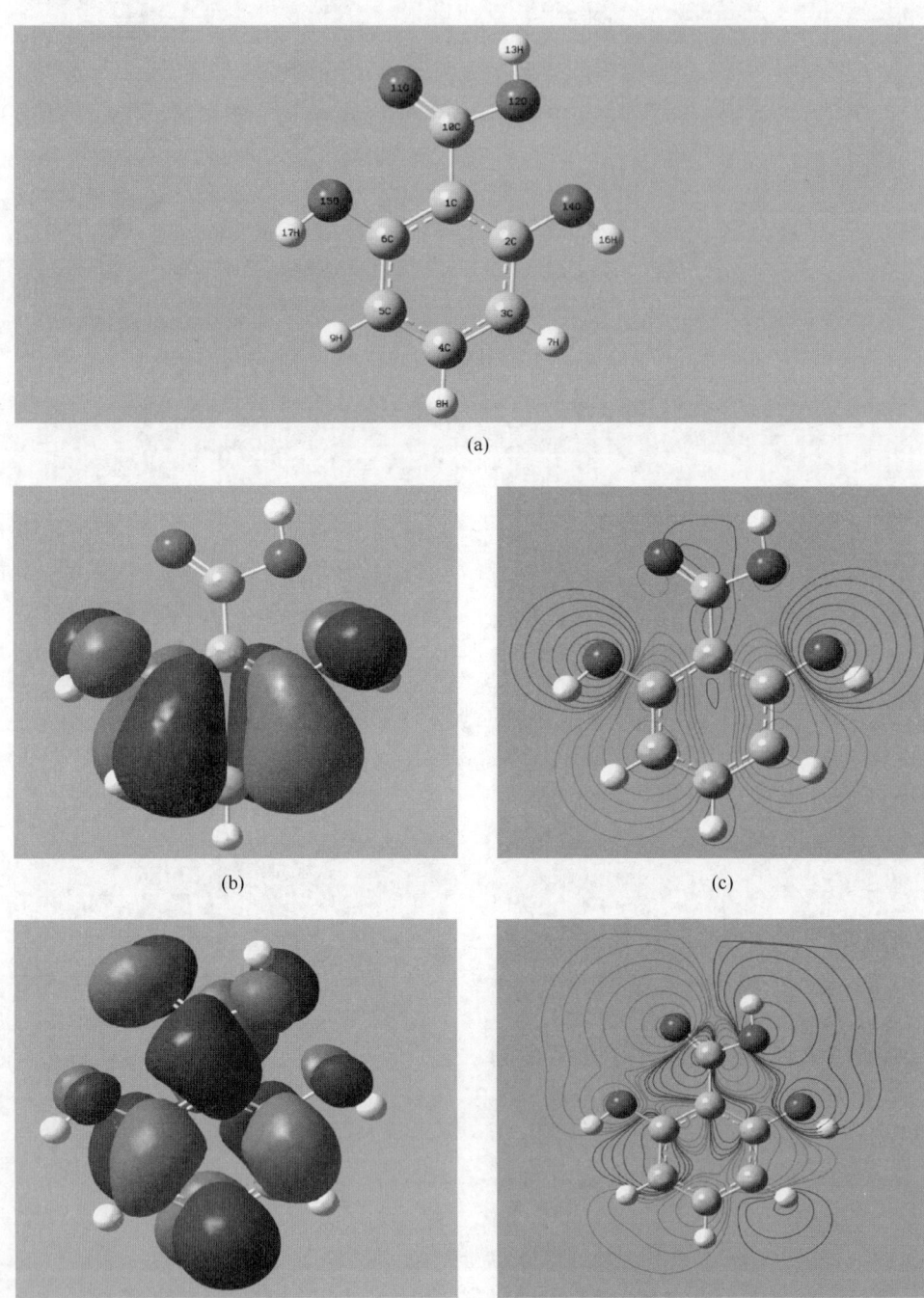

(a)

(b)

(c)

(d)

(e)

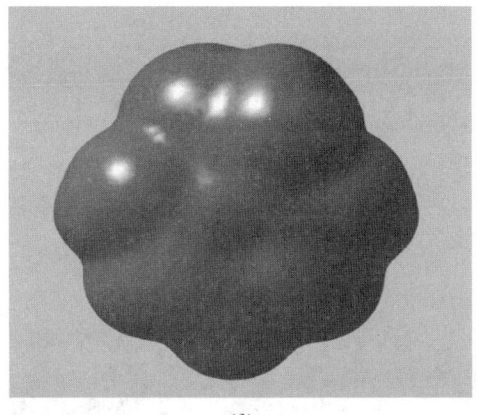

(f)

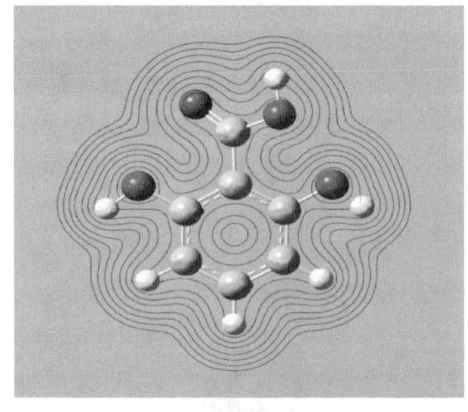

(g)

图 3-30　$C_7H_6O_4$ 的空间构型、高能轨道、低能轨道及电子密度分布

（a）空间构型；（b）HOMO 表面；（c）HOMO 等高线；（d）LUMO 表面；

（e）LUMO 等高线；（f）电子密度表面；（g）电子密度等高线

(a)

(b)

(c)

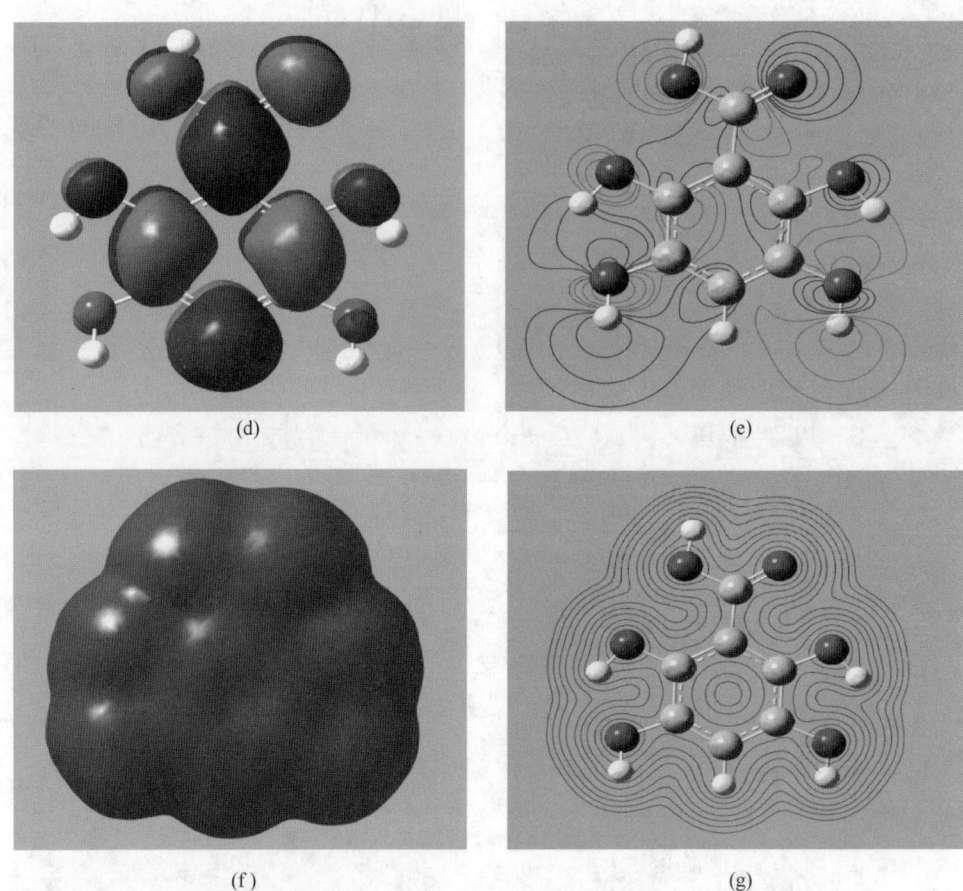

图 3-31 $C_7H_6O_6$ 的空间构型、高能轨道、低能轨道及电子密度分布

(a) 空间构型；(b) HOMO 表面；(c) HOMO 等高线；(d) LUMO 表面；

(e) LUMO 等高线；(f) 电子密度表面；(g) 电子密度等高线

官能团 $C_7H_6O_3$、$C_7H_6O_4$ 和 $C_7H_6O_6$ 的主要量子化学参数分别列于表 3-28 和表 3-29。

表 3-28　官能团 $C_7H_6O_3$ 和 $C_7H_6O_4$ 的量子化学计算结果

量化参数	HO—C_6H_4—COOH	(HO)$_2$—C_6H_3—COOH
分子总能量 E_T/a.u.	−496.188106	−571.419568
分子总偶极矩	2.673100	6.097000
前线轨道能/a.u.	E_{HOMO} = − 0.252818 E_{LUMO} = − 0.065406	E_{HOMO} = − 0.241857 E_{LUMO} = − 0.062612

量化参数	HO—C$_6$H$_4$—COOH	(HO)$_2$—C$_6$H$_3$—COOH
前线电子密度 ρ	$\rho_{occ}^{(4)} = 0.078430$ $\rho_{uocc}^{(4)} = 0.167875$ $\rho_{occ}^{(11)} = 0.002587$ $\rho_{uocc}^{(11)} = 0.200055$ $\rho_{occ}^{(12)} = 0.030888$ $\rho_{uocc}^{(12)} = 0.108416$ $\rho_{occ}^{(13)} = 0.006914$ $\rho_{uocc}^{(13)} = 0.044159$ $\rho_{occ}^{(15)} = 0.121969$ $\rho_{uocc}^{(15)} = 0.038291$	$\rho_{occ}^{(2)} = 0.150664$ $\rho_{uocc}^{(2)} = 9.391827$ $\rho_{occ}^{(6)} = 0.154618$ $\rho_{occ}^{(6)} = 5.285463$ $\rho_{occ}^{(10)} = 0.007822$ $\rho_{uocc}^{(10)} = 0.769192$ $\rho_{occ}^{(11)} = 0.000676$ $\rho_{uocc}^{(11)} = 0.159010$ $\rho_{occ}^{(12)} = 0.001352$ $\rho_{uocc}^{(12)} = 0.219020$ $\rho_{occ}^{(14)} = 0.148593$ $\rho_{uocc}^{(14)} = 0.073034$ $\rho_{occ}^{(15)} = 0.147434$ $\rho_{uocc}^{(15)} = 0.045164$
Mulliken 净电荷 Q	$Q(4) = -0.659565$ $Q(11) = 0.034523$ $Q(12) = -0.372809$ $Q(13) = -0.336385$ $Q(15) = -0.431022$	$Q(2) = -1.600134$ $Q(6) = -1.758326$ $Q(10) = 0.238074$ $Q(11) = -0.344326$ $Q(12) = -0.329324$ $Q(14) = -0.354220$ $Q(15) = -0.366073$

表 3-29 官能团 C$_7$H$_6$O$_6$ 的量子化学计算结果

量化参数	(HO)$_4$—C$_6$H$_1$—COOH
分子总能量 E_T/a. u.	-721.900586
分子总偶极矩	9.847100
前线轨道能/a. u.	$E_{HOMO} = -0.218697$ $E_{LUMO} = -0.068084$

前线电子密度 ρ	$\rho_{occ}^{(1)} = 0.009260$ $\rho_{occ}^{(2)} = 0.179486$ $\rho_{occ}^{(3)} = 0.209930$ $\rho_{occ}^{(5)} = 0.228136$ $\rho_{occ}^{(6)} = 0.177835$ $\rho_{occ}^{(8)} = 0.004283$ $\rho_{occ}^{(9)} = 0.000127$ $\rho_{occ}^{(10)} = 0.000194$ $\rho_{occ}^{(12)} = 0.138067$ $\rho_{occ}^{(14)} = 0.232983$ $\rho_{occ}^{(16)} = 0.104574$ $\rho_{occ}^{(18)} = 0.120683$	$\rho_{uocc}^{(1)} = 1.415421$ $\rho_{uocc}^{(2)} = 2.839558$ $\rho_{uocc}^{(3)} = 0.314709$ $\rho_{uocc}^{(5)} = 0.472741$ $\rho_{uocc}^{(6)} = 2.784491$ $\rho_{uocc}^{(8)} = 0.358027$ $\rho_{uocc}^{(9)} = 0.218272$ $\rho_{uocc}^{(10)} = 0.092797$ $\rho_{uocc}^{(12)} = 0.057631$ $\rho_{uocc}^{(14)} = 0.061810$ $\rho_{uocc}^{(16)} = 0.038776$ $\rho_{uocc}^{(18)} = 0.031181$
Mulliken 净电荷 Q	$Q(1) = 1.697277$ $Q(2) = -1.043734$ $Q(3) = 0.079509$ $Q(5) = -0.049591$ $Q(6) = -1.406902$ $Q(8) = 0.453987$	$Q(9) = -0.352691$ $Q(10) = -0.353866$ $Q(12) = -0.445211$ $Q(14) = -0.401842$ $Q(16) = -0.537989$ $Q(18) = -0.527281$

对于腐植酸基黏结剂分子，结构单元还可以是一个含有多个芳香烃基（即稠环芳烃基）的羧基、羟基（或者二者同时存在）。此时，结构单元由非极性的核（稠环芳烃基）、桥键（—CH—）和极性基团（—COOH 或—OH）3 部分组成。

以萘基羧酸（$C_{11}H_8O_2$），芘基羧酸（$C_{17}H_{10}O_2$）和蔻基羧酸（$C_{25}H_{12}O_2$）为例，DFT 计算所得到的 3 种稠环芳烃基羧酸结构单元的空间构型如图 3-32 所示。

(a)

(b)

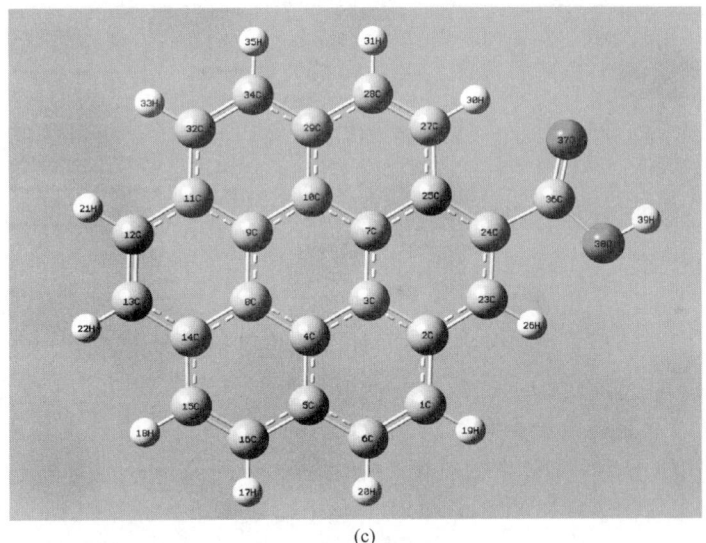

(c)

图 3-32　稠环芳烃基羧酸结构单元的空间构型

(a) 萘基羧酸；(b) 芘基羧酸；(c) 蒄基羧酸

通过 DFT 计算，萘基羧酸（$C_{11}H_8O_2$），芘基羧酸（$C_{17}H_{10}O_2$）和蒄基羧酸（$C_{25}H_{12}O_2$）的主要量子化学参数见表 3-30。

表 3-30　稠环芳烃基羧酸的量子化学计算结果

量化参数	萘基羧酸	芘基羧酸	蒄基羧酸
分子总能量 E_T/a. u.	−574.615548	−804.534898	−1110.716614
分子总偶极矩	3.132900	3.629400	3.886100

量化参数	萘基羧酸	芘基羧酸	蔻基羧酸
前线轨道能/a. u.	$E_{HOMO} = -0.238363$ $E_{LUMO} = -0.080415$	$E_{HOMO} = -0.221749$ $E_{LUMO} = -0.095317$	$E_{HOMO} = -0.221323$ $E_{LUMO} = -0.0091273$
前线电子密度 ρ	$\rho_{occ}^{(18)} = 0.001643$ $\rho_{uocc}^{(18)} = 0.241209$ $\rho_{occ}^{(19)} = 0.019712$ $\rho_{uocc}^{(19)} = 0.141243$ $\rho_{occ}^{(20)} = 0.000807$ $\rho_{uocc}^{(20)} = 0.069736$	$\rho_{occ}^{(26)} = 0.008025$ $\rho_{uocc}^{(26)} = 0.144883$ $\rho_{occ}^{(27)} = 1.013554$ $\rho_{uocc}^{(27)} = 0.096184$ $\rho_{occ}^{(28)} = 0.009075$ $\rho_{uocc}^{(28)} = 0.041655$	$\rho_{occ}^{(36)} = 0.000062$ $\rho_{uocc}^{(36)} = 0.165659$ $\rho_{occ}^{(37)} = 0.000946$ $\rho_{uocc}^{(37)} = 0.109273$ $\rho_{occ}^{(38)} = 0.000152$ $\rho_{uocc}^{(38)} = 0.040829$
Mulliken 净电荷 Q	$Q(18) = 0.311805$ $Q(19) = -0.361639$ $Q(20) = -0.343131$	$Q(26) = 0.598610$ $Q(27) = -0.354633$ $Q(28) = -0.327600$	$Q(36) = 0.465958$ $Q(37) = -0.342886$ $Q(38) = -0.326136$

3.3.2.3　腐植酸分子空间因素对其亲固能力的影响

以腐植酸黏结剂为对象，通过量子化学计算研究分子空间因素对其亲固能力的影响。

A　极性基团种类的影响

通过 DFT 计算，得到了极性基团（羧基和羟基）的电子密度及静电荷分布。按照分子轨道理论，组成分子的各原子的价电子在分子轨道中运动，属于整个分子。但根据定域理论，可以从各原子的电子密度等标度讨论各原子在反应中所起的作用。王淀佐将浮选药剂的极性基团进一步划分为亲固原子（或键合原子）、中心核原子以及联结原子。而且，根据矿物的价键特性以及药剂作用原理得出，极性基团—COOH 和—OH 在铁氧化矿物表面的亲固原子分别为 O·O 和 O。由 DFT 计算结果看出，—COOH 或—OH 的负电荷集中于氧原子（即亲固原子的位置）。因此可以推断出，黏结剂离子或分子在矿物表面的作用仍是通过极性基团的氧原子与矿物金属离子之间发生键合。

从表 3-27 可以看出，苯甲酸基团的总能量 E_T 为 -420.939988 a. u.。酚羟基的总能量 E_T 为 -307.549696 a. u.。苯甲酸中羧基的亲固原子（O·O）的净电荷之和为 -0.699112。酚羟基中羟基的亲固原子（O）的净电荷较低，为 -0.460943。苯甲酸中的羟基氧的净电荷为 -0.335190，其值小于酚羟基中的羟基氧。经过分析，苯甲酸中的羟基氧的净电荷较低的主要原因在于羧酸中羟基氧上的孤对电子与羰基氧上的 π 键电子发生交盖，形成 p-π 共轭。共轭作用使得羧基中羟基氧的电子向整个分子内扩散，O—H 键减弱，使 H 易于解离，并产生羟基与羰基键的平均化。对亲固原子来说，净电荷（绝对值）越高，越容易通过静电作用与带异号的矿物表面发生键合。从静电力作用的角度来说，对于与相同非极性基（苯环）相联的羧基和羟基来说，羧基对矿物的亲固能力大于酚羟基。

通过 DFT 计算，从量子化学角度揭示出极性基团种类的不同是导致黏结剂功能组分吸附性能产生差异的主要原因之一。相关研究已多次证实，黄腐酸在铁精矿表面的吸附性能强于胡敏酸。由于极性羧基对矿物的静电作用和化学作用均较强，所以黄腐酸对矿物表面的亲固能力较强。

B 极性基团数量的影响

结合表 3-27、表 3-28 和表 3-29，以基团结构：C_6H_5—COOH、HO—C_6H_4—COOH、$(HO)_2$—C_6H_3—COOH 和 $(HO)_4$—C_6H_1—COOH 为例，酚羟基数量与官能团量化参数的关系如图 3-33 所示。

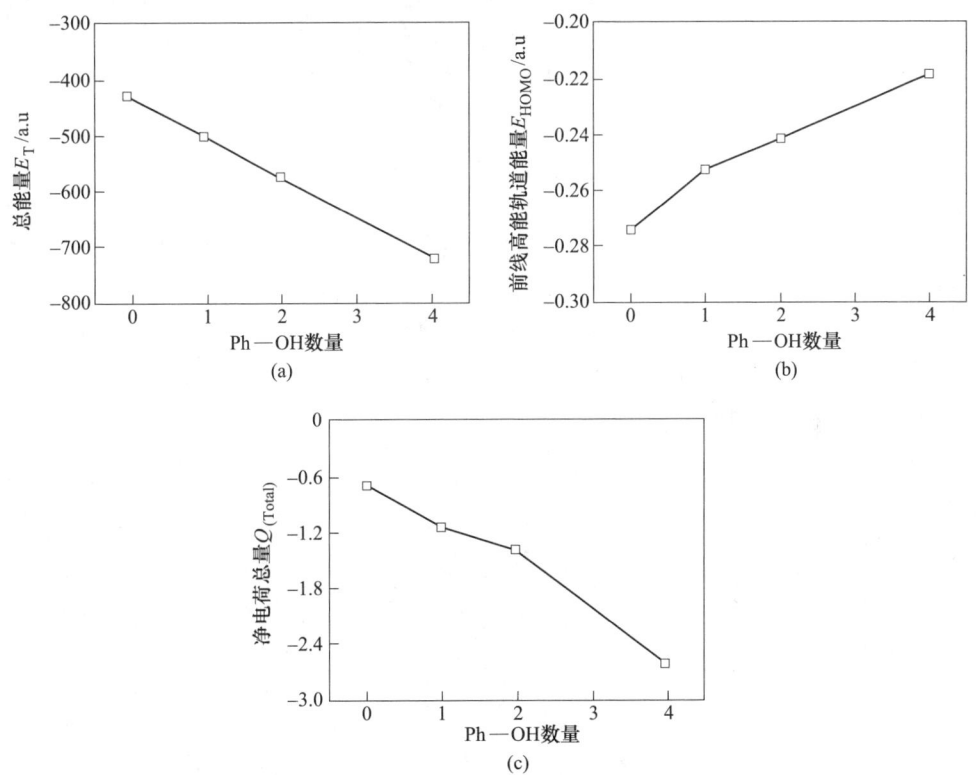

图 3-33 酚羟基数量与结构单元量化参数的关系

（a）总能量；（b）前线高能轨道能量；（c）净电荷总量

DFT 计算结果表明，在非极性基团相同的条件下，极性基团数量对基团结构的量化参数产生了明显的影响。从图 3-33（a）可以看出，官能团的总能量 E_T 随着酚羟基数量的增加呈线性降低。每增加一个 Ph—OH 单元，总能量改变值 ΔE_T

约为 -75.24 a.u.。由图 3-33（b）可以看出，前线高能轨道能量 E_{HOMO} 随着酚羟基数量的增加呈线性升高。每增加一个 Ph—OH 单元，高能轨道能量改变值 ΔE_{HOMO} 约为 0.011 a.u.。E_{HOMO} 大小直接反映分子或官能团失电子的能力。E_{HOMO} 越高，则越容易失去电子给矿物表面。E_{HOMO} 的变化规律表明，酚羟基数量的增加有利于提高官能团结构的亲固能力。从图 3-33（c）可以看出，随着酚羟基数量的增加，亲固原子（O·O）和（O）的净电荷总量 $|Q_{(Total)}|$ 呈线性升高。$|Q_{(Total)}|$ 的变化规律表明，酚羟基数量的增加也有利于亲固原子亲固能力的提高。基于上述分析可以得出，在非极性基团相同的条件下，极性基团数量的增加有利于提高黏结剂分子在矿物表面的亲固能力。

C　非极性芳香烃基大小的影响

结合表 3-27 和表 3-30，以基团结构：苯甲酸、萘基羧酸、芘基羧酸和蔻基羧酸为例，苯环数量与基团结构量化参数的关系如图 3-34 所示。

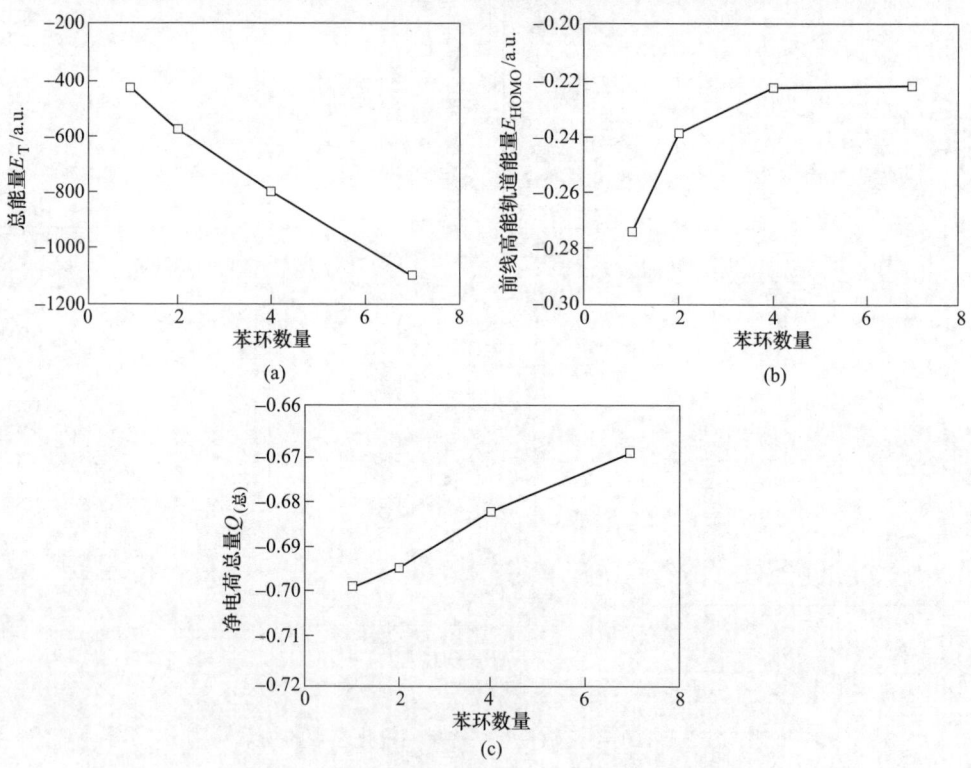

图 3-34　苯环数量与结构单元量化参数的关系
（a）总能量；（b）前线高能轨道能量；（c）净电荷总量

DFT 计算结果表明，在极性基团相同的条件下，非极性芳香烃基大小对基团结构的量化参数产生了明显的影响。从图 3-34（a）可以看出，基团结构的总能

量 E_T 随着苯环数量的增加呈线性降低。从图 3-34（b）可以看出，前线高能轨道能量 E_{HOMO} 随着苯环数量的增加呈升高趋势。但是，当苯环数量过多，E_{HOMO} 增高趋势渐缓。E_{HOMO} 的变化规律表明，苯环数量增多有利于提高官能团结构的作用活性。经过分析，其主要原因在于芳香烃基对于极性键合原子正诱导效应，也即送电子能力增加，使键合原子电子云密度增大，化学吸附能力增强。如图 3-34（c）所示，随着苯环数量的增加，亲固原子（O·O）和（O）的净电荷总量 $|Q_{(总)}|$ 的总趋势呈线性降低。$|Q_{(总)}|$ 的变化规律说明，亲固原子的亲固能力随着苯环数量的增加而逐渐降低。

DFT 计算结果说明，在极性基团相同的条件下，非极性芳香烃基大小对黏结剂分子亲固能力的影响具有双面性。一方面，从化学作用（黏结剂分子对矿物的送电子能力）方面来说，非极性芳香烃基增大，黏结剂分子的亲固能力增强。另一方面，从物理作用（黏结剂亲固原子对矿物的静电力作用）方面来说，非极性芳香烃基越大，黏结剂分子的亲固能力越弱。换言之，对黏结剂分子来说，非极性芳香烃基越大，其化学作用能力越强，但其静电力作用越弱。

3.3.2.4 腐植酸基吸附剂的官能团设计

以腐植酸基吸附剂为例，利用量子化学计算手段开展了对其官能团结构优化设计研究。

基于 Materials Studio 2017 软件的 DMol3 模块，对腐植酸基药剂与铜（Ⅱ）、锌（Ⅱ）作用体系进行态密度、静电势、前线轨道能量等相关量子化学计算。交换关联泛函 GGA-PW91 和全电子极化原子轨道基组（DNP）被用于所有计算。为了更准确地描述范德瓦尔斯相互作用，由 Ortmann、Bechstedt 和 Schmidt（OBS）提出的色散校正项 DFT-D 被用于计算过程。此外，为加快计算过程中的收敛速度，smearing 值设为 0.136057eV。结构优化及能量计算收敛标准见表 3-31。

表 3-31 结构优化及能量计算收敛标准

收敛判据参数	收敛标准
最大位移	5.0×10^{-4} nm
最大作用力	0.544228eV/nm
最大能量变化	1.0×10^{-5} eV（每个原子）
自洽场（SCF）电荷密度	1.0×10^{-6} eV（每个原子）

根据化学键配位理论，腐植酸羧基、酚羟基中的氧原子可以提供孤对电子，而常见的金属离子［如铜（Ⅱ）、锌（Ⅱ）］d 轨道上具有空轨道，致使这些酸性基团可以与金属离子以配位键的形式形成金属离子配合物。因此，研究腐植酸

常见羧基、酚羟基等酸性官能团与铜（Ⅱ）、锌（Ⅱ）形成金属离子配合物的能力对腐植酸基药剂的设计具有重要理论指导意义。

为进行腐植酸基药剂的设计，首先对腐植酸常见羧基、酚羟基等酸性基团与铜（Ⅱ）、锌（Ⅱ）形成金属离子配合物的能力进行计算。腐植酸羧基、酚羟基与铜（Ⅱ）、锌（Ⅱ）配合物的稳定构型、前线轨道能量分布以及稳定化能计算结果如图 3-35 所示。从图 3-35 可以明显地看出，腐植酸羧基、酚羟基与铜（Ⅱ）、锌（Ⅱ）配合物的 HOMO 和 LUMO 电子云分布不尽相同。根据分子前线轨道理论，HOMO 轨道和 LUMO 轨道能量越接近，轨道重叠程度越大，轨道间相互作用越强，形成配合物的稳定化能越大。对羧基而言，腐植酸中羧基与铜（Ⅱ）配合物的 HOMO 和 LUMO 均分布在羧基氧原子与铜（Ⅱ）形成的复合物上，配合物的 HOMO 与 LUMO 重叠程度较大，因此羧基与铜（Ⅱ）形成的金属离子配合物具有较大的稳定化能。而羧基与锌（Ⅱ）配合物的 HOMO 主要分布在腐植酸碳骨架的苯环上，LUMO 主要分布在羧基氧原子与锌（Ⅱ）形成的复合物上，HOMO 与 LUMO 电子云几乎没有重叠，故羧基与锌（Ⅱ）配合物的稳定化能较小。从图 3-35 稳定化能结果也可以看出，羧基与铜（Ⅱ）配合物的稳定化能为 3.1865eV，而羧基与锌（Ⅱ）配合物的稳定化能为 1.6735eV，稳定化能计算结果与上述理论分析结果具有很好的一致性。而对酚羟基而言，酚羟基与铜（Ⅱ）、锌（Ⅱ）配合物的 HOMO 主要分布在腐植酸碳骨架的苯环上，LUMO 主要分布在铜（Ⅱ）、锌（Ⅱ）上，由于酚羟基与铜（Ⅱ）、锌（Ⅱ）配合物的 HOMO 与 LUMO 电子云重叠程度较小，故酚羟基与铜（Ⅱ）、锌（Ⅱ）配合物具有较小的稳定化能，致使酚羟基与铜（Ⅱ）、锌（Ⅱ）较难形成稳定的金属离子配合物。从图 3-35 可以看出，酚羟基对铜（Ⅱ）、锌（Ⅱ）配合物的稳定化能分别为 2.1742eV 和 0.5442eV，远低于羧基与铜（Ⅱ）、锌（Ⅱ）配合物的稳定化能。

受腐植酸中酚羟基与铜（Ⅱ）、锌（Ⅱ）配合物的稳定化能远低于羧基与铜（Ⅱ）、锌（Ⅱ）配合物的稳定化能和腐植酸分子中存在大量的酚羟基（4.704mmol/g）的启发，提出一种设想，通过常规的化学方法消耗掉腐植酸中大量的酚羟基，同时引入更多与金属离子结合能力较强的羧基。这样一方面可以增强腐植酸与重金属离子间的静电作用力，促进金属离子在腐植酸表面的吸附；另一方面通过引入大量的羧基可以提供更多的金属离子结合位点，进一步增强腐植酸与金属离子形成配合物的能力。查阅大量文献，发现柠檬酸由于廉价易得，O/C 含量较高，含有大量的羧基，可以作为理想的腐植酸改性剂，并且腐植酸中的酚羟基与柠檬酸中的羧基在特殊条件下可以通过酯化反应实现设想。因此，对设计的腐植酸基药剂羧基、酚羟基与铜（Ⅱ）、锌（Ⅱ）配合物的稳定构型、前线轨道能量分布以及稳定化能进行计算，结果如图 3-36 所示。

配合物	构造	HOMO	LUMO	ΔE/eV
HA-COO-Cu		$E_{HOMO}=-7.0996eV$	$E_{LUMO}=-3.9131eV$	3.1865
HA-COO-Zn		$E_{HOMO}=-7.1758eV$	$E_{LUMO}=-5.5023eV$	1.6735
HA-OH-Cu		$E_{HOMO}=-6.2533eV$	$E_{LUMO}=-4.0791eV$	2.1742
HA-OH-Zn		$E_{HOMO}=-6.3241eV$	$E_{LUMO}=-5.7798eV$	0.5442

图 3-35　腐植酸（HA）酸性基团对铜（Ⅱ）、锌（Ⅱ）前线轨道
分布以及稳定化能的影响
（颜色：灰色：碳原子；红色：氧原子；白色：氢原子；
棕色：铜原子；青蓝：锌原子）

扫一扫看更清楚

　　从图 3-36 可以明显地看出，腐植酸基药剂羧基、酚羟基与铜（Ⅱ）、锌（Ⅱ）配合物的 HOMO 和 LUMO 电子云分布也不尽相同。对酚羟基改性而言，腐植酸基药剂对铜（Ⅱ）的 HOMO 和 LUMO 均分布在羧基与铜（Ⅱ）形成的复合物上，前线轨道重叠程度极大，故腐植酸基药剂可以与铜（Ⅱ）形成稳定的金属离子配合物。而腐植酸基药剂与锌（Ⅱ）配合物的 HOMO 主要分布在腐植酸基药剂碳骨架的苯环上，LUMO 主要分布在锌（Ⅱ）上，并且 LUMO 电子云密度极大，前线轨道几乎没有重叠，因此腐植酸基药剂与锌（Ⅱ）相互作用较弱。从图 3-36 稳定化能结果可以看出，腐植酸基药剂与铜（Ⅱ）、锌（Ⅱ）配合物的稳定化能分别为 3.4586eV 和 1.0068eV，与上述理论分析结果一致。而对于羧基改性而言，腐植酸基药剂与铜（Ⅱ）配合物的 HOMO 和 LUMO 均分布在羧基与铜（Ⅱ）形成的复合物上，前线轨道重叠程度较大，故腐植酸基药剂与铜（Ⅱ）具有较强的相互作用，可以形成稳定的配合物。腐植酸基药剂与锌（Ⅱ）配合物的 HOMO 主要分布在腐植酸基药剂碳骨架的苯环上，LUMO 主要分布在

配合物	构造	HOMO	LUMO	ΔE/eV
MHA-OH-Cu	Cu C H O	$E_{HOMO}=-7.0670eV$	$E_{LUMO}=-3.6083eV$	3.4586
MHA-OH-Zn	Zn	$E_{HOMO}=-6.9690eV$	$E_{LUMO}=-5.9621eV$	1.0068
MHA-COOH-Cu		$E_{HOMO}=-6.8248eV$	$E_{LUMO}=-3.7906eV$	3.0341
MHA-COOH-Zn		$E_{HOMO}=-7.0370eV$	$E_{LUMO}=-5.4642eV$	1.5729

图 3-36　腐植酸基药剂（MHA）酸性基团对铜（Ⅱ）、锌（Ⅱ）
前线轨道分布以及稳定化能的影响

扫一扫看更清楚

锌（Ⅱ）上，前线轨道几乎没有重叠，相互作用较弱，故较难
形成稳定的配合物。从上述分析可知，由于腐植酸基药剂对铜（Ⅱ）的前线轨
道重叠程度较大，致使腐植酸基药剂与铜（Ⅱ）相互作用增强，而腐植酸剂药
剂对锌（Ⅱ）的相互作用稍微增加。上述理论计算结果表明：相比普通腐植酸，
设计的腐植酸基药剂与铜（Ⅱ）、锌（Ⅱ）相互作用更强。

3.3.3　分子动力学计算模拟

3.3.3.1　分子动力学介绍

分子动力学模拟是一种用来计算经典多体体系的平衡和传递性质的确定性方
法。分子动力学的基本思想如图 3-37 所示，简述如下：以分子模型为基础，采
用经验势函数表征分子之间的相互作用，通过求解牛顿运动方程，获取体系分子
的速度和位置随时间的变化规律，即运动轨迹，从而计算体系的平衡和非平衡
性质。

相比量子化学计算，分子动力学只考虑多体系统中原子核的运动，而原子核

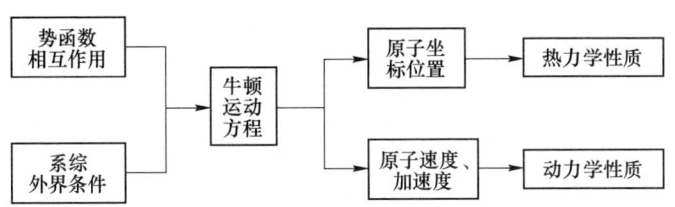

图 3-37 分子动力学的基本思想

周围电子的运动不予考虑，因此可以计算成千上万的原子体系。总体来说，分子动力学计算主要有以下 4 个步骤：

（1）选择初始构型。初始构型的选择至关重要，选择不当不仅浪费模拟时间，而且极有可能得不到理想的结果。

（2）设定初始速度和积分步长。合理的初始条件可以加快系统趋于平衡的时间，通常初始速度从玻耳兹曼分布随机抽样得到。另外，积分步长的选择至关重要，这决定了模拟所需要的总时间和计算的准确度，因此应根据操作经验选择适当的步长。

（3）选择合适的原子间相互作用势函数。势函数的选取对模拟的结果起着决定性的作用，进行计算之前，应查阅大量文献资料，选取合理的势函数。

（4）进行计算并对计算数据进行统计分析。由于分子动力学采用经验势函数表征分子间作用力，因此，选择正确的经验势函数可以得到满意的计算结果。在分子动力学框架下，出现了众多表示经验势函数的力场，如 COMPASS、Dreiding、Universal、cvff、pcff 等。大量的研究表明 COMPASS 力场可以对水合金属离子、金属离子复合物结构性质提供准确的计算模拟。因此，本课题相关分子动力学模拟均采用 COMPASS 力场。

3.3.3.2 分子动力学模拟计算方法

以腐植酸与金属离子作用为例，简要介绍作用过程的分子动力学模拟计算方法。

分子动力学模拟计算流程如图 3-38 所示。采用 Buffle 链状腐植酸结构模型，首先构建水合铜（Ⅱ）、锌（Ⅱ）及腐植酸结构模型并进行结构优化，几何优化采用 Smart 算法，能量收敛标准为 4.1868×10^{-4} kJ。采用 Materials Studio 2017 软件的 Adsorption Locator 模块进行 Monte Carlo 搜索，确定铜（Ⅱ）、锌（Ⅱ）在腐植酸表面最优吸附构型；然后在 NVT 系综、298K 下，采用 Forcite 模块对最优吸附构型进行 100ns 分子动力学模拟。分别通过 group-based 和 Ewald 求和方法计算 Van der Waals 和静电作用能，非键截断距离为 1.55nm。

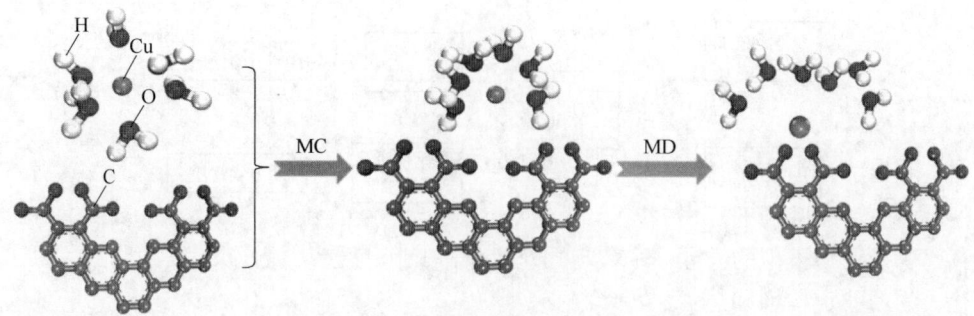

图 3-38　分子动力学模拟计算流程图

　　动力学模拟平衡后，最后 20ns 用于计算体系的总势能和腐植酸基药剂与铜（Ⅱ）、锌（Ⅱ）的相互作用能。需要注意的是，COMPASS 力场中的能量参数并不代表独特的分子状态，所以计算的结果只能在给定的模拟结果中相对比较，而不能与实验值进行直接比较。

　　吸附能表示吸附质吸附在吸附剂表面释放或所需的能量。吸附能越负，吸附能力越强。腐植酸基药剂与铜（Ⅱ）、锌（Ⅱ）的吸附能采用式（3-42）进行计算：

$$\Delta E = E_{总} - E_{HA} - E_{水合离子} \tag{3-42}$$

式中　$E_{总}$——反应体系总能量；

　　　　E_{HA}——反应体系自由腐植酸基药剂的能量；

　　　$E_{水合离子}$——反应体系中水合金属离子能量。

　　反应体系的总势能用来评估体系的热力学稳定性，总势能越负，体系越稳定。反应体系的总势能用价键能、非键能和交叉作用能的总和来表示。总势能采用式（3-43）进行计算：

$$E_{总} = E_{价键} + E_{非键} + E_{交叉} \tag{3-43}$$

式中　$E_{价键}$——反应体系的价键能；

　　　　$E_{非键}$——反应体系的非键能；

　　　　$E_{交叉}$——反应体系的交叉作用能。

3.3.3.3　腐植酸与金属离子作用性能的分子动力学模拟

　　利用上述方法，从分子动力学角度研究了腐植酸基药剂与金属离子的作用性能。腐植酸羧基含量、金属离子存在形态及浓度是影响腐植酸与金属离子相互作用的重要因素，因此考察腐植酸基药剂羧基含量、金属离子存在形态及浓度对腐植酸基药剂与金属离子相互作用的影响具有理论指导意义。本节主要采用分子动力学模拟的方法从微观角度深入研究腐植酸基药剂与铜（Ⅱ）、锌（Ⅱ）的相互作用行为。

A 羧基解离顺序及铜（Ⅱ）、锌（Ⅱ）存在形态

由于腐植酸中存在大量羧基，不同位置羧基解离能力具有明显差异。若对所有羧基解离顺序进行排列组合计算，将导致计算量急剧增加。因此，为了减少计算量并获取合理的计算结果，确定羧基解离顺序，并按照解离顺序考察羧基解离数量对腐植酸基药剂与铜（Ⅱ）、锌（Ⅱ）相互作用的影响非常必要。本节首先采用分子动力模拟的方法确定腐植酸中羧基解离顺序，获取不同羧基解离位置时配合物的稳定构型和热力学稳定性，计算结果如图 3-39 所示。

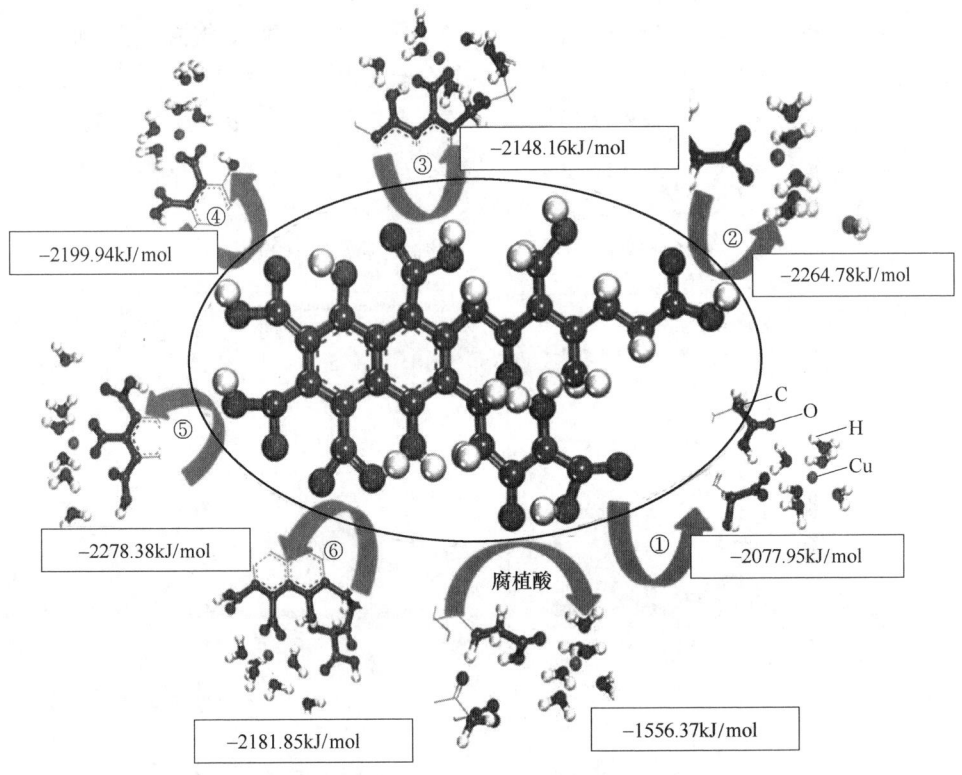

图 3-39　不同羧基位置配合物的稳定构型和热力学稳定性

从图 3-39 可以看出，羧基的解离导致水合铜（Ⅱ）紧密地结合在腐植酸表面。由于腐植酸中羧基对水合铜（Ⅱ）具有较强的静电作用，水合铜（Ⅱ）表面的水化膜破裂，致使铜（Ⅱ）可以与羧基形成稳定的配合物。配合物的热力学稳定性（羧基解离顺序）代表了腐植酸中羧基与金属离子形成金属离子配合物的能力，体系的总势能越低，配合物的热力学稳定性越大。将图 3-39 中，按①～⑥不同羧基位置配位的产物分别命名为 1-HA～6-HA，这些配合物的热力学

稳定性按降低顺序为⑤-HA>②-HA>④-HA>⑥-HA>③-HA>①-HA>HA，即腐植
酸中羧基解离顺序为：⑤-HA>②-HA>④-HA>⑥-HA>③-HA>①-HA>HA。后续
分子动力学均采用上述羧基解离顺序考察羧基解离数量对腐植酸基药剂与
铜（Ⅱ）、锌（Ⅱ）相互作用的影响。

　　采用 Visual MINTEQ 软件模拟溶液中铜（Ⅱ）、锌（Ⅱ）在不同溶液 pH 值
条件下存在形态及分布规律，结果如图 3-40 所示。由图 3-40（a）可以看出，当
溶液 pH<6 时，铜离子主要以 Cu^{2+} 形式存在，随着溶液 pH 增加，铜离子羟基配
合物出现并逐渐增加，在整个 pH 范围内，铜离子主要以 Cu^{2+}、$Cu(OH)^+$、
$Cu(OH)_2$ 形式存在。根据图 3-40（b），锌离子在整个 pH 范围内，同样以 Zn^{2+}、
$Zn(OH)^+$、$Zn(OH)_2$ 存在形式。此外，溶液中游离铜（Ⅱ）的主要存在形式为
$Cu(H_2O)_6^{2+}$，溶液中游离锌（Ⅱ）的主要存在形式为 $Zn(H_2O)_6^{2+}$。因此，为了更
好地模拟水溶液体系金属离子真实存在形态，模拟计算时应以水合 $Cu(H_2O)_6^{2+}$、
$Cu(H_2O)_5(OH)^+$、$Cu(H_2O)_4(OH)_2$ 以及 $Zn(H_2O)_6^{2+}$、$Zn(H_2O)_5(OH)^+$、
$Zn(H_2O)_4(OH)_2$ 为研究对象，考察腐植酸羧基解离个数、水合金属离子存在形
态及浓度对腐植酸基药剂与铜（Ⅱ）、锌（Ⅱ）相互作用的影响。

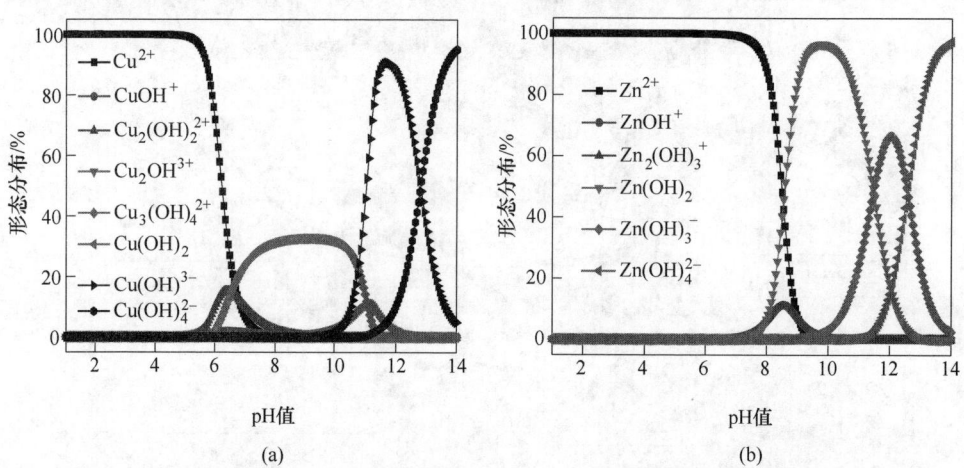

图 3-40　不同溶液 pH 值条件下铜（Ⅱ）（a）、锌（Ⅱ）（b）形态分布

　　B　羧基解离数量对微观作用行为的影响

　　腐植酸基药剂羧基解离数量对水合铜（Ⅱ）微观吸附行为的影响如图 3-41
和图 3-42 所示。从图中可以看出，随着羧基解离数量增加，水合铜（Ⅱ）在腐
植酸基药剂表面的结合能力逐渐增加。图 3-41（a）和图 3-42（a）表明，当腐
植酸基药剂中羧基未解离时（即假设溶液 pH 值为 2），水合铜（Ⅱ）与腐植酸
基药剂相互作用较弱，水合铜（Ⅱ）在距腐植酸基药剂表面较远处稳定存在。

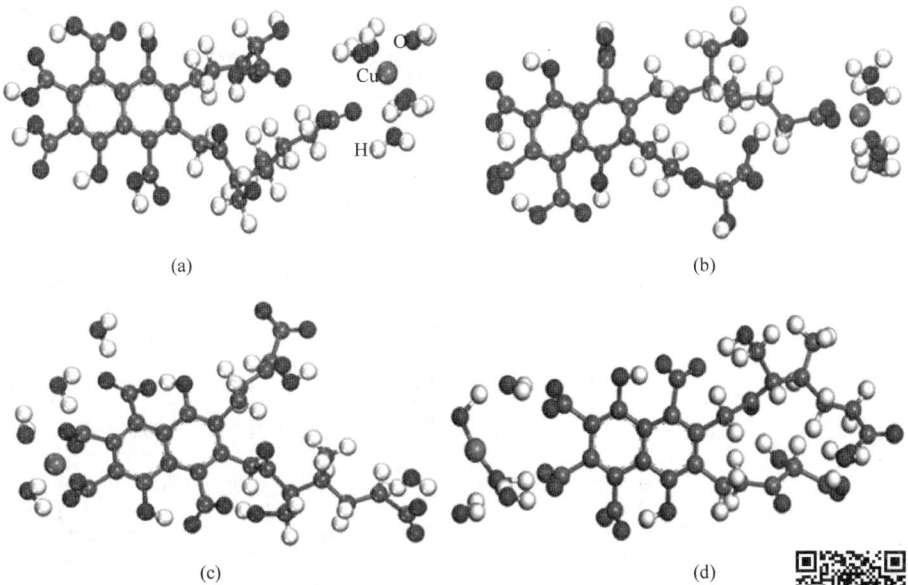

图 3-41 腐植酸羧基解离数量对水合铜（Ⅱ）微观吸附行为的影响
（此处基于羧基解离数量和水合铜离子存在形态在模拟与实验之间做出简单假设）
（a）pH 值为 2；（b）pH 值为 3；（c）pH 值为 5；（d）pH 值为 7

扫一扫看更清楚

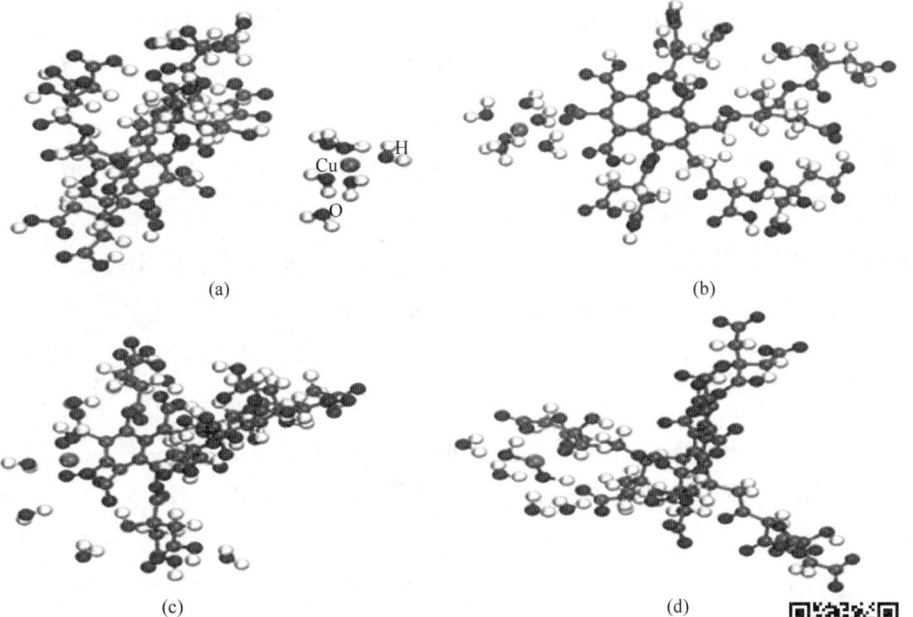

图 3-42 腐植酸基药剂羧基解离数量对水合铜（Ⅱ）微观吸附行为的影响
（此处基于羧基解离数量和水合铜离子存在形态在模拟与实验之间做出简单假设）
（a）pH 值为 2；（b）pH 值为 3；（c）pH 值为 5；（d）pH 值为 7

扫一扫看更清楚

根据图 3-41（b）、图 3-41（c）和图 3-42（b）、图 3-42（c）（即假设溶液 pH 值为 3、pH 值为 5 时），随着羧基解离数量增加，腐植酸基药剂表面负电荷开始聚集，水合铜（Ⅱ）逐渐结合在腐植酸基药剂表面。由于腐植酸基药剂与水合铜（Ⅱ）间存在强烈的静电相互作用，水合铜（Ⅱ）周围的水化膜发生破裂，导致铜（Ⅱ）可以与腐植酸基药剂形成稳定的金属离子配合物。然而，对于图 3-41（d）、图 3-42（d），当溶液 pH 值为 7 时，铜（Ⅱ）主要以 $Cu(OH)_2$ 沉淀的形式大量存在于溶液中，并且水合铜（Ⅱ）的羟基化使铜（Ⅱ）周围的空间位阻效应增加，最终导致腐植酸基药剂与水合铜（Ⅱ）间的相互作用较弱。对比图 3-41 和图 3-42 发现，由于腐植酸基药剂表面存在更多酸性基团，对水合铜（Ⅱ）的静电相互作用更强，可以完全破坏铜（Ⅱ）周围的水化膜，导致铜（Ⅱ）与腐植酸基药剂表面羧基形成稳定的金属离子螯合物。

3.3.3.4　腐植酸基吸附剂性能的计算模拟

为了更好地证实设计的腐植酸基药剂对铜（Ⅱ）、锌（Ⅱ）的吸附性能，图 3-43 对腐植酸/腐植酸基药剂与铜（Ⅱ）、锌（Ⅱ）作用性能进行了简单对比。从图 3-43（a）可以看出，腐植酸和腐植酸基药剂对铜（Ⅱ）、锌（Ⅱ）都具有较好的吸附性能，且随着羧基解离数量增加，腐植酸/腐植酸基药剂对铜（Ⅱ）、锌（Ⅱ）吸附能逐渐增加。然而，相比腐植酸，腐植酸基药剂表面含有更多的羧基，提供更多金属离子结合位点，使羧基提供的孤对电子可以更有效地进入铜（Ⅱ）、锌（Ⅱ）提供的空轨道中，从而形成稳定的金属离子配合物。因此，随着羧基解离数量增加，腐植酸基药剂对铜（Ⅱ）、锌（Ⅱ）吸附能急剧增加。对比图 3-43（a）～（c）发现，由于铜（Ⅱ）、锌（Ⅱ）的羟基化，铜（Ⅱ）、锌（Ⅱ）周围空间位阻效应逐渐增加，增加了羧基氧原子与铜（Ⅱ）、锌（Ⅱ）的作用距离，降低了羧基与铜（Ⅱ）、锌（Ⅱ）间的静电相互作用；并且铜（Ⅱ）、锌（Ⅱ）羟基化减少了铜（Ⅱ）、锌（Ⅱ）提供有效空轨道数量，使羧基表面的孤对电子无法有效地进入铜（Ⅱ）、锌（Ⅱ）提供的空轨道中，最终导致腐植酸/腐植酸基药剂对水合铜（Ⅱ）、锌（Ⅱ）物系的吸附能逐渐降低。对腐植酸/腐植酸基药剂与铜（Ⅱ）、锌（Ⅱ）吸附能进行综合对比分析发现，腐植酸/腐植酸基药剂对铜（Ⅱ）的吸附性能均优于锌（Ⅱ），这是由于铜（Ⅱ）具有更小的离子半径（$r_{Cu} = 0.87$Å（1Å $= 10^{-10}$m），$r_{Zn} = 0.89$Å），更容易地与腐植酸基药剂发生表面相互作用。

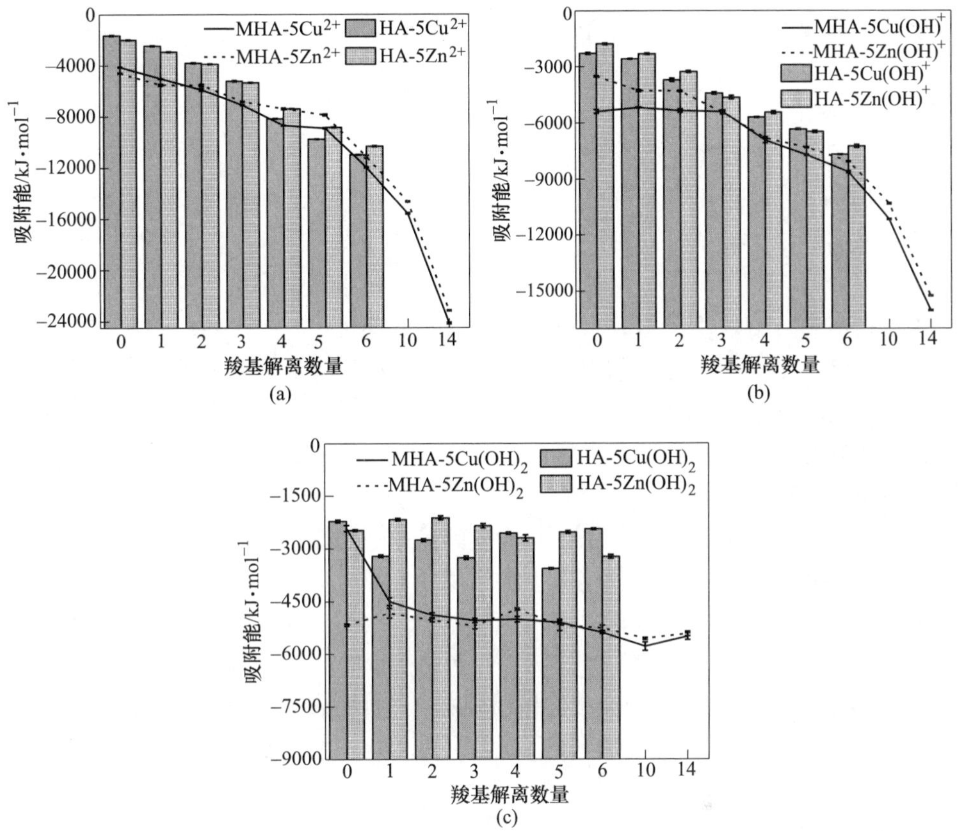

图 3-43　不同形态金属离子与腐植酸/腐植酸基药剂的吸附能随羧基解离数量的变化
(a) Cu^{2+}、Zn^{2+}；(b) $Cu(OH)^+$、$Zn(OH)^+$；(c) $Cu(OH)_2$、$Zn(OH)_2$

3.4　腐植物质的定量构效关系

3.4.1　定量构效关系的研究对象及意义

定量构效关系（QSAR，Quantation Structure Activity Relationship）的研究是美国波蒙拿学院的 Hansch 在 1962 年提出的 Hansch 方程（见图 3-44）。

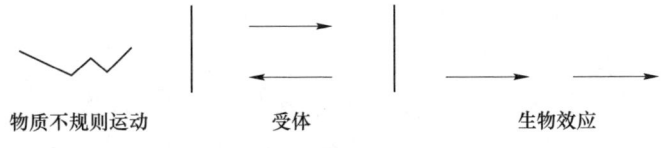

图 3-44　基本的 Hansch 模型

　　最早是用于药物和农药领域，20 世纪 70 年代，由于大量的化学物质排放到环境中，促使 QSAR 法开始在环境毒理学中得到广泛应用。

　　严格讲，定量构效关系是研究有机化合物结构与活性定量相关的研究，对腐植酸来讲似乎难度很大，但实际上利用腐植酸的有机质部分，如小分子的黄腐酸、纯度较高的腐植酸钠等结合实验化学的 QSAR 研究已初步展开。

　　[例 3-1]　李进到等人采用紫露草微核技术对腐植酸的致突变性进行了生物监测，将实验浓度的 3 种腐植酸浴液分别在 25℃下处理紫露草 1h 和 4h，紫露草染色体突变率与对照组比较，没有显著性差异，表明在常温下短期内，使用实验所用腐植酸进行浴疗不会引起人体染色体的异常变化。

　　[例 3-2]　Snyman 等人用氧化黄腐酸（oxifulvic）对 23 个对草或灰尘过敏但其他方面健康的志愿者进行手掌涂敷，然后检测其肝脏和肾脏的功能，结果显示氧化黄腐酸对其身体的各项安全参数并没有明显的影响，也没有致敏作用，表明氧化黄腐酸局部用于皮肤是安全的。

　　[例 3-3]　祝亚勤等人采用简化概率单位法测定小白鼠半数致死量，结果腐植酸钠的 LD 为 208.9mg/kg，相当于临床拟用日剂量的 81 倍，表明腐植酸钠的毒副作用很小。

　　[例 3-4]　Bernacchi 等人研究了两种煤源腐植物质对 TA98 和 TA100（Salmonella typhimurium）的致变性，发现两种腐植物质对这两种细菌没有作用，然而在用腐植酸对老鼠按 100mg/kg 体重口服给药（singleoraldose）时，却发现会引起肠细胞的染色体受损和数目失常。

　　[例 3-5]　Ribas 等人研究了腐植酸对人工培养的人类淋巴细胞的遗传毒性（genotoxicity），发现其会明显加强姐妹染色单体互换（Sister chromatid exchange）频率，显示了轻微的遗传毒性。

　　随着计算机技术的发展，在实验化学的基础上，尽可能得到一些相关参数，将腐植酸安全性研究和评价，包括各种药剂形式、给药方式和给药时间，甚至长期毒性的研究和评价更好地用于 QSAR 评价，对开展腐植酸类物质在医学领域上的应用是有益的。因为随着 QSAR 本身的数学研究从线性关系发展到非线性再发展到拓扑等，通过从 QSAR 研究中得到的其他信息、相关分析也可以分析腐植酸在化学及环境化学中的作用机理。比如，采用相关性内推和外推，可以预测结构相似化合物的活性（内推可预测结构类型非常相似的化合物或物理化学性质相似化合物的活性；外推可预测化合物对生物的活性）。对预测被分析化合物的活性结构是否可行，QSAR 研究创始人 Hansch 的描述如图 3-44 所示。

　　图 3-44 为最基本的 Hansch 模型，药物或者农药通过迁移到达受体，和受体的作用可用平衡常数 K 表示，平衡常数的大小和化合物本身的疏水性、电性、空间效应有关。Hamsch 模型最初 K 与疏水性的关系为抛物线形式，有时为线性，

他用 C 表示物质的活性,并收集了大量的毒理数据支持这种模型,并做了多次修正。Hansch 模型反映的是化合物与受体的结合,电子和空间对生物效应的影响,尽管 Hansch 对 QSAR 进行了多次修正,仍有很多问题需进一步研究。

研究有机物的毒性和理化参数的相关性最初是通过测量或计算有机物的特征参数来估算有机物毒性的。目前,QSAR 法应用在生物富集和对鱼及其他水生生物的毒性效应方面,已建立了结构参数与活性的相关方程,并通过数学模型建立有机物对生物的毒性与其他理化参数的相关性。腐植酸的应用涉及生物饲料、农药等,应该了解和掌握"定量构效关系"的分析研究方法。

QSAR 研究的核心问题是需要建立有机物结构与活性之间的函数关系 $A = F(s)$。A 代表有机物的毒性,常用半致死浓度的负对数表示;s 代表有机物的结构,由于其表达形式多种多样,在具体研究中采取合适的理化参数对 QSAR 法的成功具有举足轻重的作用。

3.4.1.1 研究毒性机理

毒性机理有两种——反应性和非反应性毒性,反应性毒性称特殊毒性,非反应性毒性也称非特殊毒性或麻醉。"反应性毒性"是一种特殊的反应性机理,如化学物质和酶等发生作用,或由于化学作用堵塞了代谢通道,而使细胞失去活性。相反,"非反应性毒性"不是一种特殊的反应性机理,该机理认为化学物质的毒性和其在细胞上的量有关。

反应性化学物质有特殊的分子结构,其毒性大,但绝大多数化学物质一般均为非反应性物质,这些物质包括氯代烃、醇、醚、酮、弱酸、弱碱和脂肪族的硝基化合物。"非反应性毒性"可以认为是物质的基本表现,任何物质可以有较大的毒性,但其对毒性最低的贡献应该为"非反应性毒性"。"非反应性毒性"的理论解释最早被认为与该物质在类脂物中的溶解度有关,随着化学物质在类脂物/水中分配系数的增大,毒性增大;但一些科学家也观察到一些相反的实验结果。如科学家发现癸醇前的烷基醇随着分子的增大,毒性线性增大;癸醇以后随着分子的增大,毒性则减小,到十三醇,毒性趋近于零。对于一些非溶解性的化学物质,即使溶解度接近饱和,也仍未显示出毒性。研究认为建立有机化学物质溶解度与毒性数据的相关性时,对大分子应加一个校正项,并认为非溶解性的化学物质活性降低的原因是由于它们在类脂相和水相的富集没有达到平衡。

Blum 等人认为"非反应性物质"首先积累在细胞某一部位上,如细胞的类脂蛋白上,而使细胞发生膨胀,从而破坏了细胞的正常代谢过程,膨胀理论虽然得到一些科学工作者的支持,但还没有一个有力的实验数据来证明,Mackar 等人发现化学物质在脂肪组织中的含量约占 0.6% (使鱼产生半数致死效应时鱼体内的浓度)。虽然"非反应性毒性"机理没有得到实验证实,并存在一定的局限性，但在定量结构与活性相关研究中仍是一种比较好的方法。随着 QSAR 的研究对分子结构研究的促进，如拓扑结构指数，包括 HOSOYA 的 Z 指数，Kier 分子连接性指数 x，Balaban 的 J 指数（1971），Simon、Crippen（1980）等系列三维结构参数的引入，尚存的问题将会被逐步解决。

QSAR 发展至今，涌现出许多方法。目前国内外普遍使用的 QSAR 法有 7 种：（1）辛醇/水分配系数法；（2）线性溶剂化相关系数法（Linear solvation energy relationships，LSERS）；（3）分子连接性指数法（Molecular connectivity）；（4）Free-Wilson 法；（5）线性自由能法（LFER 法）；（6）分子表面积法（TSA）；（7）量子化学法。

3.4.1.2 研究污染源

随着化学工业的发展，数以万计的有机化合物进入了人类赖以生存的生态环境并广泛存在于世界各个角落，这些化合物在给人类带来方便和益处的同时已给环境造成了负面影响。例如，烃类化合物是煤和石油的主要成分，在给人类带来能源的同时，通过工业加工和生活用燃料等，以汽车尾气排放等方式进入大气，成为大气的主要污染源之一。而多环芳烃、取代苯、有机氯农药等持续性有机污染物，如六氯苯因其水溶解度低，脂溶性高，在环境中不易降解而且易被生物积累，给人类和其他生物造成了更大的危害。因此，对这类污染物的物理、化学性质和环境影响的分析显得尤为重要。

研究污染物的方法通常有两种：一是通过实验手段测定污染物理化性质和对生物的毒性，这种方法需要大量人力、财力和时间，但是面对日益增长的人工合成物，对所有化合物进行实验已不太可能。二是利用 QSAR 方法，根据已有的实验事实，通过定量结构-活性/性质相关性（QSAR/QSPR）来获得污染物的物性数据。目前，QSAR/QSPR 已成为评价污染物环境行为的一种方便、快速而实用的方法，并且广泛应用于化学、生物、环境科学、药物学等领域。

QSAR 方法体系在近年来取得了长足的进展，已渗透到药物化学、计算机化学、环境化学等各个领域并日趋完善。同时，QSAR 方法的研究也不只是停留在采用一些经验参数定量描述化合物的生物活性，而是会向着更加注重模型的理论性、智能化和程序化方向发展。可以预见，QSAR 方法在以后的环境化学中的应用将越来越重要。

3.4.1.3 研究腐植酸与医药、农药、肥料的 QSAR 关系

腐植酸是一种成分复杂的混合物，其中含有大量的苯环、杂环和许多结构未清楚物质，若要将其更深入地应用于医学、农学领域，必须保证其对人体的安全性。为此，研究腐植酸物质的各种毒理性质变得非常重要。国内外对于腐植酸的

毒理性研究已有多篇报道，但是由于所使用的腐植酸类物质的来源、分离提取方法和毒理性实验方法不同，得出的结论也不尽相同。鉴于腐植酸在医药安全性检验中的多重性，鉴于腐植酸对水、土环境及食品生物链的复杂性，以及在农业中的广泛使用，继续深入开展腐植酸与农药肥料的 QSAR 研究显得尤其重要。

因为除了前面介绍的在腐植酸临床医药应用需格外严谨外，鉴于植物源农药制剂不同于化学农药的特点：（1）有效成分不是单一的化合物，有的已鉴定，有的尚未鉴定；（2）杂质种类多，杂质与有效成分间有交互作用，可能表现为活性的增效作用，也可能表现为拮抗作用。要使在腐植酸与化学农药或肥料的复合使用上有这种 1+1>2 的效果，其规律性的作用机理并非应用者们都清楚。

比如实验证明，一种以胡椒科植物中含有一系列"胡椒酰胺"类化合物为主的生物农药，其中的胡椒酸、二氢胡椒酸和 guincca-sine 是已经分离并鉴定出分子结构的主要杀虫成分，但只有当这 3 种化合物按 1∶1∶1 的比例混合时才能表现出最大的杀虫毒力，其混合毒力是单一毒力的 2~5 倍，那腐植酸如何与其复配使用？又如，20 世纪 70 年代后期，华东化工学院曾研究过"腐植酸氯化解磷"的复合肥，并在太原做了中试。从现在看，如果按照图 3-45 的降解模式，因水土污染等原因，则正好提供了 HA-氯代烃副产物可能有的土壤温床（因为当时还尚未见到氯化 HA 水溶后可能有水污染问题的研究报道）。因在 pH 值大于9.0 时，水体腐植酸转化为氯仿的活化能仅为 51.8kJ，而现在的实验认为，这可以通过腐植酸分子量（分子级数）的调节，通过使用的腐植酸保水地膜、保水剂、种子胞衣剂等复合腐植酸农药和肥料功能的环保产品，克服可能产生的负面作用。

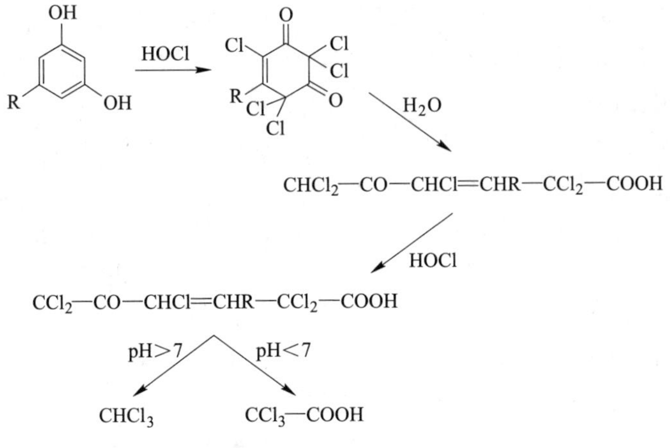

图 3-45 HA 模拟物形成三氯甲烷副产物（THMs）的可能途径

据 200 家权威机构统计，全球将来可能通过出口农产品的形式"出口"水。

霍乱可能再回伦敦，非洲集体移民可能导致欧洲出现内乱。为此，进一步研究腐植酸与医药、农药肥料的 QSAR 关系，并非要等到对腐植酸类物质的结构完全搞清楚。

3.4.1.4　相关模型

定量构效关系作为最初定量药物（农药）设计的一个研究分支，是为了适应合理设计生物活性分子的需要而发展起来的。它对于设计和筛选生物活性显著的药物，以及阐明药物的作用机理等均具有指导作用。特别是近二三十年来，由于计算机技术的发展和应用，使 QSAR 研究提高到了一个新的水平，QSAR 的研究日益成熟，其应用范围也正在迅速扩大。目前，QSAR 不仅已成为定量药物设计的一种重要方法，而且在环境化学、环境毒理学等领域中也得到了广泛的应用。许多环境科学研究者通过各种污染物结构毒性定量关系的研究，建立了多种具有毒性预测能力的环境模型，对已进入环境的污染物及尚未投放市场的新化合物的生物活性、毒性乃至环境行为进行了成功的预测、评选和筛选，显示了 QSAR 在环境领域有极其广阔的应用前景。

QSAR——定量地描述和研究有机物的结构与活性之间的相互关系，是指利用理论计算和统计分析工具来研究系列化合物结构（包括二维分子结构、三维分子结构和电子结构）与其效应（如药效学性质、药代谢动力学、遗传毒性和生物活性等）之间的定量关系，要采用数学模型，借助理化参数或结构参数来描述有机小分子化合物（药物、底物、抑制剂等）与有机大分子化合物（酶、辅酶或有机大分子）或组织（受体、细胞、动物等）之间的相互作用关系。

在药物和环境领域中，QSAR 分析具有如下两方面的功能。

（1）根据所阐明的定量构效关系（QSAR）结果，为设计、筛选或预测任意生物活性的化合物指明方向。

（2）根据已有的化学反应知识，探求生理活性物质与生物体系的相互作用规律，从而推论生物活性所呈现的机制。

QSAR 的要点是从化合物的结构出发来建造某种数学模型，然后运用这种数学模型去预测化合物的活性或性质，从而为新化合物分子的设计、评价提供理论依据。目前，几乎所有探索化合物结构-活性关系的分析方法都是以统计学为基础的。最常用的方法为 Hansch 分析法和 Free-Wilson 分析法，此外，模式识别、人工智能及其他数理统计方法也已到了广泛应用的阶段。

至今，由 Hansch 和 Wilson 开创的 QSAR 研究方法已被分门别类地发展成了20 多种方法。尽管这些方法形式多样，但都符合相同的原理，即它们的应用都要具有下面的基础。

（1）假定化合物的结构和生物活性之间存在一定的关系。也就是说，结构 S

和活性 A 之间存在函数关系 $F(S, A) = 0$。

（2）根据已知化合物-活性数据建立的函数 $F(S, A) = 0$，可以外推至新的化合物。

（3）化合物的结构可用适当的结构描述符来表示。

可以认为只要合理地将腐植酸有机质部分用恰当的结构描述符表示，在某些方面深入开展 QSAR 研究是完全可以的。

鉴于环境污染物的多样性和复杂性，1977 年在 Win Olsor 大湖水质国际会议和加拿大"大湖水质协议"中也要求发展和应用 QSAR 方法。1987 年美国采用 QSAR 估计化学品的热力学性质及毒性分类。1983 年 8 月，在加拿大 Mc-Master 大学召开了"QSAR 在环境毒理学中的应用"研讨会，并出版了论文集。1986 年美国 EPA 出版的"Research outlook"中提出应该利用 QSAR 方法预测环境化学物质的特性及其活性。近几年来，随着平衡分配法在有机污染物环境行为研究中的突出应用，环境化学和毒理学领域 QSAR 的研究非常活跃，Mackay 及其同事依此建立了颇有影响的泛逸度模型，QSAR 被有效地应用于物质基准的研究中。

3.4.1.5 QSAR 生物毒性测定技术

现代社会对化学品需求的不断增加使大量有毒的化学品被释放到环境中，给自然生态环境造成巨大的威胁。迅速而简便地检测和筛选有毒有害化学品的环境毒理效应显得越来越重要。有毒化学品对生物的毒理作用主要取决有毒化学品的毒性程度和暴露水平。目前，化学检测的手段虽然已能精确地测定化学物质，甚至是痕量的浓度，但化学物质对生物的毒性作用只能通过生物测试手段来获得。传统的毒性实验通常采用单一的试样，进行逐一的实验。随着进入环境的化学品数量越来越多，这种方法已不能满足快速检测的需要。发展快速、简便、灵敏和低廉的微生物检测技术无疑具有重要意义。因此，生物毒性测定技术越来越受到人们的重视。

通常，微生物接触有毒化学品后，可造成细胞内蛋白质的变性、遗传物质的破坏或细胞膜的破裂，导致胞内物质的外漏，从而对微生物造成毒性危害。用适当的指标把这些危害效应反映出来，就可以对有毒化学品的毒性程度和浓度大小做出评价。根据微生物毒性实验测定的指标和在环境监测中的应用毒性，检测一般可以分为：（1）细菌发光检测；（2）细菌生长抑制；（3）呼吸代谢速率；（4）菌落数检测；（5）生态效应检测。目前用得较多的生物毒性实验是前两种。

[**例 3-6**] 以鱼/半致死浓度（LC_{50}）及其替代物作为指示生物/评价指标的毒性检测。

评价有机化合物的毒性一般采用鱼作为指示生物，用半致死浓度（LC_{50}）作为评价其毒性的指标。由于测定 LC_{50} 具有实验周期长、费用高、误差大等缺点，现在常采用实验周期短、费用低的酵母菌作替代生物。酵母菌是一种单细胞真核微生物，与鱼或高等生物在亲缘关系上接近，培养测试方便。选择酿酒酵母菌作为指示生物，以有机化合物对酿酒酵母菌的最小抑制圈浓度（C_{min}）来指示生物毒性，同时还对 C_{min} 与 LC_{50} 之间的相关关系进行了研究探讨。

采用酵母菌作为指示生物有很多优点：（1）实验方法容易掌握；（2）酵母菌具有足够短的生长时间；（3）酵母菌能在密闭体系中培养，因此该方法可以检测挥发性物质；（4）酵母菌的细胞结构与高等微生物的细胞结构类似。

[**例 3-7**]　　以生物富集系数 K_{BCF} 为评价指标的毒性检测。

生物富集（Bioconcentration）是指生物从生物相中对有机物的吸收，生物放大（Biomagnification）是指生物通过食物和食物链对有机物的吸收，而生物积累（Bioaccumulation）则是对生物富集和生物放大的统称。一般来讲，生物富集可视为一个趋于平衡的过程，而生物放大则是一个非平衡的动力学过程。对于低营养级的水生生物，由于生物放大效应不显著，可用生物富集系数 K_{BCF} 来描述有机物在生物体内的积累，K_{BCF} 定义为：

K_{BCF} = 平衡时水生生物体内有机物物含量/水中有机物浓度

K_{BCF} 的实验测定有流动试验法 BCF（f）和模拟生态系统法 BCM（t），相应地也有两种 QSAR 模型（见表 3-32）。

表 3-32　关于 BCF 与 BCM 的 QSAR 模型

	QSAR 模型	化合物数目（n）	相关系数（r^2）	有机物	水生生物
BCF（f）	$\lg K_{BCF} = 0.76\lg K_{ow} - 0.23$	84	0.823	大多数有机物	小鲤鱼等鱼类
	$\lg K_{BCF} = 0.85\lg K_{ow} - 0.70$	55	0.897	PCB、DDT	鱼类
	$\lg K_{BCF} = 0.935\lg K_{ow} - 1.493$	26	0.757	大多数有机物	鱼类
	$\lg K_{BCF} = 0.752\lg K_{ow} - 0.436$	7	0.85	PAH	水蚤
	$\lg K_{BCF} = -2.31 + 2.12^2\chi^V - 0.16\,(^2\chi^V)^2$	84	0.966	PCB、DDT	鱼类
BCM（t）	$\lg K_{BCF} = 0.411\pi + 1.458$	7	0.733	苯及其衍生物	—
	$\lg K_{BCF} = 0.631\lg K_{ow} + 0.139$	4	0.848	吩噻嗪	—
	$\lg K_{BCF} = -0.428\lg S_{aq} + 2.558$	19	0.658	苯衍生物、农药	—
	$\lg K_{BCF} = -1.76\lg S_{aq} + 5.99$	11	0.757	DDT 类、林丹	—

[**例 3-8**]   以生物降解速率 K_{BDR} 为评价指标的毒性检测。

生物降解是有机物分解的最重要的环境过程之一，尤其是微生物对有机物的降解。Hamaker 认为微生物降解反应服从 n 级反应动力学，即

$$-d[c]/dt = K_{BDR}[c]^n \tag{3-44}$$

式中 n——反应级数；

K_{BDR}——生物降解速率。

由于生物降解的复杂性及环境条件对它的影响，应用 K_{BDR} 的 QSAR 模型研究比较少。但已发现 K_{BDR} 同化合物的结构有很大关系，K_{BDR} 与有机物取代基、饱和度及支链之间的定性法则以 $Y(CO_2$ 生成量，mmol) 作为活性评价指标的 QSAR 方程为：

$$Y = 52.597 - 4.108\,^3X_p - 21.093\,^3X_p^V + 13.798\,^4X_{pc}^V$$
$$(n = 26, r = 0.923, S = 2.666) \tag{3-45}$$

式中 K_{BDR}——生物降解速率；

Y——CO_2 生成量，mmol；

p——多环芳烃（PAH）；

pc——多氯联苯（PCB）；

^3X——三阶分子连接性指数；

$^4X^V$——四阶分子连接性指数；

V——指数；

n——数值个数；

r——相关系数；

S——标准差。

而杂环化合物的好氧生物降解性与其化学结构关系的 QSAR 方程为：

$$K = -2.4717\,^1X^V + 4.9485E_{HOMO} + 57.938$$
$$(n = 12, r = 0.986, S = 1.119) \tag{3-46}$$

式中 K——生物降解速率常数；

$^1X^V$——一阶分子连接性指数；

E_{HOMO}——分子最高占据轨道能。

3.4.2　定量构效关系的研究功能及相关模型

有机污染物的物理化学性质参数主要有水溶解度 S_{aq}、蒸汽压 p^0、熔点 m_P、沸点 b_P 和亨利常数等，这些性质直接影响污染物的环境行为。表 3-33 为预测物理化学性质参数的代表性的 QSAR 方法。

表 3-33　预测有机物理化学参数的 QSAR 方法

理化参数	QSAR	适用范围
水溶解度（S_{aq}）	Imann	烃和氯化烃
	$\lg S_{aq} = 11.36\,^1X - 8.436\,^1X^V - 9.417$	醇
蒸气压（P^0）	Amtorine 法	$10^{-3}\,kPa < p^0 < 101\,kPa$
	改进的 Watson 相关法	$10^{-7}\,kPa < p^0 < 101\,kPa$
沸点（b_p）	Meissner 法	含有 N、O、S、X 有机物
	Lyderson-Fornan-Thordos 法	含有 N、O、X 有机物
	Miller 法	大多数有机物
	Ogata-Tschida 法	RX 型有机物
	Somayajulu-Palit 法	含不超过一个功能团的有机物
	Kinney 法	脂肪烃及其衍生物
	Stiel-Thodos 法	饱和脂肪烃

Murray 考察了 138 种化合物（其中，包括 49 种醇、12 种醚、16 种酮、9 种羟酸、25 种酯和 27 种胺）的辛醇/水分配系数 $\lg K_{ow}$ 与分子连接性指数之间的关系，获得如下 QSAR 方程，即

$$\lg K_{ow} = 1.48 + 0.95\,^1X^V$$
$$(n = 138, r = 0.986, S = 0.152) \tag{3-47}$$

式中　$^1X^V$——一阶分子连接性指数。

除从结构来预测有机物的物理化学性质外，已报道的物理化学性质之间相互关系也有很多关系式，如 Yalkowsky 等人所发现的关系式为：

$$\lg S_{aq} = -0.88\lg K_{ow} - 0.01m_p - 0.012 \tag{3-48}$$
$$(n = 32, \ r^2 = 0.979)$$

王连生等人所发现的关系式为：

$$\lg S_{aq} = 0.0112b_p - 0.00722m_p - 0.846 \quad (n = 21, \ r^2 = 0.974) \tag{3-49}$$

式中　S_{aq}——水溶解度；g/1000g 水；

m_p——熔点，℃；

r^2——决定系数；

b_p——沸点，℃。

$$\lg p^0 = -0.0235b_p - 0.0103m_p + 5.005 \quad (n = 14, \ r^2 = 0.984) \tag{3-50}$$

其中，p^0 为蒸汽压，kPa。

[例 3-9]　沉积物（或土壤）化学行为的 QSAR 研究与预测。有机污染物常见的环境化学参数有沉积物（或土壤）吸附系数、生物富集倍数 K_{BCF} 和生物降解速率 K_{BDR} 等。

求取沉积物（或土壤）吸附系数 K。Giles 等人发现有机物在固体（沉积物或土壤）上的吸附等温线有 4 类：Langmuir 型（L）、协同型（S）、线性吸附型（C）和强亲和吸附型（H）。其中，以 C 型最为重要和有意义，因为大多数有机物的吸附常常是疏水线性吸附，即便是其他吸附类型占主导，由于天然环境中有机污染物浓度很低，其吸附等温线在低浓度区域也是近似线性。

因此，可定义沉积物（土壤）吸附系数 K，即

$$K=平衡时固相中的浓度/水相中的浓度$$

K 实质上也是一种分配系数。

在实际应用中，常采用有机碳吸附系数 K_{OC}，即

$$K_{OC}=平衡时吸附在有机碳上的浓度/水相中的浓度$$

大量研究表明，当颗粒物中有机碳质量分数 $w_{OC}>0.5\%$ 时，有机碳是颗粒物中有机物唯一重要的吸附者，即

$$K = w_{OC}K_{OC} \tag{3-51}$$

表 3-34 为有关 K_{OC} 的 QSAR 模型。

表 3-34　关于 K_{OC} 的 QSAR 模型

QSAR 模型		化合物数目（n）	相关系数（r^2）	适用范围
基于 K_{ow}	$\lg K_{OC} = 0.937$、$\lg K_{OW} = -0.006$	19	0.95	PAH、二硝基苯胺、除莠剂
	$\lg K_{OC} = 1.001$、$\lg K_{OW} = -0.21$	10	1.00	PAH、三硝基苯胺、除莠剂
	$\lg K_{OC} = 1.029$、$\lg K_{OW} = -0.18$	13	0.91	农药、除莠剂、熏蒸剂
基于 S_{aq}	$\lg K_{OC} = 0.55$、$\lg S_{aq} = 3.64$	106	0.74	农药
	$\lg K_{OC} = 0.54$、$\lg S_{aq} = 0.44$	10	0.94	PAH
	$\lg K_{OC} = 0.557$、$\lg S_{aq} = 4.227$	15	0.99	卤代烃

尽管各种模型有差别，但由表 3-34 可见，在不太精确的前提下则有：

$$K_{OC}=K_{OW}$$

对沉积物（土壤）有机物吸附系数的另一种描述是有机质吸附系数 K_{OM}，与 K_{OC} 类似地有：

$$k = w_{OM}K_{OM}$$

式中　w_{OM}——有机质质量分数。Sabiliji 等人研究了 K_{OM} 与分子拓扑指数的关系，得出的关系式为：

$$\lg K_{OM} = 0.63\,^1x - 0.10$$
$$[n = 8(PAH), r^2 = 0.972, S = 0.202] \tag{3-52}$$
$$\lg K_{OM} = 0.53\,^1x + 0.42$$

$$\left[n = 37（卤代烃和 PCB），r^2 = 0.952, S = 0.300 \right] \qquad (3-53)$$

$$\lg K_{OM} = 0.53\,^1x + 0.43$$

$$\left[n = 72（各类型有机物），r^2 = 0.950, S = 0.282 \right] \qquad (3-54)$$

［例 3-10］　化学品土壤吸着系数的 QSAR 模型。

环境中污染物分子的吸附系数（K_{OM}）是评价生态毒性的重要参数。吸附与解吸过程是影响有机污染物在水/土体系中迁移、转化的重要因素。虽然 K_{OM} 也可由 K_{OM} 等理化性质来预测，但这些性质一般都来源于实验数据，易受外界影响，而 MCI 则不存在这些问题。因此，分子连接性指数预测有机污染物的生态毒理学参数具有其他方法无可比拟的优越性。

分子连接性指数与化学品土壤吸着系数之间存在良好的线性关系，其中，芳香类有机化学品的 QSAR 回归方程为：

$$\lg K_{OM} = 1.6970\,^1x_{\mathrm{p}} - 0.48550\Delta^4x_{pc} - 4.0564$$
$$(R = 0.9032, F = 35.4499, S = 0.2514, n = 19) \qquad (3-55)$$

式中　K_{OM}——有机质吸附系数；

　　　F——F 检验的统计量值。

表 3-34 列出了 19 种芳香类有机化合物及其回归方程中的二项 MCI 指数及 $\lg K_{OM}$ 的实验值、预测值和残差。

［例 3-11］　污染物分子结构、分子片结构或者综合结构的 QSAR 研究。

a　污染物分子结构的 QSAR 研究

建立生物可降解性与分子结构的定量关系一方面需要生物可降解数据；另一方面需要仔细选择相关的结构参数，并注意所代表的结构含义。

生物可降解性的数据根据不同的需要有不同的侧重点。在生物降解过程中，起始速率数据容易迅速测定，能够表明生物降解过程启动的信息，但是所获得的速率数据并不能适用于降解全过程。因此，仅仅观察某一种污染物本身消失的速率，而不是跟踪降解反应全过程是不全面的。经常存在一些因素的影响，例如中间产物的毒性可能导致对微生物的抑制，而使降解过程停留在某一个阶段。中间产物的毒性是一个经常遇到的问题。所以初级生物可降解性只能表达污染物的初期降解特性，即微生物开始降解污染物的过程而不是污染物被完全降解的全过程。

从环境角度而言，完全降解是最理想的，可以由生化需氧量、CO_2 生成量或者溶解性有机碳的降低速率等表示。污染物完全降解时间也长短不一，从 5d 至 42d，一般采用 5d 的生化需氧量（BOD_5）。当然，BOD_5 只能是一个初步筛选手段。BOD_5 低并不意味着污染物不能在更长的时间内被降解。

生物可降解性方面数据的重要性是因地而异的。其结果本身受许多因素的影响，包括污染物的浓度、微生物的种类和数量、微生物的驯化以及实验的程序等。

Monod 降解方程经常被用来表示生物可降解过程，可以表示为：

$$- \mathrm{d}S/\mathrm{d}t = kX(S/K + S) \tag{3-56}$$

这个方程只适用于微生物平衡生长和没有毒性抑制存在的情形。

在降解过程中，生物量如果因毒性抑制而下降，可以假定一级方式，则有：

$$\mathrm{d}X/\mathrm{d}t = k_i X \tag{3-57}$$

式中 k_i——毒性抑制系数。

在实际过程中，经常出现的情况是在起始阶段，降解反应遵循 Monod 模式，但是稍后即偏离了该降解模式，或者反应停留在某一个阶段。因此，在测定污染物质的生物可降解性时，了解相关的过程特点是非常重要的。应该将理论预测的结果与实验结果进行对比，如果实验数据与计算结果不相符合，则应找出偏差的原因，包括毒性抑制的动力学原理、滞后原因等。微生物活性的滞后可能是由于酶的诱导（Adaptation）或者生物量繁殖时间（Acclimation）等造成的。

另一方面，必须注意污染物质结构参数的多样性。每一种参数所代表的分子结构侧面是不同的。例如，Hammett 取代基常数增加，亲电性增加，对于苯酚和苯胺就增加了其降解的难度。实际上，在芳香环的降解过程中，反应不仅与取代基的亲电性有关，而且与取代基的立体效应关系也非常密切。在关联立体结构效应时，范德华半径效果更好。分子连接性指数也是相当好的参数，能够代表污染物质结构的复杂性、支链特性、电子特征和立体效应等。例如，^0x 和 ^1x 分子连接性指数代表了相对分子质量，^2x 连接性指数代表了分子大小和支链特征，^3x 指数表达了烷烃的密度并反映了其柔软程度，^3X_c、^4X_c、$^4X_{pc}$ 表示了支链程度并能够很好地与生物可降解性相关联。分子连接性指数的缺点是计算相对复杂，尤其是对于比较复杂的污染物质，需编写程序在计算机上完成。

b 污染物分子片结构的 QSAR 研究

分子片结构模型将污染物质根据其结构特点分解为取代基和分子片段，每一个取代基和分子片段都对应着分子性质的某个方面，同时对分子的生物可降解性具有特定的贡献率。根据这种原理，成千上万的物质可以分解成为各种特定的取代基或分子片段的组合。因此，其生物可降解特性可以根据其含有的取代基和分子片的分别贡献率而计算出来，即

$$\lg k = \sum_{i=1}^{N} n_i a_i \tag{3-58}$$

式中 k——生物降解一级反应速率常数；

n_i——污染物质含有的取代基或分子片的数目；

a_i——取代基团或分子片段对生物可降解性的贡献率。

表 3-35 为典型取代基和分子片的生物可降解性贡献率。

表 3-35　典型取代基和分子片的生物可降解性贡献率

取代基	贡献率 a_i	取代基	贡献率 a_i	取代基	贡献率 a_i
—CH$_3$	-1.3667	—COOH	-1.3133	—OH —（芳环）	-0.5016
—CH$_2$	-0.0438	—CO	-0.5073	—C —（芳环）	1.0659
—OH	-1.7088	—NH$_2$	-1.4654		

尽管这种方法的思路简捷，但是其离实际应用还有一定的距离。显然，为了达到实用的目的，这种方法需要针对各种类型的污染物质和各种类型的微生物建立庞大的数据库，仔细鉴别各种类别的取代基和分子片的贡献率。而且取代基之间、分子片之间的相互作用必须得到相关的量化考虑，难度是比较大的。

c　污染物综合模型的 QSAR 研究

Okey 和 Stensel 利用分子连接性指数通过对 124 种不同类型的污染物质的生物降解数据进行关联分析，得到一个综合的 QSAR 模型：

$$\lg k = -0.130^0X^V - 0.881^5X_c + 2.185^6X_{CH}^V + 0.221COOH + 0.221COOH - 0.388NH_2 - 0.273NO_2 - 0.369SO_x - 0.172HAL + 0.311HET + 0.190AROM + 0.137ALIF \quad (3-59)$$

$$(n=124,\ r=0.851,\ S=0.227)$$

其中，k 是降解速率常数，即单位质量的生物量（MLSS）在单位时间内降解 COD 的速率，mg/(g·h)。模型含有不同类型的官能团，包括—OH、—COOH、—NH$_2$、—NO$_2$ 和—SO$_x$，HAL 代表卤原子，HET 代表杂原子，而 AROM 代表芳香烃，ALIF 代表脂肪烃。

从以上 QSAR 模型方程可以发现，污染物质的生物可降解性随着$^0X^V$和^5X_c的增加而下降，随着$^6X_{CH}^V$的增加而提高。根据分子连接性指数所代表的分子结构的意义，$^0X^V$描述了分子的尺寸和电荷的大小，^5X_c描述了分子结构的复杂程度，而$^6X_{CH}^V$描述了分子链的长度尺寸。同时，$^0X^V$和$^6X_{CH}^V$也包含了分子的电子特征，包括饱和键 σ 电子、不饱和键 π 电子以及孤对电子，^5X_c也包含了分子结构的立体空间效应的因素。

该模型描述了生物可降解性与取代基类型之间的定量关系，OH 和—COOH 有利于生物可降解性，而—NH$_2$、—NO$_2$、—SO$_x$、卤素原子和其他杂原子等不利于生物可降解性。对于芳香烃，AROM = 1；对于脂肪烃，ALIF = 1；而对于含有脂肪烃取代基的芳香烃，则同时取 AROM = 1、ALIF = 1。

目前，分子连接性指数被公认为是最好的关联结构参数之一。许多研究表明，分子连接性指数对结构的各种变化都比较敏感，对各种行为能够提供相当好的关联，并能够提供结构方面的分析和机理解析。

3.4.3　腐植酸（模型）定量构效关系方法的研究

在第 3.4.2 腐植酸（模型）定量构效关系结构参数的选择，活性参数的获得等介绍基础上，本章节简要介绍在腐植酸（模型）定量构效关系（QSAR）研究中的数学建模等信息基础。通常，定量构效关系需要利用回归的方法建立结构与活性的关系模型，能达到这一目的回归方法有 3 种：

（1）传统的多元线性回归分析法（Multivariate linear regres-sion，MLR）；

（2）主成分回归分析（Prineipalcomponent regression，PRC）；

（3）偏微分最小二乘法（Partial least squares reresion，PLS）。

QSAR 研究在刚刚起步时用的都是多元线性回归法，由于多元线性回归法能给出明确的表达式，因此它在定量构效关系中的应用非常广泛。

何艺兵等人应用一级反应动力学模型研究水生生物中毒机理，推导出中毒与结构的相关方程，并延伸应用到取代芳烃化合物定量结构与活性关系的建立。

王连生等人采用多元逐步回归方法在芳烃类有机物结构与活性相关的参数研究中，通过相关分析，从多个信息参数中筛选出 7 种典型分子表征参数，从理论上表述了有机物生物活性效应取决于有机物与生物靶分子的结合量和反应过程中靶分子的含量。

北京大学陶澍等人根据水体腐植酸的环境特性表征、异质性定量描述、与金属相互作用的测定及 QSAR 模型，建立了测定配位容量的"外推零富集时间阳极溶出法"，在腐植酸与金属相互作用研究中，提出了综合"多配位体"和"亲和谱"两类模型优点的"定配位常数模型"；建立了用串联柱与峰加宽效应校正相结合测定腐植酸分子量分布的新方法，并将多元统计分析方法用于腐植酸特性谱图的表述，查明了天然水氯化生成卤代烃的主要母体物质为水生腐植酸。这为进一步开展环境地球化学研究提供了重要的基础资料和先进可行的分析测试方法。

虽然多元线性回归方法在 QSAR 模型构建中贡献很大，并对结构与毒性间的毒理学解释提供了方便，但它构建 QSAR 模型时也存在一些问题，其主要缺点是受变量集的维数限制。针对多元线性回归法的问题，研究工作者采用主要成分回归分析法和偏微分最小二乘法来克服维数限制。这两种方法都先将变量数目经计算机简化，特点是：成分分析法得到的解更具有普遍性；偏微分最小二乘法运算较快，在实际应用中更受欢迎。

传统的数值分析方法建立的 QSAR 模型缺乏预测能力的原因主要有两点：

（1）某些对化合物活性有明显激活或抑制效应的特殊子结构或分子片段很难用数值表达，在上述方法中只能忽略；

（2）化合物的构效关系一般是非线性的，而且有些结构变量彼此有联系。

3.4.3.1　腐植酸（模型）的定量构效关系探讨

A　QSAR 应用的概念模式

如图 3-46 所示，按此模式，腐植酸的 QSAR 研究程序包括以下 5 个主要步骤。

（1）选择合适的腐植酸的待实验数据资料，建立待试数据库。要求数据准确、可靠。

（2）根据实际经验获取结构参数；或根据量子力学方法精确计算结构参数；以及根据分子连接法、拓扑指数产生新的分子结构参数；并从权威数据库、经典文献资料、可信的实验资料中选择欲研究的活性参数（根据专家系统模型，研究腐植酸模型的定量构效关系）。

（3）选择合适的方法建立结构参数与活性参数间的定量关系模型。针对腐植酸模型的结构特征，可以结合 Ferr Wiolon 的取代基贡献模型和分子连接法，在合理简化后探讨 QSAR；同时要采用回归分析、判断分析、因子分析、模式识别、主成分分析和聚类分析等多元统计分析方法构建 QSAR 模型。

（4）模型检验选择更好的结构参数或建模方法，使模型最优化；同时需给出模型的约束条件和误差范围。

（5）实际应用预测和预报腐植酸在农药、肥料、对水体影响等方面的活性数据。

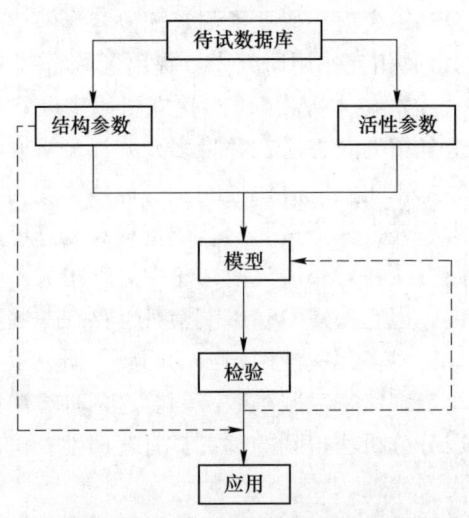

图 3-46　QSAR 应用的概念模型

B　QSAR 模型的检验和优化

以适当的参数和合适的方法建立起 QSAR 模型以后必须进行检验。检验包括：（1）相关显著性检验，在多大的置信水平上显著相关；（2）给出方法误差 E_M；（3）给出适用范围。

方法误差 E_M 定义为未参加建模化合物的活性估算值和实测值的平均误差，其计算式为：

$$E_M = \frac{1}{n} \sum \frac{C_{\text{估}} - C_{\text{实}}}{C_{\text{估}}} \tag{3-60}$$

一般在报道新的 QSAR 模型时，应同时说明该模型方法的误差 E_M。

对于相关显著性不高或者 E_M 太大的模型，必须进行优化。优化的方法包括：（1）选择更合适的建模参数；（2）选择更佳的建模方法，而且再次优化以后，必须重新进行检验，按应用概念模式测试误差大小。

C　QSAR 模型的预测误差估计

应用建立起来的模型去预测未知化合物的活性时，其预测误差（应用误差）E_T 不仅包括模型本身的方法误差 E_M，还包括由于模型参数输入误差而产生的传递误差 E_p，即

$$E_T = \sqrt{E_M^2 + E_p^2} \tag{3-61}$$

在理想情况下，如果模型参数全部精确测定，则 $E_p = 0$，$E_T = E_M$。在实际情况下，E_p 一般不为 0，因此 $E_T > E_M$。

Lyman 给出了 E_p 的估计方法。记 QSAR 模型为 $f(x)$，模型参数 x 本身有误差 $x \approx x_0 \pm S_{x_0}$，则传递误差 E_p 的估算式为：

$$E_p = \sqrt{\frac{(C_1 - C_2)^2}{4}} \tag{3-62}$$

式中，$C_1 = f(x_0 - S_{x_0})$，$C_2 = f(x_0 + S_{x_0})$。

例如，Kenage 等人给出的 QASR 模型：

$$\lg K_{OC} = 0.544 \lg K_{OW} + 1.377 \quad (n=45,\ r^2=0.74,\ E_M=120\%)$$

计算得出的结果必须符合该模型允许的各项误差。

D　QSAR 法中拓扑指数选定

分子结构参数的选择与确定是 QSAR 研究中非常重要的环节。除了前面介绍的"结构参数"，即理化参数外，还有"拓扑指数"和"量子化学参数"。

经典的 QSAR 研究主要采用理化参数来表达分子的结构信息，以分子式为基础，根据实验测得的经验参数与相应的性质如药效、污染物的生态毒性等建立定量关系式。该方法所用的参数大多由实验测定，对于腐植酸物质，不做任何简化不太合适。

采用量子力学的方法对分子进行精确计算需了解分子的全部信息，对了解分子活性本质是一种好方法，但该方法计算烦琐复杂，只在一定层次内可推广应用。

分子连接性方法是 Kier 和 Hall 等人根据拓扑理论，在 Randic 分子的分枝指数基础上提出和发展起来的一种新方法。该方法能根据分子结构式的直观概念对分子结构作定量描述，使分子间的结构差异实现定量化。

分子连接方法不需要测定所研究分子的实验参数，也不需要解出复杂的薛定谔方程（量子力学方程），只需根据分子的拓扑结构，就能把理化性质或生物学性质的加和性和构成性以分子连接性函数的方式译制出来。利用这种函数，化学和环境科学研究领域常用其预测一些分子的未知性质，如化合物的反应性和污染物的生态毒性等。由于分子指数不依赖实验等优点，具有方便、简单等性质，同时用分子连接性指数预测的某些理化性质其误差接近实验误差，因此该方法在多种研究领域中得到广泛应用。图 3-47 是基于分子连接指数法基础上的 QSAR 建模。

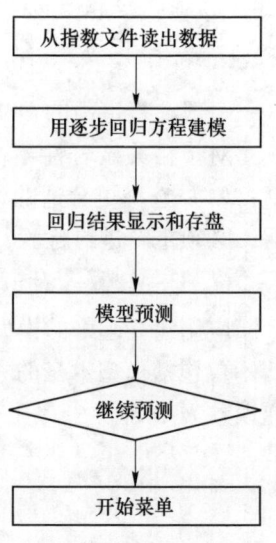

图 3-47　分子连接指数法基础上的 QSAR 建模流程

3.4.3.2　人工神经网络模型研究

人工神经网络是一种新型的黑箱方法，是近 10 多年来迅速发展的研究热点。人工神经网络是由大量的简单处理单元（神经元）广泛连接而形成的复杂网络系统。它处理问题时不需要了解输入、输出之间的相互关系，不便考虑难以数值化的化合物特殊的子结构。而通过自学习功能"记忆"样本所含的信息，并根据训练样本的数据自动寻找相互关系。

以第二代专家系统著称的人工神经网络于 1990 年给 QSAR 研究带来模型化思想上的重大变革，1990 年数学家证明了带有 S 形变换的多层前馈神经网络能很好地近似于多维空间的任意的实数型连续函数，人工神经网络通过例子学习，不断修正连接权值，产生判别函数，利用判别函数对学习集进行分类和预测。由此，人工神经网络算法更适宜构造结构与活性之间的关系。

BP 网络是能实现映射的反馈型网络中最常用的一类网络。图 3-48 所示为常用的 3 层 BP 神经网络模型。其基本思路是：把网络学习时输出层出现的与"事实"不符的误差归结为连接层中各节点间连接权及阈值（有时将阈值作为特殊的连接权并入连接权的）的"过错"，通过把输出层节点的误差逐层向输入层逆向传播以"分摊"给各节点，从而可算出各连接节点的参考误差，并据此对各连接节点进行相应的调整，使网络适应映射。

BP 算法所采用的学习过程由正向传播处理和反向传播处理两部分组成。在正向传播过程中，输入模式从输入层经隐含层逐层处理并传向输出层，每一层神

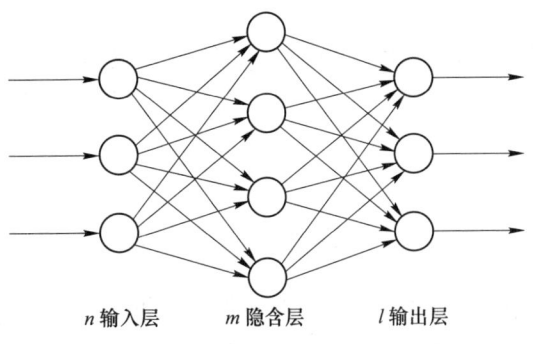

n 输入层　　　　m 隐含层　　　l 输出层

图 3-48　BP 神经网络模型

经元状态只影响下一层神经元状态；如果在输出层得不到期望的输出，则转入反向传播，此时，误差信号从输出层向输入层传播并沿途调整各层间连接权值以及各层神经元的偏置值，以使误差信号不断减少。BP 算法实际上是求误差函数的极小值，它通过多个学习样本的反复训练并采用最快下降法，使得权值沿误差函数的负梯度方向改变，并收敛于最小点。

A　BP 网络的基本算法

对于带偏置节点结构的 BP 网络，其基本的 BP 算法如下。

（1）设置变量和参量（$k=1$，2，$\cdots$，n）为输入向量，或称训练样本，n 为训练样本的个数。

$$W_{MI}(n) = \begin{bmatrix} \omega_{11}(n) & \omega_{12}(n) & \cdots & \omega_{1I}(n) \\ \omega_{21}(n) & \omega_{22}(n) & \cdots & \omega_{2I}(n) \\ \vdots & \vdots & \ddots & \vdots \\ \omega_{M1}(n) & \omega_{M2}(n) & \cdots & \omega_{MI}(n) \end{bmatrix}$$ 为第 n 次迭代时输入层与隐含层

I 之间的权值向量。

$$W_{IJ}(n) = \begin{bmatrix} \omega_{11}(n) & \omega_{12}(n) & \cdots & \omega_{1J}(n) \\ \omega_{21}(n) & \omega_{22}(n) & \cdots & \omega_{2J}(n) \\ \vdots & \vdots & \ddots & \vdots \\ \omega_{I1}(n) & \omega_{I2}(n) & \cdots & \omega_{IJ}(n) \end{bmatrix}$$ 为第 n 次迭代时隐含层 I 与隐含层

J 之间的权值向量。

$$W_{JP}(n) = \begin{bmatrix} \omega_{11}(n) & \omega_{12}(n) & \cdots & \omega_{1P}(n) \\ \omega_{21}(n) & \omega_{22}(n) & \cdots & \omega_{2P}(n) \\ \vdots & \vdots & \ddots & \vdots \\ \omega_{J1}(n) & \omega_{J2}(n) & \cdots & \omega_{JP}(n) \end{bmatrix}$$ 为第 n 次迭代时隐含层 J 与输出

层之间的权值向量。

$O_K(n) = [O_{K_1}(n) O_{K_2}(n) \cdots O_{K_P}(n)] (k = 1, 2, \cdots, n)$ 为第 n 次迭代时网络的实际输出。

$T_k = [t_{k_1}, t_{k_2} \cdots t_{K_P}] (k = 1, 2, \cdots, n)$ 为期望输出。

η 为学习效率。

n 为迭代次数。

α 是动量因子,$0 < \alpha < 1$。

(2) 权值初始化(其中包括输入层各个节点与隐含层各节点的权值以及隐含层所有节点与输出层各节点的权值)。同时,初始化各个与偏置节点相连的权值。$W_{MI}(0)$,$W_{IJ}(0)$,$W_{JP}(0)$ 为一个较小的随机非零值。

(3) 随机输入样本 X_K,$n = 0$。

(4) 对于输入样本 X_K,前向计算 BP 网络每层神经元的输入信号 n 和输出信号 L。

(5) 由期望输出 T_{PK}(第 p 个样本的实际输出)和上一步求得的实际输出 O_{PK}(第 p 个样本的实际输出)计算误差 $E(n)$,判断其是否满足要求,若满足要求转至(8);不满足转至(6)。

(6) 判断 $n+1$ 是否大于最大迭代次数,若大于转至(8),若不大于,对输入样本 X_K 反向计算每层神经元的局部梯度 δ,即从输出层开始,将误差信号沿连接通路方向传播,通过修正各权值,使误差最小。其中:

$$\delta_p^P(n) = y_p(n)[1 - y_p(n)][T_p(n) - y_p(n)] (p = 1, 2, \cdots, P)$$

$$\delta_j^J(n) = f'[u_p^P(n)] \sum_{p=1}^{P} \delta_p^P(n) \omega_{jp}(n) (j = 1, 2, \cdots, J)$$

$$\delta_i^I(n) = f'[u_i^I(n)] \sum_{p=1}^{P} \delta_i^I(n) \omega_{ip}(n) (i = 1, 2, \cdots, I) \tag{3-63}$$

(7) 按下式计算权值修正量 ΔW,并修正权值:$n = n+1$,转至(4)。

$$\Delta W_{jp}(n) = \eta \delta_p^P(n) v_j^J(n)$$

$$W_{jp}(n + 1) = W_{jp}(n) + \Delta W_{jp}(n + 1)$$

$$\Delta W_{ij}(n) = \eta \delta_j^J(n) v_i^I(n)$$

$$W_{ij}(n + 1) = W_{ij}(n) + \Delta W_{ij}(n + 1)$$

$$\Delta W_{mi}(n) = \eta \delta_i^I(n) x_{km}(n)$$

$$W_{mi}(n + 1) = W_{mi}(n) + \Delta W_{mi}(n + 1) \tag{3-64}$$

式中　　　W——权重;

$\Delta W(n + 1)$——当前的权重修正值;

$\Delta W(n)$——上一学习周期的权重修正值。

(8) 判断是否学完所有的训练样本,当所有样本输出值与目标期望值之间的均方差 RMS 值满足要求时，停止迭代，网络训练结束，各连接节点的权重值固定下来。此时，就意味着建立了输入、输出值之间的定量数学关系式。否则转至 (3)。

B BP 网络对实验建模

对 BP 网络的评价方法。在利用神经网络建模时，最关心的问题就是网络建模的正确性，即神经网络的泛化能力或预测能力。因为如前所述的 BP 算法，神经网络的建模即网络各个节点间权重值的确定是通过对网络的训练达到的。神经网络通过训练一定的样本，反映样本以外输入的部分信息。因此，在利用神经网络模型做进一步研究时，必须保证该模型的正确性及高的泛化和预测能力。正确性的评价一般利用网络的预测能力，所以本书提出检验神经网络模型的方法。对于本书问题的特殊性，在此引入本书评价模型的方法。

在训练模型的时候运用均方差：

$$MSE = \frac{1}{m} \sum_{i=1}^{m} (y_i - \overline{y_i})^2 \tag{3-65}$$

在评价过程中，随机选择 6 组未参加训练的数据，利用模型对这 6 组输入的预测值 (pred) 和实际值 (real) 的夹角余弦来评价该神经网络模型。

$$\cos\alpha = \frac{\sum_{k=1}^{n} real_k \, pred_k}{\sqrt{\left(\sum_{k=1}^{n} real_k^2\right)\left(\sum_{k=1}^{n} pred_k^2\right)}} \tag{3-66}$$

夹角余弦是聚类分析中表征向量之间相似程度的量。建立该网络模型的目的是为了在其基础上进行优化。当然，模型的 MSE 值小固然表示该模型的高可靠性，但如果在最坏的情况下，在得不到 MSE 值小的模型时，这是否就意味着不能进行优化呢？假设得到一个 MSE 值很小的模型，将该模型的预测值扩大 10 倍，很明显此时的模型如果仍用 MSE 标准，则将会被淘汰掉，但优化这两个模型得到的结果将是相同的。因此，上述 MSE 值大的模型是不会影响优化结果的。基于以上考虑，本书利用夹角余弦来评价网络模型。

网络训练样本的设计给出了评价模型的方法后，为了保证模型的准确性，还必须注意训练网络模型样本的选择。神经网络是一个经验模型，选取其权值的初始值很重要。初始值过大或过小都影响学习速度。要使该模型有高的预测能力，就必须保证在建模过程中使用的样本量充分大，同时分布充分广。因为那些分布很窄的数据构建的模型适用范围很小，很难在模型基础上进行大范围的寻优。而在实验阶段，随机地开展大规模的实验是很困难的。在兼顾样本的分布完整性和控制实验的数量情况下，必须结合有效的实验设计方法。文献首先利用正交实验建立了神经网络模型并得到了优化结果。

　　Villemin 等人运用误差反向传播（BP）算法的多层人工神经网络构造多环芳烃化合物结构与致癌性的关系模型，该模型把多环芳烃化合物分为两大类，即活性和非活性，模型的总预测精度达 86%。Vracko 等人利用与几何和电子结构有关的描述符作为结构参数来构建结构与致癌能力人工神经网络 QSAR 模型，去掉异常值后，获得预测相关系数 $R = 0.83$。Gimi 等人改进了含氮芳香化合物致癌性预测的 BP 算法的人工神经网络模型，输入参数是选择不同类型的分子描述符，输出参数是 TD_{50}，即给出表达致癌性的连续数字参数，依主要成分分析减少输入参数的个数构建人工神经网络模型。

　　在研究中使用了 104 个分子，获得相关系数的平方 $r^2 = 0.69$，剔除 12 个异常值后，$r^2 = 0.82$。Gimi 等人在混合系统内耦合专家系统和人工神经网络，该方法能够利用每个方法的优点。在构建 QSAR 模型中，除应用 BP 算法人工神经网络外，近年来 RBF 等其他算法的人工神经网络也在 QSAR 中得到了很好的应用。

　　在 QSAR 构建中，应用较多的结构参数是分子描述符。在构建网络前，首先必须计算所要预测化合物的分子描述符，为了克服这一问题，Igor 研究了一个神经装置以表达有机化合物结构与活性间的关系，这个神经装置构建成类似生物视觉系统，并有软件支持。该方法事先没有分子描述符的计算，它的解释和预测能力相当甚至超过使用分子描述符的 QSAR 模型。

　　王桂莲等人应用人工神经网络进行了对氯酚的定量构效关系研究，为了研究多氯酚结构-毒性关系，作者归纳出全部 19 种多氯酚的 3 个活性参数：对细菌（TL81）毒性（Y_1），对比目鱼毒性（Y_2），对大型水蚤毒性（Y_3）。选用的 4 个结构参数为：辛醇-水分配系数（$\lg K_{OW}$），离解常数（K_a），一阶分子连接性指数（I），分子自由表面（S）。先对其中 12 种多氯酚的结构活性数据进行神经网络非线性关联，再用所得到的神经网络模型预测其余 7 种多氯酚的毒性。为了比较，作者还采用多元线性回归法建立多氯酚的结构毒性关系方程式，并进行毒性预测。经过计算值与实验值的比较表明，人工神经网络法的相关系数约为 0.99，多元线性回归法的相关系数约为 0.92，前者的百分误差也明显小于后者。可见，人工神经网络模型在模拟和预测多氯酚的结构-毒性关系上都优于多元线性回归分析。

　　Tabak 等人应用 BP 算法研究有机物的结构与降解性能关系，在"学习集"中计算结果与实验结果符合得很好，正确率超过 90%，预测集中正确率也超过 90%。Aoyama 等人研究了 16 个裂解霉素抗癌药物的构效关系，人工神经网络算法的分类与预测结果均优于自适应最小二乘法（ALS），正确率为 90%。

　　石乐明等人采用 BP 人工神经网络对 97 种磺酰脲类药物、SUN-除草剂的生物活性进行分类，发现并剔除奇异样本，分类正确率为 100%，预测正确率为 82%。孙立贤等人运用基于误差反向传播的三层人工神经元网络研究酚类化合物的结构-活性关系，所得结果优于逐步回归法，运用全部 8 个变量的人工神经元网络所得的正确率为 100%；而用逐步回归法选得重要变量组合，由此建立的相关方程表达式，其正确率只有 83.87%。沈州等人运用人工神经网络研究含硫芳香族化合物对感光菌的毒性构效关系，并与多元线性回归方法相比较，得出多元线性回归方法的学习训练均方差为 0.0121，预测均方差为 0.0168；而人工神经网络算法的训练均方差为 0.0021，预测均方差为 0.0092；结果表明人工神经网络明显优于多元线性回归方法。

张爱茜等人采用误差反向传递人工神经网络预测有机化合物的生物降解性能，并同运用多元线性回归预测结果相比较，结果表明，人工神经网络对这类复杂问题有极高的求解能力，预测的均方误差为 0.00102，远低于多元线性回归方法模拟的预测误差 0.01591。孙晞等人运用三层误差反向传播网络对 51 种胺类有机物进行了结构-毒性关系的研究，结果表明，神经网络对急性毒性 LD_{50} 具有良好的预测效果，大大优于多元线性回归分析和判别分析。郭明等人直接应用化合物的分子结构式产生的结构描述参量研究了 45 个酚类化合物的麻醉毒性和分子结构之间的相关性，用多元线性回归分析和神经网络法建立了相应的数学模型，并用其预测了 5 个酚类化合物的麻醉毒性。结果表明，用神经网络所得的结果优于多元线性回归分析结果。

虽然人工神经网络模型具有非线性交换、自适应能力、自组织特性、较好的容错性、外推性等优点，目前在各个领域的应用在扩大，但仍然存在如下的问题。

（1）收敛速度问题。目标函数下降速度很慢，通常需要千步或更多次迭代。其原因很多，如常用的传递函数（Sigmoid）本身存在无穷多次导数，而多数情况下只用了一次导数，导致收敛速度很慢。另外，网络的隐含层和隐含层数目的选择尚缺理论指导，一般是根据经验或者通过反复实验确定。

（2）局部最优解问题。网络在学习过程中各梯度分量值趋小，停留在某一"平台"上，目标函数不再下降，达不到预定的值，学习无法继续下去。

4 腐植物质与其他物质的作用

‹‹

4.1 与溶解态金属离子的作用

4.1.1 腐植酸的配位化学基础

以腐植酸及改性腐植酸为基质，配位金属离子所得腐植酸金属配合物具有许多优异的性能，可以作地质选矿的催化剂，分析检测的螯合剂，环境保护的絮凝剂、水处理剂，有机化工的鞣革剂，农业中土壤改良剂、植物生长调节剂等，有着良好的应用前景。

4.1.1.1 腐植酸配合物的形成

当一个金属离子与含一个电子给予体基团的配位体结合时，即为络合物或配位化合物。如果配位化合物含有两个以上的给予体基团而形成一个或一个以上的环时，所得结构称为螯合物或金属螯合物，而电子给予体则称为螯合剂。在作为电子接受体的金属和作为电子给予体的配合剂或螯合剂之间的化学键基本上是离子键或共价键，由它们所包含的金属和给予体原子来决定。不考虑化学键的本性，金属络合物或金属螯合物的形成可以用图 4-1 来表示。

配合剂与螯合剂之间的主要差别是：在配合物中电子给予体原子只与金属连接，而在螯合剂中电子给予体不仅与金属连接，而且电子给予体的原子间彼此也连接。

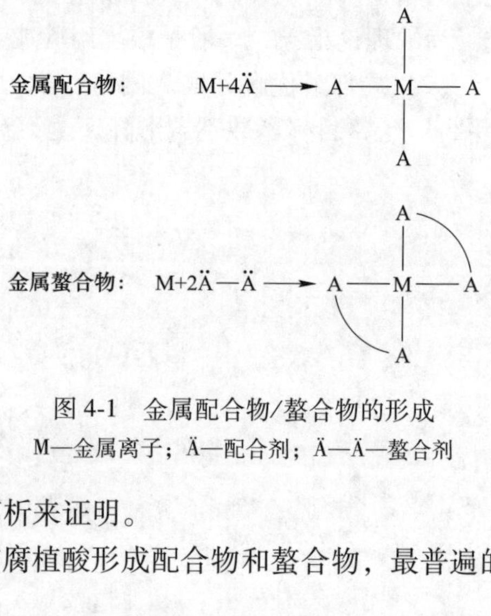

例如，Ba^{2+} 和 K^+ 等可交换的离子不能取代被腐植酸所吸附的 Cu^{2+} 和 Zn^{2+}，被当作是一种配合物形成的迹象。配合物的形成可以由腐植酸的化学特征变化、吸收光谱、导电性、pH 值效应、溶解度、氧化电位、极谱特性等分析结果所证实，也可以通过对天然配合物的离析来证明。

金属配合物：$M + 4\ddot{A} \longrightarrow$

金属螯合物：$M + 2\ddot{A}-\ddot{A} \longrightarrow$

图 4-1　金属配合物/螯合物的形成

M—金属离子；Ä—配合剂；Ä—Ä—螯合剂

化学周期表中的几乎所有金属都能与腐植酸形成配合物和螯合物，最普遍的给予体是 N、O、S。腐植酸参与金属配合物或螯合物的主要官能团是—COOH、酚羟基，可能还有 C＝C 和—NH_2 基。

在实际应用中，腐植酸的配位能力还体现为它的胶体性质，如具有一定的黏结性，有较大的内表面和较强的吸附能力，这是它在土壤团粒结构形成、污染限制、营养成分利用的性质所在。

4.1.1.2 腐植酸配合位的特征

通常将腐植酸分子中各官能团组合起来、能与金属离子配位或者螯合之点称为配合位或螯合位。图 4-2 为腐植酸结构中的主要络合位。

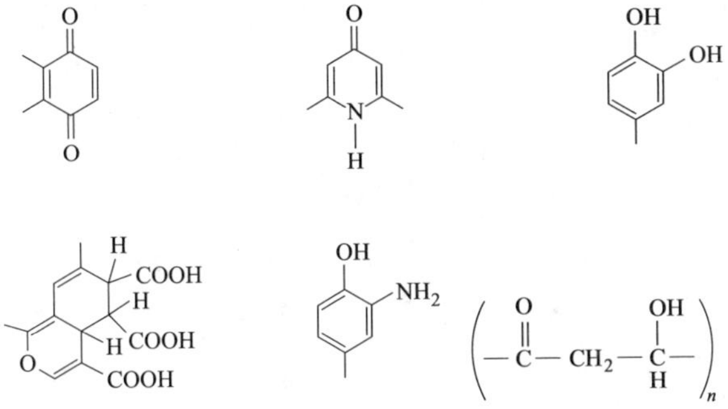

图 4-2 腐植酸结构中的主要配合位

这些配合位与金属离子的结合有的是通过离子键，有的是通过共价键。不同的配合位有不同的配合能力。黄腐酸与金属螯合的两种类型如图 4-3 所示。

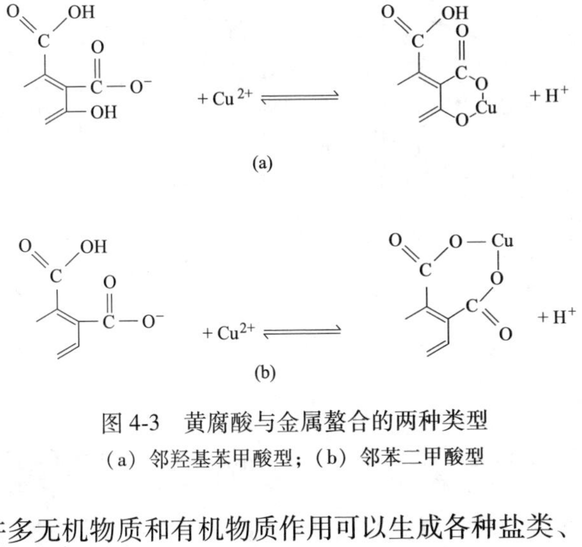

图 4-3 黄腐酸与金属螯合的两种类型

(a) 邻羟基苯甲酸型；(b) 邻苯二甲酸型

腐植酸与许多无机物质和有机物质作用可以生成各种盐类、配合物及其衍生物。除了一价金属的氢氧化物与腐植酸起中和反应可以生成腐植酸盐类外，一般二价、三价金属等高价金属也常以盐类方式与腐植酸或腐植酸钠或腐植酸铵反应以制得腐植酸盐（见图4-4）。

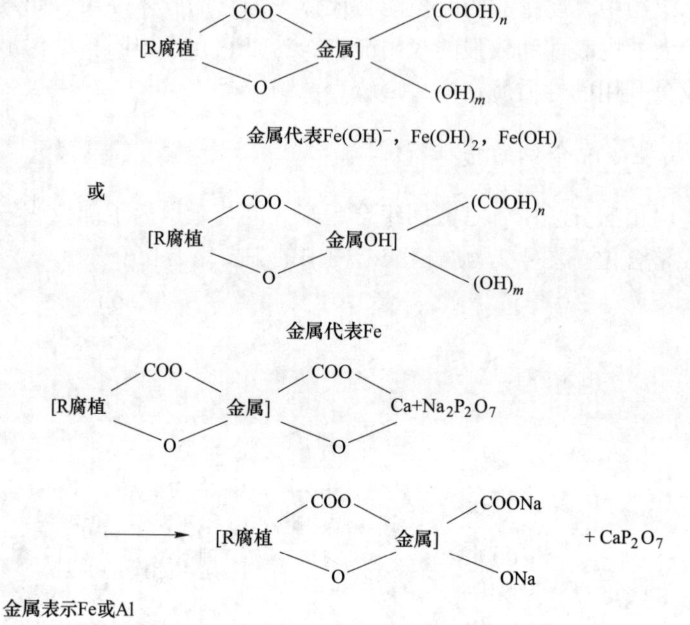

$$[R腐植 \overset{COO}{\underset{O}{>}} 金属 \overset{(COOH)_n}{\underset{(OH)_m}{<}}]$$

金属代表Fe(OH)⁻，Fe(OH)₂，Fe(OH)

或

$$[R腐植 \overset{COO}{\underset{O}{>}} 金属OH \overset{(COOH)_n}{\underset{(OH)_m}{<}}]$$

金属代表Fe

$$[R腐植 \overset{COO}{\underset{O}{>}} 金属] \quad \overset{COO}{\underset{O}{>}} \quad Ca+Na_2P_2O_7$$

$$\longrightarrow [R腐植 \overset{COO}{\underset{O}{>}} 金属 \overset{COONa}{\underset{ONa}{<}}] \quad +CaP_2O_7$$

金属表示Fe或Al

图 4-4　腐植酸与金属离子的配位

由图 4-5 可以看到一部分金属离子起着桥接腐植酸与黏土表面的作用，而另一部分金属离子占在配合位上，可与土壤溶液中的配位体进行配位交换。

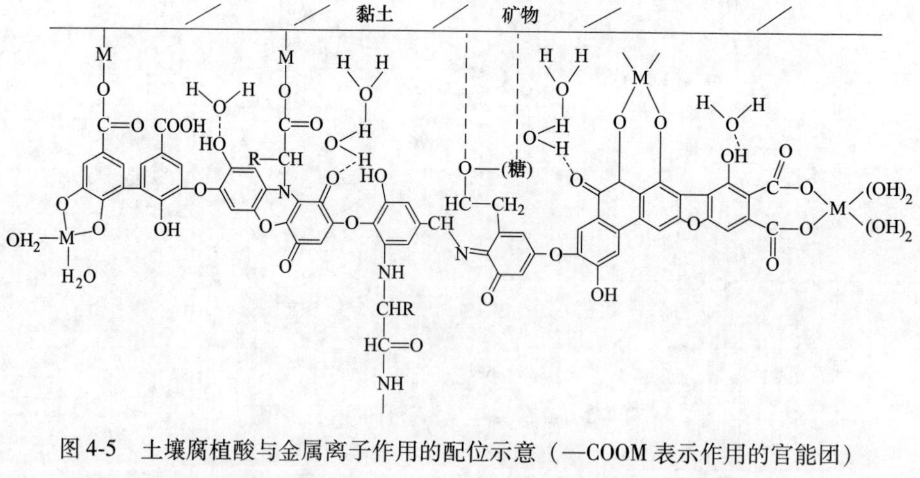

图 4-5　土壤腐植酸与金属离子作用的配位示意（—COOM 表示作用的官能团）

腐植酸金属配合物的溶解度取决于腐植酸分子的大小、配位的饱和程度以及溶液 pH 值等因素。随着配位程度趋于饱和，溶解度减小。如黄腐酸的分子较小，酸性基团较多，它们的配合物大部分是可溶的。一般腐植酸金属配合物的溶解度随 pH 值增大而减小。

目前，依据腐植酸物质的配位性质可以生产的产品有以下几种。（1）腐植酸盐：腐植酸钠、腐植酸钾、腐植酸钙、腐植酸镁、腐植酸硼、腐植酸铵、腐植酸锌等；（2）腐植酸盐衍生物：硝基腐植酸盐、腐植酸重金属吸收剂、腐植酸钻井液处理剂、腐植酸水处理剂、腐植酸水泥减水剂、腐植酸高吸水树脂等。

4.1.1.3 腐植酸配合位的表示方法

定量地研究腐植酸-金属配合物遇到的一个困难就是它们的浓度表示方法，因为腐植酸分子的多分散性，它们的浓度不能像已知结构的简单配位体那样，可以用物质的量浓度表示。文献资料中表示的方法尚不统一，有直接以腐植酸质量（m）表示的，也有以腐植酸的含碳量表示的，能用于配合物稳定常数计算的有以下 3 种主要方法。

（1）以数均相对分子质量表示的物质的量浓度。腐植酸的数均相对分子质量可以用渗透法、冰点降低法和沸点上升法测定。在腐植酸配合物的研究中有许多办法是以平均分子量表示浓度的，但腐植酸分子的大小不等，其配位能力也并不一样，一般小分子所含官能团较多，配位能力也大，所以用平均分子量来表示的浓度在测定配合物组成的稳定性方面并无实际意义。

（2）以可滴定基团表示的物质的量浓度。用标准碱溶液滴定一定量的腐植酸溶液，把滴定曲线的突跃部点作为完全中和点，达到中和点时消耗碱的物质的量，等于腐植酸的可滴定 H^+ 的毫物质的量，从而可以计算腐植酸的物质的量浓度，滴定中腐植酸混有的无机酸可以用渗析法除去，或直接滴定含游离无机酸的混合酸含量，并通过不同的拐点除去无机酸的干扰。电位滴定法研究腐植酸金属配合物中多用这种浓度表示方法，显然是以酸性基团含量作为配合位浓度。

（3）以配合位表示的物质的量浓度。像腐植酸这样难以表征的配位体，可以用它们的配合容量作为有效的配位体浓度，以便计算它们的稳定常数，将其称为配合位浓度，它是在金属离子浓度远远超过腐植酸配合容量的条件下测定的，代表腐植酸的最大配位能力。腐植酸的配合位浓度并不是恒定的，不同 pH 值和不同的金属离子有不同的配合位，见表 4-1。

表 4-1　腐植酸对 Cu、Fe、Zn 的配合位[①]

平衡溶液的 pH 值	Cu/mmol·L^{-1}	Fe/mmol·L^{-1}	Zn/mmol·L^{-1}
4.0	318	692	76
5.0	412	696	276
7.0	432	580	396

①取腐植酸 5mg，进行的金属最大配合位试验。

由表 4-1 可知，5mg 腐植酸在 pH 值为 4.0、5.0 和 7.0 时，其配合位的大小为 Fe>Cu>Zn。

上述 3 种浓度表示方法是从不同角度出发的，显然从平均分子量表示的物质的量不会等于可滴定的酸性基团数，也不会等于配合位数，所以三者所表示的浓度是不相同的。在下面稳定常数测定中，这 3 种浓度的表示方法都有，以何种浓度表示合适，尚需进一步探讨。

4.1.1.4　腐植酸金属配合物的稳定常数测定

稳定常数是表征配合物的一种重要特征常数，通过衡量的配位体与金属离子间亲和能力，根据腐植酸配合物的稳定常数，可以预测并解释微量元素和重金属在自然界沉积和迁移的规律，可以阐述腐植酸类物质在工业、农业、医药、农药等应用中的机制。

pH 值电位滴定法：

$$\mathrm{pH} = \mathrm{p}K_a + n\lg \frac{a}{1-a} \qquad (4\text{-}1)$$

式中　　a——中和度；

　　　　n——常数；

　　　pK_a——实验条件下的酸解离常数。

中和度 a 与所加碱量成比例，当碱量刚好中和为原有弱酸量的一半，即 $a=\frac{1}{2}$ 时，则 $\lg \frac{a}{1-a}=0$，这时溶液的 pH 值等于 pK_a 值。

式（4-1）也可写成如下形式：

$$\{A\} = \{HA\}\{H^+\} \qquad (4\text{-}2)$$

式中　　{A}——解离的酸性基团浓度；

　　　　{HA}——未解离的酸性基团浓度。

一般式（4-2）是在腐植酸溶液中加入金属离子后，不影响酸解离常数 pK_a 的大小，在求得 {HA} 和 pK_a 后，可按照（4-2）计算腐植酸配合物体系中解离的酸性基团平衡浓度 {A}，这是求稳定常数必需的一个函数值。

在图 4-6 中表示了 3 种类型的滴定曲线：（1）某些金属离子的滴定曲线；（2）腐植酸的滴定曲线；（3）腐植酸与金属配位体系的滴定曲线，由图 4-6 可见，金属离子的滴定曲线（图 4-6（a）中的曲线），在一定的 pH 时呈现明显的转折，如 Al^{3+} 在 pH 值为 3.2，Fe^{3+} 在 pH 值为 4.5，以及 Ni^{2+} 在 pH 值为 8.4~9.0 的情况下，这种折转表明，在该 pH 时有金属氧化物生成，但在含有腐植酸的金属盐溶液中，折转就消失了，这明显地表示了腐植酸与金属离子之间发生了配位作用。

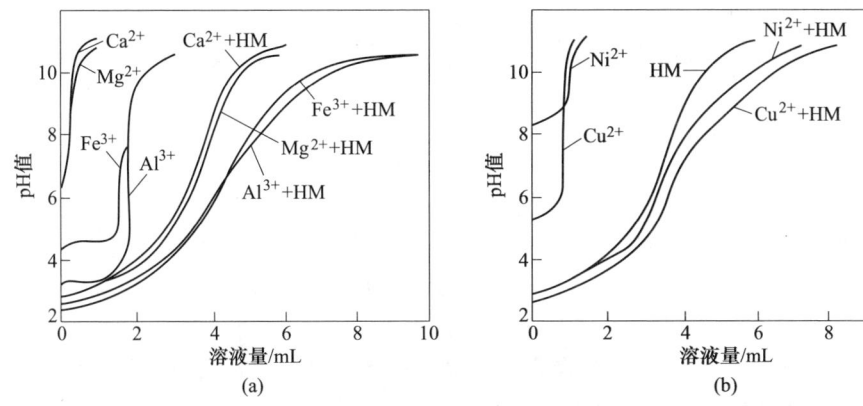

图 4-6　腐植酸及其金属配位体系的电位滴定曲线

（a）与 Ca^{2+}、Mg^{2+}、Fe^{3+}、Al^{3+} 配位；（b）与 Ni^{2+}、Cu^{2+} 配位

用电位滴定法研究 Cu^{2+}、Pb^{2+}、Cd^{2+} 腐植酸配合物及其稳定常数，可以认为是金属离子在腐植酸配合位上发生了与 H 离子竞争反应：

$$HA + M^{2+} \xrightarrow{b_1} MA^+ + H^+ \tag{4-3}$$

$$HA + MA^+ \xrightarrow{b_2} MA_2 + H^+ \tag{4-4}$$

式中　HA——腐植酸分子上未解离的酸型配合位；

M^{2+}——两价金属离子；

b_1，b_2——逐级平衡常数。

$$b_1 = \frac{[MA^+][H^+]}{[HA][M^{2+}]} \tag{4-5}$$

$$b_2 = \frac{[MA_2][H^+]}{[HA][M^{2+}]} \tag{4-6}$$

总的平衡常数 β_2 为：

$$\beta_2 = b_1 b_2 = \frac{[MA_2][H^+]^2}{[HA]^2[M^{2+}]^2}$$

应用电位滴定法算出两个主要函数，即游离配合位上腐植酸物质 $[A^-]$ 和每个金属离子平均的配合位数 n，也是布朗生成函数。

因为加入一价、二价金属时，腐植酸的守恒公式为：

$$[At] = [HA] + [A^-] + [MA^+] + 2[MA_2] \tag{4-7}$$

式中　$[At]$——配位体的总浓度。

所以 n 可以表示为：

$$n = \frac{[At] - [HA] - [A^-]}{[Mt]} = \frac{[MA^+] + 2[MA_2]}{[M^{2+}] + [MA^+] + [MA_2]} \tag{4-8}$$

式中　[Mt]——金属离子总浓度。

将式（4-5）、式（4-6）代入式（4-8），可以得到 n 与各级稳定常数的一般关系式：

$$\sum_{n=0}^{N}(\bar{n}-n)\beta_n([HA]/[H^+]^n)=0 \tag{4-9}$$

其中，N 为最大配位时的配合位数；β_n 是第 n 级配合物的稳定常数，当生成配位体与金属离子比为 2∶1 的配合物时，式（4-9）变成：

$$\frac{\bar{n}}{(\bar{n}-1)([HA]/[H^+])}=\frac{(2-\bar{n})([HA]/[H^+])}{\bar{n}-1}\beta_2-\beta_1 \tag{4-10}$$

式（4-8）和式（4-10）中所需的未解离酸型官能团的浓度 [HA] 可以通过实验获取如图 4-6 所示的配位体系滴定曲线。

$$[HA]=[At]-[KOH]-[H^+]+[OH^-] \tag{4-11}$$

式（4-11）中 [KOH] 是滴定所加碱溶液量经过稀释校正后的浓度。

式（4-8）中游离官能团浓度 [A⁻] 可以根据式（4-2）求算，也可以根据无金属离子存在时的腐植酸滴定曲线，按不同 pH 值求算解离常数 K_i：

$$K_i=\frac{[A^-][H^+]}{[HA]} \tag{4-12}$$

因此由已知的 [At]、[Mt] 和滴定实验测得的 [HA] 和 [A⁻]，代入式（4-8）求得若干个 n 值，然后根据式（4-10）用最小二乘法可计算出各稳定常数。

斯蒂文松用电位法测得的某些腐植酸金属配合物的稳定常数在 pH 值为 5.0、$\mu=0.1mmol/L$（μ 是离子强度）时，Zn、Cd、Pb、Cu 的 $lg\beta_2$ 各为 -3.7、-3.5、-2.7、-2.4。

近年来应用各种离子选择电极直接测定水溶液中金属离子的浓度（活度）已成为配合物研究的一种新手段，比如，利用 Pb 和 Cu 离子选择电极测定棕腐酸和黄腐酸在天然水中的配位性质；用电位滴定和离子选择电极相结合测定腐植酸金属配合物的稳定常数等。

4.1.2　腐植酸的离子交换性能

腐植酸的离子交换能力源于分子结构中的羧基、酚羟基等活性官能团。腐植酸的离子交换性能主要表现在对 Hg^+、Cd^+、Pb^{2+}、Ni^{2+}、Zn^{2+}、Cu^{2+} 等金属离子的作用上。

腐植酸分子中羧基上的氢或钙被重金属离子取代所进行的反应如下：

$$2R-COOH+M^{2+}\rightleftharpoons(R-COO)_2M+2H^+ \tag{4-13}$$

$$(R-COO)_2Ca+M^{2+}\rightleftharpoons(R-COO)_2M+Ca^{2+} \tag{4-14}$$

当金属离子浓度较高时，容易发生离子变换反应。可以从交换前后的红外图谱看出：表征—COOH 中 C═O 的 1720cm⁻¹ 和归属羧基 C—O 伸缩运动的 1200～

1100cm⁻¹附近的宽峰交换后基本消失，而表示 —COO⁻ 形式的 1580cm⁻¹ 和 1360cm⁻¹峰有明显增强，说明腐植酸树脂中—COOH 已经转变成—COO⁻，而且与重金属 Hg^{2+}、Cd^{2+} 等离子结合以腐植酸盐的形式存在。

腐植酸具有产生离子的官能团，所以它有从高的离子交换容量，腐植酸的离子交换容量与 pH 有关，当 pH 值从 4.5 增加到 8.1 时，腐植酸的交换容量从 170mmg/100g 干物质增加到 590mmol/100g 干物质。

腐植酸离子交换、净化重金属废水的原理似弱酸型阳离子交换树脂，其主要工作官能团为羧基和酚羟基；腐植酸净化剂对重金属离子吸附能力强，并具有选择性吸附特点。

腐植酸中的离子交换作用不仅应用在化学品的制备及纯化上，还广泛供于农作物成长的土壤环境中。由土壤矿物、有机物质、土壤胶体、化学物质、土壤生物等组分构成的复杂化多孔体系通过离子代换、物理吸附、化学吸附、化学反应、生物转化等多种方式与土壤溶液中的盐离子（如 NH_4^+、K^+、Ca^{2+}、Mg^{2+} 等）发生相互作用。土壤阳离子代换能力的大小基本上反应了土壤保持养分的能力。土壤中黏土矿物通过同形离子置换产生的阴电荷、黏土、水铝石等都具有阳离子交换能力，Muller 认为土壤阳离子交换量是由土壤所含羧基、羟基的数量决定的。Broadbent 等人认为除羧基之外，苯酚基也是很重要的。江西农业大学的研究结果表明，施用腐植酸复合肥后土壤阳离子交换量比不施肥相施用等养分量化肥土壤阳离子交换量分别增加 0.42mg/100g± 和 0.17mg/100g±，差异均达显著水准。

我国南方为高温多雨带，土壤有机质分解强烈，氮、钾养分流失严重，在这些地带施用腐植酸肥料，对提高土壤的阳离子代换量，增加土壤的保肥性，减少养分损失具有重要意义，养分增加作用更加显著。我国有较大面积的沙质土壤，漏水、漏肥问题十分严重，养分利用率极低，在这种土壤上施用腐植酸肥料，可改善土壤结构。增加固粒含量，提高土壤的阳离子代换能力，对提高养分利用率意义更大。

4.1.3 对金属离子的吸附性能

4.1.3.1 一般性的吸附规律

腐植酸中含有大量的羧基、酚羟基等化学活性官能团，根据化学键配位理论，这些活性官能团中的氧原子可以提供孤对电子，而常见的金属离子 d 轨道上具有空轨道，致使这些酸性基团可以与金属离子以配位键的形式形成金属离子配合物。

但是，HA 与金属离子的成盐和配位反应，实际上只是相互作用的一部分。正如陈丕亚等人研究发现，HA 官能团与 Ni 作用的摩尔数量根本不成比例，反而与 I_2（碘分子）的吸附量有线性关系，说明 HA 与其他物质的结合还包含着物理作用或物理化学作用。但不同的结合键比例究竟有多少，目前还没有很确切的定量鉴别方法，只笼统地称为"吸附"或"吸着"，其吸附量可以用吸附平衡实验方法求出，通过数据处理可得到吸附等温线和吸附方程。大量研究表明，HA 对金属离子的吸附通常都符合 Freundlich 方程或 Langmuir 方程。

腐植酸类物质对金属离子的吸附规律研究报道很多，现在归纳如下。

（1）对不同金属离子的吸附能力从吸附规律来看，基本遵循 Irving-Williams 定则，即饱和吸附量与金属离子势（离子电荷数/离子半径）呈正相关。陈丕亚等人测定的大同风化煤 HA 吸附重金属离子能力的顺序为：$Pb^{2+}>Hg^{2+}>Fe^{3+}>Cd^{2+}>Cu^{2+}>Zn^{2+}>Ca^{2+}>Ni^{2+}>Mg^{2+}>Cr^{3+}$。Салам 测定的包括稀有金属在内的吸附顺序为：$Cs^{+}>Rb^{+}>K^{+}>Na^{+}>Li^{+}$；$Ra^{2+}>Ba^{2+}>Sr^{2+}>Ga^{2+}$；$Zr^{4+}>Th^{4+}>Y^{3+}>Fe^{3+}>UO_2^{2+}>Cu^{2+}>Fe^{2+}$。饱和吸附量一般在 $0.2\sim1.5mmol/g$，或 $20\sim110mg/g$ 范围。

（2）不同来源腐植酸的吸附能力多数研究认为金属吸附量与 HA 的羧基含量呈线性关系。与此相关，吸附量大小的次序为风化煤 HA≥黑土 HA>褐煤 NHA>泥炭 HA。李光林、余贵芬等人也发现，吸附量和解析量、吸附速度与解吸速度都是 FA>HA，但吸附强度是 HA>FA。

（3）温度和 pH 的影响。一般温度升高有利于吸附，但对脱附不利；pH 值一般在 4~7 之间吸附量较高。HA 对 Ni 吸附热力学和反应动力学研究表明，吸附反应热 ΔH 受反应活化能 E 控制，关系为 $E\geq\Delta H\geq0$，为一级反应。温度升高，反应速率常数 K 和平衡常数 K_p 随之增大，符合阿伦尼乌斯反应速率方程；另外，从反应自由能变化 $\Delta G\leq0$、熵值 $\Delta S\geq0$、ΔG 与温度 T 符合函数关系式 $\Delta G = -RT\ln K_p$ 等情况来看，HA 与金属 Ni 为一个自发不可逆反应，其反应向温度升高、自由能减小、熵值增大的方向进行。

（4）关于对金属离子选择性吸附，曹凯临等人对多种共存离子溶液的吸附研究发现，风化煤 HA 都是首先吸附 Fe^{3+}，其次是 Pb^{2+}、Cu^{2+} 和 Hg^{2+} 等，而褐煤 HA 和泥炭 HA 则是优先吸附 Hg^{2+}，其次是 Fe^{3+}、Pb^{2+} 和 Cu^{2+} 等，其中有的吸附数量差异很小。对这种现象还没有解释的理论依据，有关的研究深度也很不够。

4.1.3.2　溶液化学条件的影响机制

以腐植酸和腐植酸基药剂（参见 3.3.3 节部分）为例，分析探讨了溶液化学条件对其吸附铜（Ⅱ）、锌（Ⅱ）的影响机制。

A　羧基解离数量

腐植酸基药剂羧基解离数量对水合铜（Ⅱ）、锌（Ⅱ）吸附能的影响如图 4-7所示。从图 4-7 中可以看出，随着羧基解离数量的增加，腐植酸基药剂对水合铜（Ⅱ）、锌（Ⅱ）的吸附能逐渐增加。两个原因可以解释上述结果：一方面，随着羧基的解离，腐植酸基药剂表面的负电荷不断聚集，导致腐植酸基药剂与水合铜（Ⅱ）、锌（Ⅱ）之间的静电吸引作用增强；另一方面，由于腐植酸基药剂表面的羧基不断解离，羧基氧原子提供的孤对电子增多，从而填充在铜（Ⅱ）、锌（Ⅱ）提供的空轨道中，有利于形成稳定的金属离子配合物。

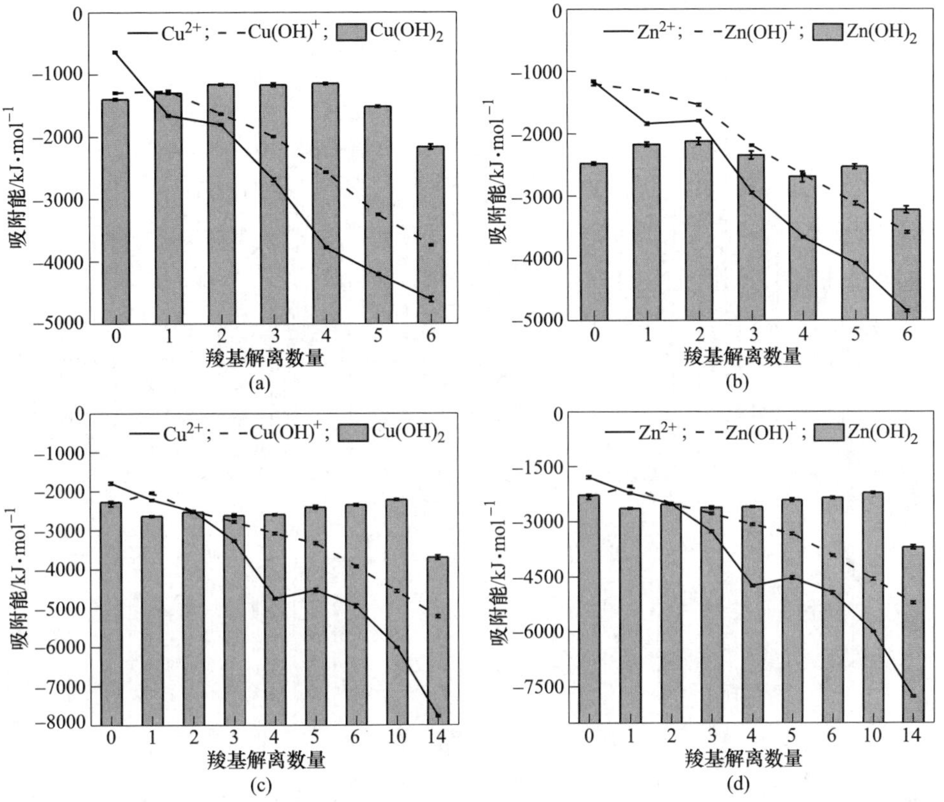

图 4-7　腐植酸基药剂羧基解离数量对铜（Ⅱ）、锌（Ⅱ）吸附能的影响
（a）腐植酸-铜（Ⅱ）；（b）腐植酸-锌（Ⅱ）；（c）腐植酸基药剂-铜（Ⅱ）；（d）腐植酸基药剂-锌（Ⅱ）

对比图 4-7（a）和图 4-7（c）、图 4-7（b）和图 4-7（d）可以发现，相比腐植酸，腐植酸基药剂对铜（Ⅱ）、锌（Ⅱ）的吸附能力更强，主要是由于腐植酸基药剂表面存在更多的羧基。羧基的大量解离，使腐植酸基药剂表面的负电荷不断聚集，导致腐植酸基药剂与水合铜（Ⅱ）、锌（Ⅱ）之间的静电相互作用增强；并且，腐植酸基药剂表面羧基氧原子可以提供更多孤对电子，这些孤对电子进入铜（Ⅱ）、锌（Ⅱ）的空轨道中以配位键的形式形成更加稳定的金属离子配合物，进一步增强腐植酸基药剂与铜（Ⅱ）、锌（Ⅱ）间的吸附作用。此外，图 4-7 简单地列出了羧基解离数量对腐植酸基药剂与铜（Ⅱ）、锌（Ⅱ）物系吸附能的影响。从图中可以看出，羧基的解离导致腐植酸基药剂与铜（Ⅱ）、锌（Ⅱ）物系的吸附能逐渐增加，主要是由于腐植酸基药剂与铜（Ⅱ）、锌（Ⅱ）物系之间的静电作用和配位作用增强。腐植酸基药剂对水合铜（Ⅱ）、锌（Ⅱ）物系的吸附能分别呈现出如下规律：$Cu(H_2O)_6^{2+} > Cu(H_2O)_5(OH)^+ >$

$Cu(H_2O)_4(OH)_2$、$Zn(H_2O)_6^{2+}>Zn(H_2O)_5(OH)^+>Zn(H_2O)_4(OH)_2$。

　　B　离子存在形态

　　铜（Ⅱ）、锌（Ⅱ）存在形态对吸附能的影响如图 4-8 和图 4-9 所示。从两图中可以看出，随着铜（Ⅱ）、锌（Ⅱ）羟基化程度的增加，腐植酸基药剂对水

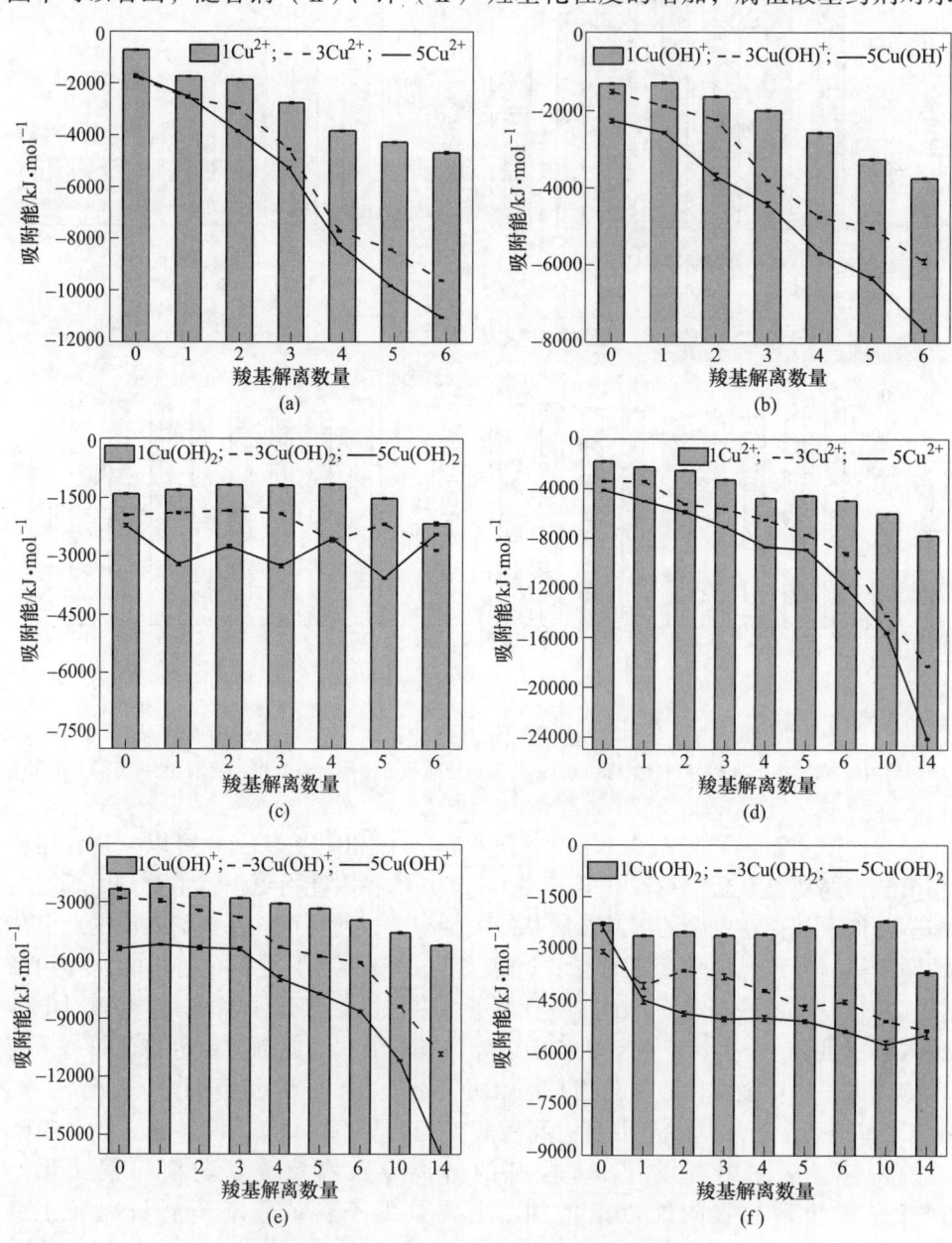

图 4-8　铜（Ⅱ）存在形态对吸附能的影响

（a）~（c）腐植酸-铜（Ⅱ）；（d）~（f）腐植酸基药剂-铜（Ⅱ）

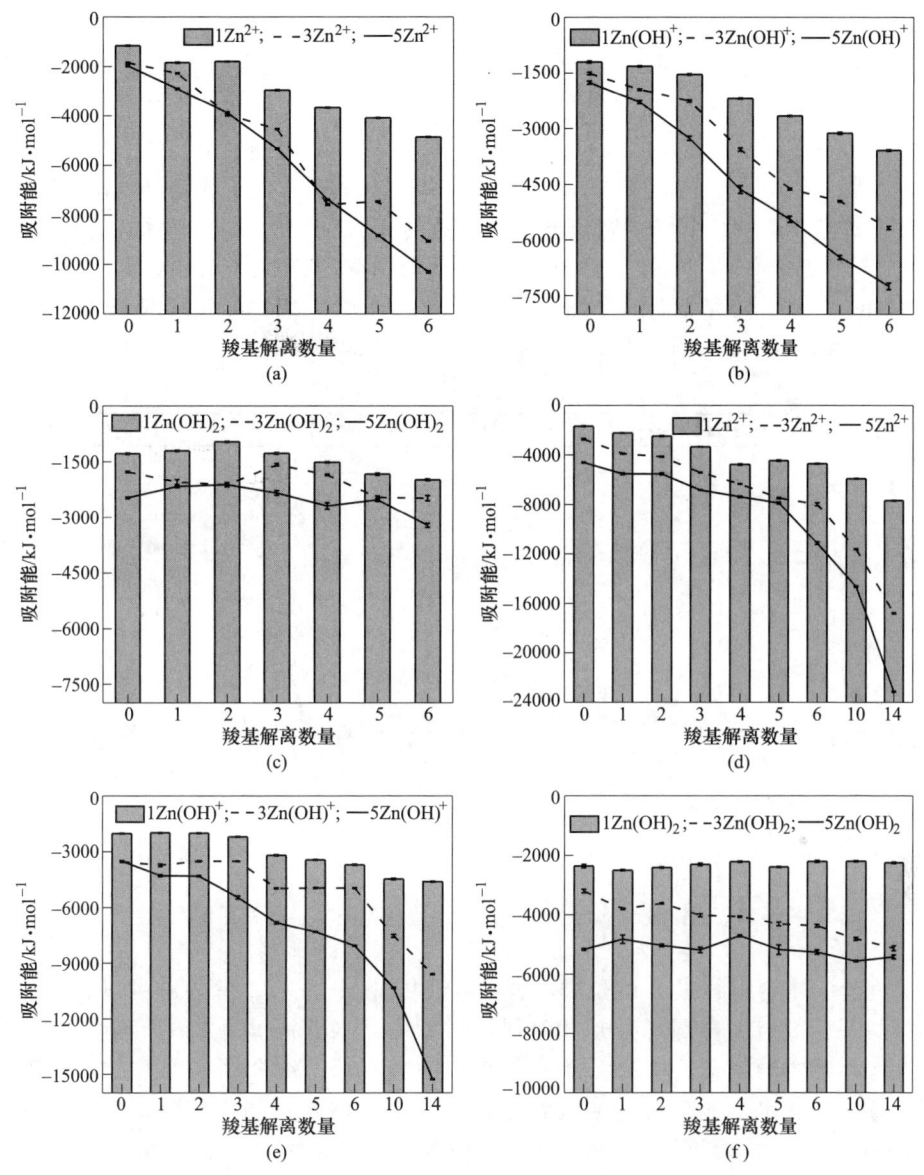

图 4-9　锌（Ⅱ）存在形态对吸附能的影响
（a）~（c）腐植酸-锌（Ⅱ）；（d）~（f）腐植酸基药剂-锌（Ⅱ）

合铜（Ⅱ）、锌（Ⅱ）物系的吸附能逐渐降低。对于不同的水合铜（Ⅱ）、锌（Ⅱ）物系，腐植酸基药剂对水合铜（Ⅱ）、锌（Ⅱ）物系的吸附能分别呈现如下规律：$Cu(H_2O)_6^{2+} > Cu(H_2O)_5(OH)^+ > Cu(H_2O)_4(OH)_2$、$Zn(H_2O)_6^{2+} > Zn(H_2O)_5(OH)^+ > Zn(H_2O)_4(OH)_2$。这是由于铜（Ⅱ）、锌（Ⅱ）的羟基化，导致铜（Ⅱ）、锌（Ⅱ）的 3d、4s 轨道逐渐被占据，致使腐植酸基药剂中羧基氧原子的孤对电子无法进入铜（Ⅱ）、锌（Ⅱ）提供的有效空轨道中，降低了腐植酸基药剂与铜（Ⅱ）、锌（Ⅱ）之间的配位相互作用，因此，随着铜（Ⅱ）、锌（Ⅱ）的羟基化，腐植酸基药剂对水合铜（Ⅱ）、锌（Ⅱ）物系的吸附能逐渐降低。图4-10为腐植酸与水合铜（Ⅱ）的平衡构型与轨道间相互作用的关系，从图中可以看出，随着铜（Ⅱ）的羟基化，一方面铜（Ⅱ）的3d、4s轨道被占据，导致羧基氧原子的孤对电子无法进入铜（Ⅱ）提供的有效空轨道中，减弱了腐植酸基药剂与铜（Ⅱ）的配位相互作用；另一方面，铜（Ⅱ）周围的空间位阻效应更加明显，并且阻止羧基氧原子与铜（Ⅱ）之间的相互作用，增加了羧基氧原子与铜（Ⅱ）之间的作用距离，导致腐植酸基药剂对铜（Ⅱ）物系的吸附作用减弱。

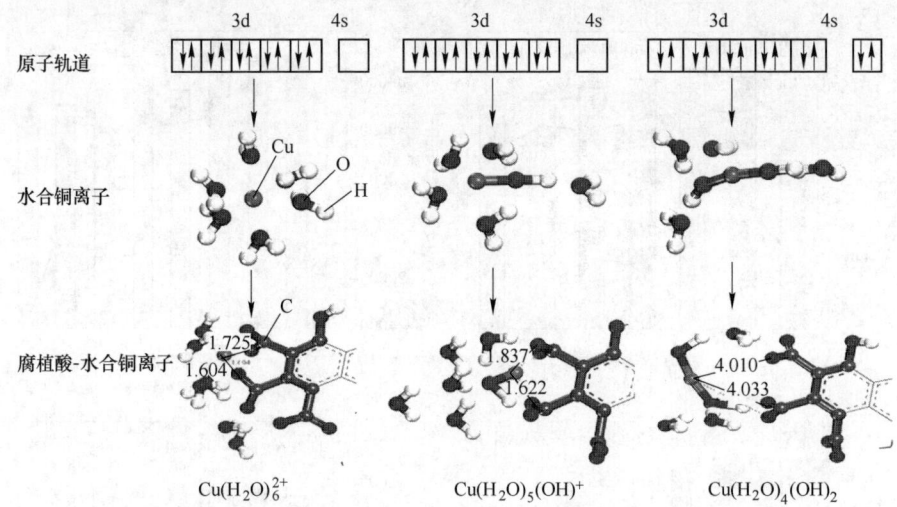

图 4-10　腐植酸与水合铜（Ⅱ）的平衡构型与轨道间相互作用关系

此外，水合铜（Ⅱ）的范德华和静电作用能见表4-2，从表中可以看出，在腐植酸基药剂与水合铜（Ⅱ）相互作用过程中，水合铜（Ⅱ）的静电作用能是相互作用的主导因素。随着水合铜（Ⅱ）的羟基化，水合铜（Ⅱ）的静电作用能逐渐降低，水合铜（Ⅱ）更加稳定，不利于腐植酸基药剂的吸附，最终导致水合铜（Ⅱ）与腐植酸基药剂相互作用较弱。

表 4-2　水合铜（Ⅱ）的范德华和静电作用能与羧基解离数量的关系

（kJ/mol）

HA	$Cu(H_2O)_6^{2+}$		$Cu(H_2O)_5(OH)^+$		$Cu(H_2O)_4(OH)_2$	
	范德华	静电能	范德华	静电能	范德华	静电能
0	171.773	−1394.863	451.368	−3444.860	727.811	−5084.902
1	140.055	−1190.025	424.314	−3351.031	647.721	−4977.112
2	189.722	−1102.768	568.262	−3468.616	658.487	−4898.080

HA	$Cu(H_2O)_6^{2+}$		$Cu(H_2O)_5(OH)^+$		$Cu(H_2O)_4(OH)_2$	
	范德华	静电能	范德华	静电能	范德华	静电能
3	128.724	−903.862	494.961	−3301.603	708.740	−5021.442
4	110.707	−737.393	364.931	−2992.617	659.542	−4898.918
5	59.420	−341.050	345.232	−2664.062	619.352	−4781.082
6	51.973	−526.042	261.964	−2385.405	524.987	−4413.091

综合对比分析图 4-8 (a)~(c)、图 4-8 (d)~(f) 和图 4-9 (a)~(c)、图 4-9 (d)~(f) 发现，相比腐植酸，腐植酸基药剂与铜（Ⅱ）、锌（Ⅱ）物系的吸附作用更强。这是由于腐植酸基药剂表面羧基的大量解离，增强了腐植酸基药剂与水合铜（Ⅱ）、锌（Ⅱ）之间的静电作用；并且腐植酸基药剂表面羧基的大量解离使更多的孤对电子进入铜（Ⅱ）、锌（Ⅱ）提供的有效空轨道中，这些孤对电子与铜（Ⅱ）、锌（Ⅱ）的空轨道以配位键的形式形成更加稳定的金属离子配合物。

C 金属离子浓度

图 4-11 为铜（Ⅱ）、锌（Ⅱ）浓度对吸附能的影响。由图 4-11 中可以明显地看出，随着水合铜（Ⅱ）、锌（Ⅱ）浓度增加，腐植酸基药剂与铜（Ⅱ）、锌（Ⅱ）之间的吸附能逐渐增加，这是由于随着铜（Ⅱ）、锌（Ⅱ）浓度增加，可以提供更多的有效空轨道，便于羧基氧原子中的孤对电子进入铜（Ⅱ）、锌（Ⅱ）提供的空轨道中，促进腐植酸基药剂与铜（Ⅱ）、锌（Ⅱ）间的相互作用。根据洪特规则，羧基氧原子上的孤对电子优先进入空轨道，使腐植酸基药剂与铜（Ⅱ）、锌（Ⅱ）之间的相互作用增强，导致腐植酸基药剂对铜（Ⅱ）、锌（Ⅱ）的吸附能增加。综合对比分析图 4-11 (a)、图 4-11 (c) 和图 4-11 (b)、图 4-11 (d) 发现，相对腐植酸，腐植酸基药剂与铜（Ⅱ）、锌（Ⅱ）间的相互作用更强。这是由于腐植酸基药剂表面具有更多的羧基，羧基的大量解离可以提供更多的孤对电子，

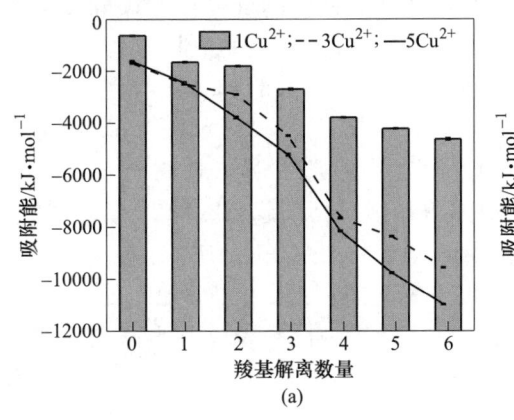

(a)

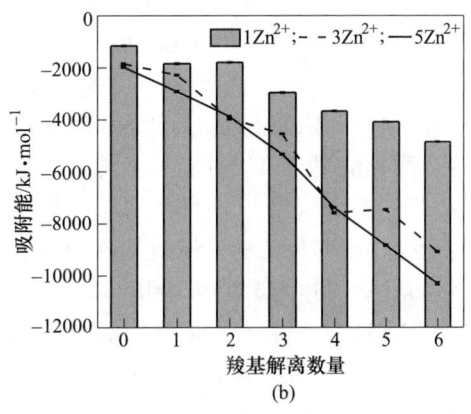

(b)

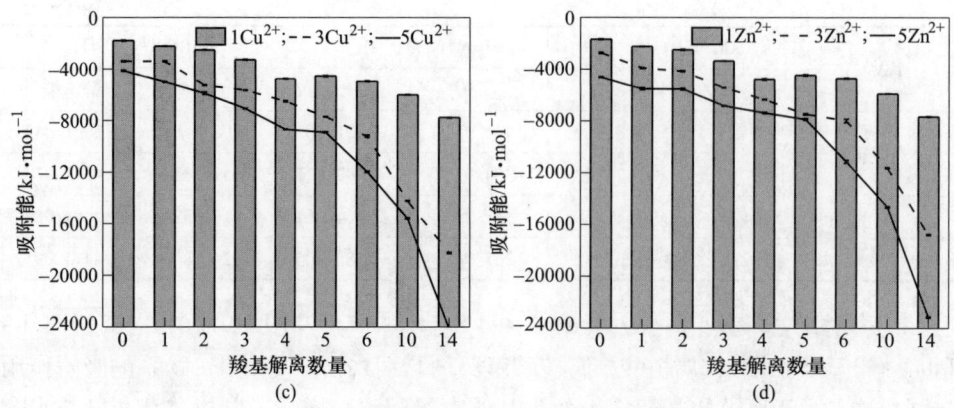

图 4-11　铜（Ⅱ）、锌（Ⅱ）浓度对吸附能的影响

（a）腐植酸-铜（Ⅱ）；（b）腐植酸-锌（Ⅱ）；（c）腐植酸基药剂-铜（Ⅱ）；（d）腐植酸基药剂-锌（Ⅱ）

对于相同浓度的铜（Ⅱ）、锌（Ⅱ），提供相同数量的有效空轨道，这些孤对电子从而进入铜（Ⅱ）、锌（Ⅱ）提供的有效空轨道中，形成稳定的金属离子配合物，最终导致腐植酸基药剂与铜（Ⅱ）、锌（Ⅱ）相互作用更强。

4.1.4　与金属离子的作用行为

4.1.4.1　表面电子态密度变化

态密度是描述电子运动状态的重要参数，在表面科学和界面吸附中具有广泛应用。态密度分为总态密度和分态密度，用来表征分子中原子轨道对化学反应的贡献。此外，费米能级附近的电子和轨道是最活跃的，电子转移首先在费米能级处发生，并且费米能级处态密度重叠程度越大，分子间相互作用越强。因此，分析费米能级处态密度变化，对深入理解腐植酸与金属离子的作用机理具有重要理论意义。

铜（Ⅱ）、锌（Ⅱ）在腐植酸/腐植酸基药剂表面吸附前后态密度变化如图4-12 所示，从图4-12 可以看出，腐植酸/腐植酸基药剂及其与铜（Ⅱ）、锌（Ⅱ）配合物的电子态密度主要来自 3 部分的贡献，即能量较低的−20～−18eV、−11～−9eV 和处于费米能级较活跃的−2～2eV。对比分析图4-12（a）和图4-12（b）发现，腐植酸基药剂与铜（Ⅱ）、锌（Ⅱ）配合物的态密度显著高于腐植酸与铜（Ⅱ）、锌（Ⅱ）配合物的态密度，并且腐植酸基药剂态密度峰更尖锐，局域性更强，说明设计的腐植酸基药剂与铜（Ⅱ）、锌（Ⅱ）相互作用更强。

从图4-13 中腐植酸与铜（Ⅱ）、锌（Ⅱ）分态密度结果可以看出，处于−20～−18eV 部分主要来自腐植酸中氧原子 s 轨道的贡献；−11～−9eV 主要来自于腐植酸中碳原子 s 轨道的贡献；然而，处于−20～−18eV 和−11～−9eV 的态密度距费米能级较远，对腐植酸与铜（Ⅱ）、锌（Ⅱ）的相互作用贡献较小。而处于费米

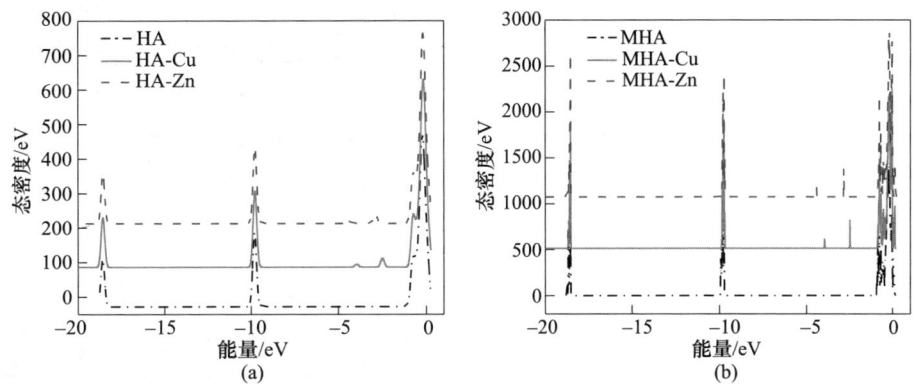

图 4-12 铜（Ⅱ）、锌（Ⅱ）在腐植酸（a）和腐植酸基药剂（b）表面吸附前后态密度变化

能级处的-2~2eV 主要来源于腐植酸中氧原子的 p 轨道、碳原子的 p 轨道以及铜、锌原子的 3d 轨道的贡献。从图 4-13 可知，费米能级处铜、锌原子的 3d 轨道与腐植酸中碳、氧原子的 s、p 轨道过度重叠，并且态密度局域性很强，对腐植酸与铜（Ⅱ）、锌（Ⅱ）的相互作用贡献较大。此外，铜（Ⅱ）、锌（Ⅱ）在腐植酸表面吸附过程中，可以形成复杂的 s-p-d 杂化轨道，相比碳原子的 p 轨道，铜、锌原子的 3d 轨道与腐植酸中氧原子的 p 轨道重叠程度更大，进一步表明铜（Ⅱ）、锌（Ⅱ）主要与腐植酸中的氧原子相互作用，与前述的实验结果相一致。

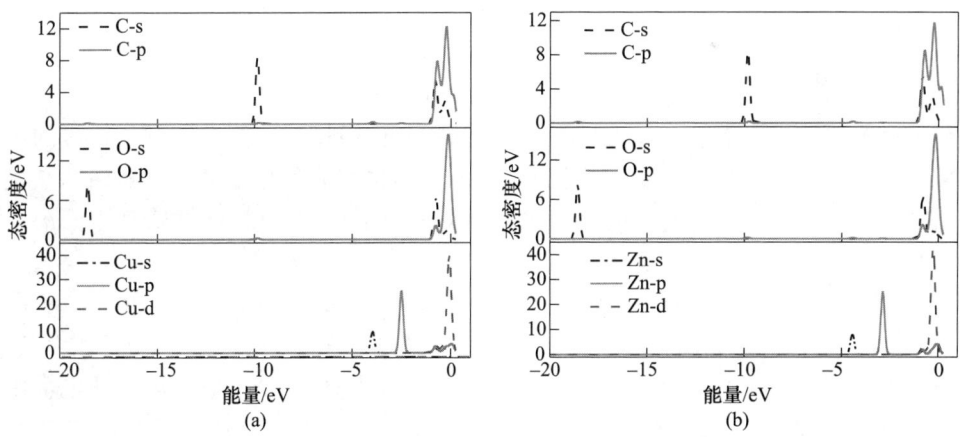

图 4-13 铜（Ⅱ）(a)、锌（Ⅱ)(b) 在腐植酸表面吸附后的分态密度

从图 4-14 中腐植酸基药剂与铜（Ⅱ）、锌（Ⅱ）分态密度结果可以看出，处于-20~-18eV 部分主要来自腐植酸基药剂中氧原子 s 轨道的贡献；-11~-9eV 主要来自于腐植酸基药剂中碳原子 s 轨道的贡献；而-2~2eV 主要是腐植酸基药剂中氧原子的 p 轨道、碳原子的 p 轨道以及铜、锌原子的 3d 轨道。图 4-14

表明，费米能级处铜、锌原子的 3d 轨道与腐植酸基药剂中碳、氧原子的 s、p 轨道过度重叠，表明铜（Ⅱ）、锌（Ⅱ）在腐植酸基药剂表面吸附过程中，可以形成复杂的 s-p-d 杂化轨道，促进腐植酸基药剂与铜（Ⅱ）、锌（Ⅱ）的相互作用。此外，相比腐植酸，腐植酸基药剂与铜（Ⅱ）、锌（Ⅱ）相互作用过程中各原子的态密度峰更尖锐、局域性更强，进一步说明腐植酸基药剂对铜（Ⅱ）、锌（Ⅱ）的吸附性能更佳。

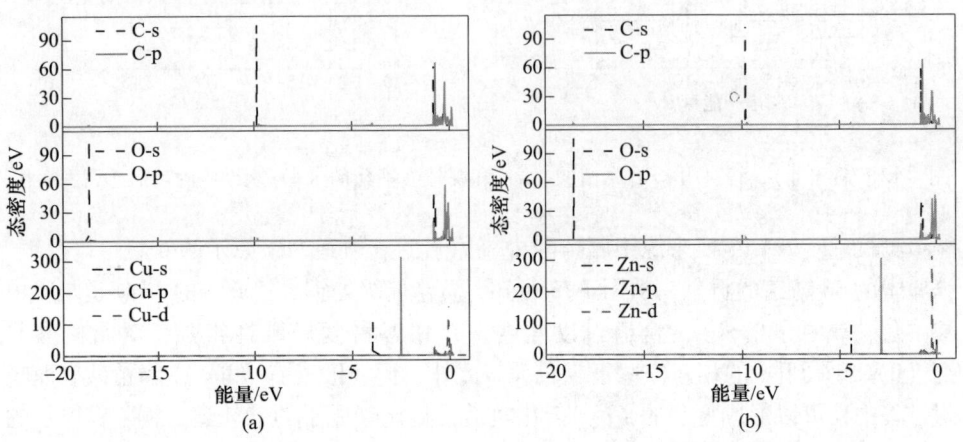

图 4-14　铜（Ⅱ）(a)、锌（Ⅱ)(b) 在腐植酸基药剂表面吸附后的分态密度

4.1.4.2　表面静电势变化

采用静电势作为分析腐植酸与金属离子相互作用机理的主要指标，进一步研究了腐植酸基药剂与铜（Ⅱ）、锌（Ⅱ）的相互作用机理。静电势颜色较深的区域表明具有较高的电荷密度，对金属离子有较强的吸附作用。通过分析腐植酸基药剂及其与金属配合物的静电势变化，可以确定腐植酸/腐植酸基药剂表面潜在的金属离子结合位点以及电荷转移趋势。

腐植酸与铜（Ⅱ）、锌（Ⅱ）配合物静电势变化如图 4-15 所示，从图 4-15（a）可以看出，腐植酸碳骨架上两个羧基之间的区域具有较高的负电荷密度，该区域可能是潜在的金属离子结合位点。而腐植酸支链上具有较低的电荷密度，对金属离子的相互作用较弱。由图 4-15（b）和图 4-15（c）可知，铜（Ⅱ）、锌（Ⅱ）主要吸附在两个羧基之间负电荷密度较高的区域，并且随着铜（Ⅱ）、锌（Ⅱ）在腐植酸表面的吸附，负电中心发生转移，降低了腐植酸表面的负电荷密度，表明在腐植酸与铜（Ⅱ）、锌（Ⅱ）吸附过程中，腐植酸表面的羧基起着至关重要的作用。

腐植酸基药剂与铜（Ⅱ）、锌（Ⅱ）配合物静电势变化如图 4-16 所示。对比图 4-15 和图 4-16 发现，相比腐植酸静电势图，腐植酸基药剂碳骨架上羧基之间

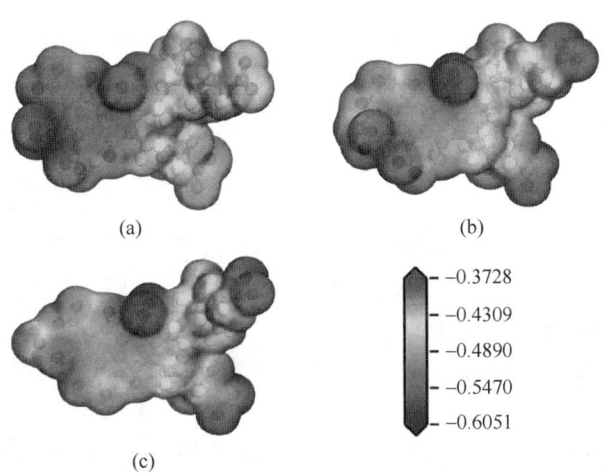

(a)　　　　　　　　　　(b)

(c)

— −0.3728
— −0.4309
— −0.4890
— −0.5470
— −0.6051

图 4-15　腐植酸与铜（Ⅱ）、锌（Ⅱ）配合物的静电势变化
（a）腐植酸；（b）腐植酸-铜（Ⅱ）；（c）腐植酸-锌（Ⅱ）

的区域具有更高的负电荷密度，表明腐植酸基药剂对金属离子具有更强的结合能力。而腐植酸基药剂支链由于存在较强的静电排斥作用，对金属离子的吸引力较

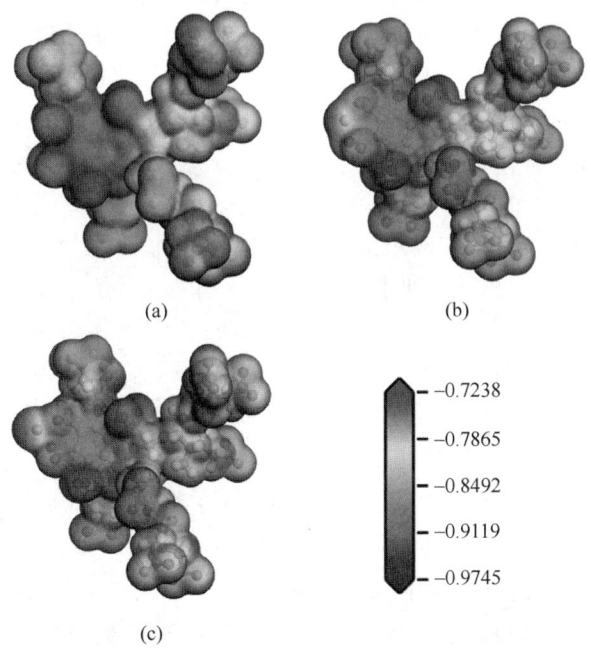

(a)　　　　　　　　　　(b)

(c)

— −0.7238
— −0.7865
— −0.8492
— −0.9119
— −0.9745

图 4-16　腐植酸基药剂与铜（Ⅱ）、锌（Ⅱ）配合物的静电势变化
（a）腐植酸基药剂；（b）腐植酸基药剂-铜（Ⅱ）；（c）腐植酸基药剂-锌（Ⅱ）

弱。由图 4-16（b）和图 4-16（c）可知，铜（Ⅱ）、锌（Ⅱ）主要吸附在两个羧基之间负电荷密度较高的区域，并且随着铜（Ⅱ）、锌（Ⅱ）在新型腐植酸基药剂表面的吸附，腐植酸基药剂表面的负电荷密度逐渐降低，表明羧基在腐植酸基药剂与铜（Ⅱ）、锌（Ⅱ）相互作用过程中起主导作用。

4.1.4.3　表面电荷分布变化

当固体表面吸附带相反电荷的离子或物质时，固体表面的 Zeta 电位会发生变化。因此，Zeta 电位可以用来反映固体表面电荷变化及其与周围介质的相互作用情况。另外，Zeta 电位变化（$\Delta \zeta = \zeta_0 - \zeta_i$）是定量研究金属离子在腐植酸基药剂表面吸附量的参数，根据 $\Delta \zeta$ 可以定量说明金属离子在腐植酸基药剂表面的吸附量大小。

通过分析腐植酸基药剂颗粒表面 Zeta 电位变化情况，可以进一步解释腐植酸基药剂与铜（Ⅱ）、锌（Ⅱ）的相互作用机理。图 4-17 为不同溶液 pH 值条件下，腐植酸吸附铜（Ⅱ）、锌（Ⅱ）后颗粒表面 Zeta 电位变化情况。由图 4-17（a）可以看出，腐植酸颗粒表面的 Zeta 电位与溶液 pH 值有显著关系。溶液 pH 值较低时，腐植酸表面 Zeta 电位较高。随着溶液 pH 值增加，腐植酸表面的羧基逐渐解离，腐植酸表面的负电荷不断积累，导致腐植酸表面的 Zeta 电位逐渐降低，对铜（Ⅱ）的静电作用增强。铜（Ⅱ）在腐植酸表面吸附后，腐植酸表面的 Zeta 电位升高。随着溶液 pH 值增加，$\Delta \zeta$ 逐渐增大，当溶液 pH 值为 6 时，$\Delta \zeta$ 基本达到最大，进一步表明当溶液 pH 值为 6 时，铜（Ⅱ）在腐植酸表面的吸附量达到最大。然而，当溶液 pH 值为 7 时，腐植酸-铜（Ⅱ）复合物表面 Zeta 电位降低，$\Delta \zeta$ 减小，这是由于铜（Ⅱ）主要以 $Cu(OH)_2$ 沉淀的形式存在，导致铜（Ⅱ）在腐植酸表面的吸附量降低。上述结果表明铜（Ⅱ）在腐植酸表面的吸附量与 $\Delta \zeta$ 是相关的，即铜（Ⅱ）在腐植酸表面的吸附量增加，$\Delta \zeta$ 增大。由图 4-17（b）可知，锌（Ⅱ）在腐植酸表面吸附前后颗粒表面 Zeta 电位变化与铜（Ⅱ）结果类似。然而，相比铜（Ⅱ），锌（Ⅱ）在腐植酸表面吸附后，$\Delta \zeta$ 变化较小，说明锌（Ⅱ）在腐植酸表面的吸附量较低，与前述分子动力学模拟结果一致。

图 4-18 为腐植酸基药剂吸附铜（Ⅱ）、锌（Ⅱ）后颗粒表面 Zeta 电位变化情况。由图 4-18 可以看出，腐植酸基药剂颗粒表面的 Zeta 电位与溶液 pH 值的关系与上述腐植酸结果类似。随着溶液 pH 值增加，腐植酸基药剂表面的羧基逐渐解离，颗粒表面的 Zeta 电位逐渐降低。综合分析图 4-17 和图 4-18 发现，相比腐植酸表面 Zeta 电位随 pH 值变化关系，腐植酸基药剂随溶液 pH 值的增加，Zeta 电位变得更负，最小 Zeta 电位为 -63.45mV，说明腐植酸基药剂表面可以解离出更多的酸性基团。此外，Zeta 电位变化（$\Delta \zeta = \zeta_0 - \zeta_i$）可以定量说明铜（Ⅱ）、锌（Ⅱ）在腐植酸基药剂表面的吸附量。铜（Ⅱ）、锌（Ⅱ）在腐植酸基药剂表

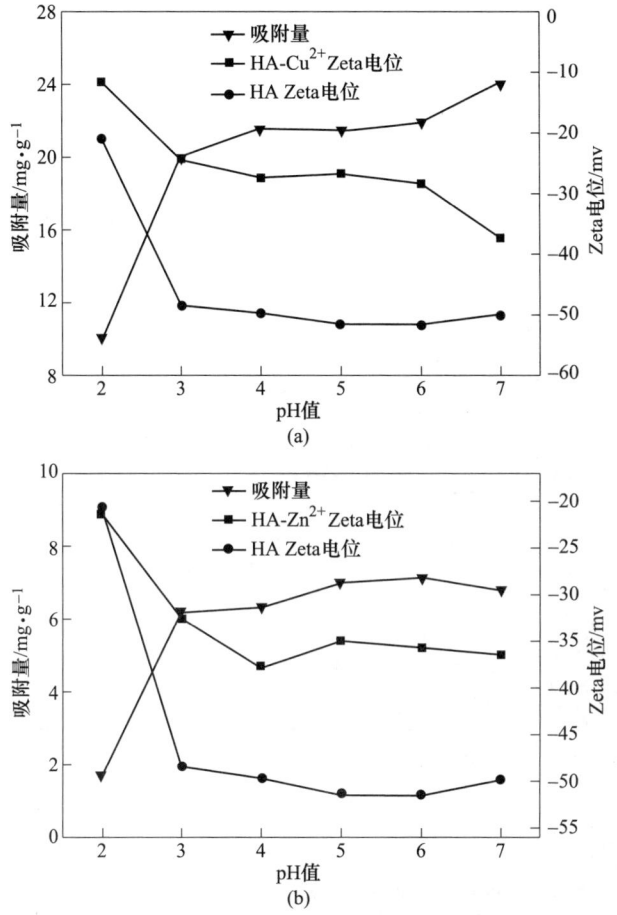

图 4-17 溶液 pH 值对腐植酸吸附 Cu(Ⅱ)(a)、Zn(Ⅱ)(b) 前后 Zeta 电位的影响

面吸附后，颗粒表面的 Zeta 电位升高，与图 4-17 中腐植酸表面 Zeta 电位不同的是，随溶液 pH 值增加，颗粒表面 $\Delta\zeta$ 呈现出先增加后降低的趋势，当溶液 pH 值为 4 时，$\Delta\zeta$ 达到最大。可能是由于腐植酸基药剂表面存在大量羧基，在溶液 pH 值大于 4 时，大量羧基开始解离，导致腐植酸基药剂不断溶解，此时铜（Ⅱ）、锌（Ⅱ）与腐植酸基药剂以絮状螯合、配合物的形式存在于溶液中。另外，相比腐植酸，腐植酸基药剂表面疏松多孔，具有较大的比表面积，大量铜（Ⅱ）、锌（Ⅱ）进入腐植酸基药剂表面孔道凹槽中，以配合物、螯合物形式结合在腐植酸基药剂表面，最终导致根据固体颗粒测得的 Zeta 电位偏低。然而，当溶液 pH=7 时，腐植酸基药剂表面 Zeta 电位降低，这是由于铜（Ⅱ）主要以 $Cu(OH)_2$ 沉淀的形式存在，使铜（Ⅱ）在腐植酸基药剂表面的吸附量降低。

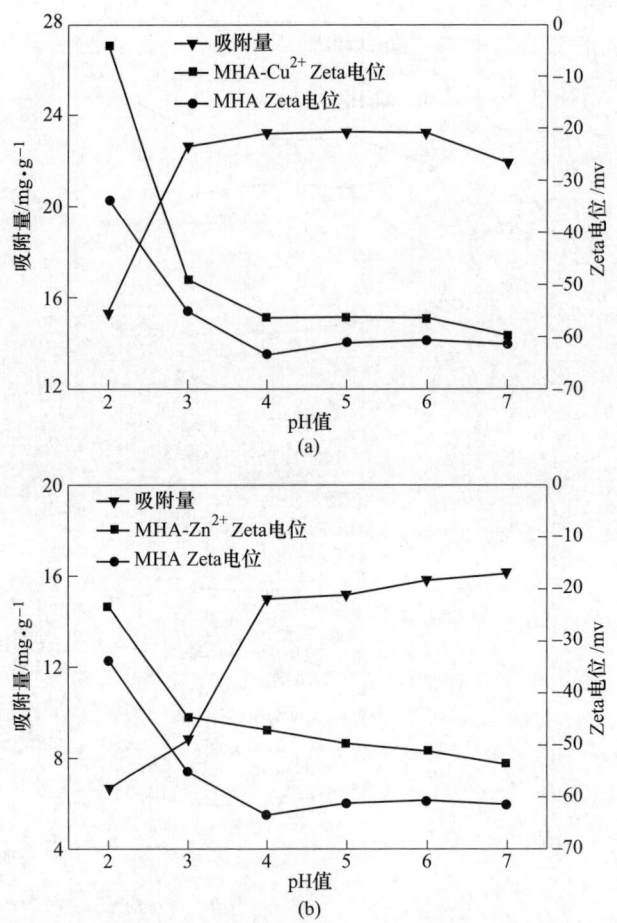

图 4-18　溶液 pH 值对腐植酸基药剂吸附 Cu(Ⅱ)(a)、Zn(Ⅱ)(b) 前后 Zeta 电位的影响

4.1.4.4　表面官能团变化

　　腐植酸吸附铜（Ⅱ）、锌（Ⅱ）前后的红外光谱如图 4-19 所示，不同溶液 pH 值条件下腐植酸样品特征官能团的峰型大致相近。从图 4-19 中可以看出，腐植酸在 $3426.42cm^{-1}$、$1708.23cm^{-1}$ 具有明显的特征吸收峰。对于 $3426.42cm^{-1}$ 左右长且宽的特征吸收峰，主要是腐植酸表面酚羟基—OH 的伸缩振动峰。对于 $1708.23cm^{-1}$ 的特征吸收峰，归因于腐植酸表面羧基的 C＝O 伸缩振动峰。综合分析红外图谱，发现铜（Ⅱ）、锌（Ⅱ）在腐植酸表面吸附前后，$3426.42cm^{-1}$ 的酚羟基—OH 特征峰没有明显变化，说明在反应的溶液 pH 值条件下，酚羟基参与表面反应的概率较小。而对于羧基，随着溶液 pH 值变化，腐植酸表面羧基伸缩振动峰强度变化较大，随着溶液 pH 值增加，铜（Ⅱ）、锌（Ⅱ）在腐植酸

表面的吸附量增加，导致处于1708.23cm^{-1}腐植酸羧基的特征吸收峰减弱，表明铜（Ⅱ）、锌（Ⅱ）在腐植酸表面吸附过程中，主要是腐植酸表面的羧基参与表面配位、螯合反应。

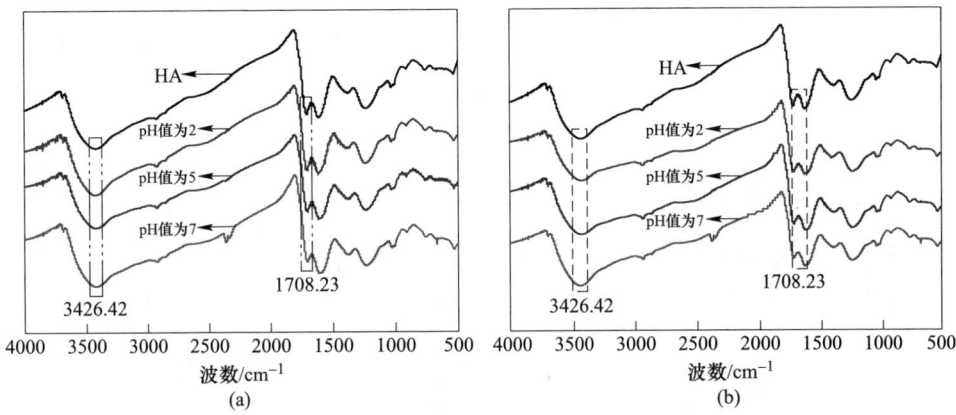

图4-19 腐植酸吸附Cu(Ⅱ)(a)、Zn(Ⅱ)(b)前后红外光谱的变化

腐植酸基药剂吸附铜（Ⅱ）、锌（Ⅱ）前后的红外光谱如图4-20所示，从图中可以看出，腐植酸基药剂除了在3426.42cm^{-1}、1708.23cm^{-1}具有明显酚羟基—OH、羧基C＝O特征吸收峰外，在1616.53cm^{-1}、1378.15cm^{-1}和1032.19cm^{-1}出现了较强的特征吸收峰。对于1616.53cm^{-1}处较强的特征峰，归因于腐植酸基药剂非对称COO—的C＝O和C—O伸缩振动峰，1378.15cm^{-1}较强的特征峰，归因于对称的COO—伸缩振动峰。而1032.19cm^{-1}特征峰，源于腐植酸基药剂酯基的C—O伸缩振动峰。对比分析图4-20，发现铜（Ⅱ）、锌（Ⅱ）在腐植酸基药剂表面吸附前后，3426.42cm^{-1}的酚羟基—OH特征峰没有明显变化，说明在反应

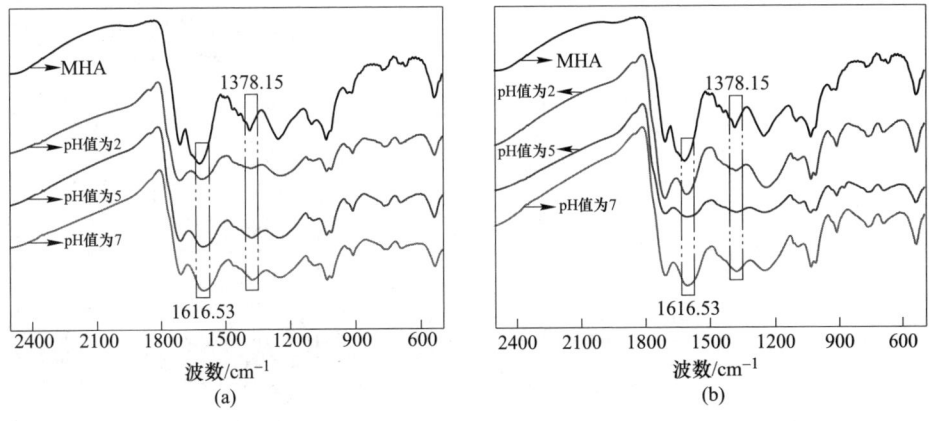

图4-20 腐植酸基药剂吸附Cu(Ⅱ)(a)、Zn(Ⅱ)(b)前后红外光谱的变化

的溶液 pH 值条件下，酚羟基—OH 参与表面反应的概率较小。而对于 1708.23cm^{-1}的羧基，随着溶液 pH 值变化，腐植酸基药剂表面羧基伸缩振动变化较明显，主要是铜（Ⅱ）、锌（Ⅱ）在腐植酸基药剂表面吸附过程中，腐植酸表面的羧基参与反应的缘故。另外，处于 1616.53cm^{-1} 和 1378.15cm^{-1} 的非对称 COO—的 C＝O、C—O 和对称的 COO—伸缩振动峰，随溶液 pH 值变化出现了明显的伸缩振动，表明腐植酸基药剂酯基氧原子参与表面配位、螯合反应，促进腐植酸基药剂与铜（Ⅱ）、锌（Ⅱ）的相互作用。

4.2　与铁氧化矿的作用

当腐植酸用作铁矿球团黏结剂、磁性复合吸附剂、矿物浮选抑制剂时，其与铁氧化矿的作用行为直接影响腐植酸基产品的效能与稳定性。本节以铁矿球团用腐植酸黏结剂为例，结合理论计算与实验表征，解析了腐植酸与各种铁氧化矿的作用行为。

4.2.1　腐植酸与铁矿物作用的 DFT 计算模拟

4.2.1.1　铁矿物的晶体结构及其表面反应性

A　铁矿物的选择及其晶体结构

利用粉末 XRD 测试技术，可以获得铁矿中目标矿物的分布特征及其晶体结构参数。分别选取普通磁铁精矿 ASMI、钒钛磁铁精矿 PXMB 和赤铁精矿 BXHC 作为测试对象，研究目标矿物的晶体结构参数。固定 XRD 测试条件：Cu 靶（40kV，250mA），步长为 0.02°/s,磁铁精矿 ASMI、钒钛磁铁精矿 PXMB 和赤铁精矿 BXHC 的 XRD 全谱拟合精修结果如图 4-21 所示。

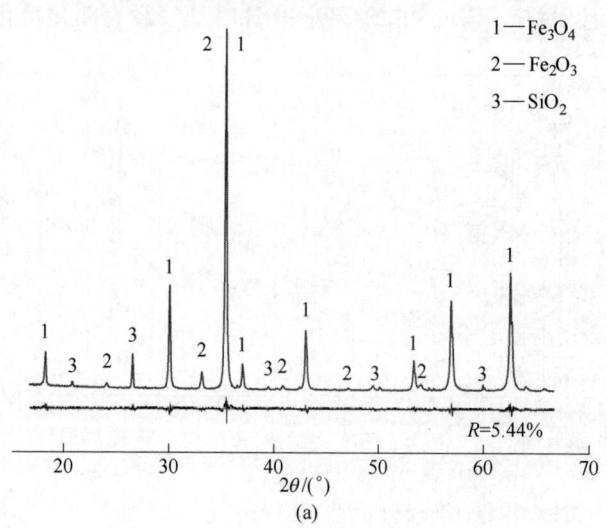

(a)

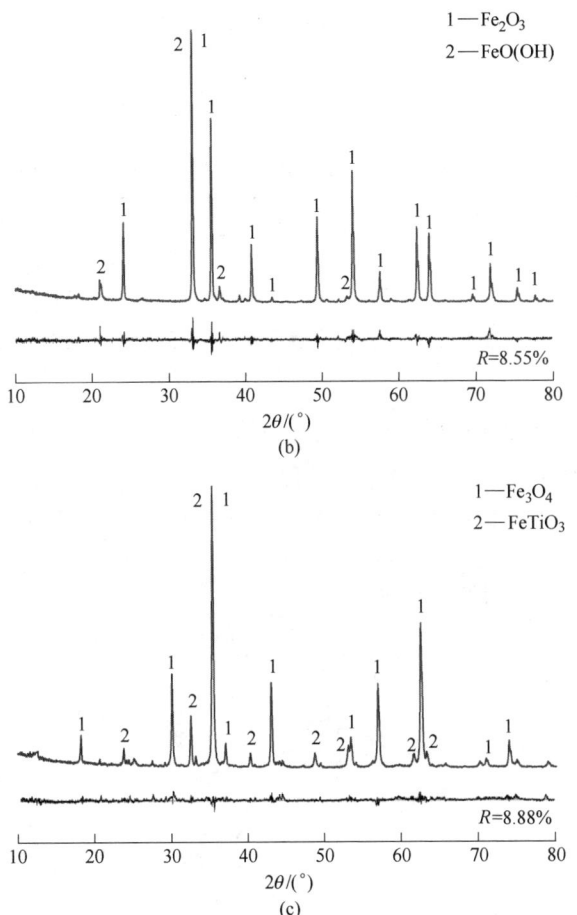

图 4-21　不同铁矿的 XRD 全谱拟合精修结果
（a）磁铁精矿；（b）赤铁精矿；（c）钒钛磁铁精矿

　　从图 4-21（a）可以看出，磁铁精矿中铁矿物的物相分别为 Fe_3O_4（空间群 Fd-$3m$）和 Fe_2O_3（空间群 R-$3c$）。图 4-21（b）表明，赤铁精矿中铁矿物的物相分别为 Fe_2O_3（空间群 R-$3c$）和 $FeO \cdot OH$（空间群 $Pbnm$）。

　　从图 4-21（c）可以看出，对钒钛磁铁精矿来说，铁矿物的物相分别为 Fe_3O_4（空间群 Fd-$3m$）和 $FeTiO_3$（空间群 R-3）。汪云华和彭金辉指出，钒钛磁铁精矿的矿物成分主要是钛磁铁矿 $[mFeO \cdot Fe_3O_4 \cdot n(FeTiO_3)]$，其次为钛铁矿（$FeTiO_3$）和钛铁尖晶石（$Fe_2TiO_4$）。对于本实验用钒钛磁铁精矿来说，XRD 未检测出钛铁尖晶石，表明此钒钛磁铁精矿中含钛矿物主要以 $FeTiO_3$ 形式存在。刘松利、白晨光等人研究表明，攀西某钒钛磁铁精矿经 XRD 物相分析后发现钛也主要以 $FeTiO_3$ 形式存在。

根据物相组成及分布特点，本实验分别选取磁铁精矿中磁铁矿（Fe_3O_4）、赤铁精矿中赤铁矿（Fe_2O_3）和钒钛磁铁精矿中钛铁矿（$FeTiO_3$）作为目标矿物。基于 XRD 测定结果，计算得到的上述 3 种目标矿物晶胞参数，见表 4-3。

表 4-3　目标铁矿物的晶胞参数

矿物	化学式	空间群	$a/\text{Å}$	$b/\text{Å}$	$c/\text{Å}$	$\alpha/(°)$	$\beta/(°)$	$\gamma/(°)$
磁铁矿	Fe_3O_4	$Fd\text{-}3m$	8.38265	8.38265	8.38265	90.000	90.000	90.000
赤铁矿	Fe_2O_3	$R\text{-}3c$	5.07934	5.07934	14.05878	90.000	90.000	120.000
钛铁矿	$FeTiO_3$	$R\text{-}3$	5.02169	5.02169	13.71474	90.000	90.000	120.000

注：$1\text{Å}=10^{-10}\text{m}$。

经过计算，上述 3 种目标矿物 Fe_3O_4、Fe_2O_3 和 $FeTiO_3$ 的晶胞体积分别为 589.04Å^3、314.12Å^3 和 299.51Å^3。根据表 4-3 中晶胞参数信息及国际晶体剑桥数据库（CCDC），3 种目标矿物的晶体结构如图 4-22 所示。

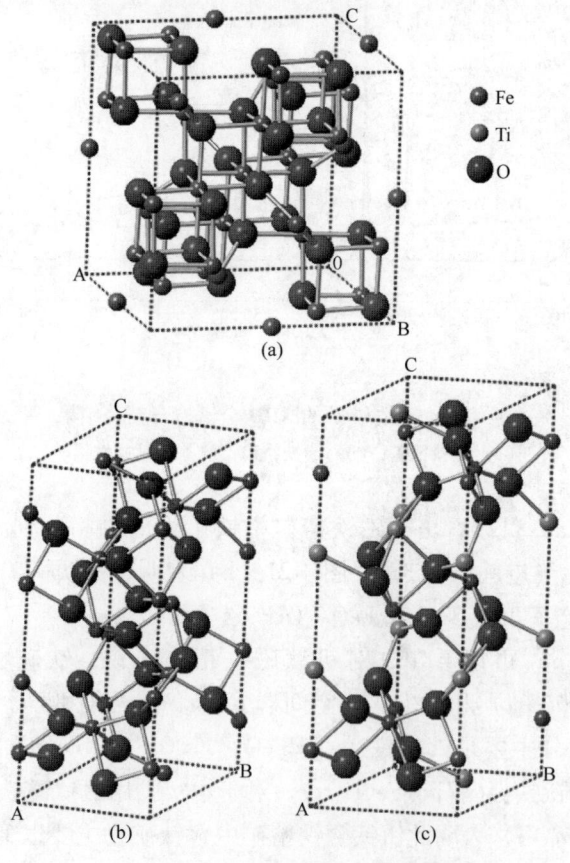

图 4-22　目标矿物的晶体结构
（a）Fe_3O_4；（b）Fe_2O_3；（c）$FeTiO_3$

从图 4-22 可以看出，在空间群为 Fd-$3m$ 的 Fe_3O_4 晶胞结构中，处于胞面的 Fe 为+3 价，晶胞内 Fe 为+2 价。$FeTiO_3$ 晶胞结构与 Fe_2O_3 相似，空间群为 R-$3c$ 的 Fe_2O_3 分子中部分 Fe^{3+}（0.69Å）被离子半径相近的 Ti^{4+}（0.75Å）晶格取代，进而形成空间群为 R-3 的 $FeTiO_3$。

B　铁矿物晶体结构的 DFT 计算方法

首先，通过 DFT 分析软件 Accelrys Inc. Material Studio 4.4 建立矿物晶胞结构，并利用 Dmol 模块对其空间构型进行优化。然后，采用优化的晶胞结构对其分子总能量（ET），费米能级（Fermi energy）、前线轨道（HOMO 和 LUMO），前线电子密度和 Mulliken 原子净电荷进行计算。

目标矿物晶胞中各原子坐标的初始设置值见表 4-4。

表 4-4　矿物晶胞中各原子坐标

晶胞	原子	晶格占位	分数坐标		
			x	y	z
Fe_3O_4	Fe1	1.000	0.1250	0.1250	0.1250
	Fe2	1.000	0.5000	0.5000	0.5000
	O1	1.000	0.2572	0.2572	0.2572
Fe_2O_3	Fe1	1.000	0.0000	0.0000	0.3548
	O1	1.000	0.3097	0.0000	0.2500
$FeTiO_3$	Fe1	1.000	0.0000	0.0000	0.3548
	Ti1	1.000	0.0000	0.0000	0.3507
	O1	1.000	0.3077	0.0469	0.2498

晶体结构在 Dm 计算中均选用广义梯度近似（GGA）下的交换关联函数 Perdew Burke Ernzerhof（PBE）。在对晶胞的结构优化中采用 Basis set DND 3.5，能量收敛标准设为 $2.72 \times 10^{-4} eV$，力收敛标准设为每个原子 $0.109 eV$，最大位移收敛标准设为 $5 \times 10^{-4} nm$；在自洽场 SCF 运算中，采用 Pulay 密度混合法，自洽场收敛精度设为每个原子 $1.0 \times 10^{-5} eV$，k 点选用 Gamma 点。能量计算和构型优化均采用相同的参数设置。

C　铁矿物晶体结构的表面反应性

Fe_3O_4 晶胞的三维空间构型、前线轨道以及电子密度如图 4-23 所示。

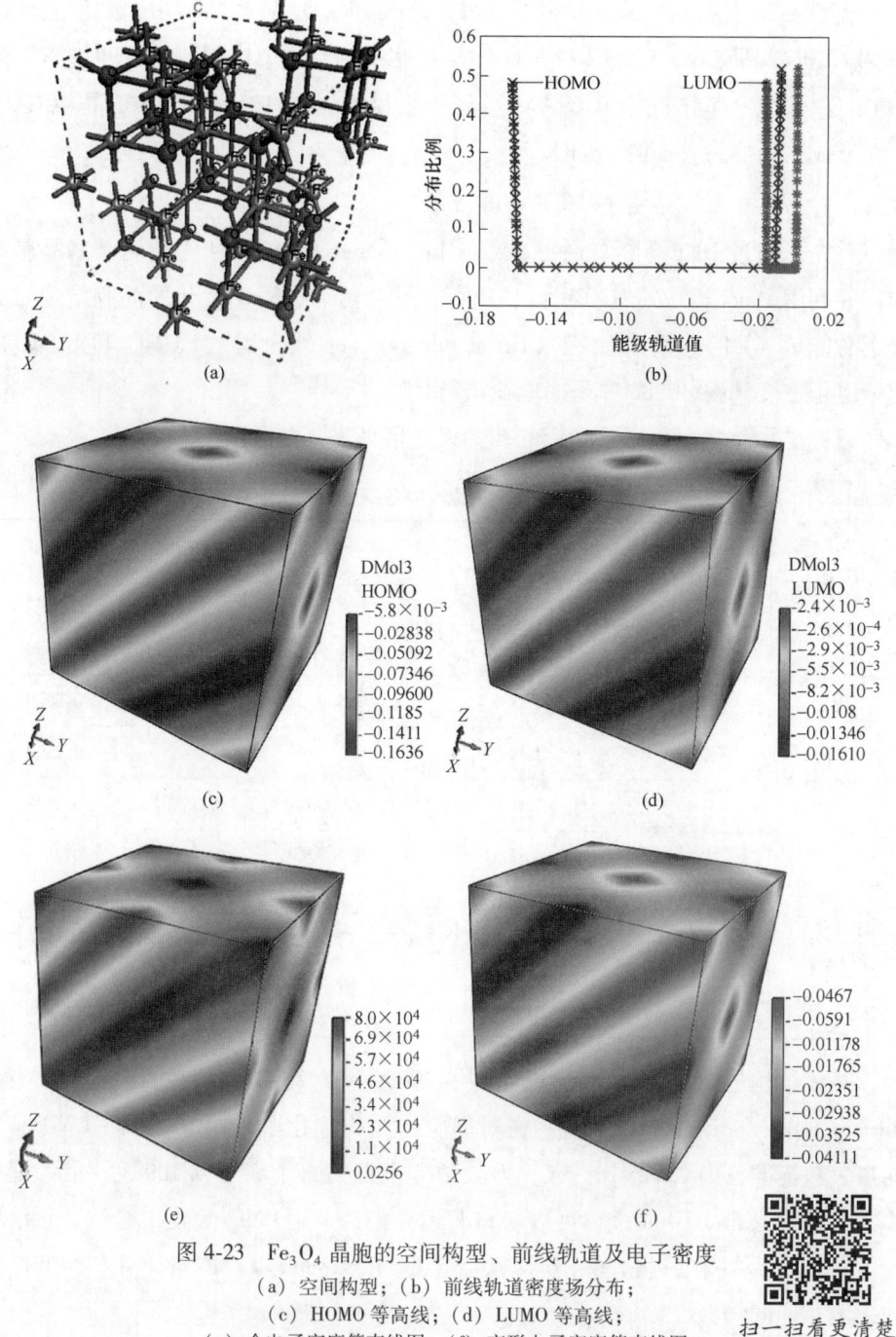

图 4-23　Fe₃O₄ 晶胞的空间构型、前线轨道及电子密度
（a）空间构型；（b）前线轨道密度场分布；
（c）HOMO 等高线；（d）LUMO 等高线；
（e）全电子密度等直线图；（f）变形电子密度等直线图

扫一扫看更清楚

Fe₂O₃ 晶胞的三维空间构型、前线轨道以及电子密度如图 4-24 所示。

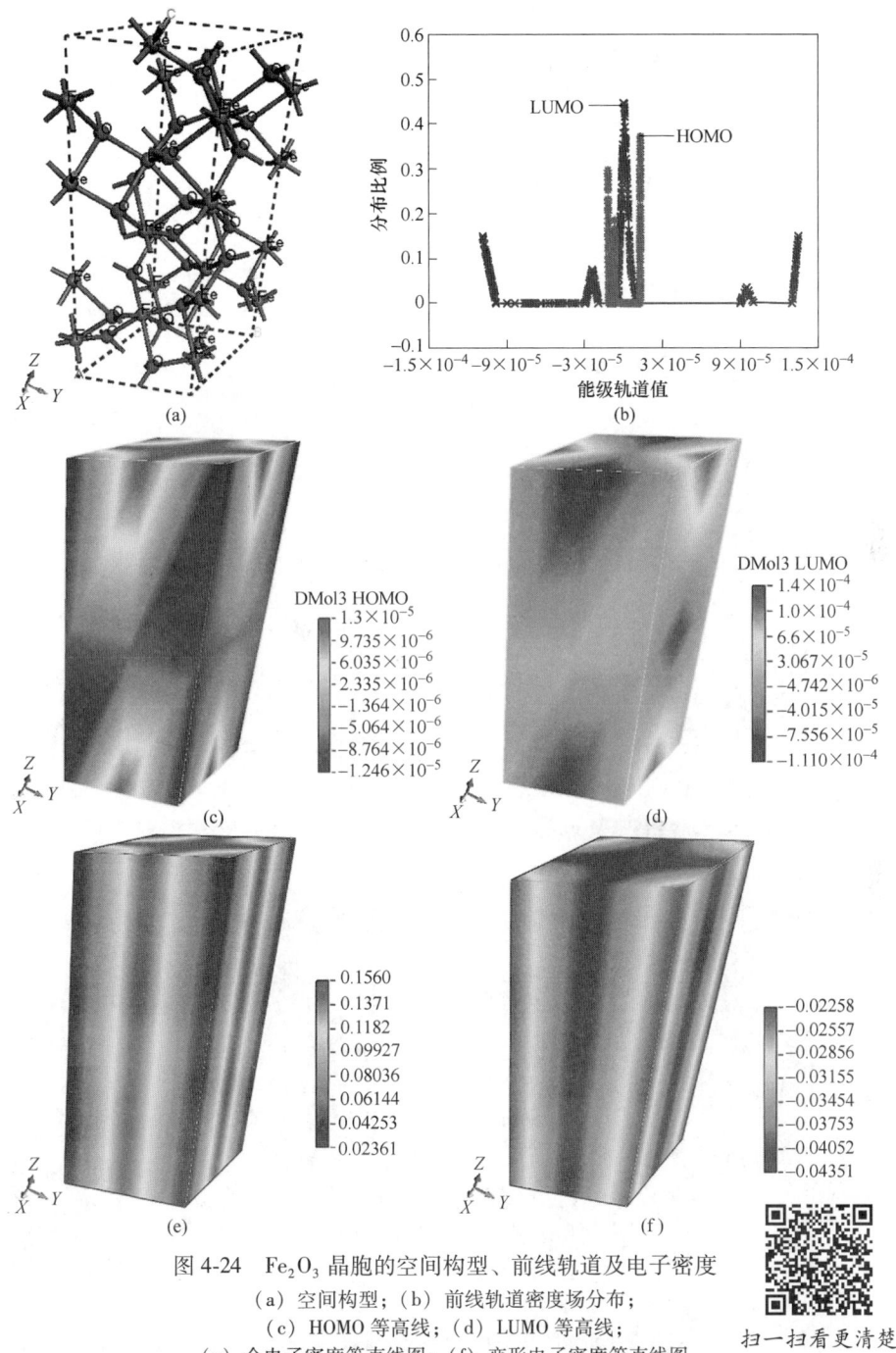

图 4-24 Fe₂O₃ 晶胞的空间构型、前线轨道及电子密度

(a) 空间构型；(b) 前线轨道密度场分布；

(c) HOMO 等高线；(d) LUMO 等高线；

(e) 全电子密度等直线图；(f) 变形电子密度等直线图

扫一扫看更清楚

FeTiO₃ 晶胞的三维空间构型、前线轨道以及电子密度如图 4-25 所示。

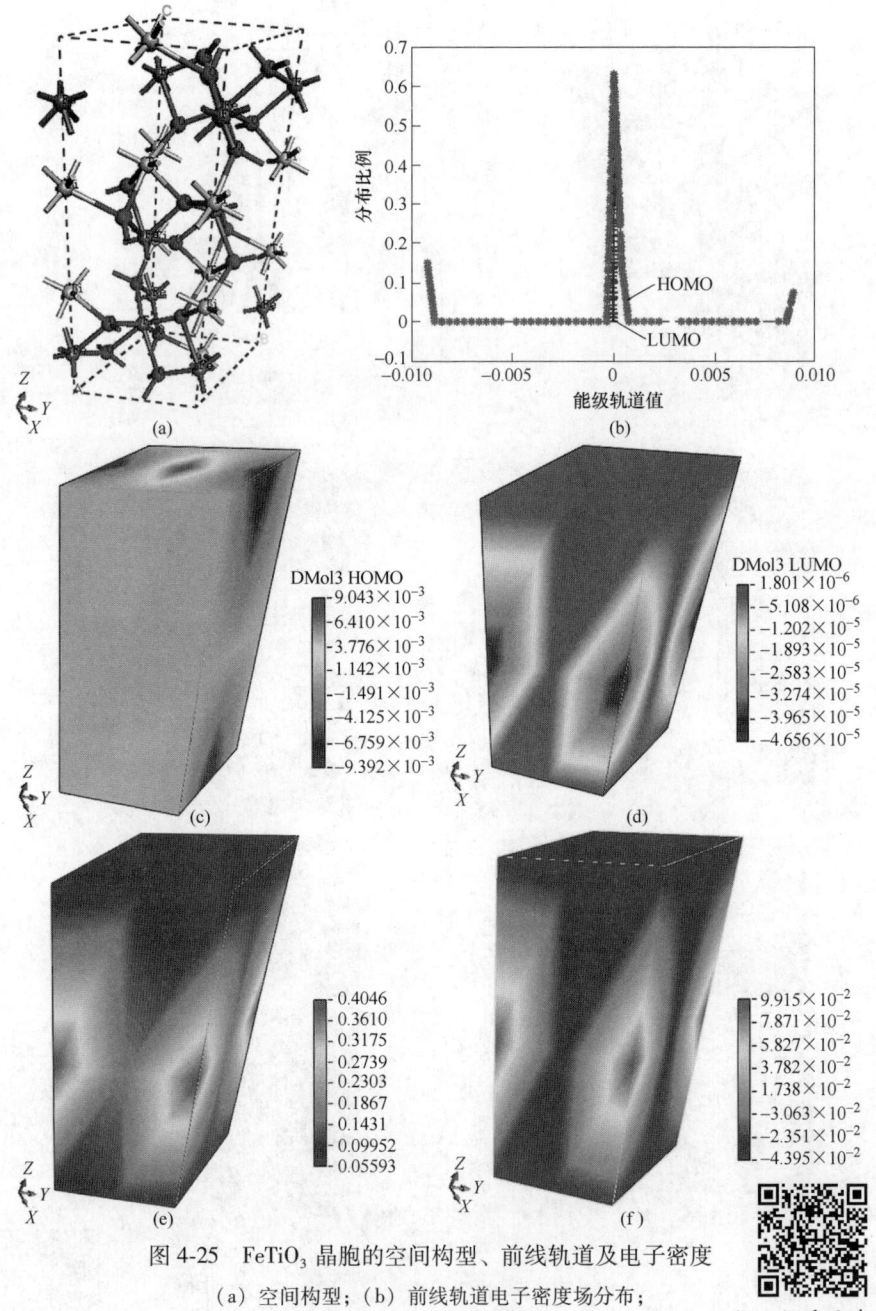

图 4-25　FeTiO$_3$ 晶胞的空间构型、前线轨道及电子密度

（a）空间构型；（b）前线轨道电子密度场分布；

（c）HOMO 等高线；（d）LUMO 等高线；

（e）全电子密度等直线图；（f）变形电子密度等直线图

扫一扫看更清楚

　　图 4-23～图 4-25 表明，3 种目标矿物晶胞结构及其量化参数均存在明显差异。基于 DFT 计算结果，目标矿物量化参数的综合比较如图 4-26 所示。

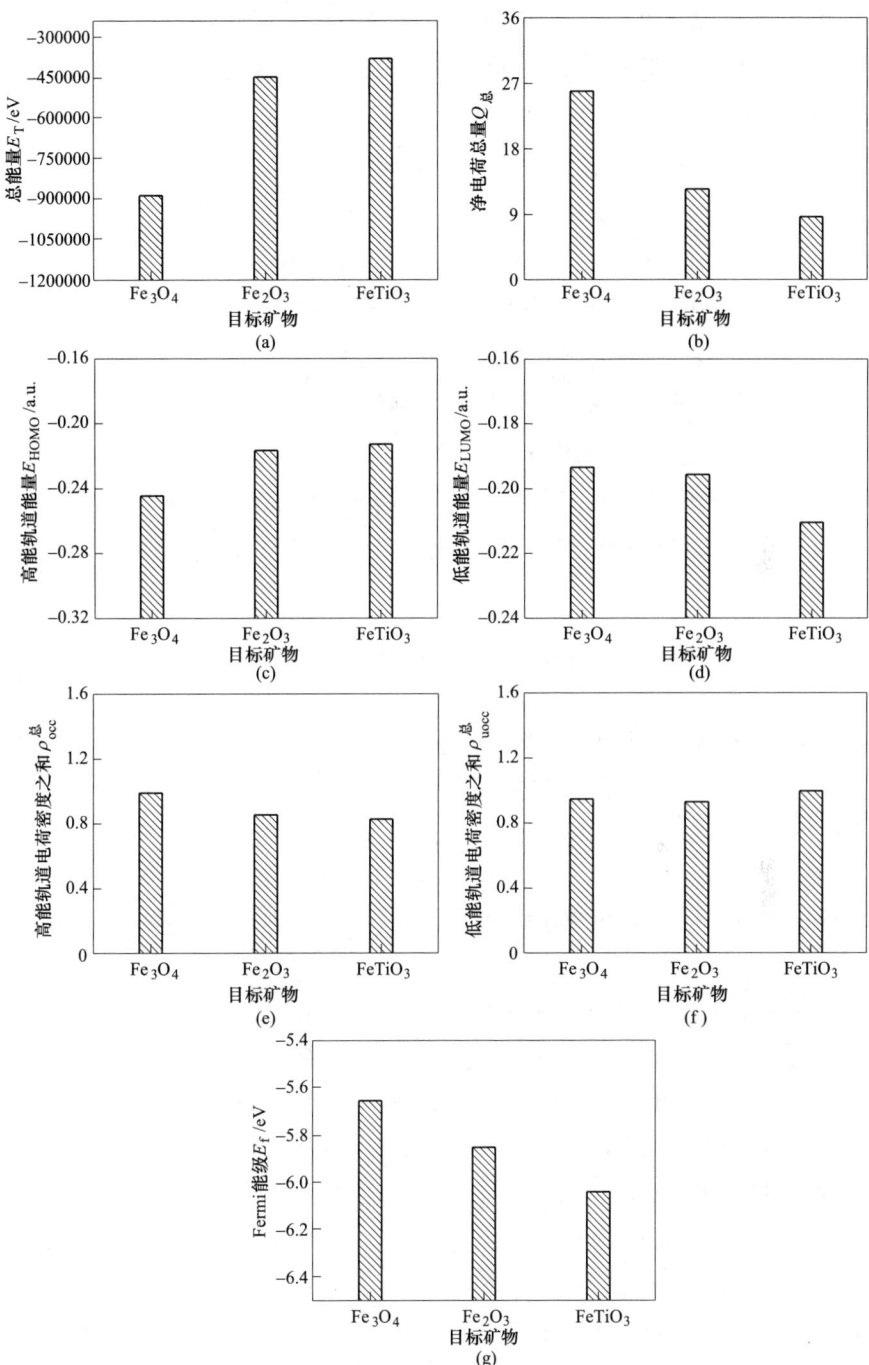

图 4-26 3 种目标矿物量化参数的综合比较

（a）晶胞总能量 E_T；（b）净电荷总量 $Q_总$；（c）高能轨道能量 E_{HOMO}；（d）低能轨道能量 E_{LUMO}；

（e）高能轨道电荷密度之和 ρ_{occ}；（f）低能轨道电荷密度之和 ρ_{uocc}；（g）Fermi 能级 E_f

由图 4-26 可以看出，Fe_3O_4 晶胞的总能量 E_T、高能轨道能量 E_{HOMO} 均最负，Fe 原子所带净电荷总量 $Q_总$、低能轨道能量 E_{LUMO}、高能轨道电荷密度之和 ρ_{occ} 和 Fermi 能级 E_f 均最高。$FeTiO_3$ 晶胞的总能量 E_T、高能轨道能量 E_{HOMO}、铁和钛原子低能轨道电荷密度之和 ρ_{uocc} 均最高，净电荷总量 $Q_总$、低能轨道能量 E_{LUMO}、高能轨道电荷密度之和 ρ_{uocc} 和 Fermi 能级 E_f 均最低。

矿物表面净电荷越高，与药剂的静电力作用越强。DFT 结果初步表明，与 Fe_2O_3 和 $FeTiO_3$ 晶胞相比，整个 Fe_3O_4 晶胞与腐植酸之间的静电力作用更强。E_{LUMO} 大小直接反映分子得电子的能力，即氧化性。E_{LUMO} 越高，则越容易得到电子，氧化性更强。图 4-26 表明，$FeTiO_3$ 晶胞更容易与腐植酸之间发生氧化反应。Fermi 能级（E_f）是整个系统电子的化学势，电子总是从费米能级高的地方向低的地方转移。DFT 计算出的 3 种矿物晶胞按费米能级从高到低依次为磁铁矿、赤铁矿、钛铁矿，即目标矿物整个晶胞结构接受电子从难到易的顺序为 Fe_3O_4、Fe_2O_3、$FeTiO_3$。

4.2.1.2　腐植酸与铁矿物作用的 DFT 计算

能量判据反映了药剂对矿物亲固能力的大小。对于球团黏结剂与矿物作用体系，学术界至今未提出相应的能量判据。腐植酸基黏结剂在矿物表面的作用与浮选药剂的作用类型及方式相似，仍是通过化学吸附或表面化学反应。针对浮选药剂作用体系，王淀佐提出了药剂对矿物表面亲固能力的活性能量方程与能量判据。这为本课题讨论腐植酸对矿物的亲固能力提供了非常有价值的借鉴作用。

A　腐植酸分子模型的选择及其量化参数

选择富里酸为腐植酸分子模型，别名为：黄腐酸或黄腐植酸，英文名：3,7,8-trihydroxy-3-methyl-10-oxo-1,4-dihydropyrano［4,3-b］chromene-9-carboxylic acid，CAS 号为：479-66-3，其分子式为：$C_{14}H_{12}O_8$，相对分子质量为：308.24。

首先，利用 Gaussian 09，Revision-A. 02 软件的 Ground State DFT B3lYP 3-21G 机组进行分子结构优化，设置计算参数为：opt b3lyp/3-21g，scrf =（solvent=water），guess =（local，save），geom = connectivity。然后，采用 Ground State DFT B3lYP 6-311+G(d) 机组对上述优化结构进行单点能计算，设置计算参数为：b3lyp/6-311 + g(d)，scrf =（solvent = water），guess =（local，save），pop =（nbo，full），geom=connectivity。通过 DFT 计算，所选腐植酸分子模型的空间结构以及主要量子化学参数分别如图 4-27 和表 4-5 所示。

图 4-27 腐植酸分子模型的空间构型

表 4-5 腐植酸分子模型的量子化学计算结果

量化参数	$C_{14}H_{12}O_8$	
分子总能量 E_T/a. u.	−1142. 831411	
分子总偶极矩	11. 105500	
前线轨道能/a. u.	$E_{HOMO} = -0.246004$	
	$E_{LUMO} = -0.080915$	
前线电子密度	$\rho_{occ}^{(2)} = 0.081914$	$\rho_{uocc}^{(2)} = 0.732478$
	$\rho_{occ}^{(3)} = 0.110564$	$\rho_{uocc}^{(3)} = 0.041276$
	$\rho_{occ}^{(8)} = 0.127038$	$\rho_{uocc}^{(8)} = 0.858469$
	$\rho_{occ}^{(9)} = 0.007502$	$\rho_{uocc}^{(9)} = 0.007842$
	$\rho_{occ}^{(10)} = 0.002792$	$\rho_{uocc}^{(10)} = 0.023102$
	$\rho_{occ}^{(12)} = 0.097237$	$\rho_{uocc}^{(12)} = 0.003664$
	$\rho_{occ}^{(14)} = 0.028633$	$\rho_{uocc}^{(14)} = 0.024642$
Mulliken 净电荷 Q	$Q(2) = -0.240731$	
	$Q(3) = -0.150667$	$Q(10) = -0.206011$
	$Q(8) = -0.253361$	$Q(12) = -0.399497$
	$Q(9) = -0.252537$	$Q(14) = -0.462389$

B 活性能量方程与能量判据

根据普遍微扰理论（GPT）方程，王淀佐进一步建立和推导出浮选药剂作用的活性能量方程及能量判据。活性能量方程及能量判据（$\Delta E_{\mathrm{T}}^{\mathrm{RT}}$）主要推导过程如下：

$$\Delta E_{\mathrm{T}}^{\mathrm{RT}} = \Delta E_1^{\mathrm{RL}} + \Delta E_2^{\mathrm{RL}} + \Delta E_3^{\mathrm{RL}} \tag{4-15}$$

式中　ΔE_1^{RL}——药剂（R）与矿物（L）之间的静电作用。

$$\Delta E_1^{\mathrm{RT}} = \frac{Q(r)Q(l)}{R_{\mathrm{rl}}\varepsilon} \tag{4-16}$$

式中　　$Q(r)$，$Q(l)$——药剂中键合原子和矿物中被键合原子的净电荷；

　　　　　　R_{rl}——键合原子与被键合原子的间距；

　　　　　　ε——溶剂的介电常数，$\varepsilon_{\text{水}} = 78.9$。

ΔE_2^{RL} 为药剂（R）与矿物（L）之间的正配键共价作用：

$$\Delta E_2^{\mathrm{RT}} = \frac{\rho_{\mathrm{occ}}^{(r)}\rho_{\mathrm{uocc}}^{(1)}\Delta\beta_{\mathrm{rl}}^2}{2(E_{\mathrm{HOMO}}^{\mathrm{R}} - E_{\mathrm{LUMO}}^{\mathrm{L}})} \tag{4-17}$$

式中　$\rho_{\mathrm{occ}}^{(r)}$，$\rho_{\mathrm{uocc}}^{(1)}$——药剂 HOMO 上键合原子、矿物 LUMO 上被键合原子的电子密度；

$E_{\mathrm{HOMO}}^{\mathrm{R}}$，$E_{\mathrm{LUMO}}^{\mathrm{L}}$——药剂 HOMO 和矿物 LUMO 的能量。

ΔE_3^{RT} 为药剂（R）与矿物（L）之间的反馈键共价作用：

$$\Delta E_3^{\mathrm{RT}} = \frac{k\rho_{\mathrm{uocc}}^{(r)}\rho_{\mathrm{occ}}^{(1)}\Delta\beta_{\mathrm{rl}}^2}{2(E_{\mathrm{HOMO}}^{\mathrm{L}} - E_{\mathrm{LUMO}}^{\mathrm{R}})} \tag{4-18}$$

式中　$\rho_{\mathrm{uocc}}^{(r)}$，$\rho_{\mathrm{occ}}^{(1)}$——药剂 LUMO 上键合原子、矿物 HOMO 上被键合原子的电子密度；

$E_{\mathrm{LUMO}}^{\mathrm{R}}$，$E_{\mathrm{HOMO}}^{\mathrm{L}}$——药剂 LUMO 轨道和矿物 HOMO 的能量。

综合上式，$\Delta E_{\mathrm{T}}^{\mathrm{RL}}$ 可以进一步表示为：

$$\Delta E_{\mathrm{T}}^{\mathrm{RL}} = \frac{Q(r)Q(l)}{R_{\mathrm{rl}}\varepsilon} + \frac{\rho_{\mathrm{occ}}^{(r)}\rho_{\mathrm{uocc}}^{(1)}\Delta\beta_{\mathrm{rl}}^2}{2(E_{\mathrm{HOMO}}^{\mathrm{R}} - E_{\mathrm{LUMO}}^{\mathrm{L}})} + \frac{k\rho_{\mathrm{uocc}}^{(r)}\rho_{\mathrm{occ}}^{(1)}\Delta\rho_{\mathrm{rl}}^2}{2(E_{\mathrm{HOMO}}^{\mathrm{L}} - E_{\mathrm{LUMO}}^{\mathrm{R}})} \tag{4-19}$$

对于药剂分子中多个键合原子与矿物金属原子作用的情形，$\Delta E_{\mathrm{T}}^{\mathrm{RT}}$ 又可以表示为：

$$\Delta E_{\mathrm{T}}^{\mathrm{RT}} = \sum_{i=1}^{N}\frac{Q(r_i)Q(l_i)}{R_{\mathrm{r}_i l_i}\varepsilon} + \sum_{i=1}^{N}\frac{\rho_{\mathrm{occ}}^{(r_i)}\rho_{\mathrm{uocc}}^{(1_i)}\Delta\beta_{\mathrm{r}_i l_i}^2}{2(E_{\mathrm{HOMO}}^{\mathrm{R}} - E_{\mathrm{LUMO}}^{\mathrm{L}})} + \sum_{i=1}^{N}\frac{k_i\rho_{\mathrm{uocc}}^{(r_i)}\rho_{\mathrm{occ}}^{(1_i)}\Delta\beta_{\mathrm{r}_i l_i}^2}{2(E_{\mathrm{HOMO}}^{\mathrm{L}} - E_{\mathrm{LUMO}}^{\mathrm{R}})} \tag{4-20}$$

式中　N——药剂分子中实际键合原子的个数；

　　　k_i——矿物中被键合原子的 d 电子数。

公式（4-20）即为药剂活性能量方程的表达式。药剂活性能量方程表明，药剂的性能不仅与药剂本身的前线电子密度、前线轨道能量、键合原子的净电荷等量化参数有关，而且还与矿物的上述量化参数有关。$\Delta E_{\mathrm{T}}^{\mathrm{RT}}$ 作为能量判据，综合反映了药剂与矿物的化学反应能力。$\Delta E_{\mathrm{T}}^{\mathrm{RT}}$ 数值越负，表示药剂与矿物的亲固能力越强，即药剂活性越高。

为进一步降低计算强度，简化能量判据的求算，需要对公式（4-20）中部分参量进行近似计算。键合原子与被键合原子的间距（$R_{r_il_i}$）近似计算方法为：

$$R_{r_il_i} = r_{r_i} + r_{l_i} \tag{4-21}$$

式中　r_{r_i}，r_{l_i}——药剂中键合原子和矿物中被键合原子的鲍林半径。以 Fe、Ti 和 O 原子为例：$r_{Fe} = 0.069nm$，$r_{Ti} = 0.075nm$，$r_O = 0.121nm$。

键合原子和被键合原子的 Mulliken 成键参量（$\beta_{r_il_i}$）可近似计算为：

$$\beta_{r_il_i} = \frac{1}{2}K(\beta_{r_i}^O + \beta_{l_i}^O) \tag{4-22}$$

式中　K——经验常数，对于离子型药剂，$K = 1.0$；

$\beta_{r_i}^O$，$\beta_{l_i}^O$——药剂中键合原子和矿物中被键合原子的成键参量；以 Fe、Ti 和 O 原子为例：$\beta_{Fe}^O = -27eV$，$\beta_{Ti}^O = -18eV$，$\beta_O^O = -31eV$。

C　腐植酸与目标矿物亲固反应间作用力

分别将 DFT 计算所得量化参数代入公式（4-20），腐植酸与各目标矿物晶胞表面（除晶胞内金属原子之外）作用的能量判据计算结果见表 4-6。

表 4-6　腐植酸与目标矿物表面作用的能量判据　　　　　　（a.u.）

目标矿物	Fe_3O_4	Fe_2O_3	$FeTiO_3$
能量判据 ΔE_T^{RT}	-2.403	-2.162	-2.470

注：表内数据为腐植酸与晶胞表面所有金属原子的作用能。

从表 4-6 看出，能量判据 ΔE_T^{RT} 数值从高到低依次为 Fe_2O_3、Fe_3O_4、$FeTiO_3$。因此，腐植酸与矿物晶胞表面亲固反应能力从强到弱的顺序为 $FeTiO_3$、Fe_3O_4、Fe_2O_3。DFT 计算结果进一步说明影响铁矿与腐植酸作用的另一个原因在于含铁矿物的化学成分及其晶体结构。对于以 Fe_3O_4 为主要成分的铁精矿来说，矿物晶体结构自身就决定了其与腐植酸的作用强度要高于赤铁精矿。对于含有一定量 $FeTiO_3$ 的磁铁精矿来说，$FeTiO_3$ 晶胞表面的高化学反应能力提高了铁精矿与腐植酸黏结剂的作用强度。

能量判据 ΔE_T^{RT} 主要考虑了静电作用 ΔE_1^{RT}、正配键共价作用 ΔE_2^{RT} 以及反馈键共价作用 ΔE_3^{RT}。腐植酸与矿物的净电荷越大，静电作用 ΔE_1^{RT} 就越负，对能量判据 ΔE_T^{RT} 的贡献也越大，腐植酸的亲固能力越高。腐植酸与矿物的前线电子密度越大，正配键共价作用项 ΔE_2^{RT} 和反馈键共价作用 ΔE_3^{RT} 就越大，能量判据 ΔE_T^{RT} 也越负，腐植酸的亲固能力越高。当 $|\Delta E_1^{RT}| > |\Delta E_2^{RT}| + |\Delta E_3^{RT}|$ 时，腐植酸与矿物的作用以双电层静电吸附为主；当 $|\Delta E_1^{RT}| < |\Delta E_2^{RT}| + |\Delta E_3^{RT}|$ 时，腐植酸与矿物的作用以化学吸附或表面化学反应为主。对于 3 种目标矿物，能量判据 ΔE_T^{RT} 中 3 种作用类型（$|\Delta E_1^{RT}|$、$|\Delta E_2^{RT}|$ 以及 $|\Delta E_3^{RT}|$）的强度比较如图 4-28 所示。

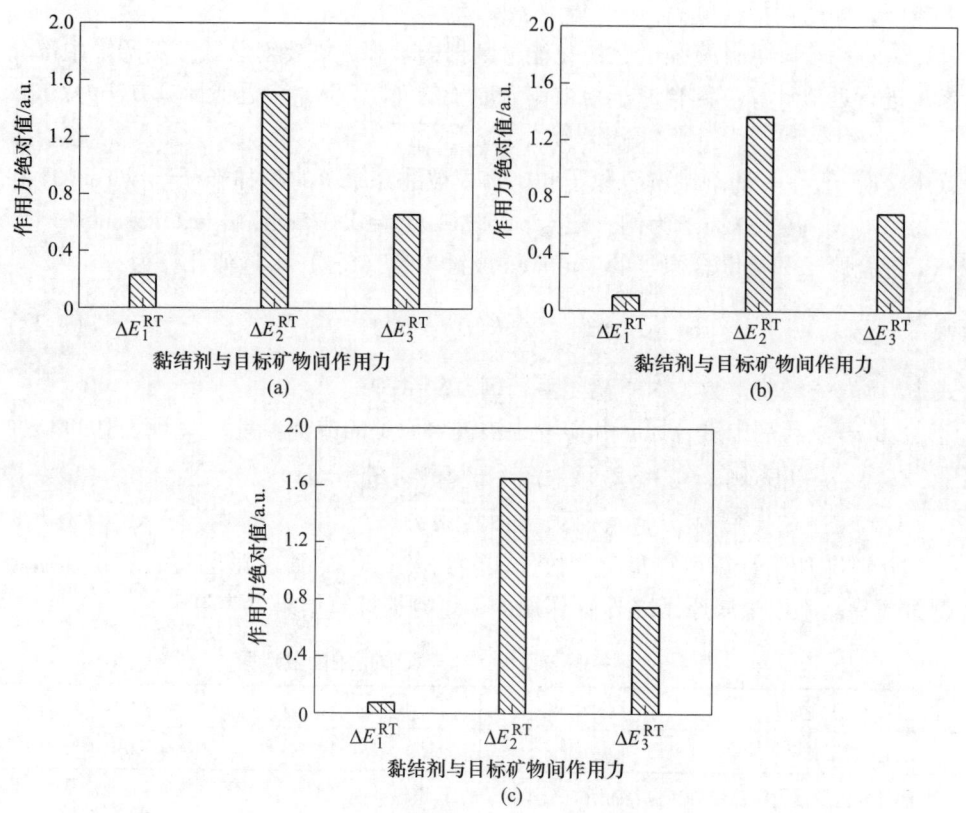

图 4-28　能量判据中 3 种作用类型的强度对比

(a) Fe_3O_4；(b) Fe_2O_3；(c) $FeTiO_3$

图 4-28 表明，$|\Delta E_1^{RT}|$ 均小于 $|\Delta E_2^{RT}|+|\Delta E_3^{RT}|$，即腐植酸主要通过化学作用与矿物晶胞表面发生亲固反应。对于腐植酸与矿物晶胞表面之间的作用力来说，正配键共价作用对能量判据 ΔE_T^{RT} 的贡献最大，反馈键共价作用的贡献次之，静电力作用的贡献最小，即化学反应以腐植酸传递电子给矿物为主。对于磁铁矿、赤铁矿、钛铁矿晶胞，静电力作用对能量判据的贡献率分别为 9.57%，5.08% 和 3.05%。尽管静电力作用对能量判据的贡献率低，但是其作用不能被忽视。铁精矿表面电性会影响腐植酸作用，其原因是静电力作用是腐植酸与矿物表面互相接近、促进化学反应发生的前提。

4.2.2　铁精矿表面电性与腐植酸吸附作用的关系

4.2.2.1　不同类型铁精矿的表面电性

Zeta 电位是表征胶体颗粒表面电性的重要手段，也是判断颗粒荷电机理的特征参数。通过研究铁精矿在腐植酸功能组分溶液中 Zeta 电位的变化，可揭示腐植酸在铁矿表面的作用类型、强度及方式，进一步查明腐植酸吸附对铁精矿荷电机理的影响。

吸附腐植酸后的铁精矿颗粒表面的电荷不仅取决于铁精矿自身，部分也来源于腐植酸的荷电性质，因此铁精矿和腐植酸的荷电性质均需考虑。腐植酸类物质在水溶液中以胶体状态存在。因此，表面荷电也是腐植酸类物质的主要性质之一。实验测得，黄腐酸、胡敏酸以及腐植酸的 PZC 分别在 pH 值为 10.7、2.4 和 2.6，三者的 Zeta 电位-pH 值曲线如图 4-29 所示。

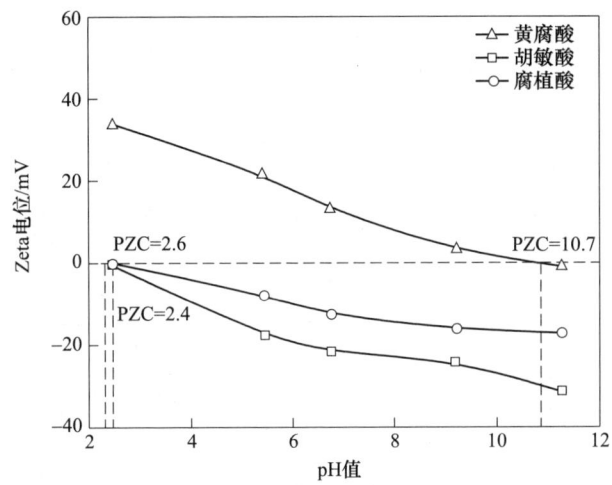

图 4-29 腐植酸功能组分的 Zeta 电位-pH 值曲线

采用 Zeta 电位测定原理与技术，重点研究了铁精矿在不同腐植酸功能组分作用体系下的 Zeta 电位，并采用双电层理论分析和讨论了腐植酸吸附行为及其对 3 种类型铁精矿表面电性的影响。

A 普通磁铁精矿

采用 8 种普通磁铁精矿为原料，分别研究了无腐植酸存在时、黄腐酸存在时、胡敏酸存在时和腐植酸存在时磁铁精矿的表面电性，磁铁精矿的 Zeta 电位-pH 曲线如图 4-30 所示。以无腐植酸条件下磁铁精矿的 Zeta 电位作参照，吸附黄腐酸、胡敏酸或者腐植酸后磁铁精矿的 Zeta 电位均发生了不同程度的变化。

a 单一磁铁精矿

在无腐植酸存在的条件下，8 种普通磁铁精矿的 Zeta 电位均随着溶液 pH 值的升高而逐渐降低。由图 4-30 可以得到各种磁铁精矿的 PZC 值，并且可以得到溶液 pH 值为 7.0 时磁铁精矿表面的 Zeta 电位，见表 4-7。

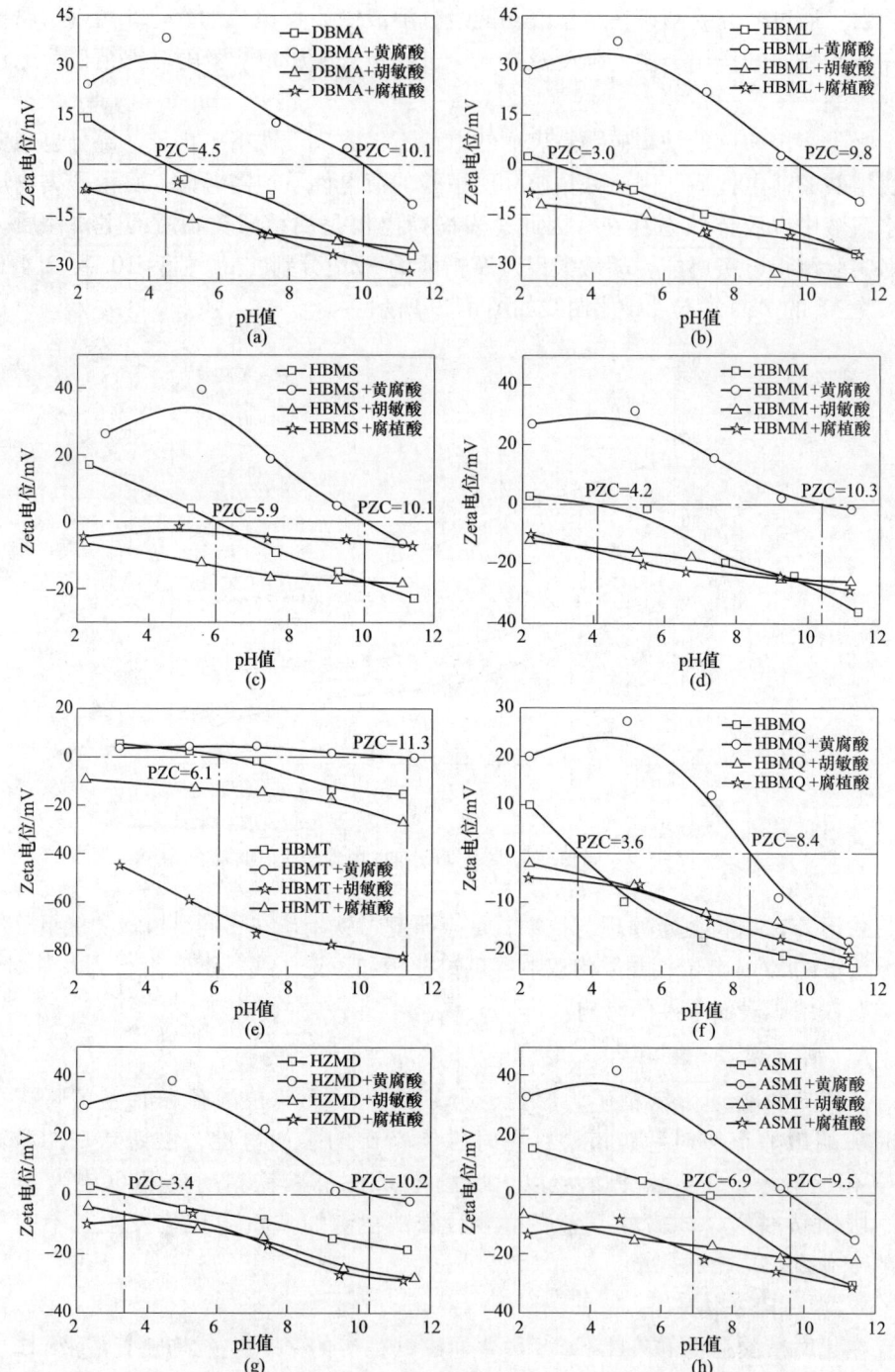

图 4-30 8 种普通磁铁精矿的 Zeta 电位-pH 曲线

(a) DBMA; (b) HBML; (c) HBMS; (d) HBMM; (e) HBMT; (f) HBMQ; (g) HZMD; (h) ASMI

表 4-7 普通磁铁精矿的 PZC 和溶液 pH 值为 7.0 时磁铁精矿的 Zeta 电位

磁铁精矿	DBMA	HBML	HBMS	HBMM	HBMT	HBMQ	HZMD	ASMI
Zeta 电位 /mV	-9.9	-14.2	-5.9	-17.2	-0.7	-16.5	-8.5	-0.5
PZC	pH 值 为 4.5	pH 值 为 3.0	pH 值 为 5.9	pH 值 为 4.2	pH 值 为 6.1	pH 值 为 3.6	pH 值 为 3.4	pH 值 为 6.9

表 4-7 结果表明，普通磁铁精矿的 Zeta 电位很低，分散体系不稳定，颗粒倾向于凝结或团聚。此外，铁精矿的 PZC 变化范围较宽（从 pH 值为 3.0~6.9）。

b 吸附黄腐酸后

由图 4-30 可以看出，吸附黄腐酸后铁精矿的 Zeta 电位随着溶液 pH 值的提高而逐渐降低。当溶液 pH 值为 7.0 时，吸附黄腐酸后铁精矿的 Zeta 电位以及吸附前后 Zeta 电位变化量（ΔZeta 电位）见表 4-8。

表 4-8 pH 值为 7.0 条件下磁铁精矿吸附黄腐酸后的 Zeta 电位及变化量（ΔZeta 电位）

磁铁精矿	DBMA	HBML	HBMS	HBMM	HBMT	HBMQ	HZMD	ASMI
Zeta 电位/mV	17.9	21.8	23.2	17.9	4.1	11.9	22.7	22.6
ΔZeta 电位/mV	27.8	36.0	29.1	35.1	4.8	28.4	31.2	23.1

表 4-8 表明，铁精矿 HBMT 吸附黄腐酸后的 Zeta 电位很低，颗粒倾向于凝结或团聚；其余 7 种铁精矿吸附黄腐酸后的 Zeta 电位较低，颗粒分散体系稳定性比较差。

铁精矿吸附黄腐酸组分后的 PZC 见表 4-9。相对于无腐植酸体系，吸附黄腐酸后铁精矿 PZC 均不同程度的升高。以铁精矿 HBMT 为例，吸附黄腐酸后铁精矿 PZC 从 pH 值为 6.1 升高至 pH 值为 11.3。

表 4-9 普通磁铁精矿吸附黄腐酸组分后的 PZC

磁铁精矿	DBMA	HBML	HBMS	HBMM	HBMT	HBMQ	HZMD	ASMI
PZC	pH 值 为 10.1	pH 值 为 9.8	pH 值 为 10.1	pH 值 为 9.8	pH 值 为 11.3	pH 值 为 8.4	pH 值 为 10.2	pH 值 为 9.5

c 吸附胡敏酸后

由图 4-30 可以看出，吸附胡敏酸后铁精矿的 Zeta 电位随着溶液 pH 值的提高而逐渐降低。当溶液 pH 值为 7.0 时，铁精矿吸附胡敏酸后的 Zeta 电位、吸附前后 Zeta 电位变化量（ΔZeta 电位）以及吸附胡敏酸后铁精矿的 PZC 分别见表 4-10 和表 4-11。

表 4-10　pH 值为 7.0 条件下磁铁精矿吸附胡敏酸后的
Zeta 电位及变化量（ΔZeta 电位）

磁铁精矿	DBMA	HBML	HBMS	HBMM	HBMT	HBMQ	HZMD	ASMI
Zeta 电位/mV	−20.1	−18.2	−15.4	−19.1	−71.2	−11.3	−14.7	−17.3
ΔZeta 电位/mV	−10.2	−4.0	−9.5	−1.9	−69.5	5.2	−6.2	−16.8

表 4-10 表明，吸附胡敏酸后铁精矿 HBMT 的 Zeta 电位较高，颗粒分散性较好；其他 7 种铁精矿吸附胡敏酸后的 Zeta 电位较低，颗粒分散体系稳定性一般。

表 4-11　吸附胡敏酸组分后磁铁精矿的 PZC

磁铁精矿	DBMA	HBML	HBMS	HBMM	HBMT	HBMQ	HZMD	ASMI
PZC	pH 值小于 2.0	pH 值小于 2.0	pH 值小于 2.0	pH 值小于 2.0	pH 值小于 2.0	pH 值小于 2.0	pH 值小于 2.0	pH 值小于 2.0

表 4-11 表明，相对于无腐植酸体系，吸附胡敏酸后铁精矿的 PZC 均呈不同程度的下降趋势。以铁精矿 HBMT 为例，吸附胡敏酸后铁精矿 PZC 从 pH 值 6.1 降低至 pH 值 2.0 以下。

d　吸附腐植酸后

由图 4-30 可以看出，随着溶液 pH 值的增大，吸附腐植酸后铁精矿的 Zeta 电位逐渐降低。当溶液 pH 值为 7.0 时，铁精矿吸附腐植酸后的 Zeta 电位以及吸附前后 Zeta 电位变化量（ΔZeta 电位）见表 4-12。吸附腐植酸后，铁精矿的 Zeta 电位普遍较低，颗粒分散体系稳定性较差。

表 4-12　pH 值为 7.0 条件下磁铁精矿吸附腐植酸后的
Zeta 电位及变化量（ΔZeta 电位）

磁铁精矿	DBMA	HBML	HBMS	HBMM	HBMT	HBMQ	HZMD	ASMI
Zeta 电位/mV	−19.2	−17.6	−4.1	−22.8	−14.6	−12.3	−15.4	−20.1
ΔZeta 电位/mV	−9.3	−3.4	−1.8	−4.9	−13.9	4.2	−6.9	−19.6

吸附腐植酸后磁铁精矿的 PZC 见表 4-13。腐植酸吸附对铁精矿表面的 PZC 的影响表现出一致性，即吸附腐植酸后铁精矿的 PZC 下降，PZC 均小于 pH 2.0。以铁精矿 HBMT 为例，吸附腐植酸后铁精矿 PZC 从 pH 6.1 降低至 pH 2.0 以下。

表 4-13　吸附腐植酸组分后磁铁精矿的 PZC

磁铁精矿	DBMA	HBML	HBMS	HBMM	HBMT	HBMQ	HZMD	ASMI
PZC	pH 值小于 2.0	pH 值小于 2.0	pH 值小于 2.0	pH 值小于 2.0	pH 值小于 2.0	pH 值小于 2.0	pH 值小于 2.0	pH 值小于 2.0

e 不同腐植酸功能组分的双电层吸附

由图 4-30 可以看出，对于同一铁精矿，不同腐植酸功能组分吸附对其表面电性的影响不同。以铁精矿 HBMT 为例进行分析，当溶液 pH 值小于 11.3 时，吸附黄腐酸后铁精矿表面的 Zeta 电位表现为正电性并且高于单独铁精矿颗粒的 Zeta 电位。结果表明，黄腐酸与铁精矿颗粒间产生了高于静电斥力的其他吸附作用力，使得铁精矿表面正电荷数量高于负电荷数量，进而使双电层内发生电荷反号。当溶液 pH 值大于 11.3 时，吸附胡敏酸或腐植酸后的铁精矿表面 Zeta 电位表现为负电性并且低于单独铁矿表面 Zeta 电位。结果表明，胡敏酸或腐植酸与铁精矿间也产生了高于静电斥力的其他吸附作用力；整个溶液 pH 值范围内，吸附胡敏酸或腐植酸后的铁精矿表面 Zeta 电位随溶液 pH 升高而降低，也进一步说明这种作用力强于静电力。

结合图 4-30 可知，黄腐酸在溶液 pH 值低于 10.7 范围内始终带有正电荷，唯有化学作用力使得黄腐酸正离子进入双电层 Stern 内层（IHP），铁精矿表面正电荷数量高于负电荷数量，从而 Zeta 电位发生电荷反号。胡敏酸或腐植酸在 pH 值高于 2.6 范围内始终带有负电荷，只有通过化学吸附才能克服静电斥力，并使铁精矿颗粒的负电荷始终占主导地位。相对胡敏酸或腐植酸而言，黄腐酸与铁精矿间化学作用力更强，化学吸附作用可以使铁精矿表面 Zeta 电位变号。

基于以上分析，腐植酸功能组分与普通磁铁精矿（荷正电）的双电层作用模型可被描述为图 4-31。

不同腐植酸功能组分存在体系下，铁精矿表面 Zeta 电位的差异反映了发生在铁精矿表面的化学作用力与静电力的强弱。Zeta 电位测定结果证实，腐植酸功能组分与铁精矿间作用力主要包括化学作用力以及静电力，其中以化学作用力为主。已有研究表明，腐植酸类物质结构中含氧官能团（—COOH 和—OH）与矿物间作用以化学配位吸附为主。由此可见，化学配位吸附的作用强度远远大于静电力。同时 Yang Kun 指出，羧基是腐植酸类物质与铁矿物间发生化学配位反应的主要贡献基团。与胡敏酸或腐植酸相比，黄腐酸的羧基含量较高，与铁精矿间化学作用力更强。

由于铁精矿 PZC 是通过测定其表面 Zeta 电位获得，因此铁精矿 Zeta 电位的变化必然引起 PZC 的改变。由表 4-9 可知，相对于无腐植酸体系，黄腐酸的吸附作用使得铁精矿的 PZC 向溶液 pH 增大方向移动。结合图 4-30 所示的铁精矿表面 Zeta 电位变化趋势，磁铁精矿与黄腐酸组分吸附作用前后的 PZC 变化规律可被描述为图 4-32。图 4-32 表明，PZC 的改变是铁精矿 Zeta 电位变化的直接反映，吸附黄腐酸后铁精矿的 PZC 从 PZC_0 增加至 PZC_1。

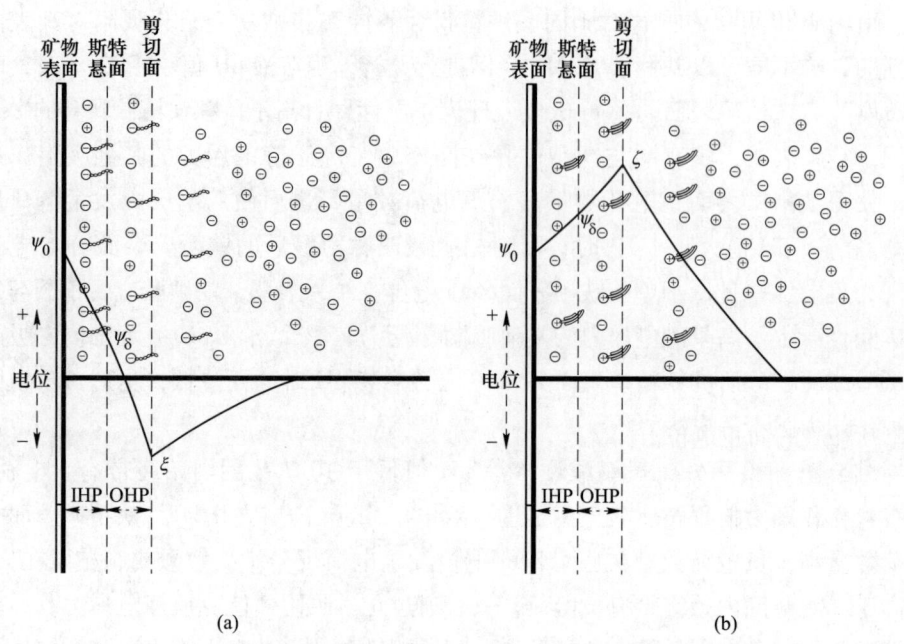

图 4-31　腐植酸功能组分与荷正电的普通磁铁精矿作用的双电层模型

(a) 黄腐酸吸附；(b) 胡敏酸或腐植酸吸附

ψ_0—矿物表面电势；ψ_δ—斯特恩电势；ξ—电动电势；IHP—内亥姆荷次层；OHP—外亥姆荷次层

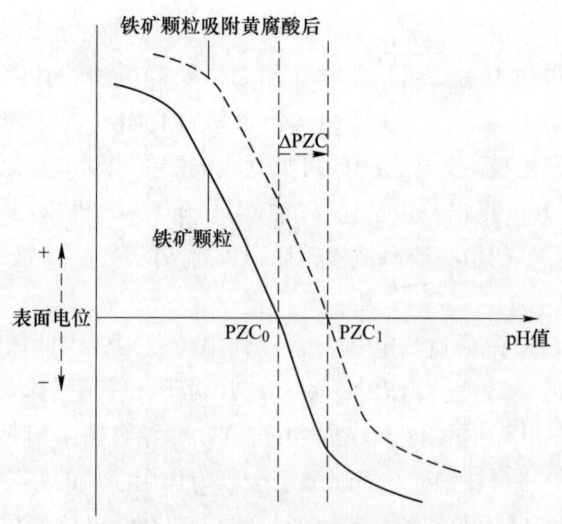

图 4-32　吸附黄腐酸组分前后普通磁铁精矿的 PZC 变化示意图

由表 4-11 和图 4-32 可知，相对于无腐植酸体系，胡敏酸或腐植酸的吸附作用使得铁精矿的 PZC 向溶液 pH 值减小方向移动，但 Zeta 电位的变化程度在不同铁精矿间存在差异。图 4-30 也表明，吸附胡敏酸或腐植酸后，磁铁精矿 HBML、HBMT 和 HZMD 的 Zeta 电位整体向负电位方向移动；尽管磁铁精矿 DBMA、HBMS、HBMM、HBMQ 和 ASMI 的 Zeta 电位在高溶液 pH 条件下为负值，但 Zeta 电位向正电位方向轻微的移动。双电层内腐植酸所带负电荷与定位离子所带正电荷的数量决定了铁精矿 Zeta 电位的符号和大小。结合图 4-31（b）分析，其主要原因是高溶液 pH 值下胡敏酸或腐植酸与磁铁精矿发生双电层吸附，在带负电荷的胡敏酸或腐植酸数量增多的同时，带正电荷的定位离子（例如 H^+）也进入双电层；当定位离子所带正电荷数量小于腐植酸所带负电荷时，铁精矿的 Zeta 电位向负电位方向移动；当定位离子电荷数量大于腐植酸所带负电荷时，铁精矿 Zeta 电位则轻微的向正电位方向移动，但 Zeta 电位始终保持负值。基于以上分析，并结合图 4-30 所示的铁精矿表面 Zeta 电位变化趋势，不同磁铁精矿与胡敏酸或腐植酸组分吸附作用前后的 PZC 变化规律可被描述为图 4-33。图 4-33 表明，胡敏酸或腐植酸的双电层吸附作用促使不同磁铁精矿的 PZC 向溶液 pH 值减小方向移动，吸附后铁精矿表面 PZC 的降低（从 PZC_0 移至 PZC_2）。

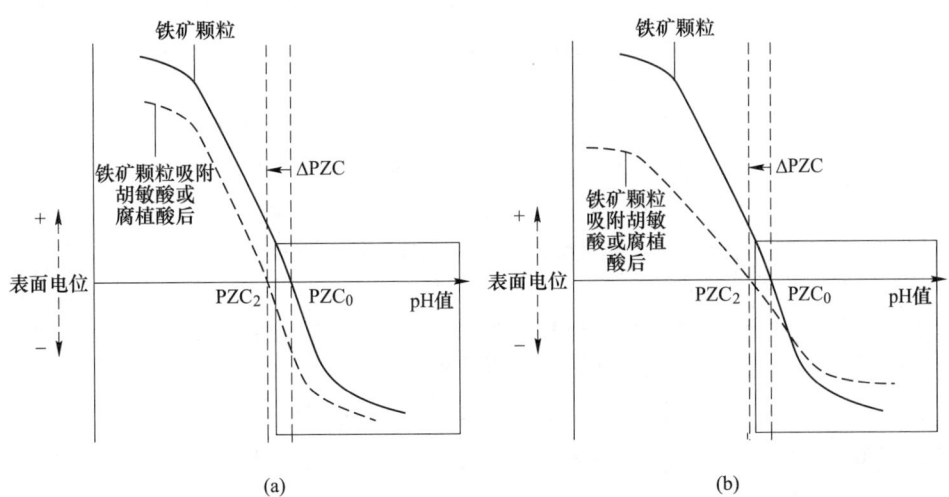

图 4-33 胡敏酸或腐植酸吸附前后不同磁铁精矿的 PZC 变化示意图
（a）磁铁精矿 HBML、HBMT 和 HZMD；（b）磁铁精矿 DBMA、HBMS、HBMM、HBMQ 和 ASMI

B 钒钛磁铁精矿

钒钛磁铁精矿在各种环境作用体系下的 Zeta 电位-pH 值曲线如图 4-34 所示。与无腐植酸条件相比较，吸附黄腐酸、胡敏酸或者腐植酸后铁精矿的 Zeta 电位均发生了不同程度的变化。

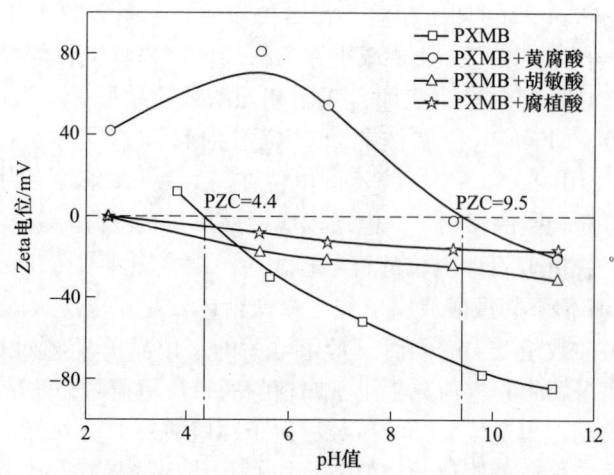

图 4-34   钒钛磁铁精矿的 Zeta 电位-pH 值曲线

a   单一铁精矿

无腐植酸条件下，钒钛磁铁精矿的 Zeta 电位随着溶液 pH 值的升高而逐渐降低，其 PZC 的测定值 pH 为 4.4。当溶液 pH 值为 7.0 时，钒钛磁铁精矿的 Zeta 电位为-46.1mV，表明钒钛磁铁精矿颗粒分散体系很好。

b   吸附黄腐酸后

与无腐植酸存在条件相比，钒钛磁铁精矿的 Zeta 电位升高。当溶液 pH 值为 7.0 时，铁精矿吸附黄腐酸后的 Zeta 电位以及吸附前后 Zeta 电位变化量（ΔZeta 电位）分别为 47.3mV 和 93.4mV，表明颗粒体系分散性较好。吸附黄腐酸组分后钒钛磁铁精矿表面的 PZC 从 pH 值 4.4 升高至 pH 值 9.5。

c   吸附胡敏酸后

铁精矿吸附胡敏酸后的 Zeta 电位随着溶液 pH 值的提高而逐渐降低。当溶液 pH 值为 7.0 时，吸附胡敏酸组分后铁精矿的 Zeta 电位以及吸附前后 Zeta 电位变化量（ΔZeta 电位）分别为-21.8mV 和 24.3mV，表明铁矿颗粒的分散性较差。吸附胡敏酸后钒钛磁铁精矿的 PZC 从 pH 值 4.4 下降至 pH 值 2.4。

d   吸附腐植酸后

铁精矿吸附腐植酸后的 Zeta 电位随着溶液 pH 值的提高而逐渐降低。当溶液 pH 值为 7.0 时，铁精矿吸附腐植酸后的 Zeta 电位以及吸附前后 Zeta 电位变化量分别为-12.8mV 和 33.3mV，铁精矿颗粒的分散性较差。吸附腐植酸后钒钛磁铁精矿的 PZC 小于 pH 值 2.0。

e   不同腐植酸功能组分的双电层吸附

比较发现，不同腐植酸功能组分吸附后铁精矿表面电性的改变程度不同。对于钒铁磁铁精矿，当溶液 pH 值小于 9.5 时，吸附黄腐酸后的铁精矿表面 Zeta 电位表现为正电性并且高于单独铁精矿颗粒的 Zeta 电位。结果表明,黄腐酸与铁精矿颗粒间化学作用力高于静电斥力,并且可以使铁精矿表面正电荷数量提高。与无腐植酸条件下比较,胡敏酸或腐植酸组分作用体系下铁精矿 Zeta 电位仅在较高溶液 pH 值条件下向正电位方向移动。与普通磁铁精矿比较,黄腐酸与钒钛磁铁精矿表面的双电层吸附作用较强,表现为铁精矿表面的 Zeta 电位变化量(ΔZeta 电位)较大。

结合图 4-34 的实验结果可知,对于钒钛磁铁精矿,腐植酸功能组分的双电层吸附模型与图 4-31 相同;黄腐酸组分吸附作用前后的 PZC 变化规律与图 4-32 相似;胡敏酸或腐植酸组分吸附作用前后的 PZC 变化规律也可被描述为图 4-33(b)。

C 赤铁精矿

与磁铁精矿作对比,分别研究了无腐植酸时、黄腐酸存在时、胡敏酸存在时和腐植酸存在时赤铁精矿的表面电性,赤铁精矿的 Zeta 电位-pH 曲线如图 4-35 所示。

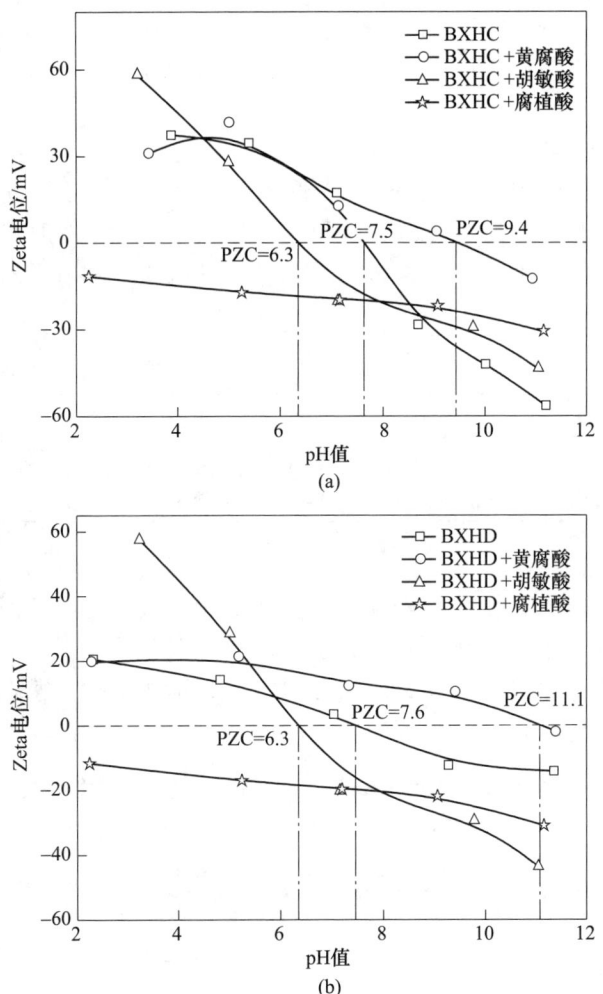

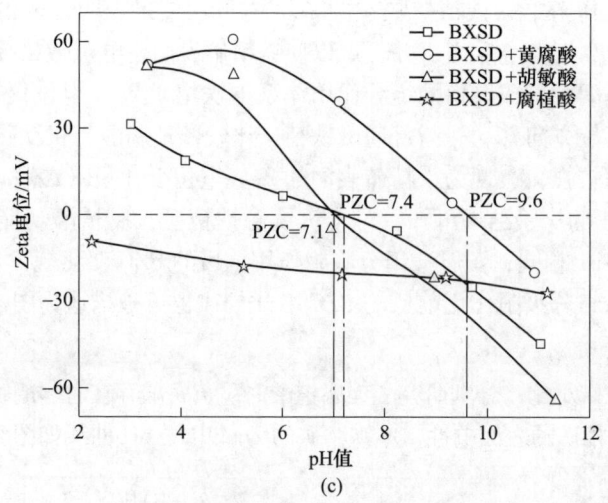

图 4-35　赤铁精矿的 Zeta 电位-pH 曲线

(a) BXHC；(b) BXHD；(c) BXSD

a　单一赤铁精矿

由图 4-35 可知，在无腐植酸存在条件下，随着溶液 pH 值的升高，赤铁精矿 Zeta 电位逐渐降低。3 种赤铁精矿的 PZC 和溶液 pH 值为 7.0 时铁精矿的 Zeta 电位见表 4-14。赤铁精矿的分散体系不稳定，颗粒极易凝结或团聚。此外，赤铁精矿的 PZC 在 pH 值 7.5 附近（pH 值 7.5±0.1）。

表 4-14　赤铁精矿的 PZC 和溶液 pH 值为 7.0 时赤铁精矿的 Zeta 电位

赤铁精矿	BXHC	BXHD	BXSD
Zeta 电位/mV	13.6	3.3	2.2
PZC	pH 值为 7.5	pH 值为 7.6	pH 值为 7.4

b　吸附黄腐酸后

赤铁精矿吸附黄腐酸后的 Zeta 电位随着溶液 pH 值的提高而升高。当溶液 pH 值为 7.0 时，吸附黄腐酸后赤铁精矿的 Zeta 电位及变化量见表 4-15。与无腐植酸条件相比较，在相同溶液 pH 值时，吸附黄腐酸后赤铁精矿的 Zeta 电位增大、颗粒分散能力提高。

表 4-15　pH 值为 7.0 条件下赤铁精矿吸附黄腐酸后的
Zeta 电位及变化量（ΔZeta 电位）

赤铁精矿	BXHC	BXHD	BXSD
Zeta 电位/mV	16.6	14.2	38.5
ΔZeta 电位/mV	3.0	10.9	38.3

吸附黄腐酸组分后，赤铁精矿的 PZC 见表 4-16。黄腐酸吸附后赤铁精矿的 PZC 升高。以赤铁精矿 BXHC 为例，吸附黄腐酸后赤铁精矿 PZC 从 pH 值为 7.5 升高至 pH 值为 9.4。相对于磁铁精矿，赤铁精矿的 PZC 变化量较小，表明黄腐酸与赤铁精矿表面的双电层吸附弱于磁铁精矿。

表 4-16 赤铁精矿吸附黄腐酸组分后的 PZC

赤铁精矿	BXHC	BXHD	BXSD
PZC	pH 值为 9.4	pH 值为 11.1	pH 值为 9.6

c 吸附胡敏酸后

当溶液中存在胡敏酸时，赤铁精矿的 Zeta 电位随着溶液 pH 值的提高而逐渐降低。与无腐植酸时相比，吸附胡敏酸后赤铁精矿在酸性条件下的 Zeta 电位上升。当溶液 pH 值为 7.0 时，赤铁精矿吸附胡敏酸后的 Zeta 电位及其变化量见表 4-17。

表 4-17 pH 值为 7.0 条件下赤铁精矿吸附胡敏酸后的 Zeta 电位及变化量（ΔZeta 电位）

赤铁精矿	BXHC	BXHD	BXSD
Zeta 电位/mV	−17.1	−18.5	0.3
ΔZeta 电位/mV	−30.7	−21.8	−1.9

表 4-17 表明，与无腐植酸条件比较，溶液 pH 值为 7.0 时赤铁精矿 BXHC 和 BXHD 吸附胡敏酸后的 Zeta 电位变负、颗粒分散能力提高。

吸附胡敏酸组分后赤铁精矿的 PZC 见表 4-18。胡敏酸吸附对各种铁精矿表面的 PZC 的影响表现出一致性，即胡敏酸吸附后各赤铁精矿的 PZC 降低。对于赤铁精矿 BXHD，PZC 从 pH 值为 7.6 下降至 pH 值为 2.0 以下。

表 4-18 赤铁精矿吸附胡敏酸组分后的 PZC

赤铁精矿	BXHC	BXHD	BXSD
PZC	pH 值为 6.3	pH 值小于 2.0	pH 值为 7.1

d 吸附腐植酸后

腐植酸存在时，铁精矿的 Zeta 电位随着溶液 pH 的提高而逐渐降低。当溶液 pH 值为 7.0 时，吸附腐植酸后赤铁精矿的 Zeta 电位及变化量见表 4-19。

表 4-19 pH 值为 7.0 条件下赤铁精矿吸附腐植酸后的 Zeta 电位及变化量（ΔZeta 电位）

赤铁精矿	BXHC	BXHD	BXSD
Zeta 电位/mV	−19.0	−20.6	−20.1
ΔZeta 电位/mV	−32.6	−23.9	−22.3

　　与无腐植酸时相比，吸附腐植酸后赤铁精矿的 Zeta 电位下降至负值。吸附腐植酸后赤铁精矿的 Zeta 电位较低，颗粒分散体系稳定性较差。

　　吸附腐植酸组分后赤铁精矿的 PZC 见表 4-20。结果表明，腐植酸吸附后赤铁精矿表面的 PZC 均下降至 pH 值为 2.0 以下。

表 4-20　赤铁精矿吸附腐植酸组分后的 PZC

赤铁精矿	BXHC	BXHD	BXSD
PZC	pH 值小于 2.0	pH 值小于 2.0	pH 值小于 2.0

　　e　不同腐植酸功能组分的双电层吸附

　　比较发现，不同腐植酸组分吸附对赤铁精矿表面电性的影响存在差异。以铁精矿 BXHC 为例，当溶液 pH 值小于 9.4 时，吸附黄腐酸后铁精矿表面的 Zeta 电位表现为正电性并且高于单独铁精矿颗粒的 Zeta 电位。结果表明，黄腐酸与铁精矿通过化学作用力、静电力吸附，并且使铁精矿表面正电荷数量增加。当溶液 pH>7.6 时，吸附胡敏酸后铁精矿表面 Zeta 电位表现为负电性，低于单独铁矿表面 Zeta 电位。但当溶液 pH 值小于 5.0 条件下，吸附胡敏酸后赤铁精矿 Zeta 电位向正电位方向轻微地移动。经过推断和分析，其主要机理是低溶液 pH 值下带负电荷的胡敏酸与带正电荷的赤铁精矿吸附强度较弱，铁精矿 Zeta 电位始终保持正值。

　　腐植酸功能组分与赤铁精矿（荷正电）吸附的双电层模型可被描述为图 4-36。

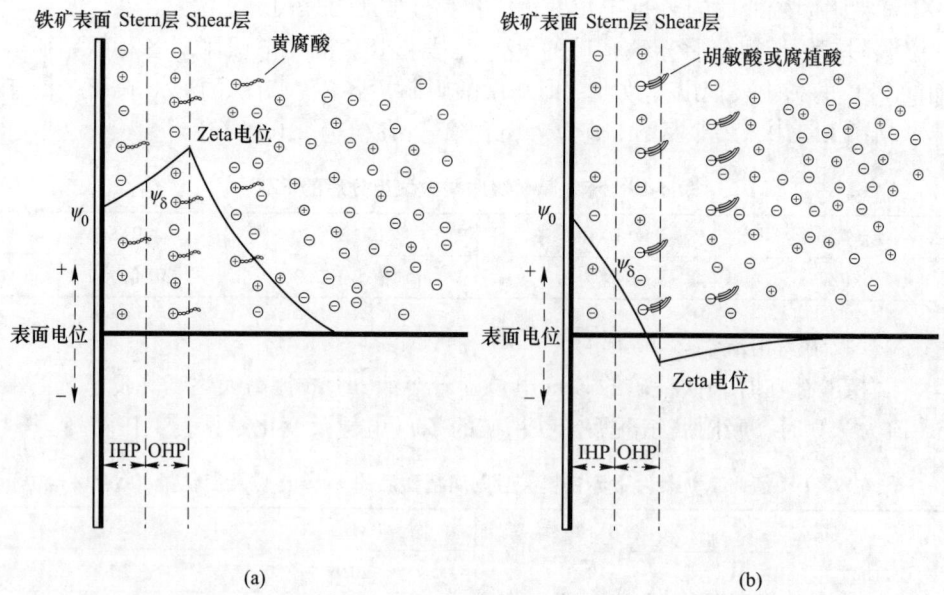

(a)　　　　　　　　　　　　　(b)

图 4-36　黄腐酸（a）和腐植酸（b）与荷正电的赤铁精矿表面作用的双电层模型

与磁铁精矿不同，中性 pH 值时赤铁精矿吸附腐植酸后的 Zeta 电位负于吸附胡敏酸后的电位值。经过推断和分析，其主要机理是中性 pH 值下黄腐酸、胡敏酸与赤铁精矿吸附强度较弱，仅有少量带正电的黄腐酸可以进入双电层 IHP 内层，而带负电荷的胡敏酸只能进入双电层外层；当二者共存时（腐植酸形式），黄腐酸诱使大量胡敏酸进入 OHP 层，使得 Zeta 电位更负。在较高溶液 pH 值下，赤铁精矿和黄腐酸均带负电荷，由于静电斥力的存在，吸附腐植酸后赤铁精矿的 Zeta 电位仍大于吸附胡敏酸后的电位值。

结合图 4-35 及以上分析，吸附黄腐酸后赤铁精矿的 PZC 变化规律与图 4-32 一致；吸附胡敏酸或腐植酸后，赤铁精矿的 PZC 变化规律与图 4-33（b）一致。

4.2.2.2　铁精矿表面电性与化学成分的关系

A　氧化矿物表面电荷的来源

氧化矿物带电机理、表面电位的形成，卢寿慈等人归纳出以下两种观点：（1）矿物表面晶格离子的选择性解离，即氧化矿物表面在与水溶液接触后会形成两性氢氧化物，并通过这些两性氢氧化物从溶液中吸附 H^+ 或 OH^-，使表面相应地带正电或负电；（2）氧化矿表面晶格离子部分溶于水溶液，水解形成复合氢氧化物，这些复合氢氧化物随后又吸附于矿物表面，进而吸附溶液中 H^+ 或 OH^-。上述两种观点说明，表面电性主要受矿物表面两性或复合氢氧化物的种类和存在形式的影响；矿物表面电荷符号与 pH 值（即 H^+ 或 OH^- 的浓度）有密切的关系。

与矿物晶格离子相同的离子通常称为定位离子。定位离子主要为晶格同名离子或离子半径及配位数与晶格离子相近的类质同象离子。对氧化矿物，H^+ 或 OH^- 也为定位离子。由于矿物具有一定的溶解度，且其晶格离子与水溶液的 H^+ 或 OH^- 反应，生成复合离子，这些复合离子又吸附于矿物表面上，故晶格离子和这些复合离子都是定位离子。矿物表面电荷就是由于吸附定位离子而产生的。作为定位离子的矿物晶格离子是矿物表面电性的主要影响因素。针对浮选体系，王淀佐等人指出定位离子大多数情况下来源于矿物本身，在不外加定位离子的情况下，矿物自身的化学成分决定了定位离子的来源和种类。

B　化学成分的影响

PZC 是矿物表面荷电性质的最重要特征参数之一。通常情况下，磁铁矿的 PZC 在 pH 值为 6.3 ~ 6.7；赤铁矿的 PZC 在 pH 值为 5.2 ~ 8.7。例如，Z. Sun 和 A Vidyadhar 等人报道磁铁矿和赤铁矿的 PZC 均在 pH 值为 6.7 左右（见图 4-37）。

前文研究表明，磁铁精矿的 PZC 区间很宽，从 pH 值为 3.0 至 pH 值为 6.9。实际铁矿石与纯铁矿物 PZC 不一致的现象经常见诸于各种文献，研究学者大多归结于：（1）实际矿石含有一定量杂质；（2）矿石表面不均匀性、表面缺陷等。但是，上述原因是如何影响矿物表面电性的却未见相关报道。

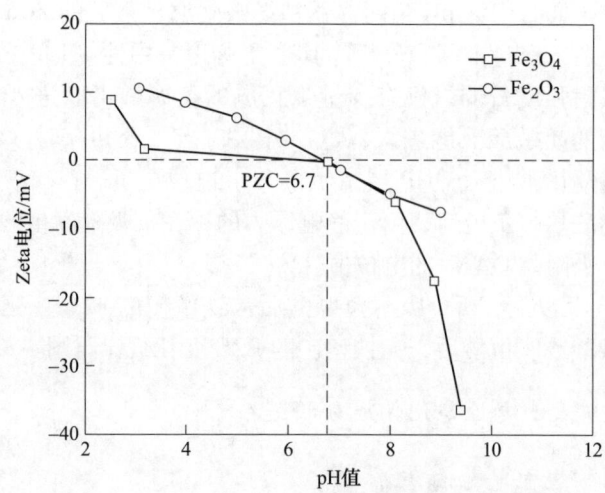

图 4-37　纯 Fe_3O_4 和 Fe_2O_3 的 Zeta 电位-pH 曲线

　　由于各种铁精矿化学成分中含有 Al_2O_3、CaO、MgO 和 TiO_2 等金属氧化物，或者由于 Fe_3O_4 或 Fe_2O_3 部分 Fe 原子可能被 Al、Mg、Ca、Ti 等晶格取代或间隙掺杂，除了 Fe 作为晶格离子外，矿物表面的选择性解离或部分溶解使得 Al、Mg、Ca、Ti 等金属离子也可能作为晶格离子。

　　PZC 和动电位（ζ）只是矿物表面电性的外在反映。一般水溶液体系下，PZC 和动电位（ζ）的大小只取决于矿物与溶液间形成的电位差，即表面电位（ψ_0）。表面电位是一般电化学现象的基础。表面电位难以用实验测得，但在一定条件下可以通过间接的方式求出。从电化学电极电势定义可知，电极电位 Eh 就是双电层理论中的表面电位 ψ_0。因此，在不改变电极电位情况下，可以借助理论 Eh-pH 图获得某种物质所对应的表面电位 ψ_0 理论区间，进一步查明铁矿物经晶格取代或间隙掺杂后形成的复合化合物的表面电性。当铁精矿中 Al、Ca、Mg、Ti 分别将 Fe_3O_4 或 Fe_2O_3 部分 Fe 原子晶格取代或间隙掺杂时，以 Fe 为主要组分，绘制的 $Fe-Al-Ca-Mg-Ti-H_2O$ 体系的理论 E_h-pH 值关系如图 4-38 所示。

　　$Fe-Al-Ca-Mg-Ti-H_2O$ 体系的理论 Eh-pH 值图表明，金属氧化物 Fe_3O_4、Fe_2O_3、Al_2O_3、CaO、MgO 及其经晶格取代或间隙掺杂形成的化合物 $FeTiO_3$、$FeAl_2O_4$、$CaFe_5O_7$ 和 $MgFe_2O_4$ 在水溶液中稳定存在的电极电位 Eh 存在显著差异。Fe_2O_3 的电极电位 Eh 大于或等于 Fe_3O_4，所以一般情况下 Fe_2O_3 表面的 Zeta 电位、PZC 高于或等于 Fe_3O_4（见图 4-37）。$FeAl_2O_4$、$FeTiO_3$、$CaFe_5O_7$ 和 $MgFe_2O_4$ 稳定存在的 pH 值区间分别为 pH 值大于 2.9、pH 值大于 4.3、pH 值大于 6.4 和 pH 值大于 6.2。比较发现，溶液 pH 值范围内掺杂物相 $FeTiO_3$、$FeAl_2O_4$ 和 $CaFe_5O_7$ 的电极电位 Eh 均低于 Fe_3O_4，并且数值基本位于负值区间；相反，

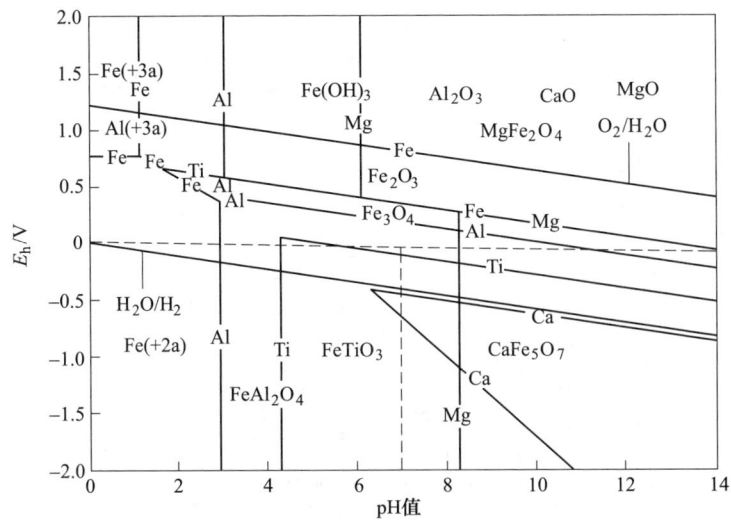

图 4-38 25℃下 Fe-Al-Ca-Mg-Ti-H$_2$O 体系的理论 E_h-pH 值图

（Fe$_3$O$_4$，Fe$_2$O$_3$，Al$_2$O$_3$，CaO，FeTiO$_3$，Fe(OH)$_3$，FeAl$_2$O$_4$，CaFe$_5$O$_7$ 和 MgFe$_2$O$_4$ 作为平衡固相）

MgFe$_2$O$_4$ 的溶液电极电位 E_h 低于 Fe$_3$O$_4$，并且数值全部在正值区间。图 4-38 表明，与 Fe$_3$O$_4$ 比较，当磁铁精矿中 Fe$_3$O$_4$ 部分 Fe 分别被 Al、Ca、Ti 晶格取代或间隙掺杂形成 FeAl$_2$O$_4$、CaFe$_5$O$_7$ 和 FeTiO$_3$ 后，铁精矿的表面电位将向负值方向下降；当磁铁精矿中 Fe$_3$O$_4$ 部分 Fe 分别被 Mg 晶格取代或间隙掺杂形成 MgFe$_2$O$_4$ 后，铁精矿的表面电位将向正值方向升高。

结合以上测定结果，Al$_2$O$_3$、CaO 及 TiO$_2$ 总含量对普通磁铁精矿表面的 Zeta 电位（溶液 pH 值为 7.0 时）和 PZC 的影响如图 4-39 所示。

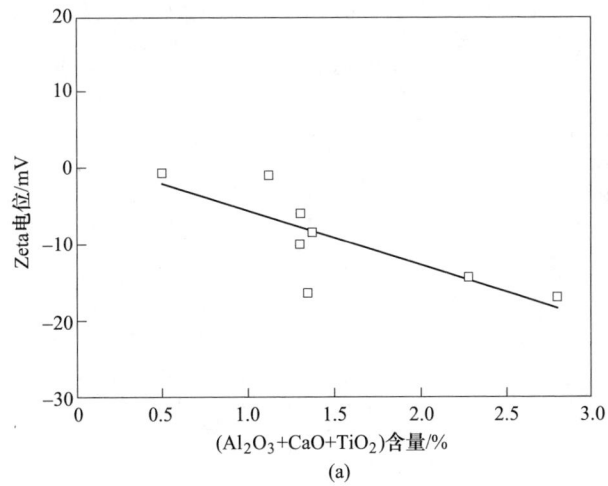

(a)

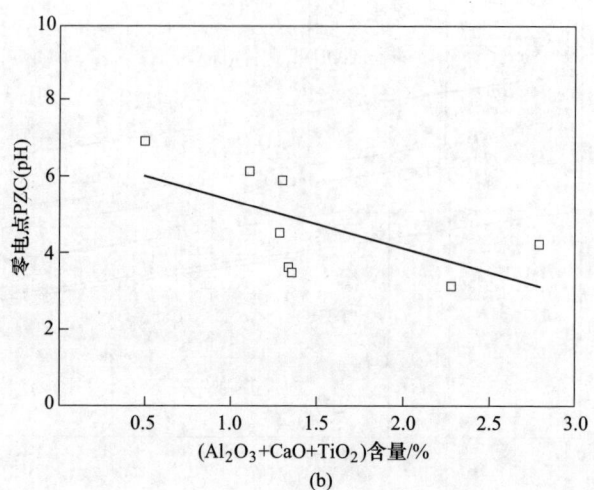

(b)

图 4-39　Al_2O_3、CaO 和 TiO_2 总含量对普通磁铁精矿
表面的 Zeta 电位（a）和 PZC（b）的影响

　　从图 4-39（a）可以看出，随着 Al_2O_3、CaO 及 TiO_2 总含量的提高，磁铁精矿表面的 Zeta 电位逐渐降低。由图 4-39（b）可以看出，随着 Al_2O_3、CaO 及 TiO_2 总含量的提高，磁铁精矿表面 的 PZC 也逐渐降低。

　　赤铁精矿化学成分中不存在 TiO_2。Al_2O_3 和 CaO 总含量对赤铁精矿表面的 Zeta 电位（溶液 pH 值为 7.0 时）和 PZC 的影响如图 4-40 所示。

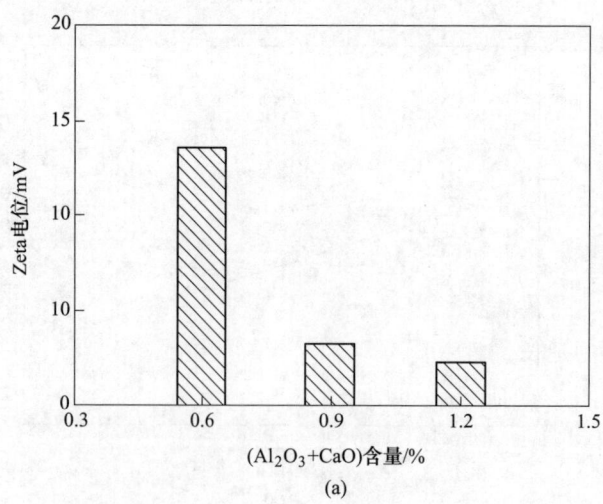

(a)

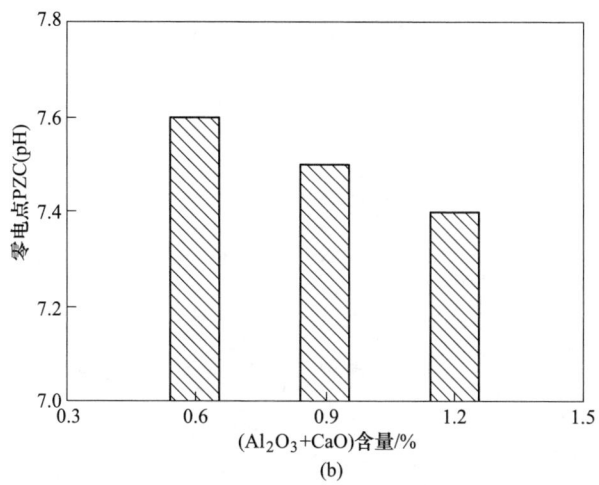

图 4-40　Al_2O_3 和 CaO 总含量对赤铁精矿表面 Zeta 电位（a）和 PZC（b）的影响

从图 4-40（a）可以看出，Al_2O_3 和 CaO 总含量越高，赤铁精矿表面的 Zeta 电位越低。由图 4-40（b）可以看出，Al_2O_3 和 CaO 总含量越高，赤铁精矿表面的 PZC 也越低。

$FeAl_2O_4$、$CaFe_5O_7$ 和 $FeTiO_3$ 水溶液电极电位特点能够很好解释 Al_2O_3、CaO 和 TiO_2 含量对赤铁精矿表面 Zeta 电位和 PZC 的影响。当溶液 pH 值小于 7.0 时，即使赤铁精矿表面解离出 Fe^{2+}、Fe^{3+}、Al^{3+}、Ca^{2+} 或吸附带正电荷的水解复合氢氧化物等定位离子，由于 $FeAl_2O_4$、$CaFe_5O_7$ 和 $FeTiO_3$ 含量的增加，赤铁精矿在水溶液中的表面电位仍将向负电位方向移动，进而促使赤铁精矿表面 Zeta 电位和 PZC 降低。

4.2.2.3　表面电性对腐植酸吸附作用的影响

以腐植酸功能组分的平衡吸附量作为腐植酸黏结剂吸附性能的评价标准，重点研究了铁精矿表面电性对腐植酸吸附作用的影响。

A　普通磁铁精矿

随吸附时间的延长，黄腐酸、胡敏酸、腐植酸分别在 8 种普通磁铁精矿表面的吸附量变化如图 4-41 所示。

从图 4-41 可以看出，随着吸附时间的延长，3 种腐植酸功能组分在磁铁精矿表面的吸附量逐渐增大，当吸附时间为 120min 时，腐植酸吸附量达到平衡最大值。腐植酸功能组分在普通磁铁精矿表面的平衡吸附量见表 4-21。

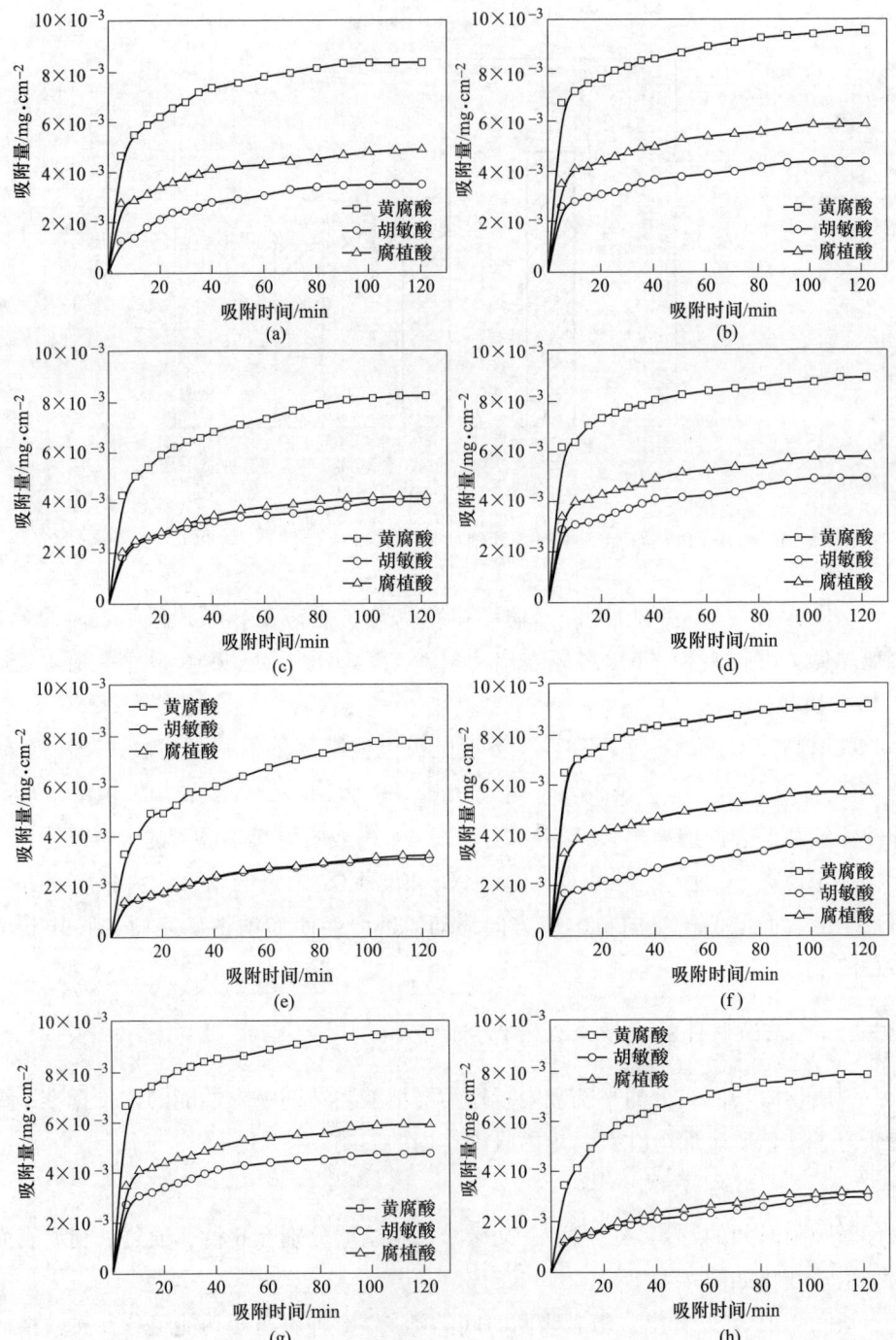

图 4-41　黄腐酸、胡敏酸和腐植酸在 8 种普通磁铁精矿表面的吸附曲线

（a）DBMA；（b）HBML；（c）HBMS；（d）HBMM；（e）HBMT；（f）HBMQ；（g）HZMD；（h）ASMI

表 4-21　腐植酸功能组分在普通磁铁精矿表面的平衡吸附量

$(\times 10^{-3}\,\text{mg/cm}^2)$

磁铁精矿	DBMA	HBML	HBMS	HBMM	HBMT	HBMQ	HZMD	ASMI
黄腐酸	8.34	9.66	8.23	8.88	7.93	9.21	9.48	7.87
胡敏酸	3.51	4.42	4.01	4.88	3.15	3.76	4.67	2.98
腐植酸	4.89	5.92	4.22	5.73	3.30	5.68	5.83	3.21

从表 4-21 可以看出,同一种黏结剂功能组分在不同铁精矿表面的平衡吸附量存在明显差异。对比 3 种腐植酸功能组分在同一种铁精矿表面的平衡吸附量可知,黄腐酸吸附作用最强,胡敏酸吸附作用最弱。研究结果反映出,黄腐酸的引入促进了胡敏酸在铁精矿表面的吸附,具体表现为腐植酸平衡吸附量高于胡敏酸。

综合以上研究结果,可以进一步得出:

(1) 普通磁铁精矿 PZC 对黄腐酸、胡敏酸、腐植酸在其表面平衡吸附量具有显著的影响(见图 4-42)。腐植酸吸附作用与普通磁铁精矿的 PZC 呈负相关性,即磁铁精矿的 PZC 越低,腐植酸吸附作用越强。比较而言,腐植酸组分的吸附作用与磁铁精矿 PZC 的负相关性最强,平衡吸附量(A_s)与磁铁精矿 PZC 的线性关系方程为 $A_s = -0.75684 \times \text{PZC} + 8.34$,相关系数为 0.945。由于磁铁精矿 PZC 与 Al_2O_3、CaO 及 TiO_2 总含量呈负相关性,所以腐植酸的吸附作用强度随着磁铁精矿中 Al_2O_3、CaO 及 TiO_2 总含量升高而逐渐增强。

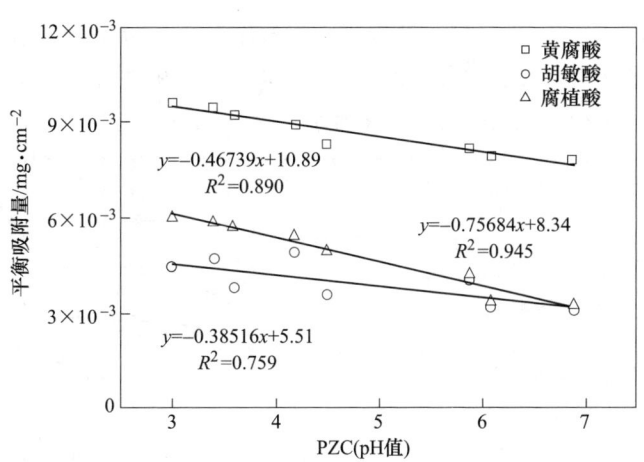

图 4-42　普通磁铁精矿 PZC 对腐植酸功能组分平衡吸附量的影响

(2) 腐植酸功能组分的平衡吸附量与吸附后普通磁铁精矿表面 Zeta 电位变化量(溶液 pH 7.0 时)存在显著关系,如图 4-43 所示。

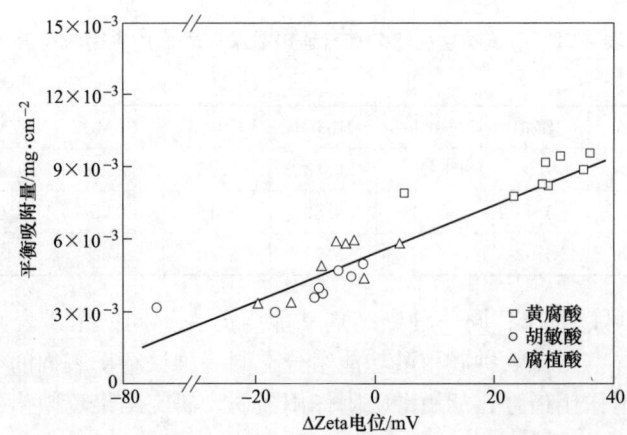

图 4-43　吸附腐植酸前后磁铁精矿表面 Zeta 电位变化量与腐植酸平衡吸附量的关系

　　总体而言，吸附腐植酸前后磁铁精矿的 Zeta 电位变化量越大，腐植酸功能组分在磁铁精矿表面的平衡吸附量越高。研究结果反映出，吸附前后磁铁精矿表面 Zeta 电位变化量沿 X 轴正方向越大，腐植酸功能组分与普通磁铁精矿表面之间的吸附作用越强。比较发现，吸附黄腐酸组分后磁铁精矿的 Zeta 电位变化量位于正区间（X 轴正方向），黄腐酸在磁铁精矿表面的平衡吸附量较高；吸附胡敏酸组分磁铁精矿的 Zeta 电位变化位于负区间（X 轴负方向），胡敏酸在磁铁精矿表面的平衡吸附量较低。

　　B　钒钛磁铁精矿

　　采用钒钛磁铁精矿为原料，分别研究了黄腐酸、胡敏酸和腐植酸在钒钛磁铁精矿表面的吸附行为。随吸附时间的延长，黄腐酸、胡敏酸、腐植酸分别在钒钛磁铁精矿表面的吸附量变化如图 4-44 所示。

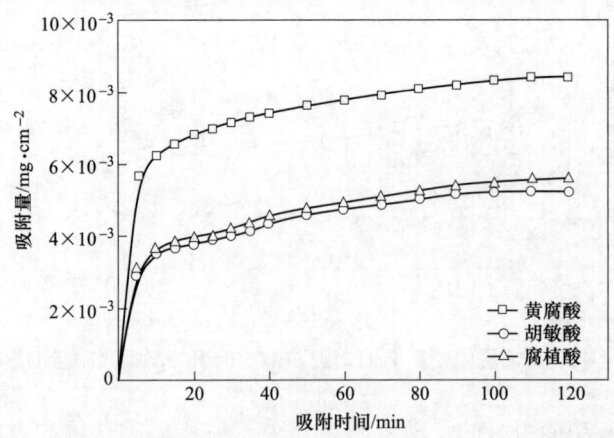

图 4-44　黄腐酸、胡敏酸和腐植酸在钒钛磁铁精矿表面的吸附曲线

从图 4-44 可以看出,随着吸附时间的延长,3 种腐植酸功能组分在钒钛铁精矿表面的吸附量逐渐增大,当吸附时间为 120min 时,腐植酸在磁铁精矿表面的吸附量基本达到平衡。黄腐酸、胡敏酸和腐植酸在钒钛磁铁精矿表面的平衡吸附量分别为 $8.42 \times 10^{-3} mg/cm^2$、$5.23 \times 10^{-3} mg/cm^2$ 和 $5.60 \times 10^{-3} mg/cm^2$。

与表 4-21 比较发现,黄腐酸或腐植酸在钒钛磁铁精矿表面的平衡吸附量介于 8 种普通磁铁精矿之间;相反,胡敏酸在钒钛磁铁精矿表面的平衡吸附量大于所有普通磁铁精矿。可见,钒钛磁铁精矿的物化性质对胡敏酸吸附作用的影响更为明显。前文研究表明,化学组成 Al_2O_3、CaO 及 TiO_2 含量能够影响钒钛磁铁精矿的表面电性,换言之化学成分能够影响腐植酸与钒钛磁铁精矿之间的静电作用力。但是,腐植酸功能组分主要通过化学作用力吸附到钒钛磁铁精矿表面,因此有必要研究钒钛磁铁精矿的化学成分是否对腐植酸化学吸附产生影响。

为了进一步验证钒钛磁铁精矿中 Al_2O_3、CaO、TiO_2 是否与腐植酸发生化学吸附,采用 XPS 技术研究了吸附腐植酸功能组分前后钒钛磁铁精矿中 Al、Ca 和 Ti 的结合能变化,如图 4-45 所示。

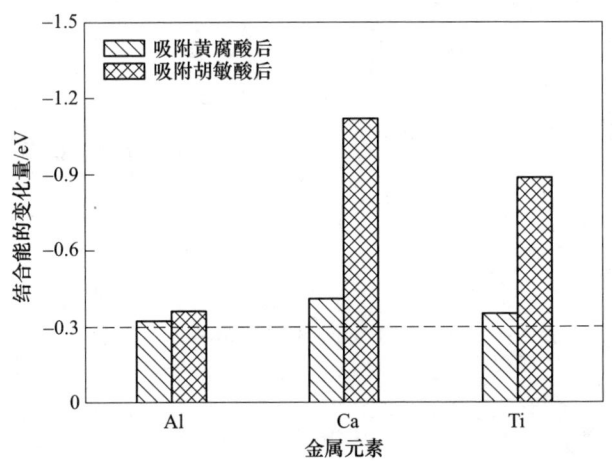

图 4-45 钒钛磁铁精矿 PXMB 吸附腐植酸功能组分后 Al、Ca 和 Ti 的结合能变化

由图 4-45 可以看出,吸附黄腐酸组分后,钒钛磁铁精矿中 Al、Ca 和 Ti 的电子结合能变化量分别为 -0.32eV、-0.41eV 和 -0.35eV;吸附胡敏酸组分后,钒钛磁铁精矿中 Al、Ca 和 Ti 的电子结合能变化量分别为 -0.36eV、-1.12eV 和 -0.89eV。与黄腐酸相比,胡敏酸与钒钛磁铁精矿中 Al、Ca 和 Ti 的化合物表面发生相对更为强烈的化学吸附。比较而言,Ca 化合物与腐植酸功能组分的化学作用能力最强,其次是 Ti、Al 化合物。

对于钒钛磁铁精矿来说,Al_2O_3、CaO 和 TiO_2 含量相对较高,尤其 TiO_2 含量高达 10%,因此 Al、Ca 和 Ti 化合物对腐植酸吸附作用的影响不容忽视。文献研究表明，通过酚羟基作用，腐植酸类物质能够与 TiO_2 表面发生强烈的配位化学反应。与黄腐酸相比，胡敏酸的酚羟基含量相对较高，所以胡敏酸组分在钒钛磁铁精矿表面的平衡吸附量最高。

C　赤铁精矿

采用 3 种赤铁精矿为原料，分别研究了黄腐酸存在时、胡敏酸存在时和腐植酸存在时赤铁精矿的表面电性对腐植酸吸附作用的影响。

随着吸附时间的延长，黄腐酸、胡敏酸、腐植酸分别在 3 种赤铁精矿表面的吸附量变化如图 4-46 所示。3 种腐植酸功能组分在赤铁精矿表面的吸附量随着吸附时间的延长逐渐提高，当吸附时间达到 120min 时，吸附量接近最大值。腐植酸功能组分在赤铁精矿表面的平衡吸附量见表 4-22。

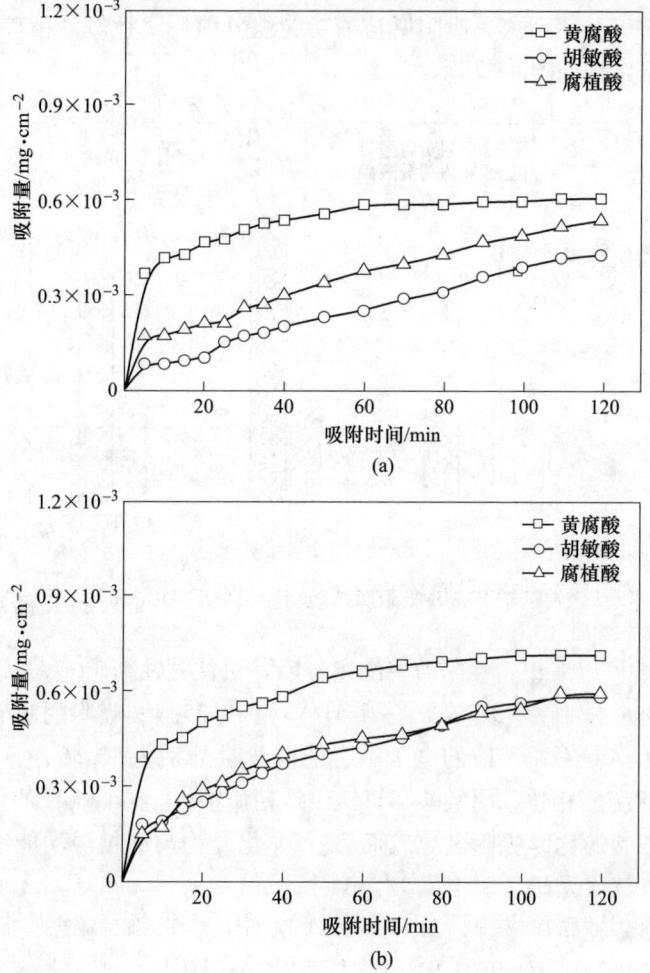

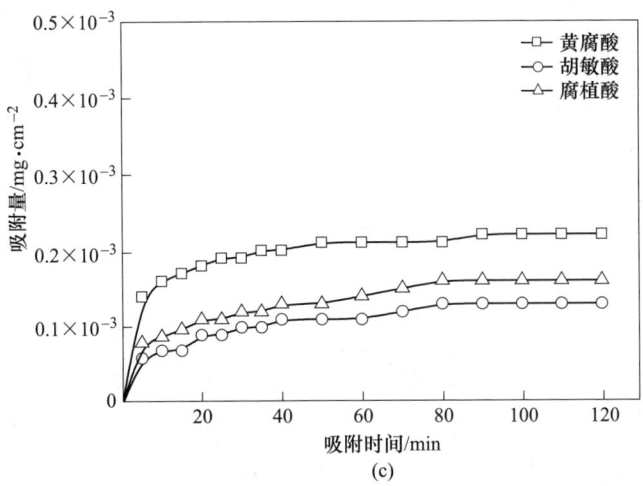

图 4-46　黄腐酸、胡敏酸和腐植酸在赤铁精矿表面的吸附曲线
(a) BXHC；(b) BXHD；(c) BXSD

表 4-22　腐植酸功能组分在赤铁精矿表面的平衡吸附量

$(\times 10^{-3} mg/cm^2)$

赤铁精矿	BXHC	BXHD	BXSD
黄腐酸	0.61	0.71	0.22
胡敏酸	0.43	0.59	0.13
腐植酸	0.54	0.58	0.16

与磁铁精矿规律相似，对于同一种赤铁精矿，胡敏酸的吸附作用最弱，黄腐酸的吸附作用最强，腐植酸的吸附作用介于中间。同一种腐植酸功能组分在不同赤铁精矿表面的平衡吸附量也存在差异。

综合以上结果，可以进一步得出：

(1) 赤铁精矿 PZC 对黄腐酸、胡敏酸、腐植酸在赤铁精矿表面的平衡吸附量具有明显的影响，如图 4-47 所示。对赤铁精矿来说，PZC 越大，腐植酸功能组分的吸附作用越强。由于赤铁精矿 PZC 与 Al_2O_3 和 CaO 总含量呈负相关性，所以 Al_2O_3 和 CaO 总含量越高，腐植酸在赤铁精矿表面的平衡吸附量越小。

(2) 从铁矿物的化学成分来讲，镜铁矿 BXSD 仍属于赤铁精矿范畴。然而，镜铁矿与普通赤铁精矿在物化性质方面存在显著不同，例如镜铁矿比表面积小、表面致密光滑、表面解离而产生的吸附活性点较少。如表 4-22 所示，腐植酸功能组分在镜铁矿表面的平衡吸附量明显低于普通赤铁精矿。

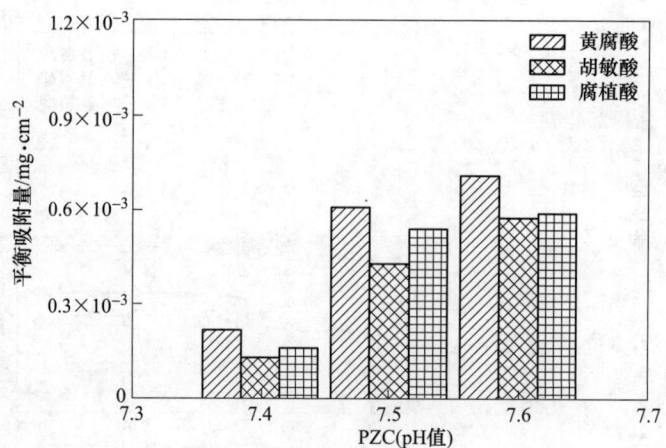

图 4-47　PZC 对腐植酸功能组分在赤铁精矿表面平衡吸附量的影响

4.2.3　腐植酸功能组分结构与吸附性能的关系

本节将对 5 种不同来源的黄腐酸、胡敏酸及腐植酸组分在铁精矿（PXMB）表面的吸附性能进行介绍，并结合功能组分的结构差异性（本书 3.1.3 节中），分析和讨论腐植酸功能组分结构与吸附性能之间的内在联系。

4.2.3.1　黄腐酸组分

固定实验条件：黄腐酸溶液质量浓度 5000mg/L、吸附时间 120min、温度 25℃和溶液 pH 值约 9.0，不同黄腐酸用量（黄腐酸与铁精矿的质量比）条件下，5 种黄腐酸组分在铁精矿表面的吸附性能差异如图 4-48 所示。

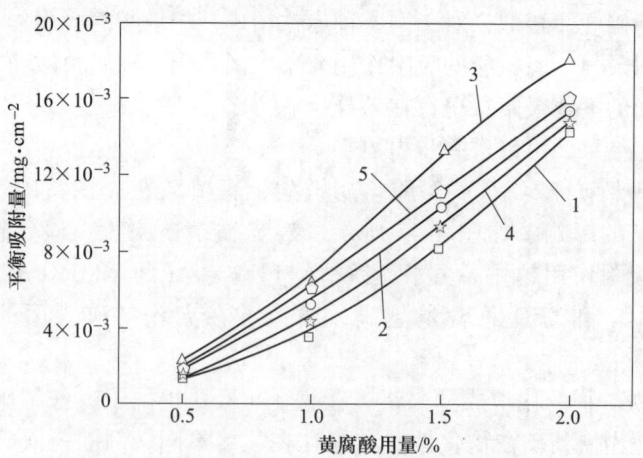

图 4-48　5 种黄腐酸组分在铁精矿表面的平衡吸附量
1—MF1；2—MF2；3—MF3；4—MF4；5—MF5

由图 4-48 可以看出，黄腐酸组分在铁精矿表面的平衡吸附量与其用量（黄腐酸与铁精矿质量比）呈正相关性。比较发现，相同用量条件下，5 种黄腐酸组分的吸附性能存在明显差异。5 种黄腐酸组分吸附性能大小的变化规律可以归纳为：MF3>MF5>MF2>MF4>MF1。

不同用量条件下，黄腐酸在铁精矿表面的平衡吸附量与其 E_4/E_6 的线性关系如图 4-49 所示。

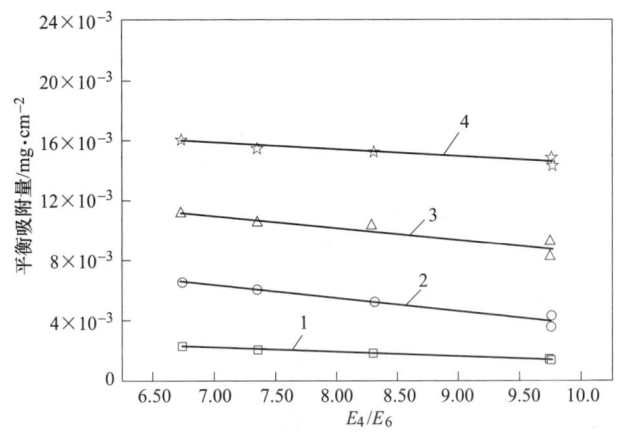

图 4-49 黄腐酸组分吸附性能与其 E_4/E_6 的关系

1—黄腐酸用量 0.5%；2—黄腐酸用量 1.0%；3—黄腐酸用量 1.5%；4—黄腐酸用量 2.0%

从图 4-49 看出，黄腐酸的吸附性能与其 E_4/E_6 呈明显的负相关性，即黄腐酸平衡吸附量随着 E_4/E_6 的提高而降低。在黄腐酸组分用量 1.0%条件下，回归分析得出：黄腐酸组分的吸附性能（A_F）与其 $E_4/E_6(\lambda)$ 的线性关系方程为 $A_F = 4.109-0.283\times\lambda$，相关系数 R^2 为 0.935。图 4-49 表明，黄腐酸组分的吸附性能与其分子量或芳构化程度呈明显的正相关性。

本书 3.3.2 节中 DFT 计算已证实，非极性芳香烃基增大使得腐植酸 E_{HOMO} 升高，键合原子的电子云密度增大，化学吸附能力增强。芳构化程度是非极性芳香烃基复杂程度的综合反映。腐植酸的非极性芳香烃基越大，其芳构化程度越高。同时，芳构化程度提高也有利于增强腐植酸分子之间的疏水作用力。而疏水作用又可以促进黄腐酸进一步吸附到铁矿物表面。有研究表明，黄腐酸组分的分子量在 200~600Da（1Da = 1.66054×10^{-27}kg）之间。由此可以得出，当黄腐酸分子量趋于 600Da 时，其吸附性能最好。

不同用量条件下，黄腐酸的吸附性能与其总酸基含量的关系如图 4-50 所示。

就总体趋势而言，黄腐酸的吸附性能随着总酸基含量的提高而逐渐降低。在黄腐酸组分用量 1.0%条件下，回归分析得出：黄腐酸组分的吸附性能（A_F）与其总酸基含量（P）的线性关系方程为 $A_F = 6.335-0.397\times P$，相关系数 R^2 为 0.713。

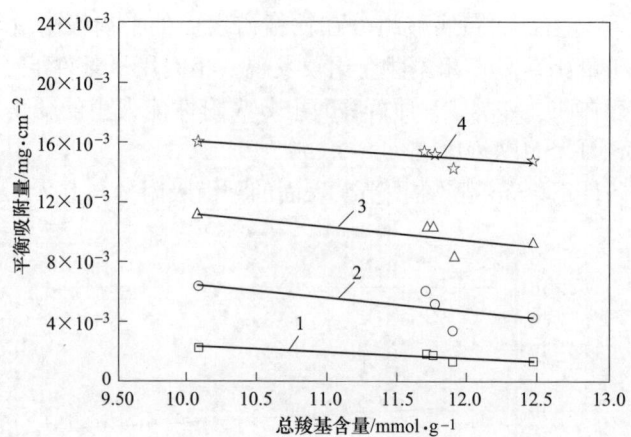

图 4-50　黄腐酸组分吸附性能与其总酸基含量的关系
1—黄腐酸用量 0.5%；2—黄腐酸用量 1.0%；3—黄腐酸用量 1.5%；4—黄腐酸用量 2.0%

　　图 4-50 所反映出的吸附性能与其总酸基含量关系与前文 DFT 计算所获得结论不一致，其主要原因在于前文 DFT 计算是基于相同非极性基团条件下获得的结果。前文 3.1.3 节部分指出，黄腐酸的总酸基含量高低与分子量大小的变化规律恰恰相反。将图 4-49 和图 4-50 对比分析可知，相对于活性基团含量，相对分子质量大小对黄腐酸吸附性能的影响更为明显。

4.2.3.2　胡敏酸组分

　　固定实验条件：胡敏酸溶液质量浓度 100mg/L、吸附时间 120min、温度 25℃和溶液 pH 值约 9.0，不同胡敏酸用量（胡敏酸与铁精矿的质量比）条件下，5 种胡敏酸组分在铁精矿表面的吸附性能差异如图 4-51 所示。

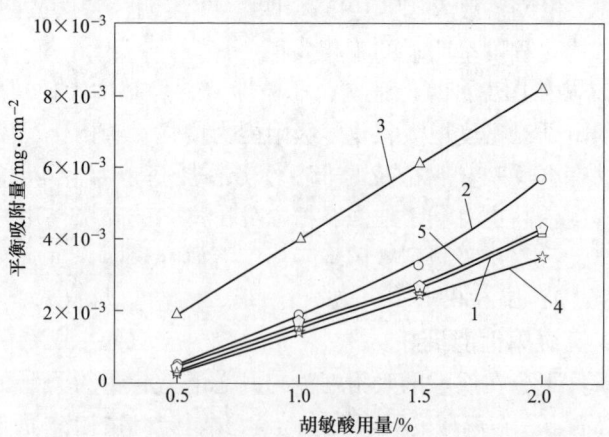

图 4-51　5 种胡敏酸组分在铁精矿表面的平衡吸附量
1—MH1；2—MH2；3—MH3；4—MH4；5—MH5

　　由图 4-51 可以看出，胡敏酸组分的吸附性能与其用量呈正相关性。比较发现，相同用量条件下，5 种胡敏酸的吸附性能存在明显差别。5 种胡敏酸吸附性能大小规律可以归纳为：MH3>MH2>MH5>MH1>MH4。

　　不同用量条件下，胡敏酸组分在铁精矿表面的平衡吸附量与其 E_4/E_6 的线性关系如图 4-52 所示。

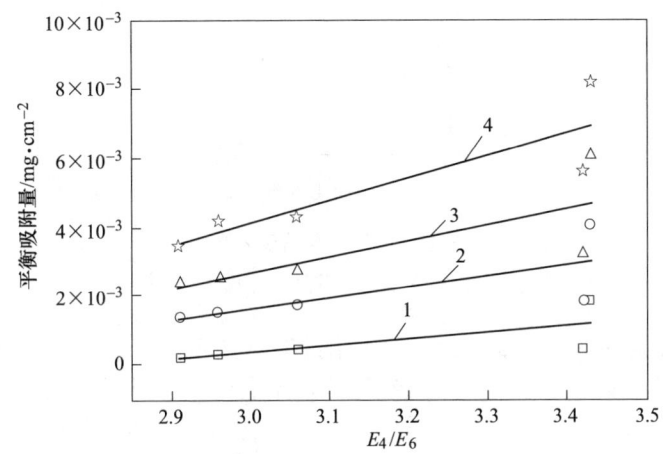

图 4-52　胡敏酸组分吸附性能与其 E_4/E_6 的关系

1—胡敏酸用量 0.5%；2—胡敏酸用量 1.0%；3—胡敏酸用量 1.5%；4—胡敏酸用量 2.0%

　　从图 4-52 可以看出，胡敏酸组分的吸附性能与其 E_4/E_6 呈明显的正相关性，即胡敏酸平衡吸附量随着 E_4/E_6 的提高而升高。在用量 1.0% 条件下，回归分析得出：胡敏酸组分的吸附性能（A_H）与其 $E_4/E_6(\lambda)$ 的线性方程为 $A_H = -15.481 + 6.536 \times \lambda$，相关系数 R^2 为 0.963。

　　研究结果表明，胡敏酸的吸附性能与其分子量或芳构化程度呈明显的负相关性。与黄腐酸组分对比可知，分子量或芳构化程度越低，胡敏酸在铁矿物表面的平衡吸附量越高，吸附性能越强。文献数据报道，胡敏酸的分子量在 1500~3000Da 之间，因此当胡敏酸分子量趋于 1500Da 时，其吸附性能最好。

4.2.3.3　腐植酸组分

　　固定实验条件：腐植酸溶液质量浓度 100mg/L、吸附时间 120min、温度 25℃ 和溶液 pH 值约 9.0，不同腐植酸用量（腐植酸组分与铁精矿的质量比）条件下，5 种腐植酸组分在铁精矿表面的吸附性能差异如图 4-53 所示。

　　由图 4-53 可以看出，腐植酸组分的吸附性能与其用量也呈正相关性。比较发现，相同用量条件下，5 种腐植酸组分的吸附性能存在明显差别。5 种腐植酸组分吸附性能的大小规律可以归纳为：MS2>MS3>MS1>MS4>MS5。

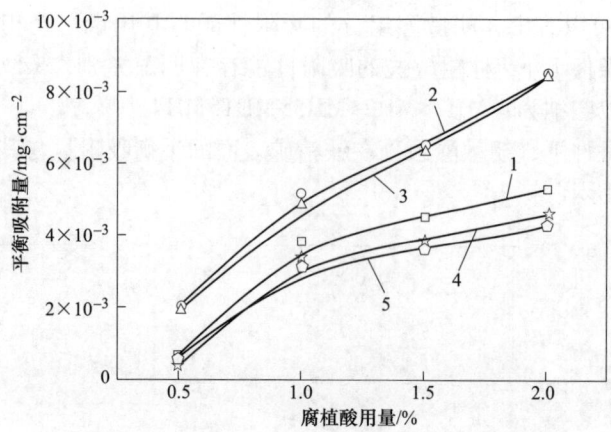

图 4-53   5 种腐植酸组分在铁精矿表面的平衡吸附量
1—MS1；2—MS2；3—MS3；4—MS4；5—MS5

不同用量条件下，腐植酸组分的吸附性能与其 E_4/E_6 存在明显相关性，如图 4-54 所示。腐植酸组分分子量过高或过低均不利于其在铁矿物表面的吸附性能。在用量 1.0% 条件下，回归分析得出：腐植酸组分的吸附性能（A_S）与其 $E_4/E_6(\lambda)$ 的方程为 $A_S = 3.740 + 4.786 \times e^{0.5 \times [(\lambda - 3.858)/0.184]^2}$，相关系数 R^2 为 0.992。

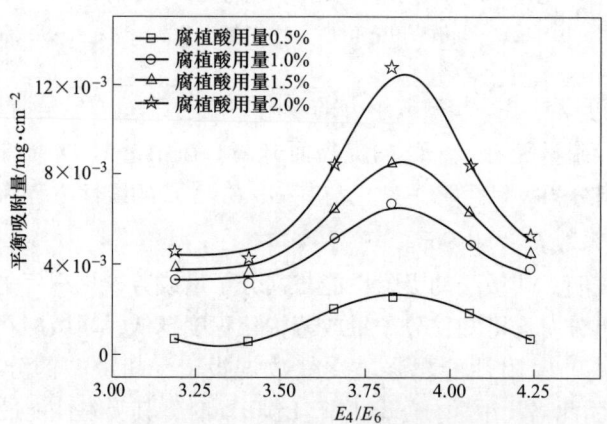

图 4-54   腐植酸组分吸附性能与其 E_4/E_6 的关系

由图 4-54 所得拟合曲线可知，当 E_4/E_6 趋于 3.858 时，腐植酸组分的吸附性能表现最好。为了验证图 4-54 所示线性关系的可信度，实验设计将黄腐酸 MF4 和胡敏酸 MH4 按照 3∶7 比例混合、配置成 E_4/E_6 为 3.85 的"腐植酸"，研究此"腐植酸"在铁精矿表面的平衡吸附量，如图 4-54 所示。

目前还没有关于腐植酸分子量与其 E_4/E_6 确切对应关系的报道。但从黄腐酸、胡敏酸的分子量分布范围看，腐植酸分子量分布范围应为 200~3000Da。当胡富比分别为100∶1和100∶10时，E_4/E_6分别为3.66和4.06，腐植酸吸附性能对应的最优胡富比介于中间，由此可以进一步缩小腐植酸最佳分子量的所处范围。当黄腐酸、胡敏酸的分子量分别趋于最优值600Da和1500Da时，腐植酸组分吸附性能对应的最佳分子量区间趋近1410~1490Da。

4.3 与黏土矿物的作用

土壤中总有机碳的50%~98%是以黏土-腐植酸类物质有机复合物形态存在的，其中，砖红壤中有机复合碳最高（97.8%），其次是灰化土（89.6%）和黑钙土（85.2%）。黏土-腐植酸类物质复合物不仅数量巨大，而且对于地下沉积物表面的修饰、对水体中污染物的吸附强度的增加、土壤团聚体的形成以及营养的贮备等起着重要作用。同时，HA与黏土的结合，有利于防止腐植酸类物质生物降解，并对腐植酸类物质表面吸附的有机化合物反应起催化作用，这种催化作用对腐植酸类物质的合成、转化和降解比生物学作用更为重要。此外，HA在石油钻井液、陶瓷、选矿等方面的应用，几乎都与HA-黏土相互作用理论有关。因此，有必要了解这方面的基础知识。

4.3.1 与黏土矿物的作用机理

黏土是由地壳中含长石类的岩石长期风化及地质作用形成的一类含水铝硅酸盐的矿物。土壤无机组分中大部分是黏土矿物，主要有5种类型，其中分布最广的是高岭石和蒙脱石，其次是伊利石、水铝英石和叶蜡石。黏土的主要化学成分为SiO_2、Al_2O_3，还有或多或少的K_2O、Na_2O、Fe_2O_3、CaO、MgO、TiO_2等。高岭石的晶胞分子式是：$[Al_2(OH)_4(SiO_2O_3)]_2$，其晶体结构单位是：一层Si-O四面体和一层Al-(OH·O)八面体结合（常称作1∶1层状黏土），其晶片的层间距离（d_{001}）为0.714nm。一般情况下，晶体层面上的—OH可解离而带负电，是高岭石主要的阳离子交换位置；在晶体层片边沿，则由于四面体和八面体键的断裂而出现"不饱和键"，对着Al^{3+}、Si^{4+}的位置带正电荷，而对着O^{2-}的位置带负电荷。蒙脱石属于2∶1层状黏土，即两层Si-O四面体中间夹一层Al-(OH·O)八面体，d_{001}间距一般为0.92nm。晶格内的Si可能被Al置换，Al又可能被Ca、Mg、Fe等置换，产生剩余键，因此易吸附其他离子（通常为Na^+、Ca^{2+}）。由于层间富有—O—，键力很弱，而且容易在层间吸收大量水、交换性阳离子和其他有机分子，故很容易膨胀增大。

Stevenson在深入研究和总结前人工作的基础上，提出HA与黏土之间主要有4种作用。

（1）物理吸附（通过范德华力）是最弱的结合力，任何位置都有可能发生。

（2）静电键（库仑力）和化学吸附在黏土晶层断裂边沿暴露的Al^{3+}、

Si^{4+}（表示为 M^{n+}）最容易与 HA 阴离子发生这种作用，也可能有阳离子交换反应，例如

$$+ R—NH_3^+ \longrightarrow —NH_3R + M^+$$

$$黏土 —M^+ + R\text{-}NH_3^+ \longrightarrow 黏土^+ —NH_3R + M^+ \tag{4-23}$$

（3）氢键缔合作用强度介于范氏力和共价键之间。

（4）共价键（或配位）这种作用可能是最复杂、最强烈的一种作用，主要发生在蒙脱石上。Greenland 和 Schnitzer 等人所说的离子-偶极和配位体交换或特性吸附，实际就属于这种配位作用。黏土晶体层面上—OH 解离后带负电，显然不是 HA 阴离子的吸附位置。但 HA 可以与其表面上的 Al(OH)$^{2+}$ 或 Fe(OH)$^{2+}$ 的羟基层合并，构成紧密的配位键。这种配合物可以表示为：［黏土—M^{n+}—HA］或［黏土—M^{n+}—H$_2$O—HA］，就是常说的以"阳离子桥"和"水桥"形式结合。

HA 在黏土上的吸附强度与 pH 值有关，在高 pH 值下，一般只有表面吸附。当环境 pH 值约为 5，也就是接近解离质数 pK_a 时，这种配位键结合力最强，一般是不可逆的。Murphy 等人认为配位体交换分 3 步进行：（1）黏土表面羟基质子化：SOH+H$^+$→SOH$_2^+$；（2）形成外层表面配合物：SOH$_2^+$—$^-$O—CO—HA；（3）形成内层配合物：SO—CO—HA（S 表示黏土晶体）。HA 与黏土结合键的强度，基本遵循 Irving-Williams 规律。HA 与高岭石和伊利石作用时一般不渗入晶层之间，但很容易渗入蒙脱石层间，把"共价"的水置换出来，于是，蒙脱石原有的层间原子排列被打乱。

关于 HA 化学结构与黏土作用的关系问题，HA—COO$^-$、HA—O$^-$ 阴离子以及少量的 HA—NH$_3^+$ 断片容易被带电的黏土颗粒吸附，这是容易理解的，但 HA 的非极性部分同样也会参与吸附。据 Bradley 学说推断，脂肪族 α-C 原子对负电性的黏土晶体表面较敏感，容易以库仑力相互作用，即［HA］—C—H……O—［黏土］。至于对芳香结构，黏土矿物同样有弱的库仑引力（包括通过对芳环的极化力）。所以，黏土与腐植酸类物质和其他有机物的作用能量，比与水的作用还要大。

格林兰强调指出，在黏土表面上的铁和铝容易与腐植酸类物质结合而形成多羟基配合物。由于在铝和铁的氢氧化物上正常地存在着正电格位，至少在 pH 值低于 8 时，有机的阴离子能以库仑引力与这些电荷结合。当 pH 值提高到 8 或 9 时，氢氧化物的正电荷得到中和，有机阴离子能被取代出来。阴离子渗入到氢氧化物表面上的铁原子或铝原子的配位层，而在表面的羟基层合并。氢键是极其重要的成键过程，特别是在大分子或聚合物中。莫特兰强调，连接有机分子和可交换的金属阳离子间的"水桥"是通过主要水合外层的一个水分子按以下方式形成的：

$$
\begin{array}{ccccc}
\text{H} & & & \text{OH} & \\
| & & & | & \\
\text{M}^{n+}\ \text{O}\!-\!\text{H} & \cdots & \text{O} & =\ \text{C} & \\
& & & | & \\
& & & \text{R} &
\end{array}
$$

其中，M^{n+} 是金属离子，RCOOH 是有机分子。

另外一个相关的机制是扩散。在黏土中，有机化合物的扩散速度取决于以下几个因素。（1）有机化合物在黏土表面的结合机制。如果是强键，表面扩散将是主要的；如果是弱键，大部分扩散将离开黏土表面而到相邻的水膜中或到不饱和的黏土颗粒的空洞的整气相中。（2）分子量和在水中的溶解度。（3）体系的水含量。（4）黏土的本性。（5）温度。（6）堆密度。

研究认为有机物和黏土离子是通过多价金属阳离子相连接而形成微团聚体（微聚集体）的。微团聚体可以和钠树脂一起振荡，多价离子（如 Ca^{2+}、Mg^{2+}、Fe^{3+}、Al^{3+}）与钠交换而使微团聚体分散。C-P-OM 配合物（C 代表黏土，P 代表多价金属离子，OM 代表有机物）很可能是由 C-P-H_2O-OM（H_2O 代表水桥）构成的。

黄腐酸与蒙脱土之间发生反应时，黄腐酸的性能像是一种不带电荷的分子，能渗入到层间，从而从蒙脱土的各硅酸盐层之间取代出水分子，当 pH 上升时，越来越多的官能团离子化，结果增加了负电荷，带负电荷的脱土排斥了带负电荷的黄腐酸。

对黏土及其他矿物的吸附作用：对高岭土、蒙脱土等黏土的吸附。各种黏土吸附腐植酸的能力按从强到弱的顺序为：高岭土>蒙脱土>伊利土。

王好平研究了主要成分是蒙脱土的安丘膨润土对舒兰褐煤腐植酸的吸附。吸附等温线基本上符合朗格缪尔型，可以认为是单分子层吸附。膨润土的浓度增加时，平衡吸附量则减少。在 pH 值为 6~11 范围内，pH 值的提高也使吸附量减少。

成绍鑫等人研究了不同类型煤炭腐植酸在高岭土上的吸附，吸附等温线都是 L 型（见图 4-55），与 Freundlich 和 Langmuir 方程式大体都能符合。各种煤炭腐植酸的饱和吸附量在同一数量级（3~5mg/g），泥炭腐植酸的吸附量较高。

至于 pH 值的影响，成绍鑫等人所得结果与王好平在蒙脱土上见到的不同。在 pH 值为 6~11 范围内，他们发现在 pH 值为 7~8 间都有一个极大值（图 4-56）。原因可能是：腐植酸的吸附主要是靠酸性基团解离生成的负离子吸附在高岭土的带正电位点上。适当提高 pH 值，增加解离有利于吸附，但 pH 值过高，则 OH^- 又和腐植酸离子竞争吸附位，故又会降低。

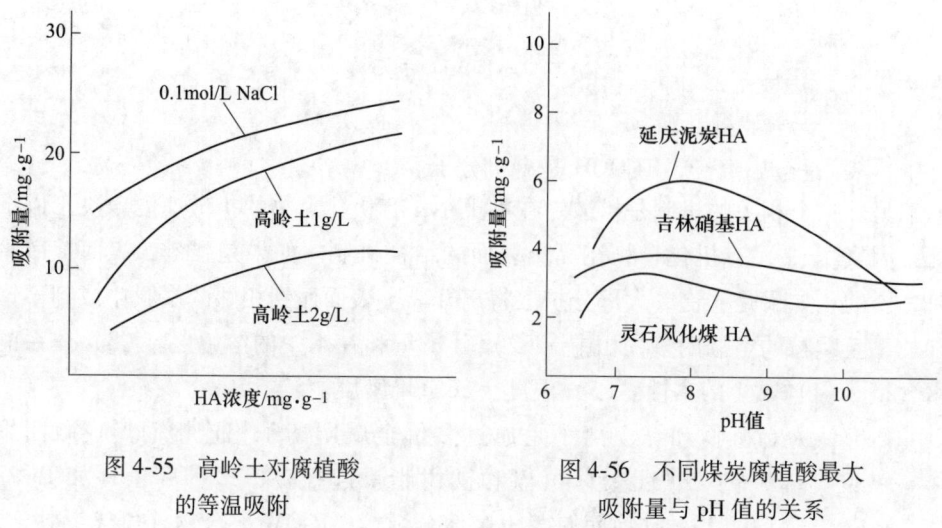

图 4-55　高岭土对腐植酸　　　　图 4-56　不同煤炭腐植酸最大
　　　的等温吸附　　　　　　　　　吸附量与 pH 值的关系

至于吸附的性质则可以从脱附实验中得到说明。泥炭腐植酸用水洗大约可以脱附一半，这部分可视为物理吸附；再用氢氧化钠溶液洗，可全部洗脱，这一半是化学吸附。风化煤和褐煤腐植酸水洗只能脱附 20% 左右；再用 100℃ 的氢氧化钠液洗，总脱附率也只稍过 50%。所以对后两类煤炭腐植酸在高岭土上的吸附可以认为 1/5 是物理吸附，1/3 是一般的化学吸附，余下的则是不可逆的化学键合。关于腐植酸在高岭土上的吸附位，从覆盖面积的计算可以得到一些启示。据从高岭土的比表面，腐植酸的饱和吸附量及其分子量等几个参数估算，高岭土被腐植酸覆益的面积大约只占其表面积的 1/10，所以很可能被吸附的腐植酸不是均匀地分布在表面上，而是集中在带正电荷的边棱上。

4.3.2　与黏土矿物作用的研究进展

腐植酸类物质与黏土相互作用的研究涉及物理化学、晶体化学和黏土胶体化学范畴，这方面的研究报道不少，现简单介绍如下。

4.3.2.1　水悬浮体中吸附的特性

水悬浮体中黏土对 HA 的吸附特性研究对于水环境中 HA 及其有机-无机复合体的迁移转化有重要意义，也对实际应用有指导作用。一般得到的吸附等温线几乎都是 Langmuir 型或 Freundlich 型，也有特殊的情况，如 Орлов 认为蒙脱石优先吸附低分子 HA，吸附方程为 $y = ax^b$，当 $a<1$、$b=1$ 时为 C 型，$a<1$、$b<1$ 时为 L 型曲线。薛含斌测定了湘江底泥 HA 在黏土上的吸附特性，发现吸附量顺序为高岭土>蒙脱土>伊利土，在黏土浓度低于 10mg/L 时吸附等温线近似以直线表达，属于单分子层吸附。成绍鑫等人研究了不同来源 HA 在高岭石上的吸附特性，发现泥炭 HA 的被吸附量普遍高于褐煤 NHA 和风化煤 HA；通过不同溶剂的洗脱率、温度-吸附量关系以及吸附热焓 $\Delta H > 0$ 等实验证据，估计泥炭 HA 有一半是物理吸附；褐煤与风化煤 HA 约 1/5 是物理吸附，1/3 是较弱的化学吸附，其余（大约一半）形成不可逆的强结合键。根据高岭土的比表面积、HA 的分子直径和饱和吸附量估算，高岭土被 HA 覆盖的面积只有总面积的 1/10，因此 HA 可能主要结合在黏土晶层正电荷边沿。

HA 吸附量与黏土种类、HA 来源、pH 值、电解质含量等因素有关：（1）土壤中水铝英石吸附量最高，是高岭石和蒙脱石的 4~11 倍（见表4-23）；（2）高岭土吸附泥炭 HA，在 pH 值为 8 时最高（约 7mg/g），而褐煤和风化煤在 pH 值为 7 时最高（约 3~4mg/g），但提高 pH 值时各种 HA 的吸附量都降低；（3）蒙脱土中取代金属对 HA 吸附量和吸附强度一般按以下顺序递减：$Fe^{3+} > Al^{3+} > Ca^{2+} > Na^+ > H^+$，如 Na-型蒙脱土吸附褐煤 NHA 量为 14mg/g，而 Al-型的达到 42mg/g。

表 4-23　不同种类黏土对 HA 物质的吸附　　　　　　　（mg/g）

黏土	水铝英石	高岭石	蒙脱石
褐煤 NHA	80.8	7.75	13.9
土壤 HA	53.4	10	14

4.3.2.2　电子显微镜观察

薛含斌用电子显微镜观察发现，HA 在伊利土边棱上以网状聚集体形式沉积，而在高岭土的长板状断裂端头吸附得最密集，从而解释了 HA 对伊利土的解胶作用、对高岭土的絮凝作用机理。成绍鑫等人观察到的景象与上述相反，发现在高岭土-水悬浮液中加入 HA-Na 明显解离了黏土晶体的边-边、边-面相互缔合，拆散了黏土胶体的空间网状结构（见图 4-57）。对蒙脱土则没有这种作用。

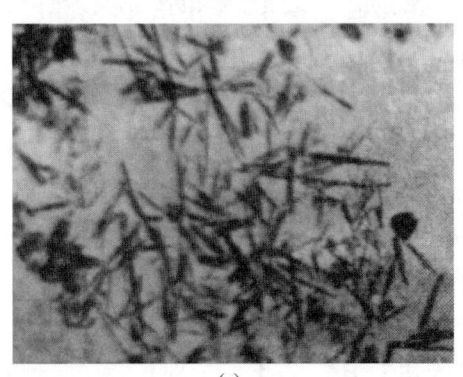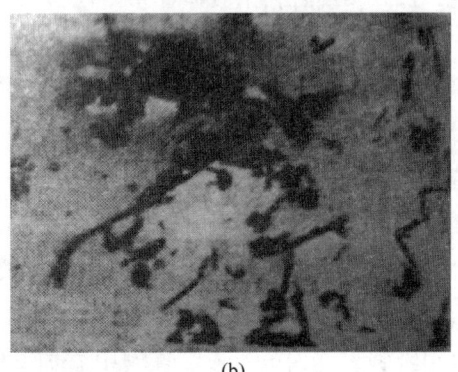

(a)　　　　　　　　　　　　　　(b)

图 4-57　添加 HA 前后的高岭土-水悬浮体

（a）未加 HA；（b）加入 HA

4.3.2.3　动电性质

Olphen 理论认为，ζ-电位决定着黏土粒子双电层厚度和体系的分散稳定性。在黏土胶体体系中加入有机质和 HA 后必然对其稳定性产生影响。

根据 Stern 双电层概念，黏土-水体系中的黏土质点周围可以分为两层：（1）吸附层，黏土表面由于晶格置换或吸附离子而带正电，紧密吸引周围的反离子而构成"吸附层"，厚度大约为一个离子的尺寸；（2）扩散层，在吸附层以外的其余反离子以扩散方式分布，称为"扩散层"。黏土胶体粒子在电场中移动时，吸附层中的液体及其中的反离子作为一个整体而一起运动，它对于均匀液相内部之间的电位差即 ζ-电位，可用微电泳仪直接测定（均以绝对值表示）。用奥尔芬（Olphen）方程就可计算出扩散双电层厚度 d 和表面电荷密度 σ：

$$d = \frac{\zeta D}{4\pi\sigma} \tag{4-24}$$

$$\sigma = \frac{CNe}{S} \tag{4-25}$$

式中　D——溶液介电常数；

　　　C——黏土表面阳离子交换容量，$mmol/g$；

　　　N——阿伏伽德罗常数，$6.02\times10^{23}/mol$；

　　　e——电子电荷，$1.6\times10^{-19}C$；

　　　S——黏土比表面，cm^2/g，实测。

不同来源的 HA 对高岭土-水悬浮体的 ζ-电位、d、σ 等的影响见表 4-24。可见，加入 HA 后黏土胶体体系 ζ-电位（均指绝对值，下同）双电层（d）厚度增加 5~8 倍，分散稳定性提高（小于 $2.7\mu m$ 的黏土颗粒比例从 0 增加到 1/3 以上）。不同来源 HA 影响 ζ-电位和分散稳定性的次序为风化煤>褐煤>泥炭。HA 对蒙脱土 ζ-电位的影响与高岭土的情况基本相似。但 Сухарев 等人的实验结果很特殊，他们在 pH>10 的蒙脱土钻井液中加入褐煤改性 HA 后，ζ-电位降低幅度为 HA>NHA>SNHA>PSNHA(SNHA 和 PSNHA 分别表示磺化硝基腐植酸及其缩聚产物)，而钻井液的稳定性和降滤失性却依次提高。这种现象显然不能用双电层-分散稳定性理论来解释，可能也属于"排空稳定"作用。土壤的 ζ-电位变化情况也很特殊。赵瑞英等人在红壤中添加不同来源的 HA，ζ-电位全部降低（降低幅度以风化煤 NHA 和 HA 最大，泥炭 HA 最小），这与国内外有关土壤 ζ-电位降低有利于形成土壤团聚体和提高土壤肥力的研究结论是一致的。

表 4-24　不同来源煤炭 HA 对高岭土-水悬浮体 ζ-电位和分散性的影响

HA 的来源	高岭土 CEC /mmol·g⁻¹	$\sigma(\times 10^2)$ /e.s.u	ζ-电位 /mV	双电层厚度 d/nm	小于 2.7μm 粒子/%
对照（不加 HA）	0.046	5.4	7.27	2.9	0
风化煤 HA(吐鲁番)	0.056	6.6	65.93	21.2	54.11
褐煤 NHA(吉林)	0.056	6.6	46.46	14.6	37.55
泥炭 HA(延庆)	0.053	6.3	38.53	13.00	33.78

4.3.2.4　X-ray 晶层间距研究

采用 X 射线衍射定量分析黏土晶体的层面（d_{001}）间距，可以提供 HA 类物质是否具有层间吸附的证据。高岭石和绿泥石在吸附 HA 前后 d_{001} 面间距一般没有变化，说明主要是表面吸附，即 HA 分子未进入黏土晶体之间。但蒙脱石却不同，据 Schnitzer 研究发现，Na-型蒙脱石原来 d_{001} 为 0.987nm，吸附 FA 后 d_{001} 明显增加，其增加的宽度与 pH 值有关（见图 4-58）。可以看出，d_{001} 在 pH 值 2.5 时达到最大值（1.76nm），然后随 pH 值增加而减少，pH 值在 4~5 时（也就是 FA 的—COOH 离子化的突跃点，即 pK_a 值）出现一个陡坡。这种层间吸附量大约是总吸附量的一半多一点，而且是可逆的。随温度的提高，d_{001} 间距逐渐减小。

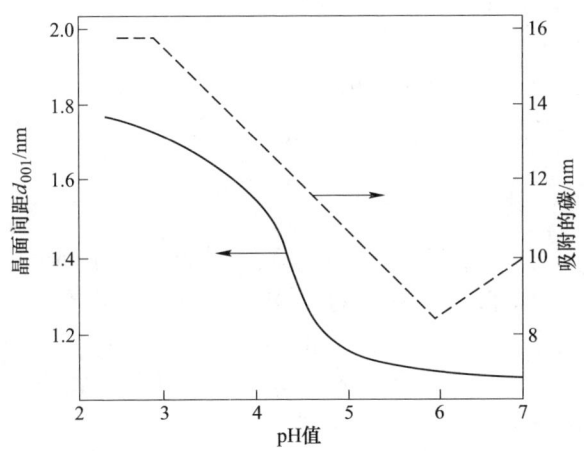

图 4-58　pH 值对蒙脱石 d 间距和吸附 C 的影响

4.3.2.5　红外光谱特征

IR 谱图能为我们推断黏土-HA 作用机理提供更多的结构信息。Tann 对灰化土中分离出来的黏土-HA 复合体进行了研究，发现 Si—O 键选择吸附高分子 HA，而 O—Al—OH 键则吸附低分子 HA，还发现吸附 HA 后的黏土 Si—O 键的红外光谱吸收峰减弱，推断是黏土 Si—O—Si 键被吸附的 HA 破坏所致。Kohl 等人观察到皂土吸附有机物质后 C＝O 吸收峰向长波方向移动（1724cm^{-1} 移至 1709cm^{-1}），认为是 HA 的 C＝O 与黏土的—OH 形成氢键（C＝O……H$^+$—O）的"指纹"。陆长青等人通过高岭土吸附 HA 前后的 E_{3696}/E_{3620}、E_{3966}/E_{1105}、E_{3620}/E_{1105} 吸收峰的比值均降低来说明黏土表面—OH 与 HA 是通过氢键或阳离子桥结合的，从而解释黏土粒子动电性质和胶体分散现象。

4.3.2.6 热分析

通过 DTA、DTG 峰的变化可以推测 HA-黏土的结合机制。Kodama 等人发现 FA 的 330℃肩峰（脱羧基）和 450℃放热峰（芳核氧化）在被蒙脱土吸附后都变宽，说明 FA 的分解速度变慢了，而且在 670℃和 930℃出现了两个新峰，认为分别是黏土层间吸附的 FA 络合物和稳定结合的 FA 的燃烧所致。DTG 曲线更清楚地看出吸附后的脱羧温度和芳环氧化分解温度分别推后了 70℃和 145℃。从 TG 和 DTG 曲线和热失重量还计算出黏土层间吸附约占总吸附量的一半。此外，还利用 TG 和 DTG 曲线，通过 Flynn-Wall's 方程可以计算出热解活化能 E：

$$E = -4.35 \frac{\log\beta_2 - \log\beta_1}{T_2^{-1} - T_1^{-1}} \qquad (4-26)$$

式中 β——加热速率，℃/min；

         T——温度，℃。

实验证明，吸附 HA 后 550℃的活化能提高了，断定是由于 HA 与黏土层间离子结合后键能提高引起的。

4.3.2.7 流变学性质

流体在受力下变形和流动的特性属于流变学研究范畴。HA 与黏土-水悬浮体作用后的流变学性质不仅是阐明 HA-黏土作用机理的手段之一，也能为 HA 用于石油钻井液、陶瓷泥料、水泥浆等的流动和泵送工艺提供有用数据。

黏土-水悬浮体一般为假塑性流体（宾汉流体）和塑性流体（均为非牛顿流体），表达式为：

$$\eta = \eta_0 + \tau / \frac{dV}{dX} \qquad (4-27)$$

式中 dV/dX——剪切速率；

         η——黏度，Pa·s；

         η_0——剪切速率为零时的黏度，Pa·s；

         τ——剪切应力，N·m^2。

用 τ 对 dV/dX 作图，就得到流变学曲线。显然，这种非牛顿流体的流变学曲线是 S 形的，即 $dV/dX \neq 0$，只有给予一定的初切应力 τ_0 才能开始流动。当 $\eta_0 = 0$ 时，就成为直线，即牛顿流体。

陆长青等人研究发现，HA 对高岭土悬浮体的流变性影响较大，不加 HA 时是典型的宾汉流动特征，随 HA 浓度的增加，出现剪切稀释效应，HA 浓度到 0.162% 时呈理想的塑性流动，到 HA 浓度不低于 0.42% 时，成为接近通过原点的直线（$\eta_0 = 0$），成为牛顿流体特征。蒙脱土情况有所不同，其初始屈服值就比高岭土悬浮体高得多，呈剪切增稠的表现。随 HA 浓度的增加，逐渐转变成不通过原点的直线，到 HA 浓度等于 2.75% 时成为典型的塑性流动，但未达到牛顿流体的程度。成绍鑫等人计算了几种黏土悬浮体的流变学参数，发现 HA 对流变性影响的顺序为高岭土 >> 伊利土 ≥ 蒙脱土；对 Na-高岭土流变性影响的顺序为风化煤 HA ≥ 褐煤 NHA > 泥炭 HA。

4.3.2.8　胶体排空理论

该理论的基本点是，HA 在钻井液中的稳定作用基本上不是"护胶作用"，而是"排空稳定"作用。这一理论最早是 Napper 提出来的，后来又被 Heath 和王好平的实验所证实。他们认为，在高 pH、高浓度和高电解质情况下，HA 分子被强烈"线团化"，使其与蒙脱土的亲和力降低，使 HA 在其表面上只有少量的吸附，对体系的静电和空间稳定作用是微不足道的，而大量未被吸附的 HA 自由分子的"排空作用"有效地阻止了黏土粒子的聚结，保持了粒度的均匀作用，从而维持了黏土体系的稳定。这些 HA 自由分子对泥浆稳定性起决定性作用。这一理论基本解释了 HA 对石油钻井液体系，特别是高温和含盐情况下仍保持稳定的原因。

4.4　与有机物的作用

4.4.1　腐植酸的有机高分子化学基础

有机高分子化学是研究各种有机反应及动力学，研究聚合反应与聚合分子量（分子量分布）包括聚合物结构之间关系的一门学科。

通常的高分子指那些分子量特别大，一般由几千、几万甚至几十万个单体原子组成的化合物。高分子分为天然高分子和人工合成高分子，天然橡胶、棉花等都属于有机高分子。人工合成高分子主要包括：化学纤维、合成橡胶和合成树脂（塑料），也称为三大合成材料。此外，大多数涂料和黏结剂的主要成分也是人工合成高分子。人工合成高分子又被称为聚合物。

腐植酸有机质部分虽然没有结构完全相同的高分子重复单元（单体），但有不少相似的结构单元；可以通过测量其有机质数均分子量（采用冰点降低，沸点升高，渗透压和蒸气压降低法）、数黏分子量（黏度法），包括分子分布（分级沉淀、凝胶渗透色谱）等。经过改性，具有高分子线型、支化和交联等其他聚合物的能力，可以进行高分子的多种反应，并通过与合成高分子的聚合物或共混作用形成新型的腐植酸类高分子材料。

4.4.1.1　腐植酸的氧化改性

腐植酸有广泛的用途，其结构中的羧基、羟基含量与其应用性质关系很大。对腐植酸改性是为了提高它的羧基等酸型基的含量。氧化改性可以提高腐植酸含量，主要是遵循了：（1）酚羟基氧化学说；（2）水解的学说。

A　通过酚羟基氧化提高腐植酸含量的原理及效果

图 4-59 的改性可以通过腐植酸硝酸氧解生产硝基腐植酸（NHA）实例来说明，即硝酸在氧化过程中生成的新生态促使了原生腐植酸上的芳香结构先氧化成酚羟基，再经过醌基芳香环的破裂，生成羧基。

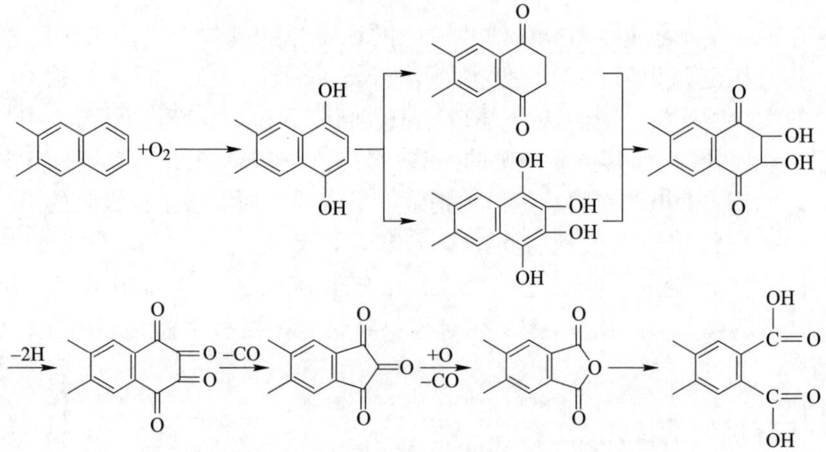

图 4-59　腐植酸改性通过酚羟基氧化提高含量的途径

显然，NHA 可以进一步氧化、分解为低分子水溶性酸，最后低分子水溶性酸还可以分解为二氧化碳和水。因此，必须控制好氧解改性的条件，才可能最大量地提高 NHA 的产率。

而改性得到的硝基腐植酸还可以与氨（酰胺）反应，形成硝基腐植酸盐，再与尿素作用形成腐植酸类尿素复合体。反应式如下：

$$RCOOH + NH_3 \longrightarrow RCOONH_4 \tag{4-28}$$

$$RCOONH_4 \longrightarrow RH + CO_2 + NH_3 \tag{4-29}$$

$$RH + CO_2 \longrightarrow RCOOH \tag{4-30}$$

$$RCOOH(RH) + CO(NH_2)_2 \longrightarrow RCOONH_4 \cdot RCONH_2 \tag{4-31}$$

$$R(COOH)_m + mH_2NCONH_2 \longrightarrow R(COHNCONH_2)_m + mH \quad (4\text{-}32)$$

上述反应式中 R 表示硝基腐植酸分子的核；m 表示羧基的数量和尿素的分子数等。

$$RCONHCONH_2 + CH_2O \longrightarrow RCONHCONHCH_2OH \quad (4\text{-}33)$$

$$R\begin{array}{c} \diagup CONHCONH_2 \\ \diagdown CONHCONH_2 \end{array} + 2CH_2O \longrightarrow R\begin{array}{c} \diagup CONHCONHCH_2OH \\ \diagdown CONHCONHCH_2OH \end{array} \quad (4\text{-}34)$$

同理，改性得到的硝基腐植酸在得到腐植酸类尿素复合体以后，还可以与甲醛反应，形成硝基腐植酸类缓释肥料和土壤改性剂。

B　通过氧化水解提高腐植酸含量的途径

图 4-60 的改性可以结合图 4-61 腐植酸的磺化水解生产磺化腐植酸（SHA）实例来说明。用硫酸或者亚硫酸钠的磺化是在腐植酸官能团中引入磺酸基（—SO₃H）或相应盐的任何化学过程。腐植酸经过磺化，能提高水溶性和抗凝性等。

腐植酸的氧化改性在一定程度上改变了腐植酸原有的性质，赋予了它新的品质，可以满足实际应用的需要。

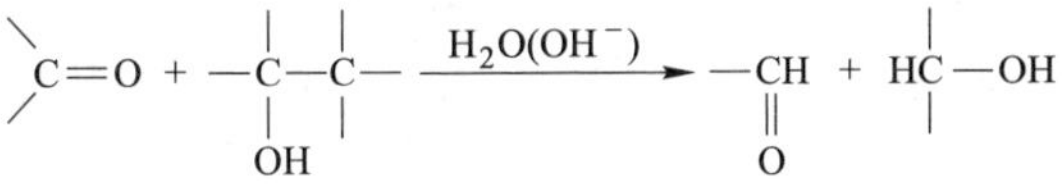

图 4-60　腐植酸改性通过氧化水解提高含量的途径

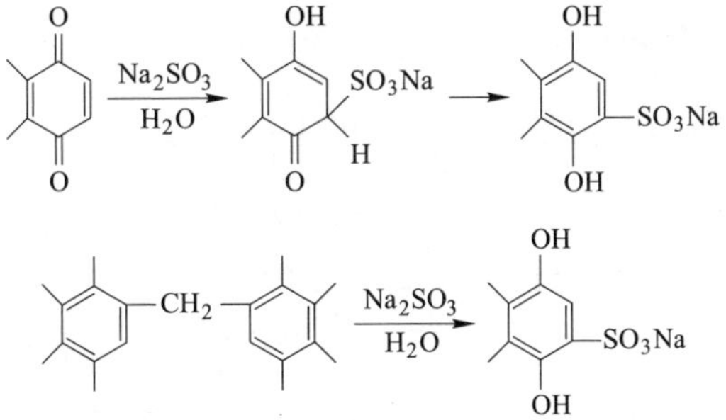

图 4-61　亚硫酸钠磺化水解过程示意

4.4.1.2　腐植酸的酰化和烷基化

腐植酸（煤炭腐植酸、秸秆强制氧化腐植酸、生化腐植酸等）的结构中含有醇羟基、酚羟基，可以与酰化试剂发生酰化反应。常用的酰化试剂有乙酸酐-吡啶、乙酸酐-硫酸、乙酰溴等。酰化反应可以用来研究腐植酸结构中所含羟基的类型和数量，例如，腐植酸用乙酸酐-吡啶进行乙酰化时，根据乙酰基的含量、腐植酸的相对分子质量，可以推算腐植酸中的羟基数。酰化反应也可以用于对腐植酸进行改性，如图 4-62 所示，在路易斯酸催化剂 AlCl₃ 的作用下，腐植酸的芳香环上引入了酰基，该类中间产物可以进一步用于增塑剂、合成树脂（见图 4-63）等生产。

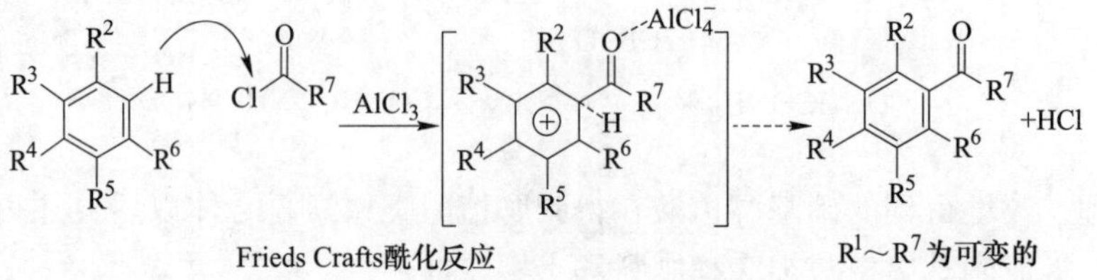

图 4-62 腐植酸芳香环的 C-酰化示意

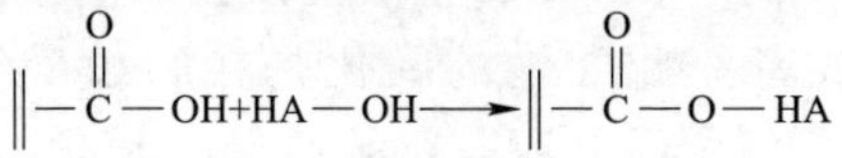

图 4-63 保水剂（高吸水树脂）制备中与 HA 表明羟基的反应

与酰化不同，腐植酸的烷基化反应不但可以在羟基上进行，也能在羧基、羰基上进行。研究较多的烷基化反应是甲基化，常用的甲基化试剂有甲醇-盐酸、重氮甲烷、碳酸二甲酯-氢氧化钠等。所用试剂不同，甲基化反应的种类也不同，例如用甲醇-盐酸，则腐植酸侧链上的羰基、羧基都能被甲基化；用重氮甲烷时，则羧基、酚羟基、醇羟基被甲基化；因此，采用烷基化中的甲基化方式也能推断出不同原腐植酸所含的羟基数和羟基类别，并用于腐植酸的改性研究，如用于腐植酸钻井泥浆液、油墨和油漆改性剂的制备。

4.4.1.3 腐植酸的接枝共聚

接枝共聚反应分离子型接枝共聚、自由基型接枝共聚等，都属于链式聚合。接枝共聚物的分子链中有支化结构，其主链由某种单体单元构成，直链则由另外的一种单体单元构成较长的链段。在主链高分子链上，存有接枝点或在反应过程中能生成接枝点。将主链聚合物溶解于支链的单体中，然后在指定的条件下进行接枝共聚反应。接枝共聚反应一般都要涉及母体（基体）聚合物，利用"长出"或"接上"支链的方式来进行，反应过程中不仅涉及活性中心，还涉及接枝的引发、增长、转移和终止，母体聚合物在反应体系中的活化，接枝链的增长、参与、终止和转移的过程。

腐植酸是多种官能团物质，腐植酸的接枝共聚与它的前体物（见图 4-64）的性质有些相似，主要指腐植酸的羧羟基、酚羟基能与环氧烷烃或者氯乙醇反应，产物具有较高的胶合强度和优良的耐水性能；同样，腐植酸与丙烯酸-丙烯酰胺的接枝共聚反应属于自由基型的，它在铈盐引发剂作用下，开始链引发、链增长。

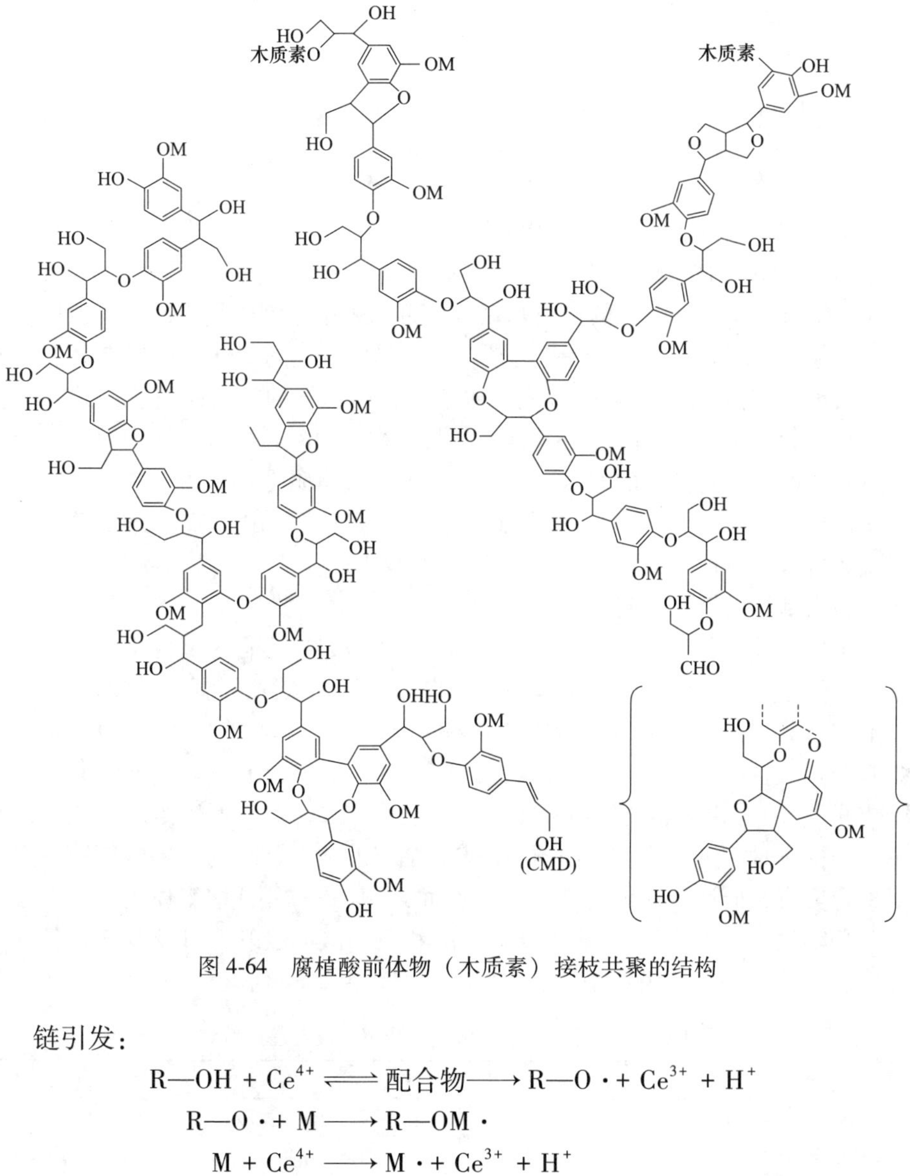

图 4-64 腐植酸前体物（木质素）接枝共聚的结构

链引发：

$$R\text{—}OH + Ce^{4+} \rightleftharpoons 配合物 \longrightarrow R\text{—}O\cdot + Ce^{3+} + H^+$$

$$R\text{—}O\cdot + M \longrightarrow R\text{—}OM\cdot$$

$$M + Ce^{4+} \longrightarrow M\cdot + Ce^{3+} + H^+$$

链增长：

$$R\text{—}M\cdot + M \longrightarrow ROM_2\cdot$$

$$ROM_2\cdot + M \longrightarrow ROM_3\cdot$$

$$ROM_n\cdot + M \longrightarrow ROM_{n+1}\cdot$$

$$M_{n-1}\cdot + M \longrightarrow M_n\cdot$$

链转移：

$$ROM_{n-1}\cdot + M \longrightarrow ROM_{n-1} + M\cdot$$
$$ROM_{n-1}\cdot + ROH \longrightarrow ROM_{n-1} + RO\cdot + H^+$$

链终止：

$$ROM_n\cdot + ROM_n\cdot \longrightarrow ROM_{n+m}$$
$$ROM_n\cdot + Ce^{4+} \longrightarrow ROM_n + Ce^{3+} + H^+$$
$$M_n\cdot + M_m\cdot \longrightarrow M_{n+m}$$

式中，$RO\cdot$、$ROM\cdot$、$ROM_{n-1}\cdot$、$M\cdot$、$M_n\cdot$、$M_{n-1}\cdot$、$M_m\cdot$ 为自由基；R 为腐植酸本体；—OH 为腐植酸羧基上的羟基。

研究结果表明，腐植酸的自由基聚合也可以采用过氧化氢或过硫酸盐等作为引发剂，但是过氧化物中的 O—O 键较弱，容易发生向过氧化物的链转移；与对照丙烯酸-丙烯酰胺（空白）的接枝共聚相比，腐植酸的加入使引发剂的耗量增加。这是因为引发剂产生的自由基首先被共聚物中的阻聚物所消耗。根据腐植酸多官能团的性质，是其中的醌基、酚羟基和氨基具有阻聚作用。

腐植酸是含有 C、H、O、N 和少量 S、P 等元素，由芳核通过醚键、亚胺键、烷烃桥键随机连接组成的高分子混合物，具有羧基、羟基、羰基、烯醇基、磺酸基和氨基等活性功能基团。

中国矿业大学研究人员以"二苯基肼基（DPPH）为自由基捕捉剂，根据自由基迅速停止增长时体系中自由基的数量来计算"为依据，将固体样品在顺磁共振仪上进行测定，结果是，腐植酸还含有数量可观的稳定自由基（$10^{15} \sim 10^{18}$ 个自由基/g）。这些自由基一部分来源于醌基（电子受体），一部分来源于酚羟基（电子给体）。由于腐植酸结构中可以存在稳定自由基，所以当腐植酸参加自由基聚合反应时，可以使引发剂的自由基或者链自由基转化为不能继续引发自由基链聚合反应的低活性的稳定自由基，从而发生阻聚作用或缓聚作用。

中科院化学所曾经测定了 13 种腐植酸和黄腐酸的醌基，以及我国霍林河风化煤腐植酸中醌基、酚羟基的含量，具体可见表 4-25 所列。

表 4-25　对我国 14 种腐植酸中醌基、酚羟基的统计　　　　　（mmol/g）

名称	醌基	酚羟基	名称	醌基	酚羟基
广东廉江泥炭腐植酸	1.80	1.26	内蒙古风化煤腐植酸	2.93	2.22
福建泉州泥炭腐植酸	1.30	2.67	江西萍乡腐植酸	2.70	1.87
吉林敦化泥炭腐植酸	0.94	2.49	新疆风化煤腐植酸	3.10	1.75
广东茂名泥炭腐植酸	1.80	2.62	山西风化煤腐植酸	3.10	1.90
云南通州泥炭腐植酸	1.60	3.29	河南风化煤黄腐酸	2.40	1.43
吉林舒兰褐煤腐植酸	0	4.13	广东湛江风化煤黄腐酸	0.70	2.03
北京风化煤腐植酸	2.90	1.88	新疆风化煤黄腐酸	1.40	1.60

从表 4-25 可以看出，除了吉林舒兰褐煤腐植酸中没有醌基含量外，醌基在风化煤腐植酸含量高，在泥炭腐植酸和黄腐酸级分中含量低。

以下是对煤腐植酸多种阻聚官能团的情况分析。

A 腐植酸中醌基的阻聚作用

腐植酸中醌基的结构以如下的苯醌说明（见图 4-65）。

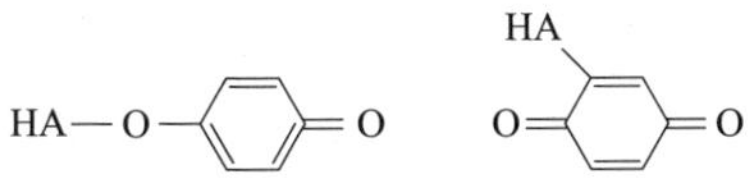

图 4-65 腐植酸中醌基的阻聚结构示意图

其具体步骤是：（1）结构中的氧、碳原子都可能与自由基加成，分别形成醚和醌；（2）发生偶合或歧化反应，消除引发剂的自由基，使聚合反应受到抑制。

腐植酸中醌基结构的阻聚反应还可表示如下：

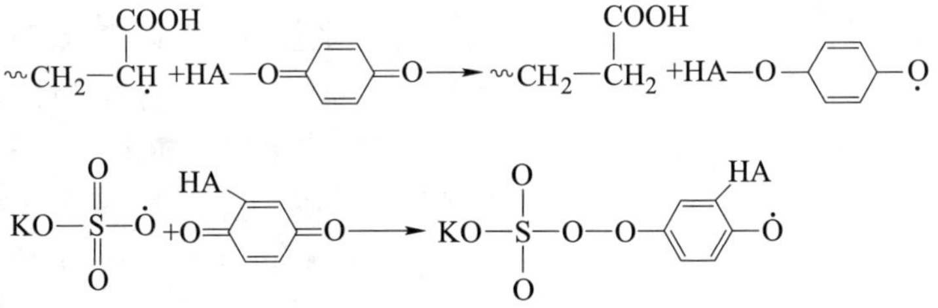

其中，~CH₂—ĊH（COOH）为增长链的自由基，KO—S—Ȯ（O,O）为过硫酸钾分解的引发剂自由基，两种自由基都用 Mx· 表示，则腐植酸中醌基的阻聚反应转为：

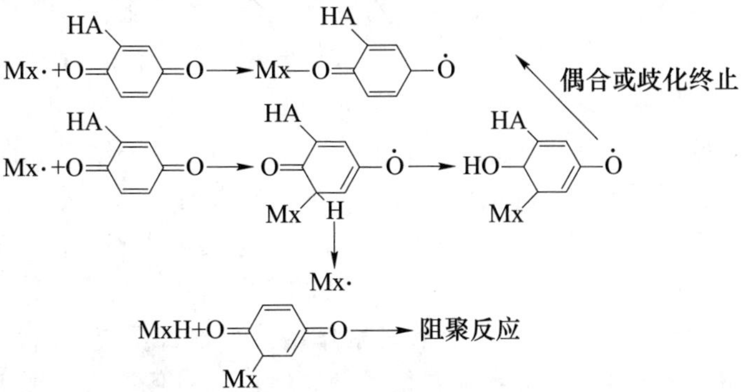

以上说明，腐植酸中一个苯醌结构能够终止的自由基数大于 1。参照表 4-25，可以说醌基含量最高的腐植酸在接枝共聚反应中具有较强的阻聚作用。

B　腐植酸中氨基的阻聚作用

腐植酸中氨基的结构通过链转移反应使高活性的自由基转变为低活性的自由基，而后终止耦合反应，使自由基消失。

$$Mx\cdot + HA—NRH \longrightarrow MxH + HA—\dot{N}R$$

$$Mx\cdot + HA—\dot{N}R \longrightarrow Mx—NR—HA$$

C　腐植酸中酚羟基的阻聚作用

腐植酸酚羟基结构中的氢原子容易被活泼自由基吸取，形成酚氧自由基，而后与其他自由基反应，使耦合终止。

$$Mx\cdot + HO—HA \longrightarrow MxH + \dot{O}—HA$$

$$Mx\cdot + \dot{O}—HA \longrightarrow Mx—O—HA$$

当酚类或者芳氨类的芳香环上有多个供电子的烷基时，阻聚或者缓聚效果明显增加。对于腐植酸结构中的酚基或氨基，其邻位、对位和间位都有可能通过—CH₂CH₂—、—CH₂CH₂CH₂—和—CH₂—连接。从而使腐植酸结构中的酚基或者氨基的阻聚作用增加，这种阻聚作用可以表示为：

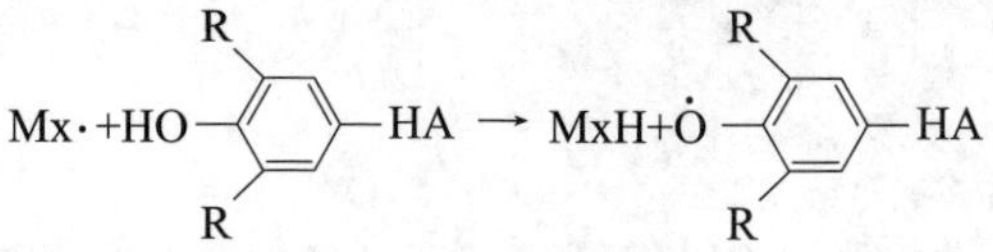

D　腐植酸中杂质的阻聚作用

一般供聚合用的单体要求其纯度很高，在聚合过程中，必须将各种杂质除去或者限制在一定含量下。如果这些杂质存在于聚合体系，能够同引发剂所形成的自由基作用形成非自由基物质，或形成活性低、不足以再引发自由基，从而对聚合反应产生缓聚作用或阻聚作用。风化煤腐植酸中的杂质与煤的成因、开采、运输、储存和处理方法等多种因素有关，其中有的杂质容易去除，有的杂质难以除净。这些杂质有时对聚合反应同样产生较强的阻聚作用。

总之，分析接枝共聚反应过程时，腐植酸的阻聚作用表现在：（1）腐植酸结构中本身具有产生阻聚作用的苯醌、芳胺和酚羟基等结构；（2）腐植酸中含有的杂质引起的阻聚作用。腐植酸的阻聚作用使得聚合反应时间延长、能耗增加；用于克服阻聚作用的引发剂用量增加；另外，由于聚合反应时间较长，使空气中的 O_2 不断进入反应体系中，与系统内的活性自由基结合，使 O_2 的阻聚作用进一步增强。

4.4.2 与有机物作用的研究进展

4.4.2.1 与农药及有机污染物的作用

随着现代农业的迅速发展，农药和其他有机污染物（OP）对环境和食品安全的威胁日益引起人们的担忧。寻找一条解决农药和OP公害的廉价有效途径，是全球环境化学和农业生态学界关注的热点课题。腐植酸类物质特殊的物理、化学、生物化学以及光化学性质，决定了它们与农药和OP之间的吸附和分配、溶解、催化降解和光敏作用，极大地影响着环境中农药和OP的行为，包括对植物和土壤的毒性、生物利用度和降解性能、积累、迁移以及残留等。

A 增溶作用研究

HA盐和FA对某些农药或OP有一定的增溶效应，从而影响其在土壤和水体中的迁移，起到"运输车辆"的作用。增溶作用的原因，一是HA有降低表面张力的功能，可对某些农药起乳化剂和分散剂的作用；二是HA对OP的吸附，特别是那些较高分子量、高芳香度和非极性的、低氧含量和低亲水性的腐植酸类物质，对水不溶性的非离子型OP（如滴滴涕、多环芳烃、烷烃、钛酸酯、烷基邻苯二甲酸酯等）的增溶作用更为显著。Chiou等人研究发现，水中HA含量对有机氯农药的增溶效果呈线性关系，提出一个方程式：$S_w^* = S_w(1 + xK_{doc})$，式中$S_w^*$为农药在含HA水中的溶解度，$S_w$为农药在纯水中的溶解度，$x$为HA的浓度，$K_{doc}$为农药的分配系数。

B 吸附特征及热力学和动力学研究

腐植酸类物质对农药或OP的吸附条件并不严格，不少人发现农药的吸附量与官能团数量无关，比如对阿特拉津（Atrazine）的吸附，似乎分子量大、羧基少的HA更容易吸附。Weber研究了4种三氮苯在HA上的吸附，几乎都在pK_a附近（pH 4.05~5.2）达到最大值。Hesheth等人通过Langmuir吸附模型对泥炭HA和水体FA吸附农药进行热力学分析，求得HA（FA）与2,4-滴、阿特拉津、林丹的作用熔（ΔH）是吸热，不利于相互结合，而与百草枯的ΔH是放热的且伴随着熵（ΔS）的降低，表明有利于结合。由此看来，环境中HA（FA）更容易与阳离子型农药相互作用。但他们又推测，水体流动和稀释时，FA又可能将农药释放出来。Piccolo等人发现不同来源HA对阿特拉津的吸附能力为：氧化HA（84%）>风化褐煤HA（45.3%）>土壤HA（31.7%），但这些HA水解后的产物的吸附则规律相反。他们还发现，草甘膦在浓度很低时很容易与HA-Fe反应形成膦基-HA-水合Fe体系的配合物，高浓度时则为氢键缔合。Khan根据HA-除草剂的Freudlich方程计算了吸附速度常数、活化能、活化热和熵，认为都是物理吸附，初期限制因素是除草剂分子向HA粒子表面的扩散速度。张彩凤对FA和煤基酸（低级别煤深度氧化降解的产物）与农药的复合物进行热解动力学和 DTG 分析，表明二者作用后活化能降低，分解温度向高温方向偏移，证明该复合物比原农药稳定。Negre 等人测定了土壤 HA 与 3 种除草剂的吸附熵，发现都低于 $-1kJ/mol$，说明结合键能很低。他们又用分子模拟和几何最优化的方法解释了 HA 与除草剂的相互作用机理，发现酸性除草剂与 HA 的作用同 HA 的—OH_{ph} 和芳香度有关，在除草剂 pK_a 值以下（pH 值为 2.8）的作用最强，认为其作用机理属氢键或电荷传递配位特征。

C 催化水解和光化学作用研究

腐植酸类物质，特别是水体 HA 对一些农药（如氯硫三嗪和 2,4-滴等）具有类似胶束催化水解作用或抑制水解作用，其反应方向取决于环境条件。

腐植酸类物质在吸收阳光后能产生瞬时高度反应性的分子断片，对某些农药和 OP 具有很强的加速转化效应。比如，HA 在光诱导下生成地 $^1O_2$ 和 $ROO·$ 是乙拌磷、灭虫威、氯代苯酚、硫醚等杀虫剂的光反应剂，自由基$|HS|·$又是烷基酚的光氧化剂，而 e_{aq}^- 是强还原剂，能迅速还原带负电的二氧杂芑。

D 结合机理研究

不少学者等通过 IR、DTA、ESR、XPS、NMR、热力学及计算机分子模拟等方法研究了腐植酸类物质与农药之间的结合机理，初步归纳其作用类型可以分为：物理吸附或非特异性吸附（通过范德华力、偶极-偶极力、疏水键）、氢键、离子交换、电荷转移、配位交换和共价键等，大致规律如下。

（1）非离子型和非极性农药一般都是通过范德华力被腐植酸类物质吸附的。那些水合性能很弱的非离子、非极性农药或 OP（如邻苯二甲酸酯、对溴磷、灭草定、毒莠定、对硫磷、麦草畏、滴滴涕及其他含氯农药等）一般倾向于在腐植酸类物质表面疏水吸附，或者被腐植酸类物质大分子微孔捕获，这都是所谓"非特异性吸附"。腐植酸类物质的长链烷基、芳香结构都属于疏水部位，可把它们看作一种"非水性溶剂"，都对农药有强烈的"溶解"作用。

（2）通过质子交换形成离子键与农药作用，主要依赖于 HA 的—COOH 和—OH_{ph} 的解离，适合于同阳离子型农药（如敌草快、百草枯、杀虫脒等），也适合于溶液中能质子化转为阳离子型的农药（如 S-三嗪）形成离子键。HA 与阳离子染料（如亚甲蓝、蓝光碱性蕊香红、翠蓝等）也能与 HA 形成离子键型的配合物。

（3）HA 中的含 O、N 基团与含相应基团的农药之间易形成氢键。与腐植酸类物质可能形成氢键的有：麦草畏、S-三嗪、一些酸性农药（烷氧基氯苯酸及其酯等）、非极性农药（氨基苯甲酸酯、马拉硫磷、草灭特、草甘膦、取代尿素、烷基邻苯二甲酸酯等）。

（4）腐植酸类物质具有酚-醌互变异构体结构，决定了它们既有电子给体也有电子受体的性质，可与同时具有类似结构的农药形成电荷转移配合物。此类农药和 OP 有：四氯苯醌、滴滴涕、S-三嗪，某些偶氮染料。

（5）许多氨基、硝基、氯代芳香族农药（如氨基甲酸苯酯、苯胺、氯代苯氧基链烷酸及其酯）、有机磷酸酯（对硫磷等）、S-三嗪等非常活泼，可直接与 HA 作用，也可能在环境化学、光化学、微生物及酶催化作用下降解为中间体，再与 HA 以共价键结合。

（6）与高价金属离子和（或）结合水配位的腐植酸类物质配位体被农药的活性官能团交换，形成内配合物，称为配位体交换反应，如 HA 与 S-三嗪和毒莠定（阴离子型农药）的反应可能属于这种类型。

值得提出的是，上述作用机理只能说是倾向性的。由于 HA 结构复杂性和农药中基团的多样性，再加上环境条件的差异，几乎所有物质之间都不可能是一种类型的作用，特别是那些疏水、非离子型的农药与 HA 的作用更是不能"一言以蔽之"。就 HA 与除草剂阿特拉津相互作用来说，就提出氢键缔合、电荷转移、自由基反应等多种假说，这是完全可以理解的。

E 对农药的减毒和增效作用研究

HA 与农药作用研究的最终目标是期望既降低农药毒性又可提高药效，从而减少对环境的污染，保障食品安全和人类健康，但对 HA 的减毒增效机理的研究报道甚少。近期张彩凤等人通过物理化学解析、量子化学和计算机分子模拟以及生物测试等现代技术，较系统地研究了水溶性煤基酸（相当于 FA）与 11 种代表性农药的化学结构与生物活性和毒性的关系，求得共毒系数并在大田试验中验证，结果表明，FA 对苯磺隆、草甘膦、2,4-滴、甲霜灵、代森锰锌、甲霜灵锰锌、久效磷和 B.t. 杀虫剂均有显著增效作用，药效期延长 10d 左右；只对百草枯则表现为减效作用。机理研究认为，对农药作用是否增效，主要取决于 FA 与农药分子间的化学作用是否有利于改善农药的活性结构。其次，即使化学作用很弱，FA 的生理生化作用、表面活性、吸附性和膜透性等，都促使农药具有缓释效果，也在一定程度上起到增效作用。以 FA-苯磺隆（一种磺酰脲除草剂）复合物为例，其量子化学方法模拟的优化分子结构模型（见图 4-66）进一步验证，苯磺隆中与 N 相连的 $H(H_{44})$ 与 FA 中—COOH 的羰基 $O(O_{199})$ 以氢键形式结合后，苯磺隆的分子变为 U 形结构，FA 和苯磺隆的活性基团键长和能量都比原来增加了，说明分子处于激发态势，更易于同靶标酶作用，从而促使农药药效提高。可见，计算机分子模拟技术不仅是解析 HA 与农药相互作用及其构效机理的有力手段，而且将在 HA 类高效低毒农药的最优化分子设计上发挥重要作用。

4.4.2.2 与含氮化合物的作用

各种含氮化合物与腐植物质的相互作用，与地球生物化学、生态学和农业化

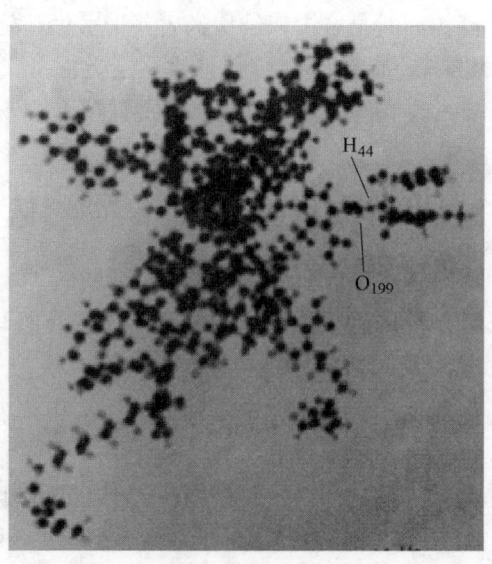

图 4-66　FA-苯磺隆分子结构优化后的三维模型

学及应用都有密切关系，分以下几方面来说明。

A　与氨的作用

张德和等人对 HA 与气态氨的反应机理作了仔细研究，发现与 HA 结合的氨大部分是被物理吸附的，而化学结合的 N 只有样品总质量的 4% 左右，其主要化学反应是 HA 的—COOH 和与其邻位的—OH_{ph} 中的 H^+ 被—NH_4^+ 取代。Chakrabartty 等人还发现 HA 对氨的非交换性吸附占优势，甚至由于吸附了 NH_3 而引起聚合，形成杂环。Valdmaa 用氨处理 HA 后，发现甲氧基减少而 N 增加，可能是—OCH_3 键被氨解后引入 N 的结果。有人甚至认为 HA 的醌基也能与氨发生加成反应。HA 的盐类也与氨相互作用，不同 HA 盐吸附氨能力的顺序为：$Al^{3+}>H^+>Mg^{2+}>K^+>Ca^{2+}>Na^+>Fe^{3+}$，而且与 HA 盐的孔体积有关。不同 HA 原料相比，泥炭吸附氨的能力最大，但其中 60% 是以游离 NH_3 的形式存在，但也发现部分 NH_3 转换为酰胺和难水解的含 N 结构。特别是有人在加压（3MPa）、提高温度（165℃）情况下进行氨化 4h，其产物中仍有 55%～60% 的铵态 N，但出现 20% 左右的酰胺 N 和部分难水解或不水解 N。若在 200℃ 以上同时氧化和氨化，低级别煤 HA 上可结合 22%～24% 的 N，其中 15%～30% 是以伯酰胺形式存在，其余几乎都是非常稳定的异吲哚结构，其大致反应历程是：HA 氧化开环→形成—COOH 和酸酐→与氨反应生成伯胺→形成脒（部分腈）→N 与相邻 OH 结合、闭环→形成异吲哚结构。当时企图用此法制取"高氮腐肥"，因发现 N 难分解利用而中断了研究。

B 与胺和酰胺的作用

HA 能溶于胺、酰胺、吡啶、吡咯等含氮有机溶剂，实际上都发生了深刻的化学反应。此类溶剂的含 N 基团上都具有不成对电子，有充分的给予能力，足以切断 HA 的氢键和弱的—O—键，甚至形成稳定的配位化合物。比如 HA 与乙二胺（EDA）的反应：

$$[HA]—CO—O—Ar \cdot R \xrightarrow{EDA} [HA]—CO— NH(CH_2)_2 NH_2 +$$
$$Ar \cdot R— NH(CH_2)_2 NH_2 + Ar \cdot R—OH$$

那扎洛娃（Назарова）等人对 HA 与芳胺（苯胺、氨基酚等）、脂肪胺（乙胺、二乙胺）和酰胺（尿素、氨基脲、硫脲）的相互作用进行了一系列研究，结论是：结合到 HA 上的 N 数量取决于胺类的 pK_a 值和取代基立体化学结构，其反应平衡常数与质子取代常数呈正相关，认为醛（羰）基与 NH_2 的亲核加成是主要的反应历程；反应产物对 0.1mol/L NaOH 的水解稳定性按以下次序下降：HA-芳胺>HA-脂胺>HA-尿素。

对 HA 与尿素（U）的相互作用直接关系到农业应用，一直是农业化学家非常关注的课题。研究发现，HA-U 之间的作用非常复杂，不能用一个简单的"吸附模式"来描述。除了物理吸附、氢键缔合、离子交换外，近期学界更倾向于以下 3 种作用机理。

（1）自由基反应。Ghosh 和梁宗存等人通过 ESR 分析发现 HA 与尿素作用后稳定自由基有被"扑灭"的现象，推断存在自由基反应历程。

（2）配位反应。Banerjee 等人通过电位和电导滴定研究认为，HA 的 COO^- 与尿素的一个 NH_2 作用形成配合物或螯合物，另一个 NH_2 仍可水解放出氨；加入硫酸铜后，Cu^{2+} 主要以游离态存在，表明 HA-U 不太活泼，难与金属形成配位键：

$$(4-35)$$

这种 HA-U 配合物水解稳定性很高，即使在高 pH 下也不分解。

（3）亲核加成反应梁宗存等人通过 IR、ESR、XPS 等方法研究认为，HA 与尿素可能发生羰基亲核加成反应：

$$(4-36)$$

　　Ctenanov 也得到类似的结论。他还发现这种加成产物由于含 N 基团的诱导，官能团更具负电性，与高价金属的反应能力更强，HA-U-Fe(Al) 配合物的电泳移动性更大。

　　不同来源的 HA 与尿素反应能力的次序为风化煤>褐煤>泥炭。

　　此外，HA 与羟基四甲胺 $[(CH_3)_4NOH]$ 反应制取生长刺激素，与烷基铵盐 $[Me_2(C_{18}H_{37})_2NCl]$ 反应得到腐植酸的烷基铵盐作为油基钻井液分散剂或矿物、颜料、墨水的助剂，与胍反应制取生化制剂都可能属于上述反应类型。

　　C　与氨基酸和蛋白质的作用

　　关于 HA 与氨基酸、蛋白质之间的作用特征，一直存在不同看法。一种意见是以 Schnitzer 和 Haworth 为代表的，认为多肽只是通过氢键与 HA 连接的，用沸水就可以将肽链除去，甚至用 H^+ 型阳离子交换树脂处理 HA 时，氨基酸就被树脂吸附，说明 HA 与氨基酸结合得并不紧密。以 Mayaudon 为代表的另一种观点则认为，负电性的 HA 与正电性的蛋白质是通过离子键结合的，其余是由氢键结合的；还有的认为是共价键结合的，具有很高的化学和生物化学稳定性。近期波兰的 Michalowski 等人的实验结果支持了后一种假说。他们在碱性溶液中使 HA 与氨基酸发生反应，其产物用 N-溴代琥珀酰亚胺（NBS）氧化时发出强烈的荧光，这是 HA 的 C＝O 与氨基酸发生加成反应的证据，而且不同种类的氨基酸发光特征不同，以此作为一种标定氨基酸的快速、灵敏的药物学方法。

4.5　与其他物质的作用

4.5.1　对矿物溶解和抑制分散的作用

　　腐植酸类物质对矿物的增溶或抑制分散作用，对环境中矿物的保持、迁移、植物营养以及矿物分选等都是重要的应用理论基础。不少研究者发现腐植酸类物质能促进各种岩石或矿物中的无机组分逐渐溶解，其中效果比较明显的有：赤铁矿、针铁矿、软锰矿、水铝矿、长石、黑云母、绿帘石等，其中 HA 和 FA 对富铁矿石的攻击最敏感。据 Schnitzer 的观点，HA 和 FA 对矿物侵蚀和降解后，可以生成水溶的或水不溶的金属-HA(FA) 配合物。是否水溶，取决于金属/HA(FA) 比值：比值低者为水溶的，高者可能是不溶的，但这仅仅是一个经验性的提法，没有多少定量数据。Senesi 等人的穆斯堡尔谱测定结果显示，HA 与矿物中的 Fe 至少有两种结合形态：（1）以强键结合成四面体或八面体；（2）HA 在矿物外表面吸附形成微弱的八面体。前者对其他掩蔽剂的配位和还原有很大的抗拒力，后者则没有。在铁、铅、锌、锰等矿物浮选时，HA 一般是抑制矿物分散、促进某些脉石分散上浮，以达到分离、浓缩的目的。20 世纪 80 年代许多 HA 用于矿物浮选上的实验也证实了这一点。但由于这方面的机理研究仍显薄弱，以及有关技术经济问题难以过关，这类应用实验基本中断。

4.5.2 与化工矿物的作用

4.5.2.1 与磷矿及磷酸盐的作用

腐植酸类物质与磷矿及磷酸盐的作用的研究，是 130 多年前 HA 农业应用研究的序幕，至今仍对指导开发 HA-磷肥基础研究、发展高效环保型有机复合磷肥有重大意义，一直受到国内外农学界的关注。

A　对难溶磷的增溶作用

腐植酸类物质对土壤和磷矿中的难溶磷之间的反应，大致有以下几种学说。

a　分解和复分解反应

$$Ca_3(PO_4)_2 + 6[HA]—COONH_4 \longrightarrow 3([HA]—COO)_2Ca\downarrow + 2(NH_4)_3PO_4$$
$$(4-37)$$

$$Ca_3(PO_4)_2 + 2[HA]—COOH \longrightarrow ([HA]—COO)_2Ca\downarrow + 2CaHPO_4$$
$$(4-38)$$

$$2CaHPO_4 + 2[HA]—COOH \longrightarrow ([HA]—COO)_2Ca\downarrow + Ca(H_2PO_4)_2$$
$$(4-39)$$

$$2CaHPO_4 + 2[HA]—COONH_4 + 2H_2O \longrightarrow$$
$$Ca(H_2PO_4)_2 + ([HA]—COO)_2Ca\downarrow + 2NH_4OH \qquad (4-40)$$

从以上 4 个反应式可见，不溶性的 $Ca_3(PO_4)_2$ 在 HA 或 HA-NH_4 作用下都分解成枸溶性乃至水溶性的磷酸盐了。

b　代换吸附

郭敦成将 HA 与磷矿粉混合，发现分解出来的水溶磷很少，但将这种混合物施入土壤后解磷效果非常显著，推断其原因是：在土壤条件下，部分 $Ca_3(PO_4)_2$ 中的 Ca^{2+} 代换出 HA-黏土复合物表面的 H^+，生成水溶性的 $Ca(H_2PO_4)_2$，其余部分形成了较稳定的 HA-黏土-Ca 复合物。这一机理解释了多年施用 HA 类物质的土壤有效磷含量逐渐提高的原因之一，但他没有考虑到土壤微生物对解磷作用的贡献。

c　形成 HA-M-磷酸盐复合体

Levesque 在实验室合成出一种 FA-Fe-P 模型化合物（见图 4-67），证明该模型化合物与土壤中萃取出来的同类配合物的结构非常相似。Sinha 的实验证实，无金属桥时 HA 实际不能与 P 配位，而 HA-Fe（或 Al）-P 在热力学上才是稳定的，才能保证土壤中磷的缓慢释放。电泳测定表明，HA-Fe-P 特别是 FA-Fe-P 的电泳移动速度都比不含磷的 HA-Fe 高得多。在 pH 值为 7 时，HA-Ca-P 的热稳定性比 HA 低，电泳移动速度比 HA-Ca 的慢，更有利于磷的缓慢释放。

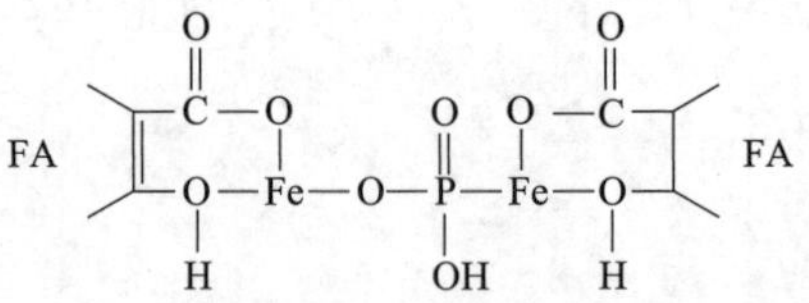

图 4-67 FA-Fe-P 模型化合物

B 对可溶磷的抑制固定作用

速效磷肥施入土壤后，都很容易朝难溶的磷酸盐，如 $Al_2(PO_4)_3$、$Fe_2(PO_4)_3$或磷酸八钙 $[Ca_8H_2(PO_4)_6 \cdot 5H_2O]$ 等方向转化，被称为磷的"固定"，从而大幅度降低磷的利用率。实验证明，腐植酸类物质能抑制速效磷肥 $[Ca(H_2O_4)_2$、$(NH_4)_2HPO_4$ 等] 的固定，提高作物对磷的利用率，早已引起土壤学界的关注。橋木雄司在 1962~1972 年发表了 9 篇文章，充分阐明了 HA 和 NHA 及其盐类对 KH_2PO_4 都有不同程度的抑制固定作用，而且 FA 的作用比 HA 更强。但这方面也出现过不少特殊现象。如 Caura 发现，在过磷酸钙中加入 1%~2%的厩肥 HA(pH 值为 4.8~5.6)，减少了磷的固定，但加入 0.2%和 0.5%的 HA(pH 值为 6.2~6.6) 时，磷的固定率反而提高了。他用形成 HA-Fe(Al)-P 配合物来解释 P 被固定的原因，但仍不能自圆其说。后来的研究有了重要进展，如 Рубинчик 等人发现，在 $Ca(H_2PO_4)_2$ 中加入 HA-NH₄ 会促使其向枸溶性 $(CaHPO_4)$ 转化。王德清等人也发现速效磷与 NHA-NH₄ 混合后，$Ca-P_I$（磷酸一钙）向 $Ca-P_{II}$（次生磷酸二钙+八钙）转化的现象。李丽等人通过 IR、XRD、XPS 等综合手段研究了风化煤 HA 与过磷酸钙的作用，认为 HA 与 $Ca(H_2PO_4)_2$ 基本不发生反应，但可与 $CaHPO_4$ 反应，使其转化成水溶性的 $Ca(H_2PO_4)_2$。HA 的一价盐却与 $Ca(H_2PO_4)_2$ 反应形成 KH_2PO_4 和缓效化的 HA·$CaHPO_4$ 复合物。后者不太稳定，在潮湿环境中易被水解成 HA-Ca 和 $Ca(H_2PO_4)_2$，从而解释了 HA 盐对速效磷肥的缓效机理。农化实验也证明，这样的 HA-K-P 和 HA-Fe-P 复合物在土壤中的 P 固定率比原速效磷肥分别减少 16.6%和 19.9%。据农业化学家的观点，水溶性 $Ca(H_2PO_4)_2$ 部分转化为微溶性 $CaHPO_4$，更有利于防止磷的退化和固定，提高磷肥的后效。HA 的一价盐正是通过这一途径对磷肥起到保护作用的。

4.5.2.2 腐植酸/腐植酸盐与化肥土壤矿物质的作用

腐植酸在自然环境如泥炭土和湿地中的作用是必不可少的，它是土壤肥沃与否的基本因素，其与土壤中的腐殖质和多糖等一起，使土壤颗粒黏结形成稳定的聚集体，对改善和保持较好的土壤团粒结构起到显著的作用。腐植酸可以和许多具有营养作用的痕量金属离子形成配合物，影响其在土壤中的状态和化学性质；腐殖质通过固定和矿化过程来积累和提供植物生长所需要的养分，为微生物提供主要的能量来源。

随着我国化学工业的高速发展，化学肥料的生产和施用数量不断增加，增施化肥对农业生产的发展无疑起了重要的作用，但随着化肥施用量的增加，投肥成本提高，化肥利用率降低等问题也逐渐反映出来，同时过量地施用化肥已经成为农村的主要污染源。目前，我国氮肥利用率为30%~50%，磷肥利用率为10%~20%，钾肥利用率为50%~70%，如何提高化肥利用率已经成为全世界非常重视的研究课题。

腐植酸是一种结构复杂的天然高分子有机聚合物，含有大量的羧基和酚羟基等活性基团，对土壤的改良作用主要体现在：促进土壤团聚体的形成，降低表土含盐量，提高土壤交换容量，降低盐碱土的酸碱度（pH 值）和增加 N、P、K 及微量元素的利用率等。实践表明利用腐植酸生产的复合肥不仅能够提高化肥利用率，改良土壤，增加作物的抗逆性能和改善农产品品质，而且能够降低土壤养分的淋失，减少施用化肥对环境的潜在影响。

HA 复合肥对土壤养分转化和土壤酶活性的作用机理在于：腐植酸较强的配位、螯合和表面吸附能力，在适当配比和工艺条件下，化学肥料可以与 HA 作用，形成以 HA 为核心的有机无机配合物，从而有效地改善营养元素的供应过程和土壤酶活性，提高养分的化学稳定性，减少氮的挥发、淋失以及磷、钾的固定与失活。

以尿素和碳铵为代表的氮素肥挥发性强，一般利用率较低，农民普遍认为其"暴、猛、短"，而和腐植酸混施后，可提高吸收利用率20%~40%，碳铵释放的氮紫被作物吸收的时间为20多天，而与腐植酸混施后可达60天以上，农民认为是"缓、稳、久"。

腐植酸对土壤中潜在氮素的影响是多方面的，腐植酸的刺激作用使土壤微生物的生长速度增加，导致有机氮矿化速度加快，腐植酸具有较高的盐基交换量，能够减少氮的挥发流失，同时也使土壤速效氮的含量有所提高。

腐植酸对磷肥作用的研究国外已进行多年，我国也进行了这方面的研究，结果表明，不添加腐植酸，磷在土壤中垂直移动距离为3~4cm，添加腐植酸可以增加到6~8cm，增加近1倍，有助于作物根系吸收（沈阳农业大学），腐植酸对磷矿的分解有明显的效果，并且对速效磷的保护作用、减少土壤对速效磷的固定、促进作物根部对磷的吸收、提高磷肥的利用吸收率均有极高的价值。加上腐植酸对 Fe、Al、Ca、Mg 等金属离子有较强的配位能力，可形成较为稳定的配合物。通过这种配位竞争可减少它们与土壤磷的结合，腐植酸对钾肥的增效作用主要表现在：腐植酸的酸性功能团可以吸收和储存钾离子，防止在沙土及淋溶性强的土壤中随水流失，又可以防止黏性土壤对钾的固定，对含钾的硅酸盐、钾长石等矿物有溶蚀作用，可缓慢释放，从而提高土壤速效钾的含量。

　　据我国北京农业大学测定，施腐植酸铵的玉米比施等量硫酸铵的多吸收氮8.8%，单株含腐植酸铵的多36.6%。据广西壮族自治区农科院的测定结果，在早稻穗期施腐植酸铵较施等量碳铵植株多吸收氮11.4%，晚稻穗期多吸收氮8.6%。腐植酸对促进作物吸收磷的能力也很显著，可以大大提高磷肥的利用率。北京农业大学用放射示踪法测定，在等氮的条件下，过磷酸钙利用率为23.3%，添加腐植酸铵后，利用率为28.8%；添加硝基腐植酸铵后，利用率为32%。同时，腐植酸可以抑制土壤钾肥的固定，提高对钾肥的利用率。日本试验，当对照区的速效钾流失率为11.55%时，腐植酸钾仅流失7.4%。添加腐植酸肥料防止土壤固钾的效果如图4-68所示。

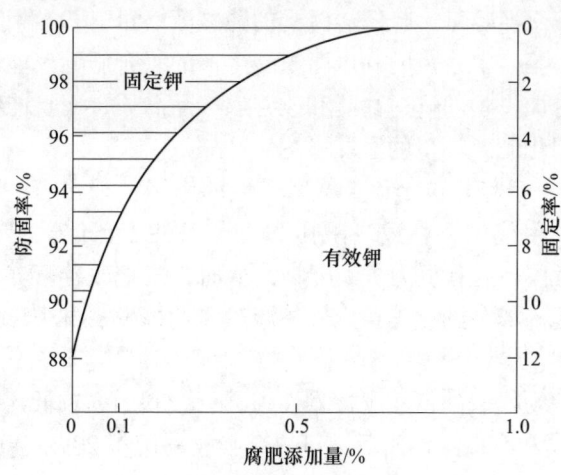

图4-68　腐植酸防治土壤固钾的效果

A　腐植酸对微肥的增效作用

　　作物生长除氮、磷、钾三大元素外，还需要钙、镁、硼、锰、铜、锌、钼等多种微量元素，它们是作物体内多种酶的组成成分，对促进作物的生长发育、提高抗病能力、增加产量和改善品质都有非常重要的作用。有时不是土壤中缺乏微量元素，而是可被植物吸收的有效部分含量太少。腐植酸的施用可与难溶性微量元素发生螯合反应，成为溶解度好、易被作物吸收的腐植酸微量元素螯合物，有利于根部或叶面吸收，并能促进被吸收的微量元素从根部向地上部位转移，这种作用是无机微量元素肥料所不具备的。

　　通过高性能吸附剂（保水剂）吸附保养分，保水剂按其水溶性可分为水溶性保水剂和水不溶性保水剂。（1）水溶性保水剂是分子结构中没有交联的保水剂，溶于水，很容易黏附于其他物质如土壤颗粒上。（2）水不溶性的保水剂是聚合物，是分子结构中的亲水基团及大分子碳链通过交联剂适度交联形成三维网络结构的保水剂，其吸水膨胀但不溶于水，不易黏附到其他物质颗粒上。水溶性保水剂主要在降低土壤侵蚀方面有主要用途,如聚丙烯酰胺。目前,水不溶性的保水剂是保水剂的主导类型。

据报道,腐植酸类高性能吸附剂(复合保水剂)除能保腐植酸养分、吸水保水外,而且对盐分有一定的吸纳容量。

腐植酸类复合保水剂施入土壤后,由于它能有效地吸水保水,在植物需水时能将其所吸持的水分为植物利用。栽培基质中加入保水剂可延长山蜡树(L. lucidum)存活期,并且提高植株组织中氮、钾含量水平,但能降低植株体内钙、镁和铁(二价阳离子)含量。植物组织中二价阳离子缺乏表明这些阳离子被保水剂所吸附,不能为植物吸收利用。盐土植物施用交联聚丙烯酰胺后,植物根长和根表面增加了3.5倍,且有6%多的总根系聚集在保水剂颗粒上,组织和细胞离子分析表明这种作用似乎是植物排盐容量和钙离子吸收增加的结果,钙离子吸收的增加和桉树排盐能力的增强是土壤溶液中对植物的有效 Ca^{2+}/Na^+ 比例改善的结果,这是保水剂阳离子交换特征,保水剂盐缓冲容量及增加钙离子吸收,降低了土壤溶液盐浓度而改善了土壤溶液质量。因此,根系聚集可使根系更好地与钙源接触,降低与钠和氯离子的接触,这大概在增强桉树的耐盐性中起到主要作用。保水剂溶液中加入磷肥可促进辣椒秧苗生长。保水剂溶胶中加入磷酸钠可明显促进莴苣和洋葱秧苗增长,但成熟洋葱球并没有增产,而莴苣茎身平均大小提高,其对养分有效性提高的反应比对水分有效性的反应可能要大。即使二价阳离子钙降低保水剂吸水量50%,大豆仍能在保水剂基质中生长。

在有些条件下,保水剂可作为土壤中腐植酸肥料的缓释剂,保水剂紧紧吸附着腐植酸肥料,但是植物仍能利用一些养分,保水剂溶胶是一种缓释作用或基质。保水剂与水溶性锰肥合施,可提高大豆锰素的利用率,并可降低锰肥用量和施肥次数。将不同量保水剂施加入土壤,作物产量比无保水剂处理提高27%~140%。在栽培介质中加入保水剂溶胶使得钾淋失量增大,这是由于保水剂提高了有效水含量从而促进了钾在溶液中的溶解造成的。在温室研究中,土壤中保水剂可明显促进萝卜地上部分的生长和N、P和Fe的吸收。保水剂与尿素或尿素磷肥混合使用时,分别使玉米对尿素和磷肥利用效率提高了18.72%和27.06%。

在一些环境条件下,施加保水剂溶胶几乎不影响植物的生长状况,特别是当腐植酸肥料和盐分含量较高的情况下。如受土壤阳离子浓度过高和腐植酸肥料的影响,保水剂所吸水量降低,柑橘产量和柑橘储存性能没有得到提高和改善。由于腐植酸肥料盐类极大地降低了保水剂吸水性,混合栽培基质的物理性质没有因添加保水剂而得到明显改善。认为常规推荐保水剂用量不足以产生显著的保水效应。此外,早期使用的保水剂一般表现为高的pH(偏碱性),高pH会抑制一些植物生长。近年来研究的交联保水剂通常pH值在5~7范围内,而且通过保水剂合成时加以调控,因此高pH问题可以克服。

保水剂作为腐植酸肥料缓释载体已在液体腐植酸肥料上有良好的效果，可改善土壤的水分状况，并对腐植酸肥料养分起到缓释作用，增加土壤对一些养分的吸附，降低淋溶损失，提高植物对保水剂所负载养分的吸收。如氮肥溶液添加保水剂，或铁肥溶液和水溶性锰肥溶液添加保水剂都表现出良好的肥效，然而这种保水剂和腐植酸肥料水合制成的溶液或粒状腐植酸肥料主要限于氮肥和一些微量元素。

保水剂某些性能或机制的实现需要农学家和聚合物专家间加强协作研究，获得所需要的缓释性、养分负载机制及耐盐性，如改变保水剂聚合分子的带电性就可控制其负载不同电荷的养分离子。利用化学合成方法将腐植酸肥料养分引入到保水剂材科中，可制成腐植酸肥料和保水剂复合一体化的多功能腐植酸肥科，这种水肥一体化腐植酸肥料除了具有延缓养分释放外，还应有很高的吸水倍率同时还要提高保水腐植酸肥料的吸水速度。目前保水腐植酸肥料的养分缓释作用主要是保水剂对腐植酸肥料的吸附作用，其养分缓释效果比普通树脂或塑料缓/控释的效果差。

保水腐植酸肥料养分缓释、控释机制及湿润机制是新型保水腐植酸肥料研发的重要基础内容。

保水剂在农业上的作用日益重要，肥料与保水剂一体化使用是水肥调控的重要技术，是肥料研究的国际前沿。保水剂是吸水量超过自身质量数百倍以上的亲水性高聚物。保水剂与肥料可以通过物理混合、包膜或化学合成 3 种方式结合为一体化的保水缓/控释肥料。保水剂具有吸水吸肥功能，保水剂可吸附大量中性分子，对阳离子养分也有较强的吸附作用，对阴离子养分吸附弱。肥料种类与盐浓度影响保水剂的吸附作用与膨胀能力。保水缓/控释肥料在土壤中对肥料养分有延迟释放作用。保水缓/控释肥料可改善土壤持蓄水分和水肥交互作用，促进植物对养分的吸收和作物增产。保水缓/控释肥料发展方向是包膜和化成保水缓/控释肥料。保水缓/控释肥料湿润及养分控释机理研究也需要加强。

全球有 42.9% 旱耕地，如何促使土壤保留更多降雨以备植物"即需即用"是旱地农业面临的问题，保水剂是开发应用多年的一项重要的吸水保水化学品，但是保水剂单独使用不但增加农田作业次数和成本，而且由于保水剂用量少，与肥料难以充分接触，其所吸纳水分很难与肥料发生相互作用，影响所保水分效益的发挥。另一方面，我国农业用水占水资源消耗的 80% 左右，然而全球水资源危机使得灌溉农业也必须走保水节水的发展途径，因此保水剂不仅对旱地农业吸水保水有重要作用，而且对灌溉农业也同样有着应用价值。

图 4-69 ~ 图 4-74 为中国矿业大学研制的腐植酸保水剂的基本功能。

B　腐植酸缓释肥对钾、磷素释放的延缓作用

腐植酸对钾的释放有延缓作用。腐植酸肥料可使土壤速效钾延缓释放，减少

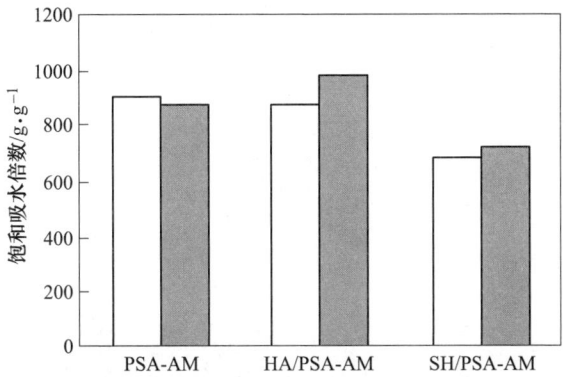

图 4-69 腐植酸复合保水剂的重复吸水性能

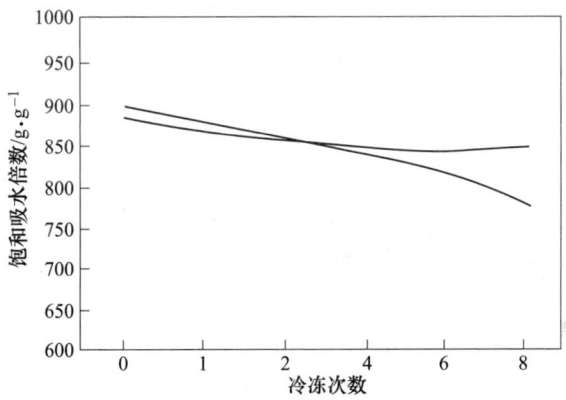

图 4-70 腐植酸复合保水剂的耐寒性

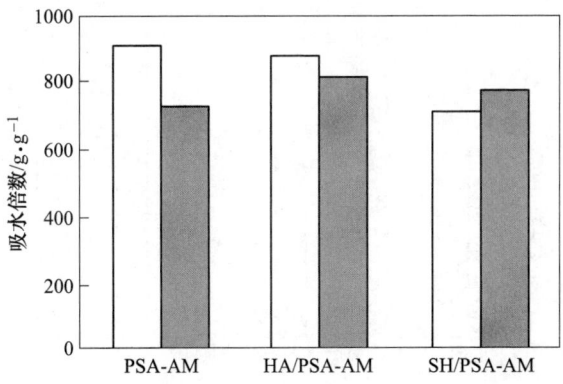

图 4-71 腐植酸复合保水剂冷冻 30d 后的吸水性能

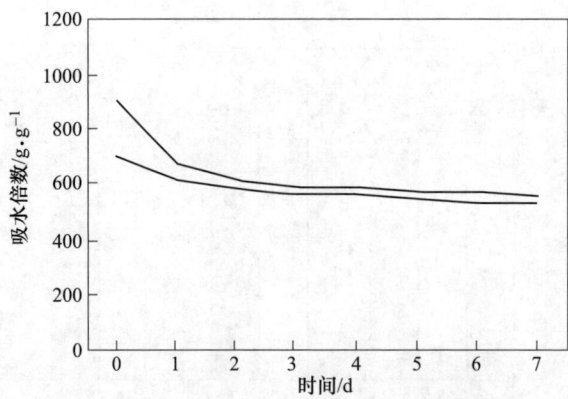

图 4-72　腐植酸复合保水剂的吸水倍数

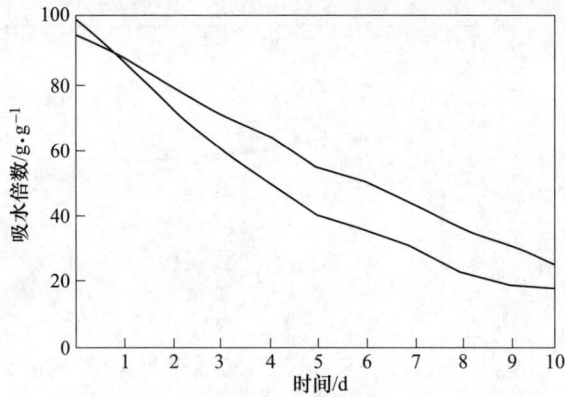

图 4-73　腐植酸复合保水剂在土壤中的保水性能

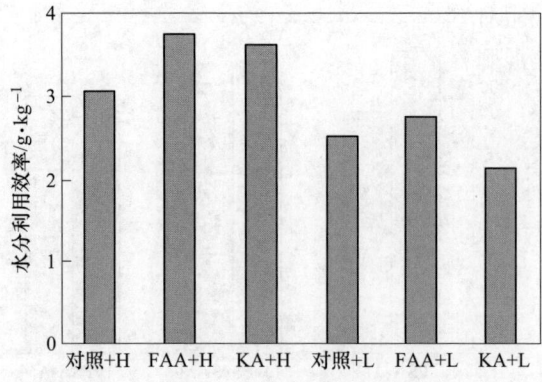

图 4-74　腐植酸复合保水剂的水分利用率

土壤黏土矿物对钾的固定，有利于提高钾素利用率。

腐植酸肥料的使用使土壤淋出液中 pH 值变化幅度小，对土壤酸碱性有缓冲作用，可改善作物生长的土壤环境条件。

腐植酸肥料具有可减少土壤盐分淋失、调节土壤盐分平衡的作用，有利于保持土壤养分和减少对水体等生态环境的污染。

腐植酸肥料可控制土壤中硝态氮的淋失，减少土壤翻土矿物对钾的固定，延长钾素的释放时间。既有利于提高土壤养分的利用率，又有利于减少施肥对生态环境的污染。此外，腐植酸缓释肥对复混肥中磷素释放也有一定的影响。为了说明这一事实，河北科技师范学院化学系的张卫国、赵岚为确定腐植酸对肥料具有的缓释效果，采用土柱淋溶法探讨了腐植酸对复混肥中磷的释放效果的影响。

a 腐植酸复混肥与普通复混肥多次淋溶的 P_2O_5 淋出量的比较

根据实验结果，第 5 次淋溶前，普通复混肥料的 P_2O_5 淋出量均大于腐植酸复混肥的 P_2O_5 淋出量（见表 4-26）。第 5 次淋溶时，腐植酸复混肥的 P_2O_5 积累淋出量为 58.44%，普通复混肥料的 P_2O_5 积累淋出量为 87.67%，而在 5 次淋出后，情况就发生了逆转。腐植酸复混肥的 P_2O_5 淋出量均高于普通复混肥料的 P_2O_5 淋出量，腐植酸复混肥与普通复混肥料 P_2O_3 第 6 次淋出量的比值为 2.81，腐植酸复混肥与普通复混肥料 P_2O_5 第 7 次淋出量的比值为 8.62。可见，未加腐植酸的普通复混肥 P_2O_5 的淋出速度要比加了腐植酸的复混肥 P_2O_5 的淋出速度要快、要急。

b 两种肥料淋溶的 P_2O_5 累积淋出量的比较

实验结果显示，从第 2 次淋出量与第 1 次淋出量的差值可发现，腐植酸复混肥两次淋出量相差 11.38%，普通复混肥料两次淋出量相差 0.63%。可见，前两次淋溶腐植酸复混肥对 P_2O_5 的释放就有缓释作用，而普通复混肥料的释放劲头仍然强劲。普通复混肥料中前 4 次 P_2O_5 淋出量比较大，而腐植酸复混肥的 P_2O_5 的淋出量相对较少。从第 5 次淋溶时两种肥料的 P_2O_5 淋出量接近同一水平，从第 6 次淋浴时，腐植酸复混肥的 P_2O_5 淋出量就一直大于普通复混肥料的 P_2O_5 淋出量。

从表 4-26 的数据可以发现，腐植酸复混肥从第 6 次淋浴以后，其 P_2O_5 淋出量在 0.94%~1.91% 之间，其淋出量比较稳定。开始两次淋溶之间的 P_2O_5 淋出量差值较小，P_2O_5 释放持续时间长，释放量没有出现急剧减小的现象。说明是由于腐植酸的加入，使得肥料中的 P_2O_5 的总淋出量相对较少，使肥料中的 P_2O_5 保持了一定的浓度，具有一定的释放动力，从而使肥料保持相对的释放速度和释放浓度。

表 4-26   两种肥料淋出液中 P_2O_5 浓度、含量及积累含量的比较

淋溶次数	腐植酸复混肥			普通复混肥		
	P_2O_5 淋出量 /mg·L^{-1}	所占比例 /%	累积比例 /%	P_2O_5 淋出量 /mg·L^{-1}	所占比例 /%	累积比例 /%
1	1.64	26.05	26.05	1.74	28.85	28.85
2	0.92	14.67	40.72	1.7	28.22	57.07
3	0.65	10.39	51.11	1.21	20	70.07
4	0.33	5.29	56.4	0.48	8	85.07
5	0.13	2.04	58.44	0.16	2.6	87.67
6	0.12	1.91	60.35	0.04	0.68	88.35
7	0.11	1.81	62.16	0.01	0.21	88.56
8	0.11	1.68	63.84	—	—	—
9	0.09	1.49	65.33	—	—	—
10	0.08	1.35	66.68	—	—	—
11	0.07	1.19	67.67	—	—	—
12	0.07	1.09	68.96	—	—	—
13	0.06	1	69.96	—	—	—
14	0.06	0.94	70.9	—	—	—
15	0.06	0.94	71.84	—	—	—
16	0.06	0.94	72.78	—	—	—

腐植酸有机-无机复混肥和普通 NPK 复混肥磷溶出量的对比结果表明，腐植酸有机-无机复混肥是一种具有缓释效果的有机-无机复混肥。腐植酸有机-无机复混肥中的磷素在早期依然具有较快的释放速率，但较普通 NPK 复混肥的释放速率为低。腐植酸有机-无机复混肥在后期对磷素的释放速率高于普通 NPK 复混肥中磷素的释放速度。

我国加入世贸组织后，各地都把加快发展绿色食品作为提高农产品竞争力、迎接国际市场挑战的重要对策。"绿色风潮"正在席卷神州大地。然而越来越多的农民更想知道用什么肥料种出来的产品能够达到绿色食品质量标准。既能优质增产，又能减污节能；既能节水省工，又能规模经营；既能满足测土施肥需要，又能实现肥料深施。用新型的绿色环保肥料取代污染严重的化肥必将是一种潮流。有关数据表明，目前我国引进的复混肥生产线所生产的氮、磷、钾三元素复混肥养分含量分别都是 15%。这些肥料的缺点是：肥料配比不够合理，由于含氮量较低，作物生长中期还要追施氮肥；而磷、钾肥含量过高，长期使用会造成磷害。

C 腐植酸保水缓/控释肥料

前已述及的腐植酸保水剂集肥料等功能，缓/控释肥料在土壤中有延迟释放的作用。保水缓/控释肥料可改善土壤持蓄水分和水肥交互作用，促进植物对养分的吸收和作物增产。保水缓/控释肥料的发展方向是包膜和化成保水缓/控释肥料，保水缓/控释肥料湿润及养分控释等。

腐植酸类物质在北方石灰性的土壤中能与 Ca^{2+}、Mg^{2+} 等金属离子配位形成絮状凝胶。在南方的酸性土壤（红壤、砖红壤、黄壤等）中能与三氧化物配位形成絮状凝胶，这些胶体物质具有很好的胶结性能，能把分散的土粒胶结起来，形成水稳性很好的团粒结构。江川氏等人认为腐植酸参与了细微团粒的形成，并把它称为一次团粒。Mayer 已经通过实验确认了黏土粒子和有机化合物的结合属于极性吸附。带电粒子的界面具有极性，使腐植酸化合物配位，极性吸附的结果使有机胶体紧贴在粒子界面上。吸附的腐植酸经脱水，在有机质和无机质之间产生稳定的结合。研究表明，氧化铁以促进腐植酸的絮凝作用，生成腐植酸铁复合物，铝则需要比铁更高的 pH，才能与腐植酸结合生成复合物。研究认为由于黏土粒子表面的阳电荷与亲水性的官能团（如羧基、羟基等）结合，形成单分子膜，以疏水基保护外部，使带疏水性的土壤粒径聚在一起成团粒。

影响土壤团粒化的重要因素包括土壤的 pH，活性金属的种类与数量。中国农业大学用腐植酸处理土壤后测得，土壤中大于 0.25mm 的团粒含量增加了 8.5%~20%。江西红壤研究所的研究表明，腐植酸肥料能有效改善土壤结构的性能，改变土壤的三相分布状况。气相部分的增加使土壤的水、气、热、肥、生物状况得以协调，增加了土壤的毛管性能和土壤的通气透水能力，为作物正常生长发育创造了良好的环境条件。另外，结构性差的黏土地遇湿泥泞，过干坚硬，耕性很差，适耕期较短，通过连续施用腐植酸类物质，改善土壤结构与秉性，可延长此类土壤的适耕性与适耕期。

4.5.3 与水泥的作用

腐植酸类物质与水泥的作用可能类似于与黏土的作用性质，主要属于表面阳离子（Ca^{2+}）交换和阴离子缔合等作用。Moldoran 最早发现 HA 像表面活性剂那样用于混凝土，能减少水和水泥用量。孙淑和、张明玉等人对磺化腐植酸（SHA）与水泥熟料的作用机理进行了研究，结果表明，SHA 加入早期会产生大量水化铝酸钙和硅铝酸钙针棒状结晶，以及大量三度空间网状结构的水化硅酸钙，水化速度早期（7d）延缓，后期（7~28d）加速，故可能成为早强性减水剂。孙天文也证明，在水泥料浆中加入 HA 盐为主的稀释剂 0.1%~0.7%，不仅减水 13%~52%，而且增加了流动度和球磨速度，提高了产量。但该项应用研究也由于 HA 难以与其他水泥外加剂竞争，至今无大进展。

5 腐植物质产品的加工与性能

5.1 原料及预处理

腐植酸生产所用原料一般有 3 种，即泥炭、褐煤和风化煤。这 3 种煤都含有较丰富的腐植酸物质，但由于它们原生植物不同，地质年代不同，所经历的变化和所处的环境不同，原料煤中的腐植酸含量、组成和结构也有相当大的差别，这些差别会直接影响腐植酸产品的质量和应用效果，因此，在确立腐植酸产品类型及其应用对象以及相应生产工艺时，必须考虑到腐植酸资源的特点，因地制宜，合理配置。

对于生产腐植酸产品的原料成分、性质和特点进行的测定项目很多，如水分、灰分、总腐植酸、黄腐酸、氧化钙、氧化镁以及 N、C、H、S 等含量。而泥炭则要对 pH、分解程度、总有机质、吸氨量等进行补充测定。

5.1.1 原料选择

工业生产腐植酸产品所需的原料必须注意以下两个方面。

（1）腐植酸含量。这是选择原料的一个重要指标，它包括总酸性基、羧基、醌基、交换容量、凝结限度、生物活性等等。不同产品及不同用途，对腐植酸中的具体指标有不同要求，并不是只要求腐植酸含量高就好。如生产作物生长刺激素时，不仅要求原料煤中腐植酸含量高，而且更希望腐植酸含量中的生物活性高，这样的产品有利于刺激作物生长；又如腐植酸钠生产，主要起化学反应的是腐植酸结构中的羧基、酚羟基等酸性基团，同苛性碱起中和反应。因此，腐植酸钠生产就要求有较高的羧基、酚羟基等酸性基团。所以，原料选择必须参虑产品及应用对象。

（2）原料煤中灰分含量。灰分在生产过程中都是无效成分，希望越低越好。灰分含量高将降低产品中的有效成分含量，影响产品质量，并增加了生产过程中的动力消耗。褐煤灰分比较低，宜用作硝基腐植酸。分解度高和腐植酸含量高的低灰分泥炭和风化煤，宜作为生产腐铵、腐植酸复混肥的原料。

5.1.2 预处理

原料的预处理，包括原料的干燥、粉碎、除尘和脱钙等方面。在腐植酸加工过程中是重要的一环。它对产品的质量、产品的收率和产品的成本都有一定的影响。

5.1.2.1 干燥

泥炭、褐煤和风化煤等开采出来时，水分含量都比较高，加工之前必须经过干燥处理，特别是要破碎的原料，更需把水分干燥到一定标准，否则将会黏结设备，使破碎无法进行。

干燥通常采取自然干燥和机械干燥两种方式。自然干燥是把水分高的原料，散放到地面上，让其自然蒸发干燥，这种方法节省动力，但需很大的占地面积及大量的劳动力，还需要阳光充足。因此，生产能力受到一定限制。在有条件的企业，可以采用自然干燥法，或者先采取自然干燥作为预干燥，然后进行机械干燥，这样做可以减少机械干燥的动力消耗。

普通矿区，泥炭开采出来时，水分在60%左右，稍经风干水分可降至40%~50%。褐煤和风化煤开采出来时，水分在30%~60%之间，经风干后约在30%~40%。这么高的水分，进行破碎时都比较困难，泥炭水分必须在30%以下，褐煤和风化煤水分必须在20%以下，因此，工业化生产还是要采用机械干燥。

目前，腐植酸生产中原料机械干燥大致有3种类型。一种是气流干燥，这在腐植酸铵生产中使用，效果较好，粒度小于15mm的原料，与热风炉来的温度为450℃左右的热风，并流上升，原料煤得到干燥，同时又有输送作用，热风与煤经分离后，烟气放空。经干燥后，水分在15%左右的原料煤，进入氨化器进行氨化反应。第二种是滚筒干燥器干燥，干燥器是一卧式圆筒，有机械带动可以回转。由热风炉来的烟道气和需干燥的物料同时从圆筒一端加入、烟道气和物料在圆筒中不断翻滚流动至另一端，烟道气放空，经干燥后的原料进入下一工序。圆筒的直径和长度，根据生产规模和原料中水分而设计，一般直径在1m左右，长度为10~20m。第三种干燥形式是干燥同破碎都在同一设备里进行，把含水较高而未经干燥的原料煤，送至球磨机内通入烟道气，一边干燥，一边粉碎，这种方法可以减少设备，缩短流程。当煤中水分高时，设备能力将受到限制，3种干燥方法各有特点，可以根据具体工艺路线加以选择。

5.1.2.2 粉碎

腐植酸产品的工业生产，大多数是固液两相的化学反应，固体原料的比表面积是非常重要的参数，直接影响到反应速度和产品收率，固相表面积，是非常重要的工业条件，因此，工业生产对原料煤粉碎和磨碎细度有比较高的要求，通常要求达到0.178~0.425mm。矿区开采出来的原料，一般都达不到这个粒度要求，因此粗碎和细碎是腐植酸类产品生产过程中重要的工艺过程。由于泥炭、褐煤、风化煤的破碎性能好，一般两级粉碎即可满足工艺过程需要。

初碎阶段选用颚式破碎机和反击式破碎机比较普遍，细磨阶段选用球磨机。泥炭、风化煤选用鼠笼式破碎机，经一次破碎，大部分都可达到工艺要求。估计1t原料煤（褐煤）在粉碎过程中需耗电 $50\sim70kW\cdot h$。破碎和细磨机械操作比较简单，但噪声大，粉尘也大，岗位环境条件差，同时设备磨损严重，需要加强设备的维修。

5.1.2.3　输送

粗料输送一般选用皮带输送机的斗式提升机。粉料的输送采用埋刮板输送机和气流管道输送器。管道输送采用负压，避免粉料外漏污染环境和浪费物料。

5.1.2.4　脱钙和除灰

为了提高生产过程中腐植酸收率和氨化效果，将原料煤中与腐植酸结合的钙镁离子预先进行酸化除去，其化学反应式为：

$$R—(COO)_2Ca + 2HCl \longrightarrow R—(COO)_2 + CaCl_2 \tag{5-1}$$

$$R—(COO)_2Mg + 2HCl \longrightarrow R—(COO)_2 + MgCl_2 \tag{5-2}$$

脱除钙、镁时，盐酸、硫酸和硝酸都可以应用。但是反应后产物硫酸钙在水中的溶解度小，用水洗法洗涤时不易洗净，仍有一部分硫酸钙、硫酸镁留在产品中，将影响产品质量，所以采用硫酸脱除钙、镁离子不如盐酸和硝酸的效果好，生产中一般利用无机废酸如盐酸。

对于有些灰分虽高，但活性好的原料，通过酸洗处理后，不仅可以降低灰分含量，同时能提高腐植酸含量和对腐植酸起活化作用。这样虽然在原料准备阶段经常费用大一些，但后加工过程的费用会降低，特别是提高了产品质量，对满足用户需要是十分有利的。

5.2　常见腐植酸产品

5.2.1　黄腐酸

黄腐酸是指组成腐植酸中的水溶性部分，在一般腐植酸原料中含量比较少，析离也比较困难。中国晋东南、豫西北一带，分布有氧化程度很深的风化煤，用硫酸可以溶出腐植酸成分，而且含量都在20%以上，按照定义，这部分物质应属黄腐酸范畴。黄腐酸，由于分子量较低，酸性基团多，溶解好，所以在农业、医药等方面用途更广。根据资源的特点和应用的需要，国内开发了两种提取黄腐酸的方法，并建立了小规模工业化的生产装置。一种是"硫酸-丙酮法"；另一种是"离子交换树脂法"。

5.2.1.1 硫酸-丙酮法

A 制造原理

风化煤中所含黄腐酸，主要以钙镁的金属盐形态存在。加入硫酸后，发生复分解反应，硫酸取代了黄腐酸盐的金属离子，使黄腐酸呈游离状态，游离的黄腐酸，能被含少量水（10%~20%）的丙酮所溶解，而形成的煤粉残渣和生成的硫酸盐则不溶解，这样就可以把生成的黄腐酸抽提出来，蒸去溶剂后，就得到低灰分的黄腐酸。

B 生产流程

硫酸-丙酮法生产黄腐酸流程如图5-1所示。

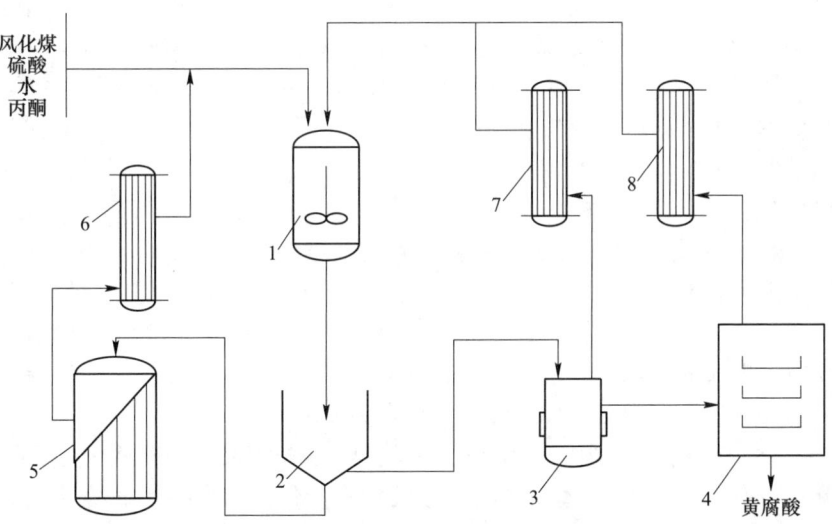

图 5-1 硫酸-丙酮法生产黄腐酸的流程示意图
1—反应罐；2—沉淀池；3—浓缩蒸发器；4—烘箱；5—残渣蒸发器；6~8—冷凝器

原料煤和含水的丙酮以一定比例加入反应罐中，经搅拌使之悬浮起来，在加入硫酸使黄腐酸游离并溶解在溶剂中，搅拌反应2.5h。反应完毕后，把物料卸到沉淀池中，自然沉降8h，澄清的提取液放入带有加热夹套的浓缩蒸发器中蒸去大部分溶剂，浓缩液卸入衬玻璃的干燥盘，移到烘箱中除去残留的溶剂，就得到黄腐酸产品。从沉淀池底分出的残渣，移入残渣蒸发器回收溶剂后弃去。从残渣蒸发器、浓缩蒸发器和烘箱回收的溶剂丙酮，混合并调整水含量后循环使用。

C 工艺要点

（1）原料煤。提取黄腐酸的风化煤，一般不需粉碎，但必须水选，以除去其中黏土等杂质，提高风化煤的质量，从而降低丙酮和硫酸的消耗，经水选后的风化煤，腐植酸含量由 25%~30% 提高到 50% 以上，其中棕腐酸约 14%；黄腐酸约 38%。煤风干后水分应在 20% 以下，再经筛选，取粒度 40~60 目部分作为生产原料。

（2）硫酸加入量。硫酸的加入量通过反应混合物最后的 pH 值来控制，以 pH 值 1.5 左右为宜，硫酸添加不足，pH 值大于 3 时，复分解反应进行得不完全，产率低，灰分高；硫酸添加过多，pH 值<1 时，产品中有残余硫酸，易于吸潮，甚至不易烘干。生产时如果加酸过量，可以补加少量风化煤的方法调节 pH 值。

（3）丙酮的含水量。在纯丙酮内，黄腐酸很难溶解。随着丙酮含水量的增加，黄腐酸的溶解度迅速提高，但与此同时，硫酸盐等无机杂质的溶解度也提高了，就会影响产品质量。经验证明，生产时使用含水量 10% 的丙酮作溶剂，提取的效果最好。

（4）温度控制。反应罐的温度，对产品的灰分含量有影响，在 30℃ 时反应，产品的灰分可以小于 1%；但若降到 10℃ 以下，则产品灰分就升高到 2%~3%。所以在夏季气温较高时，反应和提取可以在室温下进行；在冬季则最好采取适当的保温措施，使反应罐内保持在 20~30℃。蒸发罐和烘箱，也不宜采取过高温度，以维持 75℃ 为宜。

（5）溶液和残渣的分离。这是一个比较困难的问题。离心和压滤在这里都不能用，因为会造成溶剂丙酮的大量损失。比较适宜的办法还是自然沉降分离，这个方法的分离效果与溶液粒度有很大关系，溶液的粒度又和溶液的浓度有关，所以反应提取时的液固比不能太小，以 8∶1（质量比）比较合适。沉降分离温度也要与反应提取的温度大体一致，维持在 20~30℃。

（6）溶剂回收。溶剂丙酮的回收，是影响本法产品成本最关键的问题。丙酮的沸点只有 56℃，容易蒸发回收是它的优点；但同时它容易挥发损失也是缺点。所以整个生产流程中，应尽可能密闭，减少直接与空气接触的机会，以减少丙酮的损失。用上述流程和设备，丙酮总回收率约 90%、回收丙酮的含水率为 7%，调整水分含量后，循环使用。

5.2.1.2　离子交换树脂法

A　制造原理

离子交换树脂法，是以强酸型离子交换树脂代替硫酸取代黄腐酸盐的金属离子释放黄腐酸，由于离子交换树脂和残渣不溶于水，所以选用水将生成的黄腐酸萃取出来。离子交换树脂和风化煤残渣由于粒度不同，通过筛分分离，回收的离子交换树脂用稀盐酸再生以后，可以重复使用。

B　生产流程

离子交换树脂法生产黄腐酸流程如图 5-2 所示，先将软化水注入反应罐、从底部通入压缩空气，搅动物料，随后加入再生好的离子交换树脂，升温到40℃，加入风化煤粉，升温至60℃，反应2h，进料时水与树脂（湿）和煤粉之比为5∶3∶1（质量比）。出料卸入1号沉淀池，在大于0℃下静置使煤粉渣和树脂沉降，上部黄腐酸的水溶液经过离心机，进一步脱除灰分后流入蒸发器浓缩，蒸发器内的真空度保持在53.3~80kPa，温度控制在60~80℃。待浓缩到溶液中的黄腐酸浓度达10%以上时，送入喷雾干燥塔干燥，成品黄腐酸积集在喷雾干燥塔底部，粒度小于0.178mm，灰分小于15%。从1号沉淀池底部出来的煤粉残渣和反应过的离子交换树脂转移到水洗罐中，加入天然（硬）水搅拌，利用树脂中未耗尽的交换容量和残渣上吸附的黄腐酸，使天然水软化，供给生产所需的软水。水洗罐的出料经过0.178mm的滤网，软化水和煤粉渣穿过滤网落入2号沉淀池，沉淀澄清后软化水引出作反应和再生树脂用，残渣弃去。留在网上的离子交换树脂被转移到柱状的离子交换树脂交换器，用8%稀盐酸再生并用软化水洗涤后，回到反应罐重复使用。

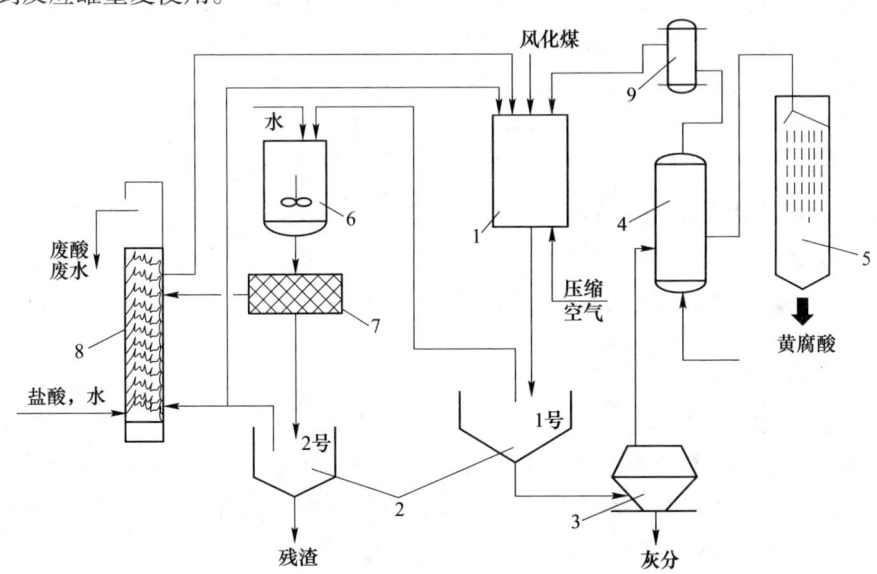

图5-2　离子交换树脂法生产黄腐酸的流程

1—反应罐；2—沉淀池；3—离心机；4—蒸发器；5—喷雾干燥塔；6—水洗罐；
7—筛网；8—离子交换树脂再生器；9—冷凝器

C　工艺要点

a　原料煤

要求风化煤中的黄腐酸含量大于30%，粒度小于0.178mm。该法对风化煤黄腐酸含量和水含量的要求不如硫酸-丙酮法那么严格，但对粒度要求很严格，因为一方面要有利于与离子交换树脂反应，另一方面要能够通过筛分便于与离子交换树脂分离。

　　b　离子交换树脂及其再生

　　本法使用聚苯乙烯磺酸型珠状离子交换树脂，为便于和煤粉残渣分离，要求粒度在 0.25~0.6mm。树脂再生时，进口盐酸浓度为 8% 左右，用量为湿树脂的 1.2~1.5 倍，再生到控制进出口酸浓比大于 80%。冲洗水的用量也为湿树脂的 1.2~1.5 倍。再生后树脂的交换容量应大于 3.5mmol/g，再生时间 2.5h/批。

　　c　生产用水

　　反应和再生树脂时，都要求使用去离子水即软化水，用量较大。若用电渗法软化水，既增加设备又耗电，很不经济。利用反应后离子交换树脂中残余的交换容量（约 1mmol/g）和煤粉渣上吸附的黄腐酸来脱除天然水中的硬度，也可以满足全部生产用软水的需要。

　　d　反应条件

　　反应实际是在风化煤粉和离子交换树脂两种固体物质接触的表面上进行的。因此良好的分散和搅拌条件非常关键。要严防发生结块的现象，加料时要先加水，在压缩空气搅拌下加入树脂，然后慢慢撒入煤粉。压缩空气搅拌虽可以减少树脂破碎损耗，但耗电量大，为降低电耗，开始时可用压缩空气翻动物料，待煤粉加完后再改用机械搅拌。投料比也应严格控制，树脂和煤粉之比是取决于风化煤中腐植酸含量和离子交换树脂的交换容量，必须保证后者过量，至少超过计算量的四分之一。水的用量也需进行计算，从净化角度分析，增加水比有利，但降低生产效率并增加能耗。所以控制使反应后水中黄腐酸的浓度为 6% 比较适宜。

　　e　残渣的分离

　　成品黄腐酸中的灰分，主要是细颗粒的煤粉渣，在本法中虽不像硫酸-丙酮法应用离心分离时易跑掉溶剂，但实践证明应用离心分离的方法效率并不很高，比较实用的方法还是静止沉降和离心分离相结合。由于分离效率受溶液黏度的影响较大，黏度和浓度与温度又有很大关系。为保持适当的生产效率和低的能耗，浓度不能降得太低。因此，在沉降和离心时保持较高的温度（70~80℃）是很重要的。生产农用黄腐酸时，灰分小于 15% 已可满足需要。但若为了满足某种需要，要求灰分含量降低到 1%~2%，只要加大反应时的水比，强化沉降和离心工序，也是可以达到目的的。当然，相应的生产成本，不免有所提高。

5.2.1.3　黄腐酸的两种生产方法的比较

　　硫酸-丙酮和离子交换树脂两种制取黄腐酸的方法各有其优缺点。硫酸-丙酮法，流程简短，产品的纯度高，但是它有两个主要缺点：第一是提取率比较低，风化煤中的黄腐酸只有 1/4~1/3 能被提取出来，所以原料利用率是很差的。第二是溶剂丙酮的回收问题。表面上看，目前可达到的90%回收率，已经不算低了。但丙酮损失的绝对量仍达产品的10倍。这是造成该法生产成本高的主要原因。因此这个方法有待改进，主要是使生产过程完全密闭化，提高溶剂回收率，才能使这个方法进一步工业化。

离子交换树脂法用水作溶剂、很安全。而且黄腐酸提取率高，达到80%以上，原料得到比较充分的利用。其缺点是树脂要再生，流程就比较复杂。再者能耗也大，尤其当为了提高纯度而增加反应水煤比时，能耗就更大。但总的成本还是低于硫酸-丙酮法。由于提取率不同，两种方法得到的黄腐酸的组成也稍有差别。制取黄腐酸的两个方法的工业化装置，尚待进一步完善，在实际应用效果上还不能断言有多大区别。

5.2.1.4 消耗定额和质量标准

因硫酸-丙酮法只是小规模、间断生产，没有很好考核消耗定额，这里只介绍离子交换树脂法生产黄腐酸的消耗定额和质量标准。

离子交换树脂法生产黄腐酸产品消耗定额见表5-1。

表5-1 离子交换树脂法黄腐酸消耗定额

项目	单位	消耗定额	项目	单位	消耗定额
风化煤（水分<15%）	t	5	水	m³	200
盐酸	t	5	电	kW·h	2300
树脂（湿树脂）	kg	40	汽	t	7

离子交换树脂法生产黄腐酸产品质量标准见表5-2。

表5-2 离子交换树脂法黄腐酸产品质量标准

名称	单位	指标	名称	单位	指标
外观		黑色粉剂	灰分	%	≤15
黄腐酸	%	>80	粒度	mm	0.178
水分	%	≤10	pH（1%溶液）		<2.5

5.2.2 磺化腐植酸

腐植酸经过磺化，引入磺酸基团，能增加交换容量，提高水溶性和抗凝性，对许多用途是有利的。

用硫酸磺化腐植酸是可能的。佐佐木满雄等人用硫酸和三氟化硼加成物，在100℃左右磺化泥炭腐植酸，得到一种不溶性的离子交换剂，对汞有很好的选择吸附性。但是用硫酸磺化，往往导致不溶，是其缺点。

　　为了得到非交联可溶性的磺化腐植酸，一般不用硫酸磺化而用亚硫酸钠磺化，或用亚硫酸钠-甲醛磺甲基化。张东川等人系统比较了磺化和磺甲基化条件以及各种煤炭腐植酸反应的难易。这些反应一般都是在腐植酸的碱溶液中进行，保持沸腾 1h 左右。氢氧化钠用量为腐植酸质量的 10%~30%；磺化或磺甲基化试剂为 30%，实验表明，只有泥炭腐植酸能被亚硫酸钠所磺化，其他煤炭腐植酸则不行。泥炭腐植酸和褐煤腐植酸可以顺利地被磺甲基化，但风化煤腐植酸则连磺甲基化反应也难以进行。

　　腐植酸磺化以后，水溶性增加，磺甲基化后更为明显。泥炭腐植酸磺甲基化后，在 pH 值为 2 时，有大于 90% 部分在水中保持溶解不沉淀，而在磺甲基化前它们在酸性水中是根本不溶的。目前尚未找到能准确测定磺化和磺甲基化程度的满意的定量分析方法，因为磺化后腐植酸水溶性增大，很难和剩余的磺化试剂定量地分开。从析得部分产物含硫量的变化来看，磺酸基引入量大约可达 1mmol/g 左右。磺化或磺甲基化腐植酸在红外光谱上最具特征的反映，是在 1040cm^{-1} 出现一个吸收峰。

　　至于亚硫酸钠磺化的机理，现在还是一些推测。Moschopedis 等人认为，一种可能性是在醌基上进行 1,4 加成：

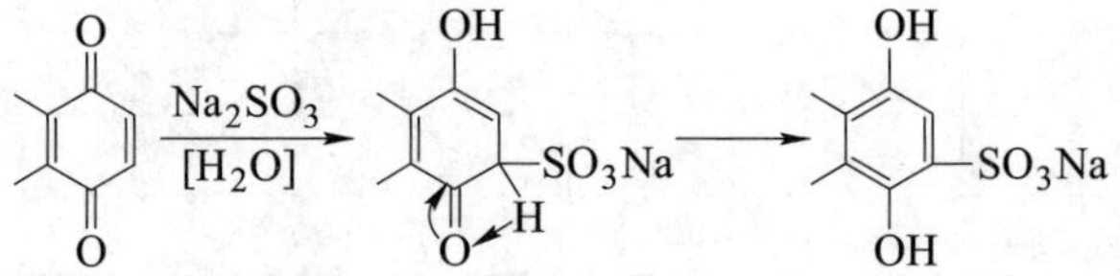

　　另一种可能性是连接芳核的亚甲基桥为亚硫酸钠所开裂：

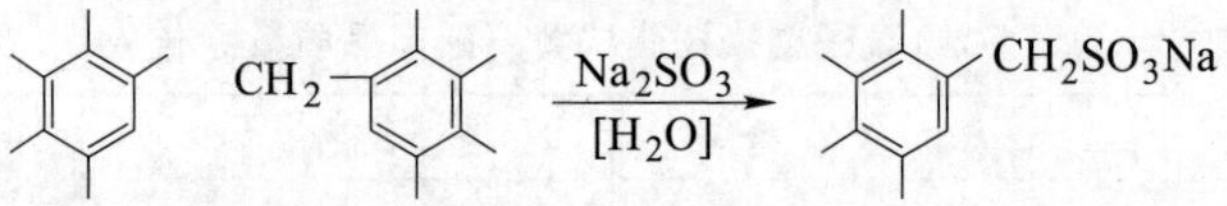

　　这样的反应在有机化学中实属罕见，对褐煤和风化煤腐植酸不易磺化也难以解释，似乎可能性不大。还有一个可能是 piria 反应，在大气氧作为氧化剂的影响下，亚硫酸钠能将磺酸基引入酚羟基的对位。至于磺甲基化的机理，各方面的意见是一致的，都认为是在腐植酸酚羟基的邻位或对位上的亲电取代，风化煤腐植酸，一般酚羟基含量少，芳核上未被取代的空位也少，所以磺化和磺甲基化都很难进行。

5.2.3　硝基腐植酸

　　硝基腐植酸是腐植酸的硝化产物，是改善和提高腐植酸化学和生物活性的有效途径，它是日本开发的腐植酸品种，是由褐煤经硝酸氧解而成的再生腐植酸。

原料煤可以选用灰分很少的优质煤,因为氧解转化的程度很深,不用进一步提纯就可以得到可溶性腐植酸达70%~80%的产品,所以硝基腐植酸生产在经济上有一定的优越性。另外,由于在氧解过程中生成许多新生的酸性基团,而且不可避免有些被硝基等含氮基团所取代,使硝基腐植酸的反应活性比较高,在工农业生产应用中受到欢迎。硝基腐植酸是腐植酸中的一个重要产品,也是许多腐植酸产品的中间体。

制造硝基腐植酸的原料,一般是用年轻的褐煤,最近也有向次烟煤扩展的趋势。中国科技人员从本国资源特点考虑,研究开发了用风化煤制造硝基腐植酸技术,根据几年来的实践结果表明,基本上与褐煤制造的硝基腐植酸的活性和应用效果相当,近几年已由试验阶段转入工业化生产。

早期硝基腐植酸的生产用湿法,是用稀硝酸与褐煤反应,生产的硝基腐植酸要和溶液分离,母液处理过程比较复杂。由于干法生产的产品成本低,近年来干法生产发展较快,它以较浓的硝酸直接作用于褐煤,不排除任何废液,但相应对原料煤的年轻度和纯度要求比较高,这两种生产方法各有特点,分别予以介绍。

5.2.3.1 干法生产

A 制造原理

根据褐煤中灰分含量较低,腐植酸又易被硝酸氧化的特点,所以选用褐煤为原料。褐煤硝基腐植酸表征结果显示,其分子中含有羧基、酚羟基、羰基、硝基、亚硝基、肟基等。

褐煤与硝酸反应的目的是使非腐植酸部分的煤氧化成腐植酸,将腐植酸的总含量提高到70%以上,褐煤与硝酸的反应主要是硝酸氧解(氧化降解),氧化降解是主要反应,也有少量硝基、亚硝基生成。硝酸的氧解若硝酸浓度在12.7%,温度为80℃时与褐煤反应,其反应分成三个阶段进行。硝酸中的氮,除少量被固定在产物中,大部分以 NO、N_2O、N_2 的形态逸出。浓硝酸的氧解,如果增加硝酸浓度,可以节约硝酸的用量,但腐植酸产率也减少,实验认为以10%浓度的硝酸为宜。

B 生产流程

干法硝基腐植酸生产过程,如图5-3所示。

生产所用的原料褐煤,由皮带机送到反击式破碎机,破碎到20mm以下、经星形给料机与来自燃烧炉的烟道气同时送入球磨机中干燥粉碎。球磨机的入口烟道气温度为350℃,煤的出口温度为55℃左右,原料煤出来后经两级分离沉降,干燥的煤粉落入料仓储存,气体经湿式除尘器净化后,由引风机排空。经各级除

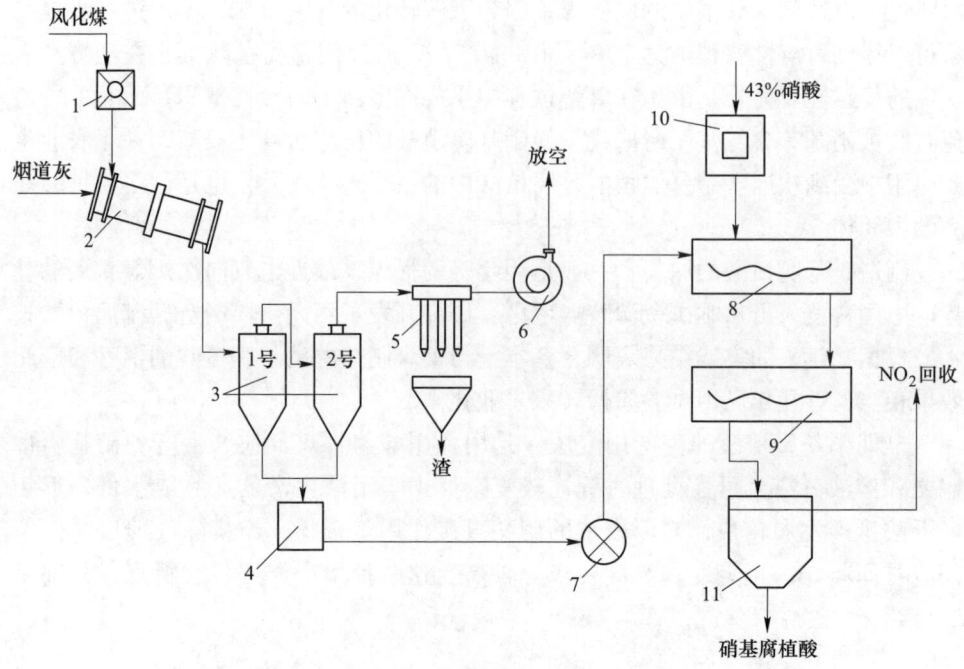

图 5-3　干法硝基腐植酸生产流程图
1—反击式破碎机；2—球磨机；3—沉降分离器；4—料仓；5—湿式除尘器；
6—引风机；7—计量给料器；8，9—反应器；10—高位槽；11—熟化仓

尘器的总除尘效率为 99.9%。料仓的煤粉由计量给料器连续均匀输入到 1 号反应器，同时喷进来自高位槽的 43% 浓度硝酸，控制煤酸比，煤和酸在反应器中一边起气解反应，一边向前推进，物料在 1 号反应器内总共滞留 5~6min。反应物料从 1 号反应器落入 2 号反应器继续反应。1 号和 2 号反应器，都是由不锈钢制成的圆形筒体，内置双排螺旋输送器。煤和酸在反应器中充分反应之后，落入熟化仓，以分离尾气，并冷却熟化，然后称量、包装、入库。尾气中含有氧化氮气体浓度较高，送到氧化氮回收系统处理。

　　生产硝基腐植酸铵产品与上述生产过程基本相同，可将 2 号反应器出来的物料送到氨化反应器，与来自氨水高位槽经过计量的氨水反应，硝基腐植酸与氨的质量比为 1 :（0.04~0.06）（折 100% 氨计）。反应温度为 70~80℃。

　　C　工艺要点

　　a　原料煤

　　适应干法生产的原料煤一定要年轻，年老的煤不易氧解，发热量不足以维持反应所需温度，在反应器中逗留时间较短，不足以使反应基本完成。一般对原料煤的要求：水分（干基）<30%；灰分（干基）<20%；腐植酸（干基）>50%；粒

度80%通过0.85mm（20目）筛。煤中的灰分含量应控制在15%以下。经球磨干燥后，煤的水分含量应降到15%以下，粒度小于0.178mm。主要目的在于保持反应酸浓度，避免被煤中水分稀释影响反应效果。

b 煤酸比

煤酸比是影响氧解反应和产品质量的关键条件，也是构成产品成本的主要因素。选择合理的煤酸比，要由原料煤中有机质含量高低和对产品质量的要求，以及成本核算诸因素来通盘考虑。随着煤酸比的减少，氧解深度增加，盐基交换量、含氮量等指标都有增加；但是腐植酸得率先增后减，硝酸利用率降低，产品中游离硝酸量增加。实验结果表明，工业生产中煤酸比选用质量比为1∶（0.25～0.35）（以100% HNO_3 浓度计）为宜。

c 反应条件

首先最重要的是进入1号反应器的煤和酸，必须严格保持恒定的煤酸比，不能时高时低，否则就不会有好的产品质量。反应温度靠反应本身的发热量维持在85～95℃，多余热量通过器壁散发在外界。在这样的条件下，反应速度快，一般在3～5min内基本可以完成。设计中用两种串联的反应器，每个长6m，物料推进速度约1m/min，可以保证反应进行得比较完全。

D 产品消耗定额和质量标准

干法硝基腐植酸的生产，硝基腐植酸是中间产品，硝基腐植酸铵（NHA-NH_4）才是最终产品，所以下面只介绍 NHA-NH_4 的消耗定额和质量标准。

a 消耗定额

原材料消耗与所使用的煤的质量及要求产品达到的标准有关，通常国内是舒兰褐煤生产45～50号硝基腐植酸铵。其消耗定额见表5-3。

表5-3 硝基腐植酸铵消耗定额

项目	单位	消耗定额	项目	单位	消耗定额
原料煤（干基）	t	0.95	水	t	10
硝酸（100%计）	t	0.25	电	kW·h	100
回收 NO_x 扣除	t	0.08	燃料气	m^3	100
氨（100%计）	t	0.05	—	—	—

b 质量标准

为适应钻井助剂、农药乳化剂、土壤改良剂以及农业肥料等应用的不同需要，可以采用不同质量的适宜的原料煤，生产出不同质量标准的产品。国内某企业的质量标准见表5-4。

表 5-4　硝基腐植酸铵企业标准

指标名称	指　　标					
	45 号	50 号	55 号	70 号	75 号	80 号
外观	黑色无定形粒状物					
水分/%	<35	<35	<35	<35	<35	<35
硝基腐植酸（干基）/%	>45	>50	>55	>70	>75	>80
氨态氮（干基）/%	>2.5	>3.0	>3.5	>4.0	>4.5	>4.5
速效氮（干基）/%	>3.5	>4.0	>4.5	>5.0	>6.0	>6.0
总氮/%	>5.0	>6.0	>6.5	>7.0	>8.0	>8.0
pH 值	7~8	7~8	7~8	7~8	7~8	7~8

5.2.3.2　湿法生产

A　制造原理

湿法生产原理基本和干法相同，差别就在于硝酸氧解过程是在稀硝酸液相中进行。因为是固液相多相反应，为了获得快的反应速度，并使化学反应充分进行，必须控制硝酸浓度和反应时间。湿法生产所用的硝酸浓度比干法的低，大约20%~25%，在实验室采用正交试验法，测得的固液比，在 1：1.25（质量比）为最好。湿法生产氧解反应在液相中进行，干法生产只是固相反应，从反应速度上比较，湿法比干法快。当然，从该反应过程中腐植酸含量变化，分成了 3 个阶段，在时间分配上有所变化。反应的 3 个阶段，在干法生产中已有叙述，不再重复。

湿法生产也是间歇操作，反应结束后，固液分离，固体部分即产品硝基腐植酸，液体部分就是剩余的稀硝酸和能被硝酸溶解的各种其他成分。液体部分不能直接排放掉，而是要进一步加工处理，回收再利用。由于湿法比干法增加了液体回收利用，所以工艺过程和设备远比干法复杂。

经过多年开发研究，中国已建立了以风化煤为原料的湿法生产工艺。实质上是一种风化煤酸洗加轻度氧解过程，但是，风化煤的活性低，氧解程度低，剩余的硝酸量大。而硝基腐植酸产品中氮含量也比较低。干法和湿法比较，干法生产简单成本低，湿法生产质量高。

B　生产流程

湿法硝基腐植酸生产流程，如图 5-4 所示。

风化煤经鼠笼式破碎机破碎到小于 0.85mm（20 目），落入料仓。从料仓用吊斗间歇向 1 号反应器加料，开动搅拌器，同时以一定固液比由高位槽加入浓度为 22% 的稀硝酸，并向夹套通蒸汽加热，保持反应温度，此时，氧解生成的氮的

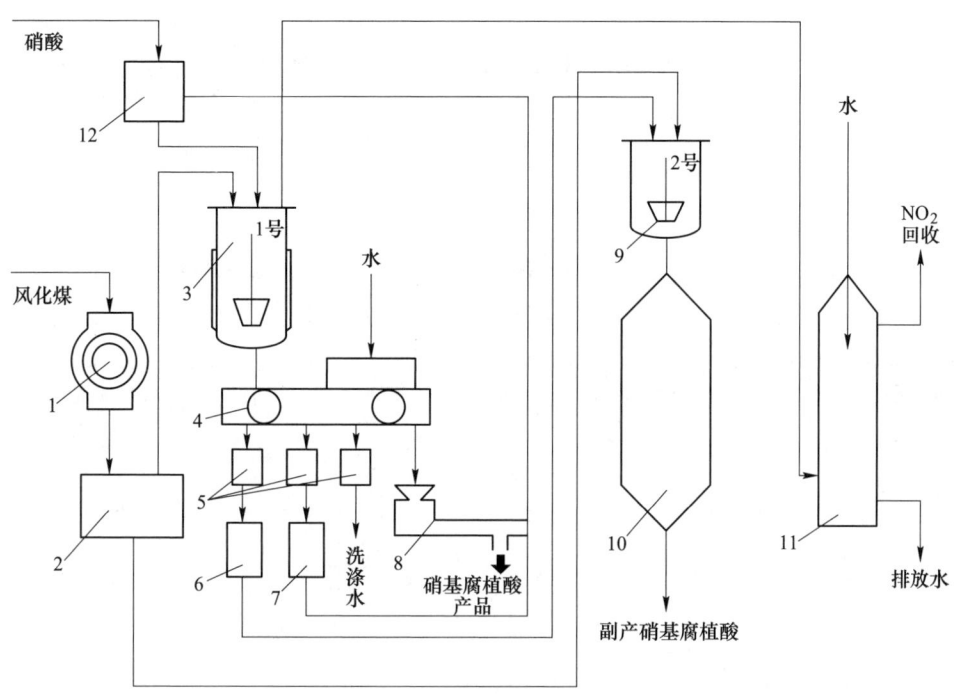

图 5-4 湿法硝基腐植酸生产流程

1—鼠笼式破碎机；2—料仓；3—1 号反应器；4—带式过滤机；5—分离器；6—母液槽；7—酸洗水槽；8—耙式干燥器；9—2 号反应器；10—薄膜干燥器；11—水洗塔；12—高位槽

氧化物尾气，送到水洗底部，与塔顶喷淋的水逆流相遇、冷却后由引风机送氮的氧化物（NO_x）至回收系统处理。反应后物料冷却到 60℃以下。再卸到水平真空带式过滤机过滤，滤液和洗涤水由 3 个自动平衡排液分离器排出，母液经 1 号分离器进入母液槽；酸洗水经 2 号分离器后收集起来供配制剩余稀硝酸用；最后一段的洗滤水经 3 号分离器排放掉。真空带式过滤机末端输出的物料含水约 50%。落入耙式干燥机烘干，使水分降到 15%以下，这就是成品硝基腐植酸。

母液含较多剩余硝酸（约 15%），不能排放，计量后，间歇地加入 2 号反应釜，并同时加入从料仓运来经粉碎的风化煤，使煤酸质量比为 1∶0.3（按 100% HNO_3 计），在 80~85℃条件下搅拌反应 1h 后，送到薄膜干燥器中进行干燥，使水分降到 35%以下，得到的副产品硝基腐植酸，可作水稻育秧调酸剂或作为制腐混肥的原料。

C 工艺要点

a 原料煤

适合本流程的风化煤腐植酸含量应较高（大于 50%），灰分较低（小于 20%），水分含量不超过 30%，使鼠笼式破碎机能够易于破碎。

b 反应条件

反应时原料煤粒度要求小于 0.85mm（20 目），用硝酸浓度为 22%，煤酸固液比为 1：1.25（质量比），反应需要一定温度，所以开始时反应釜夹套要用蒸汽加热至80~85℃，当反应开始之后，靠反应热维持反应温度，反应时间 30min 即可完成。

c 过滤和洗涤

从 1 号反应釜出来的硝基腐植酸料浆，要求进行快速的固液分离，采用连续水平真空带式过滤机在真空度 53.3kPa 条件下进行过滤，洗涤比较理想。由于采用高强度的聚酯合成纤维滤布，既作过滤滤布，又用作传送带，大大提高了实用性和延长了使用寿命。水平真空带式过滤机的结构和工作原理如图 5-5 和图 5-6 所示。

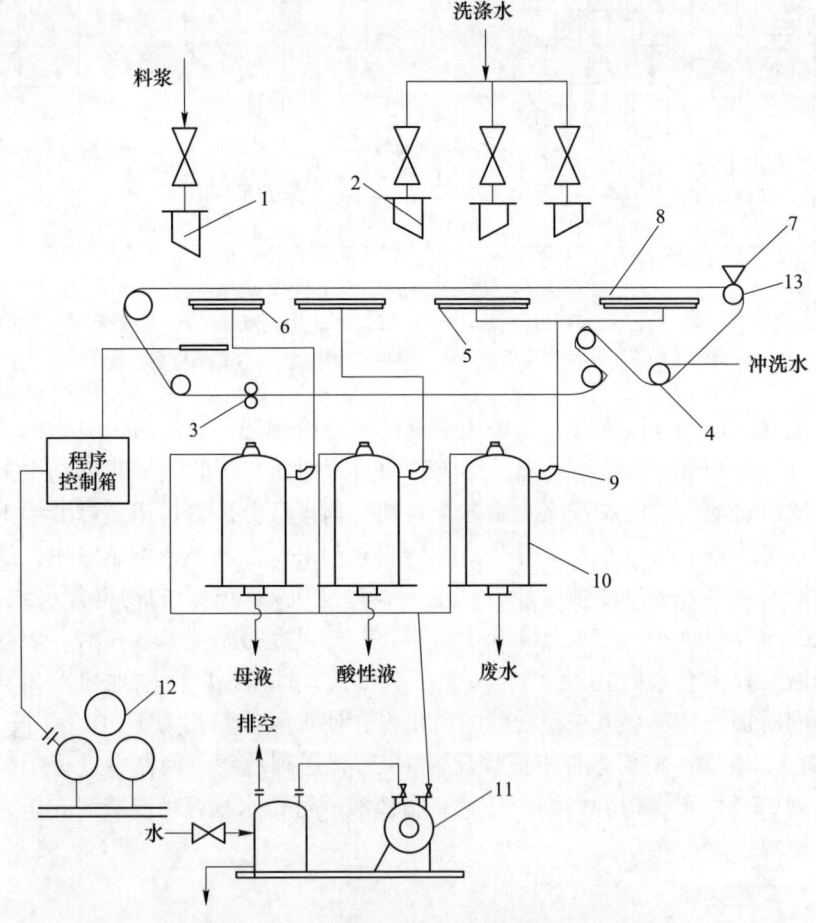

图 5-5 GSD₁ 型水平真空带式过滤机示意图

1—布料器；2—洗涤水分布器；3—防偏装置；4—冲洗装置；5—滤盘；6—滤室；7—下料刮刀；
8—滤带；9—切换阀；10—分离器；11—真空泵；12—空气压缩机；13—头轮

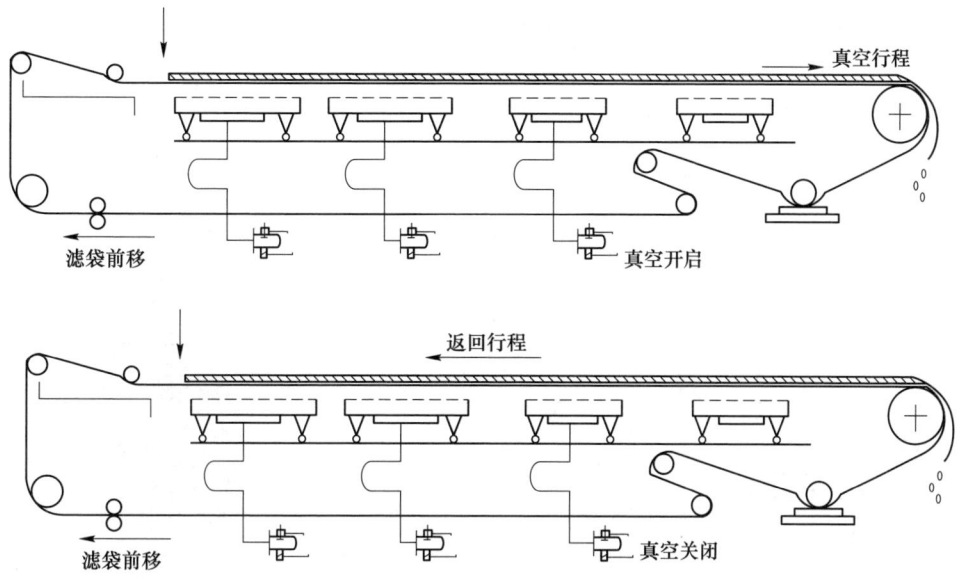

图 5-6 GSD₁ 型水平真空带式过滤机工作原理图

这种设备有下列优点:

（1）灵活性,对于分离物料不同的要求,可以通过对吸滤、洗涤、吸干等过程的时间分配,调整过滤、洗涤、吸干等区段的长度,或调整吸滤带走速,以获得最佳的过滤效果。

（2）连续自动气动控制,能连续平稳运转,噪声小。

（3）结构简单,操作方便,易于维护保养。

（4）可获得高质量的滤饼和滤液。

（5）由于连续薄层过滤,生产效率高。

（6）设有滤带导向压板,密封性好,可以达到较高真空度,因而有较快过滤速度。

d　环境保护

干法或湿法生产硝基腐植酸,都有废气污染环境的问题,湿法更为严重,除废气外,还有废水,废水中含15%的硝酸,可以进一步利用,用来制造副产品硝基腐植酸;对含6%的酸洗水用于配制稀硝酸;但是还有一些量更大,浓度更低的酸性洗涤废水,无法利用,必须经中和后达到国家标准才可排放。废气中氮的氧化物处理更困难,附近有硝酸生产厂时,可以送去统一处理,否则单建一套尾气处理系统将十分不经济。

D　消耗定额和质量标准

湿法硝基腐植酸产品消耗定额见表5-5。

表 5-5　湿法硝基腐植消耗定额

项目	单位	消耗定额
风化煤	t	1.8
硝酸（折100%）	t	0.5

湿法硝基腐植酸为黑色粉状固体，中国目前企业产品的质量应符合表 5-6 中的要求。

表 5-6　湿法硝基腐植酸产品质量

指标名称	指标要求		
	优级品	一级品	二级品
水分/%	<16.0	<15.0	<20.0
灰分（干基）/%	<10.0	<15.0	<20.0
腐植酸（干基）/%	>80.0	>75.0	>60.0
总氮（干基）/%	>2.5	>2.0	>1.5
交换容量（干基）/%	>3.5	>3.5	>3.0

5.2.4　腐植酸钠

腐植酸钠（以下简称腐钠）是腐植酸的钠盐，腐钠在工农业生产和人民生活中有许多用途：如做锅炉防垢剂、陶瓷泥料添加剂、植物生长刺激素和医药卫生用品等。因此，它是腐植酸类物质中的一个重要产品。目前，我国腐植酸类产品，大约有一半的产量是腐钠和它的加工产品。

A　制造原理

泥炭、褐煤、风化煤等原料腐植酸结构中的羧基、酚羟基酸性基团，能与碱起化学反应，因此生产腐钠是用烧碱或纯碱溶液抽提煤中所含的腐植酸，碱和酸中和生成腐植酸的钠盐溶于水中，其化学反应式如下。

$$R—(COOH)_n + nNaOH \longrightarrow R—(COONa)_n + nH_2O \qquad (5-3)$$

充分反应之后，把抽提液与残渣分离、蒸干，就得到产品腐钠。上述反应过程若是腐植酸在原料中以游离态存在，这当然是很理想的。在含高钙镁风化煤中腐植酸含量虽较高，但主要以钙镁盐的结合态存在，这时用烧碱溶液抽提，抽提率就很低。在这种条件下，用纯碱溶液作抽提剂会更好，其化学反应式为：

$$R—(COO)_nCa_{n/2} + n/2Na_2CO_3 \longrightarrow R—(COONa)_n + n/2CaCO_3\downarrow \qquad (5-4)$$

通过复分解反应，腐植酸转变成钠盐溶于水中，而碳酸根则和钙离子结合生成碳酸钙沉淀，因为碳酸钙的溶度积比腐植酸钙更小。但是用纯碱提取，反应速度比较慢，有时为了取长补短，也可以用烧碱和纯碱的混合溶液抽提。对泥炭来讲，为避免木质素的溶解，Na_2CO_3 则是泥炭腐植酸较理想的抽提剂。

B　生产流程

制取腐植酸钠的生产流程，如图 5-7 所示。

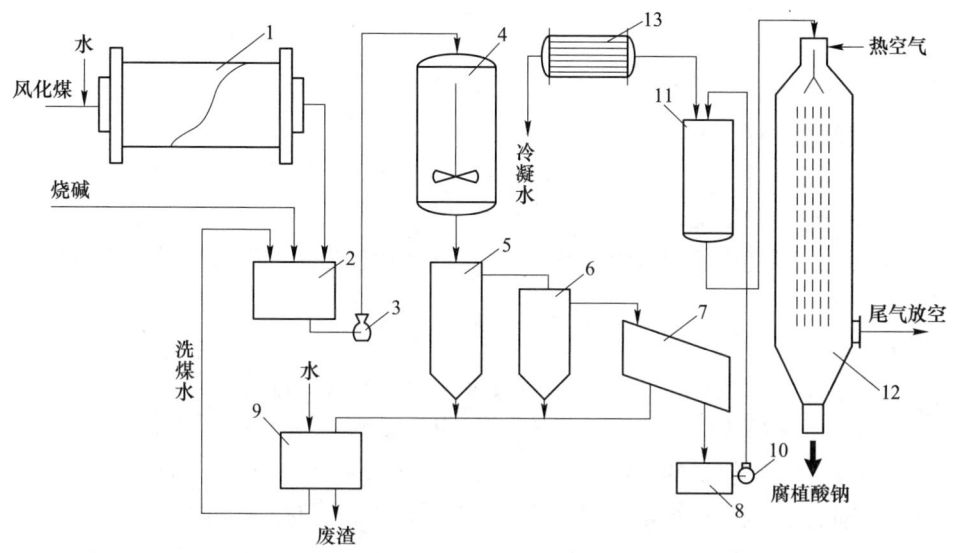

图 5-7　腐植酸钠的生产流程示意图

1—球磨机；2—配料槽；3—料浆泵；4—抽提罐；5—初沉降槽；6—缓冲罐；7—斜板沉降器；8—储罐；
9—残渣储罐；10—腐钠溶液泵；11—外热式蒸发器；12—喷雾干燥塔；13—冷凝器

风化煤和冷凝水以 1:2 的质量比进入球磨机进行湿式球磨，把风化煤磨成粒度小于 0.85mm（20 目）的煤浆，卸入配料槽，再将洗涤残渣回收的洗涤水注入配料槽，使液固比达到 9:1，再加入经过计量的烧碱，控制槽内 pH 值在 11 左右，经料浆泵将混合均匀的料浆送到抽提罐，用夹套加热，保持罐内温度为 85~90℃，搅拌反应 40min，反应产物卸入初沉降槽，大部分残渣沉集在槽底，上部液体则溢流入缓冲罐，再沉降一部分残渣。缓冲罐上部液体，再送到斜板沉降器作最后一次去渣，澄清的腐钠提取液流入储罐贮存。初沉降器、缓冲罐和斜板沉降器底部的残渣，都排到残渣储槽，用清水洗涤，洗涤水收集起来用于配料，废渣排掉。储罐中的腐钠溶液用泵送入外热式蒸发器蒸发浓缩，浓缩到 10 波美度后，送往喷雾干燥塔进行干燥。热风炉来的 400℃ 左右热空气沿切线方向进入塔的上部，与腐钠浓缩液液滴并流而下，干燥的粉末状腐钠沉集在塔底，被连续输出包装；尾气则经引风机放空。

C　工艺要点

a　腐植酸原料

理论上泥炭、褐煤、风化煤都可以作为制造腐钠的原料，但实际上用得最多

的是低钙镁的风化煤，风化煤的腐植酸含量一般达到 50% 以上，甚至有的高达
70%~80%。由于腐植酸含量高，生产过程中节省原料，生产效率较高，动力消
耗碱少，从而经济性好。

泥炭的腐植酸含量一般在 20% 左右，而且容量小，除非有特殊需要（如制造
水泥减水剂及蓄电池用的阴极板膨胀剂等），一般不选作腐钠原料。

褐煤的腐植酸含量也低，很少被直接用于腐植酸钠生产，但是用褐煤制造的
硝基腐植酸，适宜于进一步加工成硝基腐植酸钠。

用碱抽提原料煤的腐植酸是液固两相反应。按理说，煤磨得越细，抽提的效
果应越好。但实验证明，细度达到 20 目以下，提取率变化很小，过细的粉碎不
仅浪费动力，而且造成随后提取液和残渣分离的困难，所以原料煤的磨碎程度应
控制在 0.25~0.85mm（20~60 目）。

b　提取用的碱

生产腐钠用的烧碱，可以用固碱或液碱，也可以全部或部分用纯碱代替烧
碱，国内在实验室有过研究，但生产中，很少实际应用。碱的用量是个关键问
题，碱用量少，腐植酸的提取率明显下降，甚至根本提不出来；碱用量多，虽然
抽提比较完全，但浪费了碱，而且降低了产品的质量，因为过量的碱不能和腐钠
分开，混在产品中成为无效杂质。所以碱的投放量必须以理论计算为依据。

例如，一次投料 10kg 原料煤，其羧基含量为 2.3meq/g。理论加碱量为：

总羧基量　2.3mmol/g×10000g = 23mol

理论加碱（NaOH）量　23mol×40g/mol = 720g

生产时按理论计算加碱量是不够的，因为残渣吸附等一些副反应也要消耗一
些碱，所以通常要乘一个经验系数 1.45。上述条例实际加碱量应为：720g×1.45 =
1044g。

由于原料煤不同，实验系数也不同。所以最好做些小试验来确定具体的经
验系数。总之，在腐植酸生产中必须经常分析原料煤的羧基含量（按部颁标准
HG1-1143—1978）和烧碱的氢氧化钠含量（按 GB 209—1983），以确定投
碱量。

除计算碱用量外，作为抽提液的碱溶液浓度对腐植酸提取率和腐钠的产品质
量有很大影响。过高的碱液浓度会使产品中灰分含量明显增加，影响产品质量。
碱的浓度低对提取率和产品质量都有好处，但增加了提取液的蒸发量，使蒸发能
耗高，所以，要选择一个适当的碱抽提液的浓度是十分重要的。实践经验表明，
这个适宜浓度是 1%~2%。在上述流程中，是用沉降法分离提取液和残渣，采用
的碱液浓度是 1%。若是原料煤的性状比较好，抽提后保持颗粒比较大或者采用
真空过滤代替沉降分离，那么碱液浓度可以适当提高一些，以节约蒸发过程中的
能耗。

c 原料煤的磨碎

流程中采用湿法球磨，有两个优点：第一，开采出来的风化煤，水分含量还是比较高的，干法磨碎，先要经过干燥工序；采用湿法磨碎，这个工序就可省略。第二，干法磨碎粉尘很大，劳动环境条件差，湿法球磨粉尘大为减少，改善了劳动条件。

d 成品干燥

成品干燥采用的喷雾干燥塔，如图5-8所示。它是一个上下呈圆锥形，中间为圆筒形的直塔。蒸发后的浓溶液，由塔顶中间料管 a 经喷嘴喷洒下来，从热风炉来的高温热风（进口温度控制在400℃），在塔顶一端 b 沿切线方向进入，与液滴并流向下，进行热交换，使腐钠干燥。为了防止在塔内产生挂壁现象，可以将热风量的四分之一分路，从上锥体的 c 环隙顺壁高速吹入，形成一个气幕，阻止液滴和塔壁接触。塔上部压力比塔下部压力高2~3kPa，尾气由塔下出气口 d 排出。因腐植酸热稳定性差，在高温下很容易脱羧，150~300℃脱羟、脱羧基。腐钠受热超过260℃，将急剧变质失去水溶性，尾气出塔温度宜保持在100~120℃，产品由塔底出口 e 排出称量包装。对质量要求不高的腐钠产品，可直接用烟道气输入喷雾干燥塔；对产品质量要求高时，就不能直接用烟道气干燥，空气需要预先过滤净化，然后进到加热炉内置的热交换器中，使净化空气被加热到350~400℃，然后送入干燥塔。

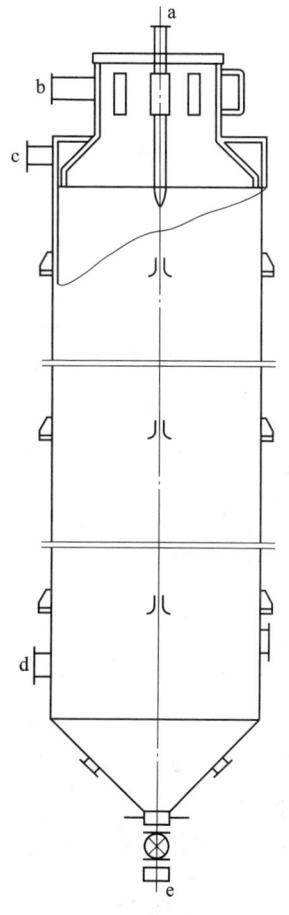

图5-8 喷雾干燥塔示意图
a—进料管；b—热风入口；
c—吹风口；d—尾气出口；e—出料口

D 消耗定额和质量标准

腐钠消耗定额见表5-7。以泥炭、褐煤和风化煤为原料，制得的腐钠，外观呈黑色颗粒或粉末。腐钠产品的质量标准（ZBG 21005—1987）见表5-8。

表5-7 腐钠消耗指标规模 （100t/a）

项 目		单位	消耗定额
原料	风化煤总腐植酸≥60%	t/a	176.4
	烧碱 NaOH≥30%	t/a	58.17

续表 5-7

项　目		单位	消耗定额
燃料动力	燃料煤（20.92kJ/kg）	t/a	411
	电	kW	45
	水	t/h	0.14
	软水	t/h	0.036
	蒸汽	t/h	0.16

表 5-8　腐钠产品质量标准

指标名称	一级	二级	合格
腐植酸（干基）/%	≥70	≥55	≥40
水分/%	≤10	≤15	≤15
pH 值	8.0~9.5	9~11	9~11
灼烧残渣（干基）/%	≤20	30	40
水不溶物（干基）/%	10	20	25
1.00mm 筛余物/%	5	5	5

由于用途不同，对腐钠中所含成分有着特殊要求，例如：陶瓷工业用腐钠就不能含铁太高，不然会使瓷品变黄，一般含铁小于 0.5%，在蒸汽机车锅炉内水处理用腐钠中的碱分，以氧化钙和氧化镁的总重计（CaO+MgO 总重，以 CaO 计），不能超过 3.0%。对产品有特殊要求时，在腐钠生产过程中就要进行特殊处理，如蓄电池用阴极板膨胀剂。

5.2.5　腐植酸铵

腐植酸铵（以下简称腐铵）是腐植酸的铵盐，主要用途是作肥料，或配制复混肥料。制造腐铵，通常有直接氨化法和离子交换法。前者适用于游离腐植酸高的原料，后者适用于高钙镁风化煤。

5.2.5.1　直接氨化法

A　制造原理

泥炭、褐煤、风化煤都可以作制造腐铵的原料，但是，现在多半采用风化煤作原料，由于风化煤腐植酸的含量一般较高，它的腐植酸羧基含量也比较高。制造腐铵是用氨水去中和原料中腐植酸的酸性基团，生成腐铵。其化学反应式为：

$$\mathrm{R}\begin{cases}\mathrm{OH}\\ \mathrm{COOH}\end{cases} + 2\mathrm{NH_4OH} \longrightarrow \mathrm{R}\begin{cases}\mathrm{ONH_4}\\ \mathrm{COONH_4}\end{cases} + 2\mathrm{H_2O}$$

腐铵生成量，首先决定于原料中游离的腐植酸含量，其次是这些腐植酸的羧基含量。另外还有一部分参加反应的氨与原料不是化学缩合，而是物理吸附，这部分氨是不稳定的，但只要能把它带到土壤中去，也是可以起到氮肥作用。腐植酸是弱酸，氨是弱碱，它们生成的腐铵在高温条件下不稳定容易分解，所以腐铵在制造过程中不采取烘干产品的办法。氨与风化煤中的腐植酸反应或者在其表面发生物理吸附，速度是相当快的，但要求反应完全却比较慢，因此，生产过程需要一个熟化过程，也就是说成品制成以后，要在室温条件下存放 3~5d，才能使用。腐铵在熟化之前，含有大约 1/3 的水分，这些水是不可避免的，因为氨是以氨水形式加入，产品中水分含量必然很高，但又不需要进行烘干，由于造粒时需要水分，同时在水分离条件下，有利于熟化过程的反应完全。

B 生产流程

直接氨化法腐铵的生产流程如图 5-9 所示，将含游离腐植酸不低于 40%，水分不超过 30% 的风化煤，通过滚动筛筛选，粒度不超过 25mm 部分，经皮带机送入鼠笼式粉碎机粉碎至 0.25~0.425mm（40~60 目）后，通过螺旋输送器送入气流干燥器，与从干燥管底进入的 350~450℃ 烟道气并流上升，物料中水分迅速汽化，同时烟气温度降低，经过两台串联的旋风分离器，烟气中 98.5% 的物料落入料仓，剩余的 1.5% 细粒用引风机导入布袋除尘器，尾气经过滤后放空。正常操作情况下，布袋除尘器的除尘效率可达 99%。料仓中的粉状风化煤经螺旋输送器

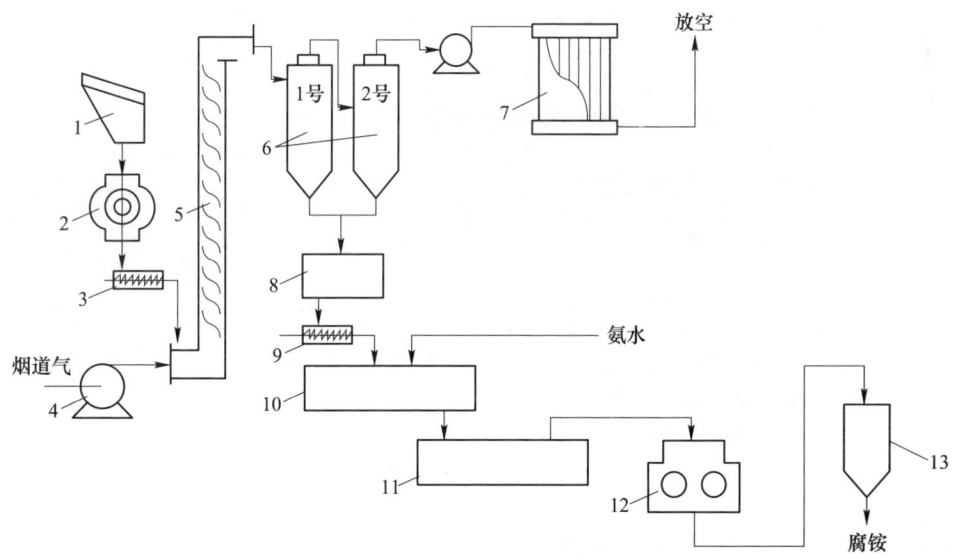

图 5-9 直接氨化法腐铵生产流程示意图

1—滚动筛；2—鼠笼式粉碎机；3，9—螺旋输送器；4—风机；5—气流干燥器；6—1 号、2 号旋风分离器；
7—布袋过滤器；8—料仓；10—第一氨化器；11—第二氨化器；12—造粒机；13—熟化仓

连续送入第一氨化器，15%的氨水从高位贮槽通过计量连续加入到第一氨化器，氨水与风化煤之比保持1:2（质量比），在第一氨化器中风化煤同氨水混合并进行反应后，物料再进入第二氨化器，使其进一步混合均匀，从第二氨化器出来的物料若需要进行造粒，再经过造粒机造粒。然后，包装存入熟化仓放置3~5d即可出厂。也可不造粒直接出厂，还可用腐铵制造复混肥料后再造粒。

C　工艺要点

要使腐铵反应过程进行完全，又使原料消耗最低，必须控制投料比，按煤中腐植酸含量和氨水中氨含量进行理论计算。

根据化学反应式，煤中每含1mol腐植酸，则需2mol氨水进行反应，所得产品中速效氮含量应为5%，实际上只有3%~4%，这说明氨并没有完全参加反应，而是部分被挥发损失掉了。因此，在正常生产中，要经常不断地对煤中腐植酸含量和氨水浓度进行测定，然后根据理论计算调正比例，进行原料的合理配比操作，才能使反应完全，又可减少损失。

a　水分控制

原料煤中含水量的增加，对氨化反应是有利的。产品中速效氮和水溶性腐植酸都是容易被植物吸收的有效成分，因此在腐铵的生产过程中希望上述两种物质含量越高越好。而速效氮和水溶性腐植酸含量，与原料煤中的水分含量有密切关系，经试验证明，它们都随水分增加而增加。如图5-10和图5-11所示。原料水分超过30%，产品将成糊状，无法进行机械加工。因此，风化煤在进入氨化器前要进行干燥，把水分降到12%~15%。干燥是在气流干燥管中进行，这种干燥设备热效率较高，但气体和固体两相分离比较困难。

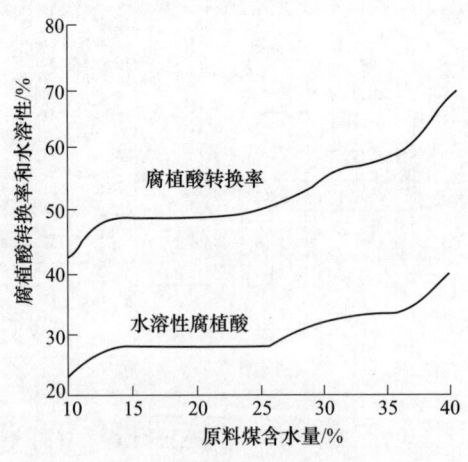

图5-10　原料煤水分含量与水溶性腐植酸和腐植酸转换率的关系

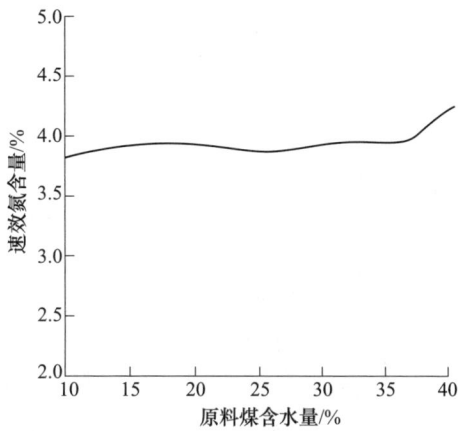

图 5-11　原料煤水分含量与速效氮的关系

b　氨水和风化煤的混合

这是影响产品质量的关键，但往往重视不够。要求配比严格恒定，并混合均匀。由于氨化器内采用两级双排螺旋输送器，混合较均匀，配比严格恒定却不太稳定。风化煤的输入速度，因是采用螺旋输送器，还比较稳定；氨水的输入速度靠液压差和手动控制是很难稳定的，最好改用计量泵送料。配料不均匀，将造成产品的氮化程度、干湿程度不均匀等一系列质量问题，生产中应特别注意。

5.2.5.2　离子交换法

A　制造原理

腐铵是由高钙镁风化煤中钙镁离子与铵离子交换而生成的。首先将原料煤与硝酸铵溶液混合，铵离子把钙镁离子从腐植酸中置换出来，而生成了腐铵和硝酸钙及硝酸镁，然后再往混合液中加入一种铵盐沉淀剂，这时，钙镁离子形成碳酸盐沉淀，硝酸根又重新生成硝酸铵，分离沉淀除掉。硝酸铵重新循环使用。

B　生产流程

离子交换法腐植酸铵生产流程如图 5-12 所示。原料煤先经粉碎筛分，达到0.85mm（20 目）的风化煤，用提升机送到离子交换柱的上端，经计量放入交换柱内，从交换柱中间竖管的上端加入硝酸铵溶液，溶液从竖管的下端出来向上反流，这样与原料煤逆流接触进行离子反应，物料从交换柱下端流出，经洗涤过滤即得中间产品腐植酸铵，真空过滤要求真空泵的真空度为 53~67kPa。滤液经处理后再循环使用。从交换柱上端出来的母液，当钙镁含量达到一定浓度时，加沉淀剂使钙镁沉淀分离。

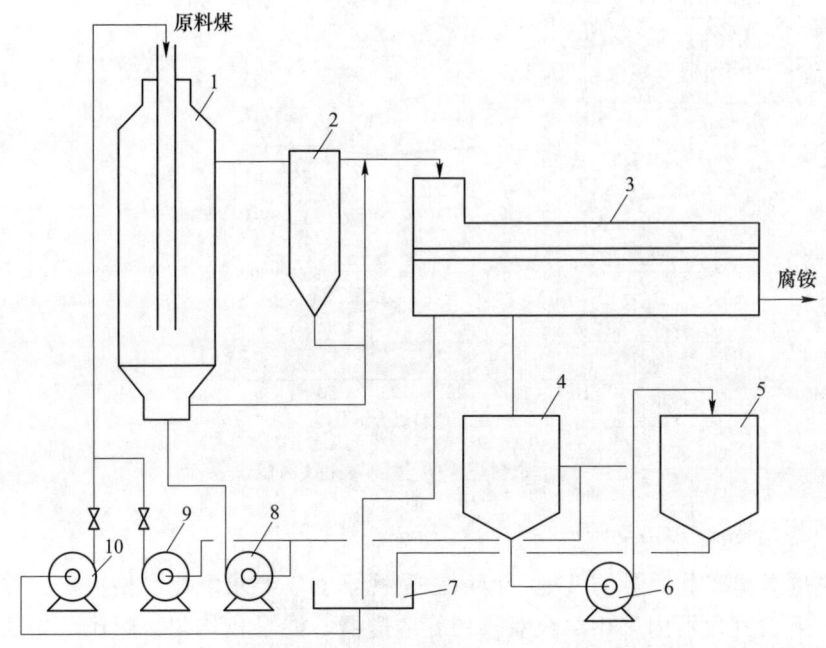

图 5-12　离子交换法腐植酸铵生产流程示意图
1—交换柱；2—中间槽；3—水平式过滤机；4—澄清槽；5—沉浆槽；
6，10—浆泵；7—地下槽；8，9—清液泵

C　工艺要点

离子交换法腐铵生产受温度、压力、硝酸铵浓度、酸度和交换时间等条件影响，其中压力对凝聚相的反应影响不大，温度从 0℃ 到 60℃，其交换容量只提高 20% 左右，所以生产过程采取常温常压较适宜。只是控制硝酸铵溶液浓度和交换时间，来提高腐铵中含氮量。在相同时间下，提高硝酸铵溶液浓度，腐铵中的含氮量也随之提高，试验证明，保持硝酸铵溶液浓度 500~800g/L 为宜，在这个浓度下，对脱钙镁也是适宜的，钙镁脱除率大于 70%，见表 5-9 和表 5-10。反应时间，对腐铵含有效成分影响较大，延长时间，对含铵态氮、总氮、腐植酸和水溶性腐植酸量都是有利的。一般选择反应时间在 40~60min，试验数据见表 5-11。

表 5-9　硝酸铵溶液浓度对腐铵含氮量的影响

序号	硝酸铵浓度 /g·L⁻¹	各时间取样的腐铵中含氮量/%					
		30min	60min	90min	120min	150min	180min
1	242	2.51	2.48	2.50	2.52	2.89	2.81
2	400	4.08	4.23	4.30	4.30	4.48	4.58
3	500	5.22	5.3	5.51	5.42	—	5.53

表 5-10 硝酸铵浓度对腐铵中钙镁脱除率的影响

序号	硝铵浓度/g·L⁻¹	各时间取样的腐铵中钙镁脱除率/%					
		30min	60min	90min	120min	150min	180min
1	240	34.4	36.1	35.7	36.0	34.7	36.1
2	400	58.3	65.8	—	64.5	64	64.4
3	500	70.0	73.1	73.4	70.8	73.3	73.5
4	550	72.7	72.4	70.1	74.4	73.6	78.7

表 5-11 交换时间对腐植酸铵中氮等含量的影响

序号	取样时间/min	腐铵产品主要成分/%					
		含 H_2O	铵态氮	总氮	钙镁含量	腐植酸	洗脱钙镁
1	30	27.3	6.16	10.6	1.68	41.85	68.1
2	60	29.4	5.21	9.45	1.6	52.9	71.4
3	90	33.1	5.87	10.8	1.58	48.8	70.1
4	120	31.4	5.69	9.9	1.59	50	73.6
5	150	31.2	6.08	11.1	1.47	47.9	74.4
6	180	29.5	5.52	10.1	1.51	45	78.7

D 消耗定额和质量标准

腐植酸铵消耗指标见表 5-12,产品质量见表 5-13。

表 5-12 腐植酸铵主要消耗指标

项目	规格	单位	数量	备注
风化煤	低钙镁型 HA>45%	kg	9257	—
氨水	浓度≥15%	kg	3537	年供应指标以含水 30%计
烟煤	$Q_{耗}$>16.7kJ/kg	kg	474	按 20.9kJ/kg 计
水	—	t	7.3	
电	—	kW·h	25	

表 5-13 产品质量指标

名称	质量指标			
	粉状		粒状($\phi(3\sim6)$mm×$(3\sim20)$mm)	
	一级品	二级品	一级品	二级品
水溶性腐植酸(干基)/%	≥35	≥25	≥35	≥25
速效氮(干基)/%	≥4	≥3	≥4	≥3
水分(应用基)/%	≤35	≤35	≤35	≤35
粒度率/%	—	—	≥90	≥80

5.3　腐植酸基吸附剂

5.3.1　腐植酸离子交换树脂

5.3.1.1　常规成型吸附树脂

将 HA 制成颗粒状吸附树脂，为的是能反复再生，循环使用，以提高吸附效率，降低处理成本。

按成型方法，HA 吸附树脂主要有凝胶法和粉末法两种，凝胶法实际是先用碱从原料煤中提取 HA 制成 HA-Na，然后用钙盐转型为 HA-Ca。但该工艺流程长，能耗大，成本高，恐怕很难投入工业应用。张书圣等人对凝胶法进行了改进，用一步法完成缩聚、成型、转型等步骤，简化工艺克服了凝胶过滤洗涤的困难，且提高了树脂的各项性能。粉末法是用 HA 含量高的粉状原料与其他助剂混合，挤压成型。前述的通过工业试验的 HA 吸附树脂大部分是采用粉末法成型工艺的。成型常用的黏结剂有羧甲基纤维素（CMC）或乙基纤维素（EMC）、木质素磺酸盐或造纸废液、聚丙烯酰胺（PAM）、褐藻酸、聚乙烯醇，也可用活性黏土、废淀粉、废蛋白和动物胶等廉价材料作黏结剂。还有不少人另加桥联剂，希望 HA 与某些有机单体或高聚物产生一些缩聚反应，以提高分子量和耐水性。所用的桥联剂有：碳酸乙二醇酯、丙二胺和癸二胺、甲醛和酚醛树脂、二氯代烷、环氧丙烷、甲乙酮（环己酮）+甲醛、苯乙烯和交联聚苯乙烯等。

成型后的树脂颗粒应该在控制温度（一般 150～180℃）下干燥，干燥后的树脂为氢型的（官能团以—COOH 为主）。这种一次性干燥树脂可以直接使用，但由于官能团被束缚，故一般活性仍不高。为提高活性，应该将干燥过的树脂在稀盐酸中浸泡，然后水洗，得 H 型树脂；如欲转为 Ca 型，还要继续用钙盐浸泡，再水洗、干燥。任何干燥操作，最好通 N_2 或水蒸气，以增加比表面，扩大孔径，防止过度氧化。根据使用目标，还可将 HA 或树脂进行碱水解、酯（醚）化、硝化、磺化及偶氮化等处理，以引入相应基团，提高吸附性能。

5.3.1.2　改性腐植酸吸附树脂

HA 类成型吸附树脂存在应用环境窄、稳定性差、性能一般等不足。为克服上述缺陷，有人在聚合和活化技术上做文章。HA 一旦与桥联剂、黏结剂结合，就会使大部分—COOH 封闭（形成酯键、醚键、亚胺键等）；缩合度过高，也会使—COOH 不可逆钝化，再加上热处理不当，又会导致脱羧或降解。合理控制缩合度和改进后处理技术，是提高树脂 CEC 和化学活性的关键。为此，中川等人事先把 NHA 制成盐类，在控制温度下加热脱水—与桥联剂反应—缩合—活化，可有效控制缩合度。大量试验还证明，原料硝酸氧化或氯化降解，成型后磺化或磺甲基化，热处理时通 N_2 并适当提高温度等措施，都有利于提高树脂的性能。

国外还有人将 NHA 与胍类、烷基胺、丙烯二胺或癸二胺、苯二胺+甲醛进行缩聚反应，再经过后处理使其转化成阴离子树脂或两性交换树脂，扩大了 HA 类树脂的使用范围。

5.3.2 腐植酸粗加工吸附剂

制造 HA 离子交换树脂，成本都较高，而且存在上述种种弊端。将不经过任何加工处理的含 HA 粉状或纤维原料吸附重金属也是可行的。

Belkevich 认为泥炭本身就是一种活泼的离子交换剂，通常包括阳离子的中性交换和 H 交换。他提出的泥炭纤维层过滤处理含重金属废水的技术，提高了分离速度，取消了烦琐的凝聚、离心或澄清过程。用厚度为 20～70mm、面积 $1m^2$ 的滤层，1h 可净化 800L 含重金属废水；在 pH 值为 2 时，含 Hg 50mg/L 的废水通过泥炭层，可吸附 90% 的 Hg。苏联和欧洲在 20 世纪已进行过泥炭纤维直接处理含重金属废水的研究，取得重大进展，还建了试验厂。袁钧卢等人用我国 12 个不同产地的泥炭脱除 Pb^{2+}、Cd^{2+}、Zn^{2+} 和 Ni^{2+}，脱除率一般在 50%～95% 之间，以兴安岭泥炭藓净化效果最好，脱除率达 96.4%～99.3%。有趣的是，对金属离子吸附能力与 HA 含量和 CEC 关系不大，而与泥炭中可交换阳离子（Ca^{2+}、Mg^{2+}）关系最密切，与吸碘率也有一定相关性。这都说明，泥炭对重金属的作用，主要是阳离子交换，可能伴有共价键的形成和物理吸附。因此，某些灰分较高而阳离子交换能力也较高的泥炭土有明显的吸附效果。可以推测，我国某些苔藓泥炭和低位泥炭有可能制成层状吸附塔处理含重金属废水。

将褐煤破碎到一定粒度后直接改性处理制成廉价吸附剂，也有人进行了研究。顾健民等人发现粒状褐煤对 Zn^{2+}、Cu^{2+}、Pb^{2+} 的吸附能力比泥炭略高，废水中的去除率分别为 98% 和 96%。张怀成等人将含 HA 11.7% 的褐煤用浓硫酸磺化，或用 3% NaOH "碱化"，洗去水溶物后得到 "碱化褐煤" 和磺化褐煤，吸附容量分别比原褐煤吸附容量高 6.6 倍和 3.6 倍，前者对 Pb^{2+}、Cu^{2+} 和 Ni^{2+} 的脱除率达到 80%～99%（pH 值为 6 时最高）。"碱化褐煤" 如此好的吸附性能，有可能是碱性氧化水解后在非水溶残留褐煤中增加了—COOH 的结果，这一新的发现及其反应机制值得进一步研究。

5.3.3 官能团化改性腐植酸吸附剂

量子化学计算发现，腐植酸中羧基、氨基对金属离子的作用性能优于羟基。受此启发，采用含多元羧基、氨基的官能团化试剂与腐植酸中活性较弱的羟基发生缩合反应，得到富含羧基、氨基的官能团化矿源有机药剂，提升了腐植酸与金属离子的配位、螯合作用（参见 3.3.2 节部分）。

　　新型腐植酸吸附剂的合成原理如图 5-13 所示。柠檬酸中的羧基可以与腐植酸中的酚羟基通过酯化反应形成腐植酸基药剂。该过程一方面可以将与金属离子结合能力较弱的酚羟基消耗掉，引入更多与金属离子结合能力较强的羧基；另一方面大量的羧基出现在设计的腐植酸基药剂中，可以提供更多的金属离子结合位点，进一步增强腐植酸基药剂与金属离子形成配合物的能力。

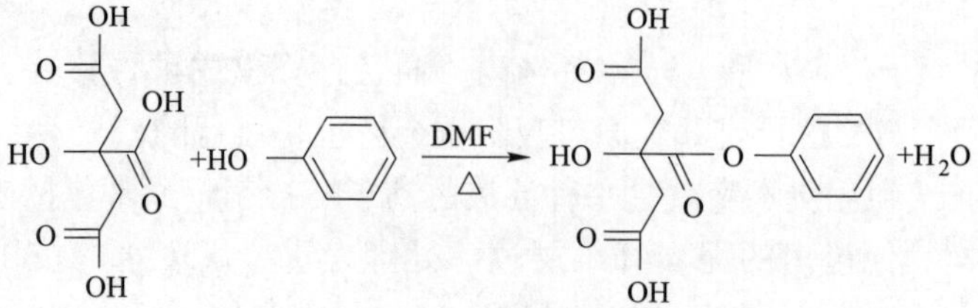

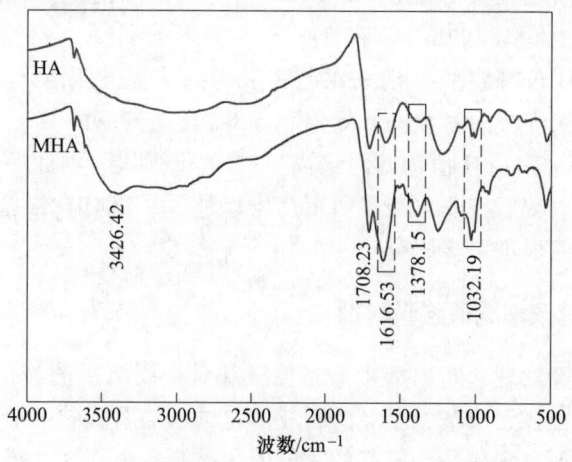

图 5-13　腐植酸基药剂合成原理

　　具体的合成方法如下：首先将矿源腐植酸细磨至不小于 0.178mm（80 目），将所需量的有机活化剂加入到腐植酸中，于 25~50℃搅拌 2~4h，获得活化腐植酸溶液；然后向所得活化腐植酸溶液中加入官能团化试剂和固体酸/碱式盐催化剂，腐植酸、官能团化试剂、催化剂的质量比为 1∶（0.05~0.2）∶（0.05~0.2），恒温 20~80℃连续反应 1~3h，反应结束后自然冷却至室温，用 6~12mol/L 的浓盐酸调节溶液 pH 值至 1~2，抽滤得到矿源有机药剂粗产品；最后将所得粗产品洗涤、离心，经冷冻干燥后获得官能团化矿源有机药剂。进一步地，粗产品用丙酮洗涤、离心，冷冻干燥温度为 -50~-5℃，干燥时间为 45~50h。

　　腐植酸和腐植酸基药剂的红外光谱如图 5-14 所示。从图 5-14 中可以看出，腐植酸和腐植酸基药剂在 1708.23cm⁻¹ 和 3426.42cm⁻¹ 处都存在明显的特征吸收

图 5-14　腐植酸与腐植酸基药剂的红外光谱

峰。对于 1708.23cm^{-1} 吸收峰，主要是腐植酸羧基中 C＝O 的特征振动峰，进一步说明腐植酸中存在大量羧基。而对于 3000~3500cm^{-1} 长且宽的特征吸收峰，归因于腐植酸酚羟基—OH 特征振动频率，说明腐植酸中存在大量酚羟基。相比腐植酸的红外光谱，腐植酸基药剂在 1616.53cm^{-1}、1378.15cm^{-1} 和 1032.19cm^{-1} 出现了较强的特征吸收峰。查阅文献发现，在 1616.53cm^{-1} 具有较强的特征，主要是腐植酸基药剂非对称 COO— 的 C＝O 和 C—O 伸缩振动峰，1378.15cm^{-1} 较强的特征峰，归因于对称的 COO— 伸缩振动。而 1032.19cm^{-1} 特征峰，源于腐植酸基药剂酯基 C—O 伸缩振动峰。上述红外结果表明，可以通过柠檬酸与腐植酸酯化反应成功引入酯基，说明腐植酸基吸附剂制备成功。

腐植酸与腐植酸基药剂的表面形貌如图 5-15 所示。对比图 5-15（a）和图 5-15（b）发现，腐植酸表面粗糙，结构相对密实。而设计的腐植酸基药剂表面疏松多孔，呈现卷曲絮状形态，孔结构丰富且向腐植酸基药剂内部延伸，孔结构的打开为金属离子提供了更多的结合位点，因此更有利于铜（Ⅱ）、锌（Ⅱ）等重金属离子的吸附。

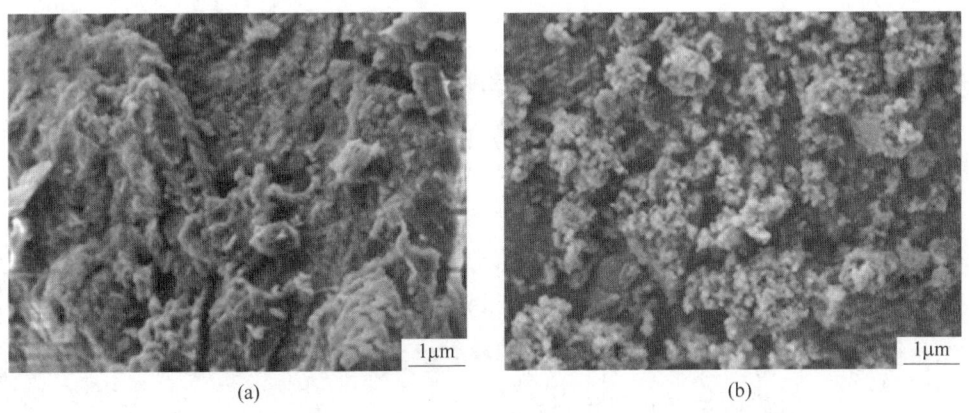

(a)　　　　　　　　　　　　　　(b)

图 5-15　腐植酸（a）与腐植酸基药剂（b）的扫描电镜图

5.3.4　腐植酸复合吸附剂

5.3.4.1　腐植酸磁性复合吸附剂

磁性吸附剂在回收再生方面较非磁性吸附剂具有优势，通过在磁性基体表面负载腐植物质，可为重金属污染物提供大量的吸附位点，且腐植酸分子之间的静电斥力和空间位阻作用可以很好地改善吸附剂在溶液中的分散性，提高吸附效率。但是，需要注意的是，腐植酸和磁性基体之间必须有紧密的化学键连接，以防止腐植酸脱落进入水体，造成二次污染。

A　腐植酸磁性吸附剂的制备

为制备结构稳定的腐植酸磁性复合吸附剂，路漫漫等人先利用泛密度函数（DFT）计算分析了不同磁性基体与腐植酸的结合强弱。选取乙酸、乙醇代替腐植酸作为 DFT 计算的基本单元，选取自然界常见的钛铁晶石（Fe_2TiO_4）、钛铁矿（$FeTiO_3$）和磁铁矿（Fe_3O_4）作为计算的晶体矿物。计算结果表明，HA 中的羧基和羟基可以通过牢固的共价键吸附于钛铁晶石、钛铁矿和磁铁矿表面。相比普通的磁铁矿，钒钛磁铁矿（VTM）富含 Fe_2TiO_4 和 $FeTiO_3$ 矿物，其中的 Ti 组分可强化 HA 的吸附稳定性，所以负载于 VTM 表面的 HA 在水中不会因为静电力或氢键的作用而从 VTM 表面脱附，污染水源。因此，VTM 是一种更为优良的 HA 复合磁性基体。

进而以 VTM 为磁性基体，按以下方法制备了钒钛磁铁矿-腐植酸复合吸附剂（VTM-HA）：取 0.3g 腐植酸样品，首先溶于 100mL 0.1mol/L 的 NaOH 溶液，待腐植酸完全溶解后，使用 0.1mol/L HCl 将腐植酸溶液的 pH 值调整至 3，之后用 0.001mol/L HCl 溶液（pH 值为 3）将腐植酸溶液定容至 1L，得到浓度为 300mg/L，pH=3 的腐植酸溶液。将腐植酸溶液平均分装进 4 个 500mL 锥形瓶中，每瓶 250mL 腐植酸溶液。随后，将 VTM 颗粒磨至合适的粒径，作为磁性吸附剂的基体。在每瓶腐植酸溶液中加入 2.5g 细磨的钒钛磁铁矿或磁铁矿颗粒，瓶中固液比为 10g/L。将锥形瓶放入空气浴恒温振荡器中进行振荡，使腐植酸能够高效负载于磁性基体表面。振荡器转速 180r/min，温度 25℃。振荡 24h 后，腐植酸在磁性基体表面吸附趋于饱和，使用 0.45μm 滤膜将吸附有腐植酸的磁性颗粒过滤。得到的固体颗粒在 70℃下烘干，即得到磁性复合吸附剂。

B　吸附剂的磁性与化学稳定性

作为一种磁性吸附剂，VTM-HA 的磁性对后续磁选回收有着重要影响。不同基体颗粒尺寸下的 VTM-HA 颗粒的磁滞回线分析表明，当 VTM 中位粒径由 10μm 减小为 5μm 时，样品的磁化强度和磁滞回线变化不大，最大磁化强度均为 53emu/g 左右。当 VTM 平均粒径减小至 2μm 时，最大磁化强度有所降低，为 48.84emu/g。当 VTM 平均粒径进一步降低至 0.2μm 后，其磁化强度大幅度降低至 23.51emu/g。当颗粒尺寸减小时，颗粒内部的元磁矩数量随之减少，颗粒内部的无序性增加，导致磁性减弱。

使用 VTM-HA 处理重金属离子废水时，应避免 VTM-HA 中的 HA 脱附。研究人员考察了吸附剂中 HA 在不同 pH 值条件下的脱附情况，结果表明，HA 的脱附率都会随着溶液 pH 的升高而增加：在无金属离子存在时，在 pH 值由 3 增长到 7 时，HA 脱附率从 0 增大到15.38%；在 pH 值为 7~9 时，HA 脱附率从15.38%缓慢增大到17.08%；在 pH 值为 9~12 时，HA 脱附率迅速增大到75.95%。这是因为随 pH 值增大，VTM 表面电性由正电荷变为负电荷，与 HA 产生静电斥力，HA 与 VTM 表面的吸附力减弱；同时，由于 pH 值升高，HA 分子间氢键消失，分子间的静电斥力也会增大，导致 HA 分子由卷曲状变为线状结构，部分小分子 HA 被释放出来进入水体。因此，大分子 HA 有助于保持 VTM-HA 吸附剂的稳定性。

不同金属离子（Cu^{2+}/Pb^{2+}）浓度条件下吸附剂中 HA 的脱附试验结果显示，当溶液中存在一定量的金属离子后，HA 的脱附率有所降低，在金属浓度为 10mg/L 和 100mg/L 的条件下，在 pH 值 3~9 的范围内，VTM-HA 中 HA 的脱附率为零。主要原因是加入金属离子后，HA 与金属离子发生配位反应，金属离子具有"架桥作用"，将 HA 分子连接起来，避免 HA 脱附进入水体。在此过程中，大分子腐植酸的长碳链起到很好的连接作用，在其支链或末端，可以连接大量的小分子 HA，保证 HA 不会从 VTM 表面脱落而进入水体。

5.3.4.2 腐植酸有机复合吸附剂

A 不溶性腐植酸-壳聚糖复合小球

腐植酸自身是一种污染物，且在一定条件下可溶于水，直接将其作为吸附剂加以应用，会引起水体污染。为此，魏云霞等人提出先对腐植酸中的易溶组分进行固化，再将其与壳聚糖复合制备金属离子吸附剂，制备过程如下：（1）将腐植酸加热至 320~340℃并保温 0.5~1.5h；（2）将加热产物置于 2mol/L $CaCl_2$ 溶液中浸泡 1~3h，然后过滤，得到固体物；（3）依次用 1mol/L $NaNO_3$ 溶液、一次蒸馏水反复洗涤固体物，再于 70~90℃干燥至恒重，得到不溶性腐植酸（腐植酸钙）；（4）将不溶性腐植酸粉碎至 0.074~0.15mm（100~200 目），得到不溶性腐植酸粉末；（5）将壳聚糖按 1g/（10~30mL）的比例溶解于体积浓度为 5%的醋酸溶液中，然后加入环氧氯丙烷，以 1100~1300r/min 的速率搅拌 3~5h，再加入不溶性腐植酸粉末（占壳聚糖质量的 20%~80%），继续以相同的速率搅拌 30min 制得均匀糊状物；（6）将糊状物通过蠕动泵滴加到 0.2mol/L NaOH 溶液中并搅拌均匀，放置 20~26h 后用蒸馏水洗涤至中性，得到腐植酸-壳聚糖复合小球吸附剂。

图 5-16 所示的 SEM 表明，该吸附剂呈均匀颗粒球体且表面粗糙，其内部结构比较疏松，而且具有多孔网状结构，可为金属离子提供大量的附着位点。复合吸附剂的物理性质见表 5-14。该吸附剂粒径（约 3mm）可控且分布窄，密

度（约 1.1g/cm³）稍高于水，含水率约 80%。这些结果说明，该吸附剂的制备方法重现性好，吸附剂产品亲水性佳且能在水中悬浮分散。

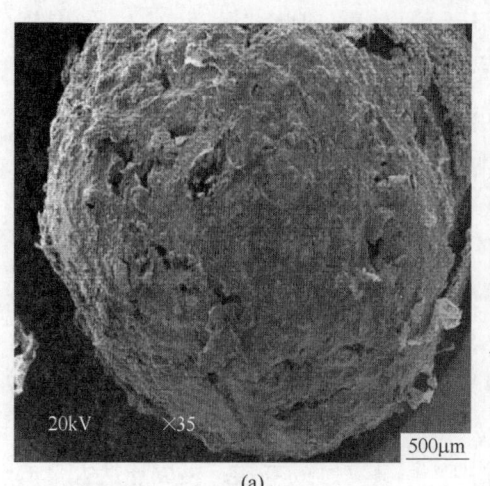
(a)

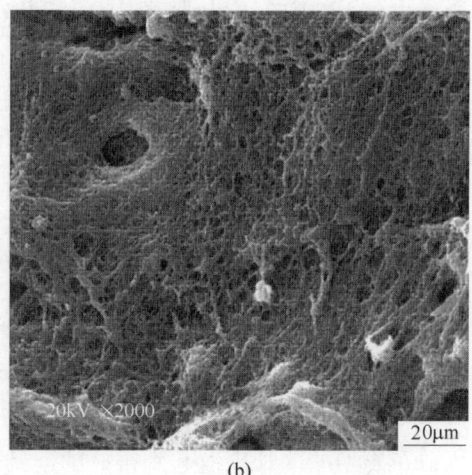
(b)

图 5-16 腐植酸-壳聚糖复合小球吸附剂外表面（a）与内层（b）的微观形貌

表 5-14 不溶性腐植酸-壳聚糖复合吸附剂的物理性质

平行试验	粒径/mm	密度/g·cm⁻³	含水率（质量分数）/%
1	3.0	1.08	80.0
2	3.2	1.10	80.3
3	3.2	1.08	80.5
平均值	3.17	1.09	80.3

将不溶性腐植酸-壳聚糖复合小球用于溶液中铅的吸附脱除，试验结果表明，此吸附剂对 Pb(Ⅱ) 的吸附主要是化学吸附；在温度为 65℃、pH 值为 7.0 时，对 Pb(Ⅱ) 的吸附量最大，达到 49.36mg/g；吸附饱和后的微球在 60min 内可达到脱附平衡，脱附率达到 75.3%，脱附后微球仍保持完整，可以重复使用。

B 腐植酸-淀粉/β-环糊精复合微球

淀粉（St）微球和 β-环糊精（β-CD）微球是两种人造的微米或纳米级的多孔隙球体，本身无毒，具有较好的生物相容性、可降解性以及吸附性能，但在使用过程中存在稳定性差、易生物降解、重复利用性低等缺点。苏秀霞等人通过乳液聚合法将 HA 分别引入 St 微球和 β-CD 微球中制备出两种新型复合吸附材料，并通过静态吸附试验测试它们对金属离子（Cu²⁺、Pb²⁺和 Cr³⁺）的吸附性能。

腐植酸-淀粉微球（HS-CM）合成机理及制备流程如图 5-17 所示。由于 HA 和 St 中存在大量的含氧官能团，极易在引发剂的作用下产生自由基，因此以 K₂S₂O₈/NaHSO₃ 为复合引发剂，N，N′-亚甲基双丙烯酰胺（MBAA）为交联剂，

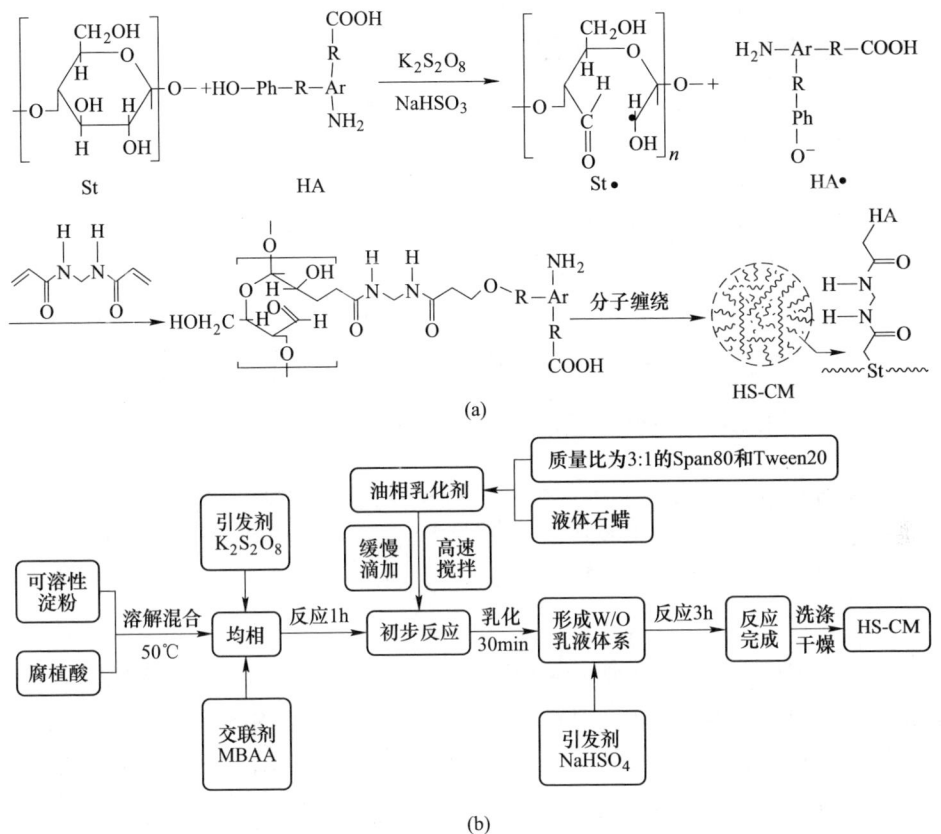

(a)

(b)

图 5-17　腐植酸-淀粉微球合成机理（a）及制备流程（b）

通过自由基聚合反应将 HA 交联在 St 长链上，经过分子缠绕后形成吸附性能更优异的复合微球。具体步骤如下。

按质量比 3：1 分别称取 0.9g 司盘 80（Span 80）和 0.3g 吐温 20（Tween 20）于烧杯中，加入 90mL 液体石蜡搅拌混合作为油相备用。称取 1.5g St 放入带有搅拌装置的三口瓶中，加入 15mL 蒸馏水，于 50℃下搅拌溶解。按 $m(HA)：m(St)=$ 1.51：1.00 称取 2.265g HA，在 10mL 20%（质量分数）的 NaOH 溶液中搅拌溶解，调 pH 值为 8 左右，将其加入到 St 溶液中，搅拌混合成均相，再加入 0.6g $K_2S_2O_8$ 和 0.6g MBAA 于 50℃水浴交联反应 1h。然后在高速搅拌下将油相滴加到三口瓶中，乳化 30min 使其形成油包水（W/O）的乳液状态，之后降低搅速并加入 0.6g $NaHSO_3$ 继续反应 3h，反应结束将所得产物离心后倒去上层油相，下层沉淀依次用乙酸乙酯、无水乙醇和蒸馏水洗涤，去除残留的油相以及未反应的 HA 和 St，将洗涤纯化后的产物于 50℃真空干燥箱内干燥至恒重，研磨粉碎，所得的黑灰色粉末即为 HS-CM。

合成的 HS-CM 对金属离子的吸附以化学吸附为主，在 Cr^{3+}、Pb^{2+} 或 Cu^{2+} 溶液的初始浓度为 50mg/L、HS-CM 质量为 0.1g、pH 值为 6、温度为 298.15K 的条件下，HS-CM 对 Cr^{3+}、Pb^{2+}、Cu^{2+} 的理论最大吸附容量分别为 230.35mg/g、165.30mg/g 和 176.29mg/g。

以 β-环糊精代替淀粉，通过相同的制备流程可得到腐植酸-β-环糊精复合微球（Hβ-CM）。所制备的 Hβ-CM 对金属离子的吸附同样为化学吸附，在 Cr^{3+}、Pb^{2+} 或 Cu^{2+} 溶液的初始浓度为 50mg/L、HS-CM 质量为 0.05g、pH 值为 6、温度为 298.15K 的条件下，Hβ-CM 对 Cr^{3+}、Pb^{2+}、Cu^{2+} 的理论最大吸附容量分别为 329.44mg/g、327.51mg/g 和 322.19mg/g，较 HS-CM 有明显的提升。

5.3.4.3　腐植酸黏土复合吸附剂

黏土矿物（如蒙脱石、凹凸棒石）多为层状结构，具有较好的膨胀性、较大的比表面积、成本低廉以及环保无毒等特点，而且其层状结构中含有大量无机离子，离子交换能力强，被广泛用于废水处理领域。但是，由于黏土材料层状结构中多为阳离子，对金属离子的吸附性能较差。在黏土材料引入 HA 后，HA 会破坏黏土材料的层状结构，使其结构变得更加松散，之后 HA 会在黏土材料层间发生聚集，形成较为稳定的"矿物-HA"复合体。HA 中含有丰富的氮、氧活性官能团，负载到黏土材料上后可以作为桥梁，通过络（螯）合作用吸附金属离子，从而提高黏土材料对金属离子的吸附性能。

李静萍等人以凹凸棒石原土（ATP）与腐植酸钠为原料，先对凹凸棒石进行提纯、酸化、热活化等改性处理，增大其比表面积、孔隙孔道容量和活性位点，增强其吸附能力；通过碱溶酸析沉淀法处理腐植酸钠，得到超细腐植酸粉体，提高其与凹凸棒石的相容性。随后用超声波结合机械搅拌法制备了腐植酸-凹凸棒石复合吸附剂。具体步骤及参数如下。

A　凹凸棒石黏土的酸化

称取 100g 粗凹凸棒石矿土，研磨后倒入装有 500mL 蒸馏水的烧杯中搅拌分散，静置 24h。抽去上层悬浮液，用滤网过滤并弃去下层的泥沙。再向过滤物中加入一定浓度的稀盐酸并搅拌一定时间，静置待溶液分层后倾去上层悬浮液，经离心后用去离子水洗涤至中性，最后将洗净的凹凸棒石黏土于 90℃烘干，待用。表 5-15 为由单因素正交实验确定的适用于不同吸附对象的酸化条件。尽管吸附对象不同，影响吸附效果的首要因素均为酸浓度。其中，吸附 Ni(Ⅱ)、磷酸根适宜酸化改性浓度为 3mol/L，吸附 Cr(Ⅵ)、Mn(Ⅱ)、亚甲基蓝适宜酸化改性浓度为 5mol/L。

表 5-15　适用于不同吸附对象的酸化条件

吸附对象	酸化改性条件		
	酸浓度/mol·L⁻¹	酸化时间/min	液固比
Ni(Ⅱ)	3	90	20
Cr(Ⅵ)	5	120	10
Mn(Ⅱ)	5	60	20
磷酸根	3	60	10
亚甲基蓝	5	60	20

B　凹凸棒石黏土的热活化改性

称取多组相同质量提纯的凹凸棒石黏土、酸改性的凹凸棒石黏土于陶瓷干锅中，在马弗炉中分别以 200℃、300℃、400℃、600℃焙烧，设定时间为 2h、4h。将不同条件下热活化的两种凹凸棒石黏土分别对不同重金属离子进行吸附，用分光光度计测得残余离子浓度。表 5-16 为由正交实验确定的适用于不同吸附对象的热活化条件。在是否酸化、热活化温度、热活化时间 3 个因子中，热活化温度是影响吸附效果的首要因素。其中，吸附 Mn(Ⅱ) 所需的热活化温度最低，仅为 200℃；吸附 Cr(Ⅵ) 或亚甲基蓝所需的热活化温度最高，达到 400℃。

表 5-16　适用于不同吸附对象的热活化条件

吸附对象	热活化改性条件		
	原料类型	热活化温度/℃	热活化时间/min
Ni(Ⅱ)	酸化原料	300	240
Cr(Ⅵ)	酸化原料	400	120
Mn(Ⅱ)	酸化原料	200	240
磷酸根	酸化原料	300	240
亚甲基蓝	酸化原料	400	120

C　腐植酸的制备

称取腐植酸钠 20g 溶于 15%（质量分数）的氢氧化钠溶液中，在 60℃的恒温水浴中高速搅拌 2h，过滤弃去滤渣（为不溶于碱液的杂质）。然后用盐酸将滤液 pH 值调到 1~2，静置 24h 后，混合液出现分层（腐植酸在酸性环境下沉淀，沉于下层），上清液透明。弃上清液后，将沉淀物用蒸馏水不断洗涤，以除去其他离子，当洗涤液 pH 值大约为 4 时（pH 值在 4 以上腐植酸开始溶解），再用布氏漏斗抽滤，将滤得的产物放到 105℃烘箱中烘干，冷却后研磨成粉末状，即得超细的腐植酸粉末。

D　腐植酸-凹凸棒石黏土复合体的制备

复合吸附剂的制备选用了超声波结合机械搅拌的方法。通过单因素实验结合正交实验优化，确定了适用于不同吸附对象的腐植酸-凹凸棒石复合比例、搅拌速度、超声温度、超声时间等条件参数，各参数详见表5-17。

表 5-17　适用于不同吸附对象的腐植酸-凹凸棒石复合条件

吸附对象	复合比例	超声条件		
	凹凸棒石：腐植酸	搅拌速度	温度/℃	时间/min
Ni(Ⅱ)	1:1	中速	60	30
Cr(Ⅵ)	1:3	高速	60	15
Mn(Ⅱ)	3:5	高速	40	30
磷酸根	5:3	中速	60	30
亚甲基蓝	1:4	高速	60	15

图 5-18 所示为凹凸棒土、腐植酸及凹凸棒土-腐植酸复合吸附剂的红外光谱图。在凹凸棒土、腐植酸及凹凸棒土-腐植酸复合吸附剂的红外谱图中，在约 3425cm^{-1} 附近均出现较强吸收峰，可以归属为游离羟基及氢键缔合羟基的伸缩振动吸收峰，同时，在 1625cm^{-1} 处亦均出现中等强度吸收峰，可能归属为水合水中的羟基吸收峰及 C≡C、C≡O、COO— 等的伸缩振动吸收峰。在腐植酸的红外谱图中，1391cm^{-1} 处为烷烃的对称弯曲振动吸收峰，1138cm^{-1} 及 1025cm^{-1} 处分别为 C—O 及 C—N 伸缩振动吸收峰。复合吸附剂的红外谱图与腐植酸相似，而在凹凸棒土的红外谱图中，1025cm^{-1} 处的吸收峰归属为 Si—O 键的不对称伸缩振动，790cm^{-1} 处的吸收峰归属为 Al—O 键的特征吸收峰，518cm^{-1} 处的吸收峰归属为 Mg—O 键的特征吸收峰。由此可以说明，凹凸棒土-腐植酸复合吸附剂虽然保留着凹凸棒土的一些特征吸收峰，但与腐植酸的红外谱图更为相近。因此，可以初步判定腐植酸是包裹在凹凸棒土的外表面上。

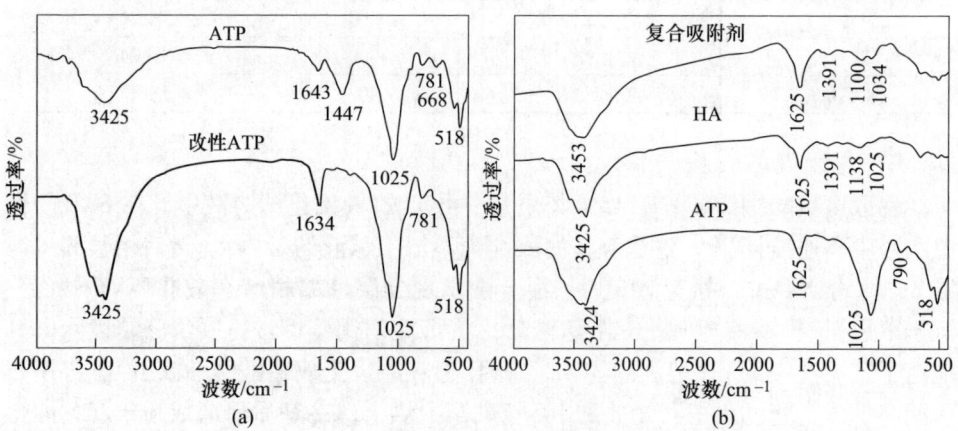

图 5-18　凹凸棒石黏土、改性凹凸棒石黏土、腐植酸和复合吸附剂的红外光谱
(a) 凹凸棒石黏土和改性凹凸棒石黏土对比；(b) 改性凹凸棒石、腐植酸和复合吸附剂对比

图 5-19 为凹凸棒石原土、改性后的凹凸棒石黏土、超细腐植酸粉体及复合

吸附剂的微观形貌图。由图 5-19 可知，原土表面粗糙，团聚在一起，极大影响了其吸附效果；改性后的凹凸棒石黏土表面呈椭球形并分散得比较均匀，能看到明显的孔隙，大大提高了表面积和吸附能力；为经过碱溶酸析后的腐植酸，呈现出层状堆积结构；经过超声波作用后，腐植酸-凹凸棒石黏土复合吸附剂的粒度明显变小、大小均一，并达到了纳米级，极大地提高了比表面积和表面活化能，同时孔隙也变小，孔径大小均匀，经过超细化的复合吸附剂其吸附能力和表面反应活性极大提高。

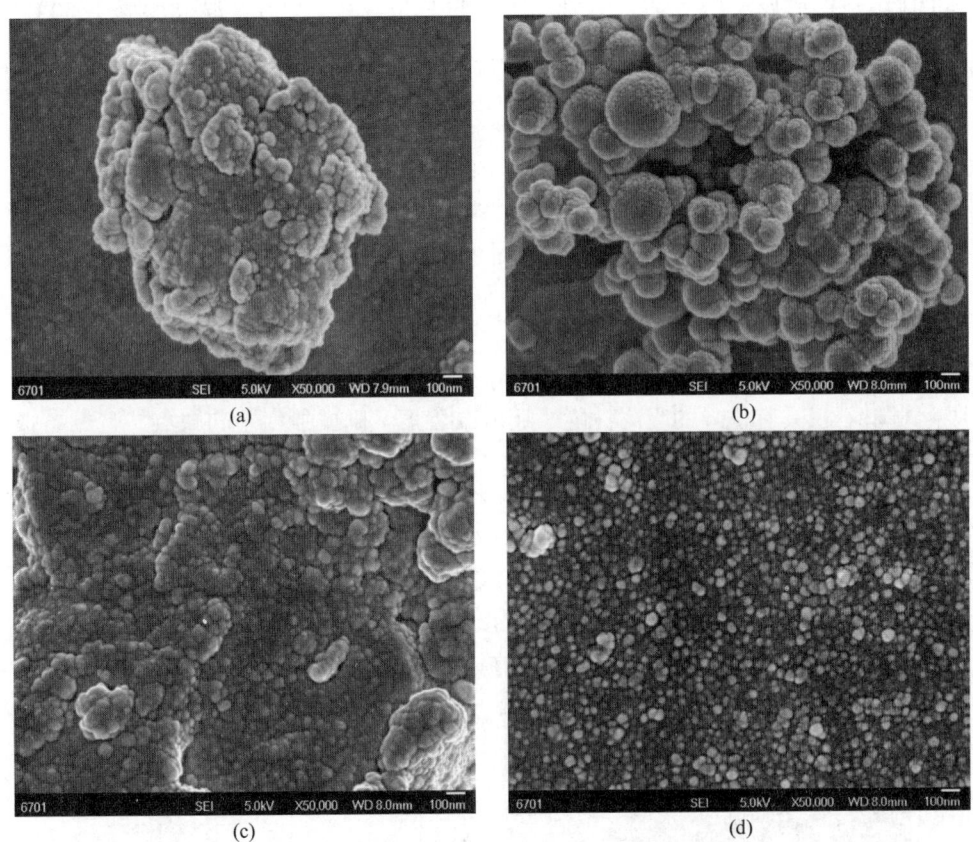

图 5-19 原土的微观形貌图

(a) 凹凸棒石原土；(b) 改性后的凹凸棒石黏土；(c) 超细腐植酸粉体；(d) 复合吸附剂

复合吸附剂对 Ni(Ⅱ)、Mn(Ⅱ)、磷酸根和亚甲基蓝的吸附展现出了良好的吸附性能。对 Ni(Ⅱ) 的吸附最佳条件为质量浓度 150mg/L，吸附剂用量为 0.8g，吸附时间 4h，温度 40℃，pH 值为 6，此时吸附率达到 97.5%，吸附量为 9.14mg/g；对 Mn(Ⅱ) 的吸附最佳条件为质量浓度 100mg/L，吸附剂用量为 0.8g，吸附时间 2h，温度 40℃，pH 值为 7，此时吸附率达到 92.5%，吸附量为

5.78mg/g；对磷酸根的吸附最佳条件为质量浓度 100mg/L，吸附剂用量为 0.8g，吸附时间 4h，温度 80℃，pH 值为 5，此时吸附率达到 91.5%，吸附量为 5.72mg/g；对亚甲基蓝的最佳吸附条件为质量浓度 300mg/L，吸附剂用量为 0.3g，吸附时间 4h，温度 50℃，pH 值为 1，此时吸附率达到 97.2%，吸附量为 48.6mg/g。

　　此外，金晓英等人以碱溶酸析处理过的 HA 与钠化改性膨润土为原料，制备了一种腐植酸改性膨润土吸附剂（HAB）：将 0.5g HA 溶解于 75mL 0.1mol/L NaOH 中，再加入 4.0g 膨润土；将 pH 值调节至 6.0，然后将混合物置于 30℃、150r/min 转速的摇床中 18h；过滤得到沉淀物，对沉淀物进行清洗、干燥、研磨，再通过 0.14mm（110 目）筛进行筛选，得到 HAB 吸收剂颗粒。该 HAB 吸附剂可同时用于吸附水溶液中的 Cu(Ⅱ) 和 2,4-DCP，且不受其他污染物的影响。当温度为 30℃时，HAB 对 Cu(Ⅱ) 和 2,4-DCP 的吸附量分别为 22.40mg/g 和 14.23mg/g。2,4-DCP 和 Cu(Ⅱ) 在 HAB 上的同时吸附可能是通过 2,4-DCP 和 HA 之间的分配以及 Cu(Ⅱ) 和膨润土之间的离子交换机制实现的。

5.3.4.4　腐植酸炭质复合吸附剂

　　通过物理或化学改性手段，在 HA 中引入炭质材料所制备的腐植酸炭质复合吸附材料不仅具有优异的吸附性能，还能改善 HA 机械强度差的缺点，且制备成本低廉、产品低毒环保。

　　Francine Côa 等人以 HA 和多壁碳纳米管（MWCNT）为原料，通过机械力化学方法（固态球磨过程），在 MWCNT 表面形成稳定的 HA 涂层（见图 5-20），所制备的 HA-MWCNTs 材料对于去除中的 Cu(Ⅱ) 离子非常有效。通过热重分析发现，纳米管表面的 HA 有机物含量为 25%；通过纳米粒度、Zeta 电位和绝对分子量分析发现，HA 涂层有利于 MWCNT 在水溶液中的分散（-42mV），在超纯水

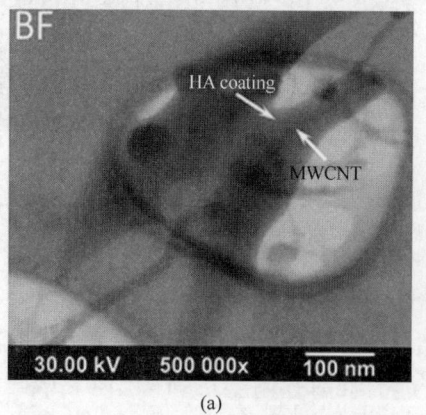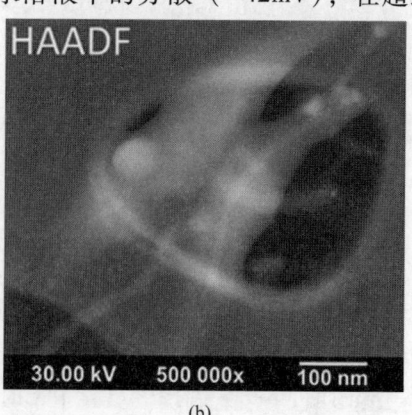

图 5-20　HA-MWCNTs 的 STEM 图

(a) 明场像；(b) 暗场像

中表现出长期的分散稳定性（96h）。HA-MWCNTs 吸附剂对 Cu（Ⅱ）离子的吸附量是用 HNO$_3$ 氧化的 MWCNTs 的 2.5 倍，且在最高浓度（10mg/L）下对受试生物体没有急性毒性。

郭子彰等人以干枯的芦苇（PA）为碳源，腐植酸为改性剂，开发了一种高效去除水介质中 Pb（Ⅱ）的新型吸附剂。该吸附剂的制备方法如下：按 1∶2 的浸渍比（$m(PA)∶m(溶液)$）将 PA 粉末加到质量分数为 85% 浓度的 H$_3$PO$_4$ 溶液中，再按 1∶10 和 2∶10 的复合比，即 $m(HA)∶m(PA)$ 向溶液中加入 HA 粉末，随后在 25℃ 下搅拌溶液 10h，得到混合物前驱体；将前驱体置于马弗炉中，在 450℃ 和 N$_2$ 气氛条件下焙烧 1h；冷却后，用去离子水洗涤焙烧样，直至洗涤液 pH 值恒定，将残余固体样干燥、破碎至 0.12mm（140 目）。未经 HA 改性的活性炭被称为 AC，HA 改性活性炭被称为 AC-HA-1 和 AC-HA-2。

图 5-21 为 AC、AC-HA-1、AC-HA-2 的微观形貌图。未经 HA 改性前，AC 呈

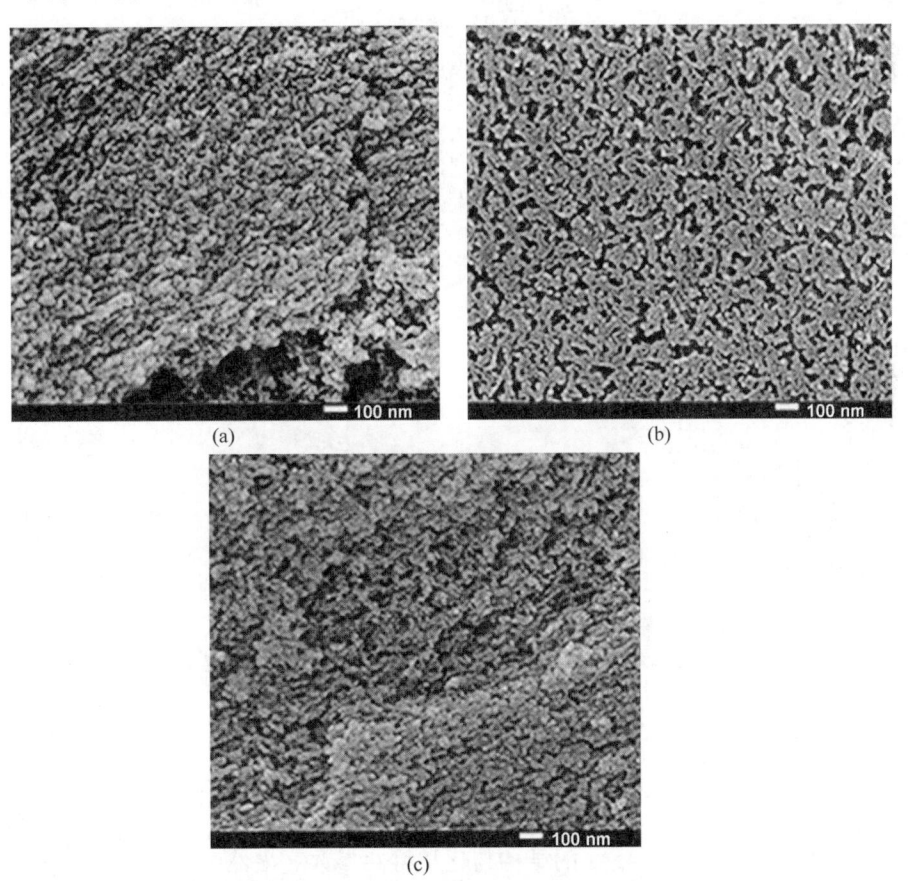

图 5-21　腐植酸改性活性炭吸附剂的微观形貌图

（a）AC；（b）AC-HA-1；（c）AC-HA-2

现为经典的多孔形态，且孔隙以小孔（小于 20nm）为主；在 HA 修饰 AC 过程，AC 表面出现孔隙崩塌现象，孔隙结构的均一性变差，部分孔隙还转化为中孔（20~50nm）或大孔（大于 50nm）。AC 和 AC-HAs 的氮气物理吸附等温线如图 5-22 所示。AC-HA-1 和 AC-HA-2 的氮气吸附体积均低于 AC，这表明孔隙崩塌造成了 BET 比表面积和孔体积的损失。

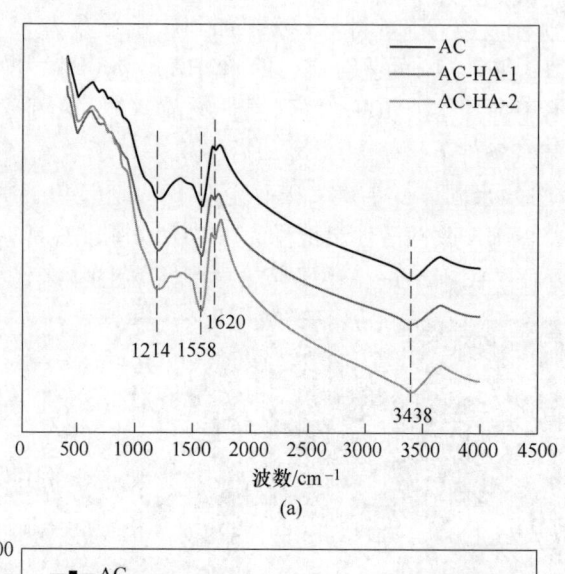

(a)

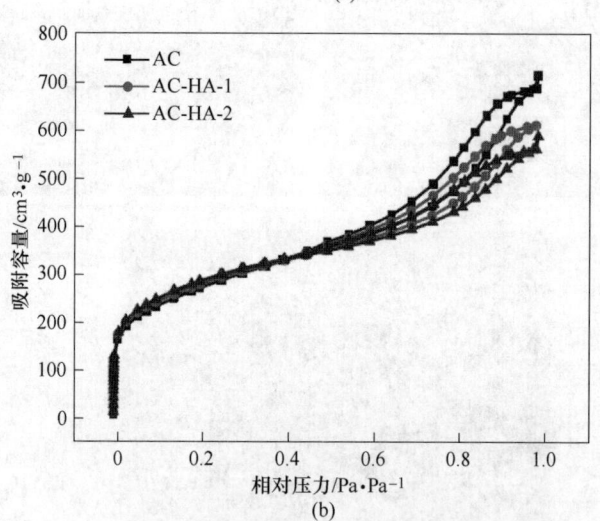

(b)

图 5-22　活性炭、腐植酸改性活性炭吸附剂特征对比

（a）红外光谱；（b）BET 吸附曲线

表 5-18 为 AC 和 AC-HAs 的结构与化学特性参数。虽然改性后 AC 的 BET 比表面积变小，但其中的微孔结构却显著增多，这是由于加热过程中 HA 聚合物基团的化学键发生膨胀，导致基团被装载在 AC 的中孔与大孔中，使其转化成了微

孔。与 AC、AC-HA-1 相比，AC-HA-2 具有更高的表面酸性（2.677mmol/g）、丰富的含氧官能团，这为溶液中的金属离子提供了许多结合位点，因而其对 Pb(Ⅱ) 的吸附容量也最高（250mg/g）。此外，HA 通过强 π-π 相互作用与 AC 结合，这可以显著增强其在溶液中的稳定性。

表 5-18 AC 和 AC-HAs 的结构与化学特性

活性炭	AC	AC-HA-1	AC-HA-2
BET 比表面积/$m^2 \cdot g^{-1}$	1057.9	992.3	923.7
微孔比表面积/$m^2 \cdot g^{-1}$	120.3	178.5	245.9
外比表面积/$m^2 \cdot g^{-1}$	937.6	813.8	677.7
总孔容/$cm^3 \cdot g^{-1}$	1.12	0.96	0.82
微孔孔容/$cm^3 \cdot g^{-1}$	0.06	0.08	0.11
外孔孔容/$cm^3 \cdot g^{-1}$	1.06	0.88	0.71
碳（质量分数）/%	64.77	60.04	57.69
氧（质量分数）/%	28.01	33.69	36.12
其他元素（质量分数）/%	7.22	6.27	6.19
羧基/$mmol \cdot g^{-1}$	0.686	0.943	1.121
内酯基/$mmol \cdot g^{-1}$	0.321	0.439	0.471
酚基/$mmol \cdot g^{-1}$	0.815	0.961	1.085
总酸量/$mmol \cdot g^{-1}$	1.822	2.343	2.677

5.4 腐植酸基黏结剂

当前绝大部分钢铁厂是采用钠化改性的膨润土为黏结剂生产铁矿球团。但是，当铁矿球团中配加膨润土时，不可避免会带来 Si、Al 等杂质元素，从而降低球团矿的铁品位。采用有机黏结剂替代膨润土，提高球团矿品质，是实现高炉"精料方针"重要途径，这一观点已得到业界专家的广泛认同。由中南大学研发成功的腐植酸钠黏结剂，其可部分取代膨润土，甚至当其添加至某些铁精矿中时，可以完全取代膨润土，如钒钛磁铁精矿。然而，其用量仍然达到 0.5% ~ 1%，并且对部分难成球铁精矿（如镜铁矿、部分磁铁精矿、赤铁矿等），采用腐植酸钠黏结剂取代膨润土，生球落下强度仍然较低。对于不同铁精矿矿种，腐植酸钠黏结剂在铁精矿球团制备中的应用仍存在一定的局限性。

5.4.1 球团用腐植酸基黏结剂的技术要求

腐植酸基黏结剂性能的评判既可以通过球团机械强度来衡量黏结剂性能的优劣，又可以通过黏结剂的特征参数来直接评判。在总结大量研究的基础上，郑州大学团队从腐植酸光密度比（E_4/E_6）、腐植酸含量、胡富比 3 方面提出了铁矿球团用腐植酸基黏结剂的技术要求。

5.4.1.1　对光密度比（E_4/E_6）的要求

腐植酸类物质是一类复杂的混合物，没有确定的分子量。光学性质是腐植酸类物质的重要特性，是判断腐植质分子复杂程度的重要依据。吸光度是由腐植酸类物质分子结构中的不饱和键、羧基、醌基等的存在引起的。吸光度初步反映了腐植质分子的芳构化程度。腐植质在波长 465nm 和 665nm 的光密度比，用 E_4/E_6 表示。E_4/E_6 反映了腐植质的分子结构特性，它是表征腐植质分子大小的特征函数。E_4/E_6 与相对分子质量大小或分子芳构化程度呈负相关，与脂肪族链烃含量呈正相关。

前文研究表明，黄腐酸组分的黏结性能随着 E_4/E_6 的提高而降低；相反，胡敏酸组分的黏结性能随着 E_4/E_6 的提高而增强；腐植酸组分的黏结性能高于黄腐酸和胡敏酸，但 E_4/E_6 过大或过小均不利于黏结性能的提高。基于前文研究得出，黄腐酸的 E_4/E_6 小于 6.73，对应的黏结剂性能较好；胡敏酸的 E_4/E_6 大于 3.41，对应的黏结剂性能较好；腐植酸的 E_4/E_6 接近 3.86，对应的黏结剂性能较好。

5.4.1.2　对腐植酸含量的要求

腐植酸含量的概念最早见诸于煤化学、煤岩学等相关类学科，其大小决定了低等级变质煤的应用方向和利用价值。腐植酸含量的测定方法为化学容量法，只是笼统地评价了黏结剂中有机质的含量。刘国根指出，腐植酸含量可以作为评价直接还原球团黏结性能的重要指标之一。

分别以普通磁铁精矿 DBMA 和钒钛磁铁精矿 PXMB 为造球原料，研究了黏结剂腐植酸含量与其黏结性能之间的关系。固定实验条件：黏结剂用量 0.75%，混合料经润磨预处理 5min，造球时间 12min，生球落下强度与黏结剂腐植酸含量的关系如图 5-23 所示。

从图 5-23 可以看出，当腐植酸含量在 33%~68.4% 之间变化时，随着腐植酸含量的提高，生球落下强度先快速升高后缓慢降低。对于普通磁铁精矿 DBMA 来说，当腐植酸含量高于 40.0% 时，生球落下强度迅速升高；当腐植酸含量高于 50.0% 时，生球落下强度随着腐植酸含量升高呈下降趋势。对于钒钛磁铁精矿 PXMB 来讲，当腐植酸含量从 33.0% 提高至 40.0%，生球落下强度增长幅度较小；当腐植酸含量高于 40.0% 时，生球落下强度也迅速升高；当腐植酸含量从 50.0% 升高到 68.4% 时，生球落下强度从 16.5 次/（0.5m）下降至 14.5 次/（0.5m）。

尽管腐植酸含量高低并不能用来确切地评价黏结剂性能的优劣，但是黏结剂

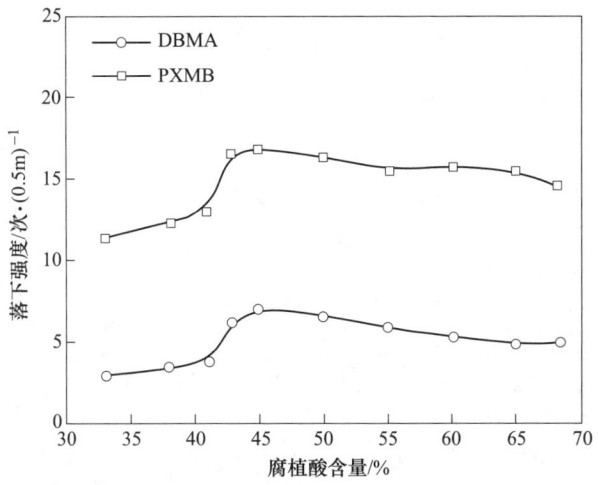

图 5-23 黏结剂腐植酸含量对生球落下强度的影响

性能与腐植酸含量存在一定的关系。综合来看，当腐植酸含量为 40%~50% 时，黏结剂的黏结性能较好。

5.4.1.3 对胡富比的要求

胡富比是衡量腐植酸以何种组分类型存在的特征参数。胡富比的概念最早来源于土壤学，其对于工程应用领域的意义鲜有报道。很多研究反映出，腐植酸的黏结性能好于单一黄腐酸和胡敏酸，表明黄腐酸和胡敏酸共存条件下黏结剂的性能较好。

胡富比可以通过调节胡敏酸、黄腐酸占黏结剂质量的比例来实现。以胡敏酸组分占黏结剂质量的比例为 80% 为例，黄腐酸组分占黏结剂质量的比例则为 20%，此时胡富比为 8∶2。针对不同类型铁精矿原料，分别研究了黏结剂胡富比对铁精矿生球落下强度的影响。实验采用胡敏酸 MH3、黄腐酸 MF3 来调节胡富比。铁精矿原料主要包括普通磁铁精矿 DBMA、HBML、HZMD、钒钛磁铁精矿 PXMB、赤铁精矿 BXHD 和镜铁精矿 BXSD。镜铁精矿 BXSD 比表面积仅为 420cm^2/g，成球性能极差，不同黏结剂功能组的黏结性能差异很难体现出来。因此，镜铁精矿经高压辊磨预处理至比表面积 1600cm^2/g，以提高其成球性能。对于普通磁铁矿，黏结剂总用量为 0.75%；对于钒钛磁铁矿，黏结剂用量为 0.50%；对于赤铁矿和镜铁矿，黏结剂总用量为 1.0%。固定实验条件：混合料润磨预处理 5min，造球时间 12min，胡富比对铁精矿生球落下强度的影响规律如图 5-24 所示。

由图 5-24 可以看出，胡富比对黏结剂的黏结性能产生明显的影响。随着黏

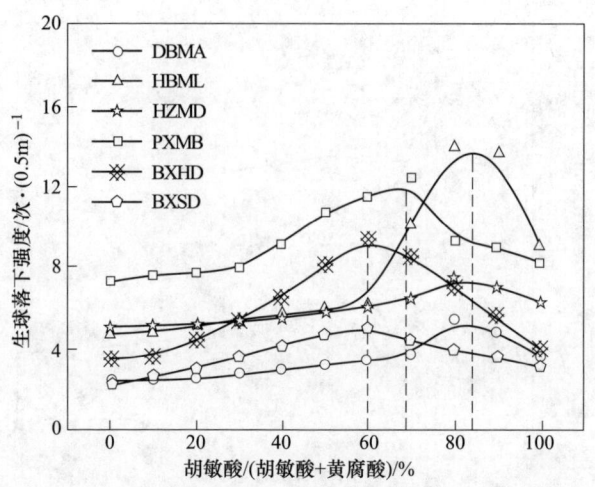

图 5-24　黏结剂中胡敏酸比例对铁精矿生球落下强度的影响

结剂胡富比的提高，生球落下强度均呈先升高后降低的趋势。对于不同铁精矿原料，生球落下强度最大值与黏结剂最优胡富比的对应关系见表 5-19。

表 5-19　生球落下强度最大值与黏结剂最优胡富比的对应关系

铁矿类型	磁铁精矿				赤铁精矿	
	DBMA	HBML	HZMD	PXMB	BXHD	BXSD
最优胡富比	8∶2	8∶2	8∶2	7∶3	6∶4	6∶4
落下强度最大值/次·$(0.5m)^{-1}$	5.5	13.9	7.5	12.4	9.4	5.1

对于不同铁精矿原料，均可以通过改变胡富比调控黏结剂的黏结性能，并使其性能达到最大化。对于球团生产过程而言，生球落下强度的意义非常重要。对于普通磁铁精矿原料来说，胡富比在 8∶2 附近，黏结剂的黏结性能较好；对于钒钛磁铁精矿来说，胡富比在 7∶3 附近，黏结剂的黏结性能较好；对于赤铁精矿来讲，胡富比在 6∶4 附近，黏结剂的黏结性能较好。

在低阶煤炭中，风化煤中黄腐酸含量较高，胡富比甚至达到 10∶9；相反，褐煤中黄腐酸含量较低，胡富比可以达到 100∶1。结合表 5-19 可以得出，风化煤提取的黏结剂较适合用于制备赤铁精矿球团；褐煤原料提取的黏结剂较适合用于制备磁铁精矿球团；可以对不同类型的原料煤进行混配，直接调整黏结剂制备原料中黄腐酸与胡敏酸比例，使黏结剂的胡富比达到技术要求。

5.4.2　铁矿表面电性对腐植酸黏结性能的影响

腐植酸对不同类型铁矿的黏结性能各有区别，这在很大程度上是受铁矿表面电性的影响。通过球团制备技术，以生球落下强度作为黏结剂黏结性能的评价指标，重点研究了铁精矿的表面电性对黏结剂黏结作用的影响。

5.4.2.1 普通磁铁矿

采用 8 种普通磁铁精矿为原料，以无黏结剂时作参照，分别以黄腐酸、胡敏酸和腐植酸为黏结剂制备球团，不同条件下的生球落下强度见表 5-20。

表 5-20　不同黏结剂条件下普通磁铁精矿生球的落下强度　[s/(0.5m)]

铁矿类型	DBMA	HBML	HBMS	HBMM	HBMT	HBMQ	HZMD	ASMI
无黏结剂	2.1	2.5	2.7	2.2	1.8	2.7	2.8	1.8
黄腐酸	2.6	5.4	3.2	4.8	2.2	4.7	5.4	2.1
胡敏酸	4.3	8.9	6	6.3	2.2	6.2	6.7	2.2
腐植酸	7.6	9.4	6.5	7.9	3.2	7.4	7.4	2.9

从表 5-20 可以看出，与未添加黏结剂的生球相比较，采用黏结剂功能组分均可以不同程度地提高铁精矿生球的落下强度。对于同一种黏结剂功能组分来说，采用不同铁精矿制备的生球的落下强度存在明显差异。对比 3 种黏结剂功能组分采用同一种铁精矿制备的生球的落下强度可知，黄腐酸黏结作用最弱，腐植酸黏结作用最强。研究结果也反映出，黄腐酸的引入提高了胡敏酸的黏结作用，具体表现在以腐植酸为黏结剂制备的生球的落下强度高于胡敏酸。

总结上述试验结果，可以进一步得出：

（1）PZC 对普通磁铁精矿生球的落下强度具有显著的影响（见图 5-25）。

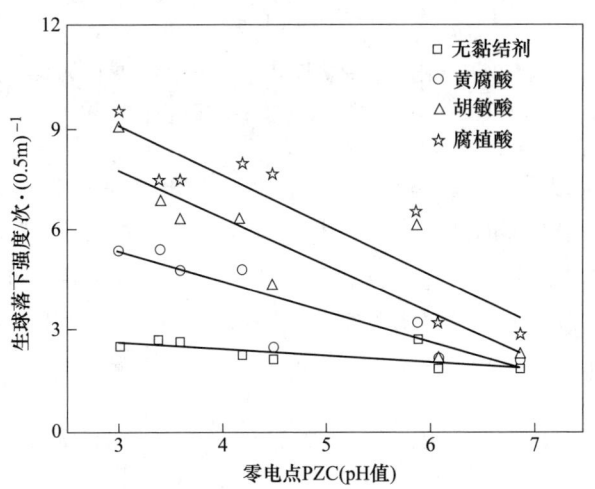

图 5-25　磁铁精矿 PZC 对生球落下强度的影响

图 5-25 表明，对于普通磁铁精矿来说，PZC 越小，铁精矿生球落下强度越大。采用黄腐酸作为黏结剂，当铁精矿 PZC 在 pH 值大于 4.0 的范围内时，生球落下强度明显降低。采用胡敏酸、腐植酸分别作为黏结剂，当 PZC 在 pH 值大于 4.5 的范围内时，生球落下强度急剧降低。相比较而言，胡敏酸、腐植酸作为黏结剂时铁精矿 PZC 对生球落下强度的影响更为显著。由于普通磁铁精矿 PZC 与 Al_2O_3、CaO 及 TiO_2 总含量呈负相关性，所以黏结剂黏结作用强度随着铁精矿中 Al_2O_3、CaO 及 TiO_2 总含量升高逐渐增强。普通磁铁精矿 PZC 对同一黏结剂功能组分吸附作用、黏结作用的影响具有一致性。

（2）磁铁矿生球落下强度与吸附黏结剂前后铁精矿表面 Zeta 电位变化量（溶液 pH 值为 7.0 时）的关系如图 5-26 所示。

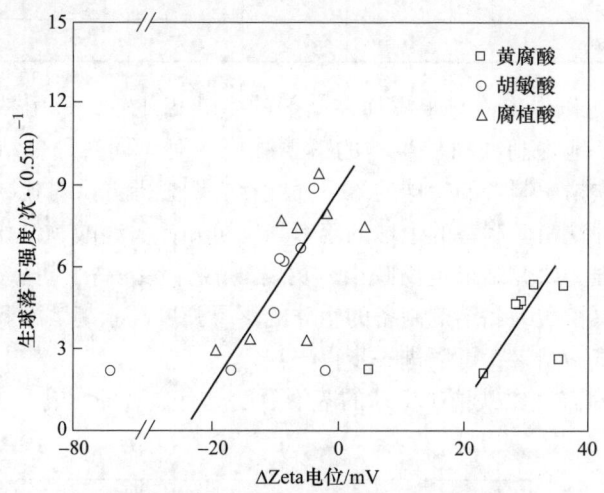

图 5-26　吸附黏结剂功能组分前后铁精矿表面 Zeta
电位变化量与生球落下强度的关系

从图 5-26 可以看出，黄腐酸、胡敏酸或腐植酸分别作为黏结剂时，生球落下强度均随着铁精矿表面 Zeta 电位变化量（ΔZeta 电位）的提高逐渐升高。吸附腐植酸后铁精矿表面的 Zeta 电位变化量介于黄腐酸和胡敏酸之间，采用腐植酸制备的生球的落下强度最高。吸附黄腐酸后铁精矿表面的 Zeta 电位变化量最高，但是采用黄腐酸制备的生球的落下强度最低。

5.4.2.2　钒钛磁铁矿

采用钒钛磁铁精矿为原料，以无黏结剂时作参照，分别以黄腐酸、胡敏酸和腐植酸为黏结剂制备球团，不同条件下的生球落下强度见表 5-21。

表 5-21　不同黏结剂条件下钒钛磁铁精矿生球的落下强度　[s/(0.5m)]

黏结剂种类	无黏结剂	黄腐酸	胡敏酸	腐植酸
生球落下强度	3.0	7.0	13.5	16.2

对于黄腐酸、胡敏酸或腐植酸作用体系，钒钛磁铁精矿表面的 Zeta 电位变化幅度大于普通磁铁精矿，所对应的生球落下强度也高于普通磁铁精矿。可见，钒钛磁铁精矿的表面性质对黏结剂黏结作用的影响更为明显。研究发现，化学成分 Al_2O_3、CaO、TiO_2 既能够对铁精矿表面电性引起的静电作用产生影响，又能够对铁精矿与黏结剂间化学作用产生影响。对于钒钛磁铁精矿来说，胡敏酸组分与含钛化合物表面发生非常强烈的化学吸附，所以生球落下强度明显高于普通磁铁精矿。

5.4.2.3　赤铁矿

采用 3 种赤铁精矿为原料，以无黏结剂时作参照，分别以黄腐酸、胡敏酸和腐植酸为黏结剂制备球团，不同条件下的生球落下强度见表 5-22。

表 5-22　不同黏结剂条件下赤铁精矿生球的落下强度　[s/(0.5m)]

黏结剂种类	BXHC	BXHD	BXSD
无黏结剂	1.0	1.8	1.0
黄腐酸	1.0	2.2	1.0
胡敏酸	1.1	3.9	1.0
腐植酸	1.4	5.2	1.1

表 5-22 表明，与未添加黏结剂的生球相比较，采用黏结剂功能组分均可以不同程度地提高赤铁精矿生球的落下强度。与磁铁精矿比较，黏结剂对赤铁精矿生球落下强度的提高幅度较低。由于黏结剂在赤铁精矿表面的吸附作用较弱，导致黏结剂不能充分发挥其黏结作用。

结合上述结果，可以进一步得出：PZC 对赤铁精矿生球落下强度具有明显的影响（见图 5-27）。

对于赤铁精矿来说，PZC 越大，生球落下强度越大。由于赤铁精矿 PZC 与 Al_2O_3、CaO 总含量呈负相关性，所以赤铁精矿中 Al_2O_3 和 CaO 总含量越低，黏结剂黏结作用越强。比较发现，胡敏酸、腐植酸作为黏结剂时赤铁精矿 PZC 对生球落下强度的影响更为显著。对于同一种赤铁精矿，黄腐酸与胡敏酸复合使用的效果最好。本书在 4.2.3 节指出，赤铁精矿 PZC 对同一黏结剂功能组分吸附作用、黏结作用的影响具有一致性。由于黏结剂在镜铁精矿表面的吸附作用强度最弱，所以采用镜铁精矿制备的生球落下强度最低。与磁铁精矿比较，赤铁精矿球

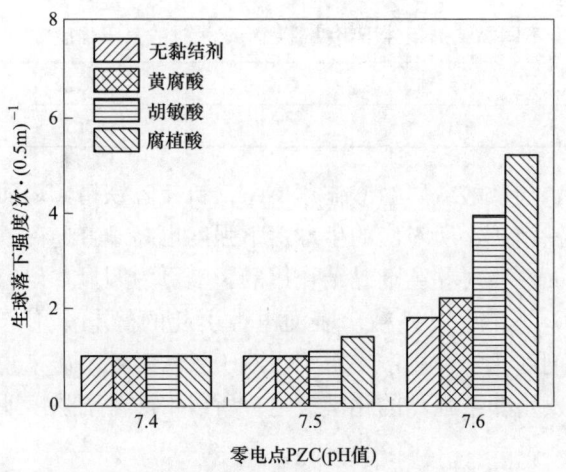

图 5-27　PZC 对赤铁精矿生球落下强度的影响

团的落下强度较低，主要原因是黏结剂在赤铁精矿表面的吸附作用较弱。

5.4.3　腐植酸功能组分结构与黏结性能的关系

以钒钛磁铁精矿为造球原料，研究了不同来源黏结剂功能组分的黏结性能；并结合功能组分的结构差异性，进一步分析了黏结剂的黏结性能与其结构特征之间的关系。

5.4.3.1　黄腐酸组分

采用 5 种黄腐酸组分作为黏结剂制备球团，生球落下强度如图 5-28 所示。

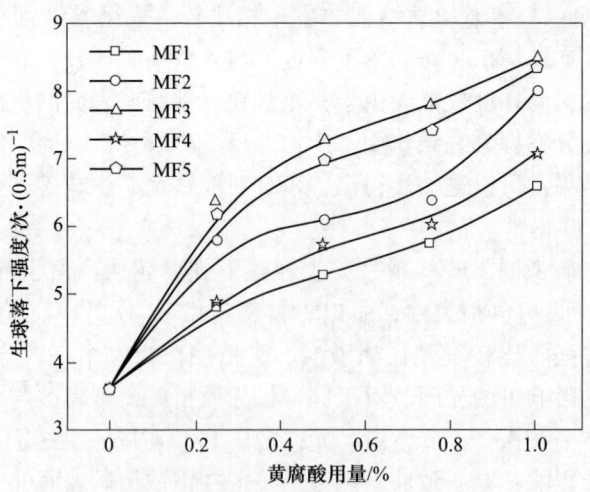

图 5-28　黄腐酸组分为黏结剂条件下的球团落下强度

图 5-28 表明，黄腐酸组分的黏结性能与其用量呈正相关性。5 种黄腐酸的黏结性能大小变化规律可以归纳为：MF3>MF5>MF2>MF4>MF1。结合前文对 5 种黄腐酸组分的结构差异性研究，可以进一步得出：黄腐酸的黏结性能与其 E_4/E_6 呈明显的负相关性（见图 5-29）。

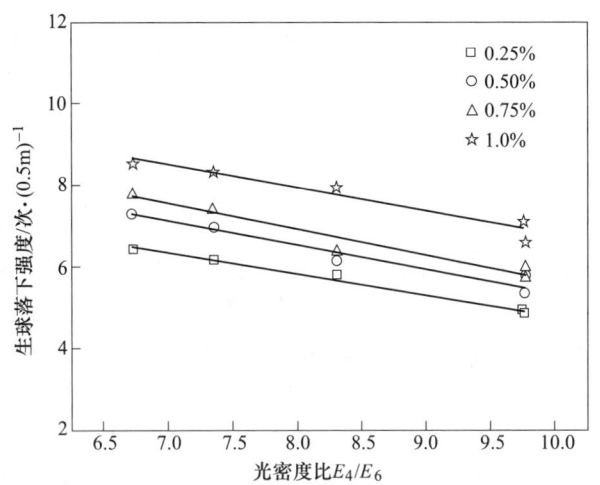

图 5-29　球团落下强度与黄腐酸组分 E_4/E_6 的关系

在黏结剂用量 1.0%条件下，回归分析得出，生球落下强度（D_F）与黄腐酸组分 $E_4/E_6(\lambda)$ 的线性方程为 $D_F=12.512-0.573\times\lambda$，相关系数为 0.926。实验结果表明，黄腐酸的黏结性能与其分子量或芳构化程度呈明显的正相关性，即黄腐酸分子量或芳构化程度越高，其黏结性能越强，球团强度越高。前文 4.2.3 节发现，分子量接近 600Da 时，黄腐酸组分的黏结性能表现最佳。

综合以上结果，黄腐酸组分结构-吸附性能-黏结性能关系可以概括为：黄腐酸组分分子量越高，其吸附性能、黏结性能越好。

5.4.3.2　胡敏酸组分

采用 5 种胡敏酸组分作为黏结剂制备球团，生球落下强度如图 5-30 所示。

由图 5-30 可以看出，胡敏酸组分的黏结性能与其用量呈正相关性。5 种胡敏酸黏结性能的大小规律为：MH3>MH2>MH5>MH1>MH4。结合前文对 5 种胡敏酸的分子结构差异性研究，可以进一步得出：胡敏酸组分的黏结性能与其 E_4/E_6 呈明显的正相关性（见图 5-31）。

在黏结剂用量 1.0%条件下，回归分析得出，生球落下强度（D_H）与胡敏酸 $E_4/E_6(\lambda)$ 的线性方程为 $D_H=-1.643-3.230\times\lambda$，相关系数为 0.931。实验结果表明，胡敏酸的黏结性能与其分子量或芳构化程度呈负相关性，即胡敏酸分子量或

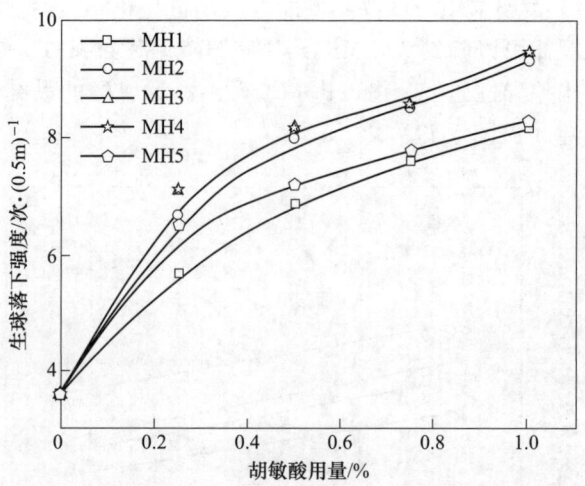

图 5-30　胡敏酸组分为黏结剂条件下的球团落下强度

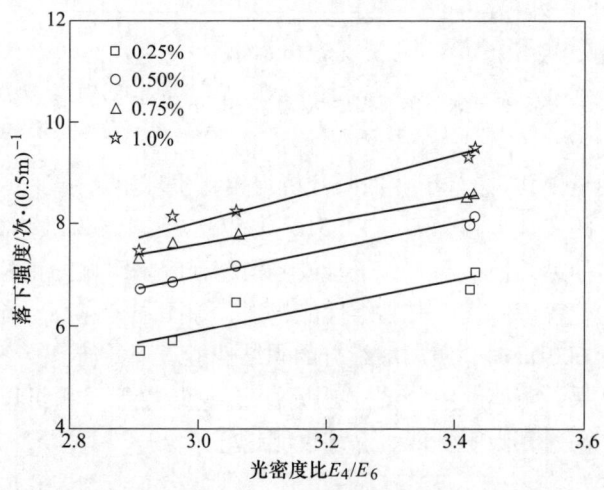

图 5-31　球团落下强度与胡敏酸组分 E_4/E_6 的关系

芳构化程度越低，其黏结性能越强，球团落下强度越高。根据 4.2.3 节的相关讨论，当分子量分别趋于 1500Da 时，胡敏酸黏结性能表现最佳。

　　综合各实验结果，胡敏酸组分结构-吸附性能-黏结性能关系可以概括为：胡敏酸组分分子量越低，其吸附性能、黏结性能越好。

5.4.3.3　腐植酸组分

　　采用 5 种腐植酸组分作为黏结剂制备球团，生球落下强度如图 5-32 所示。

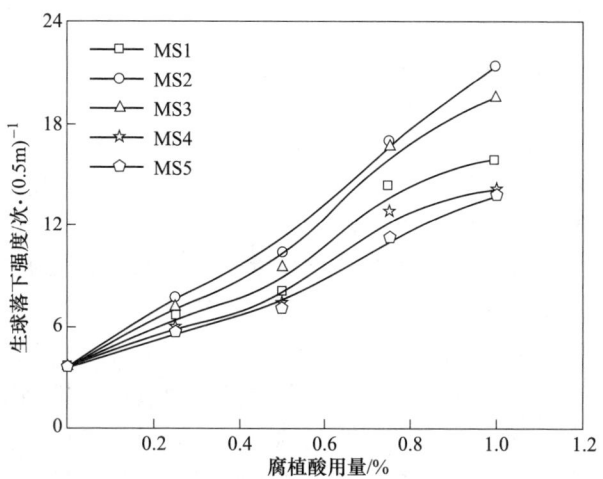

图 5-32 腐植酸组分为黏结剂条件下的球团落下强度

由图 5-32 可以看出，腐植酸组分黏结性能与其用量也呈正相关性。5 种腐植酸黏结性能大小规律可以归纳为：MS2>MS3>MS1>MS4>MS5。结合前文对腐植酸组分的结构差异性研究，可以得出：腐植酸黏结性能与其 E_4/E_6 呈现一定程度的相关性，如图 5-33 所示。

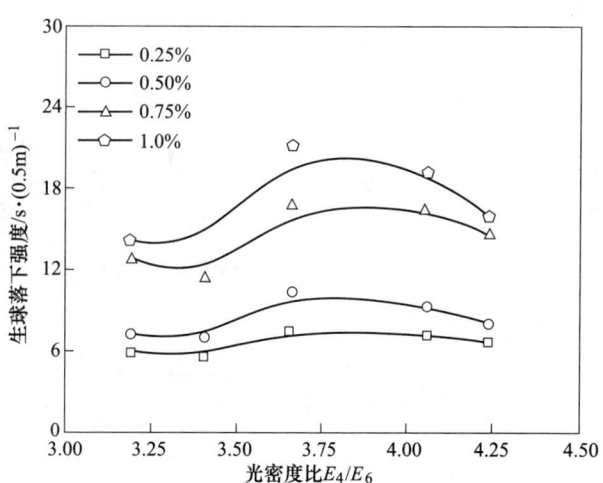

图 5-33 球团落下强度与腐植酸组分 E_4/E_6 的关系

图 5-33 所描述腐植酸黏结性能与其 E_4/E_6 的关系与前文图 4-54 中结果基本一致，由此可以推断出：当 E_4/E_6 趋于 3.858 时，腐植酸组分的黏结性能最好。与前文所述相同，当黄腐酸、胡敏酸的分子量分别趋近最优值 600Da 和 1500Da

时，腐植酸组分黏结性能对应的最佳分子量区间趋为 1410~1490Da。

5.4.4 腐植酸基改性/复合黏结剂制备及性能

如前所述，腐植酸黏结剂在铁精矿球团制备中的应用存在一定的局限性。为改善腐植酸黏结剂对各类型铁精矿的适用性，中南大学姜涛团队开发了一种铁矿球团用腐植酸钠黏结剂溶液。每升黏结剂溶液的溶质组分为：100~150g 腐植酸钠、0.1~0.5mol 氢氧化钠、占腐植酸钠质量 8%~10% 的黏度调整剂；溶剂组分为水。其中，黏度调整剂由 Al^{3+}、Fe^{3+}、Ca^{2+}、Mg^{2+} 的可溶性盐中的一种或几种组成。这些可溶盐电离产生的金属阳离子使得溶液中带有负电荷的腐植酸分子相互"搭桥"在一起，能增加腐植酸溶液的黏度，即增大了铁精矿颗粒之间黏结剂"连桥"的机械强度，可有效提高生球强度；同时金属阳离子在羟基化的铁精矿颗粒表面与带负电的腐植酸分子之间也起到"架桥"的作用，从而促进更多的腐植酸分子配位吸附在铁精矿表面，有利于提高腐植酸钠黏结剂球团的生球强度。大量研究结果表明，通过喷洒方式将腐植酸钠黏结剂溶液添加到铁精矿中进行球团制备，相对直接采用腐植酸时用量降低至少 0.5%，而预热球和焙烧球强度可分别提高 320N/个、500N/个以上，同时可以提高成品球全铁品位，并且此腐植酸钠黏结剂溶液特别适用于难造球铁精矿的成球。

通过构建腐植酸钠-膨润土复合黏结剂能有效弥补单一组分黏结剂应用的不足。张元波等人发明了两种腐植酸钠-膨润土复合黏结剂，它们的制备流程分别如图 5-34（a）和图 5-34（b）所示。

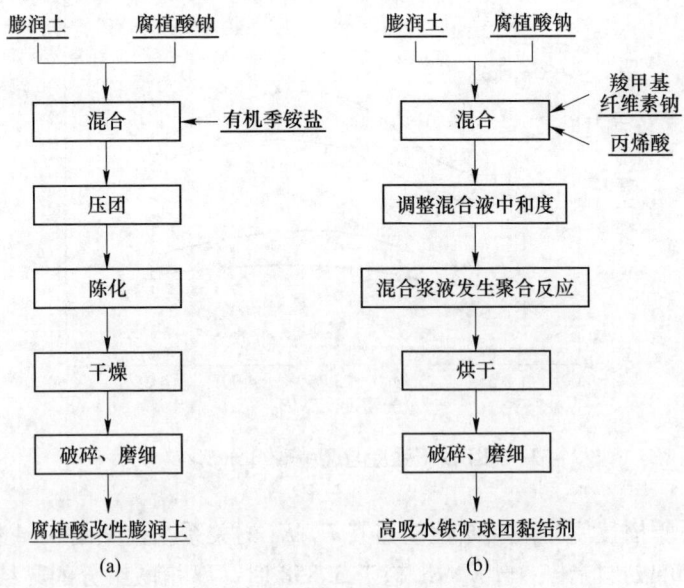

图 5-34　腐植酸钠-膨润土复合黏结剂的制备流程

5.4.4.1 腐植酸改性膨润土

将天然钙基膨润土破碎、研磨后，通过喷洒方式向研磨后的天然钙基膨润土中添加腐植酸钠和有机季铵盐（二甲基双十八烷基氯化铵、三甲基十八烷基氯化铵或三甲基十六烷基溴化铵）混合溶液，得到分散均匀的混合料，混合料含 20%~50%（质量分数）水分，且其中腐植酸钠、有机季铵盐与钙基膨润土干基质量比为（5~30）:（1~5）:100；将混合料在 10~25MPa 下压团成型，所得团块室温条件下陈化 3~10d，再经干燥、破碎和研磨得到产品。在压团和陈化过程中 Na^+ 和季铵阳离子可以进入钙基蒙脱石晶层中取代部分 Ca^{2+}，有机季铵盐能顺利插入蒙脱石的片层中，将蒙脱片层间距撑大，加快 Na^+ 迁移、取代速率。通过该方法制备的黏结剂在使用量仅为 0.3%~1.0% 时，获得的生球落下强度不低于 4 次/（0.5m）、爆裂温度大于 600℃，预热球抗压强度可达 450N/个以上，焙烧球抗压强度可达 2500N/个以上，成品球全铁品位 TFe 可以提高 1% 以上。

5.4.4.2 高吸水铁矿球团黏结剂

将天然钙基膨润土破碎后，与腐植酸钠、羧甲基纤维素钠与丙烯酸按质量比 100:（5~30）:（0.01~0.05）:（10~30）混合，再加水制成混合浆液；所得混合浆液通过氢氧化钠溶液调整中和度至 70%~85% 后，依次向所述混合浆液中添加引发剂（过硫酸钾、过硫酸铵或亚硫酸氢钠；加入量为丙烯酸质量的 0.1%~1.0%）和交联剂（N,N'-亚甲基双丙烯酰胺；加入量为丙烯酸质量的 0.1%~2.0%），在 50~80℃ 温度下搅拌反应，反应产物依次经过干燥、粉碎、并研磨至 $-74\mu m$（-200 目）粒级占 99% 以上，得到吸水率高于 800% 的铁矿球团黏结剂。将高吸水性复合黏结剂直接加入到铁精矿原料中，黏结剂能吸持大量水分，因而提高了黏结剂对铁矿原料水分的适宜上限，实际生产中经脱水后的铁精矿原料可不经烘干处理，配加复合黏结剂后即可直接组织生产，从而减少烘干设备投资成本和干燥过程能耗。

5.5 其他改性/复合产品

5.5.1 腐植酸螯合沉淀剂

沉淀浮选法原则上可以回收任何离子，但是其缺点在于常见的金属离子浮选药剂价格昂贵，用量又较大。腐植酸基药剂是一种来源广泛、价格低廉、对金属离子具有高的吸附键合量、且分子结构中含有羧基、酚羟基、脂肪链、芳香环等亲疏水的两性物质，将其应用作金属离子的螯合沉淀剂具有天然优势。开发新型的环境友好型的腐植酸基金属螯合剂，在此基础上形成废水净化和资源化利用新技术，对我国工业和生态环境和谐发展有重大的意义。

郑州大学团队采用 Na_2SO_3 作为磺化剂对腐植酸进行共价键修饰。其中，称取一定质量的腐植酸加入搭造的合成装置反应器三口烧瓶中。同时，向反应器中加入适量的氢氧化钠溶液。然后，水浴加热搅拌至样品完全溶解。以一定质量比的样品与磺化剂配置为一定浓度溶液，并缓慢滴加至反应器中。调节水浴锅温度，反应一段时间后停止加热，采用盐酸调节溶液使磺化腐植酸析出，60℃下干燥，得到共价键修饰的腐植酸，即磺化腐植酸。其主要合成机理路线如图 5-35 所示。

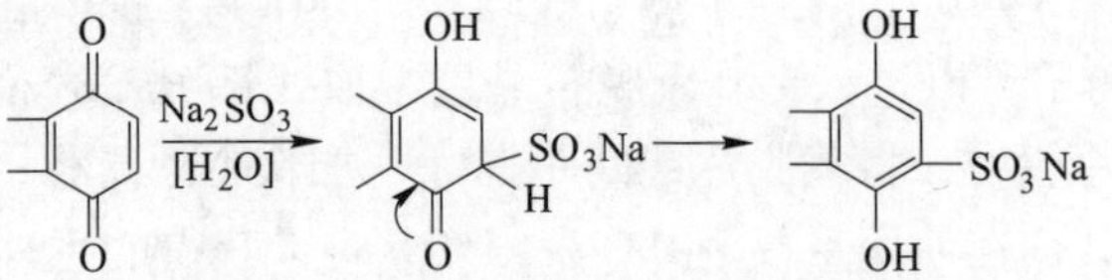

图 5-35　磺化腐植酸的合成原理图

根据图 5-35 可知，腐植酸通过共价键修饰合成磺化腐植酸，其机理主要为在醌基上进行 1,4 加成反应。根据合成原理图可知，在整个合成路线中，不仅向腐植酸的苯环结构上引入了磺酸基，也通过加成反应使腐植酸的部分羧基转化为酚羟基。因此，共价键修饰后的腐植酸基螯合剂的酚羟基含量上升，磺酸基含量上升，羧基含量下降。

根据腐植酸的性质分析可知，腐植酸与金属离子相互作用的主要基团为含氧官能团。而腐植酸基中含氧官能团分别为羧基和酚羟基，因此，为了从理论上揭示腐植酸基螯合剂的可行性及其主要影响因素，选用了 3 种代表性腐植酸基药剂腐植酸、磺化腐植酸、黄腐酸作为重金属离子的螯合剂进行研究。为了进一步揭示 3 种腐植酸基螯合剂的性质差异，分别采用了扫描电镜法、红外光谱法和化学滴定法等研究手段，对腐植酸基螯合剂的表面性质及物性进行了分析研究。其中，对 3 种腐植酸基螯合剂进行干燥制样，在相同的条件下进行了扫描电镜分析，结果如图 5-36 所示。

根据图 5-36 分析可知，腐植酸基螯合剂的表面结构复杂，不同种类的腐植酸基螯合剂形貌差异较大。其中，腐植酸表面分布粗糙，但是比较均匀，表面结构相对紧密。经过共价键修饰的磺化腐植酸表面结构呈现疏松化，出现卷曲结构，且表面粗糙度增加。黄腐酸表面结构较为平滑，结构紧凑。

为进一步研究 3 种腐植酸基螯合剂的表面性质，对 3 种腐植酸基螯合剂进行了 Fourier 红外光谱测定。实验结果如图 5-37 所示。

根据图 5-37 可知，$3429cm^{-1}$ 为有氢键结合酚羟基—OH 的特征吸收峰。$1707cm^{-1}$ 处为羧基和羰基—C ═ O 的伸缩振动峰。$1035cm^{-1}$ 为磺酸基—SO_3H 的特征吸收峰。根据红外光谱结果分析可知，3 种腐植酸基螯合剂在含氧官能团的

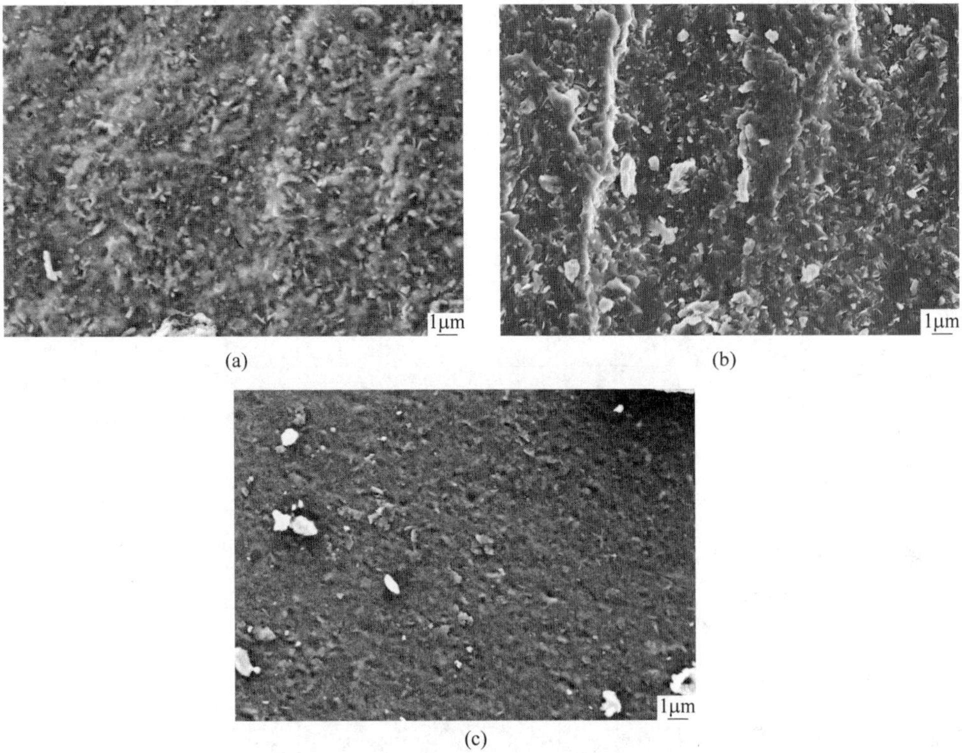

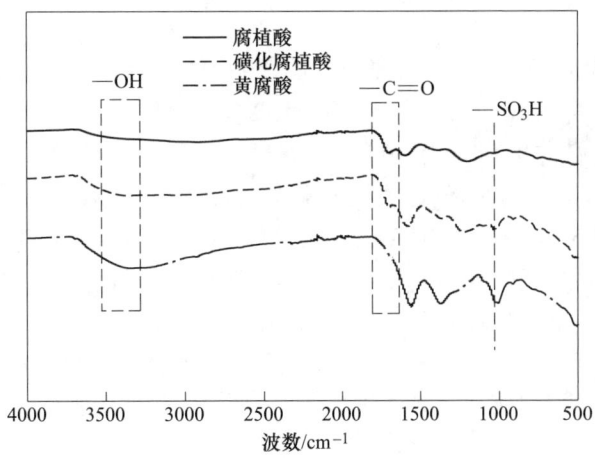

图 5-36 腐植酸基螯合剂的 SEM 图

（a）腐植酸；（b）磺化腐植酸；（c）黄腐酸

图 5-37 腐植酸基螯合剂的傅里叶变换红外光谱（FTIR）谱图

含量上存在一定的规律。其中，羧基含量存在的规律为腐植酸中羧基含量最高，磺化腐植酸次之，黄腐酸中羧基含量最低。与此同时，酚羟基含量呈现相反的规律。其中，黄腐酸的酚羟基含量最高，其次为磺化腐植酸，腐植酸中酚羟基含量最低。磺酸基含量呈现的规律与酚羟基含量呈现的规律一致。综合红外光谱结果可知，3 种腐植酸基螯合剂性质的差异主要表现在羧基含量与酚羟基含量的不同。

为进一步确定 3 种腐植酸官能团的含量，采用化学滴定法对 3 种腐植酸基螯合剂进行了酸性含氧官能团含量的测定。其中，总酸性官能团含量采用氯化钡滴定法进行测定，羧基含量采用醋酸钙法进行测定。化学滴定法采用平行实验 3 次，取平均实验结果。实验结果如图 5-38 所示。

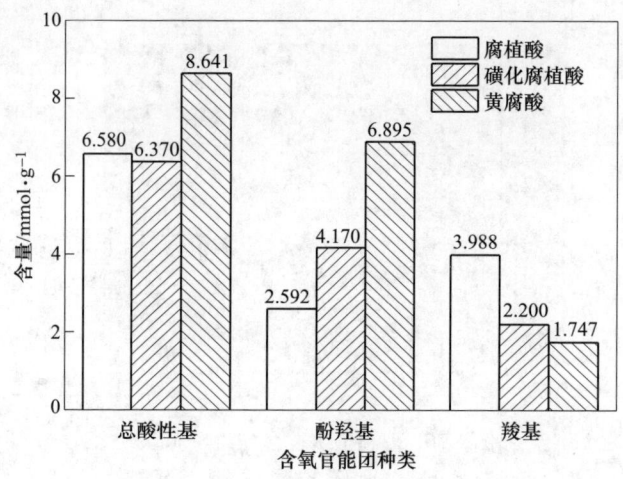

图 5-38   腐植酸基螯合剂的含氧官能团含量

根据图 5-38 所示，在羧基含量上，腐植酸羧基含量为 3.988mmol/g，磺化腐植酸的羧基含量为 2.200mmol/g，黄腐酸中羧基含量为 1.747mmol/g。羧基含量表现的规律为：腐植酸>磺化腐植酸>黄腐酸。在酚羟基含量上，腐植酸的酚羟基含量为 2.592mmol/g，磺化腐植酸的酚羟基含量为 4.170mmol/g，黄腐酸中酚羟基含量为 6.895mmol/g。酚羟基含量表现的规律为：腐植酸<磺化腐植酸<黄腐酸。且对于不同种类的腐植酸基螯合剂而言，不同的含氧官能团的含量也不相同。腐植酸中羧基含量高于酚羟基含量，磺化腐植酸中由于改性加成导致羧基含量低于酚羟基含量，黄腐酸中羧基的含量也明显低于酚羟基含量。3 种腐植酸基螯合剂含氧官能团含量的不同对腐植酸基螯合剂与重金属离子的作用研究奠定了基础。

5.5.2   腐植酸复混肥料

当前化学肥料的发展趋向于高浓度、复合化、多品种和颗粒化。腐植酸虽不是传统意义上的植物养分，可是它能提高无机化肥的利用率，调节植物生长和对土壤的改良作用。所以作为一种有效组分加入复混肥料是有益的。日本肥料管理法中明确列入含有硝基腐植酸的第一和第二复混肥料，根据中国颁布的复混肥料专业标准（ZBG 21002—1987）规定。低浓度品种三元复混肥料营养元素含量不得低于25%；二元复混肥料则不低于20%。由于中国目前生产的化肥中磷肥品位一般很低，甚至达不到三级标准（$w(P_2O_5) \leqslant 14\%$），要使腐植酸复混肥中营养元素含量达到 ZBG 21002—1987 规定，颇不容易，所以腐植酸原料加入量不能多，以使其中腐植酸含量达到5%～10%为宜。

近年来腐植酸复混肥料的生产在国内已初步发展起来，黑龙江、吉林、辽宁、山东、山西、河南、河北、江西、云南等地都建立了生产厂，有些工厂还发展了专用品种，如烟草专用肥，明显提高了烟草质量；其他还有用于蔬菜、果木、桑树等经济作物上的肥料，效果也很明显。下面分别介绍以泥炭为原料和以风化煤为原料生产腐植酸复混肥料的工艺过程，以见一斑。

5.5.2.1 以泥炭为原料的生产工艺

A 制造方法

腐植酸复混肥料的生产方法，主要是一个物理混合配制过程，原料之间也会伴有少量的化学反应，但反应数量甚微，所以不做详细叙述。把含有腐植酸的泥炭，以及含有氮磷钾的无机化肥，按照生产需要，配成一定比例，然后磨碎，进行充分地混合，以使各种原料比较均匀地混合在一起。有时原料水分高，磨碎过程有困难，则工艺上需进行干燥，然后再磨碎混合。当混配结束后，还要把粉状成品造粒，在造粒过程中再加水使其有点黏性，造粒之后选取大小适合的粒子作为成品。由于造粒前加水，粒状产品水含量较高，还要再进行一次干燥，当粒状产品水分达到工艺指标时，即作为成品包装出厂。

B 生产流程

泥炭为原料的腐植酸复混肥生产流程如图 5-39 所示。生产过程中，原料干燥、尾气处理、粉尘回收等工序和设备都比较简单，不再介绍。生产所需的 4 种原料主要有：泥炭<0.85mm（20 目）（含腐植酸>20%，水分<30%）；尿素<0.85mm（20 目），氮化钾或硫酸钾<0.85mm（20 目），普钙<0.25mm（40 目）（含有效磷（P）12%～18%，水分<8%）等分别经过粉碎机粉碎，通过计量器，按配比要求匀速地落在同一皮带机上，送入混合器混合均匀。混合的物料，连续送入圆盘造粒机，同时喷水，在盘上滚动黏结成粒，借离心力从盘下侧溢出，流入回转干燥器，遇400～500℃的烟道气，并流施转而下，并被干燥到含水分小于5%。冷却后的物料经振动筛（一般用双层筛网），不能过筛的过大颗粒，重新粉碎返回造粒机；通过的部分落入第二层振动筛；第二层筛筛出物过细也应重新返回造粒机；留在筛面上的就是合格成品颗粒状的腐植酸复混肥料。它的组成随原料配比而定，例如牌号12-10-3-4产品，就表示其中含 N 12%、P_2O_5 10%、K_2O 3%、腐植酸4%。

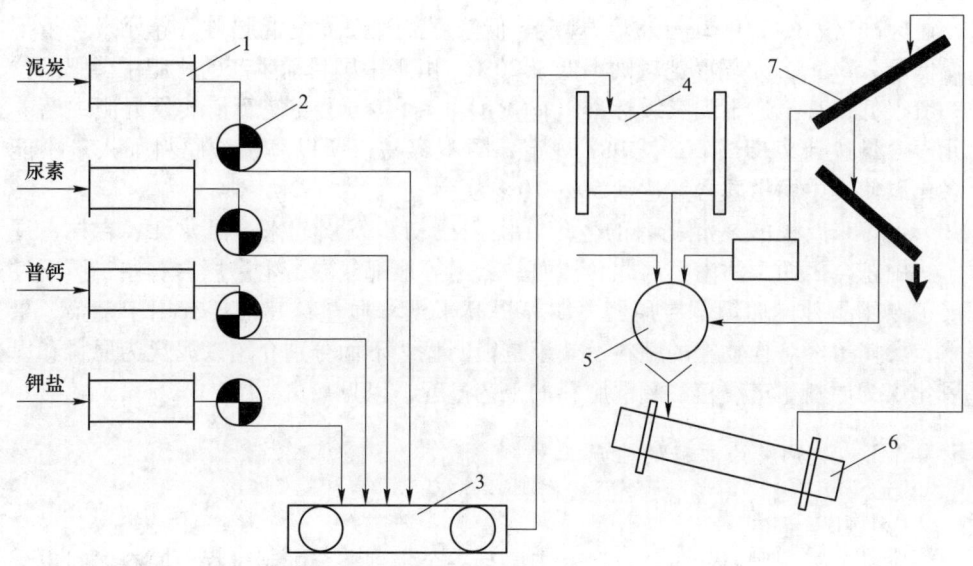

图 5-39　泥炭为原料的腐植酸复混肥生产流程示意图
1—粉碎机；2—计量器；3—皮带输送机；4—混合器；5—圆盘造粒机；6—回转干燥器；7—振动筛

C　工艺要求

a　造粒

圆盘造粒机在制造颗粒肥料中是最常用的设备，可连续化生产，效率高，动力消耗和机械磨损小。

造粒圆盘是一个带有周边的圆盘，围绕中轴作等速的回转运动，圆盘与水平成一定的倾角，通常为48°～51°，可以根据生产需要进行调节。盘边高约为直径的1/5。有时在盘边外加一个可以上下滑动的套圈来调节盘边的高度。盘的转速可借变速电动机来调整。它的工作原理如图5-40所示。在圆盘按顺时针方向旋转时，物料从半月形料区的右上方进入。在造粒过程中，料球在离心力的作用下，不断翻滚，小的料球偏向盘的中部和右侧继续滚大，大的料球则滚向盘的左侧，并不断溢出，圆盘转速最好控制在使盘内物料都处于滚动而不是旋转状态。盘的倾角增大时，转速应相应加快，制成的球结实圆滑，但颗粒较小，若要求颗粒大些，可适当增加盘边高度。一般圆盘造粒机的规格和技术性能见表5-23。

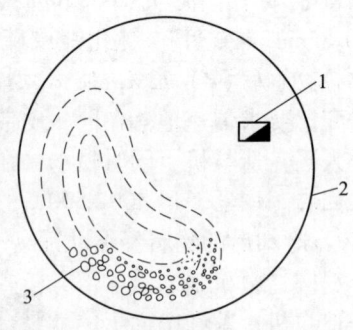

图 5-40　圆盘造粒机工作示意图
1—加料口；2—造粒圆盘；3—出料口

表 5-23 圆盘造粒机的规格和技术性能

成球盘直径/m	1.0	1.2	1.4	1.6	1.8	2.0	2.5
产量（干料)/t	1.3	1.8	2.6	3.5	4.6	6	10
盘边高/m	0.20	0.24	0.28	0.32	0.36	0.40	0.50
盘转速/r·min^{-1}	29	25	22	19	17	16	12.5
电动机容量/kW	2.2	3	3	4	5.5	7.5	10

造粒操作的关键是控制水分，应使成球的含水量保持在 14%～17% 范围内，成球率可高于 90%，含水量若大于 17%，成球率就将下降到 80% 以下，而且球粒过大，会加重后处理困难。从表 5-24 和表 5-25 可以看出混合料粒度、不同含水量对成球的影响。因此，要获得满意的造粒效果，就必须根据混合物料的水分，及时地调节喷水量和混料流量，掌握好成粒时间，提高成球率。

表 5-24 混合物料粒度对成粒的影响

编号	物料粒度/目				混料水分 /%	成粒温度 /℃	成粒时间 /min	成粒率 /%	成粒含水量 /%
	泥炭	尿素	普钙	氯化钙					
1	20～40	>20	20～40	>20	11.5	25.0	15.0	94.3	15.3
2	>40	>20	>40	>20	11.5	25.0	15.0	94.7	16.1
3	>20	>20	>20	>20	11.5	25.0	15.0	92.5	17.2

表 5-25 不同含水量对成粒的影响

编号	混料粒度	混料水分	成粒时间	混料流量	成粒水分	总成粒率	1～5mm	5～8mm	8～12mm	大于12mm
	目	%	min	kg/min	%	%	%	%	%	%
1	>20	9.3	10.0	41.6	11.0	65.9	6.8	48.2	10.9	0
2	>20	9.3	10.0	41.6	12.2	76.9	5.5	55.1	16.3	0
3	>20	9.3	10.0	41.6	13.1	80.8	7.4	54.4	19.0	0.31
4	>20	9.3	10.0	41.6	14.0	94.5	2.5	61.0	31.0	0.32
5	>20	9.3	10.0	41.6	15.2	96.9	16.2	75.7	6.0	0.38
6	>20	9.3	10.0	41.6	17.0	98.8	2.0	52.9	43.9	0
7	>20	9.3	10.0	41.6	19.2	80.1	1.0	47.6	31.5	18.7

b 干燥

肥料颗粒用回转筒干燥器干燥，这种干燥设备的主要部分是一卧式圆筒，略有倾斜，如图 5-41 所示。

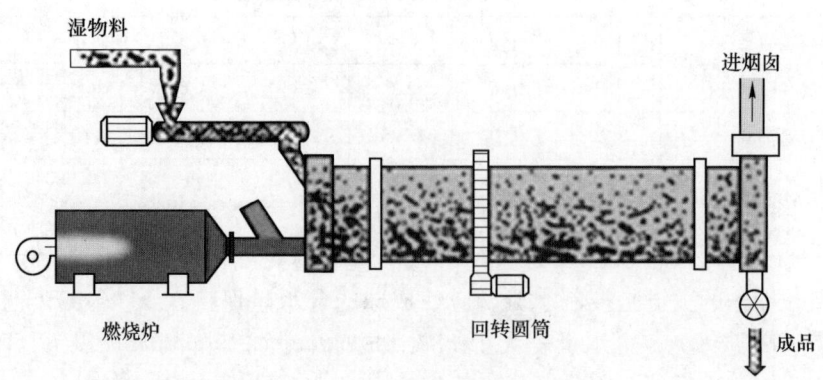

图 5-41　回转圆筒干燥器

　　圆筒的全部质量支承于滚轮，筒身被齿轮圈带动而回转，需要干燥的物料由较高的一端加料槽加入筒内，借助筒的回转而不断地移动，由较低的末端排出，筒内壁设置许多与筒轴平行的条形板（称为抄板），其作用是翻动物料，使其易于干燥，并向前移动。由燃烧炉产生的烟道气作为载热体，也从回转圆筒高端进入，与被干燥物料并流接触，水分汽化而被带走，经尾部烟囱排放，已干燥的物料由转筒卸出，通往冷却器冷却。

　　回转圆筒是用钢板卷焊而成，1 台年产 15000t 颗粒肥料的干燥设备，选用了直径 1.5m，长 12m 的回转圆筒，圆筒的倾斜角一般选在 2°~6° 范围；转速为 2~8r/min。

　　D　消耗定额和质量标准

　　产品消耗定额见表 5-26。

表 5-26　泥炭为原料腐植酸复混肥消耗定额

项目		规格	单位	消耗定额
原材料	草炭	HA≥20%，H_2O≤30%	kg	300
	尿素	N≥46%，H_2O≤1%	kg	174
	普钙	有效磷（以 P_2O_5 计）≥12%，H_2O≤15%	kg	667
	氯化钾	K_2O≥58%，H_2O≤2%	kg	52
动力	燃料煤	16.7MJ/kg 以上	t	0.2
	电	交流电 380V，220V	kW·h	96.6
	水		t	2

　　表 5-27 所列的质量标准适用于以草炭、尿素、普通过磷酸钙、钾盐等为原料制得的腐植酸复混肥，外观为黑色或灰黑色的颗粒。

表 5-27 泥炭为原料腐植酸复混肥质量标准

项目	指标		项目	指标	
	10-10-5-5	果树专用肥		10-10-5-5	果树专用肥
氮含量/%	≥10	≥9	腐植酸含量	≥5	≥5
有效磷含量（以 P_2O_5 计）/%	≥10	≥8	强度/kg·粒$^{-1}$	≥1	≥1
钾含量（K_2O 计）/%	≥6	≥8	pH 值	5~6.5	5~6.5
水分/%	≤6	≤6	粒度/mm	1~4	1~3；3~6

5.5.2.2 以风化煤为原料的生产工艺

A 制作原理

在以风化煤为原料生产腐植酸复混肥料时，先用硫酸与风化煤中的腐植酸钙（包括黄腐酸钙）进行酸化反应，生成游离腐植酸和溶解度很小的硫酸钙；并与骨粉作用，生成磷酸和硫酸钙。再以碳酸氢铵（碳铵）中和新生的磷酸和腐植酸以及少量过剩的硫酸。经过这两步反应，生成了有肥效的腐铵、磷铵（磷酸二铵、磷酸一铵）、少量硫铵及无肥效的硫酸钙，并含有风化煤中原有的灰分等。再按养分需要，补充氮（如硝酸铵）和钾（如氯化钾），共同混合造粒。

B 生产流程

风化煤为原料的腐植酸复混肥的生产流程，如图 5-42 所示。将风化煤、骨

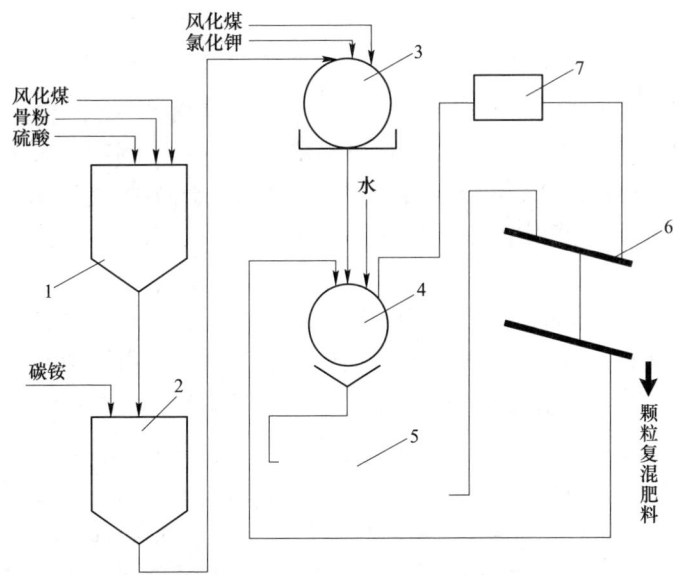

图 5-42 风化煤为原料的腐植酸复混肥的生产示意图

1—酸化器；2—氨化器；3—圆盘混合器；4—圆盘造粒机；5—回转干燥器；6—振动筛；7—粉碎机

粉和硫酸，按产品需要进行配比，经计量后一起加入酸化器，搅拌混合起酸化反应。酸化的物料送至氨化器，加入与所用硫酸等当量的碳酸氢铵进行氨化，氨化后的物料，经圆盘混合器，按配方要求，补充经粉碎过筛达 0.6mm（30 目）的硝酸铵和氯化钾，充分混合后，用输送器匀速地送入圆盘造粒机加水造粒，由造粒机溢出的湿的颗粒肥料，直接送到回转干燥器，用烟道气干燥，出口物料经振动筛筛分，过大颗粒经粉碎机粉碎和过细粉末均重返造粒机造粒；粒度合格的产品包装入库。

　　C　工艺要点

　　原料风化煤的腐植酸（黄腐酸）含量应大于 80%，水分小于 30%。粒度小于 0.6mm（30 目）。骨粉中 P_2O_5 含量 27%~32%，粒度 0.15~0.178mm（80~100 目）。其余与泥炭为原料的复混肥工艺要点基本相同，不再重复。

5.5.3　蓄电池阴极膨胀剂

　　铅-硫酸蓄电池是广泛使用的一种可逆电池。这种电池是通过反复充电-放电来实现其化学能-电能相互转化的。它的阴极板在反复充-放电的过程中，由于 $PbSO_4$ 的不断覆盖、积累，会导致 Pb 颗粒黏结、收缩和钝化，使蓄电池容量降低。在低温下这种情况更为严重。为抑制这种钝化现象，过去常在阴极板糊状物中添加 $BaSO_4$、炭黑、木炭、棉花等含碳物质。

　　用 HA 作阴极板膨胀剂的报道最早见于苏联 Шapo 和 Kyxapehko 的专利报道。苏联的秋明蓄电池厂在 20 世纪 60 年代最先使用 HA 膨胀剂；日本在 20 世纪 80 年代也公布了 HA 用于蓄电池的专利。我国泉州腐植酸厂从 20 世纪 60 年代开始生产蓄电池用 HA，到 70~90 年代，惠安、唐山、樟树等 HA 生产厂相继投入生产，近期全国有 200 多个蓄电池厂用 HA 代替了其他膨胀剂。实践证明，与其他膨胀剂相比，HA 在提高蓄电池电容量和启动性能、提高阴极保温解冻工作能力、防止活性物质在循环使用中钝化、收缩和结块以及节省铅粉、延长使用寿命等方面都有独特功效。

　　关于作用机理，JapeB 等人认为 HA 表现为阴离子表面活性剂的行为，它们既吸附在 Pb 表面，又吸附在 $PbSO_4$ 沉淀出来的"钝化沉积物晶体"表面上，减少了铅电极上 Pb^{2+} 过饱和状态。Jorob 认为 HA 提高了铅氧化电极上形成阴极过程的速度，降低了铅电极双电层容量，其中 HA 醌基的异构化以及氧化-还原反应也有一定影响，从而提高了电池过电压和电容量。Kyxapehko 等人的实验证明，阴极糊中添加 HA 后，双电层势能降低了 1.6~4.0 倍，H^+ 过电压提高 50~80mV；HA 的有效性与其活性基团，特别是与—COOH 有关。它们在 -18℃ 下进行 300 次循环寿命试验结果表明，用风化煤、硬褐煤和风化褐煤 HA 作膨胀剂的效果最好，其电池使用寿命比用泥炭 HA 高 30%~50%。用 HA 作膨胀剂的电池存放 3 年仍不改变容量指数。我国的应用表明，在阴极糊中添加铅粉质量 0.1%~0.2%的 HA，-18℃下低温启动时放电时间从 2~3min 延长到 4.5~5.05min，常温下则从 5min 延长到 7min，循环寿命由原来的 362 次增加到 478 次。

根据泉州和惠安腐植酸厂生产的提纯腐植酸的质量，已制定福建省企业标准，编号为闽 Q/HG 412—1981，其技术指标见表 5-28。含铁量的控制要求严格，主要是在成品粉碎研细时不能使用铁器皿。

表 5-28　蓄电池阴极材料用腐植酸的技术指标

指标	要求
外观	棕褐色或黑褐色粉末
水分含量	≤10%
碱不溶物含量	≤7%
铁含量	≤0.1%
细度	≥85%(-74μm)
硝酸根含量	无

俄罗斯秋明蓄电池厂生产腐植酸工艺的要点是：

（1）原料破碎的粒度。泥炭为 10~20mm 碎块；风化煤为 2~3mm 小块，用 10 倍体积质量比的 2% NaOH 溶液萃取，于沸腾下用压缩空气搅拌，可以用铁容器，萃取 2~4h。用于萃取的氢氧化钠溶液应当只占溶液体积的一少半，待萃取结束后，往容器内注入冷水使其体积增加一倍，以加快萃取残渣的沉降。腐植酸钠溶液从上部溢流孔移入中间容器，残渣从下部转入沉降槽，可以进一步用来制备肥料和植物生长激素。

（2）向碱性的腐植酸钠溶液中加入硫酸，使腐植酸以溶胀沉淀物的形式析出来，为达到最大的沉淀和过滤速度，硫酸应当过量，达到 20~35g/L，且在 8~10min 内把腐植酸的悬浮液加热到 90~95℃，然后将悬浮液导入一中间容器，在压滤机内进行过滤，将腐植酸沉淀。滤饼用 90~95℃ 热水在 (3.03~3.04)×10⁵Pa 下洗涤，洗涤液中的硫酸浓度应低于 0.2g/L，同时通过压缩空气使腐植酸沉淀部分脱水（含水 78%~80%），再转移到皮带滚筒干燥机上分两个阶段进行干燥，控制热空气温度为 130℃、受热时间为 110min，干燥后的腐植酸经粉碎、称量、包装，即为无定型棕色或褐色粉末。

总结多年应用 HA 膨胀剂的理论和实践，应该考虑以下 3 个问题：

（1）原料煤的选择问题。从一些试验结果来看，—COOH 含量高、凝聚极限低的风化煤或风化褐煤作膨胀剂效果最好，但惠安 HA 厂的试验结果相反，发现添加泥炭 HA 的电池-18℃下低温启动性优于风化煤 HA，前者为 5min9s，后者只有 3min21s。看来，这方面的应用基础研究还有文章可做。

（2）提高 HA 的纯度。按铅蓄电池用 HA 的国家行业标准（HG/T 3289—1999）要求，$w(HA) \geqslant 70\%$，$w(碱不溶物) \leqslant 7\%$，$w(Fe) \leqslant 0.1\%$，应该说这是最低限度的要求。试验表明，许多 HA 原料（特别是泥炭、木质素类物质）中，有较多半纤维素、果胶质、FA 等水溶性物质与 HA 共存，都会使 $PbSO_4$ 从表面析出，引起极板钝化，影响电池使用寿命，故应尽可能从 HA 中分离出去；至于 Fe，则是变价金属，在电池使用时不断充-放电过程中，$Fe^{2+} \rightarrow Fe^{3+}$ 也同时在自动氧化还原，构成额外电耗，影响蓄电池使用寿命。因此，HA 中的 Fe 应越少越好。一般 Fe 盐可用无机酸除去，但煤炭 HA 中的 Fe 有相当一部分是以强有机螯合形态存在的，用一般酸洗方法很难除去。中科院山西煤化所采用催化碱解和两步絮凝分离的方法，从高铁含量的风化煤中制得高纯度 HA。李炳焕等人采用 EDTA 作强螯合剂夺取 HA 中的 Fe。在制备工艺上，HA 胶体的凝聚、过滤和洗涤一直是困扰 HA 产量和质量的主要因素。现代新型分离技术和机械（如十字流动态过滤、高梯度磁分离、附加电场或超声波、膜分离等）的问世，为生产高纯 HA 提供了技术平台，有待于试验和应用。

（3）继续提高功效和降低成本。HA 在铅蓄电池膨胀剂中的效果是肯定的，但高纯度 HA 的生产工艺过程较长，也有废酸污染问题，成本也较高。许多试验表明，HA 与其他物质复配使用，如去钝化作用很强的 D-4 鞣剂-羟基萘的复合物与 HA 配合，有可能进一步提高使用效果。又如，木质素类产品比高纯度 HA 便宜，试验证明 HA 与木质素磺酸钠（钙）或其衍生物复配，也能提高使用效果。国外也有人用成本很低的高纯度 HA-Na 在蓄电池上做过实验，证明可能代替 HA 作膨胀剂，有待于在工业应用中进行验证。

6 腐植酸原材料的增值利用

6.1 在矿物加工领域的典型应用

6.1.1 金属矿选矿应用

在传统选矿工业应用中的腐植酸，主要作为一种无毒的有效选矿药剂和稀土金属沉淀剂。在浮选时作为铁矿石、碳酸盐矿物的抑制剂，也可用于选择性脱泥，在钨渣回收钪时作为沉淀剂。近几年，一些研究者还在黄铜矿、闪锌矿浮选过程中将腐植酸钠用作方铅矿、黄铁矿的抑制剂。

6.1.1.1 含铁氧化矿抑制剂

冶金工业部长沙矿冶研究所从 1972 年起开始对腐植酸盐作为褐铁矿和赤铁矿的抑制剂进行了大量的工作，取得了较好的效果。

A 江西铁坑褐铁矿

该矿石属于硅卡岩型褐铁矿和高硅型褐铁矿，含有少量赤铁矿和碳酸铁，非金属矿物主要为石英，其次有少量黏土、石榴子石、绿泥石、磷灰石和微量的胶磷矿。

在实验室条件下，原矿（铁品位 34%）不进行预先脱泥，直接采用石灰作石英活化剂，NaOH 作调整剂，腐植酸钠作为铁矿物的抑制剂，粗硫酸盐皂作为石英捕收剂进行铁矿石的反浮选，获得铁品位 50.29% ~ 52.24%，回收率 88.52% ~ 83.47% 的铁精矿。在此基础上，1977 年进行了日处理 0.6t 的反浮选半工业试验，结果表明，通过简单的（一次粗选，一次精选，一次扫选）流程，就可以获得铁精矿品位 49.62% ~ 50.22%，回收率 88.03% ~ 90.71% 的良好效果。

1980 年江西铁坑褐铁矿又采用腐植酸钠作为抑制剂，对强磁选精矿褐铁矿进行反浮选脱硅的半工业性试验。当原矿品位为 35.67% 时，试验仍获得了铁矿品位 55.51%，其中含硅 7.28%，回收率 87.52% 的高品位铁精矿。表 6-1 和表 6-2 分别为铁矿反浮选试验条件和结果。

表 6-1　铁坑褐铁矿反浮选流程试验条件

作业	药剂用量/kg·t^{-1}				处理量 /kg·h^{-1}	转速 /r·min^{-1}	浓度/%	磨砂细度 (<74μm 占比)/%	温度 /℃
	石灰	腐植酸钠	NaOH	粗硫酸 盐皂					
粗选	—	1.47	2.09	1.4		800	19~22	90	18~20
扫选	—	0.48			24	800	19~22	90	18~20
精选	0.62	—		0.2		800	19~22	90	18~20

表 6-2　铁矿反浮选流程试验结果

编号	产品名称	产率 /%	铁品位 /%	回收率 /%	编号	产品名称	产率 /%	铁品位 /%	回收率 /%
1	槽内产品	65.53	50.22	90.71	2	槽内产品	64.45	49.62	88.03
	泡沫产品	34.47	9.78	9.29		泡沫产品	35.55	12.24	11.97
	原矿	100.00	36.28	100.00		原矿	100.00	86.38	100.00

B　鞍钢齐大山选矿试验

该矿石结构以条带状为主，另有块状和揉皱状。矿石类型以石英型假象赤铁矿为主，其次为磁铁矿和少量赤铁矿、褐铁矿。脉石主要是石英，其次是透闪石，阳起石和绿泥石。

进行了 4 个选矿方案，见表 6-3，反浮选方案用腐植酸铵作抑制剂。

表 6-3　4 种选矿方案试验结果

流程方案	铁精矿品位			尾矿铁品位/%
	产率/%	铁品位/%	铁回收率/%	
还原焙烧磁选	40~42	>65	90~95	2.5~4.2
单-反浮选	36.84	65.30	84.99	6.73
一段磨矿、弱磁- 强磁-反浮选	36.69	65.97	84.21	7.17
二段磨矿、弱磁- 强磁-反浮选	35.90	66.02	83.19	7.44

从表 6-3 看出，在技术指标相近情况下，以二段磨矿、弱磁-强磁-反浮选方案较为经济合理，虽然单-反浮选流程简单（一次粗选、一次精选、一次扫选和脱泥反浮选流程）也可以获得含铁 65.30%，回收率 84.99% 的铁精矿，但由于磨矿费用大，因此工业试验时采用二段磨矿、弱磁-强磁-反浮选流程，试验结果取得铁品位 66.02%，回收率 83.19% 的指标。

1980 年进行工业试验，试料经过第一段磨矿（约 200 目占 80%）后通过弱磁、强磁选，排除 49.78 的脉石（含铁 6.28%）和强磁的精矿再磨至约 200 目占 92% 进行反浮选，所用药剂为：NaOH 894~952g/t，腐植酸钠 550~569g/t，熟石灰 330~406g/t，磺化碱渣 330~468g/t。反浮选采用一次粗选，一次精选，一次扫选流程，见表 6-4。

表 6-4　用腐植酸钠作抑制剂的稳定试验结果

| 原矿品位/% | | 铁精矿/% | | | 浮选尾矿 | 强磁尾矿 | 总尾矿 |
TFe	FeO	品位	收率	水分	品位/%	品位/%	品位/%
26.63	2.95	65.54	78.97	9.12	12.09	5.63	8.27

综上所述，腐植酸盐对以褐铁矿或赤铁矿为主的细粒嵌布铁矿能有效抑制，可以获得高品位的铁精矿（如铁坑褐铁矿品位 55.51%，接近理论指标 57%，齐大山赤铁矿品位 65%~66%，个别到 69%）。铁品位每提高 1%，高炉产量可提高 3.0%，焦比降低 2%，经济效果是十分显著的。

C　广西大厂锡石原生矿泥浮选试验

原生矿泥组成为：金属矿物以黄铁矿、铁闪锌矿为主，其次为锡石、毒砂。脉石矿物为红柱石、石英、方解石。矿泥先经浮选脱硫，脱硫后的层矿作为锡石浮选的给矿（含锡 0.65%~0.7%）。

锡石浮选用的捕收剂为混合甲苯胂酸，调整 pH 值用硫酸，羧甲基纤维素钠作脉石抑制剂。浮选结果，获得锡品位为 21.20%，回收率 79.61% 的粗选矿外，还得到锡品位 2% 左右的扫选精矿。

为了提高扫选精矿品位，精选时采用腐植酸钠作黄铁矿抑制剂，锡矿品位从 2.01%~2.86% 提高到 13.4%~24.97%，作业收率可达 36.3%~71.7%。

在半工业试验中，对混合粗精矿用腐植酸钠作抑制剂进行精选，第一段精选加入腐植酸钠 35g/t（给矿品位 26.30%）可获得含锡 37.24%，总回收率为 32%~67% 的选别指标。

D　云南锡矿中锡-铁的分离

云南锡矿溜槽粗选精矿含铁 49.9%，含锡 5.4%，为了综合利用矿产资源，采用腐植酸钠作铁矿物的抑制剂，苯乙烯膦酸作锡石浮选的捕收剂，硫酸作 pH 调整剂，进行锡-铁分离试验。

该矿中金属矿物主要是褐铁矿（少量赤铁矿及微量磁铁矿），锡石和重金属氧化物，脉石主要为铁染泥质物。试验结果表明，腐植酸钠能有效抑制锡矿中的铁。给矿铁品位 49.9%，锡品位 5.49%，经过一粗三精三扫中矿再选流程，可以获得含锡 46.98%，回收率 48.76% 的锡精矿，同时获得铁品位 52.47%，回收率为 65.25% 的铁精矿。

6.1.1.2　碳酸盐矿物抑制剂

各种类型的磷矿物浮选试验表明，腐植酸钠对碳酸盐矿物的抑制是有效的：

(1) 仰山磷矿矿石为细粒多晶结构、胶状结构。致密，块状浸染状部分的细脉含云母、绿帘石、蛇纹石、方解石和褐铁矿等。在实验室条件下，采用硝基腐植酸钠作为碳酸盐矿物的抑制剂，进行闭路流程试验，浮选结果是：磷品位 (P_2O_3 含量) 29.88%，回收率 93.04%。

(2) 大峪口胶磷矿矿石为砂岩状磷块岩，含磷白云质泥灰岩、互层状磷块岩。主要组成为胶磷矿、白云石、石英、玉髓以及黏土质矿物。矿石中胶磷矿与主要脉石矿物成紧密共生，嵌布粒度很细。在实验室条件下，腐植酸钠作为脉石矿物抑制剂，通过闭路流程试验，得到磷精矿品位 (P_2O_5) 31.05%，回收率 81.25%。

(3) 锦屏磷矿选矿厂实验室于 1976 年进行了腐植酸钠和水玻璃作脉石抑制剂的对比试验，结果表明：1) 腐植酸钠可以代替水玻璃作为锦屏磷矿的脉石矿物抑制剂，前者的抑制作用较强；2) 腐植酸钠消耗量比水玻璃要小。

(4) 化工部化学矿山地质所，采用云南寻甸褐煤抽提蜡以后的残煤为原料制得腐植酸钠，作为选别王集磷矿碳酸盐脉石抑制剂。闭路流程试验取得的选别指标为：精矿品位 30.21% (P_2O_5)，回收率 81.23% (P_2O_3 计)，MgO 含量 2.51%。

腐植酸钠与酸性水玻璃组合使用是方解石等脉石矿物的良好抑制剂。江西某白钨浮选尾矿萤石、方解石含量均较高，CaF_2、$CaCO_3$ 含量分别为 12.33% 和 9.79%，属于复杂难选伴生萤石二次资源。为从该二次资源中高效回收萤石，在氧化石蜡皂 731 捕收剂总用量为 1150g/t、酸性水玻璃+腐植酸钠组合抑制剂总用量为 (2750+275)g/t、矿浆 pH 值为 8.5 的条件下，采用 1 次粗选、粗精矿再磨后 6 次精选、粗选尾矿和精选 1 尾矿各 2 次扫选流程处理试样，最终获得 CaF_2 品位 95.26%、回收率 85.37% 的萤石精矿，较好地实现了从白钨尾矿中综合回收萤石的目标。

6.1.1.3　部分硫化矿抑制剂

A　方铅矿抑制剂

以腐植酸钠作浮选抑制剂，对湖南某铜铅锌多金属选矿厂生产的铜铅混合精矿进行了铜铅分离试验研究。探究了矿浆酸碱度、抑制剂用量、氧化剂用量和抑制剂与矿物的作用时间等因素对铜铅分离指标的影响。研究结果显示，以腐植酸钠作抑制剂、硫酸调节矿浆酸碱度至 5.5 左右，粗选抑制剂用量 800g/t，抑制剂与矿物作用时间 20min，闭路试验采用 1 次粗选、2 次扫选、3 次精选流程，获得了铜品位 20.60%、含铅 8.46%、铜回收率 89.63% 的铜精矿和铅品位 47.27%、含铜 2.03%、铅回收率 91.54% 的铅精矿，有效实现了铜铅分离。

方铅矿表面的适当氧化可以促进腐植酸钠的抑制效果，其原因可能是方铅矿表面的氧化产物（铅的多硫化物、氢氧化物甚至硫酸铅）增加了抑制剂在方铅矿表面的吸附位点，从而加强了对方铅矿的抑制作用。试验证明，通过加入氧化剂高锰酸钾和延长搅拌时间均可达到促进方铅矿表面氧化以提高回收率的目的，但由于高锰酸钾不利于铜矿物上浮，最终确定通过控制抑制剂与矿物的作用时间来达到一个较理想的指标。

B　黄铁矿抑制剂

湖南某铅锌银多金属硫化矿选矿厂产生的尾矿已堆积近千万吨，尾矿中主要含有闪锌矿、硫银矿和黄铁矿等有用矿物。各矿物之间共生关系密切、嵌布粒度极细、泥化严重；闪锌矿的品位低且氧化率为 30% 以上；方铅矿含量低、氧化率为 70% 以上，没有回收价值，不作为产品产出；硫银矿物部分与脉石矿物和黄铁矿共生；黄铁矿表面受到不同程度的氧化，可浮性变差；以上问题均给选矿带来很大难度。采用对黄铁矿抑制作用明显的石灰+腐植酸钠组合抑制剂，对矿泥分散效果良好的碳酸钠，以及对锌矿物选择性捕收效果好的乙丁黄药捕收剂，进行铅锌混合浮选和粗精矿精选，获得了产率为 0.95%、含锌 40.83%、含铅 4.27%、含银 205.12g/t、锌回收率 49.72% 的锌精矿和产率为 9.53%、含硫 40.53%、含银 106.51g/t、硫回收率 54.98% 的硫精矿，实现了该矿山尾矿的综合回收利用。

6.1.1.4　絮凝脱泥分选铁精矿

新疆莫托沙拉微粒高硫高铝碧玉质赤铁矿的强磁选精矿，加入风化煤腐植酸钠脱泥，能得铁品位 59%，回收率 77% 左右的良好指标。

郑州大学团队还将腐植酸絮凝脱泥技术拓展到了拜耳法赤泥（BRM）处理领域。先按图 6-1 所示的流程制备腐植酸絮凝剂：将褐煤与 0.5mol/L NaOH 溶液混合、于 95~100℃ 搅拌反应；通过高速离心实现液相分离，再调整溶液 pH 值至 1.0，得到粗腐植酸；粗腐植酸用强酸性苯乙烯型阳离子交换树脂纯化，去除二价和三价阳离子，然后离心、冷冻干燥，即得腐植酸絮凝剂。

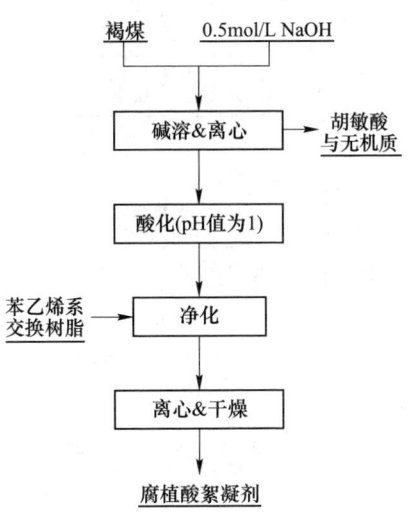

图 6-1　褐煤制备腐植酸絮凝剂的流程

表 6-5 为国内不同产地褐煤制备的腐植酸絮凝剂的基本性质。5 种腐植酸絮凝剂的化学成分各不相同，其中 HA-Ⅱ总酸基含量明显更高；各腐植酸的芳构化程度均相对较高。

表 6-5　不同褐煤制备的腐植酸絮凝剂的基本性质

絮凝剂	$w(C)/\%$	$w(O)/\%$	$w(H)/\%$	$w(N)/\%$	总酸基 /mmol·g^{-1}	芳构化程度 E_4/E_6
HA-Ⅰ	61.72±0.35	28.62±0.11	5.45±0.05	3.36±0.02	6.54±0.13	4.24±0.18
HA-Ⅱ	55.14±0.30	34.45±0.07	6.75±0.08	2.87±0.03	10.12±0.08	3.66±0.13
HA-Ⅲ	59.72±0.26	29.87±0.21	5.79±0.03	3.57±0.03	6.98±0.12	4.06±0.10
HA-Ⅳ	62.38±0.18	27.34±0.25	6.03±0.05	3.15±0.02	6.17±0.15	3.19±0.15
HA-Ⅴ	57.14±0.19	32.45±0.15	6.30±0.05	3.07±0.03	5.06±0.10	3.41±0.17

BRM 选择性絮凝脱泥制备铁精矿的流程与装置如图 6-2 所示。首先按固液比 1∶50 向水溶液中加入 BRM，形成浆液；再向浆料中加入硅酸钠分散剂（200mg/L），持续搅拌 30min，得到悬浮液。随后，将悬浮液转移至持续搅拌（1000r/min）的泡沫脱泥装置，加入 H_2SO_4 或 NaOH 调整悬浮液的 pH 值。待 pH 值稳定后，通过滴定管缓慢滴加腐植酸絮凝剂。待絮体沉降完毕 1min 后，打开玻璃管的底部阀门，将絮体导出，与上清液分离。用水轻轻冲洗絮体，并在 105℃下干燥 12h，即得铁精矿。

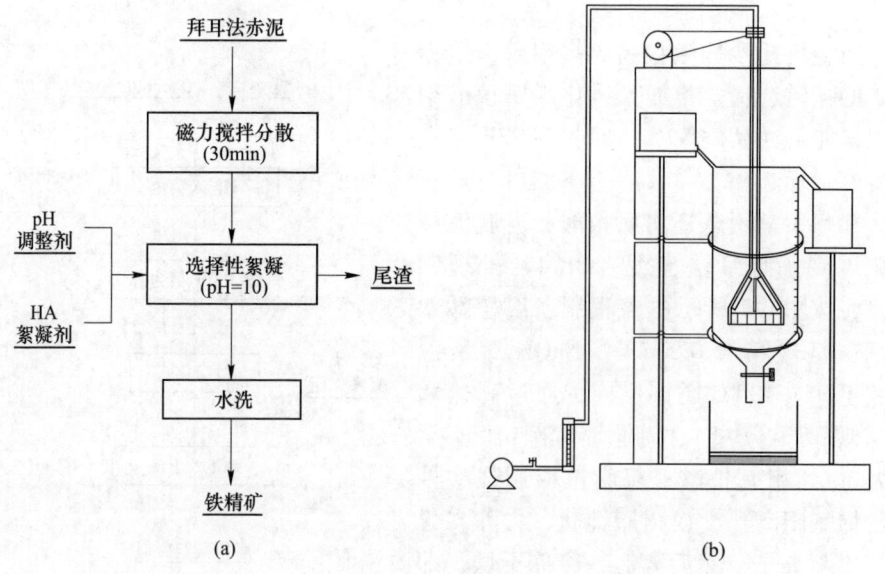

(a)　　　　　　　　　　　　　　　(b)

图 6-2　拜耳法赤泥选择性絮凝脱泥的流程(a)与装置(b)示意图

在浆液 pH 值为 10、搅拌速率为 1000r/min 条件下，考察了不同成分的腐植酸对 BRM 悬浮液选择性絮凝脱泥的影响，结果见表 6-6。腐植酸能够选择性地包裹铁矿物，沉降分离，铁的回收率在 75% 以上。精矿的铁品位在 $(52.93 \pm 0.11)\%$ ~ $(61.12 \pm 0.10)\%$ 之间。腐植酸 HA-Ⅱ 的分离效果最好。在 HA-Ⅱ 存在下，回收率、铁品位和分离系数分别为 $(86.25 \pm 1.31)\%$、$(61.12 \pm 0.10)\%$ 和 0.69 ± 0.02。HA-Ⅳ 的结果最差，与 HA-Ⅱ 相比，HA-Ⅳ 的分离系数 (0.43 ± 0.02) 降低了 38%。腐植酸的选择性絮凝作用归因于其分子链上的功能位点，它们在絮凝过程可成为吸附铁矿物的活性位点，因此总酸基量最高的 HA-Ⅱ 产生的絮凝效果最佳。

表 6-6 不同腐植酸用于赤泥絮凝脱泥的效果

絮凝剂	用量/mg·L⁻¹	回收率/%	铁品位/%	絮体尺寸（大于 45μm）	分离系数
HA-Ⅰ		78.95±1.35	55.26±0.12	65.67±0.52	0.61±0.02
HA-Ⅱ		86.25±1.31	61.12±0.10	85.32±0.55	0.69±0.02
HA-Ⅲ	30	82.48±1.22	57.74±0.10	78.74±0.50	0.59±0.03
HA-Ⅳ		75.62±1.32	52.93±0.11	62.18±0.55	0.43±0.02
HA-Ⅴ		85.34±1.27	59.74±0.08	82.59±0.50	0.65±0.03

浆液 pH 值也是影响絮凝过程的主要参数，以 HA-Ⅱ 为絮凝剂，在搅拌速率为 1000r/min 条件下，探究了浆液 pH 值对铁回收率、铁精矿品位、絮体尺寸分布及分离系数的影响。由图 6-3 可知，在较高 pH 值（大于 8.0）下，腐植酸絮凝作用能保持在良好水平。值得注意的是，在达到最大值之前，随浆液 pH 值的增加，铁回收率和絮体粒径会先明显增大然后减小，这可以解释为：在较低的 pH 值下，腐植酸不会在泥浆中完全扩散，无法提供足够数量的吸附位点；当矿浆 pH 值进一步提高时，腐植酸吸附点随之增多；然而，在过高碱度条件下，更多的脉石颗粒也会被腐植酸吸附，并与悬浮物一起沉降。絮凝收得的铁精矿品位和分离系数均会随矿浆 pH 值的增加而不断提高。因此，最好将料浆调整为碱性，以利用 BRM 自身的高碱度特性，同时激发腐植酸良好的絮凝特性。在 pH 值为 10 的最佳条件下，分离系数大于 0.6，铁精矿的品位高于 60%。

采用 JS94H2 型显微电泳仪测量了不同 pH 值条件下絮凝体与赤铁矿颗粒的 Zeta 电位，结果如图 6-4（a）所示。赤铁矿颗粒的等电点（IEP）约为 pH 值为 7.1，在高于 IEP 时（碱性条件），赤铁矿颗粒呈高负电荷。在同一 pH 值条件下，悬浮微絮体的 Zeta 电位比赤铁矿的 Zeta 电位更负，而带负电的絮凝颗粒通过静电作用与同样带负电的赤铁矿颗粒结合是难以发生的。由此推断，腐植酸对赤铁矿的吸附主要通过其长链阴离子团的架桥作用，而非依靠静电匹配。也就是说，由于高分子聚合物具有很强的架桥能力，腐植酸分子易吸附在铁矿颗粒表面。

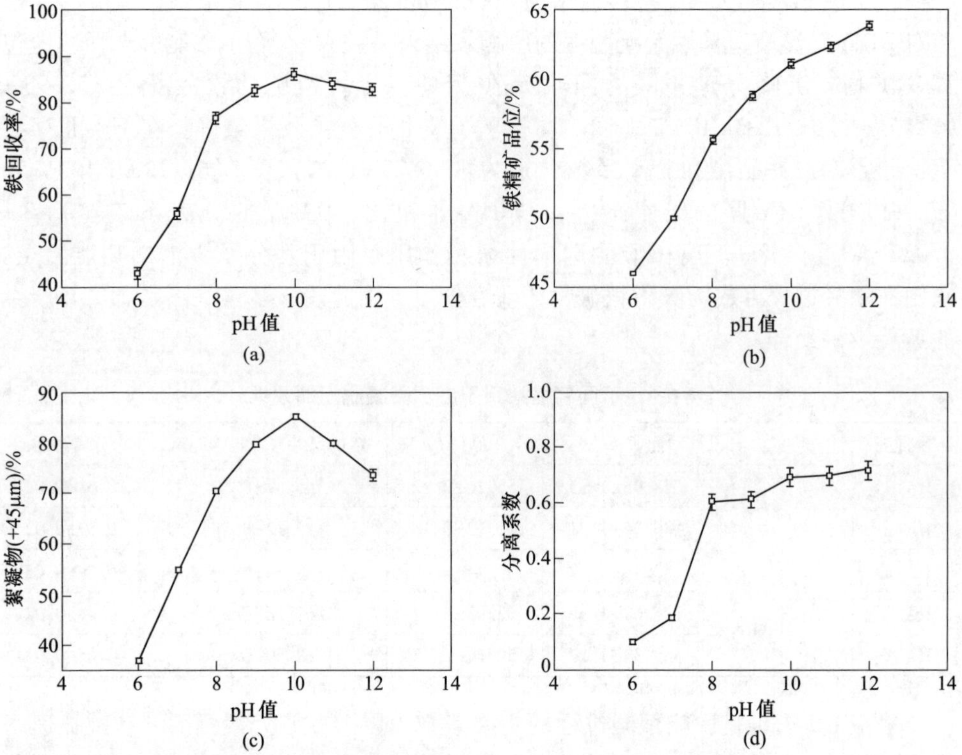

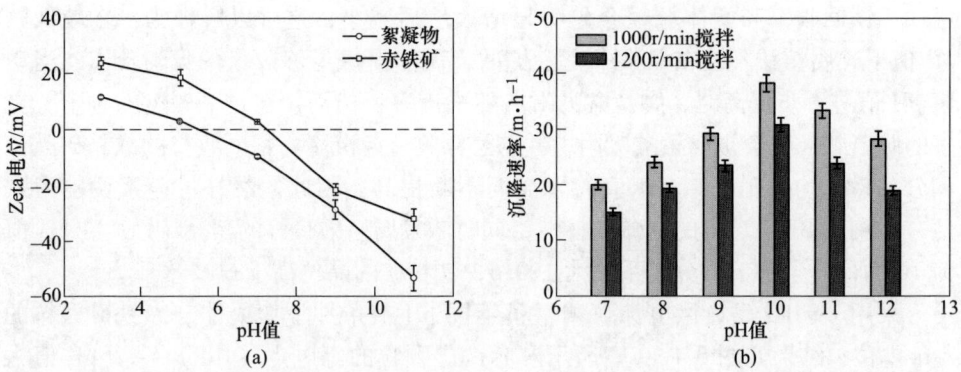

图 6-3　不同 pH 值条件下 HA-Ⅱ用于赤泥絮凝脱泥的效果
（a）铁回收率；（b）铁精矿品位；（c）絮凝物尺寸；（d）分离系数

图 6-4　絮凝物和赤铁矿的 Zeta 电位（a）与沉降速率（b）随 pH 值的变化规律

　　桥接机制通常伴随大尺寸絮体的产生和较快的沉降速率，图 6-4（b）所示为沉降测试结果。随着矿浆 pH 值的增加，赤铁矿颗粒的沉降速度先增大后减小；在 pH 值为 10 时，达到最大沉降速度（38.23±1.51）m/h。在较低的 pH 值下，絮体尺寸较小，只能缓慢沉降下来；当浆液 pH 值增加时，小絮体或微团簇通过桥接效应尺寸增大，沉降速度也加快。当 pH 值由 7.0 增加到 10.0 时，+45μm 的絮体含量可从（55.00±0.55）%增加到（85.32±0.45）%。

在最佳絮凝条件下，分别采用光学显微镜和扫描电子显微镜分析了湿絮凝物和干絮凝物的微观形貌及相/元素分布情况，如图 6-5 所示。由图 6-5（b）可知，腐植酸可作为赤铁矿-赤铁矿颗粒相互连接的桥梁。各赤铁矿颗粒能通过架桥机制形成更大的絮体，并在水溶液中沉降，形成集聚的沉淀物。在此过程中，许多赤铁矿颗粒会吸附在腐植酸的长链分子上，这些被吸附的颗粒同时也被其他腐植酸链吸附，从而形成具有更好沉降性能的三维絮体或团聚体（+100μm）[见图 6-5(c)]。总体来看，腐植酸对细颗矿物的沉降效果足以媲美商用的其他絮凝剂。

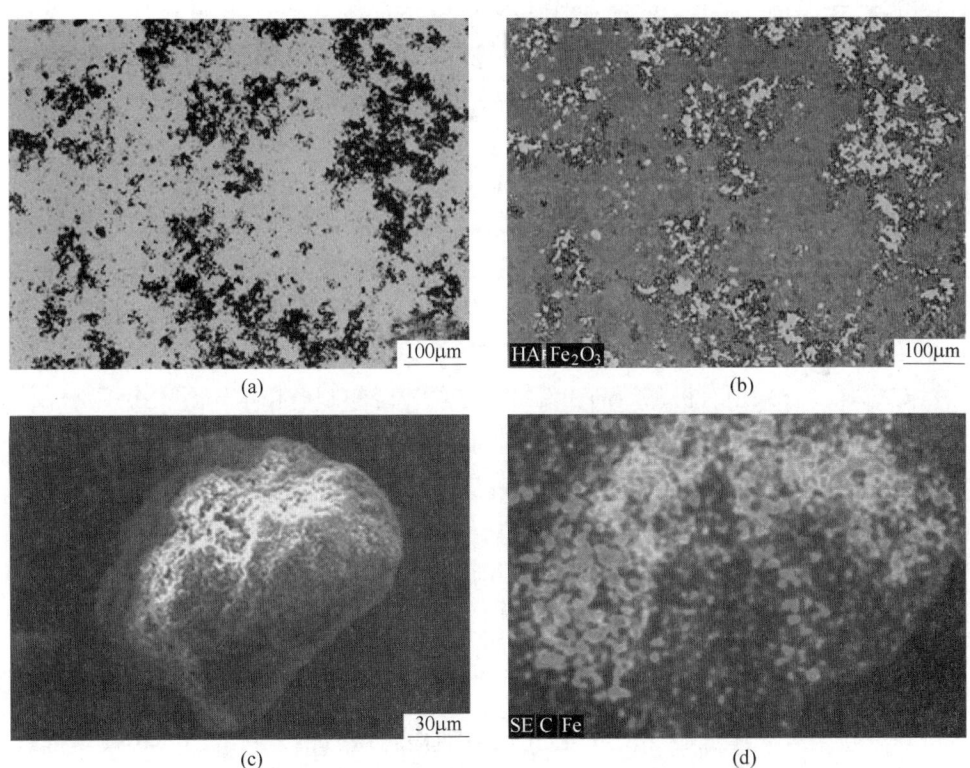

图 6-5 絮凝物的微观形貌及相/元素分布情况

（a）(b) 光学显微镜下的湿絮凝物；（c）(d) 扫描电子显微镜下的干絮凝物

6.1.2 铁矿球团制备应用

腐植酸类物质是含有大量羧基（亲矿基团）、羟基（亲水基团）以及苯环结构的大分子有机聚合物，具有理想的黏结剂分子构型。自 20 世纪 80 年代以来，中南大学和鲁中冶金矿业公司一直在研究直接还原冷固球团的工艺。在此阶段，使用了名为 Funa（F 黏结剂）的腐植物质基黏合剂，既作为黏合剂又作为还原剂。后续发展过程中，又逐步对腐植酸提取技术与黏结剂制备技术进行优化，并将腐植酸基黏结剂拓展至钒钛磁铁矿、镜铁矿等氧化球团生产过程，用于代替膨润土，可提高成品球团矿的铁品位。

6.1.2.1　直接还原球团

中南大学直接还原研究所报道了 F 黏结剂用于制备直接还原用冷固结球团的效果。F 黏结剂具有黏结、催化和还原功能，成功实现了低温（200~250℃）干燥固结替代高温（1200~1300℃）氧化固结，省去了一步高温过程；当 F 黏结剂用量为 1.5%、混合料润磨预处理时间为 5~6min，造球工艺参数：生球水分 8.0%~8.5%、成球时间 20~25min；干燥固结：风温 200~250℃、风速 1.2~1.5m/s、时间 20~25min，可获得冷固结球团抗压强度 212~248.3N/个、每米落下强度 4.4~5.8 次、耐磨指数-3mm 占 0.8%~1.3%的良好指标。

冷固结球团的热态性能研究表明，在 Fe_3O_4 还原过程中，既无晶形转变又无晶体的各向异性效应，以至体积还略微收缩（还原膨胀率为-3.24%），且具有孔隙发达、还原性能优良等特性，能快速还原产生金属铁，较好地保证了还原过程强度。当 Fe_3O_4 还原产生大量 FeO 时（800~900℃），球团强度降到最低，一般仅为 100N/个左右。为了进一步提高冷固结球团在 400~950℃之间的还原过程中的热态强度，采用有机黏结剂和无机黏结剂复合的制备技术，开发出了新一代复合黏结剂。当 F 黏结剂 1.3%、A 黏结剂 0.86%、膨润土 0.7%复合时，获得冷固结球团抗压强度 480N/个、每米落下强度 6.6 次、耐磨指数-3mm 占 0.5%，其冷固结球团还原过程最低强度大于 200N/个的良好指标。复合黏结剂在冷固结球团还原过程中，Fe_3O_4 还原生成的 FeO 的面网间距 d 值增大，促进了铁氧化物的还原，有效提高了冷固结球团的热态强度。

6.1.2.2　氧化球团

韩桂洪等人采用蒽醌（AQ）强化褐煤抽提腐植酸钠，制备出了 3 种腐植酸基黏结剂产品。从表 6-7 可以看出，3 种黏结剂的各项指标基本处于铁矿氧化球团用腐植酸基黏结剂的技术要求范围之内，尤其是胡富比（胡敏酸组分与黄腐酸组分的质量比）均处于最优值。

3 种黏结剂的有机元素组成及无机成分见表 6-8。从表 6-8 可知，3 种黏结剂的有机组分含量均在 75%以上，无机组分含量在 20%~25%之间，无机组分以 SiO_2 和 Al_2O_3 为主。

表 6-7　3 种腐植酸基黏结剂的技术指标

黏结剂	原料煤及配比	黏结剂技术指标			适用铁精矿
		光密度比（E_4/E_6）	腐植酸含量	胡富比	
1 号	M2/M5 = 60：40	3.57	40.2%	8：2	普通磁铁精矿
2 号	M1/M5 = 55：45	3.87	52.5%	7：3	钒钛磁铁精矿
3 号	M1/M5 = 25：75	3.62	41.9%	6：4	赤铁精矿

表 6-8　3 种黏结剂有机元素组成及无机成分　　　　　　　（%）

黏结剂	有机成分			无机成分						
	C	H	O	TFe	SiO_2	Al_2O_3	CaO	MgO	Na_2O	S+P
1 号	38.90	4.13	36.58	3.37	8.22	5.67	0.31	0.19	2.15	0.48
2 号	36.91	3.98	34.30	3.91	9.89	7.35	0.39	0.25	2.51	0.51
3 号	36.60	4.07	35.36	3.79	9.72	6.95	0.35	0.21	2.48	0.47

对于普通磁铁精矿、钒钛磁铁精矿、赤铁精矿球团，采用腐植酸基黏结剂制备氧化球团时，均能不同程度地提高焙烧球团的抗压强度，改善焙烧球团质量。通过小试验研究发现，腐植酸基黏结剂（2 号）用量为 0.75% 时，普通磁铁精矿、钒钛磁铁精矿、赤铁精矿焙烧球团的抗压强度分别为 2987N/P、3102N/P 和 2879N/P，TFe 品位分别提高了 1.06%、1.08% 和 1.03%。

通过圆盘造球机、链箅机-回转窑模拟装置，以钒钛磁铁精矿为原料、膨润土和 2 号腐植酸为黏结剂，在预热温度 900℃、预热时间 12min、焙烧温度 1220℃、焙烧时间 10min 的条件下，获得了各阶段的球团，它们的质量见表 6-9。

表 6-9　扩大实验条件下两种黏结剂制备的球团质量比较

黏结剂	用量/%	生球落下强度 /次·(0.5m)$^{-1}$	生球抗压强度 /N·个$^{-1}$	生球爆裂 /℃	预热球抗压 强度/N·个$^{-1}$	焙烧球抗压 强度/N·个$^{-1}$	成品球 TFe/%
膨润土	2	4.3	13.5	580	565	2857	54.25
2 号 HA	0.75	18.7	13.6	533	535	3289	55.31

由表 6-9 可以看出，对于两种黏结剂，链箅机-回转窑扩大实验获得球团各项指标变化规律与小型试验基本一致。与膨润土球团相比，腐植酸基黏结剂生球落下强度特别高，预热球抗压强度基本相当，焙烧球抗压强度提高了 400 N/个以上，TFe 品位提高了 1.06%。扩试结果表明，各阶段球团质量指标均满足链箅机-回转窑工艺生产的要求。

针对链箅机-回转窑模拟装置上获得的成品球团矿，参照 ISO 7215、ISO 4696-2 和 ISO 4698 分别测定其冶金性能，主要包括：还原度、低温还原粉化指数和还原膨胀率。两种黏结剂球团矿的冶金性能测定结果见表 6-10。

表 6-10　扩大实验条件下两种黏结剂制备的球团质量比较　　　（%）

黏结剂	低温还原粉化率 RDI		还原度 RI	还原膨胀率 RSI
	>3.15mm	<0.5mm		
膨润土	95.37	1.68	67.22	17.32
2 号 HA	96.23	1.05	67.69	17.78

从表 6-10 可以看出，两种黏结剂球团的低温还原粉化率 RDI（+3.15mm）均大于 95%，RDI（-0.5mm）小于 2.0%，其中 2 号 HA 黏结剂球团的 RDI（+3.15mm）和 RDI（-0.5mm）分别是 96.23% 和 1.05%。结果表明，采用腐植酸基黏结剂制备的成品球团矿低温下还原时不易粉化。对于还原度 RI 而言，两种黏结剂球团矿的还原度接近，为 67%~68%。两种黏结剂球团矿的还原膨胀率 RSI 也很接近（均小于 18%），属于正常膨胀范围。综上可知，采用腐植酸基黏结剂制备的球团矿的冶金性能与目前使用的膨润土球团矿接近，可作为优良的高炉冶炼原料，具有良好的应用前景。

张道远等人总结了腐植酸基黏结剂（MHA 黏结剂）用于镜铁矿氧化球团生产的适宜条件及效果。采用湿式球磨-高压辊磨处理技术对镜铁矿进行预处理，使镜铁矿比表面积达到 1609cm^2/g，随后按不同比例与黏结剂、水进行配料混匀后，在圆盘造球机中进行造球。当 MHA 黏结剂配入量为 1.0% 时，生球每 0.5m 落下强度为 3.7 次，抗压强度为 12.4N/个，爆裂温度为 330℃；相比之下，配入 2.0% 膨润土的生球每 0.5m 落下强度为 3.9 次，抗压强度为 13.6N/个，爆裂温度为 365℃。生球干燥后先后在 980℃、1280℃各焙烧 10min，得到氧化球团，此条件下，预热球的抗压强度为 401N/个，焙烧球团抗压强度为 2700N/个。与配入 2.0% 膨润土的球团相比，配入 1.0% MHA 的球团的高温冶金性能较好，TFe 品位提高了 0.85%。

欧阳学臻等人将钙基膨润土、MHA 和水混合，经陈化、干燥、研磨后，得到腐植酸改性膨润土黏结剂（MCB）。随后分别以钙基膨润土、MHA、MCB 为黏结剂开展了磁铁精矿造球试验，生球性能检测结果显示，相对于单一使用膨润土或腐植酸，使用腐植酸改性膨润土可以显著提高生球强度，在复合黏结剂用量 0.5% 的条件下，生球每 0.5m 落下强度达到 3.5 次。结合红外光谱分析发现，腐植酸通过羟基、羧基等官能团吸附在膨润土表面，黏结剂中的有机组分使铁矿表面接触角减小、亲水性增强，并且改善了黏结剂在铁矿颗粒间的分散性，有利于生球强度的提高。

6.1.3　煤炭加工应用

在煤炭加工利用领域中，腐植酸类物质（HS）也有一定用武之地，主要是作为粉煤或粉焦成型黏结剂和水煤浆稳定剂。型煤、型焦、水煤浆都是现代煤炭加工技术和煤炭洁净利用的重要领域，HS 的介入，无论从资源合理利用还是生态环境保护角度，都具有实际意义。

6.1.3.1 选择性脱泥絮凝剂

利用腐植酸钠的选择性絮凝作用，可以使煤泥水沉降脱泥，山西矿院和太原洗煤厂曾进行过这方面试验。

由于腐植酸钠的分散作用，在矿浆中加入腐植酸钠后，使矿浆中脉石分散，而磁铁矿粒则由于磁力作用产生磁力絮凝，同时磁铁矿对矿浆中的赤铁矿起了载体作用，将赤铁矿同时絮凝下来。

通常用水玻璃作分散剂也是可以的，只是尾矿水不易澄清，处理较困难。用腐植酸铵脱泥，泥的产率 32.18%~38.48%、含铁 7.86%~8.61%、损失率 8.75%~11.98%。第二段磨矿（<38μm 占 97%）后加入腐植酸铵脱泥，再进行两次选择性脱泥和一次水洗。此时，可得品位 62.29%~65.06%，回收率 72.08%~66.17% 的铁精矿。

6.1.3.2 煤炭成型黏结剂

目前化肥、冶金和机械行业的煤气发生炉所用的煤炭几乎都要求用块煤或块焦作气化原料。随着采煤机械化程度的提高，煤矿出产的块煤小于 6mm 比率日趋增高（达 45% 以上）。在块煤运输和破碎加工过程中还会产生 30%~40% 的粉煤。焦炭加工产生的粉焦数量也非常可观。大量粉煤、粉焦长期堆积无法充分利用，以至风化贬值，造成极大浪费。制造型煤、型焦是缓解块煤供需紧张、解决粉煤（焦）积压浪费的主要出路，也是减少高硫煤燃烧废气中 SO_2 污染的有效措施之一。制造型煤的关键技术是黏结剂的选择和复配。近期常用的型煤（型焦）黏结剂有沥青、淀粉、合成树脂和塑料、无机盐（石灰、硅酸盐类）等，不是成本过高，就是造成环境污染，添加无机物还增加了灰分。用 HA 盐作型煤黏结剂始于 20 世纪 50 年代末。苏联最初用 HA-Na，发现强度和耐水性差，后采用 10%HA-NH_4 水溶液与小于 0.13mm 的粉煤混合，在 20MPa 压力下成型，100~220℃ 下干燥，所得型煤强度和耐水性最高，并发现褐煤 HA-NH_4，特别是棕腐酸的铵盐效果最好。机理研究认为，HA-NH_4 的黏结性主要是非极性力（分散作用和诱导力）起作用，加热脱水后 HA 中亲水的—$COONH_4$ 转化为疏水的—$CONH_2$，故提高了型煤的耐水性。此类型煤用于炼焦，在 1400℃ 下强度不下降，其强度与石油沥青黏结剂制的型煤相当，可用作铸造焦。美国 1986 年也公布了用褐煤 HA-Na 制型煤的专利。HA-Na 最早用于型焦黏结剂也见于苏联的报道，但需要在 HA-Na 中复配皂土、半焦化树脂或石油沥青等，制成油-水乳浊液才能使用。

我国 20 世纪 70 年代有十几个单位开展了 HA 类型煤的研制和试验。一般工艺条件是，粉煤粒度小于 3mm，糊状黏结剂中 HA-NH$_4$（Na）浓度约 4%，添加量约占粉煤的 6%~12%（有的还另加 5% 左右的黏土），混合物料水分约 5%，加压成型后在 200~220℃下干燥（用 HA-NH$_4$ 时最好隔绝空气干燥），成品水分含量小于 1%。所得扁椭圆形型煤强度一般达到 5.9~9.8MPa，吸水率<10%；水中浸泡 2h，耐压强度保持 2.9~4MPa。目前，HA 类型煤已在锅炉燃烧、合成氨造气中试用。从工业试验的技术经济指标来看，与碳酸化煤球相比，HA 类型煤成本低，不增加煤的灰分，对热值、灰熔点和挥发分都无明显影响，强度和活性都较高；在气化炉中 Na$^+$ 和 NH$_4^+$ 对气化还具有一定的催化作用。近期东北师大用泥炭 HA-Na 作黏结剂（加量 7%~10%）制成的型煤，冷、热强度分别达到 55~88kg/个和 5~70kg/个，常温耐水性也较好。唐山市丰润化肥厂用 80% 的焦粉 5+20% 的煤粉+10%~20% 的水+2%~3% 的 HA-Na，在 25~30MPa 的压力下成型，850~900℃下焦化，所得型焦抗压强度 30~40kg/个，达到造气要求，而且半水煤气中的 H$_2$S 含量减少了将近 10 倍。

目前国内型煤的一般技术水平是：抗压强度不小于 490N/个，落下强度不小于 75%，耐磨强度不小于 70%，热稳定性不小于 70%（表示非破碎比例）。HA 类型煤还很难稳定在这个水平上，其原因之一是 HA-Na 产品质量较低，影响了黏结性和型煤的质量；之二是单用 HA 类黏结剂一般很难保证型煤、型焦质量，特别是要达到一定的疏水性和热稳定性指标，应该复配其他疏水有机物质或引入相关技术。

此外，在活性炭和碳纤维–水泥复合材料中添加 HA，可明显提高材料的韧性和极限抗弯曲强度。

6.1.3.3　水煤浆分散剂

水煤浆是 20 世纪 70 年代中期开发的以煤代油的流体燃料。发展水煤浆的目的，一是实现煤的管道输送，缓解铁路运煤的压力；二是直接用于粉煤加压气化进料，简化工艺环节；三是热电厂等大型锅炉以煤代油，直接喷入高浓度水煤浆，顶替供应紧张的石油原油。水煤浆要求浓度高，黏度低，流动性好，沉降稳定性高。目前水煤浆的大约比例是 70% 的煤，29% 的水，1% 的添加剂。添加剂包括分散剂、稳定剂、消泡剂和缓蚀剂等，其中，分散剂和稳定剂是维持水煤浆流动性和稳定性的关键组分。

研究表明，HA 盐类在这方面可以担当分散剂和部分稳定剂的角色。因为 HA 可作为一种两亲表面活性物质或阴离子型大分子分散剂被煤吸附，提高煤粒的亲水性，形成水化膜，提高其表面 ζ-电位和静电斥力，促使水煤浆分散和稳定。早期美国和苏联是单用 HA-Na、HA-NH$_4$ 作水煤浆稀释剂的,后来发现磺化腐植酸铵(SHA-NH$_4$)加 Fe^{2+}、Ca^{2+} 效果更好。HA-Na+木质素磺酸钠+甲醛-萘磺酸的复合制剂更有利于降低水煤浆黏度和切力。近来倾向于 HA-高聚物接枝共聚产物的研制。日本专利报道,在水煤浆中添加 0.05%~2% 的 HA 盐与环氧乙烷或环氧丙烷的共聚物,或加入水解环氧丙基甲基纤维素,可使浓度高达 82% 的水煤浆稳定 2 个星期以上;在水煤浆中添加 0.4% 的 HA-Na(或 HA-NH$_4$)+0.1% 的 CMC,或添加 1% 的磺化腐植酸钠(SHA-Na)可使水煤浆稳定 2 个月。乌克兰、西班牙、加拿大等国家都相继公布过有关的研究和开发信息。我国 20 世纪 80 年代也有不少单位进行了 HA 类水煤浆的开发。中国矿业大学对长焰煤到无烟煤 30 多个煤样与不同种类的 HA 作用规律进行了详细研究,发现分散性与 HA 的分子量、—OH$_{ph}$ 值含量呈正相关,而与 E_4/E_6、—COOH、灰分含量呈负相关。分散性大小顺序为:黑腐酸>棕腐酸>FA,而稳定性的次序为泥炭 HA>褐煤 HA>风化煤 HA。他们开发出碱性造纸黑液提取泥炭 HA 或褐煤 HA-磺化改性制取复合分散剂的工艺路线,比同类产品成本降低 25%,并建成 1000t/a 添加剂生产线,开发研究取得一定进展。中科院山西煤化所用褐煤接枝共聚物 SWCM 和木质素磺酸盐改性物 FHLS 的复合制剂作分散剂(添加 0.5%),配合其他稳定剂和乳化剂,制得分散性和稳定性良好的水煤浆。东北师范大学用磺化泥炭进行水煤浆性能试验,发现 SHA 分散和稳定作用次序为草本泥炭>木本泥炭和苔藓泥炭。他们用 SHA-Na$^+$ 造纸黑液+恭磺酸盐+山梨醇+无机盐等复合添加剂,使水煤浆最高可稳定 45d。

型煤、型焦和水煤浆的开发应用,是关系到我国能源和环境可持续发展的重要项目,国家非常重视,近年来在应用技术研究和产品开发上已有重大进展,各类添加剂纷纷走上竞争舞台,在此形势下,HA 类添加剂开发速度相对比较缓慢,主要是在一些技术和经济上能过关。人们正翘首以待,盼望 HA 类添加剂的开发取得重大突破。

6.1.3.4 粉煤灰浮选碳表面活性剂

燃煤发电厂产生的煤灰中含有一定量的未燃碳,通过浮选回收未燃煤具有良好的经济效益,且对铝硅组分的利用也有所裨益。现有浮选分离未燃碳主要采用煤油和柴油等含油捕收剂,它们与表面氧化且疏水性弱化的细小未燃碳的结合能力一般,因而需要添加额外的表面活性剂。

HA 是一种天然的表面活性剂,兼具亲水性和亲油性,可作为煤油乳化的表面活性剂。韩桂洪等人探究了 HA 作为表面活性剂浮选分离未燃煤的效果。表 6-11 所示为试验用粉煤灰原料的成分组成,未燃碳在原料中的含量仅次于莫来石相与玻璃相,达到 18.5% 左右。

表 6-11 粉煤灰的物相组成   （ % ）

w（莫来石）	w（刚玉）	w（硫酸钙）	w（玻璃相）	w（未燃碳）	w（烧损）
32.82±0.15	4.85±0.05	5.78±0.05	32.27±0.12	18.54±0.08	23.40±0.10

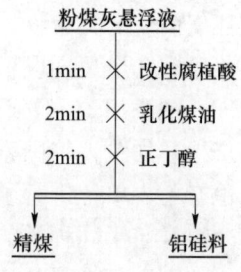

图 6-6 粉煤灰中未燃
碳的浮选分离流程

在固体密度为 10%、搅拌强度为 1000r/min 的固定条件下，按图 6-6 所示流程开展了 4 因子 4 水平 L16（45）正交试验。表 6-12 为这些浮选试验条件及由其获取的碳回收率指标。

从表 6-12 可以看出，碳的回收率在（68.21±0.04）%到（91.91±0.06）%之间变化。正交试验结果表明，HA 用量是影响碳回收的最重要因素。HA 可以表现出两亲性，它在水中会排列成束状超分子结构，将碳颗粒包裹。因此，HA 可以作为一种有效的表面活性剂，提高粉煤灰浮选回收碳的效果。在 HA 用量为 0.15g/L、煤油用量为 0.5g/L、正丁醇用量为 0.05g/L、浮选 pH 值为 10.0 的优化水平下，碳回收率为（93.20±0.05）%（见表 6-13）。

表 6-12 粉煤灰的物相组成

序号	HA 用量/g·L⁻¹	煤油用量/g·L⁻¹	正丁醇用量/g·L⁻¹	pH 值	碳回收率/%
1	0.05	0.2	0.05	7	68.21±0.04
2	0.05	0.3	0.1	8	72.73±0.04
3	0.05	0.4	0.15	9	77.52±0.05
4	0.05	0.5	0.2	10	79.61±0.05
5	0.1	0.2	0.1	9	75.24±0.05
6	0.1	0.3	0.05	10	84.88±0.04
7	0.1	0.4	0.2	7	79.55±0.04
8	0.1	0.5	0.15	8	82.32±0.05
9	0.15	0.2	0.15	10	88.73±0.06
10	0.15	0.3	0.2	9	91.91±0.06
11	0.15	0.4	0.05	8	89.32±0.05
12	0.15	0.5	0.1	7	86.95±0.05
13	0.2	0.2	0.2	8	81.35±0.06
14	0.2	0.3	0.15	7	83.43±0.06
15	0.2	0.4	0.1	10	87.51±0.05
16	0.2	0.5	0.05	9	90.43±0.05

粉煤灰悬浮液

1min ── 改性腐植酸
2min ── 乳化煤油
2min ── 正丁醇

精煤   铝硅料

表 6-13 粉煤灰浮选回收未燃碳的适宜条件与效果

HA 用量/g・L⁻¹	煤油用量/g・L⁻¹	正丁醇用量/g・L⁻¹	pH 值	碳回收率/%
0.15	0.5	0.05	10.0	93.20±0.05

6.2 在关键金属分离与纯化领域的典型应用

关键金属（critical metals）或关键矿产资源（critical minerals）是国际上新提出的资源概念，指必需的安全供应存在高风险的一类金属元素及其矿床的总称，主要包括稀土、稀有、稀散和稀贵金属。

近年来，欧盟、美国、日本等对关键金属的关注度越来越高。欧盟于 2008 年第一次公布关键矿产资源清单，2020 年最新修订的清单共包含 29 种重大战略价值的矿产。日本政府于 2009 年在《稀有金属保障战略》中，将 31 个矿种作为优先考虑的战略矿产。美国于 2018 年发布了包含 35 种关键矿物的清单，在 2022 年再次发布包含 50 种关键矿物的新清单，新清单增加了镍和锌。

我国目前没有明确定义，2016 年 11 月国务院批复通过的《全国矿产资源规划（2016~2020 年）》首次将 24 种矿产列为战略性矿产目录；后来，又强调"三稀"资源的重要性，即稀土金属、稀有金属和稀散金属；此外，国家急需的锰和铂族元素也应该属于这一范畴，共 38 种。

腐植酸拥有丰富的官能团、较强的配位性，与很多金属都具有亲和性，在金属矿产资源提取冶金过程，可作为难溶矿物的配位浸出剂、溶态离子的螯合沉淀剂、杂质钝化层/阻滞层的消除剂等，是廉价且来源广泛的绿色冶金助剂。

6.2.1 锌电积反应的催化

锌电积过程电能消耗高，是湿法炼锌工业中的耗电"大户"，降低电能消耗有利于低碳绿色生产。通过向锌电积体系引入了具有电催化活性的析氧/锌反应催化剂来降低阴阳极的反应过电位，是减少能耗的有效途径之一。

锌电积过程阴极反应主要有两个反应，其一为在阴极板上析出金属锌，即析锌反应，其二为在阴极板上析出氢气，即析氢反应。析锌反应与析氢反应之间互为竞争关系，二者的发生与阴极电极电势有关。实际生产中更期望能够抑制析氢、促进析锌，往往会向电解槽中加入一定量的添加剂，包括：无机盐（如碳酸锶）、有机胶（如骨胶、动物胶）、表面活性剂（如 EDTA）等。

郑州大学课题组首次将腐植酸作为添加剂引入锌电积体系，探究了其在锌电积体系中的阴极反应过电位变化，并对其电催化作用效果、阴极产品锌的形貌与 3 种工业常用添加剂（EDTA、$SrCO_3$、SDS）进行了比较。

6.2.1.1　HA 对阴极析锌反应的影响

在实验室采用三电极装置机电化学工作站（见图 6-7）对不同添加剂在锌电积体系中的阴极电催化反应过程进行电化学性能测定。三电极装置的工作电极为纯锌片，辅助电极为石墨片，参比电极为饱和甘汞电极，电解液为锌电积模拟液（$50g/L\ Zn^{2+}+150g/L\ H_2SO_4$）。其中，用作工作电极的纯锌片工作面积为 1cm×1cm，石墨片工作面积为 2cm×4cm。所有电化学测试的温度均为（35±1）℃，在进行电化学测试前对加入添加剂的电解液进行超声，使添加剂分布均匀。使用 Nova 2.1.3 软件对测得的电化学数据进行分析，测得了循环伏安曲线、阴极极化曲线、电化学阻抗谱图。

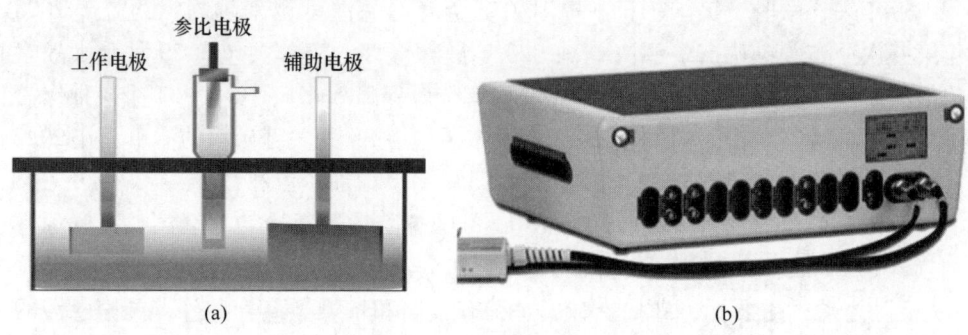

图 6-7　实验室装置

（a）三电极装置；（b）电化学工作站

A　循环伏安曲线

循环伏安曲线能够提供电化学测试中的氧化-还原反应信息，是一种常用的电化学测试方法。图 6-8 为 HA、EDTA、SDS、$SrCO_3$ 4 种添加剂在锌电积体系中的循环伏安曲线。循环伏安曲线中，C 点为锌的析出电压，D 点为锌的溶解电压，研究者们将两点之差定义为成核超电势（NOP），可以用来评价锌在阴极成核的难易程度。增加阴极极化可以得到数目众多的小晶体组成的晶格层，增大电结晶表面，但相应地阴极析锌极化增大，也将不利于锌的顺利析出。表 6-14 为不同添加剂的锌电结晶成核超电势对比。

从图 6-8 中可以看出，相较未加入添加剂的体系（空白，黑色曲线），加入添加剂的体系氧化还原区面积增大，表明反应过程电子转移量增多。电化学反应过程动力学加快。图 6-8 中 A 点为析氢反应发生点，随着电势向负方向增大，体系中的氢离子在阴极附近发生还原，生成 H·，并与游离的 H·结合生成 H_2，最后在阴极上析出氢气。图 6-8 中 C 点为析锌反应电位，在此电位下，体系中的游离锌离子在电场力的作用下向电极表面移动，并在阴极表面得到电子发生还原反

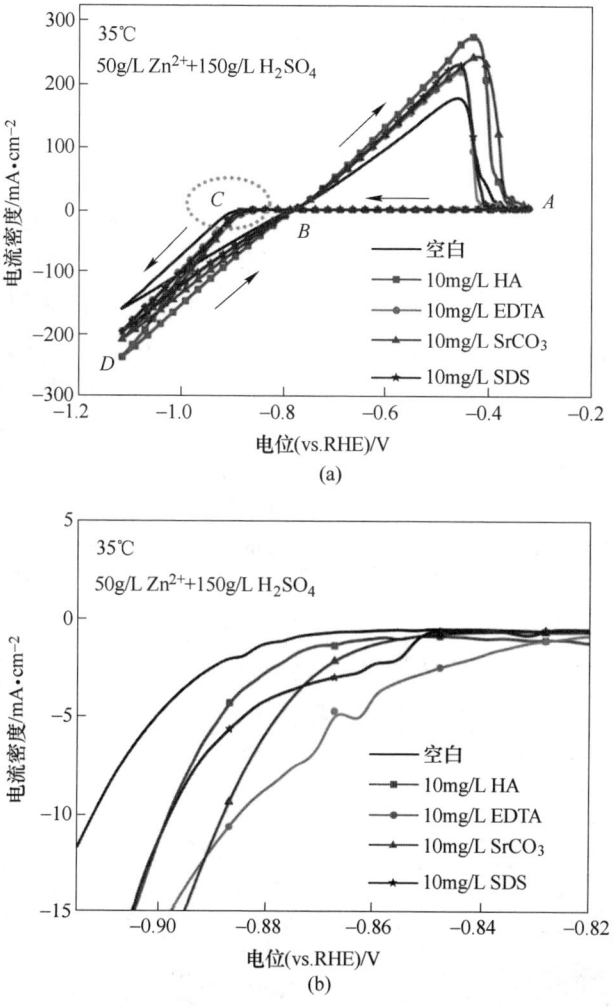

图 6-8　空白组及 10mg/L HA、EDTA、SrCO₃ 和 SDS 添加剂在锌电积模拟液中
10mV/s 扫速下的循环伏安曲线(a)及拐点 C 处的局部放大图(b)

表 6-14　空白组及 4 种添加剂在锌电积模拟液中的锌电结晶成核超电势（NOP）对比

添加剂	浓度/mg·L^{-1}	NOP/mV
空白	—	215
HA	10	227
EDTA	10	249
SrCO₃	10	239
SDS	10	231

应，生成 Zn，之后，Zn 在静电吸附作用下附着于阴极板表面，形成锌晶核，为后续锌的沉积提供生长基点。由表 6-14 可得，NOP 测试结果为 EDTA>SrCO₃>SDS>HA>空白，从对比结果来看，未添加添加剂的空白对照组中锌更容易析出，与传统工业所用的 3 种添加剂相比，HA 具有更低的成核超电势，更有利于锌的析出。

　　B　阴极极化曲线

　　在对循环伏安曲线进行了初步测试及分析后，对阴极析锌电极反应过程有了初步的了解。进一步探究不同种类添加剂对阴极析锌过程的影响，对 HA、EDTA、SDS、SrCO₃ 4 种添加剂在锌电积体系（50g/L Zn²⁺+150g/L H₂SO₄）中的阴极极化曲线进行了测试，结果如图 6-9（a）（b）所示。图 6-9（c）为各添加剂阴极反应过程的 Tafel 斜率图。表 6-15 为各添加剂的阴极反应过电位及 Tafel 斜率对比。

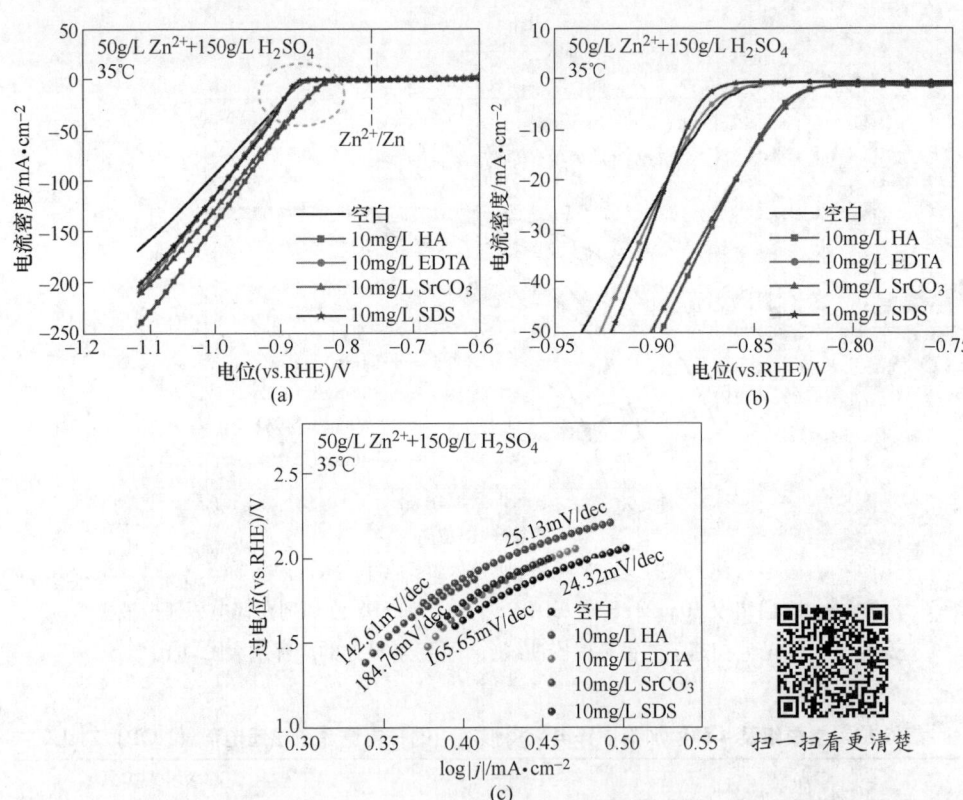

图 6-9　空白组及 10mg/L HA、EDTA、SrCO₃ 和 SDS 添加剂在锌电积模拟液中 10mV/s
扫速下的阴极极化曲线(a)、局部放大图(b)和 Tafel 斜率对比(c)

　　从图 6-9（a）中可以看出，阴极极化曲线呈现较犀利的拐角，表明电压在拐角处变化极快，证明阴极发生了锌的析出。在阴极电流密度大小为 50mA/cm² 时，各添加剂组的过电位变化有如下对比。η_{50}：SrCO₃<HA<EDTA<SDS<空白，阴

表 6-15 空白组及 4 种添加剂在锌电积模拟液中的阴极反应过电位及 Tafel 斜率对比

添加剂	浓度/mg·L^{-1}	过电位[①]/mV	塔菲尔斜率/mV·dec^{-1}
空白	—	405	24.32
HA	10	382	25.13
EDTA	10	383	165.65
SrCO$_3$	10	375	142.61
SDS	10	385	184.76

① 电流密度为 50mA/cm^2 时对应的过电位。

极过电位越大，则过程所耗电能越多。未加入添加剂的空白对照组有着最大的过电位，为 405mV，这将为电解过程造成不必要的电能浪费。加入添加剂能够有效降低阴极析锌反应过电位，SrCO$_3$ 加入时，过电位最小，为 375mV，新型添加剂 HA 也展现出了良好的性能，其过电位仅次于 SrCO$_3$，为 382mV。对比 Tafel 斜率也可以加深对阴极反应的电化学过程的了解。从 Tafel 的拟合图可以得到 Tafel 斜率对比关系为空白<HA<SrCO$_3$<EDTA<SDS。Tafel 斜率越小，表明在电化学过程中，电压随电流变化越慢，即在相同电压下可以达到更高的电流密度，这将有利于提高电化学过程中的电能利用率。以上结果表明，HA 具有作为锌电积添加剂的潜力。

C 电化学交流阻抗

测试体系中的电化学交流阻抗变化有助于进一步了解添加剂对反应过程的影响。对空白组及 4 种添加剂在锌电积体系中的电化学交流阻抗分别进行测试，并使用 Nova 2.1.3 软件对阻抗测试结果进行等效电路拟合，测试结果及拟合结果如图 6-10 和表 6-16 所示。图 6-10 中插图为拟合后的等效电路。

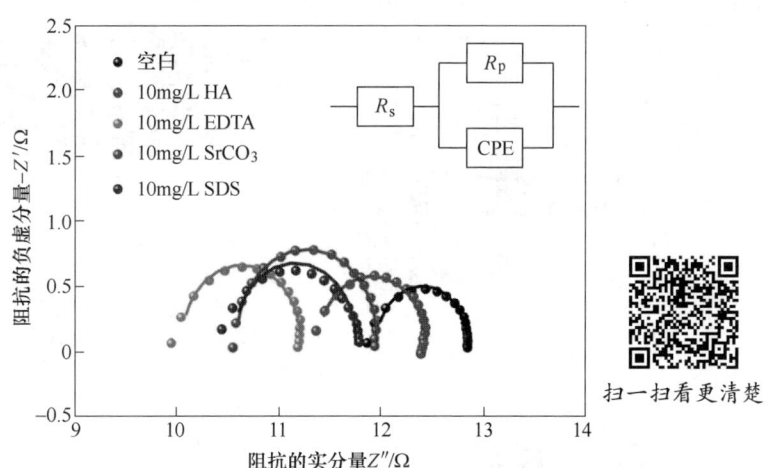

扫一扫看更清楚

图 6-10 空白组及 10mg/L HA、EDTA、SrCO$_3$ 和 SDS 添加剂在锌电积

模拟液的电化学阻抗谱图

（插图为等效电路拟合图）

表 6-16　空白组及 10mg/L HA、EDTA、SrCO₃ 和 SDS 添加剂
在锌电积模拟液中的电化学阻抗拟合结果

添加剂	浓度 /mg·L^{-1}	R_s/Ω	CPE		R_p/Ω
			$Y_0/\mu\Omega \cdot s^n$	n	
空白	—	11.9	8.23	1.1	0.86
HA	10	11.4	9.24	1.07	1.03
EDTA	10	10	6.69	1.1	1.13
SrCO₃	10	10.6	4.85	1.1	1.34
SDS	10	10.6	6.19	1.1	1.16

从图 6-10 中可以看出，阴极析锌过程各添加剂体系的阻抗图呈标准半圆型，各体系的溶液阻抗 R_s 大小比较如下：EDTA<SrCO₃=SDS<HA<空白，空白组的溶液阻抗最大，为 11.9Ω，EDTA 体系的溶液阻抗最小，为 10Ω，SrCO₃ 和 SDS 体系的溶液阻抗相等，均为 10.6Ω，HA 体系阻抗为 11.4Ω，以上结果表明，加入添加剂能够改善体系阻抗，有助于体系中各离子的传输，不同种类的添加剂对体系阻抗的影响各不相同。极化阻抗 R_p 大小比较如下：空白<HA<EDTA<SDS<SrCO₃，加入添加剂将会增大反应过程的极化阻抗，HA 添加剂的极化阻抗最小。

6.2.1.2　HA 对电积锌过程指标的影响

依据工业生产中的生产条件设计了锌电积模拟电解槽，并加入循环系统，模拟电积过程。锌电积模拟实验装置如图 6-11 所示，采用两电极体系进行电解。其中，阳极为纯铅阳极，阴极为高纯铝板（3cm×3cm），电解时间 36000s（10h）。

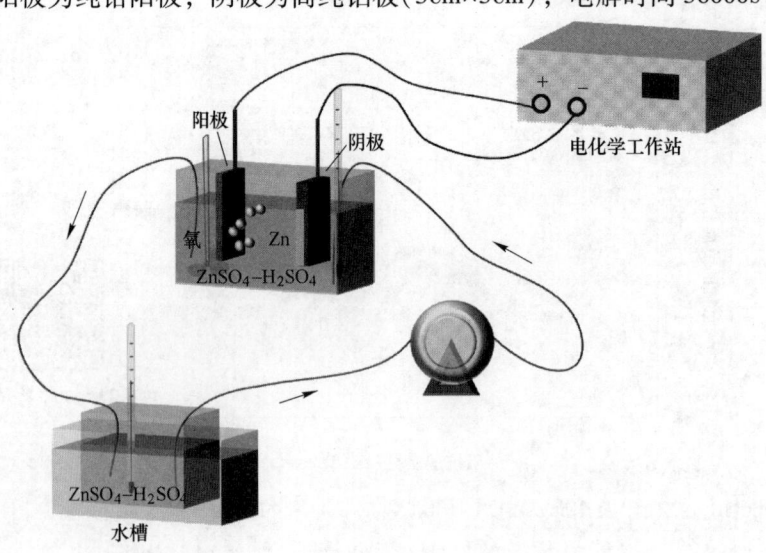

图 6-11　锌电积模拟实验装置示意图

采用计时电位法记录锌电积模拟实验过程中的槽电压变化，并对锌电积前后阴极铝板质量差进行记录，锌电积模拟过程的电能消耗及电流效率通过式（6-1）和式（6-2）进行计算。

$$W = 1000 \times \frac{VnIt}{Intq\eta} = 1000 \times \frac{V}{q\eta} = 819.76 \times \frac{V}{\eta} \tag{6-1}$$

$$\eta = \frac{G}{qItN} \times 100\% \tag{6-2}$$

A 槽电压及电流效率

各添加剂槽电压和电流效率随时间变化结果如图 6-12 和表 6-17 所示。表 6-17中，ΔG 为阴极产品前后质量差，η 为电流效率，W 为电能消耗。

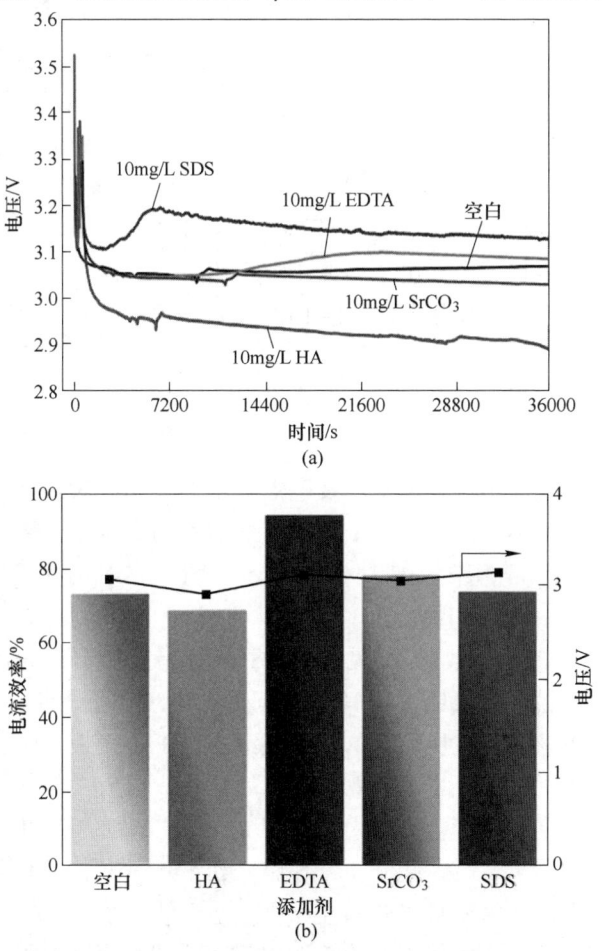

图 6-12 空白组及 10mg/L HA、EDTA、SrCO$_3$ 和 SDS 添加剂的锌电积模拟过程

（a）槽电压随时间变化图；（b）电流效率及平均槽电压变化图

表 6-17　空白组及 10mg/L HA、EDTA、SrCO$_3$ 和 SDS 添加剂的
锌电积模拟过程槽电压及电流效率对比

添加剂	槽电压/V	$\Delta G/g$	$\eta/\%$	$W/kW \cdot h \cdot (t\text{-}Zn)^{-1}$
空白	3.07	0.4447	72.90	3453
HA	2.92	0.4179	68.51	3495
EDTA	3.12	0.5732	93.97	2722
SrCO$_3$	3.05	0.4749	77.85	3212
SDS	3.15	0.448	73.44	3517

从图 6-12 中曲线与表 6-17 中结果可以看出，各体系在经过长时间电积后，槽电压大小比较如下：HA<SrCO$_3$<空白<EDTA<SDS。与工业上传统的 3 种添加剂相比，加入 HA 的体系槽电压显著降低，与未加入添加剂的空白组的槽电压相差 0.15V，这与前述阴极极化曲线的测试结果中，HA 具有最低的过电位相契合，电积过程中，槽电压随时间增加呈下降趋势，在 7200s 时槽电压出现掉落后上升现象，这与此时阴极表面的锌未能完全附着于极板表面而有所脱落有关。EDTA体系的槽电压随时间增加下降后再上升，最后趋于平稳。SrCO$_3$ 体系槽电压与空白组槽电压变化曲线接近，槽电压略低于空白组。SDS 体系槽电压最高，随时间增长下降后再上升最后趋于稳定，与空白组相比，槽电压高出 0.08V。各添加剂的槽电压与电流效率变化趋势相关，槽电压低时，电流效率相应也降低，因此需要进一步研究能够再降低槽电压的同时提高电流效率的方法。

B　阴极产品形貌

锌电积中添加剂除了影响槽电压及电流效率外，还会对阴极产品形貌产生影响。为了探究不同种类添加剂对阴极产品锌的形貌的影响，使用扫描电子显微镜对阴极析出锌进行表征，结果如图 6-13 所示。图 6-13 中序号 1~5 分别为空白组、HA、EDTA、SrCO$_3$、SDS。

从图 6-13 中高放大倍数照片［见图 6-13(1a)~(5a)］可以看出，未加入添加剂的产品锌微观形貌相对紧密，但其表面有孔洞出现［见图 6-13(1c)］，这是因为在阴极发生了析氢反应，所产生的较大气泡占据了阴极板，阻止锌的析出，从而产生孔洞。加入 HA 的产品锌微观形貌呈片层状，低放大倍数下，其表面无明显孔洞，整体呈现平整界面。与空白组和 HA 组相比，加入 EDTA、SrCO$_3$ 和 SDS添加剂的 3 组产品均出现较多孔洞，且 SrCO$_3$ 和 SDS 的阴极锌形貌呈枝晶状，这说明在析锌过程中，锌的生长主要为在原晶核上继续沉积。

综合以上结果，工业中使用的传统添加剂主要作用为增大阴极析锌成核过电位，优化阴极产品形貌。添加剂能够降低阴极反应总过电位，对槽电压产生影响。4 种添加剂中，EDTA 的电流效率最高、阴极产品形貌有待改进，HA 添加剂

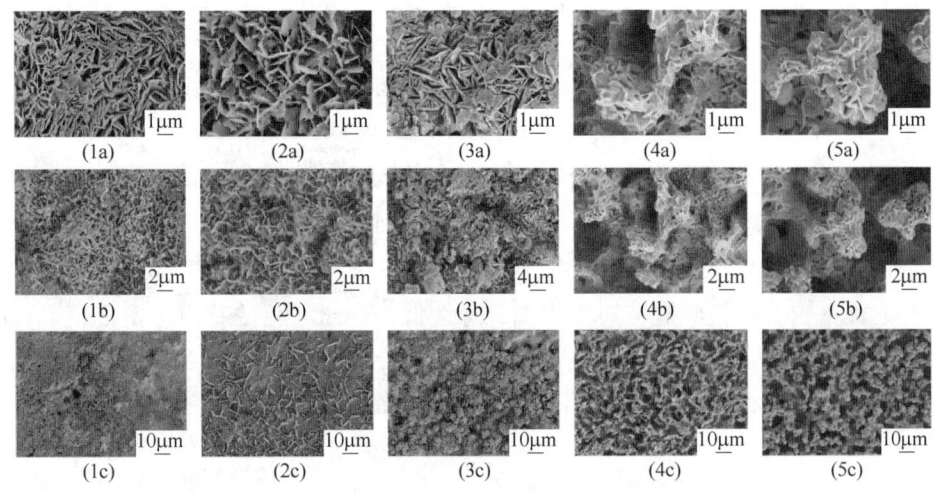

图 6-13　空白组及 10mg/L HA、EDTA、SrCO$_3$ 和 SDS 添加剂锌电积
模拟后阴极产品锌的形貌电子扫描显微镜照片
(1a)～(5a) 10000×；(1b)～(5b) 5000×；(1c)～(5c) 1000×

的反应槽电压最低，阴极产品形貌最佳，但其电流效率不高。可以将 EDTA 与 HA 组合使用。

6.2.2　金的浸出与富集

据文献报道，金（Au）及其晶体电极表面对 HA 具有极大的亲和力和吸附量，并与海水的盐浓度呈正相关，其电动电位达到 -0.6V，为 HA 提取贵金属提供了理论依据。苏联的一些学者多年致力于用 HA-Na 代替剧毒的氯化物和金属汞提取 Au 的研究，他们先用王水溶解矿石中的金属，再用 HA-Na 沉淀 Au，沉淀率达 93%～95%。他们还发现在 pH≥10 的条件下 HA-NH$_4$ 对 Au 的溶解率最高，3% 的 HA-NH$_4$ 溶液中含 Au 达 10mg/L。王兰等人进行了 HA 盐浸取和富集 Au 的研究，结果表明，用 HA-Na、HA-NH$_4$ 对 Au 的浸出率达 93%～97%，浓度 1.5% 的褐煤，NHA-NH$_4$ 浸出率最高，加氧化剂可进一步提高浸出率，有望代替有毒的 NaCN、硫脲等浸取剂，而且 HA 不必再生，可直接送冶炼厂深度提金。

中南大学徐斌等人揭示了腐植酸钠对硫代硫酸盐浸金体系的改善。在硫代硫酸盐浸金体系中，各硫化矿物，包括黄铜矿、方铅矿、闪锌矿、黄铁矿和毒砂，都会加速硫代硫酸盐的消耗，并促使金表面形成铜-硫钝化层，阻碍金的溶解。浸出试验表明，HA 可以有效缓解硫化矿物对金溶解的有害影响。XPS 分析证明，HA 可以阻止钝化物种覆盖金表面，这可能是因为腐植酸自由基离子非选择性吸附而使金和钝化物种的表面都带负电。溶解试验表明，HA 略微促进了硫化物矿物的溶解，这可能是其抑制了矿物表面钝化物种的覆盖。SEM 分析表明：腐植酸自由基离子吸附在金表面形成一层很薄的褶皱膜，褶皱可能是由于基体金的严重腐蚀所致。

Zashikhin A. V. 等人用氰化物配合物改性腐植酸，在 pH 值为 8~10 条件下浸出金颗粒 25~30d，浸出液中金含量可达到 30mg/L 以上，相比改性前浓度提高约 1 倍。对含金溶液进行酸沉（pH 值为 2~4）、离心处理，约 80%金会随腐植酸进入沉淀物，表明浸出阶段大部分金是以腐植酸配合物形式溶解。在沉淀过程，腐植酸不仅能充当吸附剂，而且可作为金溶解催化剂（微量杂质）的载体。

总体来看，腐植酸提金法成本低、毒性低，相比氰化法具有一定的优越性。但是，腐植酸提金法也存在着必须改进的技术关键，比如，浸取液的浸出速度较慢，对某些矿的提取率很低。因此，要想使腐植酸提金法在黄金生产领域站住脚，除了需要进行系统的应用基础研究外，在提高浸出速度、解决堆浸中的供氧问题以及降低成本方面还应下大力攻关。

6.2.3　其他金属的分离回收

含钪盐的溶液与腐植酸作用，在一定的条件下可以产生沉淀，从而使钪回收。当 pH 值为 4.93 左右时，溶液中的钪（Sc^{3+}）或 $SeOH^{2+}$ 与腐植酸中羧基发生离子交换作用，生成腐植酸钪沉淀。pH 值为 3 时，腐植酸能与 Fe^{2+} 配位，而在 pH 值为 5 时则不生成配合物。实验证明，Fe^{2+} 和 Mn^{2+} 的存在并不影响腐植酸与钪的作用。因此，在钨渣盐酸浸出液中加适量铁粉，使其中 Fe^{3+} 还原为 Fe^{2+}，同时相应除去一部分其他杂质。过滤后的 $ScCl_3$ 溶液，在室温下 pH 值为 5 时，和腐植酸作用生成腐植酸钪沉淀。分离出的沉淀物加草酸和氨水使之变成 $Sc(OH)_3$，然后，经灼烧即可得纯度较高的 Sc_2O_3。

东北大学杨洪英等人研究了 HA 在废计算机主板（WCMBs）中铜的生物浸出中的作用。首先，通过配伍实验表明，适当剂量的 HA 对细菌的生长没有抑制作用。FT-IR 光谱分析结果表明，HA 含有醌类结构，可作为氧化还原介质促进细菌生长。其次，利用 RSM 优化 WCMBs 中铜的细菌浸出，以最大限度地提高铜的回收率。通过 CCD 实验获得的最佳实验条件为 pH 值为 1.53，矿浆浓度为 1.35%，HA 含量为 0.31g/L。在此条件下，铜的浸出率达到 100%。生物浸出和化学浸出的结果以及 SEM 研究表明，HA 提高了铜的提取率。

此外，在 HA 存在下通过还原法获取 Hg、活化泥炭、褐煤和风化煤回收工业废气中的 Ge、吸收浓缩稀溶液中的 V、U、Ge、Ga 等都时有报道。这些方法都具有 HA 来源丰富、成本低廉、安全无毒、适应性较广等优点，有一定开发前景，但目前大都存在浸取速度慢、HA 用量大、回收率低或过滤、浓缩等后处理较难等技术问题，目前多数处于实验室研究阶段。

6.3 在二次电池领域的典型应用

目前商业锂离子电池主要以聚偏氟乙烯（PVDF）为黏结剂，存在价格昂贵、易分解失效、难以回收、对环境有害、制备过程复杂等缺点，且需要和有毒有害的 N-甲基-2-吡咯烷酮（NMP）一同使用。因此，开发经济环保的锂离子电池新型黏结剂很有必要。腐植酸含有共轭双键（π 键电子可作为载流子）、芳香环、酚羟基、羟基、羰基、羧基等丰富的官能团，具备优良的导电性和黏附特性，是锂离子电池潜在理想黏结剂。

6.3.1 磷酸铁锂正极黏结剂

磷酸铁锂（LiFePO$_4$，LFP）晶格稳定性好，且不含任何有害重金属元素，是集安全、长寿、环保于一体的锂离子电池正极材料。然而，较低的电子电导率是该材料的缺点之一。郑州大学团队从分子动力学角度分析了腐植酸（HA）复合羧甲基纤维素钠（CMC）黏结剂（HAC）活性成分与 LFP、铝箔集流体的结合机理，并系统考察了 HAC 对 LFP 电化学性能的强化效果。以下是对该项工作内容的介绍。

6.3.1.1 HAC-LFP-铝箔之间的分子动力学模拟

图 6-14 为研究使用的 LFP 原料的 XRD 图谱。由图 6-14 可知，所用原料全部的衍射峰都与 LiFePO$_4$ 标准卡片（No. 40-1499，斜方晶）保持一致，表明原料的纯度较高。对 XRD 图谱进行了细化分析，获取了 LFP 的晶胞参数：$a = 10.3099$，$b = 5.9940$ 和 $c = 4.6783$。

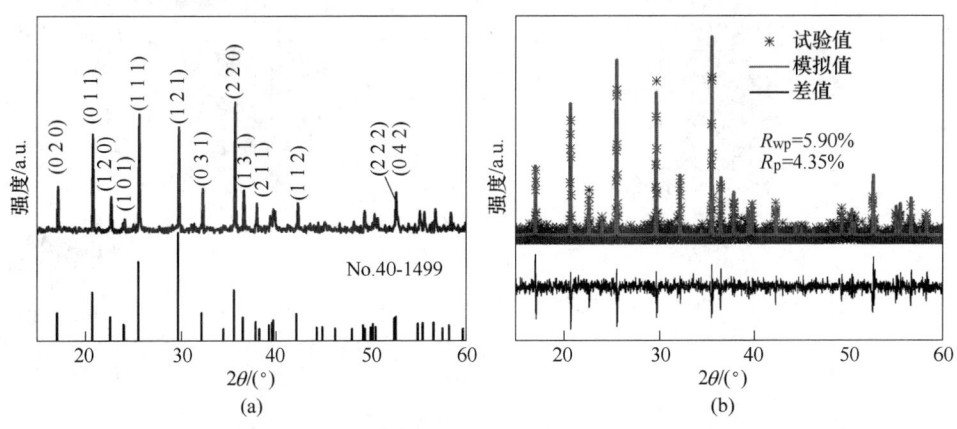

图 6-14 LiFePO$_4$ 的 XRD 图谱(a)及其细化结果(b)

LFP 在未吸附黏结剂前的晶体模型如图 6-15（a）所示，可以清楚地看到，

Li⁺在晶体 LFP 中沿（１００）方向的距离为 10.323Å（1Å=10⁻¹⁰m）。LFP 吸附不同黏结剂后的仿真模型如图 6-15（b）～（d）所示。可以看出，HA-LFP、CMC-LFP、PVDF-LFP 中 Li⁺沿（１００）方向的距离分别改变为 1.3795nm、1.3271nm、1.3632nm，这表明通过与不同有机物相互作用，锂离子传输通道得到了不同程度扩大，尤其是 HA 扩大传输通道的效果最为明显，因此以 HAC 为黏结剂有利于锂离子的快速传输。LPF 对 HA、CMC、PVDF 的吸附能量分别为−1305.12kJ/mol，−1175.84kJ/mol、−492.50kJ/mol（详见表 6-18）。可见，相比 PVDF，HA/CMC 和 LFP 具有更强的相互作用，表明 HAC 有望显著改善 LFP 正极材料的电化学性能，特别是其倍率性能。

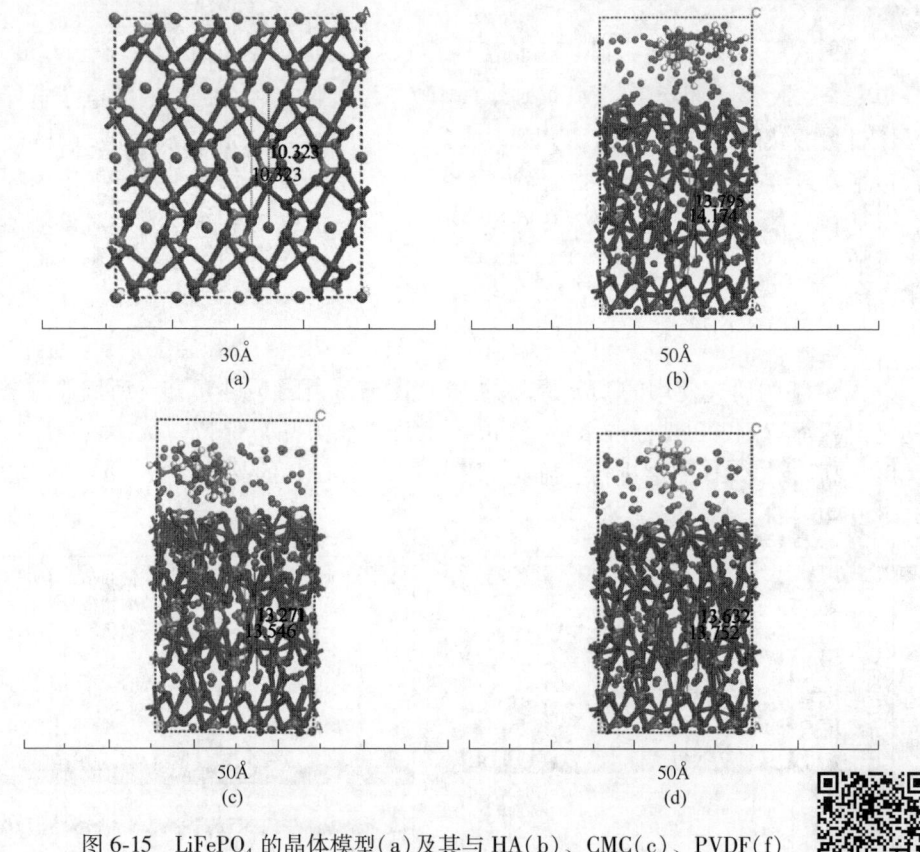

图 6-15　LiFePO₄ 的晶体模型(a)及其与 HA(b)、CMC(c)、PVDF(f)
之间的分子动力学模拟后的最终状态
（1Å=10⁻¹⁰m）

扫一扫
看更清楚

　　此外，还分析了铝箔集流体与 3 种有机物之间的相互作用，图 6-16（a）为金属铝的晶体模型，图 6-16（b）～（d）分别是对金属铝与 HA、CMC、PVDF 之间进行分子动力学模拟后的最终状态图。模拟计算结果显示，HA-Al、CMC-Al、

PVDF-Al 的吸附能分别为 $-561.61kJ/mol$、$-412.01kJ/mol$、$-128.05kJ/mol$（详见表6-18）。对比吸附能可知，相比 PVDF，HA/CMC 与集流体的相互作用更强，表明以 HAC 为黏结剂可以提高 LFP 与集流体的结合强度，提高电池的安全性与循环使用寿命。

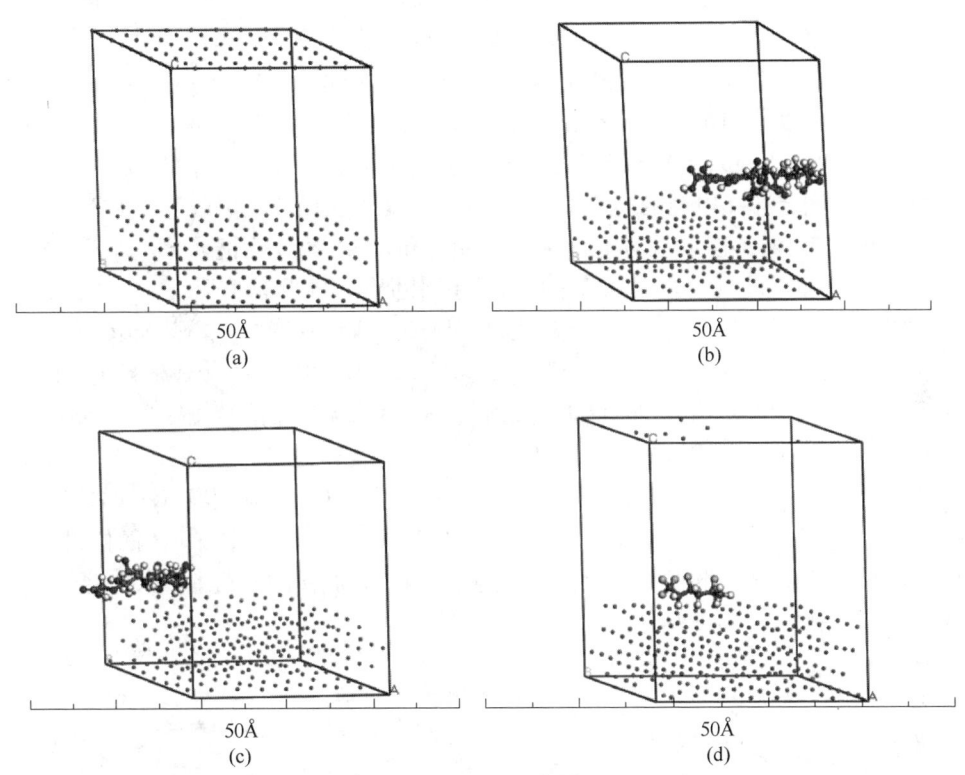

图 6-16 模拟之前的铝模型(a)，Al 和 HA(b)，CMC(c)和 PVDF(d)
之间进行分子动力学模拟之后的最终状态

$(1Å = 10^{-10}m)$

表 6-18 3 种黏合剂和材料以及黏合剂和集流体铝之间的
参数和分子动力学模拟结果   （kJ/mol）

体系	E_{total}	$E_{surface}$	$E_{organic}$	ΔE
HA-LFP	-341013.56	-340010.87	302.58	-1305.12
CMC-LFP	-368298.44	-367643.75	521.26	-1175.84
PVDF-LFP	-375679.97	-374268.94	-918.46	-492.50
HA-Al	-26877.77	-26518.35	202.19	-561.61
CMC-Al	-26593.30	-26570.03	388.74	-412.01
PVDF-Al	-27231.84	-26446.02	-657.76	-128.05

6.3.1.2　含 HAC 的 LFP 正极的电化学性能

　　首先制备含 HAC 的 LFP 电池：依次将 10%（质量分数）的黏结剂（HA 和 CMC 质量比为 3∶1）、10% 的乙炔黑、80% 的 LiFePO₄ 添加到水中，每隔 30min 搅拌一次，整个系统搅拌 24h，而后将浆料均匀涂抹到铝箔表面，再将铝箔置于真空烘箱中干燥 12h，得到 LEP 正极极片；再以 LiPF₆ 为电解质、以 Celgard 2500 为电池隔板、以纯锂箔为参比电极，于手套箱中将含 HAC 的 LEP 正极极片与锂金属负极组装在一起，得到 CR 2032 型纽扣电池。随后，通过 LAND-CT2001A 电池测试系统测定纽扣电池的恒电流充电/放电性能；使用 Autolab PGSTAT204（荷兰）电化学工作站测量循环伏安图（CV）和电化学阻抗谱（EIS）；通过在 $10^{-2} \sim 10^5$ Hz 频率范围内施加 5mV 的 AC 振幅来获得 EIS 测量值。

　　HA、CMC 和 HAC 的红外光谱，以及 HAC 中氢键形成方式分别如图 6-17 和图 6-18 所示。位于 1558cm⁻¹、1367cm⁻¹ 处的峰分别是由 HA 中羧酸根自由基的不对称拉伸振动和对称拉伸振动引起的。这两个峰的位置在 CMC 中羧基（1587cm⁻¹、1413cm⁻¹ 和 1323cm⁻¹）的影响下发生轻微地蓝移。位于 1008cm⁻¹ 处的峰是由 C—OH 基团的拉伸振动引起的，由于 CMC 含有更多 C—OH 基团，HAC 在此处的峰强显著高于 HA。与 HA 和 CMC 相比，HAC 中 O—H 的位置转移到低波数，这主要是由于它们之间的相互作用产生了新的氢键。HAC 中氢键形成的可能方式如图 6-18 所示。

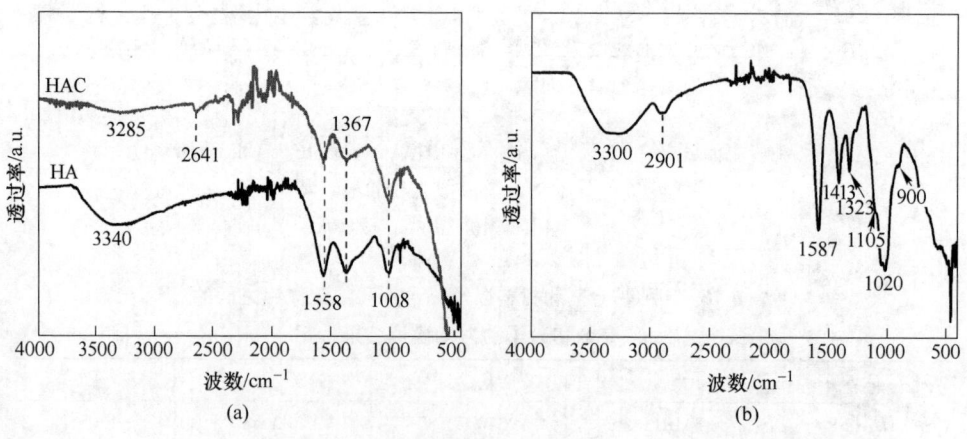

图 6-17　FTIR 光谱

（a）原始腐植酸和由腐植酸与 CMC 形成的薄膜；（b）CMC

　　图 6-19 为含不同黏结剂的 LFP 电池的循环性能。在初始的 10 个循环中，随着电极材料的活化，电池的比容量稳步增加。在前 100 次循环中，以 HAC 为黏结剂的电池体现出了最佳的循环性能，其第 100 次充电、放电比容量分别为

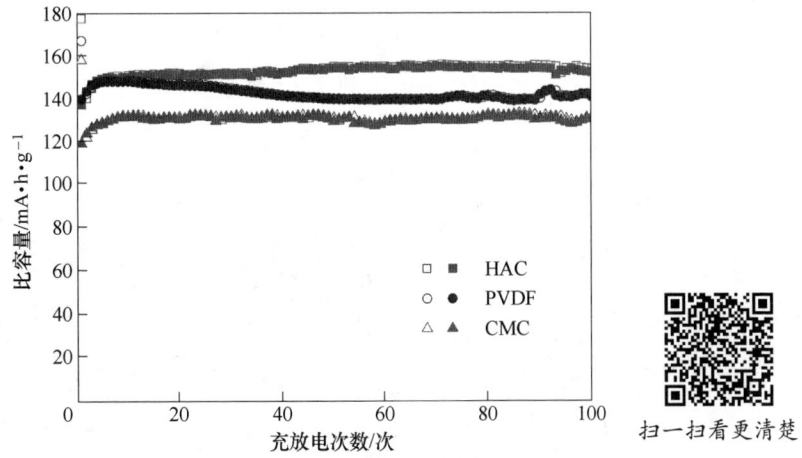

图 6-18 HAC 中氢键形成的可能方式

153.6mA·h/g 和 152.3mA·h/g，库仑效率达 99.2%。该优异的循环稳定性可归因于 HAC 黏结剂使 LFP 和导电炭在电极上均匀、牢固的分布，以及之间紧密的交织连接。

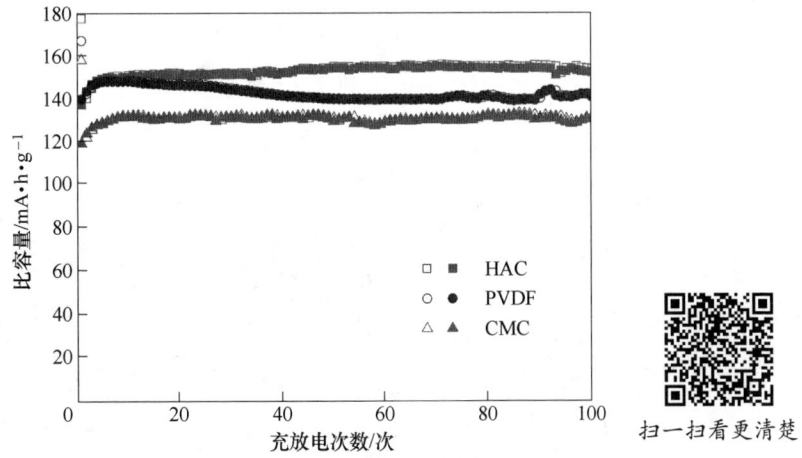

图 6-19 含不同黏结剂的 LFP 电池的循环性能

含不同黏结剂的 LFP 电极在 0.5~8C 的充放电速度的放电电压曲线如图 6-20 所示。在 0.5C 的低放电电流下，所有电极均表现出 LFP 阴极的典型平稳期，约为 3.4V（vs. Li/Li⁺）。而且由于极化增加，随着放电速率从 0.5C 增加到 8C，特别是对于带有 PVDF 的 LFP 电极，放电电压平稳期减短，放电容量降低。带有 HAC 的 LFP 电极在放电速率 0.5C/5C 时的放电比容量分别为 153.6/116.6mA·h/g，带有 HAC 的 LFP 电极在放电速率 2C 时仍获得 75.9% 的 0.5C 容量保持率。但是，带有 CMC 和 PVDF 的 LFP 电极在放电速率 5C 下，仅获得 66.7% 和 37.6%

的 0.5C 容量保持率。当放电速率增加到 8C 时，带有 HAC 的 LFP 电极的放电容量为 105.4mA·h/g，远高于 CMC(75.0mA·h/g) 和 PVDF(24.1mA·h/g)。对于带有 HAC 的 LFP，在放电速率 5C 下的容量保持率为 56.3%，而 CMC 和 PVDF 分别为 48.4% 和 32.8%。当放电速率返回 0.5C 时，带有 HAC，CMC 和 PVDF 黏结剂的 LFP 电极的可逆放电容量迅速增加至 153.4mA·h/g、142.9mA·h/g 和 126.9mA·h/g。带有 HAC 的 LFP 电极显示出比 CMC 和 PVDF 更好的放电速率能力。

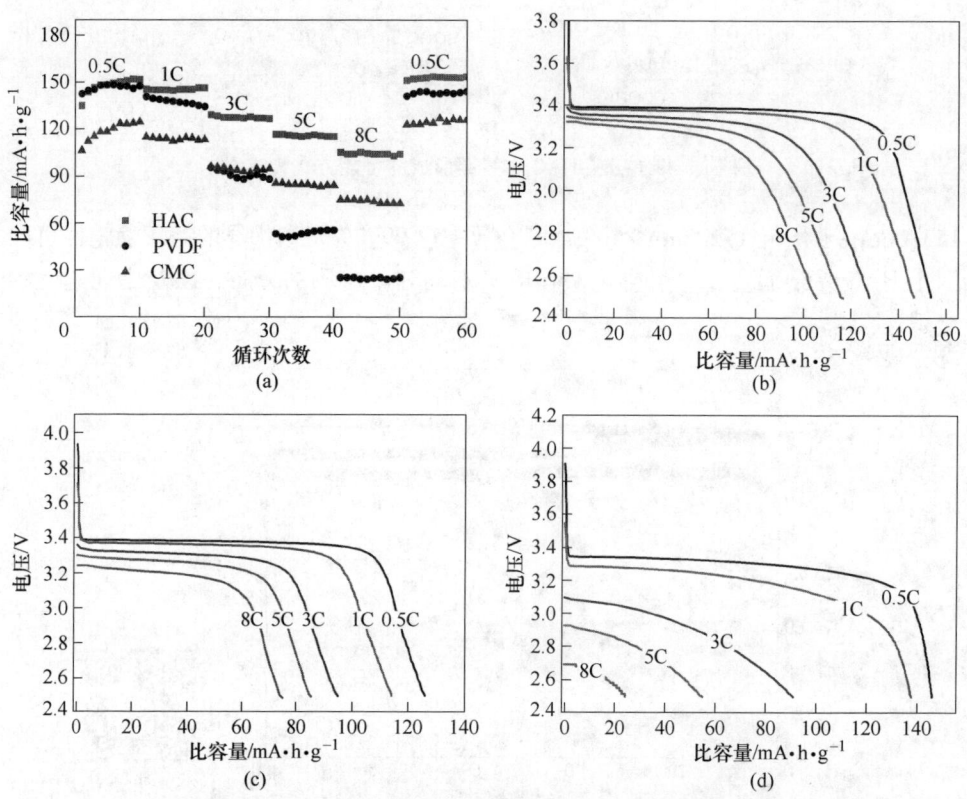

图 6-20   含不同黏结剂的电池倍率性能（a）和分别以 HAC(b)、
CMC(c)、PVDF(d)为黏结剂电池放电曲线

与 CMC 和 PVDF 相比，带有 HAC 的 LFP 电极在放电速率 3C 和 8C 时显示出更高的容量和更宽的放电平台，表明在高电流密度下，Li$^+$ 的极化更小，传输速度更高。结果与结合机理分析一致，扩大的通道可以显著加速锂离子的扩散。表 6-19 为使用不同黏结剂的 LFP 电极的电化学性能的比较。可以发现 HAC 十分具有优势。

表 6-19　使用不同黏结剂的 LFP 电极的电化学性能比较

黏结剂	倍率/比容量 /mA·h·g^{-1}	放电平台电压/V
弹性体	8C/125	3.00
氰乙基羧化壳聚糖	5C/90	3.20
羧甲基纤维素锂	5C/92	—
羧甲基壳聚糖	5C/87	3.25
壳聚糖	5C/93	—
聚醋酸乙烯酯	5C/53	2.8
黄原胶	5C/100	3.32
萜烯树脂-聚丙烯酸锂	5C/106	3.33
聚氨酯纤维	4C/120	—
导电黏结剂	5C/126	2.85
HAC	5C/117	3.33
	8C/105	3.30

　　为了进一步研究倍率容量和循环性能的差异，对在手套箱内循环 100 次后的纽扣电池进行拆解，取出电极。通过 SEM 观察到带有 HAC、CMC 和 PVDF 黏结剂的 LFP 电极的形貌（见图 6-21）。图 6-21（a）（b）显示了以 HAC 复合材料为黏结剂的 LFP 电极的 SEM 图像。与带有 CMC 黏结剂的电极［见图 6-21(c)(d)］和带有 PVDF 黏结剂的电极［图 6-21(e)(f)］相比，带有 HAC 的电极更加均匀和光滑。阴极表面裂纹的存在可能会破坏活性颗粒与炭黑或铝箔集流体之间的导电性，从而导致容量衰减以及循环寿命的缩短。光滑连续的表面可以为锂离子的运输提供方便的通道。此外，在循环前后电极表面没有明显的差异，这意味着在循环过程中内聚力是稳定的。电极的完整表面形态可以缩短锂离子的传输距离，从而能够具有良好的倍率性能和循环性能。

　　在室温下使用不同的黏结剂对 LFP 电极进行电化学阻抗谱（EIS）测量。图 6-22 为在室温下进行 100 次循环前后带有不同黏结剂的 LFP 电极的奈奎斯特图。所有阻抗曲线均由两部分组成：在高至中频区域中与电荷转移电阻（R_{ct}）或所谓的界面电阻有关的凹陷半圆，以及在低频区域中反映 Li$^+$ 的直线电极体中的扩散，即沃堡阻抗（Z_w）。比较图 6-22 中（a）和（b），可以发现 LFP-HAC 和 LFP-CMC 电极的界面电阻随充放电循环的增加而降低，而 LFP-PVDF 的阻抗随电荷-放电次数的增加而增加。与 CMC 和 PVDF 系统相比，带有 HAC 的 LFP 电极在高/中频区域具有最小的 R_{ct} 值，表明电极反应的动力学（即电荷转移和极化）以及速率性能的改善。

　　为了研究电化学动力学，在 0.1mV/s 的扫描速率下（从 2.5V 到 4.2V）进

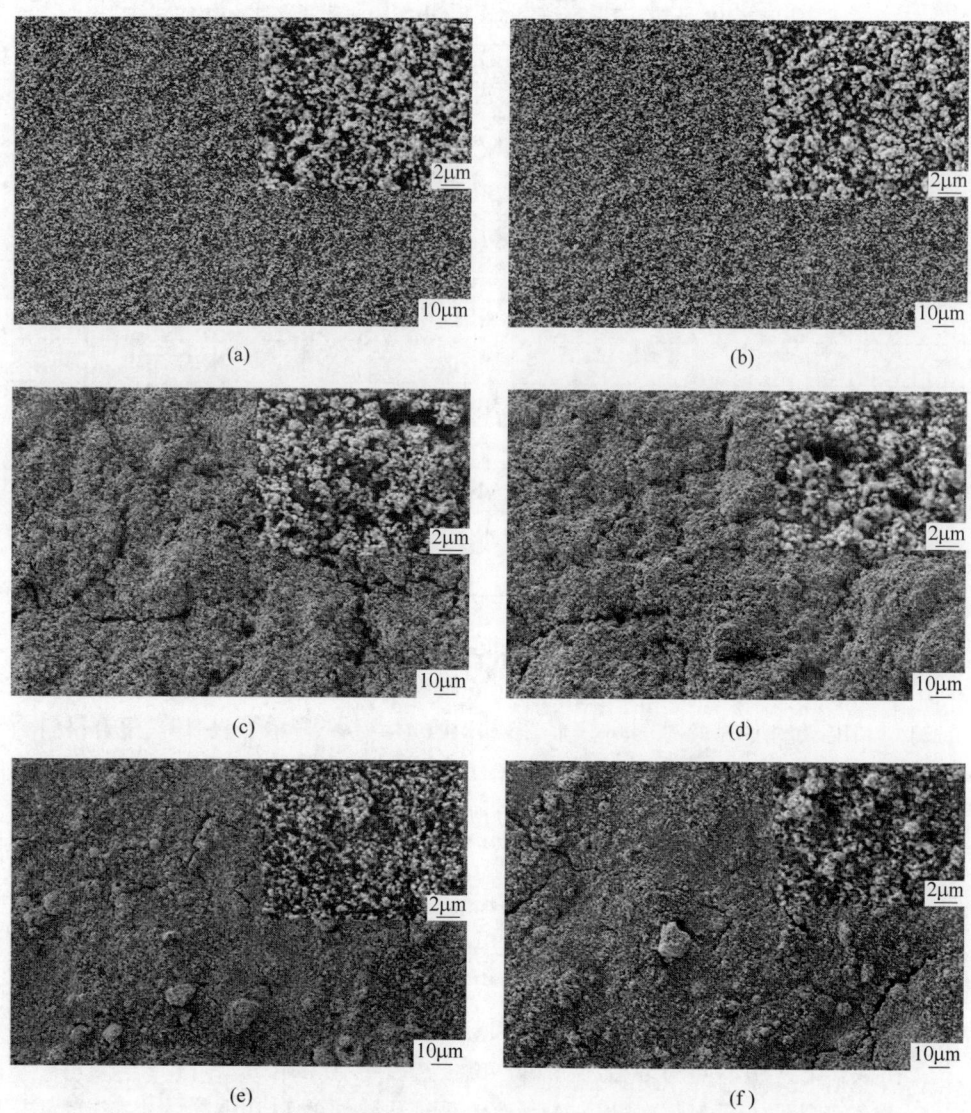

图 6-21　含不同黏结剂 LFP 电极初始(a, c, e)和在 100 次循环
充放电测试之后(b, d, f)的 SEM 图像
(a)(b)　HAC；(c)(d)　CMC；(e)(f)　PVDF

行循环伏安图测量（见图 6-23）。所有电极的 CV 曲线相似，表明 HAC 黏结剂对
LFP 电极的氧化还原反应过程没有明显影响。对于所有黏结剂体系，观察到一对
对应于 Fe^{3+}/Fe^{2+} 氧化还原对的氧化和还原峰。对于 HAC、CMC 和 PVDF，氧化
峰与还原峰之间的间隔分别为 0.22V、0.23V 和 0.28V。使用水基黏结剂的电池
的氧化还原峰的电压差低于使用 PVDF 作为黏结剂的电池的氧化还原峰的电压

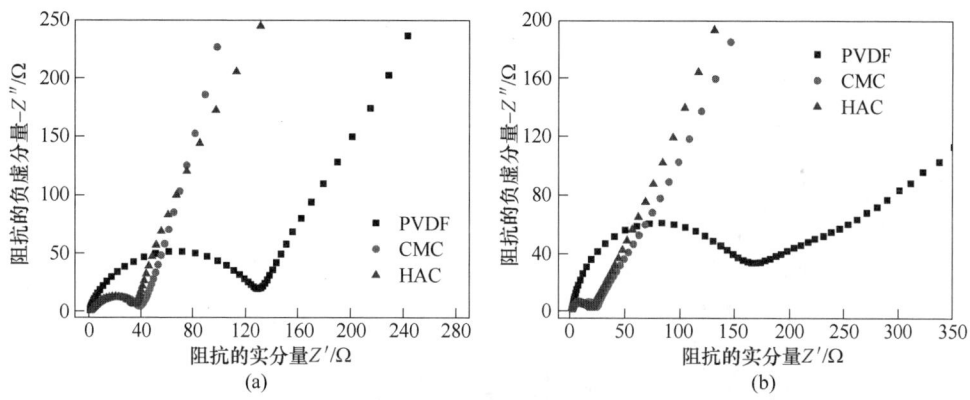

图 6-22　含 HAC、CMC 和 PVDF 黏结剂的 LFP 电极的奈奎斯特图
(a) 在 100 次循环之前；(b) 在 100 次循环之后

差。带有水基黏结剂的电极的 CV 曲线比带有 PVDF 黏合剂的电极的 CV 曲线更
锐利。带有 HAC 的 LFP 电极的放电曲线和充电曲线之间的距离在 3 个电极中最
小（见表 6-20）。另外，在正向或反向电势扫描期间出现峰值之前，带有 HAC 的
LFP 电极的电流增加比带有 CMC 的 LFP 电极更快，尤其是比 PVDF 更快。该结
果表明，HAC 的极化在 3 个电极中最弱，这可以增加电池的电化学反应活性。
已经发现，电极负载可能会对 CV 产生影响，电极上的负载越多，峰间隔越大，
峰值电流越低。在这项工作中，带有 HAC 的 LFP 的峰值电流略低于带有 CMC 的
LFP 的峰值电流，这可能是由相对较高的负载引起的。然而，尽管带有 HAC 的
LFP 电极具有最大的负载量，但峰间隔却是最小的，这与其他电化学结果是一
致的。

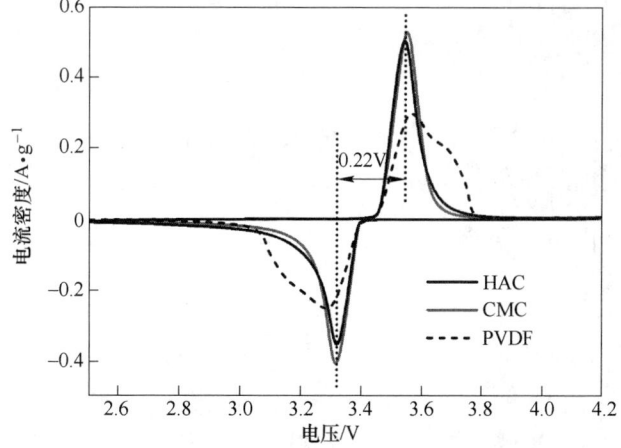

图 6-23　含 HAC、CMC 和 PVDF 黏结剂的 $LiFePO_4$ 电池的循环伏安图

表 6-20　不同电极负载的 LiFePO$_4$ 的 CV 参数

黏结剂	电极负载量/mg·cm^{-2}	峰值电流/mA·g^{-1}	峰间隔/V
HAC	3.53	505	0.22
CMC	2.01	527	0.23
PVDF	2.16	297	0.28

CV 也是确定表观 Li$^+$ 扩散常数 D_{app} 的重要方法。可以将 Li$^+$ 嵌入和去嵌入视为可逆反应，并且可以通过 Randles-Sevcik 方程计算 Li 离子的扩散系数。

$$i_p = 0.4463F\left(\frac{F}{RT}\right)^{1/2} C^* v^{1/2} A D^{1/2} \tag{6-3}$$

式中　i_p——以安培为单位的峰值电流；

F——拉第常数，96485C/mol；

R——通用气体常数，8.314J/(mol·K)；

T——温度，K；

C^*——初始浓度，mol/cm^3；

v——扫描速率，V/s；

A——电极面积，cm^2；

D——扩散常数，cm^2/s。

该方程可以写成：

$$\frac{i_p}{m} = 2.69 \times 10^5\, C_{Li}^* v^{1/2} A_e D_{app}^{1/2} \tag{6-4}$$

式中　m——以 g 为单位的电极质量；

C_{Li}^*——LiFP 中 Li 的初始浓度，mol/cm^3，此处为 0.0228mol/cm^3；

A_e——单位质量的电极面积，cm^2/g 取为 (0 1 0) 平面的有效面积，为 15.1m^2/g；

D_{app}——从测试结果获得的锂离子的表观扩散常数，cm^2/s；

m，i_p——由测量结果得出。

带有 HAC 的 LFP 电极在 0.1~1mV/s 的各种扫描速率下的 CV 曲线以及 $\frac{i_p}{m}$ 和 $v^{1/2}$ 的关系如图 6-24 所示。D_{app} 可以从线性拟合的斜率计算得出。带有 HAC 的 LFP 的 D_{app} 值为 4.54×10^{-15}cm^2/s，分别高于 CMC 和 PVDF 的 4.24×10^{-15}cm^2/s 和 9.80×10^{-16}cm^2/s。较大的扩散系数表示 Li$^+$ 能在电极中更加方便地传输，因此具有较高的速率性能。这些结果与 HAC 的 LFP 电极显示出比 CMC 和 PVDF 更好的速率性能的实验数据非常吻合。

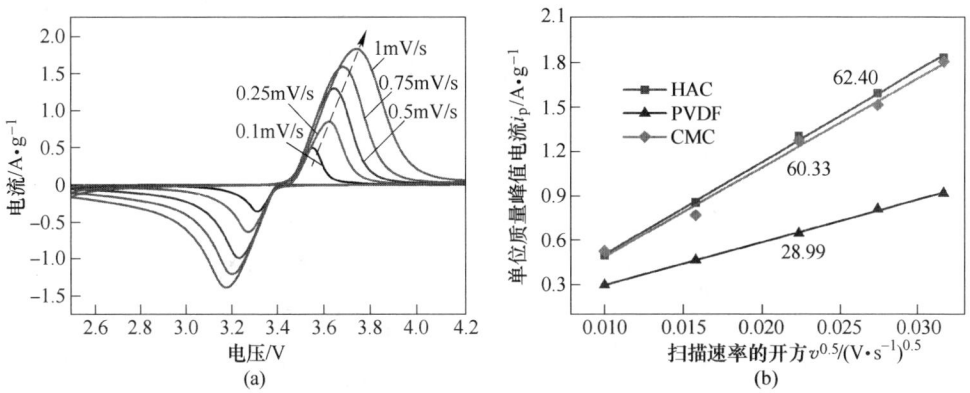

图 6-24 含 HAC 的 LFP 电极在不同扫描速率下的 CV 曲线(a)
以及归一化峰值电流与扫描速率平方根的关系图(b)

6.3.2 SnO₂ 正极黏结剂

SnO₂ 是应用于 LIB 的最有希望的候选阳极材料之一，由于其较高的理论比容量（782mA · h/g）和实用性而受到广泛研究。然而，在充放电过程中材料的体积变化会导致材料和黏结剂之间的胶结作用失效，并进一步导致整个涂层部分的结构崩塌。如果活性材料不能很好地与电极的整个导电系统连接，则循环稳定性会受到很大影响。

通过改变活性材料的结构和形态或者添加功能性黏结剂以适应 SnO₂ 在充放电体积变化是一种有效的方法。但是，传统的 SnO₂ 黏结剂存在价格昂贵、对环境有害、制备过程复杂等缺点。腐植酸（HA）是一种具有不同有机官能团的中等聚电解质，具有疏松的结构，可作为 SnO₂ 的黏结剂。

6.3.2.1 HA 强化 SnO₂ 正极稳定性的机制

通过傅里叶变换红外光谱（FTIR）对 SnO₂ 黏结用 HA 进行了表征（见图 6-25）。图 6-25 中位于 3367cm⁻¹ 处的峰是由于—OH 的拉伸振动引起的，位于 1654cm⁻¹ 处的峰是由酰胺 I 带的 C＝N 拉伸振动以及醌 C＝O 和/或氢键共轭酮的 C＝O 拉伸振动引起的。1560cm⁻¹ 处的峰归属于胺 II 带的 COO—对称拉伸振动，N—H 的弯曲振动和 C＝N 的拉伸振动。位于 1028cm⁻¹ 处的峰属于多糖或多糖物质的 C—O 拉伸振动，即硅酸盐杂质的 Si—O。

通过扫描电子显微镜（SEM）和透射电子显微镜（TEM）观察 HA 的表面形态（见图 6-26）。HA 没有确定的形状[见图 6-26(a)]，因此 HA 是用于活性材料和导电试剂粒子的良好的分散介质。HA 表面有一些片状纹理，薄片非常薄，具有纳米级的厚度[见图 6-26(b)]，因此可以很好地缓冲物体。HA 的形态特征可能会增强电活性材料与集电器的黏附力。

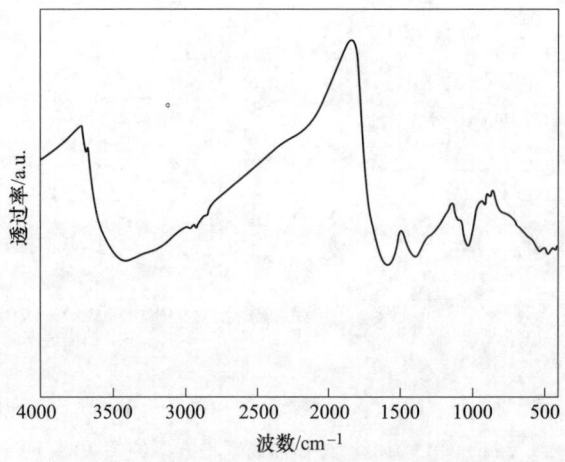

图 6-25　HA 的 FTIR 光谱

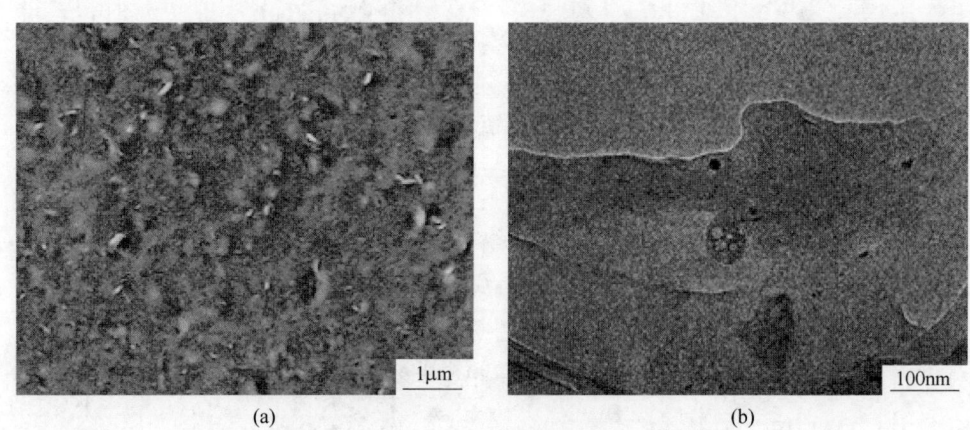

图 6-26　HA 的表面形态
(a) SEM 图；(b) TEM 图

　　电极由黏结剂、导电剂乙炔黑和 SnO_2 以 1 : 1 : 8 的质量比组成。改性电极由黏结剂、HA 改性剂、导电剂乙炔黑和 SnO_2 以 1 : 1 : 2 : 16 的质量比组成。将黏结剂、改性剂和导电剂依次加入溶剂中，搅拌 1h。然后，在连续搅拌的同时将 SnO_2 粉末与它们混合直到浆料变得均匀。随后，用自动刮刀将浆液浇铸在铜箔上，然后在电鼓风干燥箱中于 60℃ 干燥 2h。最后，将铜片在真空气氛下于 60℃ 彻底干燥过夜。将铜片切成直径为 8mm 的薄片，每个阳极的活性材料负载量约为 1.6mg/cm^2。将锂金属圆盘作为参比电极，并将 Celgard 2500 作为电池隔板。电解质为 1mol/L 的 $LiPF_6$，溶于体积比为 1 : 1 : 1 的碳酸亚乙酯/碳酸乙基甲基酯/碳酸二甲酯中。在充氩气的手套箱中组装 CR2032 硬币型电池，观察其电化学性能。

使用 Autolab PGSTAT204（荷兰）电化学工作站进行循环伏安法（CV）和电化学阻抗谱测量。恒电流充放电是在 LAND 系统的 0.05~2.5V 电位范围内进行的。所有测试均在 25℃ 的温度下进行。

对实验用到的 SnO_2 做了 XRD 分析，结果如图 6-27 所示，因为所有峰均与 JCPDS No. 41-1445 中的峰有很好的对应，所以该产物是纯四方锡石，SnO_2 的微晶尺寸是通过 Scherrer 方程（6-5）用（110）方向的主要衍射峰估算的：

$$D = \frac{K\lambda}{\beta\cos\theta} \tag{6-5}$$

其中，β 是衍射线在其一半强度处的宽度，θ 是布拉格角。K 称为形状因数，通常取约 0.89 的值，λ 是 XRD 测量中使用的 X 射线源的波长，为 1.5406nm。SnO_2 的计算微晶尺寸为 58nm。

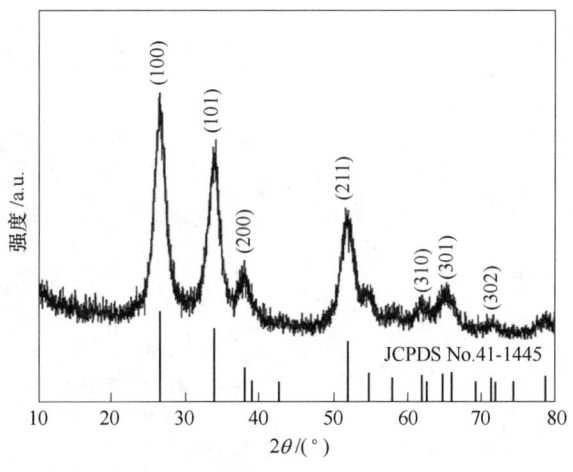

图 6-27　SnO_2 的 XRD 图

SnO_2 和 HA 的 FTIR 光谱如图 6-28 所示。图 6-28 中的 3441cm^{-1} 和 1635cm^{-1} 处的峰分别来自吸附在 H_2O 上的—OH 键的拉伸和弯曲振动。SnO_2 的 624cm^{-1} 处的峰来自 O—Sn—O 键的反对称振动。

通过 SEM 观察了所制备的 SnO_2 的形态（见图 6-29）。图 6-29（a）显示颗粒的平均直径约为 0.5μm。在较高的放大倍数下观察到具有粗糙表面的不规则球形颗粒 [见图 6-29（b）]。根据 BET 测试，SnO_2 的比表面积为 78.4m^2/g。N_2 吸附和解吸曲线如图 6-30（a）所示。可以观察到典型的介孔结构的 Ⅳ 型曲线。$p \cdot p_0^{-1}$ 在 0.4~0.8 时的吸附滞后可能是由于解吸过程中的毛细管凝结引起的。通过 Barrett-Joyner-Halenda 方法获得的 SnO_2 的孔径分布如图 6-30（b）所示，孔径集中在 3.4nm。

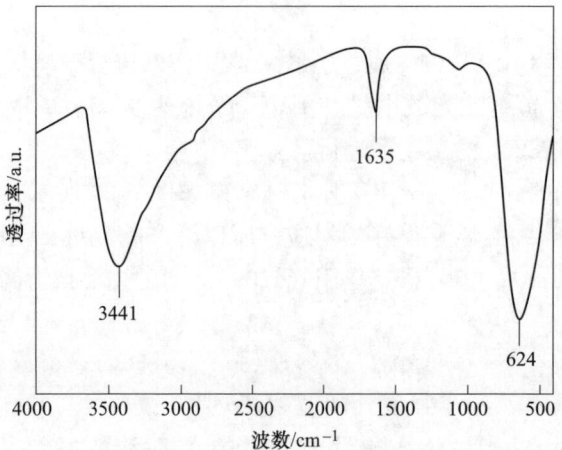

图 6-28　SnO$_2$ 的 FTIR 光谱

(a)　　　　　　　　　　　　　(b)

图 6-29　不同放大率的 SnO$_2$ 的 SEM 图像

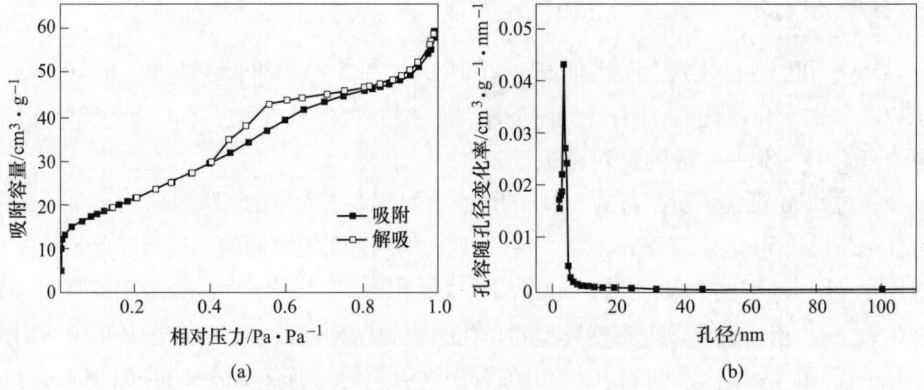

(a)　　　　　　　　　　　　　(b)

图 6-30　N$_2$ 吸附-解吸曲线(a)和 SnO$_2$ 的孔径分布曲线(b)

通过 SEM 和 AFM 观察具有不同组成的 SnO_2 电极的表面，如图 6-31 所示。具有 HA-CMC 的电极[见图 6-31(a)(b)]在 3 个电极中最为均匀。由于 HA 良好的分散效果，SnO_2 颗粒分布更均匀。相比之下，带有 PVDF 的电极表面总体看来是光滑的[见图 6-31(c)]，但在高倍率下观察到明显的裂纹，并且不同成分的分布是离散的（见图 6-31（d）中的虚线圈）。SnO_2 颗粒的聚集区域容易形成裂纹，这可能会阻碍锂离子的传输。仅使用 CMC 作为黏结剂的电极表面粗糙且裂纹很多[见图 6-31(e)(f)]。这种现象主要是由于 CMC 的强大聚合力造成的。但是，HA 可能会与 CMC 形成氢键并提供位阻而大大分散作用力。此外，电极中还存在许多小孔[见图 6-31(b)～(f)]，为离子传输提供了额外的通道，并保留了一定的空间以缓冲充放电过程中的体积变化效应。通过 AFM 获得一致的观察结果[见图 6-31(g)～(i)]。HA-CMC、PVDF 和 CMC 电极表面的 Ra（平均粗糙度）值分别为 106nm、143.6nm 和 187.9nm。HA-CMC 可能有利于提高锂离子电池的

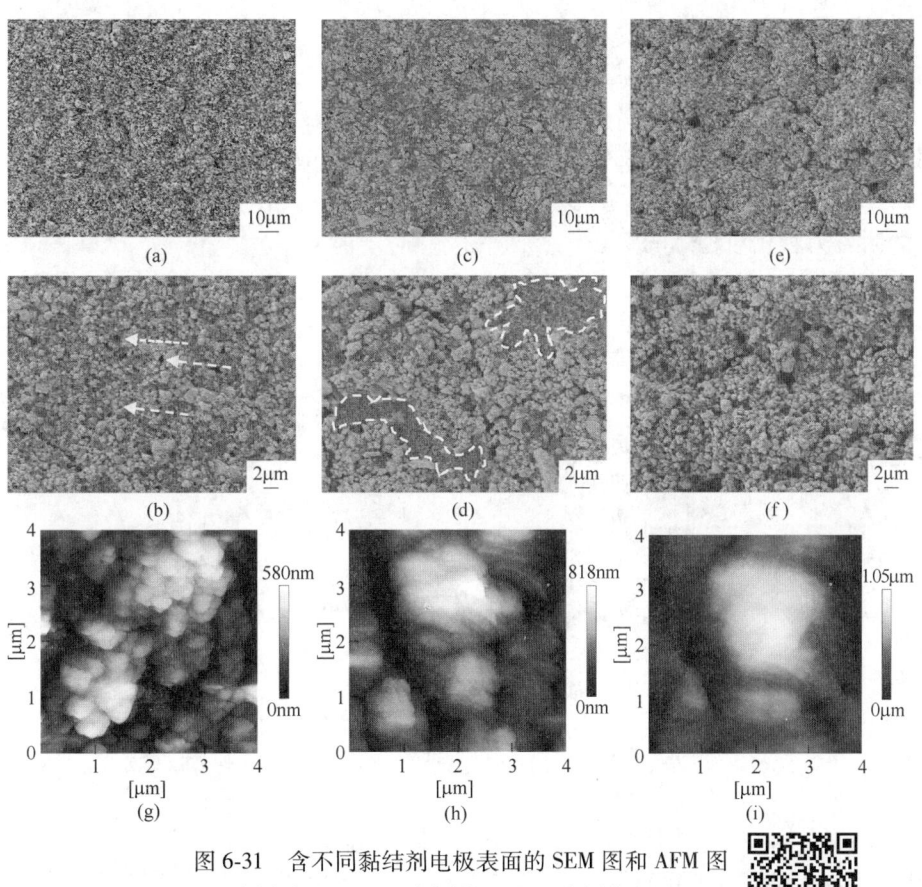

图 6-31 含不同黏结剂电极表面的 SEM 图和 AFM 图
(a)(b) HA-CMC；(c)(d) PVDF；(e)(f) CMC；
(g) HA-CMC；(h) PVDF；(i) CMC

扫一扫看更清楚

初始效率，哥伦布效率（CE），放电容量和容量保持率。

图 6-32 为 HA 对电极表面修饰作用的示意图。腐植酸的高柔韧性使它们能够很好地适应活性材料，导电剂和黏结剂之间的相互作用。通过添加 HA，可以将不同的成分均匀分布在铜箔上，且能避免活性材料开裂。

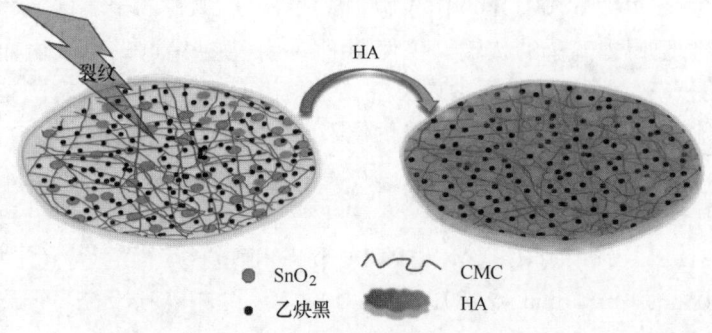

图 6-32　电极表面被 HA 修饰的示意图

通过剥离试验评价了腐植酸对 Cu 集电器的黏合强度，结果如图 6-33 所示。在测试中，SnO_2-CMC 和 SnO_2-HA-CMC 显示出比 SnO_2-PVDF 更高的黏合强度。SnO_2-HA-CAC 表现出最高的平均剥离负荷（0.82N/cm），表明 HA-CMC 具有可靠的附着力和相对稳定的状态。

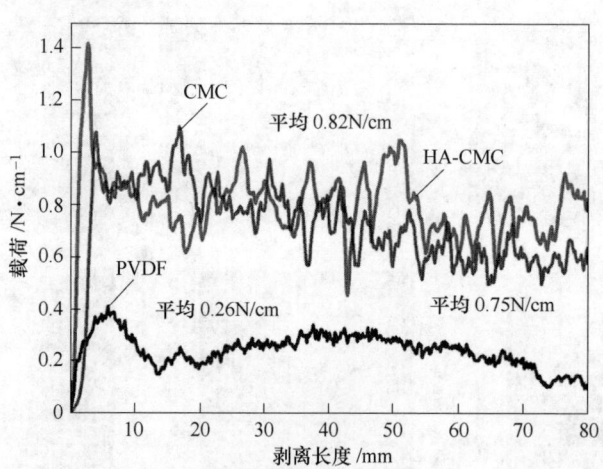

图 6-33　不同 SnO_2 电极的 180°剥离测试

使用纳米压痕方法评估了 HA-CMC、PVDF 和 CMC 的机械性能。图 6-34 为 HA-CMC、PVDF 和 CMC 的纳米压痕过程曲线。最终深度（h_f）是最终卸载后硬度压痕的剩余深度，代表纳米压痕过程后的变形，类似于电极中阳极材料的膨胀和收缩。显然，HA-CMC 具有更高的抗变形能力以适应体积变化。

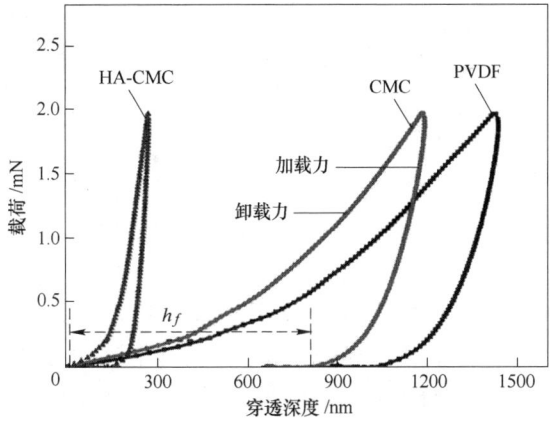

图 6-34 不同 SnO_2 电极中 2mN 的载荷-穿透深度曲线

6.3.2.2 HA 修饰 SnO_2 正极的电化学性能

首先在 3 个电极之间以 0.3mV/s 的扫描速率比较 CV 曲线（见图 6-35）。第

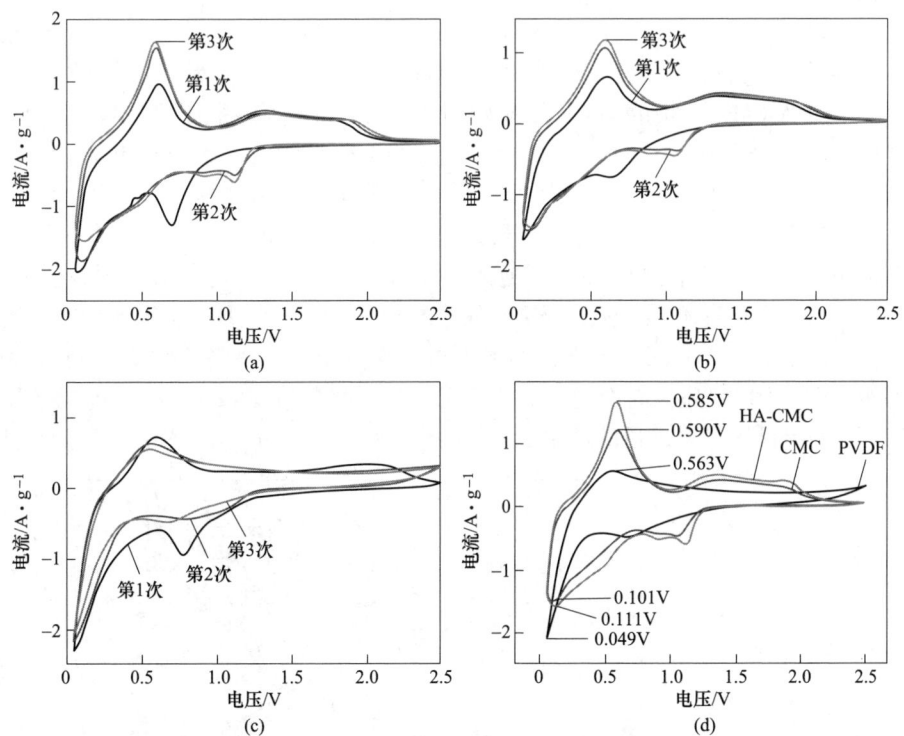

图 6-35 含不同黏结剂 SnO_2 电极的 CV 曲线

（扫描速率：0.3mV/s，相对于 Li/Li$^+$ 的电压范围为 0.05~2.5V）

(a) HA-CMC；(b) CMC；(c) PVDF；(d) 各 CV 曲线的第三个周期

一次放电中不可逆的还原峰范围为 0.1 ~ 1.5V，这主要归因于 SnO_2 向 Sn ［式（6-6）］的转变，电解质在电极表面上的分解以及固体电极界面（SEI）的形成［见式（6-7）］。0V 附近的可逆还原峰归因于 Li^+ 的合金化过程［见式（6-8）］，0.6V 附近的可逆氧化峰来自此方程式的逆反应，表示锂离子的脱合金反应。充电过程中 1.3V 处的氧化峰对应于 Sn 氧化为 SnO_2，表明式（6-6）是部分可逆的。仅出现在 CMC 和 HA-CMC 的 CV 上的 1.80 ~ 2.20V 的氧化峰可能是由于过量的 Li^+ 容量，Li^+ 可逆地扩散进/出 HA-CMC-SnO_2 和 CMC-SnO_2 电极的内部空间。带有 CMC 和 HA-CMC 的电极表面上的小孔可能与此过程有关。

第三周期主要的对应可逆氧化还原峰之间的电压差如图 6-35（d）所示。HA-CMC-SnO_2 电极在氧化峰和还原峰之间显示出最小的电压差，显示出 HA-CMC-SnO_2 电极的最低极化。

$$SnO_2 + 4Li^+ + 4e^- \longrightarrow Sn + 2Li_2O \tag{6-6}$$

$$Li^+ + e^- + 电解液 \longrightarrow SEI(Li) \tag{6-7}$$

$$Sn + xLi^+ + xe^- \rightleftharpoons Li_xSn(0 \leqslant x \leqslant 4.4) \tag{6-8}$$

来自 3 个电极的第一个循环的充放电曲线如图 6-36（a）所示。这 3 个电极具有相似的充放电趋势，证明添加 HA 不会导致电极反应产生额外的氧化和还原反应。在 3 个电极中，HA-CMC 电极的不可逆容量最低，库仑效率最高（见表 6-21）。HA-CMC 阳极的高 CE 可能归因于 SnO_2 和 HA 官能团之间建立的良好的导电网络。分别在约 0.90V 和 0.25V 处的两个明显的放电平台对应于 CV 中的两个还原峰位于 0.5V 的充电平台对应于 0.6V 的第一个氧化峰。

来自 HA-CMC 电极不同循环次数的充电-放电曲线如图 6-36（b）所示。电极充放电过程中的所有反应都是可逆的，除了第一个循环中的第一个放电平台。图 6-36（c）为具有不同组成的 SnO_2 电极的电化学性能。HA-CMC-SnO_2 电极在第 50 次循环后在 100mA/g 的电流密度下可逆比容量可以保持在 733.4mA·h/g，比 CMC 和 PVDF 的高。高而稳定的比容量可能与材料在电极上的良好分散有关。带有 HA 的电极还具有出色的速率能力［见图 6-36(d)］，在依次测试 0.1C、0.2C、

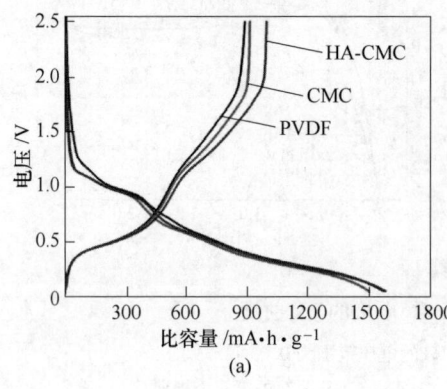

(a)

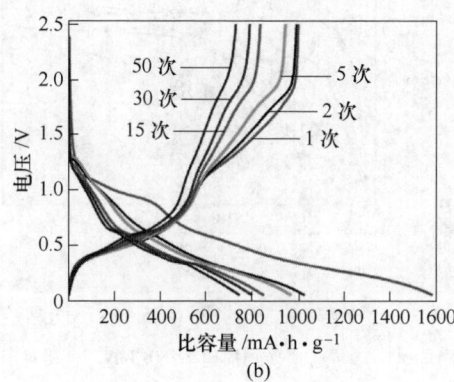

(b)

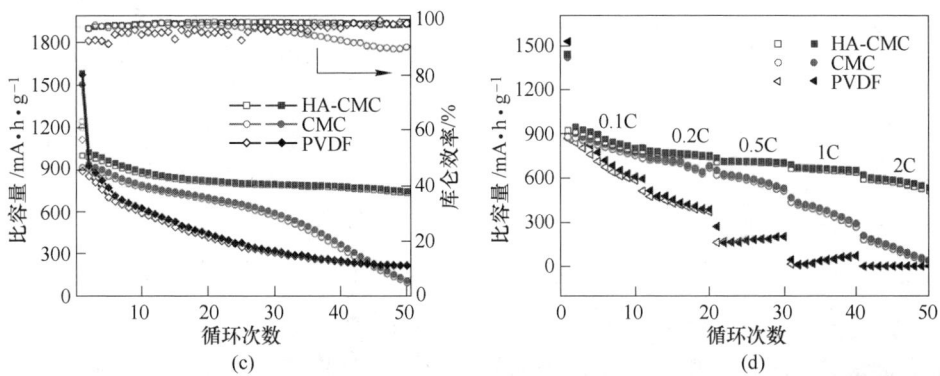

图 6-36　含不同黏结剂 SnO₂ 电极的第一次充电-放电曲线对比（a）、
含 HA-CMC 的 SnO₂ 电极的充电-放电曲线（b）、比容量循环性能
（电流密度：100mA/g）（c）和各电极的倍率性能（电压范围：相对于
Li/Li⁺ 的电压范围为 0.05~2.5V）（d）

0.5C、1C 和 2C 速度充、放电过程的条件下，在第 5 个循环中可逆容量分别为
868mA·h/g、765.6mA·h/g、710.2mA·h/g、658.5mA·h/g 和 573.1mA·h/g。
高速获得的高容量可能是由于电极中小孔的均匀分布，这些小孔为锂离子的快速
嵌入和脱嵌提供了更多通道。

表 6-21　第一个循环的不可逆容量和 CE 的电极比较

组成	第一个循环的不可逆容量/mA·h·g⁻¹	CE/%
HA-CMC	583.0	63.1
CMC	584.8	61.0
PVDF	681.2	56.6

表 6-22 为一些文献报道的结果。使用传统的 PVDF 黏结剂，可以看出具有各
种形态和结构的纯 SnO₂ 材料的电化学性能难以达到高而稳定的容量水平。结合
新型黏结剂使用改性的 SnO₂ 可以大大提高其电化学性能。因此，HA 可以成为大
规模应用中 SnO₂ 阳极的优良改性剂。

表 6-22　SnO₂ 复合材料作为 LIB 阳极的性能比较

形态/方法	黏结剂（质量占比）	比容量（mA·h/g）/电流密度（mA/g）/循环次数
空心微球/热处理法	PVDF（15%）	约 480/100/40
纳米管/水热法	PVDF（10%）	约 500/100/30
纳米线/热蒸发	PVDF（10%）	约 300/100/50
空心球复合阵列纳米片/水热法	LA133+CMC（20%）	540/100/50

形态/方法	黏结剂（质量占比）	比容量（mA·h/g）/电流密度（mA/g）/循环次数
石墨烯纳米带复合 SnO_2 纳米粒	CMC（10%）	约 825/100/50
分级多孔微球/间苯二酚-甲醛凝胶法	海藻酸钠（10%）	725/782/50
还原氧化石墨烯复合 SnO_2/水热法	聚丙烯酸（10%）	718/100/200
多孔微米球/水热法	海藻酸钠（10%）	690/782/100
腐植酸改性粗颗粒/简单焙烧	CMC（5%）	733.4/100/50

为了更深入地了解 3 个电极之间的行为差异，在充放电测试之前记录了奈奎斯特曲线。在图 6-37 中，三个奈奎斯特图形状十分相似，包括一个半圆和一条对角线。插入图 6-37 的等效电路模型可以清楚地说明阻抗谱。Z' 轴在高频区域的截距对应于体电阻（R_1）。半圆的直径大致等于电极反应阻抗，主要是电荷转移电阻 R_2。低频区域中出现的直线与锂离子的固态扩散过程有关，通常以沃堡阻抗（W）表示。HA-CMC 电池的半圆直径比 PVDF 电池（R_2：366.7Ω）小近58%，这意味着 HA-CMC 电池有着优越的电子导电性。HA-CMC 电池的 W 仅为0.71Ω，远低于另两个电极（CMC：6.82Ω，PVDF：28.73Ω），这表明 Li 离子在HA-CMC 电池的电极中扩散更快。

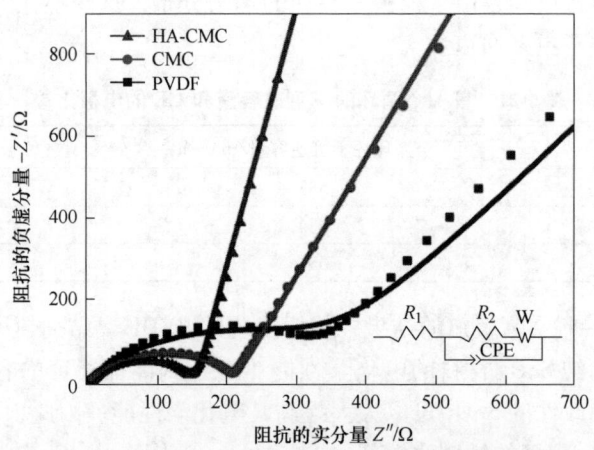

图 6-37　不同组成的 SnO_2 电极的奈奎斯特曲线

6.4　在环保领域的典型应用

6.4.1　金属离子污染物的处理

6.4.1.1　概况

化工、电镀、冶炼等工厂排放出的含 Cr^{6+}、Hg^{2+}、Cd^{2+}、Pb^{2+} 等废水，是造

成江河湖海金属离子超标的主要源头之一。HA 中含有大量的酸性基团，可通过表面配位、螯合、离子交换等机制与金属离子作用，实现对其吸附或沉淀脱除。

自 20 世纪 50 年代以来，苏联、日本、德国、乌兹别克斯坦、芬兰等国曾相继开发了以煤炭 HA 为主要成分的"托尔菲尼特""萨伊发"树脂、NHA 粒状吸附剂、"莫尔开来脱""腐植酸 C"等吸附剂产品，广泛用于冶化废水治理。我国则于 20 世纪 70 年代末开始研制 HA 类重金属吸附剂。中国科学院地理研究所开发的 FH-1、华东化工学院研制的粒状风化煤 HA 净化剂处理氰化镀镉废水、含锌含镍废水曾通过了工业试验；中科院山西煤炭化学所的风化煤 NHA 吸附树脂对 $HgCl_2$ 废水和含锌废水进行了净化试验。

最近十几年，国内外对 HA 吸附脱除溶液中金属离子的研究从未间断，而且所用的 HA 吸附材料也有所创。除了用于吸附法脱除金属离子外，HA 也在离子浮选和沉淀浮选治理废水领域得到拓展应用。

6.4.1.2 离子浮选

离子浮选是由南非的 Sebba 在 1959 年提出，具有操作简单、占地面积小、处理量大、处理效率高等绝对优势，处理矿山重金属废水展现出很好的应用前景。离子浮选的原理基于通过离子选择性捕收剂将废水中的金属离子疏水化，然后通过气泡黏附、富集进一步移除废水中的疏水性物质。腐植酸不仅具有丰富的金属离子的吸附位点（如羧基、羟基、酚羟基等），还具较多的亲油基团（如芳核、脂肪链、酯基等），可作为金属离子的浮选捕收剂。

A　腐植酸基药剂对金属离子的捕收

郑州大学团队基于前线轨道理论设计了一种腐植酸基离子浮选药剂（MHA），并深入探究了 HA、MHA 吸附铜（Ⅱ）、锌（Ⅱ）的效用及机理。

图 6-38 为溶液 pH 值对腐植酸基药剂吸附铜（Ⅱ）、锌（Ⅱ）的影响。当溶液 pH 值较低时，铜（Ⅱ）、锌（Ⅱ）在腐植酸基药剂表面的吸附量较低；随着溶液 pH 值增加，腐植酸基药剂对铜（Ⅱ）、锌（Ⅱ）的吸附量急剧增大，当溶液 pH 值为 6 时，吸附量基本达到最大。这是因为溶液 pH 值较低时，腐植酸基药剂表面酸性基团质子化，并且伴随着铜（Ⅱ）、锌（Ⅱ）与羧基 H^+ 在腐植酸基药剂表面吸附位点的显著竞争吸附，导致腐植酸基药剂与铜（Ⅱ）、锌（Ⅱ）之间相互作用较弱。由于腐植酸羧基的 pKa 值为 3.0~5.1，当溶液 pH>3 时，腐植酸基药剂表面羧基逐渐解离，腐植酸基药剂表面的负电荷不断积累，使腐植酸基药剂与铜（Ⅱ）、锌（Ⅱ）静电作用增强，导致腐植酸基药剂对铜（Ⅱ）、锌（Ⅱ）的吸附量逐渐增加。此外，随着溶液 pH 值增加，不断激发腐植酸基药剂表面羧基的反应活性，使腐植酸基药剂与铜（Ⅱ）、锌（Ⅱ）更容易发生配位、螯合作用，最终以配位键形式形成稳定的金属离子配合物。先前研究也表

明，在较高溶液 pH 值下，腐植酸以延伸的线性聚合物形式存在，酸性官能团中的 H⁺ 更容易解离，从而形成复杂的桥联网络，促进腐植酸与金属离子的配位、螯合作用。然而，对于溶液中的铜（Ⅱ），当 pH > 6 时，铜（Ⅱ）主要以 $Cu(OH)_2$ 沉淀的形式存在，使铜（Ⅱ）在腐植酸基药剂表面的吸附量降低。综上，腐植酸基药剂与重金属离子间的相互作用机理并非单独存在的，而是一个包括静电吸附、离子交换、配位、螯合作用的协同作用过程。

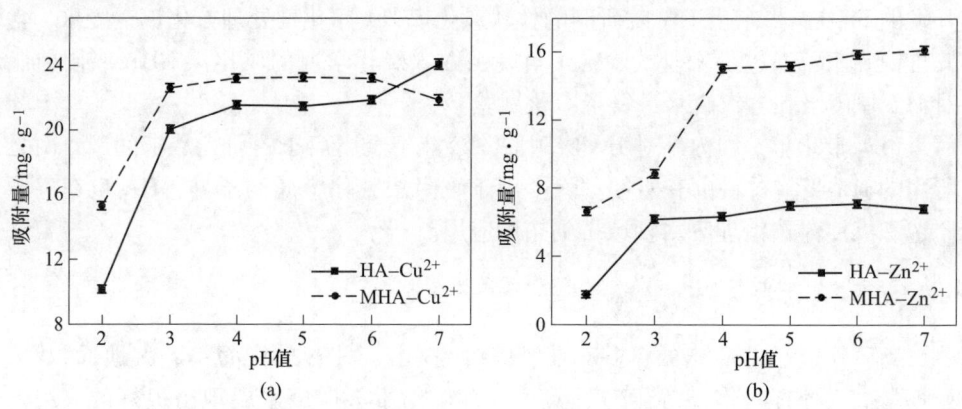

图 6-38　不同 pH 值条件下 HA、MHA 对 Cu^{2+}、Zn^{2+} 的吸附效果

对比图 6-38（a）和（b）发现，不管 HA 还是 MHA，对铜（Ⅱ）的吸附量均优于锌（Ⅱ），主要是由于铜（Ⅱ）具有更小的离子半径，更容易地与药剂表面羧基上的 H⁺ 发生离子交换。MHA 对铜（Ⅱ）、锌（Ⅱ）的最大吸附量分别为 21.92mg/g 和 7.12mg/g，HA 对铜（Ⅱ）、锌（Ⅱ）的最大吸附量分别为 23.24mg/g 和 15.85mg/g。显然，MHA 对铜（Ⅱ）、锌（Ⅱ）的吸附性能更优，一方面由于腐植酸基药剂可以提供更多的金属离子结合位点，促进铜（Ⅱ）、锌（Ⅱ）在腐植酸基药剂表面吸附；另一方面，腐植酸基药剂表面疏松多孔，孔结构丰富且向腐植酸基药剂内部延伸，孔结构的打开提供更大的比表面积，更容易与吸附在腐植酸基药剂表面的铜（Ⅱ）、锌（Ⅱ）发生配位、螯合作用。

B　腐植酸-金属离子配合物的浮选

M. Sugawara 等人以 HA 为捕收剂，以氯化十六烷基吡啶（CPC）为表面活性剂，开展了对溶液中 Zn^{2+} 的浮选分离试验。

试验步骤如下：向浮选槽中加入 30.0mL 的 HA 溶液，将 pH 值调整为 6.0；加入 10~170mL 的含 Zn^{2+} 溶液；通过浮选槽底部的玻璃过滤器（高 20cm，直径 2.7cm）向溶液中鼓入氮气气泡，使溶液充分混合 10min；加入 5.0mL 的 0.01mol/L CPC 溶液，进行浮选约 2h，待起泡过程结束且泡沫均从顶部分离，取浮选槽中的溶液,测定其中残余 HA 及 Zn^{2+} 的浓度。

结果表明,在无 HA 条件下,Zn^{2+} 在浮选过程完全不会跟随气泡分离;加入 HA 后,在 3.3~7.9 的 pH 值范围内,HA 分离率保持不变,仅约 5% HA 会残留在溶液中;在 pH 值低于 5 时,几乎所有的 Zn^{2+} 都保留在溶液中;随着 pH 值由 5.0 提高至 7.9,Zn^{2+} 的分离率逐步提高。相关研究也发现,在 pH 值为 5 时,黄腐酸对 Zn^{2+} 的配位量接近 0。在 pH 值高于 7 时,大量 Zn^{2+} 会吸附在浮选槽的玻璃壁上,无法跟随气泡上浮分离。因此,适宜 Zn^{2+} 浮选分离的最佳 pH 值为 6。

6.4.1.3 沉淀浮选

沉淀浮选的概念是在 1963 年,R. E. Baarson 和 C. L. Ray 总结前人工作的基础上首次提出的,即先根据溶液水质特性加入相应的沉淀剂或絮凝剂,使溶液中金属离子与沉淀剂反应生成一定颗粒尺度的沉淀产物,再利用表面活性剂与沉淀产物作用后在浮选气泡环境中黏附于上升的气泡表面,进而实现沉淀产物的浮选分离。沉淀浮选法由于具有操作简单、富集比高、分离效率高、能耗低等优点,在处理低浓度重金属废水方面具有很大潜力。

A 铁离子沉淀浮选脱除

工厂排放的含铁废水主要是酸性采矿废水和清洗钢铁表面铁锈的酸洗废液。虽然铁对人和动物毒性很小,但水体中铁化合物的浓度为 0.1~0.3mg/L 时,会影响水的色、嗅、味等感官性状。此外,含铁废水排入水体转化为氢氧化铁胶体,吸附多种其他污染物;氢氧化铁会携带污染物在流速较慢的水域底部富集,在缺氧条件下受生物作用还原溶解,污染物随之释放,导致水体环境恶化。

研究人员基于沉淀浮选法,以腐植酸基药剂为螯合沉淀剂,考察了阳离子表面活性剂用量、复配药剂用量、溶液 pH 值等因素对铁脱除效果的影响,并进行了相关机理的探讨,得到如下结论:(1)腐植酸与铁作用主要依靠羧基官能团,所以富含羧基的腐植酸、磺化腐植酸可作为螯合剂;而富含酚羟基的黄腐酸则不适合;(2)腐植酸基药剂用量和溶液 pH 对铁螯合沉淀影响较大,腐植酸和磺化腐植酸两种药剂均在摩尔当量比为 0.5:1,反应时间 30min,pH 值为 4 时与铁螯合率最高,达到 96.1%;(3)阳离子表面活性剂和复配药剂作为浮选药剂,具有协同作用,当阳离子表面活性剂投加量 44.41mg/L、复配药剂投加量 146.74μL/L、溶液 pH 值等于 4.5,通过腐植酸螯合浮选对铁的去除率达到 100%;(4)通过浮选过程中粒度规律分析,得出适宜腐植酸-铁浮选的粒径约为 4.655~13.491μm,适宜磺化腐植酸-铁浮选的粒径为 4.34~7.726μm。

B 铜/铅/锌离子沉淀浮选脱除

郑州大学团队考察了含铜离子废水水体的溶液化学组成、重金属离子的化学形态分布规律,对比分析了传统螯合剂和新型腐植酸基药剂对 Cu(Ⅱ)离子的螯合作用及螯合沉淀的浮选行为，获得了含 Cu(Ⅱ) 离子废水沉淀浮选处理的理想方案，主要结论如下：(1) 腐植酸基螯合剂与 Cu^{2+} 主要螯合形式为单齿配合物和双齿配合物，在酸性条件下，$HACu^+$ 为主要螯合形态，随着 pH 的增加，螯合形态由单齿形态转变为双齿形态，且 HA_2Cu、HA_2CuOH 含量逐渐增加。(2) 腐植酸和磺化腐植酸均在 pH 值为 4.89，螯合时间为 30min，摩尔配比为 1.0∶1.0 的条件下对铜离子的螯合率达到 99.5% 以上。(3) 腐植酸作为重金属离子的螯合剂时，在絮凝剂用量为 24mg/L、阳离子表面活性剂浓度为 60mg/L、复配药剂的用量为 150μL/L、溶液 pH 值为 5 时，Cu(Ⅱ) 离子去除率达到最高值 100%，溶液中颗粒的吸光度为 0.034。

进而采用 HA 螯合剂、Fe^{3+} 基沉淀絮体调控剂，对 Cu^{2+}、Pb^{2+}、Zn^{2+} 金属离子螯合沉淀-絮体生长-浮选分离过程展开了研究，得到的结论如下：(1) 在金属离子螯合沉淀转化阶段，HA 中的—COOH 和—OH 会与 $Cu^{2+}/Pb^{2+}/Zn^{2+}$ 螯合形成单齿配体 $HAMe^+$ 和双齿配体 HA_2Me 等化学形态，与 Fe^{3+} 基调控剂的螯合产物化学形态为双齿配体 HA_2Fe^+ 和水解产物 HA_2FeOH。(2) Fe^{3+} 基调控剂显著降低了螯合沉淀颗粒的表面 Zeta 电位的电负性，减弱了颗粒间静电斥力；显著增大了 MeHA 螯合反应过程的条件稳定常数，更易于形成稳定的螯合沉淀，因此加入少量调控剂，絮体粒径可由 10.0μm 以下增长到 10.0~20.0μm。(3) 浮选分离阶段加入的 CTAB，利用其与絮体间的静电引力作用和吸附作用，絮体尺寸进一步增加加到 30.0~40.0μm。(4) 结合响应面分析得到最佳工艺条件及分离效果——螯合沉淀阶段：溶液 pH 值为 6.0，HA 药剂用量为理论用量/实际用量摩尔比 1.0，反应时间 30min，Cu^{2+}、Pb^{2+}、Zn^{2+} 沉淀率分别为 99.95%、99.98%、99.58%；絮体生长调控阶段：Fe^{3+} 用量 1.2mmol/L，搅拌强度 500r/min，搅拌时间 20min，Cu、Pb、Zn 絮体粒径分别为 19.4μm、17.6μm、18.3μm；浮选分离阶段：溶液 pH 值为 6.1，CTAB 用量 100.8mg/L，气流量 0.5L/min，时间 30min，浮选得到的 Cu、Pb、Zn 絮体粒径分别为 32.9μm、31.3μm、39.4μm，浮选脱除率分别为 99.9%、99.9%、99.6%。

6.4.1.4　吸附法

陈丕亚等人用粉状扎赉诺尔褐煤对含 Cr^{6+} 溶液的还原试验结果表明，在酸性条件下大部分 Cr^{6+} 被还原，而且还原后的吸附量是非常可观的。该褐煤的 HA 只有 30% 左右，—OH_{ph} 也只有 2.09mmol/g，但对 Cr^{6+} 还原能力却很强，说明脂肪结构起了很大作用。红外光谱图也验证了这一机理。王如阳等人的研究表明，云南寻甸褐煤棕黑腐酸对 Cr^{6+} 的吸附率达到 58.2%；硝酸氧化后的龙口褐煤对 Cr^{6+} 的吸附效果更为明显。泥炭对 Cr^{6+} 的还原能力也毫不逊色。德国曾有人在 $FeCl_3$ 存在下先用 Na_2S 沉淀含 Cr^{6+} 废液，再用泥炭过滤，可使水中 Cr^{6+} 含量降至小于

0.01mg/L，将泥炭滤渣燃烧后回收 Cr。唐立功等人对含铬废水的吸附试验也发现，泥炭对 Cr^{3+} 的吸附容量为 10mg/g，而对 Cr^{5+} 为 40mg/g，总吸附能力大小次序为难水解物（纤维素）>易水解物（主要是半纤维素）>黄腐酸>棕+黑腐酸>不水解物（木质素）>原泥炭，看来泥炭对 Cr^{6+} 的吸附，并不是主要与 HA 官能团的离子交换和配位机制，而是主要发生在纤维素或半纤维素的脂肪碳链结构部位和—OH 基团上（可能是配位键或表面吸附），而且是还原和吸附兼顾，更有利于 Cr 的净化。他们将吸附饱和的含 Cr^{6+} 泥炭作为煤炼焦催化剂，发现煤气化活性提高 1.6 倍，焦炭中检不出 Cr^{6+}，防止了二次污染。

通过凝胶法和粉末法制备的颗粒状 HA 成型树脂，从吸附性能来看，pH 值在 3~8 范围内，这类树脂的工作 CEC 值一般在 1.5~3mmol/g 范围，但饱和 CEC 可达 4.4mmol/g 或者更高，几乎可达到强酸性阳离子交换树脂（CEC≈4.5mmol/g）的吸附容量：一般可将废水中 Zn^{2+}、Cd^+、Ni^{2+} 等的浓度从 2.4~114mg/L 降到 0.1~5mg/L，脱除率都在 95% 以上。吸附后的树脂一般用稀 HCl 洗脱再生。有的研究者还做了对比试验，结果表明，HA 树脂选择性吸附能力优于 732 型阳离子树脂，吸附效率与 732 型树脂不相上下，而远高于磺化煤和活性炭。

但是，HA 类吸附树脂的主要缺点是：（1）pH 值适用范围（一般 pH 值为 3~8）较窄，远不如 732 型树脂（pH 值为 1~14），明显影响了湿强度、再生周期和使用寿命。据报道，国外开发的某些 HA 树脂可在 pH 值大于 11 的碱性水质中稳定地使用，可以借鉴；（2）工作性能还不理想。我国 HA 树脂一般只能在小于 60℃ 下工作，而 732 型树脂工作温度可达到 110℃，日本的 NHA 吸附树脂甚至在 100~200℃ 下仍不降低吸附能力；（3）成型技术落后，实现大规模生产困难很大。

为提高纤维状或粉状吸附剂的性能，磺化是最有效的改性途径之一。白俄罗斯别里科维奇（BeulKeBmu）对比了不同种类的低级别煤磺化前后的吸附容量，结果表明，不同来源的低级别煤磺化处理后吸附容量可提高 2.8~4.78 倍，其中高位泥炭提高幅度最大，不过低位泥炭磺化后吸附容量也可提高 1.5~3 倍。美国 MacCarthy 提出一种较简便的处理方法，即用浓 H_2SO_4 或 H_3PO_4 在 100~200℃ 下处理泥炭，经水洗、干燥、筛分，得到的吸附剂是部分焦化的活性材料，在 pH 值为 8~10 的溶液中不浸溶，所含官能团比活性炭多，其性能比活性炭好，价格却非常便宜，可用于含重金属、农药以及油脂等废水的处理。

粉状 HA 原料与其他材料复合使用，可以起到互补增效的作用。如日本有人将 NHA-Fe 载于活性炭中，用来专门吸附饮用水中的 As，去除率达到 73.1%~97.2%。还有人在水铝英石（$H_{10}Al_2Si_{10}$）中添加 HA，可使硬度高达 400mg/L 的水降到不超过 1mg/L，使电导率 $39900U^{-1}cm^{-1}$ 的海水降到 $100U^{-1}cm^{-1}$。日本发明的一种 HA（NHA)-碳纤维更有独到之处：将酸处理过的丙烯腈碳纤维浸在 HA（或 NHA）碱金属盐溶液中，干燥后制成纤维状吸附剂（含 HA 11.2%），

用于脱除废水中的 Hg^{2+}、Cd^{2+} 等，脱除率在 90% ~ 95% 之间。德国发明的一种多功能复合过滤材料是由天然物质载体（海绵、地衣、羽毛、植物、废报纸等纤维）和活性吸附剂（腐植酸、活性炭、淀粉、褐藻酸盐、硅酸盐、氢氧化铁等）组成的，这种过滤材料可制成纸片、纸板或者浆料，不仅用于处理废水、饮料，还用于净化空气。

　　改性也是提高 HA 吸附剂性能的有效手段之一。梁玉芝等人在粉碎泥炭中加一氯醋酸和 NaOH 进行羧甲基化反应，再酸化、水洗、干燥，制成的泥炭颗粒强度高，用于含汞废水处理，对 Hg 的吸附量比水洗泥炭高 2 倍。吉田等人将 NHA 与卤化剂作用再与 H_2S 或 CaS 反应，制成含 SH 酰胺的树脂 NHA-COSH。SH 基与有机汞有极强的结合能力，故专门利用 NHA-COSH 处理含有机 Hg 的废水。在 100mL 水中加 0.1g 吸附剂，可将氯化甲基汞浓度从 1mg/L 降到 10^{-3} mg/L 以下，优于活性炭的处理效果。

6.4.2　放射性污染物的处理

　　放射性污染物质的处理是非常棘手的事情，至今没有很理想的处理办法。1979 年美国三喱岛核动力厂和 1986 年苏联切诺贝利厂的核泄漏重大事故，引起人们对核污染的恐慌，故更加重视核污染处理技术的研究。当时美、苏主要是用沸石和活性炭处理超铀元素污染。匈牙利 Szalay 在 20 世纪 60 年代最早进行 HA 吸附放射性元素的研究。他发现在 pH 值 5~6 时 HS 吸附裂变产物的数量最大，其中泥炭的吸附常数达到 10^3 ~ 10^4 数量级，大部分铀裂变产物均可被吸附，故认为 HS 可作为原子能工业废水极廉价的吸附剂。苏联 Ipemno 用分解度 50% 的低位泥炭吸附水中的 ^{60}Co，10min 去除率达 90%。Sandor 的试验结果显示，泥炭可消除中等浓度和低浓度放射性污染的废水，1t 泥炭吸附能力达 1000 化学当量，相当于百万居里的 ^{89}Sr 和 ^{137}Cs。MacCathy 报道，用浓 H_2SO_4 或 H_3PO_4 处理过的细颗粒泥炭（0.5~1mm）处理超铀元素（含 ^{239}Pu、^{243}Am 等）污染的废水，处理效果可与沸石和活性炭相媲美。日本松村隆等人对 HA 吸附各种含低浓度放射性元素废水进行了一系列吸附试验，去除率大部分在 97% 以上，其中 ^{90}Sr 和 ^{137}Ce 达 99% 以上。西班牙有人采用硼酸+H_2O_2 氧化过的褐煤净化核电站排出的含放射性冷却水，可脱除掉大部分放射性污染物。德国制成一种十六烷基吡啶鎓改性 HA 盐，可有效吸附放射性 ^{125}I‾，主要表现为非线型阴离子交换吸附特征。近来西安石油学院也开展了改性泥炭吸附 UO_2^{2+}、^{137}Cs、^{169}Yb 的基础研究，期待取得进展，投入实际应用。

6.4.3　有机污染物的处理

6.4.3.1　处理含油废水

　　由于船舶泄漏或海洋灾难造成石油污染的事故时有发生。据报道，20 世纪

50~70年代的30多年中，人类已向海洋中倾泻了1500×10⁴t原油及其产品。被油污染的海洋表面的油膜阻止氧气进入水中，减少水的蒸发，影响自然界水的循环，并严重危及水生生物的生命。一些发达国家采用管道吸收、再用贵重吸油材料甚至合成吸附剂（如聚苯乙烯树脂XAD-2）处理油污染，均因成本太高而令人却步。20多年前人们发现泥炭有很强的吸油能力，如加拿大"箭号"油船遇难时曾用泥炭进行吸油试验，证明泥炭可吸附它本身的8~12倍质量的石油，从而激发了许多国家用泥炭作海洋除油剂的兴趣，并继续寻找提高泥炭吸油性能的途径。美国进行了泥炭吸附水中油污的现场试验，发现吸附能力为1.73~9.82kg/kg干泥炭，处理1lb(1lb=0.45kg)油的费用只有0.09~0.011美元。芬兰设计了固定泥炭层或连续反向过滤器净化含油废水的装置，工业试验表明，常温下1kg泥炭吸油1~2kg，经过150~300℃热处理的泥炭吸油能力可提高2倍。芬兰Vapo公司生产的专用吸油疏水泥炭作为商品出售，1包170dm³，可吸附150~200L石油，或20~40m²的表面油膜。白俄罗斯还开发了一种阳离子脂肪族化合物改性泥炭，即泥炭与0.005%~5%的烷基氯化铵$C_nH_{2n+1}NH_4Cl(n=2,7,8,12,14,18)$反应制成吸附剂（其烷基C链越长，吸附能力越强），明显提高了泥炭纤维强度和化学稳定性，比普通高位泥炭的吸油量高6倍以上，1g泥炭可吸附20g油。日本有人先后对泥炭用酸处理、碱中和，或褐煤NHA直接处理炼油厂废水，吸油率达到98%以上。我国抚顺和东北师范大学也用改性泥炭纤维处理油污染废水，吸油量达本身质量的5.4~9.1倍。通过适当热加工处理，脱除泥炭中的—COOH等亲水基团，使其由亲水性转化为亲油性，也是经济可行的办法，比如，在120~150℃下将泥炭处理1~2h，所得泥炭在静态下可吸附其5~10倍质量的油，动态下可达到10倍以上，其吸附能力以苔藓泥炭最高，其次是草本泥炭和木本泥炭，而且分解度高的泥炭吸油性较差。

6.4.3.2 处理含酚废水

含酚废水来自焦化厂、煤气厂和石油裂解工艺，是水的主要有机污染源之一。高浓度含酚废水一般用汽提法回收、再用吸附法或生化法净化。捷克曾开发了一种商品名为"Kepocin"的制剂（含游离HA 72%）。半工业试验表明，该制剂以HA盐的形式吸附废水中60%的酚，被酚饱和了的HA盐以沉淀的方式从污水中分离出来。在生化脱酶过程中，HA也可作为活性污泥的有效絮凝剂。王曾辉等人曾用不同种类的低级别煤进行吸附试验，发现褐煤脱酚效果较好。为提高吸附效率，他们对褐煤进行了改性处理，其改性措施的效果是：水蒸气活化>四氢呋喃抽提>炭化>吡啶抽提>H_2SO_4处理>HCl处理。用水蒸气活化过的依兰煤处理含酚47.7mg/L的废水，脱除率达100%，吸附容量达4.74mg/g。

6.4.3.3 处理染料废水

纺织印染工业排放的染色废水数量大，成分复杂，生物毒性物含量高，是严重的水体污染源之一，也是处理难度较大的一类废水。一般用生化法、电解上浮法、电解氧化法、活性炭吸附法等，效果都不理想，而且成本都较高，人们早就对泥炭吸附染料废水寄予希望。Dufort 初步试验证明，苔藓泥炭对某些酸性和碱性染料有较好的吸附效果。据日本专利报道，有人用褐煤 HA-NH$_4$ 处理 F$_3$B 直接红印染废水，然后用 Al$_2$(SO$_4$)$_3$ 处理，过滤，使 COD 由原来的 1000mg/L 降到小于 8mg/L。我国 20 世纪 70~80 年代抚顺市对印染废水处理进行了规模性工业试验，近期重庆大学用粒状风化煤 HA 净化剂对活性染料、分散染料、直接硫化染料等废水进行了处理，脱色率一般都在 80% 以上。

6.4.3.4 处理其他废水

农药废水也是一种广泛存在的有毒废水。MacCarthy 用 H$_2$SO$_4$ 处理过的泥炭（0.35~0.5mm）吸附阳离子农药百草枯、双快和盐基性农药杀草强，pH 值为 5.5~6.15 时的脱除效率都在 99% 以上。所吸附的农药可用 NaCl 或 NH$_4$Cl 溶液洗脱下来。用腐植酸类物质（HS）处理造纸废水也有人做过试验。田中用 NHA-NH$_4$、NHA-AlCl$_3$、NHA-三甲胺 FeCl$_3$ 处理有机碳高达 450~530mg/L 的亚硫酸盐纸浆洗涤废水，去除率达 92%~94%。在生活污水处理中，也有不少使用泥炭生物过滤器的报道。日本的这种滤器可将 COD 值降低 2 个数量级，并可有效去除硝酸盐、亚硝酸盐和病菌。用 HA 盐+ Fe 盐或 Al 盐（在偏酸条件下）混合絮凝处理污水，都比单一无机盐处理效果好。周建伟等人用三甲基氯硅烷对泥炭进行硅烷化处理，疏水性明显增强，可专门用于脱除水中芳烃。

6.4.3.5 土壤中有机污染物的解毒

现代石油化工、能源工业和交通工具的高速发展，以及工业三废排放、污水灌溉、垃圾农用等，是多环芳烃等有机污染在土壤中不断富集的根源，土壤污染导致植物、食物链和地下水的污染日益引起人们的关注。土壤腐植酸类物质（HS）本身对此类有机物有很强的自净作用，但对严重污染的解毒却无能为力。人工施用 HS 乃是消解土壤有机污染的有效方法之一。古新华等人研究发现，从猪粪、绿肥、污泥中提取的水溶有机酸能明显降低土壤中菲的生物毒性，其降毒性能与有机酸的疏水组分及表面活性有关。王海涛等人的研究证明，HA-Na 与 3 种阴离子表面活性剂复合处理土壤，显著提高了土壤中柴油的增溶性，柴油解吸率最高达到 63%，明显高于单用表面活性剂的效果。俄罗斯用微生物处理过的泥炭为主要原料制成一种土壤吸油剂，可吸收石油 8~10.5g/g，施入土壤

3~5 个月可达到清除标准（常规方法需 3~5 年）。意大利北部萨沃纳某化工厂附近土壤有机污染特别严重（主要是多环芳烃和噻吩），当地用各种表面活性剂和天然 HA 溶液冲洗土壤，发现后者效果最好（脱除率 90% 以上），成本最低，被誉为"天然表面活性剂"，"是洗涤高度有机污染土壤的最佳选择"。

6.4.3.6 作除臭剂

环境中的臭味一般是氨、胺类、吡啶、H_2S 等碱性物质所为，HA 和 NHA 的—COOH 和—OH_{ph} 等酸性基团显然是这些毒物的"天敌"。日本在 HA 类除臭剂研制方面是卓有成效的。他们所用的原料大多数是 NHA，也有用 CHA 的，一般是 NHA 与铁或锰的氧化物、黏土、其他脱硫组分复合制成。比如 NHA+$Fe(OH)_3$、NHA+黄土+褐铁矿粉，NHA+锰铁矿，或 NHA+FeO+MnO_2，分别加热混合制成除臭剂。这种产品吸收 NH_3 和 H_2S 的效果很好，用于粪便、牲畜圈和冰箱除臭。日本把 HA 作为饲料添加剂兼除臭剂用于养猪，在猪饲料中添加 0.3%~1% 的 HA，不仅促进猪体重增加，而且排出的粪便 COD 减少 33%，浮游物减少 39%，氨态 N+蛋白 N 减少 68%，相应在空气中的臭味也明显减弱。还有人将 HA 与果汁酶、乳酸菌混合，在 40℃ 下发酵 72h，制成专门吸收鱼肉类腐败气体的吸附剂。彭亚会等人用 HA 作牛舍除臭剂，使饲养环境得到明显改善，如 H_2S 浓度降低 50%，苍蝇密度减少 62.5%；若使用 HA 与 EM 原露复合除臭剂，则分别减少 65.12% 和 65.63%，显然起到净化增效作用。

6.5 在其他领域的典型应用

6.5.1 工业生产处理剂

6.5.1.1 黏结剂和溃散剂

在机械铸造工艺中，都要事先用石英砂和黏土制成型砂模具，所用的黏结剂主要是水玻璃，但这类模具强度低，溃散性差，出砂和旧砂回用均有困难。添加某些有机物质，如糖浆、淀粉、木粉、木渣油、桐油、有机溶剂和聚合物等，可以改善型砂性能，但均发生黑烟和臭味，造成环境污染。美国 Nevins 首先用 Leonardite 制成的 HA-Na^+ 膨润土，明显提高了铸模性能。Jack 用 HA-长链烷基铵盐+有机制剂（如辛醇、燃料油、聚乙二醇等）+黏土作黏结剂，提高了模具强度和光洁度。用 HA 盐配合其他物质（如氮化硅、木质素磺酸盐、乙二醇等）作铸造涂敷剂和润滑剂，比传统的石墨效果好。我国最早于 20 世纪 70 年代由江西宜春风动工具厂用 HA-Na 和 HA-NH_4 代替桐油、糖浆和淀粉糊精进行了铸模试验，表明各种铸模在可塑性、溃散性、化学稳定性、发气性、表面光滑度以及环境清洁性等方面都优于对照。太原理工大学与太原矿山机器厂合作，曾对 HA-水玻璃复合型砂黏结剂进行了半工业化试验，结果显示，在添加新砂 10kg HA/t、水玻璃用量由原来的 80kg/t 减少到 60kg/t 的情况下，旧砂回收率由原来的 10% 提高到 60% 以上，而型砂模具强度、浇铸性、保存性、溃散性都明显改善。

6.5.1.2　作陶瓷材料的分散剂

陶瓷材料胶态成形技术通过制备低黏度、高固相体积分数的浓缩悬浮液，可净尺寸成形复杂形状的陶瓷部件，从而获得高密度、高强度、均匀性好的陶瓷坯体。然而，在浓缩悬浮液中，颗粒非常紧密，容易团聚；且整体流动性较差，成形困难。

一些研究表明，腐植酸等有机质可以通过增加排斥力和物理阻碍来避免黏土矿物或陶瓷材料的团聚。图 6-39 的氧化铝悬浮液的流变特性结果显示，HA 可以

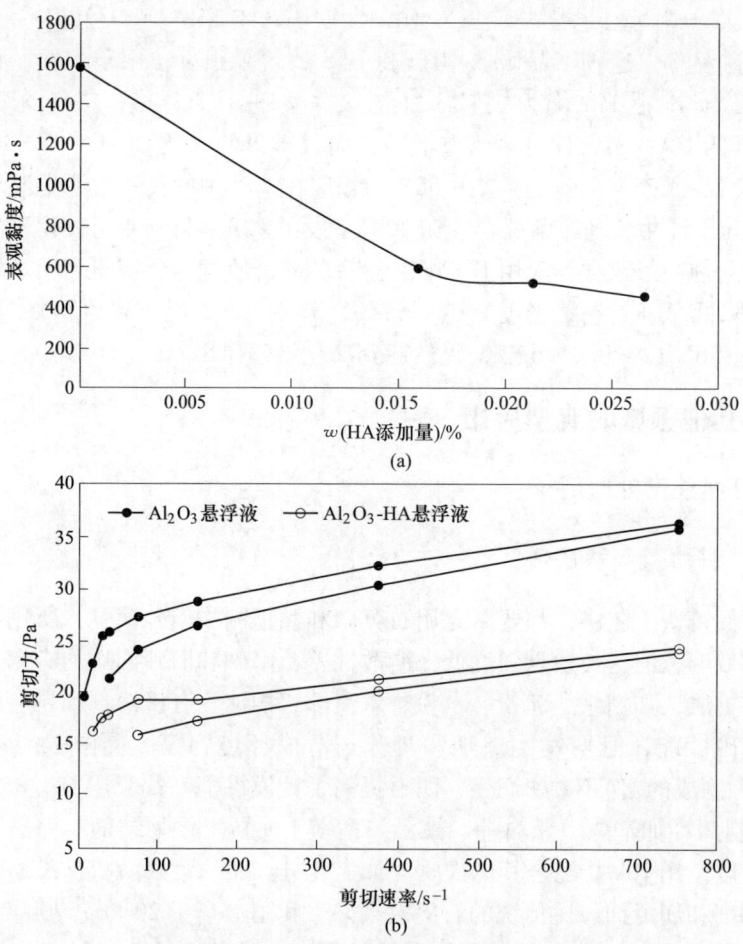

图 6-39　HA 对 Al_2O_3 悬浮液的反絮凝作用

(a) 低剪切速率时悬浮液黏度随 HA 添加量变化曲线；(b) 悬浮液剪切力-剪切速率对照曲线

很好地分散氧化铝悬浮液，显著降低悬浮液黏度，并提高悬浮液的流动性。添加 HA 的氧化铝悬浮液（pH 值为 11）在 $13.2s^{-1}$ 的低剪切速率下，其黏度仅为 $500mPa \cdot s$。加入了 0.016% HA 的氧化铝悬浮液，表现出假塑性行为和轻微触变性的典型特征，这是工业陶瓷悬浮液加工所必需的性能。此外，由于黏度和触变性的降低，HA 悬浮液在较低的剪切速率下达到良好的流动性。

6.5.1.3 作 Al_2O_3 碳分母液稳定剂

在烧结法生产 Al_2O_3 的工艺过程中，母液中 Al_2O_3 和 Na_2O 的溶出率和蒸发能耗一直是影响经济效益的瓶颈。山东铝厂根据 HA 对矿物晶体的吸附和分散作用原理，在每立方米碳分母液中添加 0.1 ~ 0.2kg HA-Na，提高了蒸发母液（$NaAlO_2$）的流动性和稳定性，减缓结疤 14% ~ 17%，降低油耗 10.81kg/t，碱量减少 0.82kg/t，并减少了溶液中 SiO_2 含量和硅渣循环量，提高了 Al_2O_3 和 Na_2O 溶出率，使设备性能、能源消耗、Al_2O_3 产量等经济指标都显著改善。

6.5.1.4 作磷肥生产助剂

湿法普通过磷酸钙粉磨工段水分的控制，一直是影响其生产效益的难题。严进等人在磷矿浆中添加 0.3% 左右的 HA-Na，使含水量减少 20% 左右，矿浆黏度降低 30% ~ 40%，明显改善了工艺条件，节省了能耗，提高了磷肥产量。彭川根据 HA 的表面吸附原理，在料浆法生产磷酸二铵的浆液中添加 HA-Na，减少了氨的挥发损失，降低了生产成本。

6.5.2 用于染色、显影和防腐

纸张、皮革和木材染色剂的环保要求日益严格。HA-Na 溶液本身就是棕色的，而且还有一定抗菌杀菌能力，人们企图直接将其作纸浆着色剂和木材媒染剂。如白俄罗斯就是直接用泥炭 HA-Na 或 $HA-NH_4$ 作木材染色剂的。保加利亚 IllapKoB 报道，把 0.4% ~ 2% 的褐煤 HA-Na 加到纸浆中，不仅作为纸浆或木材的棕色染色剂，而且使纸浆打浆时间缩短 20%，纸张强度提高 10% ~ 20%；HA-Na 与松香一起加入，还能使纸张上胶程度提高 10%。俄罗斯 AneKcaHJpB 用 1% ~ 2% 的羟基乙胺水溶液萃取褐煤 HA，制得 $HA-NH_2$ 类着色剂，代替有毒、致癌的苯胺染料用于木材染色。研究表明，该产物是以 $[+NH_3-(CH_2)_2-OH]$ 单羟乙基氨基阳离子和 $HA-COO^-$ 阴离子构成的脂肪芳香族化合物，色度系数达 6.3，有极好的染色性质。德国、美国和日本等也有报道，用 HA、NHA、SNHA 或 CHA 与苯酚、甲基苯酚、间苯二酚、氨基萘磺酸钠、水杨酸、硝基苯胺、三乙醇胺等复合或反应，作为皮革、木材染色剂和鞣剂。

随着电子照相、传真、打字技术的发展，各种高效显影剂、油墨也应运而生，HA 作为一类表面活性物质和色素也向这一领域渗透。据英、日、德等国报道，含 HA 或 NHA 的电子显影剂具有良好的着色性和扩散速度，显影、定影效果明显提高。日本和美国有人将 HA 或 NHA 与炭黑、黏结剂、低分子聚乙烯醇-丙烯酸酯-苯乙烯共聚物混合，或 HA 高价金属盐与二辛基丁二酸反应，制成计算机或传真打印油墨。

早在 20 世纪 50 年代，德国、日本曾用 NHA-Pb、NHA-Hg、NHA-Cr 等作为木材、船舶的防腐、抑菌涂料，效果甚佳，一度大量应用，但由于存在重金属污染的忧患，没有继续推广应用。我国浙江黄岩火炬化工厂也将泥炭氯化后与 Cu^{2+} 配位反应制成船舶防污涂料，在南海和黄海船舶使用效果明显，大部分海洋生物难以在船底寄生，该涂料与沥青复配成溶解性涂料，防污期达一年半，比常规 Cu_2O 涂料效果还好，但用量只有通用 Cu_2O 涂料的 30%，被誉为高效低毒低耗的防污涂料。国外还有许多 HA 类防腐涂料的报道，大部分是复合型的，如日本专利报道，用丙烯酸共聚物+α-丁氧基乙醇-1+HA-Zn-NH₄ 配合物制成防腐涂料；在制造抗菌卫生纸时，在纸浆中添加少许 NHA 和明矾，或在牛皮纸外面涂一层 NHA-Na，都可起到抑菌防腐作用。HA-Na 与硅铝酸盐、表面活性剂、糊精、环氧化脂肪酸等制成底漆，或把 HA-NH₄ 作为胶溶剂加入到硅酸盐和 TiO_2 悬浮液中制成等离子喷涂材料，都具有很强的附着力和防腐性能。

6.5.3　用于护肤保健和洁牙

HA 类物质的表面化学活性以及某些抗菌消炎药理作用，为 HA 在日化、保健领域应用提供了基本依据。日本专利报道，用 HA 或 NHA 的磷酸酯与甘油、乙二醇、油醇、肉桂酸酯等复合，或者把 HA-Na 以及表面活性剂、柔和剂加到石蜡中，制成的化妆品具有润湿性和抗紫外线侵害的功能。德国以抑制疱疹病毒为目的，还将 HA 引入口红配方中。北京海淀医院与佛山石化技术开发公司联合开发的含 FA 的"雅尔康"冷霜系列化妆品（包括浴液、护肤、防晒、防斑、抑制粉刺 5 类），目前仍由佛山市天宝日化保健品厂生产，取得良好的应用效果和市场信誉。

日本重化公司曾公布一项专利：在牙膏中添加 0.5% 细度过 300 目的高纯度 NHA 或 NHA-Ca、NHA-Al，制成洁齿牙膏。试验证明，此牙膏具有消除口臭、防止牙垢、清洁口腔和发泡的功能，还有除掉引发牙垢的金属离子的作用，并有清凉感，对人体无害。中国科学院化学所也把 O_3 氧化制成的 FA 按 0.1% 加入牙膏中，临床试验证明有显著的消炎、止血和除口臭的作用。

6.5.4　用于合成高分子材料

20 世纪 70 年代，苏联就有人瞄准 HA 类物质的大分子、多官能团和聚合反应特性，试制出多种优良性能的高聚物。如将 NHA 与环氧树脂、胺类、石英、硬脂酸钙复合，制成适用于电气和建筑业的工程材料；或者在 HA 存在下，促进氨基己酸、己内酰胺和乙醇作用，生成具有较好耐光性、耐压性和热稳定性的有色尼龙-6。80 年代 Schula 发明了一系列 HA 类合成树脂技术，基本工艺路线是：褐煤硝酸氧化制 NHA→用丙酮或异丙醇萃取出芳香多元羧酸→用乙二胺（或乙二醇、环氧乙烷、环氧丙烷等）作交联剂（Ni 作催化剂）共聚→与其他材料复合，制成热塑性或热固性聚酯（聚氨酯）类塑料，用于机械、电器、汽车部件、泡沫塑料等，具有足够的强度、好的耐酸碱性和绝缘性能。我国大华泥炭开发公司也开发出 HA-二胺（乙烯基二胺）聚合物，据称其抗压强度高于尼龙类工程塑料。陈鹏等人用褐煤 NHA 代替苯酚与甲醛缩合制成酚醛树脂类材料，在热稳定性、绝缘性和力学性能上优于常规酚醛树脂。这些研究成果为扩宽 HA 合成特殊性能的材料提供了理论依据和实践经验。

7 腐植物质的高值化利用及展望

<<<<<<<<<<<<<<<<<<<<<<<<<<<<<<<<<<<<<<<<<<<<<<<<<<<<<<<<<<<<<<<<<<

7.1 绿色农业应用

7.1.1 概述

　　农业农村现代化的基本要义是将绿色发展变成农业农村发展的主流，农业发展目标从"增产、增收"目标向"稳产、增收、可持续"的目标转变，即农业绿色发展是农业发展方式从过去的高投入、高消耗向资源节约、环境友好型农业的转变。在"碳达峰、碳中和"目标的大背景下，实现农业低碳绿色转型逐渐成为新阶段农业发展的趋势。在农业低碳绿色发展过程中，如何发挥腐植酸的重要作用、如何加快腐植酸助推农业低碳绿色转型，仍是当前和今后农业发展中需密切关注的问题。

　　国外农学界对腐植酸类物质在农业中的作用作过总结，一致把它们看作是土壤肥力的基础、植物营养的储库、植物生长的活力剂。Chen 等人认为，HA 是通过直接作用和间接作用两种途径对植物发挥作用的。直接作用，是指 HA 被植物吸收到体内，刺激酶活性，促进根系发育和吸收性能，并对维生素、淀粉、氨基酸、核酸、蛋白质等的合成及代谢发挥作用，从而提高植物健康水平和抗逆能力。间接作用就是提高土壤肥力，通过改善土壤性质来改善水肥条件，或通过配位增溶性来提高养分有效性，促进植物生长发育。我国农学家在多年研究的基础上，言简意赅地总结出 HA 在农业生产中具有"改良土壤、增进肥效、刺激生长、促进抗逆、改善品质"五大作用，与国外的论断遥相呼应。近年来，风靡全球的绿色农业革命和关注食品安全的呼声再次推动了 HA 的应用，并对 HA 功能的认识提高到构筑食品源头安全的高度。正如国际肥料协会（IFA）指出的：从生态系统讲，HA 介生于食物链，能够"让土壤更肥沃，让人们生活更美好"。这就把 HA 的农业应用与人类的健康紧密联系在一起。事实证明，HA 完全可以在构筑食品生产源头（包括土、水、肥、药、种等）安全体系中发挥积极作用。

7.1.2 改善土壤和肥效

7.1.2.1 改善土壤功能

　　土壤肥力是土壤供给植物水、肥、气、热等要素的能力，是制约农作物产量的首要因素，而占土壤有机质60%以上的腐植酸类物质（HS）含量的高低是衡量土壤肥力水平的主要指标之一。Haan说得更为明确："在决定一种土壤生产力的自然因素中，它的腐殖质含量是最重要的。"

在自然条件下，完全是靠植物自生自灭的方式来补充土壤有机质的，在此情况下，土壤HS是按几何级数积累的，即

$$Y = aX(1 - \gamma^n)/(1 - \gamma) \tag{7-1}$$

式中　Y——HS的累计数；

　　　X——未分解的有机质比例，%/a；

　　　a——每年天然有机质形成的HS；

　　　γ——上一年度形成的HS中剩余下来的部分，%；

　　　n——年数。

从这个方程可以判断，每年即使堆积大量的原生有机质（即未分解的植物残体），但转化形成天然有机质的也毕竟是少数，而且此类年轻的HS分解和消耗速度较快，故土壤中自然积累HS是一个相当漫长的过程。为增加和保持土壤HS，世界各国在增施工业堆肥和厩肥的同时，都在极力寻求新的而且更稳定的HS来源，其中含大量HA的低级别煤是一种明智的选择。

长期以来，我国重用地轻养地、重化肥轻有机肥，使耕地养分失调，肥力不断下降，再加上其他生态破坏因素，土壤四化（退化、硬化、沙化、盐渍化）的问题日益突出。目前，我国土壤有机质含量平均只有1.8%（北方旱地小于1%），且仍以每年0.1%~0.2%的速度减少。其次，在我国总耕地中干旱、半干旱地面积占1/2，盐碱地和盐渍化土壤占1/4，荒漠化土地占27.9%，这些不利因素都制约着我国农业的发展。我国正在大力推进的"沃土工程"是土壤生态建设的重大战略措施，其中一项重要内容就是普遍提高土壤肥力，改良中低产田，修复荒漠化土地。增施HS及其他有机肥料，是改良土壤的重要途径，而且已看出明显成效。HS的土壤肥沃作用主要有以下几点。

A　物理作用

HS使土壤颜色加深从而提高对太阳光辐射的吸收，提高土壤温度。一般含HS多的旱地土壤比贫瘠土高2~3℃；HS还会降低土壤热传导性能，对温度的突然波动起到缓冲作用，以保护土壤生物免受侵害。

HS是土壤团聚体的桥梁。黏结剂HS的胶凝性质促使土壤颗粒相互黏结成稳定的团聚体，即所谓"团粒"，这是形成土壤颗粒内部多级结构和多级孔性的基础。这种土壤团粒结构决定了它对水、肥、气、热的协调，为植物提供良好的生长发育环境，从江西农科院耕作所的数据可见，施用3年腐肥后大于0.25mm的团聚体含量提高了34.6%，其颗粒配比也更加合理。中国科学院新疆生物土壤沙漠所改良白浆土的研究也表明，加入不同来源的煤HA使大于0.25mm的团聚

体增加了 30%～90%，使增值复合度增加到 20%～48%之间。特别明显的是，在苏打盐化水稻土中连续施用 HA-NH$_4$ 3 年，团聚体增加了 4 倍。

降低土壤容重和孔隙度，提高持水量。改良后的土壤可维持一种疏松、多孔隙和小颗粒状态，从而提高土壤透气性、透性、持水性，更有利于根的穿透和种子的发芽。据测定，在白浆土中添加泥炭、红壤中添加腐肥后，容重分别降低 0.23g/cm^3 和 0.06g/cm^3，总孔隙度分别增加 8.7 和 2 个百分点，其中添加泥炭使毛细管孔隙度由原来的 31.7%提高到 51.5%，持水量提高将近 1 倍。高荻二郎等人发现施用褐煤 NHA 肥料后土壤气相比例增加非常明显，远高于施用堆肥的效果（见表 7-1）。据孟宪民研究认为，泥炭有机质更有利于提高土壤有效水，使毛细管水高于重力水。一般在砂质土中加入 5%的风干泥炭，就能提高持水量 20%～30%。这些数据足以证明 HS 在改善土壤物理性能上的巨大作用。

表 7-1　施用 NHA 肥料对土壤中气相比例的影响

处理	气相比例（体积分数）/%	
	第一层（0～20cm）	第二层（20cm 以下）
对照（不施用 HA 和肥料）	34.9	13.9
施堆肥	36.1	18.6
施 NHA 肥料	44.8	26.0

B　化学作用

a　对 pH 值的调节和缓冲能力

土壤对酸碱度突然改变时具有缓和其体系突变的能力称为土壤的缓冲性。这种缓冲性对于保持作物生长发育环境的稳定非常重要。HA 的结构是弱酸-碱体系，包括羧酸-羧酸盐、酚酸-酚酸盐缓冲体系，所以在很宽的 pH 值范围内具有很高的缓冲能力。比如，我国东北、华北地区土壤 pH 值较高，用 NHA 作为调酸剂，使土壤 pH 值稳定在 5.5～6，克服了用硫酸调节易使 pH 值急剧回升的弊端，明显减少了水稻早春低温烂秧现象。在我国南方酸性土壤（包括红壤、黄壤、砖红壤，一般 pH 值在 4～6）中吸附积累了大量的 Al^{3+} 和 Fe^{3+}，加剧了水电离生成 H$^+$ 的过程。使用 HA 或 HA 一价盐可以同 Al^{3+}，Fe^{3+} 形成稳定配合物，减少了 H$^+$ 的生成几率，起到提高并缓冲 pH 值的效果。特别是在盐碱土中施用含 HA 高的原煤粉或 HA-NH$_4$ 效果十分明显，如在 pH 值大于 9 的苏打盐化土上施用两年 HA-NH$_4$，使 pH 值降到 8.6。河北唐海等地用 NHA 改造碱性稻田，坚持了将近 40 年，使 pH 值由 8～9 降到 6 左右，有机质提高将近一倍，而且一直保持稳定。

b　提高土壤阳离子交换能力（CEC），降低盐含量

CEC 标志土壤吸附盐基和可置换阳离子的能力，在决定土壤肥沃程度方面是一个极其重要的功能性指标。HS 对整个土壤体系的 CEC 的贡献占 20%～70%，

可见其作用之巨大。因此，HA 在保留可被生物利用的阳离子养分（如 NH_4^+、K^+、Mg^{2+}、Ca^{2+} 等）、防止阳离子流失方向起着重要作用。从表 7-2 数据可见，含 HS 高的黑土 CEC 最高，沙土最低，添加 NHA 后各种类型的土壤 CEC 都有明显的提高。新疆生物土壤沙漠所按 2% 的比例在荒漠化土地中加入泥炭，2 年后 CEC 由原来的 5~6mmol/100g 增加到 68.3~107mmol/100g，有机质提高 132%，同时使土壤物理化学性质全面改善。盐碱地的改良也主要与提高 CEC 有关。由于土壤吸附 HA 后增加了对 Ca^{2+}、Mg^{2+} 的置换和结合能力，再加上土壤结构得到改善，使其中 CO_3^{2-}、HCO_3^-、Cl^-、Na^+ 等盐基被脱附和淋洗，起到"隔盐、压碱"的作用。例如阿列克赛德洛夫（Алесандров）用褐煤加磷二铵作为碱土改良剂，CEC 提高 1 倍，可溶性盐从 2.7% 降到 1.3%，pH 值由 8.45 降至 7.20。我国新疆米泉、河北张北、黑龙江大庆等用风化煤、泥炭及 $HA-NH_4$ 做过大规模盐碱地改良试验，取得显著的成效，在大幅度提高 CEC 的同时，Na^+ 碱化度降低 1 倍，总盐含量降低 1/3，出苗率提高 20% 左右。

表 7-2　硝基腐植酸（NHA）对土壤 CEC 的影响　　（mmol/100g）

土壤种类	NHA 添加量			
	0%	0.1%	0.5%	0.7%
沙土	11.4	11.6	12.2	13.4
红土	23.8	24.8	25.3	26.8
黑土	95.8	98.5	104.0	106.2

c　调节氧化还原电位，提高土壤电子转移潜能

HA 是土壤中主要的电子给体（还原剂），也是决定和控制土壤氧化还原电位潜能的主要因素，因此对土壤中许多化学、光化学和酶的单电子过程有很大影响。比如，盐碱土中施用 3 年 $HA-NH_4$ 后，氧化还原单位从原来的 -13mV 提高到 +23mV；施用褐煤加磷二铵后，氧化还原电位净提高 25mV。

腐植酸类物质（HS）在能否消除土壤重金属或有机毒物污染的问题仍有不少争议，但研究结果倾向于：一旦形成难溶和不溶性的 HA-金属配合物，就有可能起到减少甚至消除有害重金属对土壤的污染。高萩等人报道，日本曾多次发生矿山和工厂排放含重金属废水造成农田"矿害"污染事件，其中即使微量元素过量也会引起毒害。他们在土壤中施用 NHA 后，NHA 与多数 Cu^{2+}、Mn^{2+}、Zn^{2+} 等形成不溶性螯合物，遏制了土壤污染，植物茎、叶吸收的重金属减少，提高了小麦、大麦产量。Halim、Pandey 等人也证明，在土壤中施用 HA 可固定某些重金属，减少植物对它们的吸收量。他们还将含 HA 的藻酸钙施入土壤，使土壤中的 Ni^{2+}、Zn^{2+}、Mn^{2+}、Fe^{2+} 含量显著降低。中国农业大学通过模拟研究发现，随着 NHA 添加量的增加，土壤中水溶性 Cd 和可代换性 Cd 减少，而强吸附和不溶

性 Cd 明显增加，从而提高了土壤对 Cd 污染的抵御能力。由此推断，施用 HA 类物质可以固定某些重金属，减少植物对它们的吸收利用。其次，HS 以吸附、光敏和催化作用等方式与农药和其他污染物（OP）发生作用，对有机物的积累、保持、流动、输送、降解及其生物活性和植物毒性都有很大影响，多数研究结果倾向于降解或解毒效应，但也应警惕某些毒性积累和增强效应。

C　营养的活化和贮存作用

植物所需的养分是通过土壤 HS 的固定和矿化过程来不断积累和提供的。Senesi 等人认为，N、P、S 可存在于土壤复杂有机高分子和 HS 结构中，无机阳离子 Ca^{2+}、Mg^{2+}、K^+ 等碱性营养物质存在于土壤有机质的表面上，而微量元素 Mn^{2+}、Cu^{2+}、Fe^{2+}、Zn^{2+} 等则以有机配合物形式存在；营养物质的贮藏和释放一般是通过两类基本过程进行的：N、P、S 主要是生物过程，微量元素阳离子主要是物理化学过程。实践证明，施用多年 HA 的土壤，即使不同时施用化肥和微肥，土壤中同样能释放相当多的 P、S 和其他阳离子型元素，原因就在于 HS 对固定元素的活化。

D　生物作用

土壤生物和微生物活力对土壤肥力有重大影响。HS 可为土壤生物和微生物提供主要的能量来源，帮助建立种群，促进有益活动，包括促进土壤微生物及其代谢产物吸附和转化有毒金属或非金属元素，降低其毒性。生活在土壤中的细菌、放线菌、真菌、藻类、原生动物、线虫甚至一些大的生物体（如蚯蚓）都与有机质或 HS 的含量和转化有关。国内外大量试验表明，施用 HA 可明显促进微生物区系活动，提高酶的活性。据测定，施用 HA 后菌类和酶类增加的数量为：好气菌约 100%，放线菌 30%，硅酸盐菌 90%，纤维分解菌 5 倍，纤维素酶 6%~50%，磷酸酶 8.4%~46%，蛋白酶 14%~43%；氨化菌、固氮菌平均增加 40% 左右，微生物总活性（用 CO_2 释放法测定）由对照的 5.58% 提高到 10%~20%，其中泥炭 HA 效果最好。高萩二郎等人报道了土壤中添加 NHA 对微生物活性和酶的影响，发现培育 21d 比对照增加量为：细菌 1.4 倍，F_1 型假单细菌 58 倍，放线菌 11.3 倍，绿藻 2.3 倍，过氧化氢酶 1~9 倍，过氧化物酶 1~6 倍，脲酶 2~5 倍；添加 HA 对固氮菌、芽孢杆、黑球霉菌、灰绿青霉等的生长都有促进作用。

E　HA 土壤改良剂的使用效果

施用 HA 类土壤改良剂，一是应该因地制宜，不搞固定的模式；二是要长期坚持，不可能一蹴而就；三是尽可能与其他物质复合，取得综合改良效果。比如，日本北部的土壤属于严重缺乏 Mg 和 Ca 的火山灰化土，又长期使用化肥，所以几十年来首选腐植酸类改土剂，特别是 NHA-Mg 和 NHA-Ca，配合草木灰、泥炭、沸石、树皮堆肥、高分子物质等，既改善土壤性能，又同时补充所缺乏的元素。荒漠或沙漠治理改造，应主要采用泥炭制剂或其他 HA 制剂。如新疆生物土壤沙漠所的绿化荒漠试验中施用 2%~5% 的泥炭 2~4 年，果树、经济作物和粮食增产 2~10 倍，微生物总量提高 143.7%，其中，固氮菌提高 271.42%，无机磷细菌提高 157.14%。盐碱土的改良，可根据土壤盐分和其他组分情况，分别用含 HA 高的原煤粉、HA-Ca、NHA、HA+磷酸盐、HA+S 或硫酸盐等，并配合其他酸性材料进行盐碱土改造。此外，我国的 $w(HA) \geqslant 35\%$+大量营养元素的复合改土剂，HA-FeSO$_4$-S-P-促根剂-微肥复合剂，HA-丙烯基接枝复合保水剂；德国的 HA-Ca-Si-NH$_4$ 改土剂和 HA-NH$_4$-氨基乙酸复合保水剂等，都为开发新型 HA 类改土剂提供了思路。

7.1.2.2 增进肥效功能

我国化肥生产和使用量逐年增加，1949 年用量只有 1.3 万吨（折纯，下同），2004 年竟达到 4636.8 万吨，居世界第一位。不可否认，化肥在农业生产中起至关重要的作用，但过量和不合理施肥造成的资源浪费、效果降低以及对环境的影响也是有目共睹的事实。增施化肥与作物增产比例早已严重失调。据统计，1984~1994 年我国化肥产量增加了 90.7%，粮食只增加了 9.1%。就化肥利用率来说，氮、磷、钾肥的当季利用率分别只有 25%~35%、10%~25%、30%~50%，总利用率为 25%~35%，远低于发达国家 45%~60% 的水平。化肥分解流失，造成土壤和水体硝酸盐和亚硝酸盐污染，水体磷积累导致富营养化，大气中氮氧化合物浓度提高，成为威胁地球环境安全的一个重要因素，早已引起各国政府和环境学界的忧虑和关注。寻求提高化肥肥效和利用率的途径，不仅仅是经济问题，更是关系到全球环境和人类生存安全的大事。HA 在这方面也扮演着重要的角色。

A 对氮肥的增效

（1）碳酸氢铵（NH$_4$HCO$_3$）是常用的氮肥，但很不稳定，在常温下就容易逐渐分解为 CO$_2$ 和 NH$_3$ 而挥发流失。NH$_4$HCO$_3$ 与 HA 复合制成 HA-NH$_4$ 后，N 的流失大大降低。试验表明，在温度 24~25℃、湿度 72%~82% 环境下暴露 7d，NH$_4$HCO$_3$ 损失 96%，而等 N 量的 HA-NH$_4$ 只损失 40.9%。NH$_4$HCO$_3$ 在农田中释放 N 并被植物利用的时间大于 20d，而 HA-NH$_4$ 可达到 60d 以上，而且还有后效。HA-NH$_4$ 的 N 利用率也显著增加，如水稻孕穗期 N 利用率从 NH$_4$HCO$_3$ 的16.43% 提高到 HA-NH$_4$ 的 66%，分蘖期 N 利用率从 14.5% 提高到 35.58%。

（2）尿素[(NH$_2$)$_2$CO]是氮含量最高、使用最广泛的氮肥，但利用率也只有30%~35%。尿素的酰胺氮经过土壤脲酶作用转化为铵态 N 才能被植物吸收，但大部分土壤脲酶过分活跃，对尿素分解速度过快，在 30℃、2d 就可全部转化为(NH$_4$)$_2$CO$_3$，继而分解为 CO$_2$ 和 NH$_3$。此外，活跃在土壤中的硝化菌和反硝化

菌又会把 NH_3 依次转化为 NO_3^-（易随水流失）、N_2、NO、N_2O 等（逸入大气），后者又成为破坏大气臭氧层的一大元凶。按一般规律，大多数土壤 HS 和氨基酸具有促进脲酶活性作用，这可能由于 HA 的—COOH、$—OH_{ph}$ 通过 NH_4 或某些重金属键与脲酶蛋白结合，对脲酶起保护作用的结果。但陆欣等人发现，HA 和 NHA 的 Fe 盐或 Na 盐却有较明显的脲酶抑制作用，168h 抑制率达到 50%以上。Francioso 等人也认为，只有高分子量的 HA 在 pH 值为 6 时对脲酶活性才有一定抑制作用，而且 HA 与重金属（如 Cu^{2+}、Hg^{2+}）结合后脲酶抑制性才能增强。几乎所有的试验都证明 HA、NHA 都具有硝化抑制性，如内蒙古风化煤 HA 和河南 FA 的硝化菌活性抑制率分别为 27.3%和 24.2%（35d），有希望代替昂贵的化学合成脲酶抑制剂和硝化抑制剂（如双氰胺、氢醌等）。但氮肥中 HA 的添加量不是越多越好，一般 4%左右为宜。

B　对磷肥的增效

磷肥在土壤中迅速固定的原因主要如下。

(1) 化学沉淀。在酸性土壤中 PO_4^{3-} 与 Fe^{3+}、Al^{3+} 形成不溶性的磷酸盐；在碱性土壤中则与 Ca^{2+} 形成磷酸二钙乃至磷酸八钙，或羟基磷灰石。

(2) 胶体作用。酸性土壤中通过铁、铝水合离子 $Me(OH)_n^{(3-n)+}$ 对 PO_4^{3-} 固定，而碱性土壤中通过 Ca^{2+} 发生表面吸附。

(3) 同晶替代。在 pH 值为 5~6 时黏土中 Fe^{3+}、Al^{3+}、Ca^{2+} 较少，这时 PO_4^{3-} 易被土壤矿物中较活泼的 OH^-、SiO_3^{2-} 等负离子所取代而被固定下来。

我国 60%的土壤缺磷，但磷肥施入土壤后 82%左右被固定，3%被雨水冲积流失。抑制速效磷肥的固定、提高磷肥利用率，已成为我国乃至世界性的重大课题。HA 对 P 的增效作用早已引起各国农业化学家的极大兴趣。

总结前人研究结果，HA 主要通过 5 种方式对速效磷肥起保护作用：(1) HA 优先与 Fe^{3+}、Al^{3+} 等高价离子配位，释放出 PO_4^{3-}；(2) HA 的一价盐与过磷酸钙发生复分解反应，形成水溶性磷酸盐和枸溶性的 HA·$CaHPO_4$ 的复合物；(3) HA 与磷酸盐作用形成可溶的或缓溶的 HA-M-P 配合物，这类配合物多数可被植物吸收利用，防止被土壤固定；(4) HA 阴离子在土壤黏土上发生极性吸附，减少 PO_4^{3-} 被吸附的几率；(5) 胶体保护 HA 在 $Me(OH)_3$ 表面形成一层保护膜，减少它们对 PO_4^{3-} 的吸附。

HA 对磷肥的增效作用有以下几个方面的研究成果。

(1) 抑制土壤对磷的固定。西北农林科技大学采用连续液流法研究了 FA 对黄土性土壤吸附-解析 P 的动力学，表明 FA 使土壤对 P 的吸附速度降低 16.7%~66.7%，吸附量减少 15.3%~65.4%，这是减少 P 固定量的佐证。

(2) 提高 P 在土壤中的移动距离。在磷铵中添加 HA-NH_4 等，使 P 在土壤中垂直移动距离由原来的 3~4cm 增加到 6~8cm，NHA-NH_4 的效果优于 HA-NH_4。

（3）延缓速效 P 向迟效、无效 P 转化的速度。沈阳农业大学的实验显示，施入不同来源 HA 类产品 10d 后，土壤中磷酸一钙比对照多保留 10%～20%，磷酸二钙多 2.7%～25%，三钙减少了 0.9%～7%，Fe-P 化合物增加了 19%～173%，Al-P 变化不大。

（4）提高磷肥利用率和肥效。沈阳农业大学还在大豆生长中考察了 NHA 对过磷酸钙 P 利用率的影响，发现 $w(P_2O_5) : w(NHA)$ 为 1:（5～10）时 P 利用率提高 20.4%～18.7%，但比例增加到 1:15 时 P 利用率反而下降，可能过多的 NHA 抑制了大豆的生长，或形成难溶的 NHA-Ca-P 复合体所致。据几个试点统计，与施用等 P 量的普通磷肥相比，补施 HA 类物质的处理，粮食作物一般增产 10%左右，个别的达到 29%左右。

（5）提高作物磷量。中国农业大学在小麦培育中施用磷铵+HA-NH$_4$ 类产品，发现地上部分的吸 P 量增加了 39.8%～50.8%。河北农业大学用含 HA 的 NPK 复混肥同磷铵、无机专用肥对比，前者棉株中含磷量比后两者高一倍还多。

（6）提高土壤有效磷含量。施用 HA 后可加速无效 P 的转化。山西农业大学的研究发现，HA 不仅使过磷酸钙的磷有效性提高，而且使土壤中原有的 Ca_2-P、Ca_8-P 增加，Ca_{10}-P 减少，表明土壤无效 P 得到活化（见表 7-3）。

表7-3　腐植酸类物质及其 HA-P 肥料对土壤 P 形态的影响　　（mg/kg）

处理	Ca_2-P	Ca_8-P	Ca_{10}-P	Al-P	Fe-P	Olsen-P
对照	67.23	254.4	441.2	68.1	40.13	111.7
风化煤	89.93	281.1	386.5	83.43	38.27	118.9
泥炭	88.56	275.3	391.2	84.17	37.93	136.1
过磷酸钙	90.9	285.1	453.1	86.73	67.1	139.8
风化煤+过磷酸钙	99.2	289.6	441.2	90.37	52.33	134.6
泥炭+过磷酸钙	97.6	274.8	452.8	87.67	58.6	155.4

注：表中第 2 列～第 7 列的符号依次表示：磷酸二钙、八钙、十钙、磷酸铝、磷酸铁、闭蓄态磷。

（7）关于 HA-Me-P 配合物的有效性。在施用 HA+速效磷肥后，仍然生成或多或少的 HA-Ca(Fe/Al)，以及 HA-Ca(Fe/Al)-配合物。国内外对这些配合物的有效性一直存在诸多争议，但大多数学者倾向于 HA-Ca(Fe/Al)-配合物中 P 可被植物直接或间接利用。Gerke 等人认为，以 Fe(Al)-P 形式固定的磷有可能与 HA 形成三元复合物，认为"它们保持着较高的生物有效性，对土壤 P 转化和植物吸收过程起决定性作用。"苏纯德等人也证实这种三元复合物的生物有效性，特别是对提高大多数双子叶植物 P、Fe 利用率有重要意义。

C　对钾肥的增效

K 在土壤中同样会被固定，特别是在土壤干、湿反复交替，使黏土晶格间距反复伸缩过程中，Si-O 四面体外侧以六角形排列的 O 中间的"空半径"在 0.14nm 左右波动，K^+ 的半径（0.133nm）恰好与空半径相当，很容易被紧密地固定在黏土晶层之间。我国的钾肥利用率约 50%，平均被固定约 45%，雨水流失约 5%。HA 与 K^+ 事先结合后就可有效地减少土壤黏土对 K^+ 的固定。HA 对 K 增效作用研究有以下几个方面。

（1）减少土壤对 K 的固定，提高 K 的有效性。据江西农业科学院试验结论，就水溶性 K_2O 的回收率作为一个指数，施用 HA-K 比 HA+KCl 的混合物提高 14.3 个百分点，比单施 KCl 提高 26.2 个百分点，表明与 HA 化学结合的 K 更有利于抵御土壤的固定。

（2）提高植物的吸 K 量试验表明，施用 HA-NPK 复混肥与单施等养分的化肥相比，水稻吸收的 K_2O 高 40% 左右。

（3）活化土壤潜在 K 研究证明，HA、特别是 FA 对含 K 的硅酸盐、钾长石有明显的溶蚀作用，可促使其缓慢释放 K，提高土壤中速效 K 含量。如在红黏土中添加风化煤、褐煤和泥炭 HA，速效 K_2O 分别为 33.3%、22.2% 和 11.1%，风化煤 HA 的效果最好。如果将风化煤 HA 制成 HA-NH_4 再施入土壤，K 的释放量更多，持续 60d 后效果更好，实验数据见表 7-4。这再次说明，施用水溶性 HA 盐比不溶的 HA 的农化效应明显。

表 7-4　施用 HA 和 HA-NH_4 对土壤 K 形态的影响　　　　（mg/kg）

处理	15d 后测定		60d 后测定	
	速效 K_2O	缓效 K_2O	速效 K_2O	缓效 K_2O
对照（土壤）	36.46	887.3	31.5	945.4
土壤+HA	40.87	917.3	31.9	964.9
土壤+HA-NH_4	41.82	987.5	36.7	1097.8

D　对中、微量元素和稀土元素的增效

中、微量元素是植物体内多种酶的组成成分或生理调节元素，对植物生长发育、抗逆和品质都有重大影响。土壤中有相当多的中、微量元素储备，但绝大部分呈不溶状态，可被植物吸收利用的微乎其微。人工施用中、微量元素化学肥料就是为补充植物所需，但施用后也往往大部分被土壤固定。HA 对肥料中的中、微量元素同样具有增效和保护作用，对土壤中的那些被固定的"无效"元素也有激活作用。研究表明，与单施 $ZnSO_4$ 相比，往土壤中施用 HA+$ZnSO_4$ 或 HA-NH_4+$ZnSO_4$，有效锌的转化率提高了 1 倍以上。麻生末熊等人研究证明，施用 NHA 盐后，植物叶部吸收的微量元素（包括 Fe、Mg、Sr、Mn、Zn、Cu、Mo、B 等）增加量特别明显，远远高于 $FeCl_3$ 等无机盐类，与施 EDTA 的效果相当。

钙（Ca）是酶和辅酶的活化剂，如三磷酸腺甘油、α-淀粉酶、ATP 酶磷酸酯的代谢等都需要 Ca。钙泵（Ca^{2+}-ATPase）活性是表示植物系统 Ca 水平以及调节酶活性能力的指标。樊城等人在苹果树上喷施 FA-Ca，使 Ca^{2+}-ATPase 活性提高 587.37%，高于氨基酸-Ca，更远远高于无机盐 $Ca(NO_3)_2$。因此，可认为 FA-Ca 是优良的植物补钙剂。

HA-Fe 或 FA-Fe 的应用报道得最多。陆欣等人喷施 FA-Fe 后明显提高了果树的光合作用和呼吸强度，遏制了果树黄化病，其效果相当于 EDTA-Fe，远优于 $FeSO_4$。中国农业科学院原子能研究所曾通过 ^{59}Fe 标记发现，在大豆中施用 FA-Fe 与施用 $FeSO_4$ 相比，叶片吸收的 Fe 多 23%。孙志梅等人也对北方石灰性土壤施用风化煤 HA 的效果进行了研究，发现 HA 使土壤中有效 Fe 提高 1.17% ~ 3.13%，土壤呼吸量增加了 2.42%~15.4%。这些都是 HA 对 Fe 的活化和促进植物生理功能的结果。

硒（Se）是动物和人体红细胞谷胱甘肽过氧化物酶的组成部分，缺 Se 导致多种疾病（特别是癌症）滋生的现象已引起国内外的广泛关注。据近期报道，HA-Se 作为一种肥料产品，对提高植物含 Se 量、改善农产品品质有较大影响，豆科作物最为敏感。

稀土元素在农业中的应用是近年来农业化学和植物生理学领域的新课题。南京大学的一项研究发现，HA 对稀土元素在土壤-植物体系中的迁移、富集和生物可利用性都有影响。红壤中的稀土主要富集在小麦根部，施入低浓度（0.02% ~ 0.03%）的 HA 后，明显促进了小麦对稀土的吸收，但高浓度的 HA（大于0.1%）不仅抑制对稀土的吸收，而且对小麦生长产生毒害作用。

值得注意的是，在试验中也发现一些意外情况。比如，HS 高的土壤反而缺 Mn，可能被 HA 结合成不溶性的 HA-Mn 配合物了。对于这一系列问题，包括 HA 或与中、微量元素的复合物在哪些情况下是有效的，哪些情况下是无效甚至是有害的，能否对其中的元素选择性吸收和排斥，配合物能否水溶是不是唯一条件等，现在都不十分清楚，仍需要做大量艰巨细致的工作。

E 腐植酸类肥料的综合效果

根据多年应用实践总结，合理施用 HA，不仅增产，而且增收。最近南通市绿色肥料研究所 34 个试验点上使用新型 HA 肥料（SRCF）的统计数据表明，与施用等量普通化肥相比，施用 SRCF 可使各种作物增产 10.1% ~ 19.4%，粮食增收 480~1200 元/公顷（1 公顷=1 万平方米），棉花增收 2190 元/公顷，油菜增收 480 元/公顷，各种蔬菜增收 2400~5100 元/公顷。另据报道，FA 类液体肥料增产幅度更高，一般在 20%~30% 范围，最高达 60%，增收效益更为可观。至于果树的效益，增收范围高达 4500~13500 元/公顷，特别是 HA 类肥料的缓释和长效作用更引人入目。

HA 与化肥复合使用应该注意的问题，一是要选择腐植酸含量较高、化学活性和生物活性较好的低级别煤或其他有机质作原料，并且应事先进行化学检测和农化评价；二是应对 HA 适当进行活化处理，至少应氨化，有条件的可进行氧化或水解；三是使用的 HA 数量不应过高（一般为肥料总量 4%~8%）；四是最好制成有机-无机复混肥（包括复合颗粒肥、各种肥料颗粒+HA-NH$_4$ 颗粒掺混而成 BB 肥，HA 作包裹层的缓释肥等），避免盲目将粗制原料机械混合。HA 至少应与一种营养元素发生反应，使其基本以化学键形式结合，并保证营养元素总量，注意合理搭配各种元素的比例，更有效地发挥 HA 的作用。

7.1.3　改善作物品质

7.1.3.1　刺激生长功能

刺激作物生长是 HA 生理活性的主要表现形式，其机理比较复杂（6.5 节中已谈到），其中比较明确的是，酚-醌的氧化-还原体系决定了 HA 既是氧的活化剂，又是氢的载体，故影响着植物的呼吸强度、细胞膜的透性和渗透压，以及多种酶的生物活性。

A　影响刺激作用的因素

1957 年赫利思切娃（Христева）曾经总结了影响 HA 刺激作用的几个因素，今天看来仍不失为经典之作，简单列举如下。

直接影响因素有：

（1）植物种类。对 HA 最敏感的植物是蔬菜、马铃薯、甜菜；中等敏感的是谷类；不敏感的是豆科植物；几乎"无动于衷"的是油料作物。

（2）植物发育时期。发育初期及生化过程进行得最强的时期（繁殖器官形成阶段等）较敏感。

（3）腐植酸的形态。水溶性的并有少量是解离状态的 HA 作用最显著。

（4）浓度和 pH 值浓度十万分之一以下（小于 0.001%）作用才显著，浓度过大反而抑制生长；以 pH 值为 7 左右为宜。

外界环境因素有：

（1）矿物质营养水平尽可能满足植物初期发育时期对营养的需求。HA 可促使植物忍受和利用较多的矿物肥料，但也不应过量。N 是限制因素，但多加一些 P 可增强 HA 的作用。

（2）温度。低温下 HA 的刺激作用较弱，只有在环境温度不抑制光合作用的条件下 HA 才会起作用。

（3）湿度。干旱时 HA 刺激效果最好；分蘖以后进行灌溉使湿度达到最大持水量的 30% 时，水溶 HA 效果较好，湿度再大，效果降低。

（4）氧气供应。在环境缺氧时 HA 的刺激作用最强。

B 主要研究结果

a 促进根部生长，提高发芽率

HA 的生理作用，首先是通过加强根部呼吸、刺激跟细胞的分裂、促进根的生长来实现的。一般认为，HA 刺激多糖酶的活化，使幼年细胞壁中的果胶质分解，使细胞壁软化，加快细胞的各向生长进度，其中对根细胞的生长影响最大。日本麻生末熊通过 3H 标志研究表明，桑树苗吸收 NHA 的数量，在根部最多（达 30.6mg/g），其次是叶部（10.4mg/g）和叶柄（9.2mg/g），而木质部和韧皮部很少（只有 1%~2%），可见 HA 在根部的作用比重最大，特别是在根毛中，核糖核酸和合成细胞激动素都明显增加。

b 增强呼吸强度和光合作用强度

HA 类肥料所以被誉为"呼吸肥料"，是由于其作为多酚的附加来源，在植物生长早期进入细胞内部起到呼吸催化剂的作用。磷氧比（P/O）表示植物呼吸链每消耗 1 个氧原子所产生的三磷酸腺苷（ATP）分子数的比例，是反映呼吸效率的一个指标。武长宏通过对水稻根系线粒体 P/O 的观察发现，施用土壤 HA、褐煤 NHA 的 P/O 分别为 2.37 和 2.25，明显高于对照（1.95），显示出 HA 和 NHA 的促进呼吸功能。云南腐肥协作组的研究表明，施用 HA-Na 后作物的叶面呼吸强度由对照的 $43.2mgO_2/(100g \cdot h)$ 提高到 $61.3mgO_2/(100g \cdot h)$，光合产量由 $0.079g/(m^2 \cdot h)$ 增加到 $0.114g/(m^2 \cdot h)$。施用生化技术生产的黄腐酸（BFA）也使桃树的光合强度提高 132%。

c 提高生理代谢能力和酶活性

Flaig 认为，HA 主要以氢受体的角色影响着植物的氧化还原过程，促进氧的吸收，刺激酶的活性，提高渗透压和抗脱水性能，从而增加叶绿素含量，加快氨基酸、蛋白质、核酸和碳水化合物的合成。Varanini 等人认为，HA 螯合金属离子影响着植物细胞膜透性和膜上载体的性质，增强 ATP 酶的活性，从而促进植物对微量元素特别是 Fe^{3+}、Zn^{2+} 的吸收和运转。正是由于 HA 的综合刺激活性，才促进了各种植物酶（包括蛋白分解酶、α-淀粉酶、多酚氧化酶 FOD、过氧化氢酶 CAD、过氧化酶 POD 等）的合成及其生理活性。如朱京涛等人在马铃薯喷施含 HA 的叶面肥后发现 FOD 和 CAD 分别增加 137.8% 和 109%。赵庆春等人在桃树上喷施 BFA，使淀粉酶活性提高 220%。陈玉玲等人在田间喷施 FA 制剂，也发现过氧化歧化酶（SOD）和 CAD 分别提高 126%~236% 和 27.4%~30.7%。说明 HA 和 FA 有激活细胞保护酶活性、延缓植物衰老的作用。但植物生理学家认为，HA 的生理活性和酶活化具有双向调节作用：在一定浓度下对叶蛋白分解酶有抑制性，使叶绿素分解减缓，有利于光合作用的进行；但浓度过高又会抑制细胞的增长和分裂。HA 可抑制生长素酶（如吲哚乙酸氧化酶等）的活性，使植物体内生长素破坏减少，有利于生长发育，但浓度过高也会促进生长素酶的活性，导致生长缓慢。

d　HA 类型与刺激活性

HS 活性高低的一般规律是：FA>HA，氧化降解的 HA>普通 HA，低分子量 HA>高分子量 HA。活性越高的 HA，使用浓度要越低。比如 FA 最适宜的使用浓度为 0.0001%~0.001%，而 HA-Na 浓度在 0.01%仍有活性。HA 分子量越大，其浓度对生物活性的影响越不敏感。据麻生末熊认为，这种现象是由于刺激机理不同：低分子 HA 组分可能是以呼吸系统为中心的糖代谢途径和蛋白质合成-分解途径产生变化引起的，而高分子组分可能是基于细胞壁的可塑性增大，同时水分吸收及原生质膨胀压增加而促进根系伸长而起刺激作用。当然这只是一种推测，实验证据还不充分。

C　使用要点

HA 生长刺激作用主要是通过进入植物体、穿透细胞膜后才能起到呼吸催化剂的作用，一般用在育种、育苗时期，采用浸种、蘸根、浸根的方法以提高发芽率和出苗率，也常用于成年的作物和果树。要想充分发挥 HA 类物质的生长刺激功能，专家们建议：（1）对特定作物和环境来说，应通过试验来确定最合适的 HA 品种和使用浓度，使其确实起到刺激生长的作用；（2）尽可能用较低分子量的 FA 或 HA，分子量最好不大于 1000~1500；（3）尽可能用适当深度氧化降解方法取得高活性、高抗絮凝性的 HA 和 FA；（4）与适当数量的营养元素和金属离子配合，才能更好地发挥 HA 的刺激活性；（5）适当增加养分和水分供给，以满足新陈代谢更加旺盛的植物需求。

7.1.3.2　促进抗逆功能

腐植酸类物质的抗逆功能也是其生物活性的一个重要表现形式。作物在环境不利因素（如旱、涝、病虫害、盐碱、养分不足或过剩、温度/湿度过高或过低等）增长到一定程度时，腐植酸类物质（HS）就发挥缓冲作用，这种作用被称作"腐殖质效应"。这种效应在农业耕作中是司空见惯的，而且在许多土壤腐殖质的经典著作中早有定论，但就 HA 的抗逆应用基础研究和大规模农业实践来说，还是最近 30 多年的事。

A　提高抗旱能力

干旱和半干旱面积占世界耕地面积的 43%左右，再加上"温室效应"加剧和环境的日益恶化，已成为当今全球农业面临的重大忧患，对作物抗旱机理的研究及抗蒸腾剂的开发已成为世界性的热点课题。HA 提高抗旱能力的研究和应用已有一定进展。

（1）研究成果及推广实施情况。许旭旦等人在小麦叶面喷施 FA 后，发现叶片气孔开张度缩小，水分蒸腾量减少，叶片含水率提高。相应地，叶绿素含量、根系活力、营养状况等全面提高，保证了穗的分化和作物的生长，有效地抵御了干热风的侵袭。这一研究成果受到国外植物生理学界的广泛关注和好评。在此基础上，河南科学院化学所和生物所合作，开发了"FA抗旱剂1号"，到1992年已在全国20多个省（市）推广应用93万多公顷，取得明显的抗旱保收效果。此后新疆哈密也开发了同类产品"FA旱地龙"，在推广示范中也取得瞩目的成绩。据统计，与喷施同等数量的清水相比，喷0.01%浓度的FA，可使粮食作物增产6.3%~10%，经济作物（花生、蔬菜、水果）增产10%~25%，并同时发挥抗菌、抗病、缓释增效农药、结合微量元素等综合功能。

（2）机理研究从宏观上看，FA的抗旱能力是缩小叶面气孔开张度、减小水分蒸腾引起的，但还有更深层的原理。这方面的学说大致有3个。第一，认为FA类似于常规化学抗旱剂——脱落酸（ABA），能抑制K^+在保卫细胞中的积累，从而减小了气孔开张度。第二，认为FA的抗旱作用与刺激植物合成脯氨酸及刺激某些酶活性有关。王天立等人发现干旱情况下施用FA后作物脯氨酸超常积累，从而调节细胞内溶物质浓度和水分生理代谢过程，维持渗透压，减少水损失。李绪行等人也发现，干旱时喷施FA使叶片中脯氨酸含量增加一倍，同时提高了SOD、CAD和POD等酶的活性，清除活性自由基，激化作物生命活动，这是增强抗旱能力的基本原因。第三，HA还激活硝酸还原酶（N-Rase）活性，抑制IAA过氧化酶和吲哚乙酸氧化酶活性，降低脂质过氧化物的丙二醛（MDA）含量等效应，实际上都使植物在逆境下减少膜结构的损害，维持体内氧的代谢平衡，降低蒸腾强度，最终提高了抗旱功能。

（3）HA种类及pH值的影响。多年的研究表明，不同来源的FA都有一定抗旱作用。许旭旦等人对比评价了8个不同来源的HA和FA样品的抗旱能力，结果表明，各样品的性能没有明显差异，其中风化煤HA-Na(pH值为7.5~8.0)与FA(pH值为4.3)的蒸腾抑制率几乎相同。与高效抗蒸腾剂脱落酸（ABA）相比，HA制剂虽然降低水分蒸腾的幅度太小，但持续时间较长，还能提高叶绿素含量及具有多种刺激活性，且无毒副作用，价格也低得多，故HA制剂有独特的竞争优势。但值得注意的是，HA在偏酸情况下作用更明显。这样，FA显然占优势。若使用HA，必须将其一价盐控制在中性状态下，而且HA在硬水中的抗絮凝问题，仍是制约其抗蒸腾效果的一道门槛。

B 提高抗寒能力

HA增强抗寒能力的机理可能与抗旱一样，都与脯氨酸及各种保护酶对水和养分调渗作用密切相关。甘吉生等人在寒冷条件下给小麦喷施FA后，营养器官中的游离脯氨酸比对照提高了17.5%，蛋白质和可溶性糖含量也明显提高，而叶片细胞膜透性由对照的20.7%降到12.4%，表明在逆境下FA对小麦透性功能有保护作用，从而提高其耐寒性。

　　我国南方早稻低温烂秧和死苗现象，历来是困扰水稻增产的一个难题。广东省农业科学院在育秧床中添加不同来源的 HA，均使成秧率提高，其中泥炭 HA 和褐煤 NHA 的效果比风化煤 HA 的更好，一般提高成秧率 8%~15%。尹道明等人用河南巩义的 FA-1 和山西的风化煤 HA-Na 浸种，对提高早稻的育秧效果几乎完全相同。对其他作物同样有抗寒效果，如河南用 FA 防治"倒春寒"引起小麦根腐病的效果尤为明显。中国科学院长沙农业现代化研究所用 FA 浸种和喷施，越冬油菜出苗率提高，叶片受害率降低，产量提高了 20.7%~33.3%。此外，在早春或深秋给果树、大棚蔬菜喷施 BFA，也可预防和减轻冻害，提高了产量和品质。

　　C　提高抗病虫害能力

　　多年的应用实践表明，凡是施用 HA 类制剂或含 HA 的复混肥的作物，病虫害发病率普遍降低，这也是 HA 生理活性的一种反映。首先，HA 中的水杨酸结构和酚结构本身就是一种抗菌性药剂。其次，施用 HA 改善了植物的新陈代谢，提高了某些细胞保护酶（如 POD、IAA）的活性和肌体免疫力，也就相应提高了抗病虫侵害的能力。20 多年来，HA 在防治小麦赤霉病、棉花枯黄萎病、花生叶斑病、果树腐烂病、黄瓜霜霉病等方面的事例举不胜举。

　　（1）防治蔬菜病害。山西农业大学在霜霉病发病区内喷施 0.02%~0.05% 的风化煤 HA-Na，不仅有效控制了病情，而且提高了黄瓜坐果率。比对照区增产 28% 左右，且安全无毒，综合效益远远超过专用农药乙磷铝。黄云祥等人施用生化多元复合肥，使黄瓜霜霉病的病情指数降低 68.9%，同时多酚氧化酶（抗性指数）增加 18.65%。此外，HA 对红薯根腐病、辣椒炭疽病、马铃薯的晚疫病、黄牙白的霜霉病等的病害都有一定的防治效果。

　　（2）防治果树病害。苹果树腐烂病是我国北方产区非常普遍的果树病，发病率达到 30% 以上，是影响苹果产量和质量，甚至导致整株果树坏死的高危病症。通用的药物如福美砷、硫菌灵（托布津等），有的会烧坏树木。HA-Na 防治果树腐烂病的试验始于 1979 年，由北京市土肥站和北京农林科学院林果所等单位协作进行了 3 年试验，结果显示，涂抹 HA-Na 对树皮病疤周围愈伤组织的生长有明显促进作用，基本没有烧坏树体的现象，各项试验指标都优于福美砷等化学药剂。王维义等人用 HA-Na 制成的"化腐灵"对苹果树腐烂病治愈率达 97%，愈合率达 45.6%。高树青等人用风化煤或泥炭 HA 制备的"克旱寒"对治疗苹果落叶病都非常有效，使落叶率降低 46.8%，病叶率降低 46.6%，优于专用药剂"多菌灵"。FA 制剂对降低猕猴桃黄化病发病率也有较好的效果。

　　（3）防治棉花病虫害。陆欣的试验表明，0.025% HA-Na +0.25% 洗衣粉 +0.25% 煤油对大田棉花蚜虫的减退率达 97%，优于乐果的防效；对棉花炭疽病也有一定的防治效果。柴存才等人用风化煤 FA 盐喷施或灌根，对棉花黄萎病抑制率达 100%，防效 54%~82%。

但是，农业专家提醒大家，HA 增强抗病虫害能力毕竟是一种生物活性作用，不具备治疗疾病的特效性，更不是放之四海而皆准的灵丹妙药。使用 HA 防治某些病虫害是有限度的，也就是说，在病虫害不严重、不采取其他特殊手段治疗前提下，用 HA 类制剂来保护植物，将病虫危害控制在经济危害水平以下，以获得当时条件下最大的经济效益。因此，最好的做法是：（1）在植物生长早期和未发病前就间歇喷施 HA 盐或 FA，以提高作物免疫力，减少甚至完全防止病害的发生；（2）HA 不能代替农药。一旦发病后，应将 HA 作为缓释增效剂同农药配合使用，可以起到事半功倍的效果；（3）早期国外将 HA 与多种重金属的盐类作为杀虫杀菌剂。目前治疗果树腐烂病的 HA-Cu 等仍在使用。这些产物对土壤和作物的污染和残留程度应该通过检测，确定控制指标，或决定取舍。

D 提高抗盐碱能力

HA 对提高植物耐受盐碱恶劣环境的直接作用也是不容置疑的。比如，中国林业科学院林业所在同样重度的盐碱地（pH 值为 9.35，总盐含量 12.6g/kg）上种植枸杞，喷施 FA 的处理比对照成活率提高 11%~14%，这显然是 FA 直接提高枸杞苗木耐受盐碱能力的结果。又如新疆石河子碱化沙壤是盐碱化程度很高的劣质土壤，即使短期内采取改良措施，高盐状况也不会有根本改变，但当地仅用泥炭改良一年后就种植玉米和花生，产量成倍增长，此外，大庆苏打盐化草甸碱土在初步用煤炭 HA 改良后仍为不宜耕种的劣质土（pH 值为 8 左右，碱化度 30%以上，全盐 0.2%左右），但种植星星草产量比对照提高了 33.9%~42.0%。这些奇迹的出现，除了 HA 改土作用外，恐怕植物抗盐碱能力的提高是一个关键因素。

7.1.3.3 改善品质功能

农产品品质包括营养水平和污染物含量两个方面：一是提高营养物质（如蛋白质、氨基酸、单糖、维生素、有益元素等）的含量，二是降低有害物质（如某些金属、硝酸盐、亚硝酸盐、残留农药等）的含量。在这两方面，HA 同样担当着重要角色。

A 机理推断

HA 类物质改善农产品品质的理由大致有 3 方面。（1）调节营养平衡。各种必需元素的吸收和利用对植物营养和生理有很大影响，直接关系着作物的品质。一般来说，大量元素（N、P、K）被植物吸收后在体内容易移动，而中、微量元素不易移动，HA 与中、微量元素配位（螯合）后，增加了这些元素从根部或叶部向其他部位输送的速度和数量，一定程度上调节其比例和平衡状况。其中一些微量元素是多种酶的组成成分，或者对酶活性有重要影响。HA 促进了微量元素的吸收，也就加强了酶对糖分、淀粉、蛋白质、脂肪及各种维生素的合成，改善了作物品质。（2）刺激植物体内酶活性强度的提高，使其新陈代谢更旺盛，强化了各种物质的转化和积累。比如糖转化酶活力增强，就促使难溶的多糖转化为易溶单糖，或促进还原性磷酸酮酰腺嘌呤二核苷酸（NADPH）和三磷酸腺苷（ATP）的形成，提高糖合成的速度，从而提高了果实的糖度；增强了淀粉磷酸酶的活性，就加速了淀粉的合成和积累；提高了体内转化酶活性，就能加速各种代谢初级产物从根、茎、叶向果实运转，也就提高了果实和种子的营养。（3）HA 对土壤中硝化菌和反硝化菌活性有抑制作用，从而减少了铵态 N 向硝态 N 以至亚硝态 N 转化的几率，也就减少了植物体内硝酸盐和亚硝酸盐的积累。在适当条件下，如果 HA 与土壤中少量重金属（Pb、Cd、Cr、Hg、Cu 等）形成难溶的大分子螯合物，也就使植物减少了吸收重金属的几率，降低了重金属对植物的污染。HA 与农药的各种减毒增效作用也是众所周知的事实。当然，这方面的研究数据仍不够充分，也有不少矛盾的结论，有待于继续深入探索。

B　应用研究结论

20 多年来，不少地区在粮食、瓜果、蔬菜上考察了各种 HA 对作物品质的影响，研究报道不胜枚举，只列举其中一小部分予以说明。

a　提高营养含量

一般来说，在等养分情况下作对比，施用 HA 或 FA 在增加产量的同时，瓜果和蔬菜含糖量增加 3%～30%，酸度一般有所降低，维生素 C（Vc）含量提高 20%～49%；甜菜产糖量增加 40% 左右；马铃薯淀粉增加 18%～25%，抗坏血酸增加 69%；桃子的可溶性蛋白增加 9.19%，氨基酸增加 16%；水稻蛋白质提高 6.6%，淀粉提高 10.5%；棉花纤维强度平均提高 5.6%；中、上等烟草产量提高 2%～9% 等。所用的 HA 产品形式有：不同来源的 FA 和 HA-Na、固体基肥、BFA 及其液体肥料、泥炭一体化育苗营养基质等，统计值几乎达到显著水平。

b　减少有害物质

据初步统计，施用 HA、FA 后使农产品硝酸盐含量降低 6%～42%。如与常规营养土相比，用泥炭 CIS 育苗基质培养的番茄硝酸盐含量减少了 35.5%（由 4.56mg/kg 降到 2.94mg/kg）。喷施 BFA 液肥使番茄中硝酸盐减少了 23.4%（由 47mg/kg 降到 36mg/kg）。于志民等人对水稻的质量与安全性评价表明，喷施武川风化煤 HA 制取的叶面肥后，在整粳米率提高的同时，有害物质明显减少（见表 7-5）。

孙明强对施用含腐植酸尿素（UHA）的 NPK 复混肥与等养分普通复混肥的夏阳菜吸收重金属和 As 的情况作了对比，发现除 Cr 比对照略高外，其余金属含量都低于对照，说明 HA 对植物吸收重金属有一定的抑制作用。

大量研究资料证实，HS 确实对农药有缓释增效、降低毒性、吸附稳定、减少用量等功能，在调控生物种群、保护生态平衡、维持自然净化力方面，都具有广阔的应用前景。

表 7-5 粳稻中毒物含量检测结果

项目	国家标准（GB 5009.20—1996）	喷施 HA 叶面肥	对照
砷（As）/mg·kg^{-1}	≤0.7	0.3	0.4
磷化物/mg·kg^{-1}	≤0.05	0.01	0.03
氰化物（CN$^-$）/mg·kg^{-1}	≤5	0.2	1.6
二硫化碳（CS$_2$）/mg·kg^{-1}	≤10	0.2	0.5
黄曲霉素 B$_1$/μg·kg^{-1}	≤10	5	8
六六六/mg·kg^{-1}	≤3	0.001	0.009
滴滴涕/mg·kg^{-1}	≤0.2	0.002	0.01

早在 1928 年，法国就率先发布了 HA 作为农药载体的专利。20 世纪 50~60 年代日、苏、德等国家就有不少 HA 作农药增效剂或载体的报道。Wershaw 等人发现许多水不溶性的杀虫剂在 HA-Na 溶液中增加了溶解性，如 5%的 HA-Na 对滴滴涕的溶解度至少比清水大 20 倍，从而提高了农药的迁移性和使用效果。Христева 等人研究发现，无论是土壤 HA 还是泥炭、褐煤、氧化煤的 HA，都能促使进入植物组织的农药减少一半左右，并能加快农药在土壤和植物体中的分解速度。王天立等人的田间试验表明，添加 FA 后的农药不仅药效提高，残效期延长 5~7d，而且杀虫剂和杀菌剂用量分别减少 30% 和 50% 左右，且毒性有所降低。Kristin 和 Kukkonen 等人都指出，将氰戊菊酯、氯氰菊酯和溴氰菊酯加在水溶性 HA 中，农药在生物体内的蓄积减少，急性毒性也相应减少。近期张彩凤、李善祥等人的系统研究表明，风化煤人工氧化降解制取的水溶性煤基酸（WHA）增效作用优于晋城风化煤直接提取的天然 FA。无论是化学农药还是生物农药，与 WHA 复配后药效都提高了 12.5 倍左右，持效期至少延长 10d。许恩光等人的研究还发现，HA 与甲霜灵锰锌复配后提高药效 10%~20%；将高毒杀虫剂甲拌磷、克百威（呋喃丹）、辛硫磷等与含 HA 的泥炭混合，其杀虫效果比常规用法持效期更长，甚至可阻止新一代蛴螬等地下虫的发生。

近年来，国内外在 HA 复合增效农药的开发方面有较大进展。如美国将泥炭、褐煤和氧化煤 HA 作为农药的稳定剂和缓释除草剂；我国的杀菌剂+9.5% BFA 复合成的"新克黄枯"、11% HA + 10% 井冈霉素复合溶液、HA + 杀虫脒（1∶1）螟虫防治剂等，其杀虫杀菌、增产增收效果明显优于单用农药。

7.1.4 存在问题和发展方向

HA 在农业中的作用和效果是不容置疑的，但市场情况却令人担忧。目前总的情况是，HA 类农用产品的市场覆盖度和公信度不是很高，推广应用范围也不太大，总体上已落在发达国家后面。造成这种情况的原因，绝不是 HA 产品的性能和效果不好。加快 HA 农用产品的标准化建设，完善和加强 HA 从产地选择、原料控制、建厂论证、生产工艺到质量监测整个环节的监管体系，是出路之一。

腐植酸对农业低碳绿色发展起着协调、促进与助力的作用，助推了我国农业迈入低碳绿色发展的新阶段。在"碳达峰、碳中和"目标的大背景下，实现农业低碳绿色转型逐渐成为新阶段农业发展的趋势。在农业低碳绿色发展过程中，如何发挥腐植酸的重要作用、如何加快腐植酸助推农业低碳绿色转型，仍是当前和今后农业发展中需密切关注的问题。张乃明等人为加快腐植酸助推农业低碳绿色转型提出了具体的对策：

（1）找准腐植酸助推农业低碳发展绿色转型的切入点。为了更好地助推农业低碳发展绿色转型，关注农业领域的腐植酸应用，指导用户终端科学应用腐植酸，以及加大对腐植酸应用的支持力度是积极有效的切入点。指导用户终端应用腐植酸，以农户与涉农企业为例：农户应积极获取腐植酸及其作用的新知识，利用 5G 信息时代中"互联网+"创新农业生产方式、增加低碳腐植酸类产品输入、提升绿色农产品输出。涉农企业可组织专家和农业技术人员深入生产前线，指导腐植酸类系列产品适量适时应用于农业生产，还可面向周边农户推广适宜当地施用的腐植酸类产品。

（2）加大腐植酸农业应用关键技术攻关的科技投入。由于农业领域的科学技术研究具有公益性特点，政府作为主体就决定了农业科技投入。腐植酸农业应用的关键技术，以促进"两减"、防治土壤污染、支持用户终端为例，以腐植酸是增效减量化肥农药的优质原料与良好"辅助物"为理论指导，应将推进腐植酸新肥料、腐植酸新技术的应用作为重点任务，示范性地推广腐植酸缓释肥料、腐植酸水溶性肥料、腐植酸土壤调理剂等高效新型腐植酸类肥料，进而推动我国肥料产业转型升级，协调农业低碳绿色发展。

近些年来，随着对腐植酸应用目标要求的逐渐提高和研究内容的逐渐深入，现有的研究内容已不能满足未来发展的需求。李海平等人归纳了亟须突破的腐植酸研究方向：

1）腐植酸基本特征的研究。因为腐植酸原料来源不同、制备工艺不同，获得的腐植酸的组分、分子量、结构、官能团以及发挥作用都不尽相同，为了更好地应用腐植酸，借助现代技术手段，创新更好的检测方法去探求不同原料来源、不同制备工艺、不同产品复配的腐植酸发挥作用的本质是什么。

2）腐植酸对土壤功能性微生物、酶活性等的影响研究。腐植酸的存在明显影响土壤微生物数量和群落结构。对功能性微生物、酶活性的研究有助于探究腐植酸促进土壤中养分转化的机理，为腐植酸的利用提供重要的理论支持。希望土壤微生物学家在这方面投入更多的力量，取得新的研究成果。

3）加强腐植酸农业应用技术创新研究。几十年来，腐植酸在农业应用中的

"刺激生长，增强抗逆，改良土壤，增效肥料，改善品质"五大作用已得到共识，而且又有大量试验进行了验证，腐植酸人既要从理论上总结归纳，把发挥相应作用的关键因子精准定位，又要结合国家政策，加大腐植酸"五大作用"的普及和腐植酸肥料产品的成果推广应用，为推广应用腐植酸产品做好配套的"技术体系、工艺体系、产品体系、标准体系"的"产学研用"一条龙服务，把腐植酸肥料产品做好做精。

（3）与时俱进地完善农业绿色发展的评价指标体系。"绿色农业"一词在2003 年被首次提出以来，农业绿色生产就受到国内诸多学者的关注，但如何科学评价一个区域的农业绿色发展水平，长期缺乏一个统一和公认的评价指标体系。要发展绿色农业，就必须建立一个统一公认的农业绿色发展的评价指标体系。农业绿色发展评价指标体系的建立，可以清晰客观地比较出各个区域农业绿色发展水平的差异，并针对各区域间的差异和不同，因地制宜地制定相应的发展战略，提高农业绿色发展水平。自 2019 年起，由农业农村部发展规划司指导，中国农业科学院和中国农业绿色发展研究会连续发布了《中国农业绿色发展报告》。在 2021 年发布的报告中，对标国家"双碳"战略，结合《"十四五"全国农业绿色发展规划》要求，农业绿色发展评价指标体系不断得到完善，新报告还增加了单位农业增加值碳排放、主要农产品生产能力提升和农村居民恩格尔系数3 个指标，构建了由资源节约保育、生态环境安全、绿色产品供给和生活富裕美好 4 个维度和 16 项指标组成的绿色发展评价指标体系，为科学评估农业绿色发展水平、开展地区农业绿色发展考核提供了重要依据。

（4）对腐植酸系列产品生产企业给予必要的扶持政策。举办腐植酸农业绿色发展应用的创新大赛，提高相关企业对腐植酸利用创新的积极性。在腐植酸系列产品的生产环节，引导企业注重对腐植酸利用的技术创新，以绿色发展为核心，研发新型腐植酸环境友好型肥料产品。可通过制定腐植酸系列产品的品质标准，对品质越高的腐植酸系列产品税收优惠力度越大，以此来促进更高质量的腐植酸系列产品的研发与生产。此外，还需要积极引导社会资源对腐植酸系列产品的创新发展提供帮助，鼓励和引导大众以投资入股等形式向当地发展前景较好的腐植酸系列产品生产企业投入资金；也可以对外招商，拓宽资金来源渠道，扩大腐植酸系列产品生产企业的生产规模。

7.2 生命健康应用

7.2.1 概述

在古代，腐植酸的医药应用主要以使用富含该类物质的矿物为主。人们自发以腐植酸治疗疾病的文献记载最早可追溯至唐朝柳宗元《答崔黯书》，距今已有1200 多年的历史，距宋朝张锐《鸡峰普济方》、金朝张从正《儒门事亲》、明朝李时珍《本草纲目》等中医药经典已有 800 多年的历史。所使用的矿物有土炭、石炭、乌金石、铁炭、井底泥、腐木等，它们绝大部分是煤炭或成煤物质，治疗的疾病涉及疼痛、出血、腹泻、疮毒、烫伤、骨伤等。明清以来，乌金石已成为一味传统中药，以煤炭入药臻于成熟。

到了现代，人们开始从褐煤、泥炭或风化煤中提取腐植酸类物质直接治疗疾病或进行科学研究。特别是 20 世纪 70~80 年代，在国家主管部门的重视和领导下，国内几十家医疗单位和大专院校纷纷投入力量，对腐植酸开展了大量的药理学、生理学、毒理学及临床应用研究。这段时期是中国腐植酸现代医药研究与应用的第一个繁荣期，积累了大量宝贵的临床试验与应用资料和基础研究资料，为我国腐植酸的医药应用奠定了科学基础。20 世纪 90 年代以后，国内的腐植酸医药研究逐渐步入了低潮，但仍有个别科研院所在"坚守阵地"。

进入 21 世纪以来，随着现代科研技术和分子生物学等学科的迅猛发展，以及国家对医药健康事业的重视，腐植酸的医药研究与应用又焕发出了别样的光彩，特别是在人类重大和多发疾病，如糖尿病、癌症、艾滋病、心脑血管疾病等的防治和药理研究方面展示出了新的活力。

腐植酸类物质的医药应用是当前和今后一个时期 HA 研究的最大难点和最高生长点，也是化学、医学和生命科学界最感兴趣的领域之一。在过去的几十年漫长的研究和试验中取得了可喜进展，但毕竟 HA 是一类非常复杂的大分子天然有机物，无论怎样精细分离，目前仍然无法改变它们"复杂混合物"的基本特征，在临床上、应用上仍不敢"轻举妄动"。

7.2.2　临床应用概况

翻开我国 30 多年来大量 HA 医药应用的历史资料，确实使人们大开眼界。仅 20 世纪 90 年代末以前，媒体正式报道的就有 29 家医院、大专院校和医学科研单位投入了 HA 的医药应用试验，涉及 10 个科室、30 多种疾病，受试患者9128 人，部分统计结果见表 7-6。

从总的规律来看，HA 类制剂在治疗皮肤病，妇科病、五官科和消化道等疾病的效果较明显。许多医疗单位为得到可靠的临床试验结果，都一丝不苟地坚持观察多年。如北京海淀医院 1978~1987 年接待的浴疗患者达 24 万余人次，海军总医院对各种癌症 227 例的疗效观察了整整 15 年，山西省中医研究所用十年时间坚持用大同风化煤 FA-Na 治疗观察了 2984 例宫颈炎患者，获得比较明确的治疗结论，这种科学态度和奉献精神确实是难能可贵的。其次，多数试验都设置了对照组，使 HA 类药剂的疗效有参照指数。如在验证 HA 的抗炎作用时一般与常用抗菌素对比，在 HA 用于治疗烧伤时与云南白药对比，对出血热治疗时与环磷酰胺对比等。值得一提的是，有些病症用常规药物长期治疗无效的情况下，单用

HA 或 HA 与其他药物协同治疗却取得意想不到的效果。如山西省人民医院有 58
例慢性非特异性肠炎患者，在用抗生素和中药屡治无效的情况下，口服、灌注和
肌注 FA 制剂后，显效 20 例，有效 29 例。又如薛宏基等人在 2 年时间内用 FA 治
疗食管癌前病变 27 例，无一例发生癌变，同比情况下 99 例中有 18 例（占
18.2%）自然恶变转为癌瘤。某些妇科病（如外阴白斑、老年性阴道炎）属于疑
难病症，一直无特效药物，用 HA 类药剂有明显止痒、消肿、抑制粘连和溃疡、
促进创面愈合的作用，与乙烯雌酚等传统外用药的效果无显著差异。正如 Tolpa
等人所作的结论：HA 类药物能控制许多疾病，改善人和动物健康状况，其性能
可与抗菌素相比拟，但无副作用。这些资料成为我们今后深入研究的宝贵财富。

表 7-6　部分 HA 类药物临床试验结果统计

科别	疾病种类	治疗效果/%			试验者（备注）
		有效（好转）	显效	治愈	
皮肤科	皮疹、银屑病、鱼鳞癣	45~100	19	12	湛江医学院、北京海淀医院、中山医大附属三院、佛山第一人民医院等（沐浴）
	麻风性溃疡	48.8	26.7	24.5	遂川康复医院（浸泡，外敷）
	疱疹	16.2	74.8		德国 Weibkopf
外科	风湿、类风湿、关节痛	10~56	3~80		黑龙江中医药大学、北京海淀医院、中国煤矿工人临潼疗养院等
	痔疮		20	80	贵阳中医药大学
	烧伤	100			山东泰安人民医院、瑞昌人民医院（同比感染率减少50%）
消化科	胃肠溃疡	14~90	10~73	24~69	北京海淀医院、江西萍乡市人民医院、广东信宜县人民医院、海军总医院等
	慢性结肠炎	50~92	34.5		北京同仁医院、山西省人民医院等
	乙肝（HBSAg 携带者）	25			解放军316医院（对照：人工干扰素有效率5%）
	腹泻，幼儿腹泻	13~18	12	71	黑龙江中医药大学附属院、云南一平浪煤矿医院等（与泻痢宁相近，优于复方新诺明）
呼吸科	肺炎		20.3	65.6	全南县人民医院
	急支	73.2	22		北京中关村医院（FA-Na 雾化吸入肺部）
内分泌科	甲状腺亢进	90.9			北京同仁医院
	地方神经性克汀病	33			北京同仁医院、北京昌平防疫站

科别	疾病种类	治疗效果/%			试验者（备注）
		有效 （好转）	显效	治愈	
心血 管科	高血压	57.6	24.2		北京同仁医院（对照：中药降压补肾 片总有效率 67.6%）
肿瘤科	甲状腺瘤		10	80	瑞昌县人民医院
	食管癌 前病变	37 （好转）	16 （稳定）		中科院生物物理所（对照好转 26.6%）
	宫颈癌前 病变	64 （好转）	29 （稳定）		中科院生物物理所、安阳地区医院 等（对照好转 17.2%）
	肝癌 S180、U14	35			中国医学科学院肿瘤所
	各种癌 227 例	71.6			海军总医院（观察 15 年）
五官科	角膜炎（溃疡）	77~94.2	16.9		浙江医科大学绍兴医院
	口腔炎（溃疡）	13.3	37.1	44.8	海军总医院、解放军 316 医院 FA（M_n） <700
	口腔黏膜病	24		70	昆明医学院第一附属医院
妇科	各种阴道炎	17.2~33.3		66~79	山西省中医研究所、江西吉安地区医院
	宫颈炎	41.4		51.4	山西省中医研究所（2984 例）
	外阴营养不良	96（总）			北京同仁医院（1800 例）
止血	上消化道出血	95.6（总）			北京同仁医院
	黏膜出血	26.7	73.3		浙江医科大学分校
	流行性出血热	99			巩义市人民医院（对照：与环磷酰胺 效果相近）
运动 康复	运动员疲劳	50	44		北京海淀医院、天津体育科学研究 院（沐浴）

注：本表由 50 多篇公开报道资料统计。选入统计表的原则：（1）县级以上医疗单位的试验数据；（2）
30 例以上受试病例者；（3）不选择复合药剂的试验结果；（4）未考虑不同来源和不同种类 HA
之间的差异及可比性。

7.2.3　药理和毒性研究

7.2.3.1　药理活性原理假说

多年来，国内外化学界和医药界对 HA 药理活性的来源进行了研究，但多数
是推断性的。大致有以下 5 种假说。

（1）HA 本身的多酚醌结构，或者芳香共轭体系对病原体的相互作用。比
如，HA 中的水杨酸结构就与非甾体抗炎药物（NSAID）结构极其相似。邻或对

苯二酚是抗病毒的有效结构，而黄酮、阿魏酸等都是众所周知的抗毒、免疫药物，这些成分和结构在 HA 中或多或少都存在。如前所述，中科院生态环境中心用量子化学模拟和毒性对比的方法得到的数据显示，不同化合物的毒性按多酚>酚酸>黄酮>酸类的次序递减，实际上毒性可能与它们的药物活性相对应。

（2）HA 中的或者与 HA 共生的某些类固醇物质的生理活性和抗生功能，这些物质包括三萜醇（有抗炎和抗癌作用）、无羁萜、雌醇（酮）、β-谷甾醇（有防治血管硬化、降低血液胆固醇和制造雄性激素的作用）、抗皮炎素、含氮化合物、各种维生素、VB6 吡咯醇以及苄星青霉素等抗菌素等。

（3）未知的特殊抗病物质或活性结构。为搞清 HA 与疾病疗效的关系，不少学者用煤炭 HA 与相关天然有机物质进行组成结构对照。比如，德国 Erfart 医学院选择与 HA 结构相近的绿原酸、农胆酸作对比，发现其生理活性有显著相关性。罗贤安等人发现从中药蚕砂（主要为家蚕粪便）中提取的 HA 的结构与煤炭HA 的非常相似，而抗炎效果更好，LD$_{50}$ 却比煤炭 HA 高 1~3 倍，表明其毒性更低。朱新生等人研究发现，从中药阿胶中提取出的"生物酸 A"与精制的煤炭FA（单峰 FA）的化学结构有惊人的相似之处，而且它们在抗炎、活血、免疫、扩张血管等功能方面都如出一辙。上述药物可能有如煤炭 HA 那样有醌-酚结构外，是否还存在未知的特殊物质或活性结构形态值得考虑。另外，这些试验提示我们，用相关的天然药物作参照物，来揭开 HA 药理作用奥秘，无疑是很有创意的研究方法。

（4）激素和酶理论。激素作用，理由是：1）认为 HA 本身就是类雌激素；2）活化肾上有不少人认为 HA 的药理作用实际就是腺皮质激素功能，这与抗炎作用有关；3）调节甲状腺功能，与肌体生长发育有关。另一部分人认为 HA 是酶的激活或抑制剂，大致包括：1）抑制透明质酸酶，与抗炎和减少炎症渗出有关；2）抑制红细胞中三磷酸腺苷酶（ATPsae）、腺苷酸环化酶（ACase），激活磷酸二酯醇（PDEase），以调节基础代谢；3）抑制胆碱酯酶，与减轻疼痛有关；4）激活己糖激酶，促进糖氧化磷酸化和糖代谢；5）激活凝血酶，或诱导纤维蛋白溶解酶原激活剂（t-PA）释放，这与活血、止血、凝血有直接关系。此外，HA 还对过氧化歧化酶、过氧化氢酶、脂合酶等都有刺激或抑制作用，以致客观上达到防治疾病的目的。

（5）自由基清除理论。自由基病理学说是现代生物分子学的前沿。按这一理论，氧自由基是导致人体脂质过氧化和组织细胞损伤的元凶，其中各种炎症、肢体缺血损伤、肝损害、心脑血管疾病、衰老、癌肿等 60 多种疾病的机制与氧自由基有关。HA 能产生具有高度反应性的瞬时自由基或前体敏感剂，它们不仅可有效地清除环境中的 HO·，而且也是动物和人体内 HO· 的有效清除剂。曾述之等人的研究证明，北京风化煤 FA 对体内不饱和脂肪酸氧化抑制率达 92.7%，对受激红血细胞过氧化（生成 MDA）抑制率 92.4%，对 HO·诱导溶血 A540 抑制率 73.2%，对 Hb 释放抑制率和 AchE 的灭活抑制率都增加了 1 倍左右。泥炭 HA 对清除氧自由基也有效，HA-Cu 的清除作用更强。因此，HA 的自由基清除理论在保护生物细胞膜成分、防治临床缺血性疾病和组织损伤的临床应用中得到初步证实。

　　上述假说都从不同角度解释了 HA 的医药应用机理，但不能把它们看作孤立的东西，更不能认为哪个说法是绝对真理，只能在今后的长期实践中判别、检验、提炼和不断矫正。

7.2.3.2　作用与功效

A　抗炎作用

　　抗炎药理作用一般是通过抑制大鼠甲醛性足蹠疏肿胀、二甲苯对小鼠耳致炎和移植棉球引起的肉芽组织增生来证明的。Kocking 研究表明，HA-NH$_4$ 的抗炎作用比 HA-Na 还强，分别是乙酰水杨酸和氨基安替比林作用的 2 倍。我国医学界的大量研究发现，不同原料来源的 HA 抗炎作用有明显差异，甚至不同研究者的结论也不同。如林志彬等人的实验显示，抗炎作用大小的顺序是：北京风化煤 HA 和昭通褐煤 HA>巩义风化煤 FA、吐鲁番风化煤 FA 和泉州泥炭 HA>萍乡风化煤 HA，而敦化泥炭 HA 和昆明泥炭 HA 无抗炎作用。但郭澄泓等人的结论是泉州 HA 无抗炎活性，其他样品的活性次序也有所不同，但北京 HA 活性最好却是与林志彬等人的结论一致。进一步对北京 HA 分离后发现，无论 FA 还是棕腐酸和黑腐酸，都有抗炎作用，其中 FA 的作用与水杨酸相近。更有趣的是，上述廉江泥炭 HA 抗炎作用很小，但经化学精制得到的"02 组分"的抗炎性甚好，渗出抑制率达 63.26%，与氢化可的松（70.24%）相近，比安乃近（20%~30%）高得多。BFA 同样有较强的抗炎作用，可与消炎痛和速克痛 600 相比拟。由此看来，抗炎作用的强弱，关键不在于原料的种类，而应从分子结构的差异和特定生理活性基团中寻求答案，这一难题尚待解决。

　　关于抗炎作用原理，大致有如下几种观点：（1）与抑制透明质酸酶（Hyaluronidanse）有关；（2）与肾上腺皮质活性有关；（3）与抑制炎症介质（包括组胺和 5-羟基色胺（5-HT）、中性粒细胞、炎症介质 β-g、溶菌酶、花生四烯酸的代谢产物 6-keto-PGF1a 和 TXB$_2$ 等）有关；（4）与保护细胞膜、促进嗜中性白细胞增多有关；（5）与清除过氧化离子自由基有关；（6）与抑制前列腺素 E 等的合成有关；（7）与电子给受体的缓冲作用有关。这方面的研究很多，结论不完全一致，甚至出现相反的见解。比如，HA 的作用是否与抑制组织胺有关? 研究结论就不太一致。孟昭光等人的研究认为，在炎症前期北京 HA 和 FA 对组胺和 5-羟基色胺（5-HT）没有抑制作用；王宗悦等人的试验表明，薛城风化煤

HA 对大鼠炎症介质组胺和 5-HT 引起微血管通透性增加有抑制作用，但廉江 HA 无此作用，故认为抗炎不完全是通过阻断介质的效应来发挥降低微血管通透性的。孙曼琴等人对延庆泥炭 HA 的试验也发现北京 FA 对组织胺引起的微血管通透性增加有明显抑制作用。

B 对肿瘤的作用

腐植酸类物质是否有抑制或治疗肿瘤的作用，一直是医学界和广大患者关注的问题。这方面的研究也持续了 30 多年，现列举一些实验结果。

20 世纪 70 年代，匈牙利 Zsindely 和德国 Hoffman 等人合作研究发现，HA-NH$_4$ 能使腹水淋巴瘤患者的癌细胞和腹水量减少，组织中 RNA 和 DNA 量也减少，并使 DNA 中胸腺嘧啶碱基比例 Pu/Py 发生改变。近期 Bellomett 等人还发现 HA 对骨质恶性肿瘤的 a 因子有一定影响。白俄罗斯 Belkevich 的动物试验也证明 HA 对艾氏痛瘤（EAC）、肉瘤 S$_{37}$、S$_{45}$、S$_{180}$ 及肺癌有抑制效果。波兰 Adamek 给结肠瘤、胃壁平滑肌肉瘤、脑神经纤维瘤、贲门癌、乳癌等患者使用泥炭 HA，病人全身感觉明显改善，表现为疼痛减轻，有的患者肿瘤缩小，消退、阻遏或完全抑制了恶性过程，手术后无复发现象；对一些不能切除全部淋巴结转移病灶的病例，使用 HA 后原发组织的肿瘤不再生成。日本也发现泥炭 HA 对 S$_{180}$ 的抑制率达到 80% ~ 90%。傅乃武等人发现吐鲁番 HA 和廉江 HA 对 S$_{80}$、肝癌和 U$_{14}$ 宫颈癌的抑制率为 35% 左右，但巩义、昆明和吐鲁番的 FA 却无效。张覃林在给小鼠接种肿瘤后 24h 使用巩义 FA，发现对网织细胞肉瘤、S$_{37}$、L$_{615}$、B$_{16}$ 无抑制作用，但接种前 3h 给药，则对 S$_{37}$、B$_{16}$、L$_{615}$ 有一定抑制或延长存活期的作用，推断 FA 是一种通过提高机体免疫能力实现抗瘤作用的药物。不同来源的 HA(FA) 对抑制不同癌瘤的效果大相径庭，比如，江西 FA 对 EAC 有抑制作用，但对 S$_{180}$、U$_{14}$ 无作用，而江西棕腐酸和黑腐酸对 EAC 和 L$_{180}$ 反有促长作用。

由此看来，HA 类物质对动物移植肿瘤的个别瘤株有一定抑制作用，但不显示普遍规律。有的医学专家认为，HA 不是一种细胞毒，对 DNA、RNA 合成没有明显影响，对癌细胞的葡萄糖代谢仅有促进作用，因此表现出 3 种情况：（1）有较明显的抑制生长作用，主要是抑制食道癌前病变、宫颈癌前病变和一些甲状腺瘤方面有较多实验证据，但仍显不足；（2）多数情况属于止痛、改善睡眠和食欲、减轻因放疗引起的症状等，无抑制生长的证据；（3）个别 HA 甚至对个别癌瘤还有促长作用。因此，在目前的临床研究水平上，只能说 HA 类物质有可能作为治疗某些癌症的辅助药剂。另外在抑瘤机理研究上，显得更为缺失。国外有人曾推测醌类化合物有抑制肿瘤、并可能使 DNA 分子断裂的功能，中国医学科学院肿瘤所的实验也证实了这一点，这更启发人们积极探索 HA 醌基在抑瘤中扮演的角色。

C 解毒作用

（1）对重金属解毒。宋士军等人用内蒙古武川风化煤粉提取的黄腐植酸（FA）进行的人离体子宫肌自发收缩试验表明，FA 明显反转了 $NiCl_2$ 对子宫收缩反应的抑制作用，可能是由于 FA 对 Ni 的强配位作用所致。德国 Kihmert 等人给患肠胃病的动物口服 HA（0.5～1g HA/kg 体重），能显著降低 Pb、Cd 在鼠体内的结合，降低其中毒的危险；口服 HA-Pb 螯合物的毒性明显低于等摩尔 $Pb(AC)_2$，但非肠道给药结果相反，说明给药途径影响极大，HA 只能作为肠道重金属解毒剂。美国 Milanovich 在大肠杆菌培养液中添加 $CuSO_4$ 及不同整合剂，发现对 Cu 的解毒能力次序为：EDTA>FA>柠檬酸钠，预示 FA 可作为微生物培育时的重金属解毒调节剂。何立千对灌饲 $Pb(AC)_2$ 的动物口服 FA 制剂或 EDTA，发现 BFA 和 EDTA 均对铅中毒引起的血红蛋白合成障碍有明显的缓解作用，但煤炭黄腐酸（MFA）的缓解作用不大。这一发现对揭开 FA 特别是 BFA 的重金属解毒的奥秘有重要意义，值得重视。

（2）防止铵中毒。曾述之等人用 NH_4Cl 致使小鼠铵中毒，在腹腔注射和口服 FA-Na 后使死亡率分别降到 20% 和 50%，而对照组（生理盐水）死亡率高达 93% 以上。用 FA-Na 后铵致死量（LD_{50}）提高了 2.897mmol/kg，表明 FA 有较强的解铵毒的能力。这一发现，可能作为控制肝、肾功能衰竭时血液中 NH 浓度升高而导致铵中毒的重要举措。

（3）对药物的解毒。苏联文献报道，泥炭 HA 或某些其他成分对羊角拗质和马钱子等药物毒性有缓解作用。河南医学院的研究发现，巩义 FA-Na 对 BPD 蛋白（青霉素过敏的主要抗原）致敏引起的原鼠体克有一定预防作用，提示 FA 有可能预防青霉素抗原致敏及其对人体的过敏反应。此外，FA 对肿瘤化疗常用药物环膦酰胺（Cy）造成的微核率上升，白细胞下降有较高的拮抗作用，BFA 的拮抗活性比 MFA 更好。

D　抗菌和抗病毒作用

我国各有关单位就不同来源的 HA 和 FA 对 24 种细菌和真菌、4 种常见病毒作用的研究，认为都没有抗生作用，但国外却有不少关于 HA 抑制病菌和病毒的报道。

20 世纪 60～70 年代，德国、苏联、匈牙利就发现天然土壤 HA 以及对或邻苯二酚氧化合成的 HA 对某些微生物有抗生作用，这些微生物包括：革兰氏（一）杆菌、枯草杆菌、化脓性棒状杆菌、绿脓假胞杆菌、金色和白色酿脓葡萄球菌、表皮葡萄球菌、鼠伤塞沙门氏菌、普通变形杆菌等，但对大肠杆菌和粪链球菌无抑制作用；德国医学家还发现 HA 对口蹄疫病毒和封套或裸露的 DNA 病毒有明显对抗作用。Klocking 等人发现德国北部海岸沼泽泥炭制取的 $HA-NH_4$ 对 Coxsackie Virus A_9 病毒以及疱疹 Ⅰ 型、Ⅱ 型病毒都有抗毒活性，一些病毒酶（一种 DNA 多聚酶）对 HA 极为敏感，并有抑制鼠疫发生的可能性。此外，天然 HA 对人体免疫缺陷病毒、单纯性疱疹病毒、细胞巨化病毒、牛痘疗病毒等有一定特异性抑制作用，不过这种作用主要发生在病毒复制早期阶段。但是，HA 对森林病、副流感、呼吸道、肠道、腺体、流行性脊髓灰质炎等病毒无效或者作用甚微。Van Renshurg 等人还发现氧化 HA 盐对 HIV 病毒有明显的对抗作用，并能降低其传染性。上述国外研究结果，也为我们继续探索 HA 抗病毒方面的应用指明了方向。

E　免疫功能

国内外不少医学研究者的动物实验证明 HA 具有明显的免疫功能，在药理上也发表了不同观点，分述如下。

（1）提高巨噬细胞的吞噬功能。曾述之等人的小鼠试验证明，北京和大同风化煤的 FA、北京延庆泥炭 HA、康江泥炭 HA、巩义风化煤 FA 都有提高细胞吞噬率和吞嘴指数的作用，但北京风化煤 HA 中的棕腐酸却有抑制作用，黑腐酸却没有任何影响。可见不同来源以及 HA 中不同段分对巨噬细胞的作用差异很大。北京联合大学职业技术师范学院对比了等剂量的煤炭黄腐酸（MFA）和生化黄腐酸（BFA）对小鼠腹腔巨噬细胞功能的影响，发现前者有降低巨噬细胞吞噬能力，后者无影响。

（2）激发溶血素形成及对体液免疫功能的影响。溶血素是反映机体特异性体液免疫功能的指数。郭澄泓等人发现北京 HA 和廉江 HA 对溶血素的形成以及植物血凝素（PHA）诱致的淋巴细胞转化度的加强都有抑制作用。何立千对小鼠溶血素的试验发现，在 MFA 和 BFA 相同剂量（25mg/kg）情况下，后者溶血素量明显高于前者，预示 BFA 的免疫性可能更强。

（3）对淋巴转化和免疫器官的影响。蔡访勤等人在用巩义 FA 治疗 52 例肺心病人时观察到细胞免疫反应性明显增强，表现在 E 玫瑰花细胞总数增加，淋巴转化率和 PHA 增加。但吴铁等人却发现注射北京泥炭 HA-Na 使胸腺萎缩，还引起肝、肾肿大，对肝功能有抑制作用，说明毒性较明显。曾述之等人却发现注射HA 减轻了胸腺质量，认为是 HA 兴奋肾上腺皮质功能的继发效应。北京联合大学职业技术师范学院用中、高剂量的 BFA 使注射 Cy 的小鼠免疫器官（胸腺和脾）指数回升，说明 BFA 也有明显免疫功能。

（4）抗药物反应。许多研究者认为，HA 对外周血 T-淋巴细胞的形成有抑制作用，对 PHA 引起淋巴细胞转化反应及抗肿瘤药物引起的免疫功能下降也有拮抗作用。

（5）免疫球蛋白和补体的观察。免疫球蛋白（Ig）是检测免疫系统强弱的一个重要指标。苏秉文等人用北京风化煤 FA-Na 及对照药物治疗类风湿性关节炎、慢性非特异性结肠炎、支气管哮喘、慢性湿疹和糖尿病等共 140 例，十几年积累的数据表明，FA 可提高血清球蛋白 IgA 总量，但对 IgG 和 IgM 影响不大，使补体 C_3 总量提高，说明 HA 都有明显免疫作用。

（6）综合作用。许多学者认为，免疫学本身是一个综合概念，不能用一两个孤立的实验结论来解释免疫作用的个别机理。正如 Solovjeva 所说，HA 是一种非特异性药物，它影响着人体全身的抵抗力，并由多种机理所决定，如组织中的 HS 基团与二硫化物的平衡，肝脏的解毒，白细胞的吞噬等作用都与免疫有关。

　　F　对活血止血功能的影响

　　何立千认为，HA 类制剂与其他止血和溶血药不同的是，它们具有双向调节作用：外伤出血时能迅速止血，而体内循环中又可促进流动，防止血栓形成。北京同仁医院、解放军 169 医院的动物试验显示，HA 对小血管破裂的出血和渗血有显著止血作用，其效果与中外驰名的云南白药相同。巩义 FA、吐鲁番 FA 都具有缩短凝血时间、增加外周血小板计数、促进肠膜血管收缩等功能，而且能抑制腺苷酸环化酶（AC）和激活磷酸二酯酶（PDE），从而降低 CAMP 含量，认为 FA 主要是抑制纤维蛋白原和抗肝素因子促进凝血的。但大同风化煤 FA 对动物体外血栓形成有显著抑制作用，即通过抑制血小板凝聚而抗血凝，其作用甚至优于丹参注射液和维脑注射液。谢爱国认为，FA 与常规止血药的机理不同，至少有一部分不是平滑肌收缩而压迫血管所致。Klocking 等人认为，HA-Na 对术后粘连和阻塞有抑制效应，可能是由于 HA-Na 诱导组织型纤维酶原激活剂（t-PA）的释放而促使纤维蛋白降解，而且 HA-Na 又有抑制凝血酶的作用。

　　G　对内分泌功能的影响

　　有不少 HA 药理研究涉及某些腺体的分泌，从另一角度反映 HA 对人体功能和对疾病治疗的影响。

　　（1）对肾上腺皮质功能的作用。蒋安文等人发现服用 HA 后使动物肾上腺质量增加，抗坏血酸含量降低，胸腺萎缩，推断 HA 对肾上腺皮质有激活作用。

　　（2）对甲状腺功能的影响。北京同仁医院给致病大鼠腹腔注射巩义 FA 后，使甲亢和甲低的两组动物症状都得到改善，并使血浆中 CAMP 也调节到正常水平，提示 FA 具有调节甲状腺功能和 CAMP 水平的作用，推测是通过对细胞水平的环核苷酸的调节来实现的。但邢连影等人用廉江 HA 所做的同样实验却未证明大鼠甲状腺吸 I 率有明显抑制现象。凌光鑫、孟昭光等人的试验发现 HA 和 FA 对人和动物红细胞液中的三磷酸腺苷酶（ATPase）以及 K^+ 和 Na^+-ATPase 有明显抑制作用，并引起高血脂症和肝脏脂肪积聚，可能与 HA(FA) 抑制甲状腺功能、延缓脂肪氧化有关。

　　（3）对胰岛素功能的影响。北京医学院给家兔腹腔注射泥炭 HA 后，发现血糖浓度升高达 42%～106%。分析其原因是，HA 可能促进肾上腺糖类皮质激素或胰高血糖素分泌，从而抑制胰岛素分泌，导致血糖升高。但事先用链佐霉素破坏胰岛素 β-细胞，造成小鼠实验性糖尿病，再注射 FA，可使血糖降低 50% 以上，认为 FA 可能通过刺激 α-受体来抑制胰高血糖素分泌，因此推断 HA 类物质可能

有保护胰岛素 β-细胞的作用。北京同仁医院曾用 FA-Na 治疗患糖尿病的小鼠，发现其视网膜组织明显改善，血管基底膜增厚明显减轻，表明 FA 不能从根本上防止糖尿病视网膜病变，只有一定抑制作用。

（4）关于雌激素活性。据 Klocking 报道，一般天然泥炭 HA-Na 和合成 HA 的雌激素活性水平大约为雌三醇标准品的 1/3000，是迄今测定过的沼泽泥炭及其"贫氧酸"的雌激素活性的 500 倍。可见，与泥炭原始物质相比，HA 富集了更多的雌激素类活性物质。孟瑜梅等人对切除卵巢的小鼠腹腔注射 FA-Na，阴道涂片性周期由用药前的静止期转为动情期，表明 FA 有明显的雌激素样作用；而且 FA-Na 还促使子宫质量增加，子宫黏膜、平滑肌、腺体、血管等都有形态学改变，都说明在 HA 的雌激素样作用下引起子宫发育增生。

H　对心血管和血液循环功能的影响

不少研究者通过动物试验和对心脏病人或正常人使用 HA 类药剂后，观察其血压、血流量、血液黏度和流变性、心率、心力、心肌供血等指标的变化，大致有以下结果。

（1）对心肌收缩和心脏供血的影响。韩启德等人给早期结扎冠脉的大鼠注射北京 FA，使心肌收缩性改善；在心肌收缩性下降时，FA 又有强心作用。罗凤发现用大同 FA-Na 灌流离体兔心有减慢心率、增强收缩力、增加冠状血管灌流量的作用。吕式琪等人也证明 HA 可增加小鼠心肌营养性血流量和改善心肌细胞血氧供给能力。但郭澄泓用廉江 HA 对家兔的试验却未能证明 HA 有改善心肌供血的作用。

（2）改善血液流变学特性。袁申元等人给兔注射巩义 FA 和吐鲁番 FA 后，都使全血和血浆比黏度下降，红细胞电泳时间缩短，纤维蛋白原也相应下降，表明 FA 有改善血液流变性的作用。

（3）消除微循环障碍。袁申元等人通过对酒石酸去甲肾上腺素（NA）造成颊囊微循环障碍的地鼠滴加巩义 FA-Na，发现使痉挛的微动脉口径迅速扩张，血流速加快，流量增加。给药后 10s 作用最明显，但对照组（生理盐水）30s 就自然恢复。上述 HA 对微血管的作用特点提示，HA-Na 可能具有 α-受体阻断剂的功能。给人体注射 FA-Na 后，使甲皱微循环显著加快。

I　对肝功能及脂质代谢的影响

杨丁铭等人对实验性肝损伤的大鼠注射大同 FA-Na 后，发现减轻了肝细胞变性和坏死，并降低了谷丙转氨酶（SGPT）和甘油三酯含量，防止脂肪肝形成，说明 FA 对肝有保护作用；还发现肝内胶原蛋白也有所减少，预示 FA 减轻了肝纤维化的趋势。孙曼琴等人的试验表明，延庆 HA 可促使 3H-亮氨酸渗入血清蛋白质的量增加 20.3%，且对肝细胞色素 P_{450} 有抑制作用，这对减少致癌物质的产生有一定意义；HA 还抑制肝对硫贲妥钠的代谢，使其麻醉时间延长 8 倍多。孟昭光等人的研究则发现有副作用，他们给大鼠灌注北京风化煤 HA 和 FA 20d，发现大鼠血脂和肝脂明显提高，提示有诱导动物高血脂症及血脂在肝内积聚的作用，因此长期服用 HA 或 FA 是否也会诱导人体高血脂症应该进一步研究证实。

7.2.3.3　毒性及毒理学研究

A　急性毒性

一般认为 HA 的急性毒性很低。国外对小鼠静脉注射的 LD_{50}（最低致死量）约在 100mg/kg 左右，腹腔注射可达 200mg/kg，口服高达 1000mg/kg 以上。据北京医大、湛江医学院、山西医学院、黑龙江中医药大学等单位研究结果，小鼠 HA 试验的 LD_{50}，静脉。静脉注射为 130～500mg/kg，腹腔注射一般为 130～400mg/kg，口服达 12～15g/kg。毒性大小的一般规律是：HA>FA，MFA>BFA，静脉注射>腹腔注射>口服。关于急性毒理学研究，也有不少新的发现。如郑平报道，河南医学院给动物大剂量注射 5 种不同产地的 HA 或 FA，引起动物疼痛、消瘦、组织坏死以至死亡，但同样剂量的巩义风化煤分离精制出来的 FA 则未出现上述问题。据白彬对量子化学与急性毒性关系的研究发现，HA 的毒性与它们同亲电或亲核试剂共价结合的能力有关，其中醌、α-不饱和羧酸和多元酚毒性较大，这一结构理论可能有助于解释不同来源或不同提取段分的 HA(FA) 的毒性差异。

B　慢性毒性

曾述之等人和袁盛榕等人曾分别给大鼠（130d）和兔（56d）连续注射北京 FA，观察其毒性反应。结果表明，在低剂量时脏器未见异常；在中、高剂量［大鼠不低于 50mg/(kg·d)，兔不低于 40mg/(kg·d)］时，发现大鼠肝、脾、肾、卵巢增大，肾上腺增重，肝脏枯谷氏细胞及肾近曲小管上皮细胞内有棕色素沉积，胸腺萎缩，个别兔肝细胞出现点状坏死，伴有淋巴细胞浸润，但对鼠、兔的血红蛋白、白细胞计数、血清胆固醇、血浆肌酐、血浆尿素氮、肝功和肝细胞、肾功等都无明显影响。不同来源的 HA 毒性也有差异。比如，北京泥炭棕腐酸对小鼠腹腔渗出巨噬细胞吞噬功能有抑制作用，且引起胸腺萎缩，证明有明显毒性，但北京风化煤 FA-Na 却毒性甚小，且免疫刺激活性也较强。BFA 与 MFA 的慢性毒性无明显差异。总体来看，HA 类物质慢性毒性不大，但在体内有一定蓄积，医学家建议临床使用应掌握低剂量、短疗程的原则。

C　致畸、致癌和致突变

HA 是否有致畸、致癌和致突变性，这也一直是人们非常担心的问题。刘爱华等人的研究发现一平浪 HA 在试管内表现有一定诱变活力，但在整体动物上则没有。河南医学院、山西医学院、北京海淀医院，北京大学通过微核试验或解剖观察，都证明 HA(FA) 对动物骨髓染色体、纺锤纤细胞器、各主要脏器不具毒性和致畸反应，对胚囊发育和遗传也无不良影响。德国 Kronberg 等人一致认为，由氯化物或 O_3 引发的 HA 中间体有很高的细菌基因诱变活性，其中 20% 是由呋喃酮类产物引起的，但呋喃酮又是一种抗氧化剂，可减少细菌诱变引起对动物的 DNA 损伤，甚至对苯并芘和氧化偶氮甲烷之类的致癌物具有抗诱导活性。这就是说，氯化和臭氧化改性的 HA 及其中间体既扮演致癌物的角色，又发挥抗癌药的作用，这取决于 HA 的种类、组成结构和所处的环境。河南医学院用 Ames 法对廉江泥炭、昭通褐煤、北京风化煤提取的 HA 和吐鲁番风化煤 FA 的检测结果都属阴性，唯独用稀硝酸提取的巩义 FA 出现阳性反应，怀疑硝酸氧化过的 FA 有致突变的可能性，与 Kronberg 等人的实验结果有不谋而合之处，说明在通常情况下，多数 HA 是不具致癌性的，只有存在特殊应激因素（如光、氯化、氧化、硝化）导致形成特殊的活性自由基才有致畸变的可能，这在很大程度上可以解除人们对 HA 致癌的忧虑，也提醒人们对药用 HA 改性应取慎重态度。

D　对重金属和 As 的排出与滞留

HA 既然是一种配位（螯合）性能很强的物质，人们也有理由担心它是否会引起有毒重金属和 As 在体内蓄积和滞留。德国 Rochus 让小鼠服用 Pb^{2+} 和 Cd^{2+} 的 HA 配合物，发现大部分重金属很快从粪便排出，小部分从尿中排出，说明肠道给药导致重金属滞留的危险性不大。北医三院给大鼠注射 Pb^{2+}、Zn^{2+}、Ca^{2+}、Be^{2+}、Sr^{2+} 和 As^{3+} 的 FA（EDTA、DTPA）等配合物，结果表明，EDTA、DTPA 等对多数金属离子有促排作用，但 FA 对所有金属和 As 都无促排作用，对 Pb^{2+} 甚至有一定滞留作用。这两项实验至少可以说明，对结合着毒性物质的 HA 来说，血液注射比口服的危险性大得多。因此，作为针剂使用的 HA 药剂。必须严格净化和精制，脱除重金属和其他有害元素。

7.2.4　存在问题和发展方向

前已述及，腐植酸作为药物，历史悠久。涉及的临床疾病达 30 多种。国内除了佛山市天宝日化保健品厂等在润湿、抗紫外线侵蚀、浴液、护肤、防晒、防斑、抑制粉刺方面，有自己的几种化妆品品种在延续生产、少数的保健药在临床应用外，其他参与重大疾病、特殊疾病的腐植酸药物生产几乎没有。原因之一是没有列入药典，不能名正其顺地制造。

如果将腐植酸定位在中药体系，则应按中药药典的标准，衡量产品研究是否到位。2010 年第 5 版《中国药典》给出了中成药药典的新标准，新标准的特色在于：国家根据中药具有多组分、多靶点、相互协同作用的特点，加强了多药味、多成分检测，逐步由单一指标性成分定性定址向活性、有效成分检测过渡，向多成分测定及整体质量控制模式转化，标准更加科学有效，加强了有害物质、有毒成分的检测，药品安全性得到进一步保障；采用了 HPLC、薄层色谱等指纹图谱和特征图谱检测技术，控制中药整体质量的方法也能引申到根据腐植酸的萜类、甾类等生理活性组分，按药理-药效配制处方，研制成合适的外用药、内服药的生产上来。通过进一步规范处方、制法的绿色环保，临床应用，根据国家中药药典新规定，建立国家级、部级的检测标准，通过申请商标等，正规申请新药的手续，可逐步生产符合药典的腐植酸系列新产品。

30多年来，国内外对HA的生理、药理及毒理学研究取得了重要进展，在临床应用上也积累了大量宝贵的资料，基本肯定了HA在防治某些疾病中的效果。目前，一方面不能把HA看作包医百病的灵丹妙药，到处冠以"多功能"或"特效"的标签，以至盲目滥用。另一方面，也不应把HA看作"毒药"，以至于必要的试用也谨小慎微，如履薄冰。一般情况下HA的毒性很小，FA毒性更低，正常剂量下临床应用对体内器官和造血系统没有什么影响，也未发现确切的致畸、致癌、致突变作用。个别试管试验证明对某些动物有致突变作用，也很难从流行病学上证明对人体也有致癌性。当然，任何真正的药物，包括中药，都不可能回避"是药三分毒"的客观规律。HA也同样是"双刃剑"，它们的治疗作用和毒、副作用是共存的，究竟朝哪个方向偏移，完全取决于药物组成性质、使用剂量、使用方式、治疗对象等。当前的主要问题在于，一些药理、毒理研究不够深入仔细，而且还有不少相互矛盾之处；HA类物质的组成结构与生理、药理之间的关系仍是"一头雾水"，有些临床试验数据也缺乏规范和可信度，这都反映出我国HA医疗领域的应用还没有建立起严格的科学基础，特别是由于HA原料种类和产地的不确定性所引起的疗效异常，成为继续深入研究和应用的瓶颈，这就为今后的研究提出了明确的课题，也为HA产业继续进军医药领域提出了严峻的挑战。今后的对策应该考虑以下几方面。

（1）组织多学科合作攻关，是推动HA医药研究和应用的出路。德国Erfart医学院R. Klocking教授多次强调，HA的医药研究涉及细胞生物学、分子遗传学、药理学、毒理学、物理化学、环境和食品化学等多种学科，各学科、各单位各自为战，重复试验。呼吁这些专业的科学家合作研究和开发天然的和合成的HA药剂。这也是我国医学界和患者的愿望，关键在于国家有关部门的高瞻远瞩和有力的组织措施。

（2）药剂的研制，应该循序渐进、分步实施，稳妥地加快HA药物的开发进程。HA的许多外用药的药理作用基本明确，制作技术和临床应用基本成熟，通过审批、进入市场的难度并不大。但作为内服特别是针剂的HA药物的临床应用和推广，既要加快研发进程，又要持谨慎态度，原则上必须明确提出基本化学组成、药理活性、毒副作用和安全标准等，成熟一个，推出一个。

（3）药理基础工作的难点和重点，仍然是搞清HA类物质组成和分子结构与生理、药物活性的关系。大量研究数据表明，不同来源、不同产地、甚至同一产地的不同 HA 级分，其生理效应和疗效都可能大相径庭。能否搞清这种关系，是 HA 医药应用能否推进的关键。为打破僵局，不妨按 R. Klocking 的意见："近期先阐明相对简单的合成（人造）HA 的化学结构及其与医疗效果的关系，随后再刺激和推进天然 HA 的更艰难的探索"。

（4）HA 原料来源混杂、加工精制技术粗糙、制剂组分波动，乃是 HA 药用效果不稳定的关键因素。据报道，20 世纪 70 年代末某单位用于临床试验的 FA 制剂灰分就超过 10%，灰分中的 5 种重金属分别超过 100mg/kg（其中 Pb 就达到 1750mg/kg），这种样品谈何实验的安全性和科学性。专家们早就建议，作为医药试验或临床应用的 HA 制剂，必须在试验的基础上确定一两个原料产地，固定药源、固定生产厂家、固定制备工艺，严格质量鉴定。最好选用一两个标准样品，组织多学科、多部门联合攻关。

（5）促成国际合作，加快我国和世界 HA 医药应用研究合作的步伐。应该承认，德国医学和生理学家在这方面的研究水平属世界一流，而我国在 HA 资源优势和化学基础研究方面也独具特色。我国与德国或其他欧洲国家在 HA 医药研究领域实施优势互补、携手合作，定会取得瞩目的成果，谱写 HA 医药应用的新篇章。

参 考 文 献

[1] 窦森．土壤有机质 [M]．北京：科学出版社，2010.

[2] 窦森，李艳，关松，等．腐植物质特异性及其产生机制 [J]．土壤学报，2016，53（4）：821-831.

[3] 科诺诺娃．土壤有机质 [M]．周礼恺，译．北京：科学出版社，1966.

[4] 成绍鑫．腐植酸应用丛书：腐植酸类物质概论 [M]．北京：化学工业出版社，2007.

[5] 郭振军，冯梦喜，孙彬，等．关于《腐植酸复合肥料》《农业用腐植酸钾》《腐植酸钠》《腐植酸铵肥料分析方法》等4项标准有关问题的建议 [J]．腐植酸，2022（1）：24-26.

[6] 李旭，林启美．腐植物质在有机农业生产中的应用前景分析 [J]．腐植酸，2008（2）：1-7.

[7] 朱之培，高晋生．煤化学 [M]．上海：上海科学技术出版社，1984.

[8] 郑平．煤炭腐植酸的生产和应用 [M]．北京：化学工业出版社，1991.

[9] 马学慧，牛焕光．中国的沼泽 [M]．北京：科学出版社，1991.

[10] 王钜谷，张伟．不同沉积类型泥炭的研究 [M]．西安：陕西人民出版社，1987.

[11] 孟宪民，刘兴土．泥炭工程学 [M]．北京：化学工业出版社，2019.

[12] 邢龙杰，黄艳芳，王文娟，等．微细粒褐煤中腐植酸的水溶特性及其影响研究 [J]．郑州大学学报（工学版），2017，38（3）：20-24.

[13] 张志军，刘炯天，冯莉，等．基于DLVO理论的煤泥水体系的临界硬度计算 [J]．中国矿业大学学报，2014（1）：120-125.

[14] 贺斌，董宪姝，樊玉萍，等．基于EDLVO理论的煤泥水沉降机理的研究 [J]．煤炭技术，2014（4）：249-251.

[15] 冯少茹，韦林．污泥吸附动力学与平衡模型的实验研究 [J]．安徽建筑工业学院学报（自然科学版），2009（2）：56-58，65.

[16] 温艳珍．纳米材料吸附热力学和动力学的粒度效应 [D]．太原：太原理工大学，2015.

[17] 彭素琴，张继龙，王之春，等．泡沫浮选对风化煤腐植酸含量影响初探 [J]．中国煤炭，2013（4）：74-77.

[18] 倪献智，许志华，曾蒲君．年青煤硝酸氧解制备硝基腐植酸的研究 [J]．煤炭转化，1996（2）：80-86.

[19] 刘莹，赵杰，魏丹，等．褐煤生物转化高效菌株的研究及其发展前景 [J]．黑龙江农业科学，2011（12）：157-159.

[20] 王若楠，邱小倩，刘亮，等．微生物降解低阶煤的研究及产物腐植酸的应用 [J]．腐植酸，2017（6）：3-9，44.

[21] 张传祥，张效铭，程敢．褐煤腐植酸提取技术及应用研究进展 [J]．洁净煤技术，2018，24（1）：6-12.

[22] 周霞萍．腐植酸应用丛书：腐植酸应用中的化学基础 [M]．北京：化学工业出版社，2007.

[23] 王淀佐，林强，蒋玉仁．选矿与冶金药剂分子设计 [M]．长沙：中南大学出版社，1996.

[24] 陈建华. 硫化矿物浮选固体物理研究 [M]. 长沙：中南大学出版社，2015.

[25] 张跃. 计算材料学基础 [M]. 北京：北京航空航天大学出版社，2007.

[26] 陈正隆，徐为人，汤立达. 分子模拟的理论与实践 [M]. 北京：化学工业出版社，2007.

[27] 苏勉曾. 固体化学导论 [M]. 北京：北京大学出版社，1987.

[28] 卢寿慈. 矿物浮选原理 [M]. 北京：冶金工业出版社，1988.

[29] 何伯泉. 氧化矿的零电点与等电点及其测定方法 [J]. 有色金属（选矿部分），1983（1）：17-22.

[30] 周霞萍. 腐植酸新技术及应用 [M]. 北京：化学工业出版社，2015.

[31] 周霞萍. 腐植酸质量标准与分析技术 [M]. 北京：化学工业出版社，2015.

[32] 李善祥. 腐植酸产品分析及标准 [M]. 北京：化学工业出版社，2007.

[33] 王平艳. 昭通褐煤腐植酸-脱腐植酸残渣梯级利用特性 [M]. 北京：冶金工业出版社，2020.

[34] 郭建芳，王曰鑫. 腐植酸磷肥生产与应用 [M]. 北京：化学工业出版社，2015.

[35] 韩桂洪，刘兵兵，黄艳芳，等. 一种官能团化矿源有机药剂及其使用方法：中国，201911022126.8 [P]. 2021-08-24.

[36] 边思梦，孙晓然，尚宏周，等. 腐植酸复合吸附新材料研究进展 [J]. 腐植酸，2018（4）：15-21.

[37] 魏云霞，马明广，李生英，等. 新型壳聚糖金属离子吸附剂的制备方法：中国，201410384391.1 [P]. 2016-04-06.

[38] 胡金龙. 腐植酸/淀粉/β-环糊精复合微球的制备及性能研究 [D]. 西安：陕西科技大学，2020.

[39] 张立威. 凹凸棒石黏土-腐植酸复合吸附剂的制备及其性能研究 [D]. 兰州：兰州交通大学，2014.

[40] 曾宪成，成绍鑫. 腐植酸的主要类别 [J]. 腐植酸，2002（2）：4-6.

[41] 王兰，沈瑞珍，陈超子，等. 利用腐植酸提金的探索研究 [J]. 腐植酸，1989（3）：17-22.

[42] 程瑞学，孙隆熙，宋素华，等. 用腐植酸从钨渣的盐酸浸出液中分离和富集钪 [J]. 稀有金属，1981（6）：20-24.

[43] 苏丹，于畅，卢维宏，等. 腐植酸助推农业低碳绿色转型 [J]. 腐植酸，2022（1）：18-23，26.

[44] 武月胜，李海平，段旭锦，等. 腐植酸的农化效应综述 [J]. 腐植酸，2021（6）：7-14.

[45] 秦谊，张籹，向诚，等. 中华腐植酸医药研究现状与展望 [J]. 腐植酸，2018（3）：30-41.

[46] 周霞萍，张义超，张世万，等. 腐植酸医药研究新进展 [C] //中国腐植酸工业协会. 2010中国腐植酸行业低碳经济交流大会暨第九届全国绿色环保肥料（农药）新技术、新产品交流会论文集. 2010：34-38，58.

[47] 杨雪贞，康锁倩，孙志梅. 腐植酸在现代农业绿色发展中的应用前景 [J]. 腐植酸，2020（5）：6-14.

［48］ 李瑞波，吴少全. 生物腐植酸与有机碳肥［M］. 北京：化学工业出版社，2018.

［49］ GERKE J. Concepts and misconceptions of humic substances as the stable part of soil organic matter：a review［J］. Agronomy, 2018, 8（5）：76.

［50］ FRIMMEL F H, CHRISTMAN R F. Humic substances and their role in the environment［M］. New York：John Wiley & Sons Ltd. , 1988.

［51］ STEVENSON F J. Humus chemistry：genesis, composition, reactions［M］. New York：John Wiley & Sons Ltd. , 1994.

［52］ STEELINK C. What is humic acid?［J］. J. Chem. Educ. , 1963, 40：379-384.

［53］ VARADACHARI C, GHOSH K. On humus formation［J］. Plant Soil, 1984, 77（2）：305-313.

［54］ YOSHIDA S. Biosynthesis and conversion of aromatic amino acids in plants［J］. Annu. Rev. Plant Physiol. , 1969, 20（1）：41-62.

［55］ YANG F, TANG C, ANTONIETTI M. Natural and artificial humic substances to manage minerals, ions, water, and soil microorganisms［J］. Chem. Soc. Rev. , 2021, 50（10）：6221-6239.

［56］ HAYES M H B, WILSON W S. Humic substances, peats and sludges：health and environmental aspects［M］. Amsterdam：Elsevier Science Publishing Co. Inc. , 1997.

［57］ HUANG Y, WANG W, XING L, et al. Exploring on aqueous chemistry of micron-sized lignite particles in lignite-water slurry：effects of pH on humics dissolution［J］. Fuel, 2016, 181：94-101.

［58］ JAYALATH S, WU H, LARSEN S C, et al. Surface adsorption of Suwannee River humic acid on TiO_2 nanoparticles：a study of pH and particle size［J］. Langmuir, 2018, 34（9）：3136-3145.

［59］ WANG Y, ZHOU J, BAI L, et al. Impacts of inherent O-containing functional groups on the surface properties of Shengli lignite［J］. Energ. Fuel, 2014, 28（2）：862-867.

［60］ YIN W Z, WANG J Z. Effects of particle size and particle interactions on scheelite flotation［J］. T. Nonferr. Metal. Soc. , 2014, 24（11）：3682-3687.

［61］ CLEMENS A H, MATHESON T W, ROGERS D E. Low temperature oxidation studies of dried New Zealand coals［J］. Fuel, 1991, 70（2）：215-221.

［62］ KRISHNASWAMY S, BHAT S, GUNN R D, et al. Low-temperature oxidation of coal. 1. A single-particle reaction-diffusion model［J］. Fuel, 1996, 75（2）：333-343.

［63］ SWANN P D, EVANS D G. Low-temperature oxidation of brown coal. 3. Reaction with molecular oxygen at temperatures close to ambient［J］. Fuel, 1979, 58（4）：276-280.

［64］ FAKOUSSA R M. Investigation with microbial conversion of national coals［D］. Bonn：University Bonn, 1981.

［65］ COHEN M S, GABRIELE P D. Degradation of coal by the fungi polyporus versicolor and poria monticola［J］. Appl. Environ. Microb. , 1982, 44（1）：23-27.

［66］ CHENG G, NIU Z, ZHANG C, et al. Extraction of humic acid from lignite by KOH-hydrothermal method［J］. Appl. Sci. , 2019, 9（7）：1356.

［67］ CHEN Y, SCHNITZER M. Scanning electron microscopy of a humic acid and of a fulvic acid and its metal and clay complexes ［J］. Soil Sci. Soc. Am. J. , 1976, 40 (5): 682-686.

［68］ SCHNITZER M, KHAN S U. Humic substances in the environment ［M］. New York: Marcel Dekker Inc, 1972.

［69］ ORSI M. Molecular dynamics simulation of humic substances ［J］. Chem. Biol. Technol. Ag. , 2014, 1 (2): 1-14.

［70］ MIRZA M A, AGARWAL S P, RAHMAN M A, et al. Role of humic acid on oral drug delivery of an antiepileptic drug ［J］. Drug Dev. Ind. Pharm. , 2011, 37 (3): 310-319.

［71］ RAJAGOPAL A K, CALLAWAY J. Inhomogeneous electron gas ［J］. Phys. Rev. B, 1973, 7: 864-871.

［72］ KOHN W, SHAM L J. Self-consistent equations including exchange and correlation effects ［J］. Phys. Rev. , 1965, 140 (4A): A1133.

［73］ PERDEW J P, WANG Y. Accurate and simple analytic representation of the electron-gas correlation energy ［J］. Phys. Rev. B, 1992, 45: 13244.

［74］ KANG S, XING B. Humic acid fractionation upon sequential adsorption onto goethite ［J］. Langmuir, 2008, 24 (6): 2525-2531.

［75］ REICH M, BECKER U. First-principles calculations of the thermodynamic mixing properties of arsenic incorporation into pyrite and marcasite ［J］. Chem. Geol. , 2006, 225 (3/4): 278-290.

［76］ LI Q, CHAI L, WANG Q, et al. Fast esterification of spent grain for enhanced heavy metal ions adsorption ［J］. Bioresource Technol. , 2010, 101 (10): 3796-3799.

［77］ WU Y L, XU S, WANG T H, et al. Enhanced metal ion rejection by a low-pressure microfiltration system using cellulose filter papers modified with citric acid ［J］. ACS Appl. Mater. Inter. , 2018, 10 (38): 32736-32746.

［78］ POCHODYLO A L, ARISTILDE L. Molecular dynamics of stability and structures in phytochelatin complexes with Zn, Cu, Fe, Mg, and Ca: implications for metal detoxification ［J］. Environ. Chem. Lett. , 2017, 15 (3): 495-500.

［79］ CHENG T, ALLEN H E. Comparison of zinc complexation properties of dissolved natural organic matter from different surface waters ［J］. J. Environ. Manage. , 2006, 80 (3): 222-229.

［80］ SPARK K, WELLS J, JOHNSON B. The interaction of a humic acid with heavy metals ［J］. Soil Res. , 1997, 35: 89-102.

［81］ HUANG Y, CHAI W, HAN G, et al. Probing acid/base chemistry and adsorption mechanisms of hydrolysable Al (Ⅲ) species with a clay system in aqueous solution ［J］. Rsc Adv. , 2016, 6: 114171-114182.

［82］ PARK M, KIM B H, KIM S, et al. Improved binding between copper and carbon nanotubes in a composite using oxygen-containing functional groups ［J］. Carbon, 2011, 49: 811-818.

［83］ DONG H, GILMORE K, LIN B, et al. Adsorption of metal adatom on nanographene: computational investigations ［J］. Carbon, 2015, 89: 249-259.

［84］ WANG X, CHEN Z, YANG S. Application of graphene oxides for the removal of Pb (Ⅱ) ions from aqueous solutions: experimental and DFT calculation [J]. J. Mol. Liq. , 2015, 211: 957-964.

[85] SUN Z X, SU F W, FORSLING W, et al. Surface characteristics of magnetite in aqueous suspension [J]. J. Colloid Interf. Sci. , 1998, 197 (1): 151-159.

[86] VIDYADHAR A, KUMARI N, BHAGAT R P. Flotation of quartz and hematite: adsorption mechanism of mixed cationic/anionic collector systems [C]. XXVI International Mineral Processing Congress (IMPC). Proceeding/New Delhi, India, 2012: 24-28.

[87] THURMAN E M, WERSHA R L, MALCOLM R L, et al. Molecular sizes of aquatic humic substances [J]. Org. Geochem. , 1982, 4 (1): 27-35.

[88] AUTHUR W A. Physical chemistry of surface [M]. 3rd ed. New York: John Wiley & Sons, 1976.

[89] SU S, WANG W, LIU B, et al. Enhancing surface interactions between humic surfactants and cupric ion: DFT computations coupled with MD simulations study [J]. J. Mol. Liq. , 2021, 324: 114781.

[90] LU M, ZHANG Y, ZHOU Y, et al. Adsorption-desorption characteristics and mechanisms of Pb (II) on natural vanadium, titanium-bearing magnetite-humic acid magnetic adsorbent [J]. Powd. Technol. , 2019, 344: 947-958.

[91] ZHANG Y, LU M, ZHOU Y, et al. Interfacial interaction between humic acid and vanadium, titanium-bearing magnetite (VTM) particles [J]. Miner. Process Extr. M. , 2020, 41 (2): 75-84.

[92] THURMAN E M, MALCOLM R L. Preparative isolation of aquatic humic substances [J]. Environ. Sci. Technol. , 1981, 15 (4): 463-466.

[93] SCHNITZER M, KHAN S U. Soil organic matter [M]. Amsterdam: Elsevier Science Publishing Co. Inc. , 1978.

[94] DE SOUZA F, BRAGANÇA S R. Extraction and characterization of humic acid from coal for the application as dispersant of ceramic powders [J]. J. Mater. Res. Technol. , 2018, 7 (3): 254-260.

[95] CHIANESE S, FENTI A, IOVINO P, et al. Sorption of organic pollutants by humic acids: a review [J]. Molecules, 2020, 25 (4): 918.

[96] XU B, YANG Y, LI Q, et al. Effect of common associated sulfide minerals on thiosulfate leaching of gold and the role of humic acid additive [J]. Hydrometallurgy, 2017, 171: 44-52.

[97] ZASHIKHIN A V, SVIRIDOVA M L. Gold leaching with humic substances [J]. J. Min. Sci. , 2019, 55 (4): 652-657.

[98] ZHAO Q, TONG L, KAMALI A R, et al. Role of humic acid in bioleaching of copper from waste computer motherboards [J]. Hydrometallurgy, 2020, 197: 105437.